装备科技译著出版基金

高灵敏度磁力仪

High Sensitivity Magnetometers

［以色列］Asaf Grosz
［美国］Michael J. Haji-Sheikh 编
［新西兰］Subhas C. Mukhopadhyay

单志超 等译

国防工业出版社

·北京·

著作权合同登记　图字:01-2022-5228 号

First published in English under the title
High Sensitivity Magnetometers
edited by Asaf Grosz, Michael J. Haji-Sheikh and Subhas C. Mukhopadhyay
Copyright © Springer International Publishing Switzerland,2017
This edition has been translated and published under licence from
Springer Nature Switzerland AG.
本书简体中文版由 Springer 授权国防工业出版社独家出版。
版权所有,侵权必究

图书在版编目(CIP)数据

高灵敏度磁力仪/(以)阿萨夫·格罗斯
(Asaf Grosz),(美)迈克尔·J. 哈吉-谢赫
(Michael J. Haji-Sheikh),(新西兰)苏巴其斯·C. 穆
霍帕德海伊(Subhas C. Mukhopadhyay)编;单志超等
译. —北京:国防工业出版社,2024.4
书名原文:High Sensitivity Magnetometers
ISBN 978-7-118-13111-6

Ⅰ.①高…　Ⅱ.①阿…　②迈…　③苏…　④单…　Ⅲ.
①高灵敏度-磁强计-研究　Ⅳ.①TH763.1

中国国家版本馆 CIP 数据核字(2024)第 063648 号

※

国防工业出版社出版发行
(北京市海淀区紫竹院南路23号　邮政编码100048)
雅迪云印(天津)科技有限公司印刷
新华书店经售

*
开本 710×1000　1/16　插页16　印张33　字数600千字
2024 年 4 月第 1 版第 1 次印刷　印数 1—1200 册　定价 298.00 元

(本书如有印装错误,我社负责调换)

国防书店:(010)88540777　　书店传真:(010)88540776
发行业务:(010)88540717　　发行传真:(010)88540762

翻译委员会

（按姓氏笔画排序）

王学敏　安　舒　郑　强　郑晓庆
单志超　崔双月　董彩萍

译 者 序

高灵敏度磁力仪在军事侦察、潜艇探测、水底掩埋物检测、地质勘探、考古、生物测磁、工业检测等领域中都有广泛且重要的应用,对科学研究和社会应用都具有重要作用。

我国虽然对磁场的认识和应用历史悠久,但对高灵敏度磁力仪的研究起步相对较晚,20世纪五六十年代为实施地质勘探和舰艇磁场测量等工作,我国开展了高灵敏度磁力仪的研究,国内多家单位都曾联合或独自研制出以磁通门和氦光泵技术为主的多型高灵敏度磁力仪,开创了我国磁力仪研究的良好局面,但后期由于受国内需求等影响,我国在高灵敏度磁力仪研究方面与国外先进水平逐步拉开了差距。

进入21世纪以来,受航空磁探潜、卫星高空磁探测、深部地质勘探、医学检查等对高灵敏度磁力仪需求的影响,国内掀起了高灵敏度磁力仪的研究热潮,研究单位和人员众多,但国内有关介绍高灵敏度磁力仪方面的书籍甚少,给国内研究人员带来了诸多不便。

本书系统介绍了目前几乎所有高灵敏度磁力仪的相关技术,从最早的感应线圈磁力仪到最新的氮空位中心磁力仪,共包括18种类型的磁力仪。按照每种类型一个专题,由该领域的资深研究人员撰写,针对每种磁力仪的工作原理、组成构造、设计方法、应用场合、最新研究成果、下一步研究方向等相关内容进行了详细、全面和系统的介绍。本书适用于在军事侦察、地质勘探、无损检测、疾病诊断等领域从事磁力仪设计、研究、生产和应用的科研人员、工程技术人员以及高等院校磁探测领域的教师、研究生和高年级本科生学习和参考。

本书第1、2、3章由王学敏翻译,第4、5、6章由安舒翻译,第7、8、9、12章由董彩萍翻译,第10、13章由崔双月翻译,第11、14、15章由郑晓庆翻译,第16、17、18章由郑强翻译,单志超主持翻译工作并审阅校对全部译稿。

本书得到了"装备科技译著出版基金"的资助,在此期间得到了浙江工业大学理学院院长林强教授、中国计量科学研究院林平卫研究员热情洋溢的推荐;中国船舶重工集团有限公司第七一五研究所吴文福研究员对本书的翻译给予了极大的鼓舞与帮助,在此对他们表示由衷的感谢!

本书在翻译过程中得到了译者单位海军航空大学的支持和帮助，特别是刘贤忠教授、陈建勇教授等的支持和鼓励，在此表示感谢！同时还要感谢国防工业出版社提供的各种支持和帮助！

由于本书涉及内容广泛，译者深感水平有限，在翻译过程中难免存在理解和表述方面的不当之处，恳请读者批评指正。

译 者

2023 年 5 月

目 录

第1章 感应线圈磁力仪 … 1

- 1.1 引言 … 1
- 1.2 工作原理 … 3
  - 1.2.1 两种检测模型 … 3
  - 1.2.2 电压检测模型 … 4
  - 1.2.3 电流检测模型 … 6
  - 1.2.4 频率响应比 … 7
  - 1.2.5 备注 … 9
- 1.3 线圈设计 … 12
  - 1.3.1 薄螺线管线圈 … 13
  - 1.3.2 平面螺旋线圈 … 14
  - 1.3.3 短螺线管线圈 … 14
  - 1.3.4 长螺线管线圈 … 15
  - 1.3.5 布鲁克斯线圈 … 16
- 1.4 电子设计 … 18
  - 1.4.1 优化设计 … 18
  - 1.4.2 频率补偿 … 20
  - 1.4.3 噪声降低 … 22
- 1.5 应用技巧 … 24
  - 1.5.1 兆赫磁场检测 … 24
  - 1.5.2 无损评估 … 26
  - 1.5.3 生物磁场测量 … 30
  - 1.5.4 零功率感应磁力仪 … 33
- 1.6 小结 … 34
- 致谢 … 34
- 参考文献 … 35

第2章　平行磁通门磁力仪 ···················· 38

2.1　引言 ···················· 38
2.2　物理模型 ···················· 40
2.2.1　磁通门传递函数 ···················· 40
2.2.2　磁通门的调制器模型 ···················· 42
2.3　平行磁通门噪声 ···················· 43
2.4　磁通门形状和结构 ···················· 44
2.4.1　杆式传感器 ···················· 44
2.4.2　环型和跑道型 ···················· 45
2.4.3　体积型传感器和微磁通门 ···················· 46
2.5　磁通门噪声和铁芯 ···················· 46
2.5.1　铁芯形状——去磁系数 ···················· 47
2.5.2　磁芯材料及加工 ···················· 48
2.6　前馈补偿磁力仪 ···················· 49
2.7　应用 ···················· 51
2.8　商用磁通门 ···················· 51
2.8.1　磁力仪 ···················· 51
2.8.2　磁通门梯度仪/UXO 探测器 ···················· 52
2.9　最新成果 ···················· 53
2.9.1　体积型传感器、磁力仪和梯度仪 ···················· 53
2.9.2　微型磁通门 ···················· 53
2.9.3　空间应用 ···················· 54
参考文献 ···················· 55

第3章　正交磁通门磁力仪 ···················· 58

3.1　引言 ···················· 58
3.2　工作原理 ···················· 59
3.3　铁芯形状 ···················· 62
3.3.1　圆柱形铁芯 ···················· 62
3.3.2　线基正交磁通门 ···················· 63
3.3.3　复合导线铁芯 ···················· 64

  3.3.4 多线铁芯 ·· 65
 3.4 空间分辨率 ··· 66
 3.5 无线圈磁通门 ·· 67
  3.5.1 工作机制 ·· 68
  3.5.2 灵敏度 ·· 69
  3.5.3 线性度和噪声 ·· 70
 3.6 正交磁通门基本模型 ··· 70
  3.6.1 灵敏度 ·· 73
  3.6.2 噪声 ··· 73
  3.6.3 励磁参数 ·· 74
  3.6.4 各向异性影响 ·· 76
  3.6.5 偏移抑制 ·· 78
  3.6.6 温度稳定性 ·· 82
  3.6.7 铁芯几何形状 ·· 83
 3.7 正交磁通门梯度仪 ··· 85
 3.8 信号提取和工作频率 ··· 87
 参考文献 ··· 92

第4章 巨磁阻抗效应磁力仪 ·· 95

 4.1 引言 ·· 95
 4.2 磁阻抗效应的物理机理 ··· 97
  4.2.1 磁阻抗效应的现象 ·· 97
  4.2.2 有效磁导率 ·· 98
 4.3 巨磁阻抗效应传感器 ·· 101
  4.3.1 双端口网络模型 ·· 101
  4.3.2 传感器灵敏度 ··· 104
  4.3.3 传感器的等效磁噪声 ·· 105
 4.4 磁力仪开发 ·· 108
  4.4.1 调节电路 ··· 108
  4.4.2 磁反馈回路 ··· 109
 4.5 小结 ··· 113
 致谢 ·· 113

参考文献 ··· 114

第5章 磁电式磁力仪 ·· 116
5.1 引言 ··· 116
5.2 ME 复合材料 ··· 117
5.2.1 低频磁电耦合 ··· 118
5.2.2 弯曲模式下的磁电耦合 ·································· 121
5.2.3 机电轴向共振模式下的 ME 耦合 ····················· 123
5.2.4 FMR 区的 ME 耦合 ····································· 124
5.3 磁场传感器 ··· 127
5.3.1 引言 ··· 127
5.3.2 物理模型 ·· 128
5.3.3 噪声源及减小方法 ·· 129
5.3.4 制造 ··· 130
5.3.5 近期成果的回顾 ·· 131
5.4 电流传感器 ··· 133
5.4.1 引言 ··· 133
5.4.2 物理模型 ·· 134
5.4.3 制造 ··· 136
5.5 微波功率传感器 ·· 141
5.5.1 强微波信号测量 ·· 141
5.5.2 等效电路 ·· 142
5.5.3 制造 ··· 145
5.6 小结 ··· 147
参考文献 ··· 148

第6章 各向异性磁电阻磁力仪 ····································· 151
6.1 引言 ··· 151
6.2 物理模型 ·· 152
6.2.1 理论特性 ·· 153
6.2.2 电阻率张量 ·· 153
6.2.3 非饱和单电阻元件横轴特性 ····························· 156

		6.2.4 非饱和单电阻元件纵轴特性 ········· 159
		6.2.5 非饱和梳状结构的横轴特性 ········· 163
		6.2.6 邻近效应 ········· 165
6.3	噪声源及特性 ········· 167
6.4	制造方法 ········· 168
6.5	使用磁力仪校准三轴亥姆霍兹系统 ········· 170
6.6	商用产品 ········· 175
		6.6.1 分立器件 ········· 176
		6.6.2 汽车用产品 ········· 176
6.7	AMR 磁力仪进展 ········· 179

致谢 ········· 180

参考文献 ········· 180

第7章 平面霍尔效应磁力仪 ········· 182

- 7.1 物理背景 ········· 182
- 7.2 PHE 传感器 ········· 184
  - 7.2.1 具有感应磁各向异性的 PHE 传感器 ········· 185
  - 7.2.2 自旋阀 PHE 传感器 ········· 185
  - 7.2.3 PHE 电桥传感器 ········· 186
- 7.3 椭圆 PHE 传感器 ········· 186
  - 7.3.1 制造 ········· 187
  - 7.3.2 等效电路 ········· 188
  - 7.3.3 信号 ········· 188
  - 7.3.4 噪声 ········· 189
  - 7.3.5 等效磁噪声 ········· 190
- 7.4 椭圆 PHE 传感器的磁特性 ········· 190
- 7.5 椭圆 PHE 传感器的工作与优化 ········· 194
  - 7.5.1 交流电流激励传感器 ········· 194
  - 7.5.2 传感器厚度优化 ········· 195
  - 7.5.3 驱动电流优化 ········· 196
  - 7.5.4 输入磁噪声等效 ········· 198
- 7.6 未来展望与应用 ········· 199

参考文献 ·········· 201

第8章 巨磁电阻磁力仪 ·········· 204

8.1 物理背景 ·········· 204
8.2 制造 ·········· 207
8.2.1 沉积 ·········· 207
8.2.2 光刻 ·········· 208
8.3 噪声 ·········· 210
8.3.1 GMR 磁力仪噪声类型 ·········· 210
8.3.2 GMR 装置中噪声测量 ·········· 211
8.3.3 提高探测率 ·········· 213
8.4 热效应 ·········· 214
8.5 接口电路 ·········· 215
8.5.1 电阻电桥 ·········· 215
8.5.2 放大 ·········· 216
8.5.3 偏置 ·········· 216
8.5.4 电阻时间效应 ·········· 217
8.5.5 阵列 ·········· 219
8.5.6 与 CMOS 技术兼容性 ·········· 220
8.6 能够得到的商用传感器 ·········· 221
8.7 成功应用 ·········· 222
8.7.1 通用磁力仪 ·········· 222
8.7.2 电流监测 ·········· 223
8.7.3 生物方面 ·········· 224
8.8 小结 ·········· 224
致谢 ·········· 225
参考文献 ·········· 225

第9章 MEMS 洛伦兹力磁力仪 ·········· 229

9.1 引言 ·········· 229
9.1.1 微机电系统 ·········· 230
9.1.2 制造工艺 ·········· 231

9.1.3 传感技术 ·· 233
9.1.4 封装工艺 ·· 235
9.1.5 可靠性 ·· 236
9.2 洛伦兹力磁力仪 ·· 236
9.2.1 工作原理 ·· 236
9.2.2 材料 ·· 237
9.2.3 仿真和设计工具 ·· 238
9.2.4 衰减特性 ·· 238
9.2.5 分类 ·· 238
9.3 传感技术 ·· 240
9.3.1 压阻传感 ·· 240
9.3.2 电容传感 ·· 241
9.3.3 光学传感 ·· 242
9.3.4 相关比较 ·· 244
9.4 挑战和未来应用 ·· 244
9.5 小结 ·· 248
致谢 ·· 248
参考文献 ·· 249

第10章 超导量子干涉器件磁力仪 ································ 252

10.1 引言 ·· 252
10.2 SQUID 基本原理 ·· 253
10.2.1 约瑟夫森结 ·· 253
10.2.2 直流 SQUID ·· 255
10.2.3 SQUID 电子线路 ·· 262
10.3 SQUID 制造 ·· 266
10.3.1 光刻和薄膜技术 ·· 267
10.3.2 结的制备 ·· 268
10.4 目前最先进水平的器件 ·· 270
10.4.1 SQUID 磁力仪 ·· 270
10.4.2 梯度仪 ·· 272
10.4.3 电流传感器 ·· 273

XIII

10.4.4　进一步应用及发展趋势 274
　10.5　小结与展望 276
　致谢 277
　参考文献 277

第11章　腔光机磁力仪 282

　11.1　引言 282
　11.2　应力导致的材料形变 283
　　11.2.1　磁致伸缩应力 283
　11.3　基于形变的磁场测量热机械本底噪声 284
　11.4　磁场灵敏度的测量精度极限 285
　　11.4.1　基于形变的磁测带宽 288
　11.5　腔光机械作用与磁场感测 289
　11.6　体机械振子的连续介质力学 291
　　11.6.1　弹性波动方程 291
　　11.6.2　用分离变量法求解波动方程 292
　　11.6.3　确定机械本征模的有效质量 293
　11.7　微环腔光机磁力仪 295
　　11.7.1　制作 295
　　11.7.2　测量装置 296
　　11.7.3　线性工作模式下的灵敏度和动态范围 296
　　11.7.4　利用非线性混频的低频测量 298
　11.8　与先进水平的比较 300
　11.9　小结 301
　参考文献 302

第12章　平面磁力仪 304

　12.1　引言 304
　12.2　磁传感器原理分类 305
　12.3　基于物理工作原理的数学模型 305
　　12.3.1　半导体中的霍尔效应与磁阻率 306
　　12.3.2　AMR 307

12.3.3　磁通量子化和迈斯纳效应 307
12.4　平面集成微霍尔传感器 308
12.5　平面各向异性磁电阻传感器 309
12.6　平面磁通门磁传感器 310
12.7　平面三轴巨磁电阻磁力仪 312
12.8　平面感应线圈传感器 313
　　12.8.1　平面感应线圈传感器结构 314
　　12.8.2　网状和回折线圈的有限元建模 315
　　12.8.3　平面回折和网状传感器制造 316
12.9　回折-网状平面传感器的应用 316
　　12.9.1　平面ECT探头的缺陷成像 316
　　12.9.2　萨克斯管簧片检查 317
　　12.9.3　机器人中的平面回折传感器 318
12.10　小结 320
参考文献 320

第13章　基于磁共振的原子磁力仪 323

13.1　引言 323
　　13.1.1　原子磁力仪原理分类 325
　　13.1.2　标量和矢量磁力仪注意事项 327
　　13.1.3　本章范围 327
13.2　原子磁力仪原理 328
　　13.2.1　光泵浦产生的极化 328
　　13.2.2　原子与场的相互作用 330
　　13.2.3　光学检测 330
　　13.2.4　磁力仪信号 332
13.3　光学检测磁共振 333
　　13.3.1　磁共振 333
　　13.3.2　旋转波近似 334
　　13.3.3　单束ODMR磁力仪的常规布局 336
　　13.3.4　光学检测磁共振 337
13.4　基于定向的磁力仪理论 338

- 13.4.1 M_z和M_x分类 ·············· 338
- 13.4.2 M_x磁力仪 ·············· 339
- 13.4.3 M_z磁力仪 ·············· 346
- 13.4.4 M_x结构中的时间无关信号 ·············· 347
- 13.4.5 所有M_x磁力仪信号的基本表达式 ·············· 347
- 13.5 基于取向的磁力仪理论 ·············· 349
- 13.6 基于光调制的磁力仪 ·············· 353
  - 13.6.1 直流信号 ·············· 355
  - 13.6.2 同相和正交信号 ·············· 355
- 13.7 ODMR磁力仪的实际应用 ·············· 358
  - 13.7.1 实验装置 ·············· 358
  - 13.7.2 磁力仪灵敏度 ·············· 359
  - 13.7.3 光学检测过程中的噪声 ·············· 362
  - 13.7.4 线宽和信号幅度的优化 ·············· 364
  - 13.7.5 信号采集和反馈控制电路 ·············· 367
  - 13.7.6 反馈锁定M_x磁力仪的方向误差 ·············· 373
  - 13.7.7 传感器阵列的实现 ·············· 374
- 13.8 小结 ·············· 376
- 参考文献 ·············· 376

第14章 非线性磁光旋转磁力仪 ·············· 379

- 14.1 引言 ·············· 379
- 14.2 非线性磁光旋转的物理基础 ·············· 382
  - 14.2.1 直流光源 ·············· 382
  - 14.2.2 调制光源 ·············· 384
- 14.3 光学磁力仪的特性 ·············· 387
  - 14.3.1 灵敏度 ·············· 387
  - 14.3.2 带宽 ·············· 391
  - 14.3.3 动态范围 ·············· 391
  - 14.3.4 工作模式 ·············· 392
  - 14.3.5 标量/矢量传感器 ·············· 392
  - 14.3.6 功率消耗 ·············· 392

14.4　NMOR 磁力仪组成 ··· 393
　　14.4.1　光与光电元件 ··· 393
　　14.4.2　电子部分 ··· 396
14.5　强磁场 NMOR 磁力仪 ·· 396
14.6　小结与展望 ··· 397
参考文献 ·· 398

第 15 章　无自旋交换弛豫磁力仪 ·· 400

15.1　引言 ·· 400
　　15.1.1　SERF 磁力仪 ··· 401
　　15.1.2　工作在 SERF 状态之外的高密度原子磁力仪 ············· 403
15.2　工作原理和理论 ··· 404
　　15.2.1　自旋与磁场的相互作用 ······································· 404
　　15.2.2　光－自旋相互作用 ··· 405
　　15.2.3　SE 碰撞 ·· 409
　　15.2.4　高密度原子磁力仪的分类（无自旋交换弛豫磁力仪、
　　　　　　射频原子磁力仪和标量射频原子磁力仪）··············· 409
　　15.2.5　原子自旋动力特性 ··· 412
　　15.2.6　极化旋转测量方案 ··· 417
　　15.2.7　噪声分析 ·· 418
15.3　原子磁力仪的设计与实现 ··· 421
　　15.3.1　双光束原子磁力仪方案 ······································· 421
　　15.3.2　单光束设计 ··· 423
　　15.3.3　微结构原子磁力仪 ··· 424
　　15.3.4　多通道磁力仪 ·· 424
　　15.3.5　设计问题 ·· 425
　　15.3.6　灵敏度验证 ··· 426
15.4　应用 ·· 427
　　15.4.1　与 SQUID 对比 ··· 427
　　15.4.2　高密度原子磁力仪的生物医学应用 ························ 428
15.5　小结 ·· 433
参考文献 ·· 433

第16章 氦磁力仪 ········· 436

16.1 引言 ········· 436
16.2 氦磁力仪的历史 ········· 437
16.2.1 光泵 ^{4}He 磁力仪 ········· 437
16.2.2 光泵 ^{3}He 核磁力仪 ········· 438
16.2.3 基于自由自旋进动的 ^{3}He 核磁力仪 ········· 439
16.3 ^{3}He 氦光泵 ········· 441
16.3.1 2^3S 和 2^3P 状态的能级结构 ········· 441
16.3.2 非标准条件下的 MEOP ········· 443
16.4 方法 ········· 445
16.4.1 自旋进动信号的读取 ········· 445
16.4.2 长核自旋相位相干时间的概念 ········· 448
16.5 自由进动 ^{3}He 磁力仪的性能 ········· 449
16.5.1 灵敏度 ········· 449
16.5.2 磁场监测的动态范围 ········· 452
16.5.3 分类简述 ········· 453
16.6 小结 ········· 456
16.6.1 快速响应 ········· 456
16.6.2 最小化 ········· 456
16.6.3 绝对磁场测量 ········· 457
16.6.4 大尺寸磁力仪气室 ········· 458
参考文献 ········· 458

第17章 微加工光泵磁力仪 ········· 461

17.1 引言 ········· 461
17.1.1 工作原理 ········· 462
17.1.2 章节概要 ········· 463
17.2 光泵磁力仪的尺寸缩放 ········· 463
17.3 传感器设计 ········· 465
17.3.1 光源 ········· 466
17.3.2 MEMS 蒸气容器 ········· 467

17.3.3 先进的气室设计 469
17.3.4 加热 472
17.3.5 热管理 472
17.3.6 信号检测 473
17.3.7 附加硬件 474
17.4 实现 474
17.4.1 标量磁力仪 475
17.4.2 弱磁场 SERF 磁力仪 476
17.4.3 光纤耦合磁力仪 477
17.5 多通道系统 479
17.6 非碱基磁力仪 480
17.7 展望 481
参考文献 481

第18章 金刚石 NV 中心磁测量 484

18.1 引言 484
18.2 NV 中心的物理现象 484
18.3 金刚石材料 487
18.4 显微镜检查 488
18.5 光探测与采集 489
18.6 光学探测磁共振 491
18.7 直流磁力仪 493
18.8 交流磁力仪 494
18.9 磁场灵敏度 496
18.10 应用 498
18.11 优势和面临的挑战 498
18.12 小结 500
参考文献 500

第1章　感应线圈磁力仪

Kunihisa Tashiro[①]

摘要: 本章描述用于弱磁场检测的空心线圈感应磁力仪(Coil Magnetometer, CM)。首先,结合作者的工作经历介绍感应磁力仪历史背景;其次,介绍电压和电流两种探测模型,阐述了感应线圈磁力仪的工作原理,总结实际中一些有用的设计技巧;最后,介绍设计感应磁力仪的试验验证结果。

1.1　引　　言

由于感应线圈的研究在许多研究领域都有很长的历史,因此这种磁力仪有多个名称,如感应传感器、感应磁场变换器、搜索线圈磁力仪、磁天线、线圈传感器和拾取线圈。这些传感器已经应用了许多年,从在地面基站测量地磁场的微扰[1],到在空间研究磁场的变化[2],再到宇宙飞船任务[3]。尽管磁通门对从直流到几赫的弱磁场具有很好的适应性,但感应磁力仪测量频带已从几百兆赫扩展到几千赫[4]。感应磁力仪的重要优势在于它们是完全被动的传感器:它们不需要任何内部能源将磁场信号转换成电信号,而与感应线圈相关联的唯一功耗用于信号处理[5]。感应线圈磁力仪是最古老的和最著名的磁传感器之一,它们覆盖了众多应用领域。21世纪出版的几部优秀评述论文[6-8]和研究手册[9-11]有助于了解它们,尽管已经提出了许多种磁传感器,但作者仍然热衷于感应磁力仪的研究,一个重要的原因是感应磁力仪的技术细节依然很难清晰的回答。本章的目的是与读者分享作者在研究感应磁力仪过程中的经验和建议。

作者和感应磁力仪的首次接触是与生物磁场测量相关,尽管超导量子干涉器(Superconducting Interference Device, SQUID)传感器目前是该方面常用的工具,但当人类心脏和大脑存在磁场被证实的时候SQUID还不存在。对于心磁图

---

① K. Tashiro,日本新宿大学自旋器件技术中心;电子邮件:tashiro@ shinshu‐u. ac. jp;© 瑞士斯普林格国际出版公司2017, A. Grosz等(编辑),《高灵敏度磁力仪、智能传感器、测量和仪器》19, DOI 10.1007/ 978‐3‐319‐34070‐8_1。

(Magnetocardiography,MCG)和脑磁图(Magnetoencephagrapy,MEG)的测量,信号检测采用工作原理是电压检测模式的感应磁力仪。由于其工作原理基于法拉第(Faraday)感应定律,拾取线圈具有(铁氧体)磁芯和高达100万或200万的线圈匝数。尽管磁芯的使用可以获取高灵敏度,但磁导率的有效估计是一个难题[14],这是由于在理论上对退磁系数的估计只存在于置于均匀磁场中的椭球体。本章不侧重于磁芯的设计,降低环境磁场,有利于微弱低频磁场的检测。磁屏蔽室的设计和建造[15]对于首次 MEG 测量成功是非常重要的。磁屏蔽室成为医院安装 MEG 系统的障碍。在开始 MCG 测量时,利用信号调理电路和梯度计(反平行连接的两个感应磁力仪)可以抑制环境噪声。实际上,作者证实了在磁屏蔽室外检测 MCG 信号的可能性[16]。需要注意的是,应通过选择合适的接地点和简单的电气屏蔽外壳(法拉第笼)来减少电气干扰。

最初研究感应磁力仪的动机不是为了 MCG 测量,而是为了磁屏蔽评估的需要。人类生活周围的环境磁场频率为 50/60Hz,与地磁场(直流场)相比,振幅较低。由于直流磁场中的性能通常受限于自身磁性层产生的内部磁场,因此磁通门可以有效地评估直流磁场下的性能[17]。当被评估的磁屏蔽与电气设备或电源线间距足够大时,频率为 50/60Hz 的环境磁场的幅值通常小于 $0.1\mu T$。磁屏蔽系数通常表示为外部磁场强度与内部磁场强度之比。当磁屏蔽系数评估值大于 10^5 时,磁屏蔽内部相应的磁场强度小于 1pT。尽管 SQUID 传感器可用于这种估计,但由于市区射频噪声会干扰测量结果,应减少此类干扰[18]。因此,与商用磁通门相比,感应磁力仪具有极大的优势[19]。

尽管 SQUID 传感器在灵敏度和空间分辨率方面具有优势,但需要在液氮或氦条件下工作。对于刚接触 SQUID 传感器的研究者来说,这增加了研究的难度,削弱了研究的动力,具有代表性的是 2003 年 R. J. Prance 发表的"具有超导量子干涉器件级场灵敏度的紧凑型室温感应磁力仪"的论文[20],这种感应磁力仪采用基于自感定义的电流检测模型。据作者所知,早在 1980 年,M. A. Macintyre 首次提出了与当前检测模型相关的论文[21]。在优化中,线圈电感的估计是非常重要的[22]。这种感应磁力仪不仅用于 MCG 测量[23],而且还用于测量 2kg 龙虾的神经动作电流产生的磁场[24]。由于感应磁力仪不需要保存在液氮或氦里,因此可以尽可能地接近测量目标。在电流检测模型中,线圈的磁链通过一个跨阻放大器或电流-电压转换器转换成感应电压。由于感应电流可以产生易于控制的磁场,因此它可以与 SQUID 传感器集成。同时,还提出了一些实际应用,如集成在芯片上的 SQUID 电流探针[25]、具有室温拾取线圈用于阻抗心磁图的超导磁力仪[26]和超导感应磁力仪[27]。

本章重点介绍目前的检测模型。1.2 节介绍感应磁力仪两种检测模型,用法拉第定律、电感定义和欧姆定律解释了两种检测模型的等效电路。1.3节介绍感应线圈的设计，重点是几种形状线圈自感系数的估计。由于不存在适用于任意形状线圈的自感理论估计，在实际应用中采用近似估计。1.4节介绍电子设计的一些技巧。通常，高灵敏度磁力仪不仅对磁场敏感，而且极易受电场干扰。为了抑制电场干扰，电子设备需要可靠的接地点。1.5节介绍一些感应磁力仪试验验证结果。

1.2 工作原理

尽管文献[28]中通过两个等效电路给出了基本解释，这一部分通过修改的图形给出更加简单的解释。首先，将感应磁力仪分为两种模型；其次，通过几个方程组给出了两种模型理论背景；最后，通过计算和实测结果说明了电流检测模型的优越性。

1.2.1 两种检测模型

感应磁力仪的基本原理可以通过两种检测模型解释，电压检测模型和电流检测模型。图1-1给出了用于两种模型解释的法拉第感应定律和感应的定义。

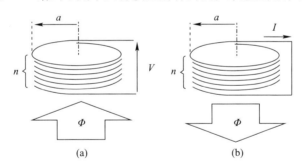

图1-1 两种检测模型的示意图
(a)基于法拉第感应定律电压检测模型；(b)基于电感定义电流检测模型。

图1-1(a)给出了基于法拉第定律用于解释电压探测模型的模型。当频率为$f(\text{Hz})$的均匀磁场$\mu_0 H(\text{T})$穿过平均半径为$a(\text{m})$的线圈时，感应电压$V(\text{V})$可表示为

$$V = -\frac{d\Phi}{dt} \quad (1-1)$$

$$V = -j\omega n S \mu_0 H = -j2\pi^2 f n a^2 \mu_0 H \quad (1-2)$$

式中：j为虚数；n为线圈绕组的匝数。

式(1-2)意味着磁场和感应电压的波形存在90°的相位差。如果理想积分器积分感应电压,则输出电压的波形与目标磁场一致。

图1-1(b)给出了为解释电流检测模型的基于电感定义的模型。电流I(A)和磁链Φ(Wb)之间的关系可表示为

$$\Phi = LI \tag{1-3}$$

$$I = \frac{nS\mu_0 H}{L} = \frac{\pi n a^2 \mu_0 H}{L} \tag{1-4}$$

式中:L为线圈电感(H)。

如果理想的电流-电压转换器或跨阻放大器转换感应电流,则输出波形与目标磁场一致。在实际应用中,应考虑线圈中的有限电阻$R(\Omega)$和仪表中的输入电阻$R_{in}(\Omega)$。由于这两种检测类型的等效电路都可以看作简单的RL电路,因此截止频率f_c(需用公式)可定义为

$$f_c = \frac{R + R_{in}}{2\pi L} \tag{1-5}$$

虽然理想超导线圈的线圈电阻为零,但线圈和仪器之间的连接线可能会引入线圈电阻。SQUID传感器在线圈和仪表之间没有连接线。从与感应磁力仪相关的工程师的角度来看,这种传感器是基于电流检测模型的。SQUID传感器中的拾取线圈不仅将目标磁场转换为感应电流,也可以将磁通量传递给SQUID。装有磁通闭环(Flux Closed Loop,FCL①)的SQUID可以将磁通量转换为输出电压。

1.2.2 电压检测模型

图1-2(a)给出了电压检测模型。根据戴维南(Thevenin)定理,拾取线圈可以用R、L和V的参数表示。图1-2(b)给出了电压检测的等效电路模型。根据基尔霍夫电压定律(Kirchhoff's Voltage Law,KVL),输出电流I可以表示为

$$V = L\frac{dI}{dt} + (R + R_{in})I \tag{1-6}$$

$$I = \frac{V}{R + R_{in}} \frac{1}{1 + j\left(\dfrac{2\pi L f}{R + R_{in}}\right)} = \frac{V}{R + R_{in}} \frac{1}{1 + j\left(\dfrac{f}{f_c}\right)} \tag{1-7}$$

由于输出电流与感应电流相同,所以输出电压V_{out}(V)可表示为

$$V_{out} = R_{in} I_{out} = R_{in} I = \frac{R_{in}}{R + R_{in}} \frac{1}{1 + j\left(\dfrac{f}{f_c}\right)} \cdot V \tag{1-8}$$

---

① 原书误,译者改。

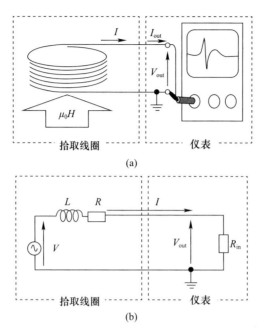

图 1-2 电压检测模型
(a)模型;(b)等效电路。

输出电压的频率响应可以分别在电阻或电感占主导的两个频率区域考虑。如果目标场的频率较低,如 $f \ll f_c$,则

$$V_{\text{out}} = \frac{R_{\text{in}}}{R + R_{\text{in}}} \cdot V = -\text{j} \frac{R_{\text{in}}}{R + R_{\text{in}}} \cdot 2\pi^2 f n a^2 \mu_0 H \qquad (1-9)$$

如果目标场的频率较高,如 $f \gg f_c$,则

$$V_{\text{out}} = -\text{j} \frac{R_{\text{in}}}{R + R_{\text{in}}} \frac{f}{f_c} \cdot V = -\frac{R_{\text{in}}}{L} \times \pi n a^2 \mu_0 H \qquad (1-10)$$

在低频区,当 $R_{\text{in}} \gg R$ 时,它与法拉第感应定律相同。输出电压与频率成正比。在高频区,电压检测模型与电感的定义相同。输出电压与磁场成正比,与频率无关。这也许引起了一个误解,因为输出电压还作为放大器增益与输入电阻成正比。如果输入电阻无穷大,截止频率也是无穷大,则输出电压可以用法拉第感应定律表示。如果输入电阻为有限值,截止频率也为有限值,这意味着输入电压应同时采用法拉第感应定律和电感定义考虑。虽然理想积分器的电阻是无穷大的,但在实际应用中,其电阻值被限制到有限值。当检测高频场的频段为兆赫时,频谱分析仪或网络分析仪等仪器的输入电阻为防止反射现象通常取为 50Ω 或 75Ω。

1.2.3 电流检测模型

图1-3(a)给出了带有跨阻放大器的电流检测模型。由于OPamp(运算放大器)的正引脚接地,理想情况下输入电阻为零,即$R_{in}=0$,拾取线圈处于虚短。图1-3(b)给出了等效电路。电流可表示为

$$I = \frac{V}{R}\frac{1}{1+j\left(\frac{2\pi Lf}{R}\right)} = \frac{V}{R}\frac{1}{1+j\left(\frac{f}{f_c}\right)} \tag{1-11}$$

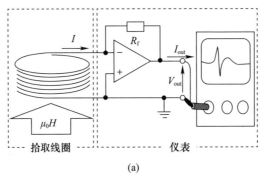

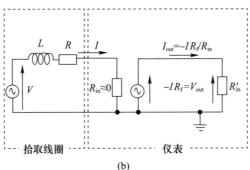

图1-3 电流检测模型
(a)模型;(b)等效电路。

虽然示波器或其他测量输出电压分析仪的输入电阻R'_{in}是有限的,但OPamp控制了输出电压$V_{out}(V)$,有

$$V_{out} = -IR_f = -\frac{R_f}{R}\frac{1}{1+j\left(\frac{f}{f_c}\right)}V \tag{1-12}$$

输出电压的频率响应也可以在两个频率区域考虑,电阻或电感占主导。如

果目标场的频率较低,即 $f \ll f_c$,有

$$V_{\text{out}} = -\frac{R_f}{R}V = -\text{j}\frac{R_f}{R} \times 2\pi^2 f n a^2 \mu_0 H \qquad (1-13)$$

如果目标场的频率较高,即 $f \gg f_c$,有

$$V_{\text{out}} = -\text{j}\frac{R_f f_c}{Rf}V = -\frac{R_f}{L} \times \pi n a^2 \times \mu_0 H \qquad (1-14)$$

在低频区域,输出电压是电压检测模型的 R_f/R。尽管在电压检测模型中,增加 n 可以使输出电压变大,但 R 值也变大了。由于约翰逊(Johnson)噪声与 $R^{1/2}$ 成正比,磁力仪的噪声下限会变差。虽然低噪声电压放大器可用于电压检测模型,但商用放大器的增益通常低于 1KΩ 或 60dB。相比之下,使用能够获得的商用 OPamp,R_f 值可以达到 1MΩ 或 100dB 以上。

1.2.4 频率响应比

从简化等效模型可知,两种检测模型对与频率相关的响应有相似的方式,输出电压在低频区与频率成正比,在高频区与频率无关。比较两种模型,R_{in} 的理想值不同:对于电压检测模型 $R_{\text{in}} \to \infty$;对于电流检测模型 $R_{\text{in}} \to \infty$。图 1-4 给出一个带有空心拾取线圈的感应磁力仪,其设计基于电流检测模型[19]。频率响应分为 3 个区域。

(1) Ⅰ区,电压检测模型中的低频区域($f<f_c$):式(1-9)。
(2) Ⅱ区,电流检测模型中的低频区域($f<f_c$):式(1-13)。
(3) Ⅲ区,电压和电流检测模型中的高频区域($f>f_c$):式(1-10)和式(1-14)。

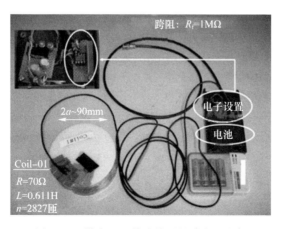

图 1-4 带有空心拾取线圈的感应磁力仪

在Ⅲ区中,由于电压检测模型中仪器的输入电阻 R_{in} 和电流检测模型的跨阻 R_f 的典型值都是1MΩ,因此,具有相同的灵敏度。图1-5给出了带有线圈的感应磁力仪的频率响应。它不仅表明了理论估计的有效性,也表明了现有检测模型的优越性。在没有积分器的情况下,该磁力仪从18Hz~10kHz具有线性响应。如果需要线性和宽度响应,第3部分中描述的频率补偿电路是有用的。

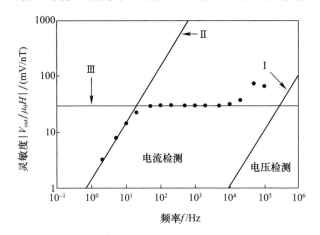

图1-5 电压和电流检测模型灵敏度的频率响应比较(其中线圈-01为拾取线圈,$a=45mm, n=2827, R=70Ω, L=0.611H, R_{in}=R_f=1MΩ$,点代表实验结果,线代表理论估计结果)

图1-6给出了在10~100kHz的范围内存在共振现象,评估频率为100Hz,它是由连接在线圈和电子设备之间电缆的杂散电容引起的。因此,要想获得线

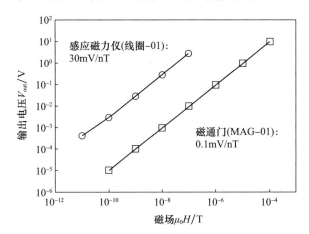

图1-6 感应磁力仪与磁通门磁力仪相比的线性度

性平坦的响应,杂散电容应该很小。相比之下,如果目标场的频率已经明确,使用共振现象是最好的方法,这应该被分类作为第3种模型。

1.2.5 备注

为了对感应磁力仪有一个直观的认识,书中结合一些实验和理论估计结果提到了一些注意事项。第一个注意事项是基于电流检测模型的感应磁力仪在灵敏度上优于磁通门。如图1-6所示与磁通门相比的测量线性的示例(MAG-03,巴丁顿(Bartington))。感应磁力仪的线性灵敏度为30mV/nT,与理论计算值吻合较好。与磁通门相比,灵敏度为其300倍。虽然它可以与第5部分描述的仪器放大相结合获取增益,但难以同时抑制电子干扰和环境磁场。图1-7给出了磁屏蔽内部测量的噪声下限水平。其中,测量范围为50~150Hz,带宽为0.125Hz,平均4次。感应磁力仪测得的噪声水平低至300fT/Hz$^{1/2}$,这是其探测弱低频磁场的优势之一。

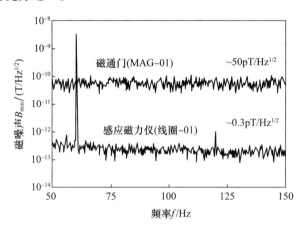

图1-7 磁屏蔽内部测量的噪声水平

另一个注意事项是与线圈参数的设计有关。图1-8给出了基于电流检测模型的感应磁力仪的两个拾取线圈[29]。尽管线圈的平均直径值与线圈-01相似,但匝数不同。根据基于电压检测模型的设计,匝数增加使得灵敏度提高。相比之下,使用线圈-01基于电流的检测模型能够取得最佳灵敏度。在区域Ⅲ中,线圈-01~线圈-03灵敏度分别为30mV/nT、6.5mV/nT、2.4mV/nT。

电流检测模型的频率响应很大程度上取决于线圈电感,因此线圈形状和参数的设计非常重要。图1-9给出了线圈-02和线圈-03在100nT磁场下的频率响应,点表示测量结果,线表示理论估算结果。其中电子元件与线圈-01相同,$R_f = 1\text{M}\Omega$。由匝数的数值,线圈-03的Ⅰ区灵敏度是线圈-02的2倍。相

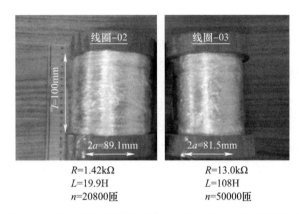

图1-8 基于电流检测模型的感应磁力仪的两个拾取线圈

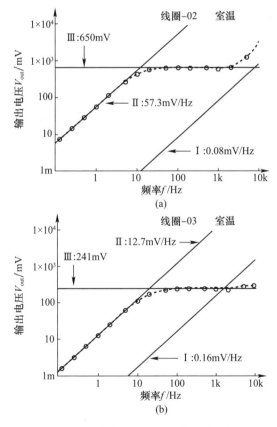

图1-9 感应磁力仪的频率响应比较
(a) 线圈-02；(b) 线圈-03。

比之下,采用电流检测模型,线圈-02 的Ⅱ区和Ⅲ区灵敏度至少是线圈-03 的 2 倍。值得注意的是,线圈-02 的截止频率值也低。如果要求最低的截止频率,如 1.2 节介绍的采用布鲁克林线圈作为线圈-01 的方案就是其中之一。

最后一个注意事项是温度的稳定性。这不仅是感应磁力仪面临的问题,也是所有实际应用的磁传感器面临的问题。线圈电阻是引起Ⅱ区高灵敏度的主要原因。从电压检测模型设计的角度,电阻确定了前置放大器的电压增益为 R_f/R。例如,线圈-01 的电压增益高达 83.1dB。众所周知,电阻受温度影响。在极端情况下,浸在液氮(77K)中铜线的电阻值约为室温 1/8。

图 1-10 给出了在液氮中冷却的线圈-02 和线圈-03 在 100nT 磁场下的频率响应,点表示测量结果,线表示理论估算结果。测得的磁场强度为 100nT。总之,温度下降使得平坦频率响应变宽,在Ⅲ区灵敏度没有变化。

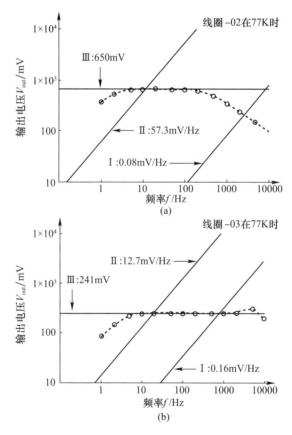

图 1-10 液氮中冷却的感应磁力仪的频率响应比较
(a)线圈-02;(b)线圈-03。

1.3 线圈设计

在基于电流检测模型的感应磁力仪的设计中,线圈电感的估计是非常重要的。尽管理想螺线管线圈电感的估计众所周知,但其不适用于其他形状的线圈。线圈电感估计的研究包含悠久的历史背景和复杂的数学知识[30]。从与感应磁力仪发展相关的工程师的角度,要了解所有的细节非常不易。

图 1-11 给出了在实际使用中选择的线圈形状。其中,a_i、a_o、a 分别为内半径、外半径和平均半径,c 和 l 分别为线圈宽度和长度。为了估计线圈电感,应选择适当的近似。1995 年,K. Kajikawa 和 K. Kaiho 借助计算机计算验证了矩形横

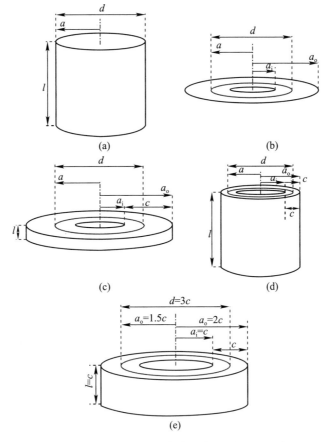

图 1-11 估计自感的线圈形状

(a)电磁线圈($c=0$);(b)平螺旋线圈($l=0$);(c)短电磁线圈($d<l$);(d)长螺线管线圈($l>d$);
(e)布鲁克斯线圈($l=a_i=c, a=1.5c, a_o=2c, d=3c$)。

截面的圆形线圈的几种近似的准确性[31]。根据他们的工作,有 5 种近似对电感估计精度可以达到 3 位数内。对于感应磁力仪的设计,这部分的选择更被简化成 4 种通用形状和 1 种特殊形状,布鲁克斯(Brooks)线圈。所有估计可以通过如 Excel 程序的简单计算器计算。

1.3.1 薄螺线管线圈

假设忽略线圈宽度,则单层螺线管线圈的电感可表示为

$$L = C_{\text{nagaoka}} \frac{\pi n^2 a^2 \mu_0}{l} \tag{1-15}$$

式中:μ_0 为真空中的磁导率(H/m);a 为线圈半径(m);n 为线圈绕组数;l 为螺线管线圈长度(m);C_{nagaoka} 为长冈系数。对于理想电磁线圈,$C_{\text{nagaoka}} = 1$。

在实际情况下,即使 l(m)相对较长,仍需要考虑开口端的影响。定义长冈系数为

$$C_{\text{nagaoka}} = \frac{4}{3\pi} \frac{1}{k'} \left[\frac{k'^2}{k^2}(K-E) + E - k \right] \tag{1-16}$$

式中:k 和 k' 分别为椭圆模和互补椭圆模;K 和 E 分别为第一类和第二类完全椭圆积分。

椭圆模 k 可表示为

$$\begin{cases} k = \sqrt{\dfrac{4r^2}{4r^2 + l^2}} \\ k'^2 = 1 - k^2 \end{cases} \tag{1-17}$$

第一类和第二类完全椭圆积分 K 与 E 可分别表示为

$$K = K(k) = \int_0^{\pi/2} \frac{1}{\sqrt{1-k^2\sin^2\theta}} \mathrm{d}\theta \approx$$

$$(1.3862944 + 0.1119723 k'^2 + 0.0725296 k'^4) +$$

$$\left(\frac{1}{2} + 0.1213478 k'^2 + 0.0288729 k'^4\right) \ln(1/k'^2) \tag{1-18}$$

$$E = E(k) = \int_0^{\pi/2} \sqrt{1-k^2\sin^2\theta}\, \mathrm{d}\theta \approx$$

$$(1 + 0.463015 k'^2 + 0.1077812 k'^4) +$$

$$(0.2452727 k'^2 + 0.0412496 k'^4)\ln(1/k'^2) \tag{1-19}$$

为了利用简单计算器如 Excel 电子表格程序进行计算,C. Hastings 在文献[32]

中提出的近似方法非常有效,其估计误差小于0.01%[33]。

1.3.2 平面螺旋线圈

文献[31]利用Spielrein's近似值来计算不考虑线圈宽度的扁平螺旋线圈的电感。在计算电感时,应使用宽高比γ来选择合适的近似值,即

$$\lambda = \frac{a_i}{a_0} \qquad (1-20)$$

如果γ<0.5,则

$$L = \mu_0 \frac{n^2 a}{4\pi(1-\lambda^2)} \cdot$$

$$\left\{ \frac{8\pi}{3} \left[2G - 1 - \lambda^3 \left(\pi\ln 2 - 2G + 1 - \frac{\pi}{12} + \frac{\pi}{2}\ln\frac{1}{\lambda} \right) \right] [H] + \right.$$

$$\left. \pi^2 \left[\frac{3}{20}\lambda^5 + \frac{15}{448}\lambda^7 + \frac{175}{13824}\lambda^9 + \frac{2205}{360448}\lambda^{11} + \frac{14553}{4259840}\lambda^{13} \right] \right\} \qquad (1-21)$$

式中:

$$2G = \int_0^{\pi/2} \frac{\varphi \mathrm{d}\varphi}{\sin\varphi} = 1.8319311883544380301\cdots \qquad (1-22)$$

否则,λ>0.5,则

$$L = \mu_0 \frac{n^2 a}{1+\tau} \times \left\{ \left[\ln\frac{4}{\tau} - \frac{1}{2} \right] + \tau^2 \left[\frac{1}{24}\ln\frac{4}{\tau} + \frac{43}{288} \right] + \tau^4 \left[\frac{11}{2880}\ln\frac{4}{\tau} + \frac{1}{150} \right] \right\}$$

$$(1-23)$$

式中:

$$\tau = \frac{1-\lambda}{1+\lambda} \qquad (1-24)$$

1.3.3 短螺线管线圈

短螺线管线圈适用于感应磁力仪中的拾取线圈。1.2.5节描述的线圈-04和线圈-05(一种用于高频磁场检测的单匝线圈)的电感,也通过这种近似进行了估计,这种线圈形状的电感的估计称为Lyle近似。根据文献[31],在Lyle的原始论文中描述的近似值存在错误。当$l/d<1.0$时,误差在0.1%范围内,Lyle的近似值是可以接受的。

Lyle的近似值表示为

$$L = \mu_0 n^2 a \times (A_0 + A_2 + A_4 + A_6) \quad (1-25)$$

式中：

$$\mu = \frac{l^2}{c^2} \ln \frac{l^2 + c^2}{l^2} \quad (1-26)$$

$$v = \frac{c^2}{l^2} \ln \frac{l^2 + c^2}{c^2} \quad (1-27)$$

$$w = \frac{l}{c} \arctan \frac{c}{l} \quad (1-28)$$

$$w' = \frac{c}{l} \arctan \frac{l}{c} \quad (1-29)$$

$$A_0 = \ln \frac{8a}{l^2 + c^2} + \frac{1}{12} + \frac{u+v}{12} - \frac{2}{3}(w + w') \quad (1-30)$$

$$A_2 = \frac{1}{96a^2} \left\{ (3l^2 + c^2) \ln \frac{8a}{l^2 + c^2} + \frac{1}{2} l^2 u - \frac{1}{10} c^2 v - \frac{16}{5} l^2 w + \frac{69}{20} l^2 + \frac{221}{60} c^2 \right\} \quad (1-31)$$

$$A_4 = \frac{1}{30720 a^4} \left\{ \left(-30 l^4 + 35 l^2 c^2 + \frac{22}{3} c^4 \right) \ln \frac{8a}{l^2 + c^2} - \frac{115 l^4 - 480 l^2 c^2}{12} u - \frac{23}{28} c^4 v + \frac{256}{21} (6 l^4 - 7 l^2 c^2) w - \frac{36590 l^4 - 2035 l^2 c^2 - 11442 c^4}{840} \right\} \quad (1-32)$$

$$A_6 = \frac{1}{6881280 a^6} \left\{ (525 l^6 - 1610 l^4 c^2 + 770 l^2 c^4 + 103 c^6) \ln \frac{8a}{l^2 + c^2} + \left(\frac{3633}{10} l^6 - 3220 l^4 c^2 + 2240 l^2 c^4 \right) u - \frac{359}{30} c^6 v - 2048 \left(\frac{5}{3} l^6 - 4 l^2 c^2 + \frac{7}{5} l^2 c^4 \right) w + \frac{2161453}{840} l^6 - \frac{617423}{180} l^4 c^2 - \frac{8329}{60} l^2 c^4 + \frac{108631}{840 m} c^6 \right\} \quad (1-33)$$

1.3.4 长螺线管线圈

长螺线管线圈也适用于感应磁力仪的拾取线圈。根据文献[31]，对于合适的近似有两种方式，即 Butterworth 近似和 Dwight 近似。对于感应磁力仪的设计,Dwight 近似可以接受。线圈-02、线圈-03 和线圈-06 的电感值可通过该近似进行估算[22-34]。如果线圈宽度很厚,即当 $(c/d) > 0.8$ 时,线圈长度与平均直径能比拟,$1 < l/d < 1.2$,则应重新设计线圈形状。对应的 Dwight 近似值可以表示为

$$L = \frac{\mu_0 \pi n^2 a^2}{l}(C_{\text{nagaoka}} + \Delta L_0 + \Delta L_2 + \Delta L_4 + \Delta L_6) \quad (1-34)$$

式中:

$$\Delta L_0 = -\frac{2}{3}\frac{c}{d} + \frac{1}{3}\frac{c^2}{d^2} + \\
\frac{4d}{3\pi l}\left\{\frac{1}{4}\frac{c^2}{d^2}\left(\ln\frac{4d}{c} - \frac{23}{12}\right) - \frac{1}{80}\frac{c^4}{d^4}\left(\ln\frac{4d}{c} - \frac{1}{20}\right) - \\
\frac{1}{896}\frac{c^6}{d^6}\left(\frac{23}{20}\ln\frac{4d}{c} - \frac{4547}{5600}\right)\right\} \quad (1-35)$$

$$\Delta L_2 = \frac{c^2}{d^2}\frac{d}{l}\left\{\frac{m}{6} - \frac{5}{24}m^3 + \frac{m^5}{3} - \frac{95}{128}m^7 + \frac{217}{128}m^9 - \\
\frac{2135}{512}m^{11} + \frac{21571}{2048}m^{13} - \frac{895895}{32768}m^{15}\right\} \quad (1-36)$$

$$\Delta L_4 = \frac{c^4}{d^4}\frac{d}{l}\left\{\frac{m}{36} - \frac{17}{180}m^3 + \frac{53}{96}m^5 - \frac{1265}{576}m^7 + \frac{38857}{4608}m^9 - \\
\frac{3913}{128}m^{11} + \frac{2206281}{20480}m^{13} - \frac{1519375}{4096}m^{15}\right\} \quad (1-37)$$

$$\Delta L_6 = \frac{c^6}{d^6}\frac{d}{l}\left\{-\frac{1}{120}m^3 + \frac{15}{112}m^5 - \frac{1117}{672}m^7 + \frac{1183}{96}m^9 - \\
\frac{76461}{1024}m^{11} + \frac{4043831}{10240}m^{13} - \frac{15637479}{8192}m^{15}\right\} \quad (1-38)$$

式中:

$$m = \frac{\mu_0 \pi n^2 a^2}{\sqrt{d^2 + 4l^2}} \quad (1-39)$$

1.3.5 布鲁克斯线圈

尽管布鲁克斯线圈的电感可以用莱尔(Lyle)近似来估算,但根据格罗弗(F. G. Grover)编写的电感计算手册,需要对该问题的渊源进行说明。

麦克斯韦(Maxwell)发现,对于给定长度的最大电感而选择线圈,匝数的平均直径应为方形截面尺寸的 3.7 倍。这个结果虽然经常被引用,但只是近似表述。现在更为精确的电感公式表明,这个比率非常接近 $2a/c \approx 3$,因此,布鲁克

斯提出,在实际应用中 $2a/c=3$ 的线圈是一种最优形式,与数学分析得出的简单比例相比具有优势。事实上,这种线圈提供的电感只有 1/50000,比讨论的导线能达到的最大值要小[30]。

对于给定的线圈长度,这种形状的线圈可以获得最大电感,其估计误差小于 3%[22]。布鲁克斯线圈的电感可以表示为

$$L = 1.6994 \times 10^{-6} \cdot an^2 \qquad (1-40)$$

需要注意的是,截止频率是由布鲁克斯线圈的尺寸决定的。线圈的电阻可以表示为

$$R = \frac{2\pi an}{s} \cdot \rho \qquad (1-41)$$

式中:s 和 ρ 分别表示导线的横截面(m^2)和电阻率(Ωm)。

下面给出电感和电阻的值,布鲁克斯线圈的截止频率可以表示为

$$f_c = \frac{R}{2\pi L} = \frac{\rho}{1.6994 \times 10^{-6} \cdot sn} = \frac{\rho}{1.6994 \times 10^{-6} \beta c^2} \qquad (1-42)$$

式中:β 为布鲁克斯线圈的间距系数。对于理想的高导体密度线圈,$\beta \approx 1$。图 1-12 给出了截止频率作为布鲁克斯线圈外径的函数,参变量为间距系数。线圈 -01 和其他在以前文献中报道的其他布鲁克斯线圈的值也画了出来。在实际设计中,β 的合理值为 0.65。在文献[19,22,28,35]中,由于 s 的定义是基于平方横截面,β 被过高估计,因此,修正的 s 定义为

$$s = \pi \frac{\delta^2}{4} \qquad (1-43)$$

式中:δ 表示导线的直径(m)。

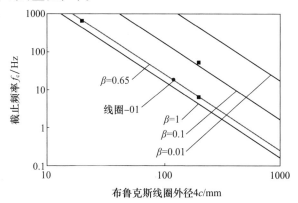

图 1-12 截止频率与布鲁克斯线圈外径的关系

1.4 电子设计

1980年,麦金泰尔(Macintyre)提出了用于电流检测模型的电子设计的基本原则[21]。电子设计不仅与线圈的设计有关,而且还与减少环境磁场和电气干扰有关。本节为实际应用中的感应磁力仪的设计提供了一些有用的建议。

1.4.1 优化设计

图1-13给出了感应磁力仪的等效电路。其中,运算放大器的输入噪声电压和电流密度,分别表示为 $e_n(V/Hz^{1/2})$ 和 $i_n(A/Hz^{1/2})$。同时,还考虑了电阻中的运算放大器噪声和热噪声。

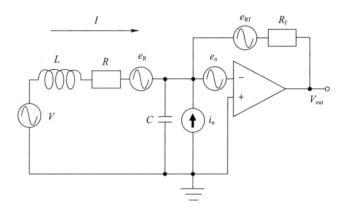

图1-13 基于电流检测模型的感应磁力仪等效电路

例如,低噪声运算放大器LT1028(线性电路技术)的典型值分别为 $0.9V/Hz^{1/2}$ 和 $1pA^{1/2}$ [36]。R 和 R_f 的值分别对应于热电压噪声源 $e_R(V/Hz^{1/2})$ 和 $e_{Rf}(V/Hz^{1/2})$。输出电压中,在输出电压中的总电压噪声 $V_n(V/Hz^{1/2})$ 由所有电压和电流噪声决定,这些噪声决定了感应磁力仪的噪声下限 $B_{min}(T/Hz^{1/2})$ 定义为

$$B_{min} = \frac{V_{noise}}{|V_{out}/\mu_0 H|} \quad (1-44)$$

式中:$|V_{out}/\mu_0 H|$ 为由式(1-13)定义的、适用于低频区Ⅱ和高频区Ⅲ的感应磁力仪灵敏度(V/T),分别表示为

$$\left|\frac{V_{out}}{\mu_0 H}\right| = \frac{R_f}{R} \cdot 2\pi^2 na^2 \cdot f, \quad \text{区域Ⅱ} \quad (1-45)$$

$$\left|\frac{V_{\text{out}}}{\mu_0 H}\right| = \frac{R_f}{R} \cdot \pi n a^2, \quad \text{区域Ⅲ} \tag{1-46}$$

根据作者的经验,线圈电阻中的热电压 e_R 通常是噪声下限水平的主要影响因素。在实际应用中,e_R 和 V_{noise} 的值可表示为

$$e_R = \sqrt{4kTR} \tag{1-47}$$

$$V_{\text{noise}} = \frac{R_f}{R} \cdot e_R \tag{1-48}$$

式中:k 为玻耳兹曼常数(J/K)($k = 1.38 \times 10^{-23}$);T 为室温(K);$\sqrt{4kT}$ 的值在室温下可估算为 $(1/8) \times 10^{-9}$。

由于传统电压信号测量仪器的局限性,建议将 V_{noise} 值设置为大于 $1\mu V/Hz^{1/2}$。噪声下限水平的估计值可以表示为

$$B_{\min} = \frac{L}{\pi n a^2} \sqrt{\frac{4kT}{R}} \tag{1-49}$$

线圈-01 的估计值为 $0.51 pT/Hz^{1/2}$,在传输阻抗为 $1M\Omega$ 时相应的输出噪声电压为 $15\mu V/Hz^{1/2}$。通常,采用平方数平均可以降低测量的噪声下限水平。如 1.2 节所述,$0.3 pT/Hz^{1/2}$ 的测量值为平均值的 4 倍,与估算结果相符。线圈-02 和线圈-03 的估计值分别为 $0.52 pT/Hz^{1/2}$ 和 $0.47 pT/Hz^{1/2}$,在传输阻抗为 $1M\Omega$ 时相应的输出噪声电压值分别为 $3.42\mu V/Hz^{1/2}$ 和 $1.23\mu V/Hz^{1/2}$。尽管线圈-02 和线圈-03 的匝数大于线圈-01,但是它们的噪声水平是相似的。如果线圈形状采用布鲁克斯线圈,尺寸和间距系数也影响其噪声水平。如 1.3 节所述电感和电阻的估计,噪声下限水平可被重新表示为

$$B_{\min} = 1.6994 \times 10^{-7} \sqrt{\frac{16kT\beta}{27\pi^3 c\rho}} \tag{1-50}$$

该结果提示,噪声水平不取决于电线直径或绕组线圈的数量,因为它们由线圈宽度和间距系数决定。需要注意的是,间距系数的减小会导致噪声水平的降低。图 1-14 给出了噪声水平与布鲁克斯线圈外径的关系,参变量为间距系数。其中,实线表示由式(1-45)计算的理论结果,参数值分别为 $\rho = 1.78 \times 10^{-8}\Omega m$、$k = 1.38 \times 10^{-23} J/K$ 和 $T = 300K$。圆形和方形画线分别代表文献[22]中描述的线圈-01 和其他布鲁克斯线圈。

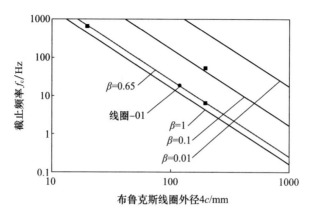

图1-14 噪声水平作为布鲁克斯线圈外径的函数,参变量为间距系数

1.4.2 频率补偿

普拉斯(R. J. Prance)在文献[37]中对跨阻放大器频率补偿电路给出了简单的解释。图1-15给出了带有频率补偿的感应磁力仪的等效电路,图中,R_f、R_1、C_1的值分别为1MΩ、10kΩ和0.88μF。虽然频率补偿跨阻电路的灵敏度为1/100,但证实了0.3mV/nT的线性频率响应范围0.2~20kHz。可选的无源元件电阻器R_1(X)和电容器C_1(F),可以扩展频率到Ⅱ区。图1-16给出了作为频率函数的跨导。由R_1和C_1的值决定的截止频率f_1(Hz),可以设置感应磁力仪的截止频率到期望值。由R和C_1的值决定的截止频率f_2(Hz),可以设置由线圈电感和电阻值确定的截止频率。R_f和R_1的值确定了Ⅲ区的跨阻抗。

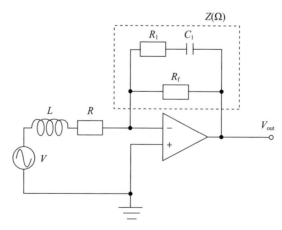

图1-15 带频率补偿跨阻放大器的感应磁力仪的等效电路

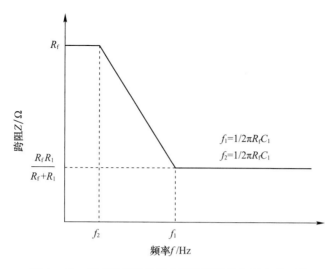

图 1-16 频率补偿跨导放大器的跨导作为频率的函数

图 1-17 给出了带和不带补偿电路的感应磁力仪的灵敏度的比较结果。虽然Ⅲ区的灵敏度降低,但它提供的频率响应具有宽而平坦的特性。图 1-18 给出了测量频率响应的示例。线圈 -01 和电子器件采用传统或频率补偿的跨导放大器,交叉图和圆图分别表示用传统和频率补偿跨阻放大器的结果。

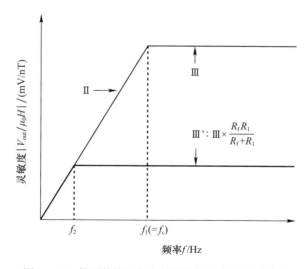

图 1-17 使用传统和频率补偿跨阻放大器的灵敏度

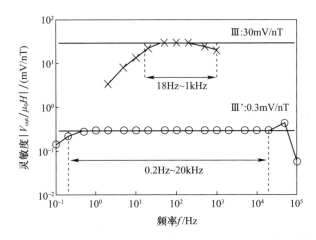

图1-18 感应磁力仪线圈-01的灵敏度随频率的变化而测量

1.4.3 噪声降低

为了检测微弱的低频磁场,降低环境磁场和电气干扰是必要的工作。有两个关键点:线圈和电子设备的差分结构和接地点[39]。图1-19给出了一个感应梯度仪示例,拾取线圈由两个串行方式差分连接的线圈(线圈-01)组成。当均匀的磁场穿过两个线圈时,感应电压被抵消。

图1-19 感应梯度仪示例

由于环境磁场可以看作是一个均匀的磁场,因此这种拾取线圈可以去除它。电子线路采用差分输入型互阻放大器。图1-20给出了该感应梯度仪的原理图设计。由于传统运放偏置电压是有限的,采用这种结构可以减小偏置电压。此外,这种放大器也有助于减少不稳定接地点造成的电气干扰。图1-20中,虚线表示用于电气屏蔽的导电材料。

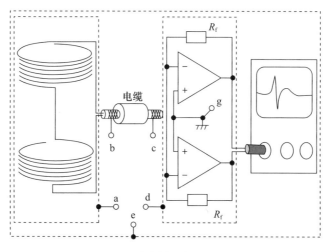

图1-20 感应梯度仪的示意设计

减少电气干扰需要多次甚至无休止的试验。关键在于"永不放弃"。图1-21给出了一个找到了合适的接地点的感应梯度仪。图中,点"a"和"d"分别表示拾取线圈和转换器在电磁屏蔽上的接触点,点"b"和"c"表示电缆铜网层上的接触点,点"e"表示法拉第笼上的接触点,点"g"表示跨阻放大器的接地点。用于连接点的电缆电阻值应小于0.2Ω。文献[39]给出了接地处理的详细示例。

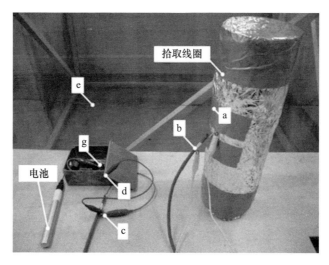

图1-21 找到合适接地点后的感应梯度仪

1.5 应用技巧

本部分的目的为今后感应磁力仪的发展提供一些灵感,并给出在实际应用中设计感应磁力仪的一些有用的建议。

1.5.1 兆赫磁场检测

就作者所知,感应磁力仪的最新性能由 Korepanov 教授的研究小组做出[6]。2010 年,通过与 Valery Korepanov 教授和 Vira Pronenko 女士的交流,证实了位于低频型(0.3mHz~200Hz)的 1Hz 的噪声水平为 $100fT/Hz^{1/2}$,位于中频型(1Hz~20kHz)的 1kHz 为 $10fT/Hz^{1/2}$,位于高频型(10Hz~600kHz)的 50kHz 为 $2fT/Hz^{1/2}$。另外,由于磁力仪和天线都覆盖了这一频率范围,测量兆赫范围内磁场的传感器的定义尚不清楚。这个频率范围的测量包含了几种应用:核磁共振/核磁共振装置,安全门的金属探测系统,带脉宽调制控制的高效电机等。Coillot's 的研究小组给出了令人感兴趣的报告[4]。尽管他们开发的磁力仪在 2kHz 时达到了 $30fT/Hz^{1/2}$ 的最佳噪声水平,但是在更高的频率范围内噪声水平则变得更差。例如,80kHz 时的噪声水平为 $100fT/Hz^{1/2}$,400kHz 时为 $1pT/Hz^{1/2}$。

图 1-22 给出了在兆赫范围内检测磁场的线圈示例。关于线圈-04 传感器的首份研究报告见于 EMSA2010 年会议,文献[40]发表于 2013 年。为了抑制不受欢迎的杂散电容,线圈绕组的个数为 1。电感值可以用 1.3 节描述的莱尔近似来估计。虽然电阻值小于 10Ω,但有效电阻值变为 50Ω,这由谱分析仪的

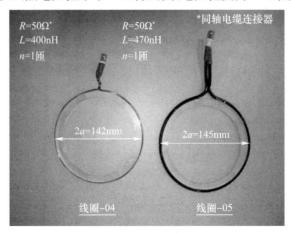

图 1-22 用于检测兆赫范围内磁场的线圈

等效输入电阻确定。线圈-05的导线由同轴电缆连接器(Bayonet Navy Connector,BNC)电缆制成,采用内线和金属屏蔽层分别用于线圈和电气屏蔽[41]。图1-23给出了评估的实验设置。所有的实验都在日本长野Iida电磁兼容中心的一间电磁屏蔽室进行。

图1-23 用于评估MHz范围的感应磁力仪的实验装置

在这个频率范围内,磁场同时具有磁和电磁特性。为了产生10nT的磁场,用电场传感器校准了3V/m的电磁场。图1-24给出了基于电压检测模型的测量频率响应的示例,校准视野值为10nT,点线图表示校准场和噪声水平的测量输出电压[41],实线表示估计结果。在0.3~2mHz范围内,在测量值和估计值中间输出电压的绝对误差小于±1dBμV。从测量的噪声水平来看,1MHz时的灵敏度极限为1nT。图1-25给出了基于电流检测模型的测量频率响应的示例,

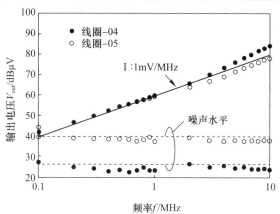

图1-24 基于电压检测模型的频率响应的示例

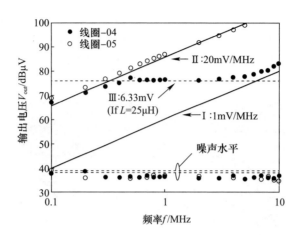

图 1-25 基于当前检测模型的频率响应的示例

校准场和跨导值分别为 10nT 和 10kΩ。尽管由于足够高的灵敏度，跨导值为 1kΩ，但准备一个在弱电磁场环境校准时，则可以将该值设置为 10MΩ。实测结果与Ⅱ区的估算结果吻合较好。从测得的噪声水平来看，1MHz 时的灵敏度限值为 20nT，是电压检测模型的 20 倍。

在高频区尚未解决的电感估计相关问题将是感应磁力仪未来研究的方向。尽管两个线圈的估计截止频率都大于 10MHz，但在截止频率大约 3MHz 后，线圈-04 工作在Ⅲ区。如果电感值为 25μH，则该问题可利用前面所述的内容来解释。

1.5.2 无损评估

根据电和磁的特性，磁场可用于无损检查物体。最有名的应用是机场的安全门和食品工业的金属污染检测系统。基于电压检测模型的感应磁力仪灵敏度考虑，磁场频率通常大于 100kHz。然而，当磁场频率较高时，难以穿透导电材料内部。例如，对于铜材，在 100kHz 时，趋肤深度仅有 0.2mm。基于电流检测模型的感应磁力仪具有采用低频磁场的优势。

无损评估不仅仅应用于工业，而且适用于工程教育和材料科学。图 1-26 给出了无损评估用于儿童工程教育的示例。在图 1-26 中，几个奶酪用铝箔包裹作为样品，一枚由 SUS304 不锈钢制成的订书钉嵌入一个样品中。当在没有拆开铝箔的情况下发现带有订书钉的样品，孩子们很开心。然而奥氏体不锈钢 SUS304 不具有磁性，但压力诱发马氏体相变使其具有磁性。大部分可能的污染物是金属碎片，在机器加工过程中由于解体而产生锐利的边缘，最有可能成为样品中的污染物。尤其，奥氏体不锈钢 SUS304 占生产中所有不锈钢材料的 60% 以上。

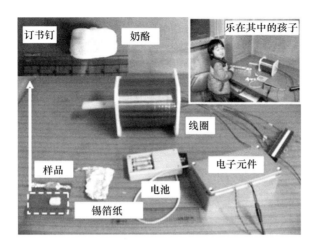

图1-26 儿童工程教育实例

图1-27给出了磁污染检测系统[34,42]。该系统由两个线圈、电子器件、带功率放大器的电流源和示波器组成。为了构建检查区域,使用非磁性材料制成了样品夹。

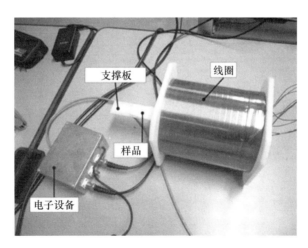

图1-27 磁污染检测系统

当均匀的磁通穿过差分结构的检测线圈时,不会感应出电流。然而,如果磁通的平衡受到磁性材料的干扰,则检测线圈中出现感应电流(图1-28)。图1-29给出了用于产生均匀磁场的线圈(线圈-06)。尽管该线圈用于在线圈内部产生磁场,但感应磁力仪的基础知识对该设计是有用的。电感、电阻和截止频率分别为30.5H、841Ω和4.39Hz。由于截止频率低,电抗是提供产生磁场电流的主要成分。这种线圈可产生 0.2T/A 的磁场。图 1-30 给出了具有差分结构的检测线圈(线圈-07)。两个薄螺线管线圈采用串联、差分连接。

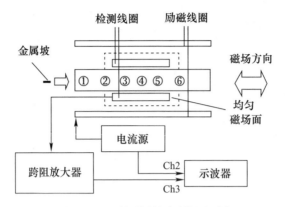

图 1-28 磁污染检测系统原理图

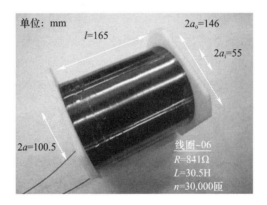

图 1-29 产生均匀磁场的励磁线圈(线圈-06)

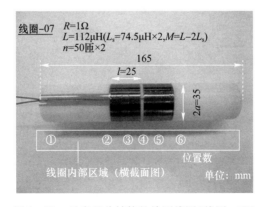

图 1-30 具有差分结构的检测线圈(线圈-07)

为了说明与感应磁力仪相关的未来的成果,必须提及与完美平衡和材料科学相关的尚未解决的问题。图 1-31 给出了输出波形的示例,励磁频率为 10Hz,并画出了电流波形。

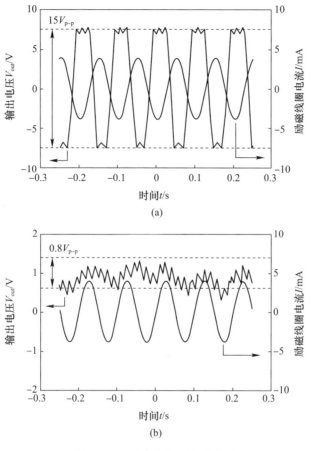

图 1-31 系统的输出波形示例
(a)铁线($\phi=0.1$mm, $l=10$mm);(b)无样品。

由于灵敏度高,当试样铁丝直径为 0.1mm 时,输出波形饱和。相比之下,当没有放置磁铁时,输出电压不平衡。虽然差分输入型跨导放大器和高通滤波器都抑制了有限偏置电压,但在输出电压中会出现几伏的漂移现象。由于线圈平衡的不完美,在输出电压中也出现了励磁和电源线频分量。图 1-32 给出了输出电压作为导线直径函数的示意图,参变量为导线长度。由于输出电压值取决于导线的长度和直径,所以对铁导线的响应是可以接受的。然而,由于输出电压受导线直径的限制,SUS304 导线的响应需要解释一些物理模型。在图 1-28

中,对定性解释进行了描述[42],但定量解释仍然没有得到解决。

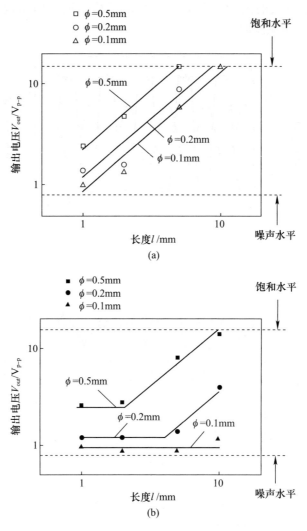

图1-32 测量的输出电压作为导线直径的函数,参变量为导线长度
(a)铁线;(b)SUS304线。

1.5.3 生物磁场测量

如前所述,MCG 和 MEG 首次测量都是通过感应磁力仪验证的,因此生物磁场测量的动力是研究感应磁力仪充足的理由。前面已经描述了首次 MCG 测量的细节[16],这里提一下该研究的过程。应当指出,山本隆弘硕士生对其进行了

持续的研究,所有的研究结果都写在了他的硕士论文中。图1-33给出了由滤波器引起的 MCG 信号失真的解释。由于双线圈-01型感应梯度仪的截止频率在18.5Hz左右,R波和S波的振幅值都有减小和增大。

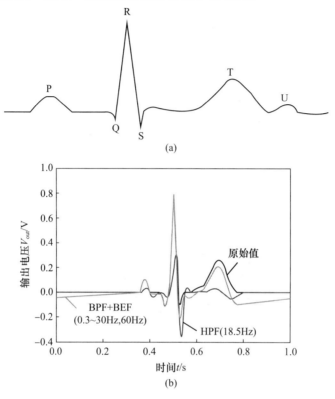

图1-33 滤波器引起的 MCG 信号失真的说明(见彩图)
(a)MCG 信号;(b)滤波器对 MCG 信号波形的影响。

相比之下,带通滤波器(Band Pass Filter,BPF)和带阻滤波器(Band Eliminate Filter,BEF)不会引起 MCG 信号严重失真。这一结果与先前的实验结果是一致的[16]。图1-34给出了用于 MCG 测量的感应梯度仪的新电路。与以前的电路相比,跨导放大器具有频率补偿电路,提供了0.3Hz的新截止频率。所有测量均在法拉第笼内进行,并选择了合适的接地条件。图1-35证实了能够使用感应梯度仪测量 MCG。MCG 信号是由一个线圈产生的,输出电压通过个人计算机(PC)上的 LabView 程序测量。虽然叠加了60Hz的工频噪声,但获取的测量信号与产生的 MCG 信号实现良好吻合。图1-36给出了人类心脏的 MCG 测量的演示。

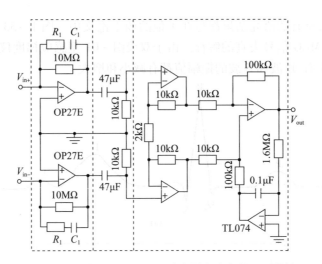

图1-34 用于MCG测量的感应梯度计中的电子器件

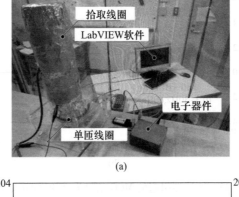

(a)

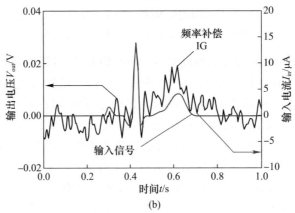

(b)

图1-35 单匝线圈产生的MCG信号测量结果
(a)实验设置；(b)测量结果(平均100倍)。

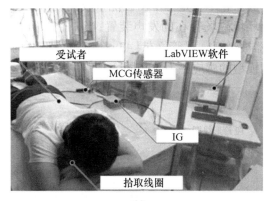

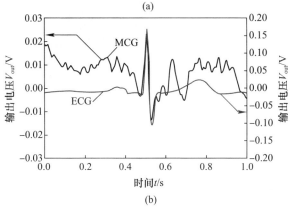

图1-36 人心脏MCG测量结果
(a)实验装置;(b)测量结果(100次平均值)。

为了说明与感应磁力仪相关的未来的成果,应该提及未被解决的磁芯的设计问题。虽然这种感应磁力仪可以测量MCG信号,但空间分辨率无法满足估计物体中的电流源的需要。为了设计合适的磁芯以减小拾取线圈的尺寸,与退磁系数有关的有效磁导率的估算是一个关键问题。由于椭球体的退磁系数能够确切计算,因此它被广泛应用于椭球体或相对较长棒芯有效磁导率的估算。但是,这种估计不适用于哑铃形核[14],这种铁芯1963年用于第一次MCG测量中[12]。

1.5.4 零功率感应磁力仪

为了说明与感应磁力仪相关的未来的成果,应该提及与功耗相关的未被解决的最后一个问题。低功耗是感应磁力仪的优点之一。毕竟,零功率感应磁力仪是无线传感器网络的未来万亿传感器世界的重要特征。图1-37给出了零功率感应磁力计的一个示例——磁场报警器。它由哑铃形磁芯的线圈、Cockcroft-Walton电路和压电蜂鸣器组成。它不仅是一个由磁能量收集提供动力的自发电组件,也是一个能够检测到环境磁场存在的发声装置;当一个 60Hz、100nT 的磁场穿过该线圈时,该报警器被激活。尽管文献[43]介绍了该设计的细节,但其设计基础与采用电流检测模型的感应磁力仪相同。

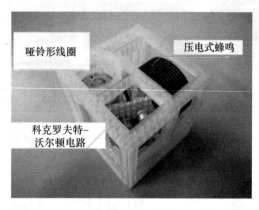

图 1-37　零功率感应磁力仪、磁场报警器示例

1.6　小　　结

本章介绍了设计感应磁力仪的技术背景和有用信息。1.1 节从作者的角度对感应磁力仪的研究进行了综述,还介绍了一些有用的文献和手册。1.2 节将感应磁力仪工作原理归纳为电压和电流两种检测模型。提到动机,一些评论也与以前的结果一起提出。1.3 节中,由于电感的估计是基于电流检测模型设计感应磁力仪的关键,总结了一些有用的近似方法。1.4 节归纳了用于弱、低频磁场电子电路设计的几个技巧。虽然仅提出了一些程序优化,但该部分描述的噪声水平的简化估计在实际中是有用的。1.5 节总结了感应磁力仪的一些应用。为了说明与感应磁力仪相关的未来的成果,提到了几个尚未解决的问题。

致　　谢

感谢马西大学的 S. C. Mukhopadhyay 教授,"Chandra san"为我提供了这次机会;感谢九州大学的 I. Sasada 教授提出的与磁屏蔽有关的有趣的研究课题,从而启发了本人对这种感应磁力仪的研究;感谢新宿大学的 H. Wakiwaka 教授,他不仅就磁性传感器,而且还就磁屏蔽、螺线管和其他磁性应用进行了有价值的讨论;特别感谢支持这项持续研究的学生:A. Kakiuchi 先生、A. Matsuoka 先生、S. Inoue 先生、Y. Uchiyama 先生和 T. Yamamoto 先生以及属于我们实验室的其他学生。经过 10 年的研究,感应磁力仪实现检测出人类心脏的 MCG 信号。如果这篇总结能引导年轻研究人员未来在感应磁力仪方面取得成功,这将是最大意义。

参考文献

1. H.C. Seran, P. Fergeau, An optimized low-frequency three-axis search coil magnetometer for space research. Rev. Sci. Instrum. **76**, 044502 (2005)
2. V.E. Korepanov, The modern trends in space electromagnetic instrumentation. Adv. Space Res. **32**, 401–406 (2003)
3. A. Roux, O. Le Contel, C. Coillot, A. Bouabdellah, B. de la Porte, D. Alison, S. Ruocco, M.C. Vassal, The search coil magnetometer for THEMIS. Space Sci. Rev. **141**, 265–275 (2008)
4. C. Coillot, J. Moutoussamy, R. Lebourgeois, S. Ruocco, G. Chanteur, Principle and performance of a dual-band search coil magnetometer: a new instrument to investigate fluctuating magnetic fields in space. IEEE Sens. J. **10**, 255–260 (2010)
5. E. Paperno, A. Grosz, A miniature and ultralow power search coil optimized for a 20 mHz to 2 kHz frequency range. J. Appl. Phys. **105**, 07E708 (2009)
6. V. Korepanov, R. Berkman, L. Rakhlin, Y. Klymovych, A. Prystai, A. Marussenokov, M. Afanassenko, Advanced field magnetometers comparative study. Measurement **29**, 137–146 (2001)
7. J. Lenz, A.S. Edelstein, Magnetic sensors and their applications. IEEE Sens. J. **6**, 631–649 (2006)
8. S. Tumanski, Induction coil sensors—a review. Meas. Sci. Technol. **18**, R31–R46 (2007)
9. P. Ripka, Magnetic sensors and magnetometers: Artech house (2001)
10. G. Müsmann, Y. Afanassiev, Fluxgate magnetometers for space research, BoD (2010)
11. S. Tumanski, Handbook of magnetic measurement, CRC Press, USA (2011)
12. G. Baule, R. Mcfee, Detection of magnetic field of heart. Am. Heart J. **66**, 95–96 (1963)
13. D. Cohen, Magnetoencephalography: evidence of magnetic fields produced by alpha-rhythm currents. Science, **161** (1968)
14. K. Tashiro, H. Wakiwaka, G. Hattori, Estimation of effective permeability for dumbbell-shaped magnetic cores. IEEE Transac. Magnet. **51**(1), 4, (2015) (to be published)
15. D. Cohen, A shielded facility for low-level magnetic measurements. J. Appl. Phys. **38**, 1295–1296 (1967)
16. K. Tashiro, S. Inoue, H. Wakiwaka, Advancement in sensing technology: new developments and practical applications (Chapter 9: Design of induction gradiometer for MCG measurement) vol. 1 (Springer, Berlin, 2013), pp. 139–164
17. K. Tashiro, H. Wakiwaka, K. Matsumura, K. Okano, Desktop magnetic shielding system for the calibration of high-sensitivity magnetometers. IEEE Trans. Magn. **47**, 4270–4273 (2011)
18. K. Tashiro, K. Nagashima, A. Sumida, T. Fukunaga, I. Sasada, Spontaneous magnetoencephalography alpha rhythm measurement in a cylindrical magnetic shield employing magnetic shaking. J Appl Phys, vol. 93, no. 15, pp. 6733–6735, 2003
19. K. Tashiro, Optimal design of an air-core induction magnetometer for detecting low-frequency fields of less than 1 pT. J. Magn. Soc. Jpn. **30**, 439–442 (2006)
20. R.J. Prance, T.D. Clark, H. Prance, Compact room-temperature induction magnetometer with superconducting quantum interference device level field sensitivity. Rev. Sci. Instrum. **74**, 3735–3739 (2003)

21. S.A. Macintyre, A portable low-noise low-frequency 3-axis search coil magnetometer. IEEE Trans. Magn. **16**, 761–763 (1980)
22. K. Tashiro, H. Wakiwaka, A. Kakiuchi, A. Matsuoka, Comparative study of air-core coil design for induction magnetometer with current-to-voltage converter, in *Proceedings of second international conference on sensing technology (ICST2007)* (2007), pp. 590–594
23. K.P. Estola, J. Malmivuo, Air-core induction-coil magnetometer design. J. Phys. E-Sci Instrum **15**, 1110–1113 (1982)
24. J.P. Wiksow, P.C. Samon, R.P. Giffard, A low-noise low imput impedance amplifier for magnetic measurements of nerve action currents. IEEE Transac. Biomed. Eng. **BME-30**, pp. 215–221 (1983)
25. M.C. Leifer, J.P. Wikswo, Optimization of a clip-on squid current probe. Rev. Sci. Instrum. **54**, 1017–1022 (1983)
26. A. Kandori, D. Suzuki, K. Yokosawa, A. Tsukamoto, T. Miyashita, K. Tsukada, K. Takagi, A superconducting quantum interference device magnetometer with a room-temperature pickup coil for measuring impedance magnetocardiograms. Jpn. J. Appl. Phys. Part 1-Regular Papers Short Notes & Rev. Papers **41**, 596–599 (2002)
27. R. Sklyar, Superconducting induction magnetometer. IEEE Sens. J. **6**, 357–364 (2006)
28. K. Tashiro, S. Inoue, H. Wakiwaka, Sensitivity limits of a magnetometer with an air-core pickup coil. Sens. Transduc. J. **9**, 171–181 (2010)
29. K. Tashiro, I. Sasada, Contact less current sensor with magnetic shaking techniquie (Preliminary studies on ultra-low noise induction sensor). JSAEM Stud. Appl. Electromagnet. Mech. **15**, 35–40 (2005)
30. F.W. Grover, Inductance calculations: dover phenix editions (2004)
31. K. Kajikawa, K. Kaiho, Usable range of some expression for calculation of the self-inductance of a circular coil of rectangular cross section. TEIONKOHGAKU **30**, 324–332 (1995). (in Japanese) (This article improved previous work given by J. Hak: El. u. Maschinenb. 51, 477 (1933))
32. H. Hastings, Approximations for digital computers (Sheet No. 46 and 49), Princeton, (1955). (This information referred to a Japanese book: S. Moriguchi, K. Udagawa and S. Hitomatsu, "IWANAMI SUUGAKU KOUSHIKI", Iwanami publishing, 22th edition, Vol. III, pp. 79–81, 2010)
33. K. Tashiro, H. Wakiwaka, T. Mori, R. Nakano, N.H. Harun, N. Misron, Sensing technology: current status and future trends IV (Chapter 7: Experimental Confirmation of Cylindrical Electromagnetic Sensor Design for Liquid Detection Application) (Springer, Berlin, 2014), pp. 119–137
34. K. Tashiro, A. Kakiuchi, A. Matsuoka, H. Wakiwaka, A magnetic contamination detection system based on a high sensitivity induction gradiometer. J. Jpn. Soc Appl Electromag. Mech. **17**, S129–S132 (2009)
35. K. Tashiro, Proposal of coil structure for air-core induction magnetometer. Proc. IEEE Sens. **2006**, 939–942 (2006)
36. Linear Technology, LT1028, Data sheet
37. R.J. Prance, T.D. Clark, H. Prance, Compact broadband gradiometric induction magnetometer system. Sens. Actuators a-Phys. **76**, 117–121 (1999)
38. K. Tashiro, Broadband air-core Brooks-coil induction magnetometer. SICE - ICASE **2006**, 179–182 (2006)
39. K. Tashiro, H. Wakiwaka, S. Inoue, Electrical interference with pickup coil in induction magnetometer, in *Proceedings of the 2011 Fifth International Conference on Sensing Technology (ICST2011)* (2011), vol. 90–93
40. K. Tashiro, S. Inoue, H. Wakiwaka, H. Yasui, H. Kinoshita, Induction magnetometer in MHz range operation. Sens. Lett. **11**, 153–156 (2013)
41. K. Tashiro, S. Inoue, Y. Uchiyama, H. Wakiwaka, H. Yasui, H Kinoshita, Induction magnetometer with a metal shielded pickup coil for MHz range operation. IEE J. Transac. Fundam. Mat. **131**(7), 490–498 (2010) (in Japanese) doi:10.1541/ieejfms.131.490

42. K. Tashiro, S. Inoue, K. Matsumura, H. Wakiwaka, A magnetic contamination detection system with a differential input type current-to-voltage converter, in *The Fourth Japan-US Symposium on Emerging NDE Cabpabilities for a Safer World* (2010), pp. 94–99
43. K. Tashiro, A. Ikegami, S. Shimada, H. Kojima, H. Wakiwaka, Design of self-generating component powered by magnetic energy harvesting—magnetic field alarm (Springer, Berlin, 2015), 21 pages (to be published)

第 2 章　平行磁通门磁力仪

Michal Janosek[①]

摘要: 本章简要介绍平行磁通门的发展、技术和性能。从理论背景出发,推导磁通门选通曲线,讲解磁通门传感器的典型样例,包括磁芯为杆状、环形和跑道形的磁通门传感器。详细讨论平行磁通门的几何形状、结构和磁性材料处理对其噪声的影响——目前最佳噪声水平可以降至 $2pT_{rms}Hz^{-1/2}$。介绍平行磁通门磁力仪的基本应用和商业器件的总体情况,以及在批量化、微型化、数字化和航空航天设备方面的最新进展。

2.1　引　言

平行磁通门传感器可以追溯到 20 世纪 30 年代[1],尽管最近在传感器噪声、磁芯磁性材料和信号提取新理论等领域的发现完善了这些早期知识,但大部分早期知识直到今天仍然有效。随着电子电路和磁芯材料的发展,在 10Hz 的带宽内,噪声水平从早期开始由几纳特不断降低到皮特单位。

结构最简单的平行磁通门传感器的示意图如图 2-1(a)所示——通过励磁场强度 H_E(由励磁线圈产生)在铁磁芯中产生的时变励磁通量 Φ_E 与"被测量"磁场 H_M 是平行的。

总的说来,磁通门传感器是一种基于感应定律的磁场传感器。如图 2-1(a)所示的最简单的结构,其在拾取线圈端子 P 处的输出电压 U_i 可近似表示为

$$U_i = -N \cdot S \cdot \left(\frac{dB_E}{dt} + K \cdot \mu_0 \mu_r \cdot \frac{dH_M}{dt} + K \cdot \mu_0 \cdot H_M \frac{d\mu_r}{dt} \right) \quad (2-1)$$

式中: H_M 为被测量的具有可能时变分量的外部磁场强度; B_E 为由激励磁场强度

---

① M. Janosek 亚诺塞克电气工程学院测量系,捷克共和国,布拉格,布拉格捷克技术大学;电子邮件:janosem@fel.cvut.cz;© 瑞士斯普林格国际出版公司 2017, A. Grosz 等(编),高灵敏度磁强计,智能传感器,测量和仪器 19, DOI 10.1007/978-3-319-34070-8-2。

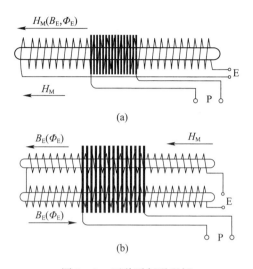

图2-1 两种平行磁通门
(a)最简单的杆状磁芯平行磁通门;(b)改进的双磁芯平行磁通门。

H_E 在磁芯中引起的交变激励磁通密度;N 为拾取线圈的匝数;S 为磁芯横截面积;μ_0 为真空的磁导率;K 为磁芯与外磁场 H_M 的无量纲耦合系数(实际的磁芯形状与椭圆相差较远)。

式(2-1)括号中第一项的出现是由于这类简单传感器会直接将激励磁通 Φ_E 转换到拾取线圈,这是这种设计的普遍缺点。拾取线圈第二项是由于被测磁场 H_M 可能的时变性。然而,磁通门传感器的核心原理在于式(2-1)的最后一项,交变激励(驱动)磁场 H_E 周期性地引起磁通门中磁芯磁性材料饱和,从而调制具有非零时间导数的磁芯磁导率。

尽管有时将图2-1(a)所示的传感器用于低成本设备,但实用性不好。使用两个铁芯代替一个铁芯,每个磁芯具有相反的励磁磁通,拾取线圈共用两个铁芯,如图2-1(b)所示。如果两个磁芯磁性相同,拾取线圈将有效抑制式(2-1)中可能引起较大干扰幅度的第一项。如果外磁场 H_M 恒定,则第二项也为零,磁通门输出只有公式(2-1)中第三项。根据文献[2]和文献[3],磁通门输出电压为

$$U_i(t) = -N \cdot S \cdot \mu_0 H_M \cdot \frac{d\mu_r}{dt} \frac{1-D}{[1+D(\mu_r-1)]^2} \quad (2-2)$$

通过一个等式引入了铁磁体(磁通门磁芯)的无量纲去磁因子 D 代替了式(2-1)的"耦合系数"K。

2.2 物理模型

2.2.1 磁通门传递函数

图 2-1(b)给出的传感器可用于推导平行磁通门工作原理。由于两块磁芯相同,仅仅励磁磁场 H_E 反向(在磁芯中产生了时变的 $\Phi_E(B_E)$),可以为每个磁芯绘制相应的 B-H 回线(对应磁化周期的 1/2),如图 2-2(b)所示。

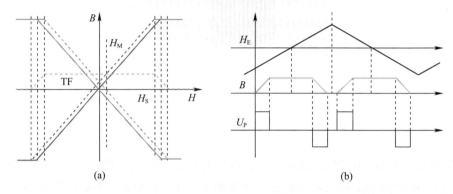

(a) (b)

图 2-2 理想磁通门传感器的传递函数和输出电压(见彩图)
(a)理想 B-H 曲线对应传递函数;(b)三角形激励下的输出电压。

磁芯 B-H 回线简化为没有磁滞的理想回线,图 2-2(a)中,H_S 代表饱和时的场强强度;红色曲线对应于图 2-1(b)中下面的磁芯,蓝色曲线对应上面的磁芯。

在不存在外磁场 H_M(实线)的情况下,如果将双磁芯特性相加,则在半励磁周期内,B 的总变化为零。然而非零的外磁场 H_M 有效增加激励磁场强度 H_E 进而导致 B-H 回线偏移。

对双磁芯求和后,得到一个有效的"B-H 传递函数"TF 或"门控函数":激励磁场周期性地选通磁芯中的磁通量(磁芯磁通密度),其阈值由 H_S 值和外磁场 H_M 大小设定。

现在考虑一个三角波形的激励磁场 H_E,如图 2-2(b)所示,利用传递函数 TF 对它进行分析,可以推导出拾取线圈的输出电压 U_P 为磁芯磁通密度 B 导数。可以看出,拾取线圈输出电压的频率是 H_E 的 2 倍,其幅度和滞后相位与被测磁场 H_M 成正比。

考虑材料的磁滞,传递函数将作相应地修改[2],如图 2-3(a)所示。但是,如图 2-2(b)和图 2-3(a)所示趋近饱和的部分是不现实的,图 2-3(b)给出

了实际的 $B-H$ 回线和相应的门控函数。

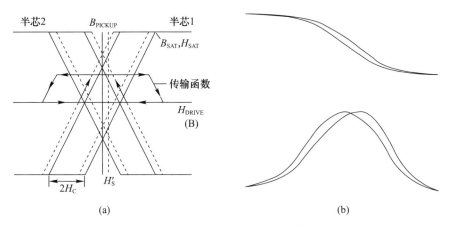

图 2-3　选通功能和选通函数
(a)文献[2]中给出的带有磁滞的门控函数；(b)文献[3]给出的实际门控函数。

早在1936年,就给出了推导磁通门输出信号的分析方法[1]。从那时起,在建模方面取得了许多改进,也采用了如图2-2(b)所示的脉冲序列进行傅里叶变换的方法[2-5]。

下面将列出早期的 Aschenbrenner 方法,因为该方法给出了磁通门输出信号中二次谐波起源的简单分析演示。

首先对 $B-H$ 磁化曲线进行简单近似[1],假设系数 $a>0, b>0$,则

$$B = a \cdot H - b \cdot H^3 \tag{2-3}$$

在图2-1(b)的每个磁芯中,将被测磁场 H_M 和谐波激励磁场 $H_E = A\sin\omega t$ 相加可得

$$H_{1,2} = H_M \pm H_E = H_M \pm A\sin\omega t \tag{2-4}$$

由式(2-3)可知,双磁芯中各自对应的磁通密度 B 为

$$B_{1,2} = a(H_M \pm A\sin\omega t) - b(H_M \pm A\sin\omega t)^3 \tag{2-5}$$

$$\begin{aligned} B_{1,2} = &\, a \cdot H_M - b \cdot H_M^3 - \frac{3}{2} b \cdot A^2 \cdot H_M \pm \\ & \left(a \cdot A - 3b \cdot A \cdot H_M^2 - \frac{3}{4} b \cdot A^3 \right) \sin\omega t + \\ & \frac{3}{2} b \cdot A^2 \cdot H_M \cos 2\omega t \pm \frac{1}{4} b \cdot A^3 \sin 3\omega t \end{aligned} \tag{2-6}$$

如果两个磁芯的横截面积 S 相等,将通过同一拾取线圈的磁通相加,求和后

可得剩余项为

$$\Phi = S(B_1 + B_2) = 2S\left(a \cdot H_M - b \cdot H_M^3 - \frac{3}{2}b \cdot A^2 \cdot H_M + \frac{3}{2}b \cdot A^2 \cdot H_M\cos2\omega t\right)$$

(2-7)

唯一的时变分量是励磁场频率的二次谐波为

$$\Phi(t) = 3Sb \cdot A^2 \cdot H_M\cos2\omega t \qquad (2-8)$$

由此可知,时变的输出是激励频率的二次谐波,其幅度直接与被测静态磁场 H_M 成正比。如果外磁场 H_M 是时变的,在基频上也存在一个信号。然而,实际上也存在更高阶的偶次谐波,这是由于 $B-H$ 回线的性质(迟滞性、近饱和性)以及具有高次谐波的非正弦激励波形。目前,在现代磁通门模型[2-5]中已经考虑了这些影响。

2.2.2 磁通门的调制器模型

磁通门感应外磁场 H_M 的实际输出中含有交流分量和直流分量,如图2-4所示,其中,f_M 为交流分量的频率,f_E 为激励信号频率。f_M 处信号的出现是由于传感器的非理想对称性,即式(2-6)的互补项的振幅和相位不完全相同,因此不能完全相减。二次谐波 $2f_E$ 处的信号确切的是由 H_M 的直流分量引起的,因此,被测磁场 H_M 被调制在激励二次谐波上。然而,由于传感器的非理想对称性,H_M 也被调制到了基波激励频率 f_E 上。这不仅施加了直流,而且也施加了交流信号在 f_M 处,这表现为调制信号出现在 $f_E \pm f_M$ 和 $2f_E \pm f_M$ 处。

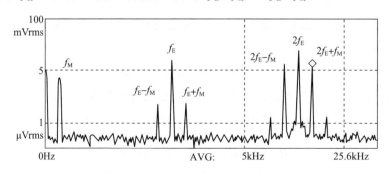

图2-4 交流驱动磁通门的输出频谱

由图2-4中的频谱信息可以得到,交变信号被频率为磁通门激励频率二次谐波的载波幅度调制,而且载波的幅度与信号的直流分量成正比。可以通过将 $H_M + B\cos(\psi t)$ 代替式(2-8)中 H_M 进行证明。如果激励磁场含有高次谐波,则频谱中也会存在更高次的调制谐波,更高次的偶次谐波也包含被测磁场的信息。

2.3 平行磁通门噪声

磁通门噪声通常表现为 $1/f$ 特性,噪声幅度谱密度($\mathrm{ASD} = \sqrt{\mathrm{PSD}}$)低至 $2 \sim 3 \mathrm{pT_{rms} Hz^{-1/2}}$,通常为 $10 \mathrm{pT_{rms} Hz^{-1/2}}$ 。然而,由于磁力仪电子电路噪声较大地限制了基本的本底白噪声(放大器噪声、探测器相位噪声等),这使得磁通门噪声的测量变得困难,并存在较大的统计误差。

实际磁通门噪声可能与3种效应有关:随机特性的巴克豪森(Barkhausen)噪声,或者更好地解释为磁通门磁化周期内的不可逆旋转和磁畴壁位移过程[6-8],热白噪声[9],以及过多的小尺度噪声[10](在许多磁通门中假设为低的巴克豪森噪声)。小尺度噪声认为起源于非零磁致伸缩磁芯对外部应力的非均匀随机的磁致伸缩耦合[11],而不是磁致伸缩运动本身[12]。拾取线圈的白噪声影响不大,随着线圈匝数的增加电阻增大了,但电压灵敏度也随之增大。

一种重要的因素是"内部"磁通门磁芯噪声通过磁芯去磁系数 D 耦合到了实际传感器噪声,可表示为

$$B_{\mathrm{SensorNoise}} \approx D B_{\mathrm{CoreNoise}} \quad (2-9)$$

Van Bree 在文献[6]指出,对于巴克豪森噪声,对应于信噪比为0的最小可检测信号 H_0 (要仔细看一看类似问题)可表示为

$$H_{0(Bh)} = \frac{B_S}{\mu_0 \mu_r} \sqrt{\frac{\tau}{N_B t_m}} \quad (2-10)$$

式中: τ 为磁化周期下限(与激励频率成反比); t_m 为测量时间; B_S 为饱和磁通密度; N_B 为 Bitel 和 Storm 之后的巴克豪森体积密度[8]。

对于 $N_B = 10^4, \tau = 10^{-6}\mathrm{s}, t_m = 1\mathrm{s}, \mu_r = 8000$[6],得到 H_0 的下限约为 $2 \times 10^{-6} \mathrm{A/m}(2\mathrm{pT})$,这与具有低巴克豪森噪声的最新材料相对应[14]。

白噪声通常根据磁芯中的(热)波动电流来估计:垂直于磁芯轴的分量产生耦合到拾取线圈的磁场噪声[9],即

$$I_{\mathrm{core}}\left[\frac{A_{\mathrm{rms}}}{\sqrt{\mathrm{Hz}}}\right] = \sqrt{\frac{4kT}{R_{\mathrm{core}}}} \quad (2-11)$$

这种"白噪声电流"也存在于二次谐波中。这种情况下,式(2-11)应考虑由于趋肤效应而产生的磁芯"有效阻力" $\mathrm{Re}\{Z\}$ 。由于只考虑二次谐波的相关分量,因此噪声仅通过式(2-11)的(低)残余传递项耦合到拾取线圈。

对于通常的磁芯体积,预测的白噪声至少比观测到的磁通门噪声低一个数量级:对于跑道传感器[9],$2pT_{rms}Hz^{-1/2}$,白噪声约为 $0.39pT_{rms}Hz^{-1/2}$。在单畴磁通门[14]中,利用互谱测量技术测量的白噪声约为50fT。

典型的磁通门噪声如图 2-5 所示。比林斯利(Billingsley)A&D 公司的低噪声 TFM100G2 磁力仪在 10~300mHz 之间显示出大约 $1/f$ 的特性,并且从 1Hz 开始时几乎是白色噪声,振幅谱密度(Amplitude Spectral Density,ASD)大约为 $4.5pT_{rms}Hz^{-1/2}$,这是电子器件的极限而不是传感器本身的。

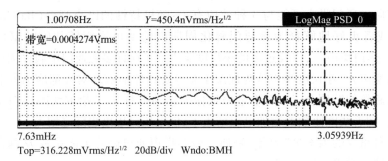

图 2-5 典型磁通门磁力仪噪声(TFM100G2,100kV/T,SR770)

2.4 磁通门形状和结构

平行磁通门传感器的磁芯几何结构对传感器的制造起着重要作用。根据磁芯几何结构,传感器可以大致分为两大类,杆式传感器利用磁路开放的磁芯,环形磁芯和跑道磁芯使用闭合磁路磁芯。

2.4.1 杆式传感器

阿斯肯布伦纳(Aschenbrenner)在 1936 年使用了两个磁杆和一个共用拾取线圈的设计,如图 2-1(b)所示。研究者和制造者 F. Förster 使用了它之后,也常被称为"Förster 结构"。图 2-6 给出了一个样例,两个薄的坡莫合金磁芯放在玻璃管中,激励线圈绕在其顶部(与图 2-1(b)相比)。另外,两个反向串连的拾取线圈也能直接缠绕在励磁线圈上,称为"瓦奎尔(Vacquier)结构",由瓦奎尔于 1941 年申请专利。

杆式传感器的优点是具有低的去磁系数,这是由于截面与被测磁场方向上的长度之比较好。缺点是由于磁路开路,在磁芯长度上的饱和程度不同,导致传感器偏移问题。因此,放置拾取线圈时,需要使其不覆盖嘈杂、不饱和的铁芯端部[15]。

图2-6 组装前的杆磁通门(Förster型)

2.4.2 环型和跑道型

如前所述,平行磁通门的结构应确保良好的对称性,以抑制多余的激励信号,并尽可能利用闭合路径磁芯通过强激励磁场降低噪声。由式(2-4)可知,传感器实际上可以被分成两个具有相反励磁磁场方向的"半芯",如图2-7所示。如图2-7(a)所示,环形铁芯的主要优点是可以旋转拾取线圈,以获得剩余励磁信号的最佳抑制(由于式(2-1)中的变换项);缺点是与杆式传感器相比,相对大的去磁系数降低了灵敏度。为了降低去磁系数,传感器的铁磁芯通常设计成椭圆形、跑道形状,如图2-7(b)所示。但是,其平衡并不容易实现,如环形核。

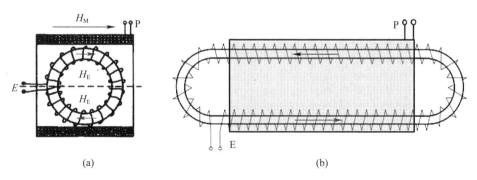

图2-7 环芯和跑道传感器
(a)环芯,H_E位于"半芯";(b)跑道传感器。

2.4.3 体积型传感器和微磁通门

经典的平行磁通门是大体积类型的,即它使用带有绕线激励和拾取线圈的磁带/导线甚至大体积的磁芯材料。

通过将磁带[16]或退火线[14]缠绕到磁芯骨架(图2-8(a))来获得较大传感器中的最终磁芯形状,无应力替代方法是从宽磁带[17]中蚀刻或电弧切割实现最终磁芯形状。大体积磁通门的优点是其高灵敏度,这是由于大截面和高数量的拾取线圈匝数,以及通过长传感器获取的低去磁系数。缺点是高成本和大体积,这些因素都限制了其在航空航天中的进一步应用[18]。一种简化生产设计的方法是使用印制电路板(PCB)磁通门传感器[19],如图2-8(b)所示。然而尽管尺寸类似,但其参数低于经典的参数,主要是由于生产后(铁磁芯的焊接)存在残余应力[20]。Butta在文献[11]提出了一种基于PCB基板的环形磁通门,这种薄层有利于传感器的高频性能。

(a)

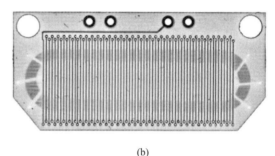
(b)

图2-8 典型的体传感器

(a)实际直径为12mm的环芯是典型的体传感器;(b)30mm长的跑道采用印制电路板技术。

磁通门微传感器20世纪80年代末开始出现。其局限性是灵敏度很低,甚至使用1MHz范围内的激励频率,得到1Hz的ASD约为$1nT_{rms}Hz^{-1/2}$。磁芯的制造方法通常会受到传感器设计的限制。对螺线管线圈和磁芯集成的需求极大地推动了微机电系统(MEMS)器件,CMOS器件得益于与铁磁芯耦合较差的扁平线圈的推动。集成微传感器铁芯要求电解沉积[21]、集成蚀刻带[22]或溅射[23]等。

2.5 磁通门噪声和铁芯

磁通门在80年的发展期间,已经最终认识到铁芯参数是低噪声、高灵敏度传感器的关键[14,16,24]。平行磁通门的铁磁芯应满足式(2-2)和工作原理的若干要求。这些要求影响几个不同的参数。表2-1列出了要求参数和主要受影响的属性列表。

表2-1 铁芯参数对磁通门性能的影响

铁芯参数	主要影响	次要影响
低去磁系数	灵敏度	噪声
低巴克豪森噪声	噪声	—
低磁致伸缩,低外加应力	偏移	噪声
高磁导率	灵敏度	耗电量
趋近饱和	噪声	—
厚度/电阻率	损耗	高频运行
居里温度	工作范围	噪声

2.5.1 铁芯形状——去磁系数

保持磁芯去磁系数 D 较低(对于杆式传感器是最低的),不仅为了对外磁场的高灵敏度(式(2-2)),而且还能提供更好地与"磁芯噪声"的比,如式(2-9)所列。因此,一种通用的降低传感器噪声的实际方法是,如果达到了提高磁性材料的极限,将降低去磁系数 D。

对直径 d 和有效厚度 T 的环形磁芯,通过大量计算和测量,其去磁系数[13]近似估计为

$$D \approx 0.223(T/d) \quad (2-12)$$

目前,采用有限元软件包对任意形状的材料进行建模是相对容易的。图2-9(a)给出了使用 ANSYS 和 FLUX 3D 软件计算10mm 环形磁芯的去磁系数,其中,磁带厚度 $20\mu m$,宽 $2.6mm$,$\mu_r = 15000$。对于5匝、18匝和46匝磁带计算得到的去磁系数与式(2-12)计算的结果符合较好。由 Primdahl 提出的磁通门噪声与去磁系数之间符合式(2-9)的关系后被证明适用于大型环芯传感器[25],其典型的依赖关系如图2-9(b)所示。在非常小的 D 值下噪声的增加是由于假设存在与二次谐波相干的外部诱导噪声,较小的横截面会导致信噪比损失。

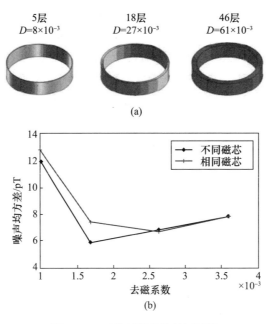

图2-9 两种环形磁芯(见彩图)

(a)10mm环形磁芯的去磁系数 D；(b)50mm环形磁芯磁通门噪声与去磁系数之间的关系。

2.5.2 磁芯材料及加工

在历史上，磁芯材料通常采用铁[1]或铁氧体[3]。后来晶态镍铁以带状或杆状的形式使用，最后是使用经过特殊退火的目前依旧被用于太空研究[18]的钼坡莫合金带材[26]。对于这些晶体材料，磁芯必须在材料处于最终形状的情况下进行退火。坡莫合金的固有优点是居里温度高，可以在高温下工作，但要实现接近零的磁致伸缩，必须特别注意材料成分。自20世纪80年代以来，非晶材料得到了广泛的应用，主要是以薄带和细线的形式，这些材料不需要最终形式的氢退火，机械敏感性也较低。钴基非晶材料有可能是传感器的最佳候选材料[16]，但要获得与传统钼坡莫合金磁芯相同或更好的性能，还需要足够的退火工艺。

低的巴克豪森噪声性能通常是在磁滞回线面积很小且主要是磁畴壁旋转而不是磁畴壁运动的材料中获得。通过对磁性材料施加垂直场或应力退火引入垂直各向异性，进而当畴壁运动时，促进畴壁移动而不是突然跳跃[16,24]。Shirae研究了居里温度对不同非晶态成分噪声的影响[27]，发现低居里温度与磁通门噪声有很强的相关性。

自20世纪末以来，纳米晶材料因其良好的热稳定性和稳定的相结构而受到人们的广泛关注。这使得纳米晶材料更适合于井下钻探[28]和可能的空间研究。但它们的缺点显而易见,饱和感应强度相对较高,即使经过适当的退火处理,也需要较高的激励功率和具有较高的噪声。

2.6 前馈补偿磁力仪

典型的反馈补偿磁力仪如图2-10所示。磁力仪通常使用反馈来获得器件更好的稳定性和线性度:被测磁场被反向的人工磁场调零,该人工磁场由与电压拾取共享的线圈或单独的补偿线圈产生。实现补偿场的标准方法是使用积分调节器馈送反馈电阻器或驱动有源电流源。

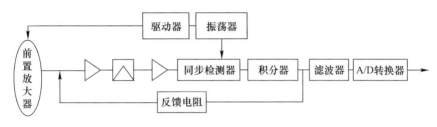

图2-10 反馈补偿磁力仪

另外,对于全矢量磁力仪,反馈线圈可以集成到三轴线圈系统中,那里放置了一个正交三元组传感器,确保补偿场的高度均匀性,并抑制对垂直场的寄生灵敏度[30]。同时抑制了传感器附近反馈场的相互影响。

补偿磁力仪的灵敏度(根据其工作原理)仅取决于补偿线圈的线圈常数。开环灵敏度(由拾取线圈匝数、磁芯体积、去磁系数、磁导率、驱动波形等给出)会影响磁力仪的噪声或分辨率,理想情况下,与开环时相同。磁力仪的线性度可以达到几十 ppm,其增益稳定性优于20ppm/K,在良好的设计中,该项受到补偿线圈(及其骨架)的热膨胀而不是电子设备本身的限制[30]。然而,即使对于最好的磁力仪,影响磁力仪分辨率的实际限制因素是传感器偏移量及其温度漂移,而反馈回路并不能抑制它们。这种偏移通常是由非理想激励波形引起的,该波形可能包含二次谐波的寄生信号,由于拾取线圈和两个铁磁芯(或半磁芯)的有限平衡,该信号不会被抑制。磁芯本身可能会受到突变(即大磁场冲击导致磁芯剩磁的变化)的进一步影响。磁芯的不均匀性及其与非均匀外部应力的磁致伸缩耦合[12]是影响偏移量的另一个重要因素。电子器件的影响效果可能要低得多,如放大器非线性和探测器偏移。Piel在文献[31]详细研究了电子器件对磁力仪参数的影响。

磁力仪电子器件分为模拟电路和数字电路两种。

1. 模拟电路

在模拟设计中,拾取电压的信号处理通常使用适当的相敏的,基于二次激励谐波调制信号的直流耦合下变频电路(同步检波器－相敏检波器/混频器),这样做主要是拾取线圈处的磁通门输出信号可由谐振电容"调谐"以抑制高阶偶数谐波。另一种检测可能是"在时域"通过积分输出电压[20],还可以通过电流－电压转换器"短路"输出磁通门端子,然后处理与门控磁通量成比例的类脉冲信号[32]。其他技术是使用了特殊探测电路中的磁通门输出脉冲的时滞信息[33,34]。

在检测电路之后,反馈调节器(积分器)确保反馈电流被感测、滤波并在A/D转换器(ADC)中对该值进行处理。磁通门激励(如图 2-10 所示的振荡器+驱动器)实际上不使用在磁通门输出函数推导中给出的正弦波或三角形激励信号。为了节省电能,或者采用 H 桥脉冲激励,或者"调谐"激励电路,即通过开关产生激励波形,并将激励电路的非线性电感调谐到串并联谐振,获得尖锐的激励峰值。通过这种方法励磁电路中的损耗能降低到仅励磁绕组的欧姆损耗,而且还显示励磁信号的振幅对传感器噪声具有反比例影响[35]。

2. 数字电路

早期使用 D/A 转换器的数字磁力仪设计的噪声比模拟磁通门要高。但在空间应用中,设计趋势是将电子器件集成到一个 ASIC 上,可以进一步增强航空航天应用的抗辐射能力。历史上,信号路径是使用适当的模数转换器,并在DSP/FPGA 中进行信号处理,进而通过 D/A 转换器进行反馈[36]。

最近,磁通门传感器被成功地集成在一个高阶 $\Delta-\Sigma$(Delta－Sigma)反馈回路电子器件中[37],相应的 ASIC(图 2-11)的功耗仅为 60mW,能够完成信号解

图 2-11 MFA 磁通门 ASIC 的显微照片

调、反馈补偿和数字读出,该磁力仪的性能相当于带有 $\Delta-\Sigma$ 数模(A/D)转换器的 20 位以上的模拟磁力仪[38]。

2.7 应　　用

第一个磁通门出现在地磁研究领域[1],后来也出现在军事或国防领域——"磁通阀"用于探测船只或潜艇[39]。第二次世界大战后,磁通门被广泛应用于航海和航空罗盘或陀螺罗盘[40],也用于火箭或导弹的姿态控制,后来开始应用于卫星[41]。自早期的"阿波罗"任务[26]以来,磁通门传感器一直被用于行星研究。尽管电子器件改进了,但直到今天在航空航天领域其形式几乎没有改变[18]。从一开始地球物理勘探就使用机载磁通门,自 20 世纪 80 年代以来,精确校准传感器方法日益丰富,这使得传感器甚至可以装在航天器上用于基于卫星的地球物理研究[42,43]。

磁通门在地面测量中最常见的应用就是磁梯度计。它主要由两个对准的单轴传感器或两个三轴传感器头组成。对于单轴梯仪,估计的梯度 $\mathrm{d}B_x/\mathrm{d}x$ 是距离 d 上两个传感器读数 B_{x1} 和 B_{x2} 的近似值,即

$$\frac{\partial B_x}{\partial x} = \lim_{d \to 0} \frac{B_{x1} - B_{x2}}{(x_1 - x_2)} \approx \frac{B_{x1} - B_{x2}}{d} = \frac{\Delta B_x}{\Delta x} \qquad (2-13)$$

如果传感器间距 d 取值合理,即低于 1m,则式(2-13)显示对单个磁通门传感器的噪声要求较高。使用磁通门的 Metal 或未爆炸武器(Unexploded Ordnance,UXO)探测器也能用于水下猎雷[44],并且由于现在能够得到的低成本的计算能力,他们甚至可以构建全张量梯度计用于磁偶极子定位。

磁通门(梯度计)在生物医学领域也有应用,如磁松弛测定法(Magneto Relaxometry,MRX)[45]和磁肺造影法(Magneto Pneumography,MPG)[46]。平行磁通门或至少其原理也用于无接触的、精确的直流/交流测量[34,47]。

2.8 商用磁通门

2.8.1 磁力仪

实际上,几乎没有供应商单独出售高质量的磁通门传感器——通常提供完整的磁力仪,常见的配置是具有模拟输出的三轴磁力仪,传输常数(灵敏度)大多为 100000V/T。此类仪器包括 TFM100G2(美国比林斯利航天与国防公司)、MAG3(英国巴丁顿(Bartington)公司)、FGM3D(德国森斯(Sensys)公

司)、电磁创新实验室的 TAM-1 或者 LEMI024(乌克兰利沃夫(Lviv))。这些模拟仪器输出的数字化取决于用户或制造商提供的专用硬件。具有数字输出功能的磁力仪有:比林斯利 DFMG24、LEMI-029、德国弗斯特(Förster)的三轴磁力仪和美国梅达(MEDA)的 FVM-400。表 2-2 列出了上述磁力仪的最重要参数。

表 2-2 几种商用磁力仪的参数

磁力仪类型	量程/±μT	噪声(1Hz)/($pT_{rms}Hz^{-1/2}$)	带宽 3dB/kHz	偏置漂移/(nT/K)	功率/W
TFM100G2	100	5-10	0.5/4	0.6	0.4
MAG03	70	6-10-20	3	0.1	0.5
FGM3D	100	15	2	0.3	0.6
LEMI 024	80	6	0.5	N/A	0.35
d-FVM-400	100	N/A	0.05/0.1	N/A	0.55
d-DFMG24	65	20	0.05	0.6	0.75
d-LEMI-029	78	6(w/comp)	0.18	N/A	0.5
d-Förster 3-Axis	100	35	1	1	3.6

2.8.2 磁通门梯度仪/UXO 探测器

表 2-3 列出了几种商用梯度仪(UXO 探测器)的参数,由美国星斯六公司(Schonsted)、德国弗斯特公司(Förster)(德国)、英国地球扫描公司(Geoscan)以及巴丁顿(英国)等公司制造。尽管梯度计的噪声可以作为选择最佳仪器的参数,但实际上,梯度计的分辨率是通过梯度计校准(无定向)给出的,这限制了梯度计的实际性能:大概率的,除非梯度计完全对准或校准,否则地球磁场导致错误响应。

表 2-3 几种商用梯度仪的参数

梯度仪类型	底座/m	分辨率/(nT/m)	质量/kg	功率/W
Schonsted GA52Cx	0.5	N/A	1.1	0.2
Förster Ferex (0.6m,w/logger)	0.65	1.5	4.9	2
Geoscan FM256	0.5	2	2.5	0.5
Bartington GRAD601(w/logger)	1	<1	1.3	1.1

2.9 最 新 成 果

无论是在传感器领域,还是在磁力仪/梯度计领域,最近的成果主要体现在铁磁磁芯材料和传感技术的进步。

2.9.1 体积型传感器、磁力仪和梯度仪

在文献[28]中,Rühmer 提出了一种高温额定值为 250℃ 的磁通门磁力仪,该传感器的磁芯采用纳米晶体 Vitroperm VP800R;之前,Nishio 在文献[48]中为了 Mercury 探测卫星也进行过类似的研究,在 $-160 \sim +200$℃ 范围内测量了传感器特性。

文献[24]中直径为 10mm 的微型非晶环芯磁通门,通过场退火使其噪声降低到 $6pT_{rms}Hz^{-1/2}$,可与丹麦技术大学[30]最先进的 17mm 航空航天传感器以及德国布伦瑞克(Braunschweig)工业大学地球物理和地外物理小组[18]使用的晶体钼坡莫合金传感器相媲美。文献[25]表明通过优化磁芯几何形状和大型环形磁芯的磁芯截面来降低去磁系数,以及采用铸态磁带,甚至达到了 $2pT_{rms}Hz^{-1/2}$。Jeng 在文献[49]中分析了微型磁通门灵敏度低的问题,通过利用多重偶次谐波信息,使微型磁力仪的噪声水平提高了 2 倍。

Butta 在文献[11]中研究了磁通门磁芯对外部应力的磁致伸缩耦合与磁通门噪声的关系。Ripka 在文献[12]中研究了磁通门偏移的来源,通过排除其他来源如电子器件引起的突变或偏移,认为磁通门偏移以及过大的噪声是(局部)磁弹性耦合的影响。

在梯度仪领域,轴向装置的最新技术仍然是 DTU[50] 的结构,带有两个三轴矢量补偿头,间隔 60cm,达到了 $0.1nT_{rms}m^{-1}$ 的分辨率。在美国佛罗里达州海军水面作战中心开发的水下"实时跟踪自主航行器"[51],对航行器噪声进行补偿后,在 1Hz 下显示出低于 $0.3nT_{rms}m^{-1}Hz^{-1/2}$ 的噪声。Sui 在文献[52]中提出了一种类似的全张量梯度仪,通过一个紧凑的球形线圈进行矢量补偿,由于对所有 4×3 传感器统一补偿到均匀场,可以进一步减小梯度仪的误差,提高其灵敏度。

2.9.2 微型磁通门

Lei 在文献[22]中提出了一种低噪声 MEMS 微型磁通门,采用化学刻蚀法嵌入纳米晶体磁芯,并带有三维螺线管线圈。传感器尺寸为 6mm×5mm,噪声低至 $0.5nTHz^{-1/2}$。美国得州仪器公司(TI)最近发布了一种集成 CMOS 的 Förster 型微磁通门,采用梯度排列达到无接触电流传感[53];通过取代磁轭间隙

中的普通霍尔探头,也适用于闭环电流测量。其显微照片如图2-12所示:一起展示了弗斯特传感器以及激励和信号处理电子设备。微型磁通门的工作频率为1MHz,取得了0.2mA的分辨率,并以"DRV421"版本发布。最近,又发布了一个位于4mm×4mmQFN芯片中的独立微磁通门[54],其噪声为1.5nTHz$^{-1/2}$。

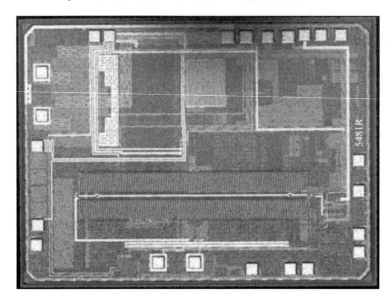

图2-12 集成CMOS的弗斯特型微磁通门显微照片

2.9.3 空间应用

丹麦技术大学(Danmarks Tekniske Universited, DTU)提出的用于卫星任务[55]的一种偏移减小技术可以在73℃范围内将传统模拟磁力仪设计[30]中的偏置漂移降低至 ±0.5nT,通过检测器相位的自适应控制来补偿激励谐振电路中的温度变化。热辐射成像系统(Thermal Emission Imaging, THEMIS)任务的数字探测 Δ-Σ 磁力仪(2007年发射,依旧在用)在 -55℃~60℃的温度范围内实现了大约0.05nT/K的偏移稳定性[18]。这些参数代表了空间磁通门磁力仪的最高水平。

最近成功的罗塞塔(ROSETTA)探测器及其菲莱(PHILAE)号着陆器都使用了磁力仪。在0.1~10Hz波段内,仪器噪声约为22pT$_{rms}$[56]。2013年,欧洲空间局发射的蜂群(SWARM)多任务卫星搭载了多个原子磁力仪以及来自丹麦DTU的传统磁通门,目前正在为新的地球磁场模型和其他地球物理观测提供有价值的数据[43]。类似地,美国国家航空航天局(NASA)"磁层多尺度任务"航天器于

2015年3月发射升空,该航天器携带模拟和 Δ-Σ 集成环的磁力仪,在奥地利 IWF Graz 采用传统的 ASIC 开发[37],如图 2-13 所示。为实现磁性清洁已经使用了多个磁力仪并付出了大量努力[38]。

图 2-13 磁传感器和 MMM 任务的数字电子设备

参考文献

1. H. Aschenbrenner, G. Goubau, Eine Anordnung zur Registrierung rascher magnetischer Störungen. Hochfrequenztechnik und Elektroakustik **47**(6), 177–181 (1936)
2. D.I. Gordon, R.H. Lundsten, R. Chiarodo, Factors affecting the sensitivity of gamma-level ring-core magnetometers. IEEE Trans. Magn. **1**(4), 330–337 (1965)
3. F Primdahl, The fluxgate mechanism, part I: the gating curves of parallel and orthogonal fluxgates. IEEE Trans. Magn. **6**(2), 376–383 (1970)
4. J.R. Burger, The theoretical output of a ring core fluxgate sensor. IEEE Trans. Magn. **8**(4), 791–796 (1972)
5. A.L. Geiler et al., A quantitative model for the nonlinear response of fluxgate magnetometers. J. Appl. Phys. **99**(8), 08B316 (2006)
6. J.L.M.J. van Bree, J.A. Poulis, F.N. Hooge, Barkhausen noise in fluxgate magnetometers. Appl. Sci. Res. **29**(1), 59–68 (1974)
7. M. Tejedor, B. Hernando, M.L. Sánchez, Reversible permeability for perpendicularly superposed induction in metallic glasses for fluxgate sensors. J. Magn. Magn. Mater. **133**(1), 338–341 (1994)
8. H. Bittel, L. Storm, *Rauschen. Eine Einfuehrung zum Verstaendnis elektrischer Schwankungserscheinungen.* (Springer, Berlin, 1971) (1)
9. C. Hinnrichs et al., Dependence of sensitivity and noise of fluxgate sensors on racetrack geometry. IEEE Trans. Magn. **37**(4), 1983–1985 (2001)
10. D. Scouten, Sensor noise in low-level flux-gate magnetometers. IEEE Trans. Magn. **8**(2), 223–231 (1972)
11. M. Butta et al., Influence of magnetostriction of NiFe electroplated film on the noise of fluxgate. IEEE Trans. Magn. **50**(11), 1–4 (2014)
12. P. Ripka, M. Pribil, M. Butta, Fluxgate Offset Study. IEEE Trans. Magn. **50**(11), 1–4 (2014)
13. F. Primdahl et al., Demagnetising factor and noise in the fluxgate ring-core sensor. J. Phys. E: Sci. Instrum. **22**(12), 1004 (1989)

14. R.H. Koch, J.R. Rozen, Low-noise flux-gate magnetic-field sensors using ring-and rod-core geometries. Appl. Phys. Lett. **78**(13), 1897–1899 (2001)
15. C. Moldovanu et al., The noise of the Vacquier type sensors referred to changes of the sensor geometrical dimensions. Sens. Actuators A **81**(1), 197–199 (2000)
16. O.V. Nielsen et al., Analysis of a fluxgate magnetometer based on metallic glass sensors. Meas. Sci. Technol. **2**(5), 435 (1991)
17. P. Ripka, Race-track fluxgate sensors. Sens. Actuators, A **37**, 417–421 (1993)
18. H.U. Auster et al., in *The THEMIS fluxgate magnetometer*. The THEMIS Mission (Springer, New York, 2009), pp. 235-264
19. O. Dezuari et al., Printed circuit board integrated fluxgate sensor. Sens. Actuators, A **81**(1), 200–203 (2000)
20. J. Kubik, M. Janosek, P. Ripka, Low-power fluxgate sensor signal processing using gated differential integrator. Sens. Lett. **5**(1), 149–152 (2007)
21. O. Zorlu, P. Kejik, W. Teppan, A closed core microfluxgate sensor with cascaded planar FeNi rings. Sens. Actuators A **162**(2), 241–247 (2010)
22. J. Lei, C. Lei, Y. Zhou, Micro fluxgate sensor using solenoid coils fabricated by MEMS technology. Meas. Sci. Rev. **12**(6), 286–289 (2012)
23. E. Delevoye et al., Microfluxgate sensors for high frequency and low power applications. Sens. Actuators A **145**, 271–277 (2008)
24. P. Butvin et al., Field annealed closed-path fluxgate sensors made of metallic-glass ribbons. Sens. Actuators A Phys. **184**, 72–77 (2012)
25. M. Janosek et al., Effects of core dimensions and manufacturing procedure on fluxgate noise. Acta Phys. Pol. A **126**(1), 104–105 (2014)
26. M.H. Acuna, Fluxgate magnetometers for outer planets exploration. IEEE Trans. Magn. **10**, 519–523 (1974)
27. K. Shirae, Noise in amorphous magnetic materials. IEEE Trans. Magn. **20**(5), 1299–1301 (1984)
28. D. Rühmer et al., Vector fluxgate magnetometer for high operation temperatures up to 250 °C. Sens. Actuators A Phys. **228**, 118–124 (2015)
29. A. Matsuoka et al., Development of fluxgate magnetometers and applications to the space science missions. Sci. Instrum. Sound. Rocket Satell. (2012)
30. O.V. Nielsen et al., Development, construction and analysis of the "Oersted" fluxgate magnetometer. Meas. Sci. Technol. **6**(8), 1099 (1995)
31. R. Piel, F. Ludwig, M. Schilling, Noise optimization of racetrack fluxgate sensors. Sens. Lett. **7**(3), 317–321 (2009)
32. F. Primdahl et al., The short-circuited fluxgate output current. J. Phys. E Sci. Instrum. **22**(6), 349 (1989)
33. B. Andò et al., in *Experimental investigations on the spatial resolution in RTD-fluxgates*. IEEE Instrumentation and Measurement Technology Conference, 2009 (IEEE 2009), pp. 1542–1545
34. D. High, Sensor Signal Conditioning IC for Closed-Loop Magnetic Current Sensor (Texas Instruments, 2006)
35. P. Ripka, W.G. Hurley, Excitation efficiency of fluxgate sensors. Sens. Actuators A **129**(1), 75–79 (2006)
36. J. Piil-Henriksen et al., Digital detection and feedback fluxgate magnetometer. Meas. Sci. Technol. **7**(6), 897 (1996)
37. W. Magnes et al., in *Magnetometer Front End ASIC*. Proceedings of 2nd International Workshop on Analog and Mixed Signal Integrated Circuits for Space Applications, (Noordwijk, 2008) pp. 99–106
38. C.T. Russell et al., The magnetospheric multiscale magnetometers. Space Sci. Rev. 1–68 (2014)
39. D.T. Germain-Jones, Post-war developments in geophysical instrumentation for oil prospecting. J. Sci. Instrum. **34**(1), 1 (1957)

40. W.L. Webb, Aircraft navigation instruments. Electr. Eng. **70**(5), 384–389 (1951)
41. S.F. Singer, in *Measurements of the Earth's Magnetic Field from a Satellite Vehicle*. Scientific uses of earth satellites (Univ. Michigan Press, Ann Arbor,1956), pp. 215–233
42. M.H. Acuna et al., in *The MAGSAT Vector Magnetometer: a Precision Fluxgate Magnetometer for the Measurement of the Geomagnetic Field*. NASA Technical Memorandum (1978)
43. T.J. Sabaka et al., CM5, a pre-Swarm comprehensive geomagnetic field model derived from over 12 yr of CHAMP, Ørsted, SAC-C and observatory data. Geophys. J. Int. **200**(3), 1596–1626 (2015)
44. Y.H. Pei, H.G. YEO, in *UXO Survey Using Vector Magnetic Gradiometer on Autonomous Underwater Vehicle*. OCEANS 2009, MTS/IEEE Biloxi-Marine Technology for Our Future: Global and Local Challenges (2009), pp. 1–8
45. F. Ludwig et al., Magnetorelaxometry of magnetic nanoparticles with fluxgate magnetometers for the analysis of biological targets. J. Magn. Magn. Mater. **293**(1), 690–695 (2005)
46. J. Tomek et al., Application of fluxgate gradiometer in magnetopneumography. Sens. Actuators A **132**(1), 214–217 (2006)
47. T. Kudo, S. Kuribara, Y. in *Takahashi, Wide-range ac/dc Earth Leakage Current Sensor Using Fluxgate with Self-excitation System*. IEEE Sensors (2011), pp. 512–515
48. Y. Nishio, F. Tohyama, N. Onishi, The sensor temperature characteristics of a fluxgate magnetometer by a wide-range temperature test for a Mercury exploration satellite. Meas. Sci. Technol. **18**(8), 2721 (2007)
49. J. Jeng, J. Chen, C. Lu, Enhancement in sensitivity using multiple harmonics for miniature fluxgates. IEEE Trans. Magn. **48**(11), 3696–3699 (2012)
50. J.M.G. Merayo, P. Brauer, F. Primdahl, Triaxial fluxgate gradiometer of high stability and linearity. Sens. Actuators A **120**(1), 71–77 (2005)
51. G. Sulzberger et al., in *Demonstration of the Real-time Tracking Gradiometer for Buried Mine Hunting while Operating from a Small Unmanned Underwater Vehicle*. IEEE Oceans (2006)
52. Y. Sui et al., Compact fluxgate magnetic full-tensor gradiometer with spherical feedback coil. Rev. Sci. Instrum. **85**(1), 014701 (2014)
53. M. Kashmiri et al., in *A 200kS/s 13.5 b Integrated-fluxgate Differential-magnetic-to-digital Converter with an Oversampling Compensation Loop for Contactless Current Sensing*. IEEE International Solid-State Circuits Conference-(ISSCC), 2015 (IEEE, 2015), pp. 1–3
54. Texas Instruments Inc., DRV425—Fluxgate Magnetic-Field Sensor (2015), http://www.ti.com/lit/ds/symlink/drv425.pdf
55. A. Cerman et al., in *Self-compensating Excitation of Fluxgate Sensors for Space Magnetometers*. IEEE Instrumentation and Measurement Technology Conference Proceedings, 2008 (IEEE, 2008), pp. 2059–2064
56. K.-H. Glassmeier et al., RPC-MAG the fluxgate magnetometer in the ROSETTA plasma consortium. Space Sci. Rev. **128**(1–4), 649–670 (2007)

第3章 正交磁通门磁力仪

Mattia Butta[①]

摘要: 正交磁通门是一种特殊类型的磁通门,近年来得到了广泛的应用。与其他的磁通门传感器一样,它也是基于铁磁芯中磁通量的选通。只不过在正交磁通门中,激励场和测量场是正交的。这导致传感器的结构发生了变化,最明显的是缺少了励磁线圈,使得正交磁通门的构造非常简单。本章首先分析正交磁通门的工作原理,用于说明输出信号产生的机理。其次,研究传感器如何构建,尤其是磁芯的结构以及常用于激励电流幅度最小化的技术。接着,介绍一种特殊的正交磁通门,称为无线圈磁通门:其名字来源于缺少拾取线圈,由于螺旋磁芯的各向异性,其输出电压直接来自磁芯的端子。然而,本章的重点内容是基模正交磁通门。在这类传感器中为了抑制巴克豪森噪声这个磁通门中的主要噪声源,为激励电流添加了一个大的直流偏置。为了得到非常低的输出噪声,给出如何正确设计磁芯几何形状以及通过退火修改各向异性,实现了在1Hz 时噪声低至 $1pT\sqrt{Hz}$。本章的另一个重点内容是基于正交磁通门的磁梯度计,通常在传感器不得不用于嘈杂环境以及要测量的磁场具有大梯度和小幅度的情况下使用。最后,与类似传感器(如基于金属线的 GMI)进行比较:给出相同点和差别,尤其是在信号提取方法方面,进而解释正交磁通门性能更好。

3.1 引 言

磁通门是一种非常常见的具有广泛应用范围的磁场传感器,在室温下工作,具有高的分辨率。然而,通常讲的"磁通门"仅指一种特殊类型的磁通门,即平行磁通门。事实上,还存在另一种类型的磁通门,称为正交磁通门,但经常被忽略。

[①] M. Butta(&),捷克共和国布拉格捷克技术大学;电子邮箱:buttamat@ fel. cvut. cz;© 瑞士斯普林格国际出版社 2017 63,A. Grosz 等人(编辑),高灵敏度磁力仪,智能传感器,测量和仪器 19,DOI 10. 1007/978 – 3 – 319 – 34070 – 8_3。

实际上，正交磁通门几乎与平行磁通门同时被发明，关于正交磁通门的第一项专利可追溯到1952年[1]。接着，由于科技界大部分的焦点都放在了明显给出更好结果的平行磁通门，在很长一段时间内，这项原理被遗忘了。

然而，在过去的10年里，正交磁通门得到了新的关注，特别是随着新型磁性导线的出现，可与平行磁通门竞争的小型正交磁通门应运而生。

3.2 工作原理

就像磁通门名称一样，所有类型的磁通门都是基于铁磁材料中磁通量的选通。因此，在磁通门中，总是有一个由铁磁性材料组成的磁芯，该磁芯被施加在它上面的激励磁场周期性地在相反方向上磁化到饱和。在从一个饱和态到另一个饱和态的转变过程中，观察到了磁通门效应。在某些角度，平行和正交磁通门的磁通门效应看起来不同，但事实上，两种情况下对应的工作模式都是基于磁芯的饱和，因此，都是基于磁通选通。无论是平行还是正交磁通门，两种情况下需要饱和才能使磁通门工作。

现在分析正交磁通门是如何测量外部磁场的。不过，在这之前，先来说明一下正交磁通门的含义是什么，尤其是为什么称为正交。

图3-1给出了一个平行和正交磁通门的基本结构。对于平行磁通门有不同的结构，这里使用跑道型磁芯作为磁芯的感应部分，此时测量场和激励场是平行的。

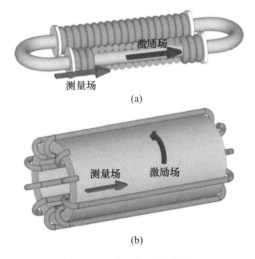

图3-1 磁通门基本结构
(a)平行磁通门；(b)正交磁通门。

在平行磁通门中,励磁线圈缠绕在磁芯周围,从而产生一个与感应磁场 H_M 平行的激励磁场 H_{ex}。恰恰相反,一个最简单形式的正交磁通门由一个被环形激励线圈缠绕的圆筒形铁磁磁芯组成。尽管感应磁场依旧在磁芯的轴向,但是环形线圈产生的激励磁场是圆周形磁场。这种情况下,激励磁场位于与感测方向垂直的 $X-Y$ 平面上,即 Z 轴(对应于铁芯的轴)。由于激励磁场和感应场是相互正交的,这就是该传感器称为正交的原因。

这并不意味着激励磁场 H_{ex} 是直线的,事实上,如图 3-1 所示,激励磁场 H_{ex} 是圆形的。为了表示 H_{ex} 与 H_Z 正交,简单认为 H_{ex} 总是沿着整个圆周垂直于 H_Z(它从不离开 $X-Y$ 平面)。

虽然圆筒形磁芯目前不是正交磁通门最常见的形状,但使用它描述传感器的工作原理是有用的,不仅因为它是历史上第一个提出的结构,还因为能够方便理解传感器工作原理。

考虑一个圆柱形各向同性的磁芯。如图 3-2(a) 所示,磁芯暴露于一个由环形线圈(图中未画出)产生的圆周向磁场 H_Φ 和一个轴向外部磁场 H_Z 中。假设一个最简单的铁磁材料的磁滞曲线,如图 3-2(b) 所示,这对于实际磁性材料明显不是真实的,但该假设有助于理解正交磁通门的基本原理。

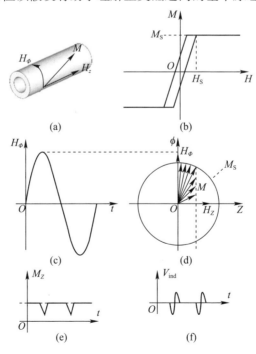

图 3-2 正交磁通门的工作原理

当 H_z 恒定时,H_ϕ 在时间上做正弦波变化(图 3-2(c)),这是因为激励线圈中为正弦波信号。进一步假设 H_z 远小于 H_ϕ 的振幅,并且远小于使磁芯饱和所需的场 H_S(这也是一个简化,在真实的铁磁材料中,饱和态和非饱和态之间没有明显的界线)。在这个假设下,谨记材料的各向同性,下面分析当 H_ϕ 随时间变化时磁化强度发生了什么变化。

当 H_ϕ 足够低,使得总场 $H_{tot} = (H_\phi^2 + H_z^2)^{1/2} < H_S$ 时,磁芯未饱和。因此,M 具有与总场 H_{tot} 相同的方向,并且随其幅值 H_{tot} 的增大而增大。一旦 H_ϕ 足够大,使 $H_{tot} > H_S$,则很容易从磁滞回线中理解 M 的幅值不能进一步增加,因为 M 达到了最大值 M_S。在这个阶段,M 在对应于 $M = M_S$ 的圆周上旋转。

如果注意一下会认识到,在第一个周期,当磁芯不饱和时,M_z(M 在 Z 轴上的投影)是一个常数(因为 H_z 是常数)。然而,当磁芯进入饱和状态,M 开始旋转时,M_z 随之减小,如图 3-2(d)所示。

当考虑 H_ϕ 的整个周期,容易发现当 H_ϕ 减小,H_{tot} 返回到低于 H_S 的值时,M_z 上升回初始值;对于当 H_ϕ 为负时半个周期,同样的变化再次发生。这种情况下,在负方向一旦 $H_{tot} < -H_S$,磁芯被磁化到饱和,M 再次旋转,使得 M_z 再次减小(图 3-2(e))。

通过计算 M_z 的时间导数,可以得到了与拾取线圈中感应电压成比例的信号(磁通沿轴向的导数)。由于 H_ϕ 的每个周期都有 2 次 M_z 的下降,因此,容易得到输出信号是二阶和更高阶的偶次谐波(图 3-2(f))。

考虑 H_z 取不同的值,H_z 值更大会发生什么?简单地说,M_z 的最大值将变大。这种情况下,将在更低的 H_ϕ 值达到饱和(由于 H_z 对总场 H_{tot} 的贡献更大),并且最重要的是,由于 M_z 值下降较大,M_z 的导数会变大。因此,对于较大的 H_z,在输出电压中将获得较大的二次谐波(图 3-3)。

很容易理解,如果 H_z 变为负,那么输出电压的极性将反向。正如在假设中标明的,这种机制对于小的 H_z 起作用。如果 H_z 足够大,使磁芯饱和,那么 M_z 只有旋转;在这种情况下,如果 H_z 增加,$H_{zmax} = M_S$ 而没有变化,因为 M_z 不能超过 M_S。最后,增加 H_z 而输出电压没有任何变化,这意味着传感器达到了饱和。

虽然磁芯在轴向方向上不应饱和,一个重要的条件是磁芯应该通过 H_U 的大振幅在圆周方向上进入深度饱和。如果在圆周方向上没有达到饱和,则不会出现 M_z 的下降,因而不会在拾取线圈中感应到电压。为了得到一个正常工作的正交磁通门,必须始终在周向上达到深度饱和。

文献[2]中的模型假设磁芯是各向同性的,文献[3]指出对于不可忽略的各向异性,还应考虑各向异性在决定磁化方向时的贡献。不管怎样,基本的工作原理仍然适用。

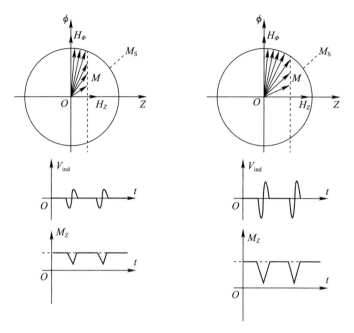

图 3-3 在一个正交磁通门中,不同的 H_Z 场产生不同感应电压的机理

3.3 铁 芯 形 状

3.3.1 圆柱形铁芯

如前所述,圆管形磁芯是正交磁通门最初被提出的第一种结构,因为它可能是最简单的磁芯。事实上,绕着圆筒制作环形线圈并不容易(然而自动绕线机能够用于平行磁通门中的环形磁芯)。然而,通过缠绕足够多的匝数可以产生大的激励磁场。

饱和是磁通门正常工作的关键。而且,想得到一个低噪声、大线型范围的传感器,必须施加一个足够大的激励场使磁芯进入深度饱和。通过使用环形线圈激励的圆管形磁芯,可以相对容易地实现。

对于正交磁通门最初还提出了另外两种结构[1]。在第一种情况中,一根携带激励电流 I 的导线简单地穿过圆管(图 3-4)。

在这种情况下,流过导线的电流产生类似于环形线圈的圆形磁场 H。在某种程度上,可以把穿过磁芯的导线与回线一起看作一个单匝的环形线圈。虽然这种结构由于不需要复杂得多匝绕组更容易实现,但也有产生的磁场比环形线圈低得多的缺点。

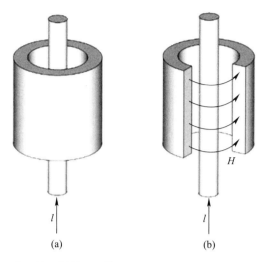

图3-4 基于铁磁材料圆柱体和携带激励电流的导线的正交磁通门

3.3.2 线基正交磁通门

该结构不使用圆筒,而是使用铁磁金属线作为磁芯(图3-5)。励磁电流直接流过铁磁金属线,在其内部产生一个圆形磁场。因此,在这种情况中磁芯在周向上被磁化到饱和。

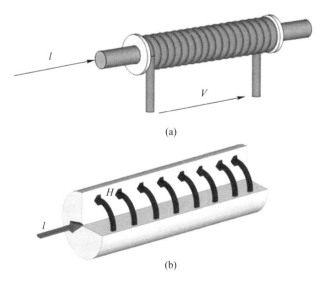

图3-5 基于金属线的正交磁通门(电流流过磁线并在其中产生圆形磁场)

基于金属线的正交磁通门与前面提到的由一根线激励的圆管形基本磁通门有同样的缺点,其周向激励场是有限的。只不过简化了结构:在这种情况下,仅需要磁芯是单根铁磁金属线,由于它本身携带着励磁电流,它既作为磁芯也作为励磁元件。

换句话说就是去掉了励磁线圈。由于这在目前市场需求的磁传感器小型化方面是非常重要的,这种优势使得人们对正交磁通门重新青睐。

正如提到的,由铁磁金属线中流动的电流产生的激励场无法与环形线圈产生的大得多的磁场相比。但是,材料科学的最新进展实现了非晶纳米晶微丝的生产,这种微丝既具有非常软的磁特性,直径又横跨 $10\sim100\mu m$。因此,磁性微丝适合正交磁通门。

3.3.3 复合导线铁芯

由于不需要励磁线圈,从而简化了传感器的结构,因此使得基于金属线的正交磁通门变得非常流行。然而,这有一个缺点:金属线的中心通常是不饱和的。这是由于激励电流产生的周向场 H_ϕ 在距磁线中心的各处不是恒定的。根据安培定律,H_ϕ 从金属线中心处的零线性上升到金属线边缘处的最大值。

因此,在磁芯的中心会有一部分金属线由于激励场 H_ϕ 低于使金属线材料磁化到饱和所需的磁场而未被磁化到饱和。当然能够通过使用更大的电流提高激励场,并且可以使用非常软的磁性材料,通过这种方法可以减少磁芯不饱和的部分,但是磁芯的内部总是有一部分无法磁化到饱和。

另外还有趋肤效应的影响是不能忽视的。在这种情况下,电流偏移到金属线的边界,使得中间的周向场更低[4]。因此,趋肤效应越大,金属线非饱和内截面的面积就越大。

可能认为磁芯内部非饱和部分只是不起磁通门作用的一部分,假设它不是饱和的,因此,唯一的问题是导致磁通门效应的铁磁材料的总量有限。事实上,当磁芯中心部分未饱和时,还有其他问题。最直接的问题是,金属线的该部分能够被轴向上一个大的 H_z 磁化,而激励场永远不会大到足以使其恢复到原来的状态。这在磁通门特性曲线中引起磁滞现象。而且,在导线的饱和区和非饱和区之间没有砖墙似的过渡。也就是说,让部分仍然局部充当磁通门的导线处于"接近"饱和状态,但是,由于磁通门没有"完全"饱和而不能正常工作,这会对总输出信号引入噪声。

为了避免这种影响提出了复合金属线[5,6]。其主要思想是使用具有铜芯和铁磁性材料电镀外壳的导线,通常是坡莫合金($Ni_{80}Fe_{20}$)。铜的电阻率($17n\Omega\cdot m$)远低于坡莫合金的电阻率($200n\Omega\cdot m$)。因此,可以预判,大多数电流在铜中而不是坡莫合金中流动,这样就可以通过提供沿着导线中心流动的低电阻的路径来补偿电流沿着导线边缘流动的趋势。

然而,对于足够大的激励频率,趋肤效应不能忽略。在这种情况下,提出了一种更复杂的结构来解决这个问题[7]。如图3-6所示,导线由一个玻璃包裹的铜芯组成。在玻璃涂层上溅射一层薄薄的金,在其上形成一个导电表面。随后,在金层上电沉积坡莫合金(或一般而言,其他软磁材料)。导线的终端没有镀金和电镀。因此,励磁电流可注入铜芯而不与铁磁性外壳发生任何电接触。

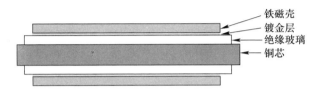

图3-6 铜芯与铁磁壳间玻璃绝缘双相导线

通过这种方式,铜的玻璃涂层在铜和铁磁性层之间提供了有效的电绝缘,防止电流在任何频率下由于趋肤效应而漂移到导线的边界。这使得导线更容易饱和。研究证明,这种结构可以将饱和磁通门磁芯所需的电流减少到1/3。

3.3.4 多线铁芯

与平行磁通门(典型的具有大体积磁芯)或者甚至基于管状磁芯的正交磁通门相比,基于微丝的正交磁通门的缺点之一是灵敏度较低。这简单的是由于铁磁芯的横截面积很小。一般来说,磁通门的灵敏度取决于多种因素(拾取线圈的品质因数、磁芯的磁导率、励磁频率、磁芯的去磁因子等),不过,根据经验法则,如果磁芯的铁磁性材料的数量少,期望的灵敏度也较低。

为了解决这一问题,提出了具有多导线磁芯的正交磁通门。必须指出,由于绝缘层避免了电线之间的电接触(或者是金属线上熔喷几微米的玻璃包裹,或者是金属线上电镀环氧薄层),在这种传感器中,金属线沿其长度方向没有电接触,因此,从电学的角度来看,这种情况是平行的独立导线。

文献[8]研究了灵敏度与芯线中所用导线数量的关系。结果表明,灵敏度几乎随导线数呈指数增长。例如,如果使用16根导线代替1根单线,则灵敏度增大65倍。文献[9]表明不仅仅是因为在拾取线圈内部有更大数量的铁磁性材料,因为作为具有相同横截面的磁芯,仅仅1根线的磁芯与具有2根线且每根线的横截面面积为其一半的磁芯相比有更低的灵敏度。

后续研究发现,如果导线保持足够远的距离(至少是其直径的5倍)而不是紧密地包装,这种效果就会消失。这说明这种灵敏度指数增长的根源是导线之间的磁相互作用。

文献[10]指出这种灵敏度的增加是由于由拾取线圈和并联调谐电容组成的电路的品质因数的提高。这种假设后来在文献[11]中得到了证实。

需要注意的是,灵敏度只是信噪比的一个因素。如果提高了灵敏度,同时也增加相同数量的噪声,则没有任何优势。然而,文献[12]发现用多条导线作为芯线获得的灵敏度增加不仅提高了灵敏度,而且降低了噪声。

3.4 空间分辨率

如前所述,正交磁通门的最大优点是结构简单,不需要励磁线圈,励磁场由沿着作为磁芯的导线的电流产生。另一个重要的优点则是在 $X-Y$ 平面上具有很高的空间分辨率(与导线的轴向正交的平面)。经典的平行磁通门有一个或者环形或者跑道形磁芯,那里磁芯的两个有效部分感应待测的外部磁场。如果磁场不是均匀的,而是存在梯度变化的,则磁芯的两个部分感测不同的磁场,如图3-7所示,其中,磁芯的一部分感测值为 H_{XA};另一部分感测值为 H_{XB}。由于拾取线圈从两个部分收集磁通量,总输出信号是 H_{XA} 和 H_{XB} 的平均值。因此,这两个值无法区分。从这个角度来看,传感器的空间分辨率受到磁芯宽度的限制。当考虑正交磁通门时,很容易理解为什么它的空间分辨率就高得多。实际上确实,正交磁通门采用基于微丝磁芯结构。这意味着,在 $X-Y$ 平面中,限制尺寸就是导线直径,典型情况对于最小的传感器从几十微米到 $100\sim150\mu m$。在 Z 方向,即与导线轴线相对应的方向,磁芯的长度仍为几厘米。不过,在正交磁通门中使用线磁芯至少在 $X-Y$ 平面上可以大大提高空间分辨率。例如,使用直

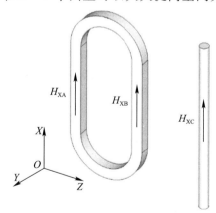

图3-7 平行和正交磁通门的空间分辨率

径为120μm的磁金属线作为正交磁通门的磁芯,可以通过映射钢表面上方的磁场来观察钢的磁畴[13]。

需要注意的是,使用了磁带或电沉积[14]或溅射[15]技术的磁芯等作为超薄磁芯已经用于平行磁通门的开发。在这种情况下,平行磁通门在X-Y平面的一个维度上获得了空间分辨率,但第二个维度本质上受到环形或跑道形状的限制,要大得多。

3.5 无线圈磁通门

如果没有励磁线圈是方便的,两个线圈都没有当然更好。基于金属线磁芯的正交磁通门的自然发展不仅仅消除励磁线圈,而且也消除拾取线圈。这已经通过被称为无线圈的磁通门实现[16]。

该传感器仍然是一个磁通门,其中铁磁金属线周期性地在相反的极性中被流过它的交流电流磁化到饱和。然而,二阶或更高阶偶数谐波不是由绕在导线上的拾取线圈获得的电压导出的。二次谐波是从导线末端的电压 V_{wire} 中提取出来的(图3-8)。

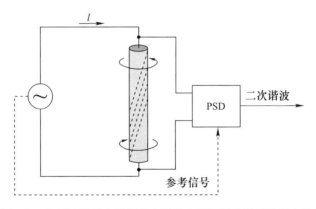

图3-8 基于转矩感应螺旋各向异性的无线圈磁通门的基本结构

结果表明,只要导线具有螺旋各向异性,V_{wire} 中的二次谐波与施加在轴向的磁场呈线性关系。这种效应首先表现在通过扭转导线产生螺旋各向异性的复合导线上(在导线的末端施加相反方向的扭矩)。在这种情况下,螺旋各向异性是机械诱导的各向异性。后来发现,磁场诱导的螺旋各向异性也可以达到同样的效果。文献[17]指出在螺旋磁场的作用下电镀磁线,螺旋场反过来在电镀层中产生内置的螺旋各向异性,而无需随后机械扭转磁线。

值得强调的是,这种效应只有在金属丝中存在螺旋各向异性时才会发生。

具有轴向(或圆形)各向异性的常规导线终端电压中的二次谐波没有任何磁场的依赖性。

由无线圈磁通门的灵敏度随着各向异性角的增大而增大这一事实可知,螺旋各向异性是产生磁场相关二次谐波的原因。当各向异性的螺旋方向相反时,灵敏度最终变为负值。

3.5.1 工作机制

通过观察无线圈磁通门的结构,可能会发现与磁阻抗传感器有一些相似之处。事实上,无线圈磁通门根本的工作原理与磁阻抗是完全不同的。一方面是这种现象出现的频率要低得多(通常磁阻抗效应可以忽略不计)。更重要的是如果磁芯没有完全饱和,传感器就不能工作,与磁通门完全相似。

在无线圈传感器中,有与之前分析过的正交磁通门仍然相同的工作机制。唯一的区别是这种工作机制是旋转了一个对应于螺旋各向异性斜交角的角度 γ(图3-9)。

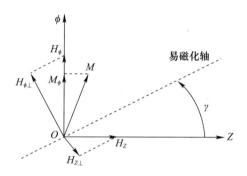

图3-9 无线圈磁通门的工作原理

这种机制依旧是相同的:周向场 H_ϕ 使磁化强度 M 旋转,而 H_Z 是必须被测量的轴向场。然而,现在轴旋转了一个角度 γ,因此,使 M 旋转的实际场不是整个 H_ϕ,而是其分量 $H_{\phi\perp}$,即 H_ϕ 垂直于易磁化轴(E.A.)的分量。这就是为什么螺旋各向异性的角度越大,需要用以实现导线饱和的电流越大。实际上,γ 越大,$H_{\phi\perp}$ 越低,$H_{\phi\perp}$ 就是使导线饱和的磁场。

如果考虑 H_Z,容易发现,由于参考轴的旋转,现在 H_Z 也有一个分量 $H_{Z\perp}$ 垂直于 E.A.,与 $H_{\phi\perp}$ 的方向相同。由于 H_Z 是恒定的(或在低频),可以将 $H_{Z\perp}$ 视为 $H_{\phi\perp}$ 的直流偏移。换言之,$H_{\phi\perp}$ 通过使它在两个极性中都进入饱和而使 M 前后旋转,而 $H_{Z\perp}$ 偏移这个机制使 M 在一个极性上比在相反极性上更多地进入饱和。

导线端部的电压 V_{wire} 由两部分组成:电流 I_{wire} 与导线电阻 R_{wire} 的乘积加上感应电压 V_{ind},即

$$V_{wire} = R_{wire} \cdot I_{wire} + V_{ind} \qquad (3-1)$$

式中:V_{ind} 为周向磁通量的导数。

考虑一个复合铜芯磁壳导线的轴向横截面(图 3-10):考虑由内部铜芯加回线组成的电路,存在一个单匝线圈,其面积由空气的横截面 A_{air} 和磁壳的横截面 A_{mag} 组成。该线圈端部感应电压由空气总磁通量 φ_{air} 和磁壳周向磁通量 φ_{mag} 的导数给出。

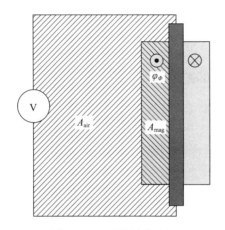

图 3-10 无线圈磁通门

现在回到工作机制。可以看到磁化强度 M 由于激励场 $H_{\Phi\perp}$ 而旋转,并且这个过程被直流分量 $H_{Z\perp}$ 偏移。如果测量电压 V_{ind},看到 M 的一个对应于它在 Φ 轴上的投影分量,称为 M_Φ,它对应周向磁通 φ_Φ。因此,由于 $H_{Z\perp}$ 引起的 M 的旋转位移也影响 φ_Φ,从而影响 V_{ind}。事实上,如果观察周向 $B-H$ 回线(周向 B 对周向 H[18]),能够发现 $B-H$ 回线被外磁场 H_Z 移动了。

换言之,螺旋各向异性不仅产生一个改变磁化过程的 H_Z 量,而且也可以通过一部分由于轴的旋转而带到圆周向的典型的轴向磁通来检测导线端部的磁通。

3.5.2 灵敏度

无线圈磁通门的主要问题是灵敏度低。事实上,使用传统的复合铜(直径 50μm)-坡莫合金(壳厚 10μm)导线,对于几厘米长的导线,灵敏度可达 10~15V/T。这是相当低的,并且是不能简单地通过增加拾取线圈的匝数来增加它,

因为没有拾取线圈。

此外，也不能简单地放大 V_{wire}，因为它通常包含一个大的电阻分量 $R_{wire} \cdot I_{wire}$，它不携带任何信息，而且还加速达到决定放大电子器件饱和的电压峰值。

一个解决方法是使用电桥来抑制电压的不稳定部分。然而，V_{ind} 由峰值（对应于从一个饱和状态到相反的一个饱和状态的快速过渡）组成，这些峰值在时间域内只会向左或向右移动。理想情况下，希望在 $H_Z = 0$ 时完全没有电压，仅仅在 $H_Z \neq 0$ 时出现峰值。文献[19]指出可以通过具有相反的磁化方向的两个微丝构成的一个双桥来实现。

除坡莫合金外，其他合金也用于生产灵敏度更高的无线圈磁通门。例如，在富钴非晶丝中，在30kHz 时实现了 400V/T 的灵敏度[20]。在复合丝中，$Cu-Co_{19}Ni_{49.6}Fe_{31.4}$ 在20kHz 下的灵敏度为 120V/T[21]。

3.5.3 线性度和噪声

实际上，无线圈磁通门的噪声相对较大。例如，文献[22]报道了一种基于复合铜－坡莫合金线的无线圈磁通门，在1Hz 时噪声为 $3nTHz^{1/2}$。这可能是由于灵敏度低。事实上，钴基合金微丝的噪声可能更低，它具有更大的灵敏度，但其噪声数据尚未报道。

无线圈磁通门具有良好的线性度，这是此类传感器的一个重要参数，因为在没有线圈产生反馈场的情况下，非线性度无法通过反馈方法进行补偿。

在文献[22]中，无线圈磁通门的开环线性误差在 $\pm 50\mu T$ 范围内可低至 $\pm 0.5\%$，在 $\pm 40\mu T$ 范围内可降至 $\pm 0.2\%$。

3.6 正交磁通门基本模型

如前所述，为什么正交磁通门被忽视了数十年的原因之一是与经典的平行磁通门相比，它们较差的性能，尤其是在噪声方面。

2002年，当Sasada提出基模正交磁通门时一切改变了。该传感器的结构与基于金属线的正交磁通门高度相同：磁芯由一根通过它的电流激励的磁性金属线组成，而输出电压则由绕在磁性金属线上的一个拾取线圈获得。唯一的区别是在传统的交流电流中增加了很大的直流偏压。直流偏压多大？目的是什么？

直流偏压应足够大，使导线永久在一个方向上饱和。因此，其振幅取决于用作磁芯的特定导线的 $B-H$ 回路。一般来说，不同的铁磁材料需要不同的直流偏压才能在一个方向上达到永久饱和。

现在问题是:为什么要保持导线只在一个方向饱和?到目前为止,人们一直认为磁化强度应该周期性地以相反的方向改变其饱和状态,那么为什么现在要改变工作模式呢?

事实上,已经证明,磁通门传感器中的大部分噪声是由于巴克豪森噪声产生于磁化从一个饱和状态到另一个饱和状态的逆过程。基模正交磁通门的主要思想是通过消除磁化反转来抑制巴克豪森噪声:如果磁芯在一个方向上永久饱和,则不会发生磁化反转,并且巴克豪森噪声会大大降低。然而,如果磁芯从不反转其磁化强度,如何获得输出电压?显然,前面解释的工作模式不再适用。在这种情况下,输出信号不是像传统磁通门(正交和平行)那样通过提取二次谐波获得的,而是一次谐波。这就是为什么传感器实际上称为工作在基本模式,因为输出信号是在基频。

如果通过分析磁化的行为,计算为使其总能量最小获得的位置,那么为什么信号处于基频的原因就很容易理解。

考虑一个简单的被 $I_{ac}+I_{dc}$ 电流磁化到饱和的各向同性导线,相应的它产生了环形磁场 $H_{ac}+H_{dc}$。如果没有其他磁场存在,磁化强度 M 也只能在圆周方向上,如图3-11所示。

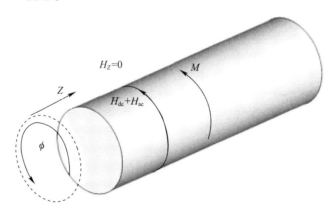

图3-11 无轴向磁场的基模正交磁通门的激励场和磁化强度

然而,如果在轴向上施加外部直流电场 H_Z,则磁化强度以一个一般在 Φ 方向($H_{ac}+H_{dc}$ 的方向)和 Z 方向(H_Z 的方向)之间的角度 α 偏离圆周方向。角度 α 取决于 $H_{ac}+H_{dc}$ 和 H_Z 的振幅:$H_{ac}+H_{dc}$ 越大,α 越低;H_Z 越大,α 越大(图3-12)。M 的位置实际上是通过最小化总能量来确定的[24],即

$$E = -\mu_0 \cdot M \cdot (H_{ac}+H_{dc}) \cdot \cos(\alpha) - \mu_0 \cdot M \cdot H_Z \cdot \cos(\pi/2-\alpha)$$

(3-2)

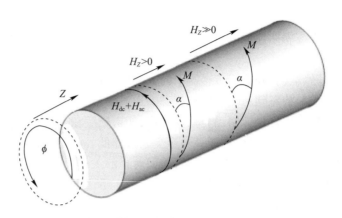

图 3-12　具有两个不同轴向磁场值 H_Z 的基模正交磁通门的磁化偏转

对于给定的 H_Z 场,考虑到周向磁场具有时变分量 H_{ac},现在考虑 α 如何在时域中变化。当 H_{ac} 最大时,圆周方向上的总场为 $H_{dc}+|H_{ac}|$,α 最小;当 H_{ac} 达到最小值时,圆周方向上的总场为 $H_{dc}-|H_{ac}|$,α 为最大值。

如果现在考虑 M 在 Z 轴上的投影 M_Z,M_Z 以 H_{ac} 的相同频率振荡。然后在导线周围缠绕一个线圈就足以拾取与 M_Z 相对应的磁通量,并获得与激励电流相同频率的输出电压(图 3-13)。

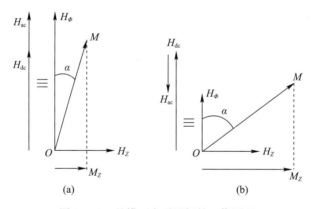

图 3-13　基模正交磁通门的工作原理

容易认识到,在 $H_Z=0$ 的情况下,α=0,因为没有磁场可以使 M 偏离圆周方向。从而,M 总是在 Φ 方向上,没有分量 M_Z。因此,在 $H_Z=0$ 的情况下,拾取线圈中感应的电压也为零。结果,仅当在轴向上施加 H_Z 时,电压才被感应,并给出 H_Z 的测量值。当然,H_Z 越大,M 与圆周方向的偏差越大,因此在拾取线圈中感应的电压也越大,这就是最终测量 H_Z 幅度的方法。

3.6.1 灵敏度

常见的错误认为如果磁芯深度饱和,那么传感器就无法正常工作。许多人相信如果磁芯完全饱和(虽然无法完全实现),那么输出电压为零。这导致人们认为对于小 H_{ac} 值,有必要让磁芯不饱和,因为如果磁芯实际上总是饱和的,那么就没有输出电压。因此,许多人使用低直流偏置电流,因为担心深度饱和的磁芯会使传感器不工作。不过这并不是实际情况:即使磁芯深度饱和,传感器也会继续正常工作。实际上,磁化强度旋转是为了找到满足最小总能量条件的角度 α,即使磁芯处于深度饱和状态。当然,直流偏置越大,传感器的灵敏度越低。这通过考虑前文解释的磁通门在基模下的工作原理能够很容易理解。

对于给定的交流电流 I_{ac} 振幅,灵敏度随着直流偏置 I_{dc} 的增加而下降(图 3-14)。这是由于较大的 I_{dc} 使磁化强度 M 向周向轴 Φ 旋转,从而减小了 M 振荡的振幅。换言之,M 受到 $H_{ac}+H_{dc}$ 影响越剧烈,α 振荡就越少,从而使 M_Z 的变化更小(这最终给出输出电压)。

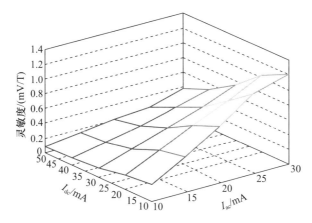

图 3-14 基模正交磁通门对交流电流和直流偏压的灵敏度

另一方面,对于给定的 I_{ac},I_{dc} 越大,灵敏度越高(图 3-14)。在这种情况下,也容易理解:如果增加 H_{ac},角 α 摆动到更大的范围,结果是 M_Z 的变化更大。

最后,通过调节 I_{ac} 和 I_{dc} 的振幅,可以获得期望的灵敏度。然而,I_{ac} 和 I_{dc} 的选择并非人们想象的简单。产生的噪声很大程度上取决于这两个参数。

3.6.2 噪声

如前所述,基模正交磁通门由于比传统的正交磁通门具有更低的噪声而立即获得了巨大的成功。Paperno 在文献[25]中通过比较在没有直流偏置(传统的二次谐波模式)和直流偏置(基本模式)的情况下运行的同一磁通门的噪声,证明了直流偏置本身就是噪声下降的原因。仅仅改变工作模式,噪声就会降低一个数量级。

本书中,在 1Hz 时获得了约 20pT/Hz$^{1/2}$ 的噪声。后来,在管式[26]和线式[27]传感器中噪声降低到了 10pT/Hz$^{1/2}$。通过适当的几何设计和使用具有圆形各向异性的磁微丝,最终取得在 1Hz 时 1pT/Hz$^{1/2}$ 的噪声[28]。

3.6.3 励磁参数

正确选择激励参数 I_{ac} 和 I_{dc},是获得基模正交磁通门最小噪声的第一个关键点。如前所述,I_{dc} 越大,灵敏度越低,而 I_{ac} 越大,灵敏度越高。然而,应当谨记,当涉及噪声时,灵敏度只是硬币的一方面。事实上,除了灵敏度之外,磁芯的固有磁噪声是另一方面。如果减小直流偏置 I_{dc},灵敏度会增加,但当 I_{ac} 接近最小值时,磁化有可能在这段时间内具有退出饱和的风险。

结果表明,噪声取决于磁芯 B - H 环路的小回路的面积(能量)[30](图 3 - 15)。该结果在文献[31]中得到了分析验证。

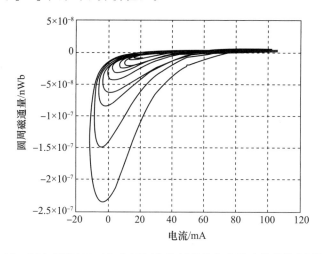

图 3 - 15　恒定直流(45mA)和不同交流幅度的电流激励的磁线次圆周回路

如果现在画出在 1Hz 处(或在噪声具有 1/f 特性的任意点)不同 I_{ac} 振幅(保持相同的 I_{dc})的噪声图,可以看到噪声存在 3 个具有不同特性的区域(图 3 - 16)。首先,当 I_{ac} 较低时,随着 I_{ac} 值的升高,噪声迅速降低。在这个区域,大部分噪声是由信号调理电路的噪声引起的。小回路能量很低,以至于电子设备的噪声掩盖了它。事实上,考虑到电子器件的噪声是恒定的以及对于较大的 I_{ac} 灵敏度增加了,可以看到噪声特性大致为灵敏度的倒数。

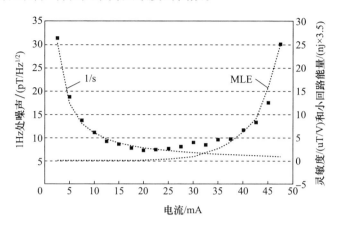

图 3-16 基模正交磁通门噪声与灵敏度和小回路能量作为 I_{dc} 的 I_{ac} 函数

对于较大的 I_{ac},小回路能量迅速增加,实际上它比灵敏度增加得更快,因此在磁性器件中重新计算的最终噪声终究会上升(并接近小回路能量的斜率)。

当达到最小能量时,在这两个区域之间的中间存在第三个区域。在这个区域中,灵敏度足够大,从而使电子噪声可以忽略并显示磁芯的实际磁噪声,而且由于 I_{ac} 不是太大而不会导致过多的小环路能量(图 3-16)。

因此,对于一个给定的 I_{dc},通过选择一个幅度足够大的 I_{ac} 以克服信号调节电路的噪声,但又不能太大避免使磁化强度退出饱和而使磁噪声上升,从而找到最小噪声。

到目前为止,只考虑了 I_{dc} 恒定而 I_{ac} 变化的情况。现在考虑如果增加 I_{dc},将发现最小能量在底部向右移动(如图 3-17 所示,每条线对应一个 I_{dc} 值:圆圈 35mA,正方形 41mA,菱形 50mA,交叉 56mA。横轴是激励电流的最小值,它是导线磁滞曲线中关键点)。对于较大的 I_{dc} 值,正如看到的那样,灵敏度会降低,因此需要更大的 I_{ac} 才能获得相同的灵敏度,从而消除信号调理电路的噪声。同时达到更高的饱和度,相应最小噪声值略微降低。

人们可能会认为一个非常大的 I_{dc} 值以及幅度适当的 I_{ac},最终可以得到非常低的噪声。但是,由于大电流可能导致过热,因此激励电流的幅度存在一个限制。I_{ac} 的频率是另一个重要参数,这种情况下,在频率不能太低以致返回到低灵敏度和频率不能太高以使电流受趋肤效应影响太大之间应均衡考虑。对于 Unitika AC-20 微丝,最佳频率范围为 70~130kHz。

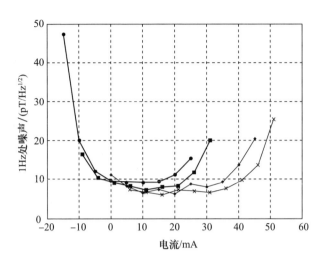

图 3-17　使用不同 I_{dc} 和 I_{ac} 激励的磁通门在 1Hz 时的噪声

3.6.4　各向异性影响

在前面对基模正交磁通门工作原理的描述中,假设材料是各向同性的,而忽略了各向异性的影响。这实际上是不正确的,因为各向异性通常存在于磁性金属线中。各向异性根据方向能对传感器的行为产生积极或消极的影响。如果各向异性偏离圆周轴,输出信号出现偏移。如果考虑各向异性对磁化强度 M 位置的贡献,原因很容易理解。当考虑 M 的总能量时,也应当考虑各向异性的能量,即

$$E = -\mu_0 \cdot M \cdot (H_{ac} + H_{dc}) \cdot \cos(\alpha) - \mu_0 \cdot M \cdot H_Z \cdot \cos(\pi/2 - \alpha) + k_u \sin^2(\gamma - \alpha)$$

(3-3)

式中:γ 为各向异性相对于圆周方向的角度;k_u 为各向异性常数。

换句话说,各向异性试图将磁化拉向它的方向,就像磁场一样。现在考虑 $H_Z = 0$ 时的情况,希望输出的信号也是零。然而,如果各向异性在圆周方向之外,则磁化位于各向异性方向和圆周轴之间的角度 α 处,作为尽力逆时针转动 M 的 $H_{ac} + H_{dc}$ 和尽力顺时针转动 M 的各向异性之间的折中。也在这种情况下,鉴于 α 在 $H_{dc} - |H_{ac}|$ 取得最大值,在 $H_{dc} + |H_{ac}|$ 取得最小值,角度 α 以与 I_{ac} 相同的频率值振荡。因此,即使 $H_Z = 0$,拾取线圈中也会感应出电压。

另一方面,如果各向异性位于圆周方向上,这对基模磁通门有积极的影响。在这种情况下,各向异性与直流偏置一道保持磁化进入饱和并降低噪声。

在流入导线的直流电流作用下,通过观察对导线进行退火来增加周向各向异性时发生的情况可以更好地理解该现象。

该技术基于在足够大的达到饱和的磁场影响下对铁磁材料进行退火会在磁场方向上产生各向异性[32]。该方法在包括磁通门的许多应用中,已广泛用于改变磁性材料的各向异性[33]。

在这种情况下,希望各向异性在圆周方向,因此需要在导线中注入大的直流电流以产生圆周磁场。图3-18给出了来自Unitika的一个通有90mA直流电流的AC-20导线在200℃退火4h前后周向$B-H$回线。需要注意的是,退火不是通过导线引起的焦耳效应而是通过红外光源获得的。

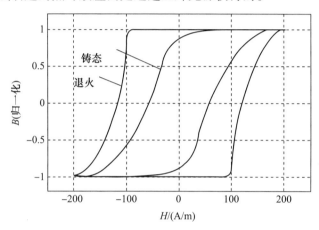

图3-18 通过90mA直流电流的磁线的周向$B-H$回路

能够看到在直流电流下退火的效果是周向各向异性的增加,因为周向$B-H$回线看起来更加方正,因此周向成为易磁化方向。各向异性可以在更长时间或更高温度(仍保持在居里温度以下)的退火下增加,直到各向异性不再进一步增加的技术极限。

现在考虑由$I_{dc}+I_{ac}$激励的磁通门,容易发现由于存在强圆周各向异性,小回线能量大大降低。磁化强度在磁滞曲线的上缘保持良好的饱和;为了退出饱和,M应该到达$B-H$回线位于H较低值的拐点。换句话说,在相同的$H_{dc}-|H_{ac}|$值下,对于铸态金属线M可能已经在拐点处而对于退火的金属线M仍处于饱和状态。这大大降低了磁噪声,但当然也降低了灵敏度。然而,在低频下,较低的磁噪声和较低的灵敏度之间的平衡带来了较低的最终噪声。例如,如图3-19所示基于铸态金属线的65mm长的磁通门的噪声频谱与基于在200mA电流下在150℃下退火45min的金属线的传感器的频谱。由于退火产生显著的各向异性,1Hz处的噪声从$2.5pT/Hz^{1/2}$降低到$1pT/Hz^{1/2}$。

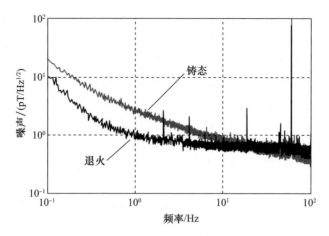

图3-19 基于铸丝和退火丝的基模正交磁通门噪声

然而,能够看见对高于40Hz的频率,退火磁芯传感器的噪声更大,因为它更早地到达白噪声区域。实际上,这种白噪声是信号调理电路的噪声,是由于传感器灵敏度较低而出现的。

3.6.5 偏移抑制

如前所述,各向异性的缺点之一是任何非圆周方向的各向异性分量都会导致磁通门输出信号的偏移。

在退火过程中避免轴向磁场的存在是至关重要的,以确保在热处理过程中磁化尽可能周向,从而得到周向各向异性。

在退火过程中为什么应该避免轴向磁场的另一个原因是:磁芯里面的部分暴露在较低的圆周场中,因此它没有饱和。在金属线的内部区域,如果存在轴向场,引起轴向各向异性,从而使金属线芯的内部被轴向磁化。因此,即使在 $H_z = 0$ 时,也发现传感器测量的磁场不为零,因为这是金属线内部产生的磁场(图3-20)。

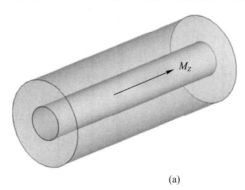

(a)

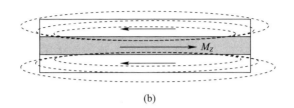

(b)

图 3-20 带有轴向磁化内部区域的导线

事实上,有一种灵巧的方法可以抑制由各向异性的非圆周形分量引起的偏移,该方法周期性的切换直流偏置,然后将每个极性获得的输出电压相减[34]。该方法基于以下事实:如果直流偏置反转,则灵敏度改变极性,但偏移保持不变。如果切换直流偏置的极性,灵敏度为什么偏置的原因如图 3-21 所示。考虑正直流偏置(图 3-21(a))和 H_{ac} 增加的情况。对于给定要测量的磁场 H_Z,磁化强度 M 随着 $H_\Phi = H_{ac} + H_{dc}$ 增加而逆时针旋转,结果 M 在轴向方向上的分量 M_Z 减小。从而,在拾取线圈处获得负电压,由于该电压与轴向磁通的导数成正比,因此与 M_Z 的导数成正比。在第二个 1/4 周期 H_{ac} 减小,从而 M 顺时针旋转,M_Z 增加,其导数为正,因此在拾取线圈中感应出正电压。图 3-21(b)给出了输出电压的最终波形,还包括周期的后半部分。

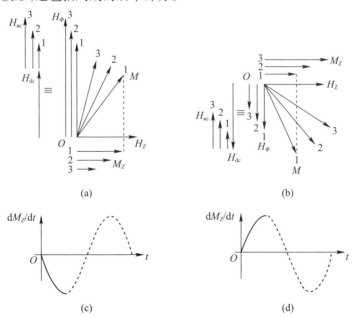

图 3-21 不同极性直流偏置的灵敏度反转

当直流偏置为负时,所有情况发生了反转。对于负 H_{dc},如果 H_{ac} 增加,总励磁场的幅度 H_{Φ} 变得更小,因此 M 逆时针旋转(图 3-21(c));然而由于 M 在第四象限,逆时针旋转意味着 M_Z 增加,因此在拾取线圈中感应出正电压。反之亦然,在第二阶段,当 H_{ac} 降低时,拾取线圈中感应的电压为负值。如果现在比较使用正 H_{dc}(图 3-21(b))获得的电压输出和使用负偏置获得的电压(图 3-21(d)),容易发现电压相位偏移了 π 度,因此当获得这种电压的实部时,符号是相反的。

到目前为止,考虑的材料是各向同性的,现在考虑非圆周各向异性情况。这种情况下,即使在 $H_Z=0$ 时,也存在输出电压,也就是存在一个偏移量。重复之前使用的相同步骤来导出输出电压的极性:如果直流偏置为正,为了增加 H_{ac},需要增加 H_{Φ}。然后,位于 Φ 轴和易磁化轴之间的 M 逆时针旋转,产生减小的 M_Z(图 3-22(a)),因此得到负电压(图 3-22(b))。

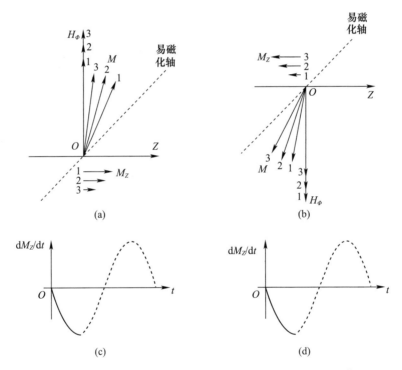

图 3-22 由非圆形各向异性引起的偏移,正负直流偏置相等

如果直流偏置为负,则考虑到各向异性的对称性,磁化位于第三象限。如果 H_{ac} 增加,则 H_{Φ} 的绝对值减小,M 顺时针旋转(图 3-22(c))。在这种情况下,M_Z 增加,但它是负的,因此输出电压是负的,与正直流偏置完全相同(图 3-22(d))。

换句话说,当切换直流偏置的极性时,输出电压保持相同的极性。

一般来说,对于给定的一个工作在基模的磁通门,解调后的输出特性如图 3-23 所示,可以描述为在正直流偏置下的 $V_{out+} = S \cdot H_Z + V_{off}$ 和在负直流偏置下的 $V_{out-} = -S \cdot H_Z + V_{off}$,其中,$S$ 为灵敏度,V_{off} 为偏移电压。

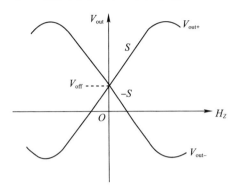

图 3-23　具有正偏置和负偏置的基模正交磁通门的响应

如果用正负直流偏置获得的电压相减,可以得到

$$V_{out} = V_{out+} - V_{out-} = (S \cdot H_Z + V_{off}) - (-S \cdot H_Z + V_{off}) = 2S \cdot H_Z \quad (3-4)$$

从而去掉了偏移量。

作为替代方案,可以同时切换 H_{dc} 和 H_{ac}(只需翻转导线的极性)。在这种情况下,灵敏度没有改变符号但偏移量改变了(图 3-24):

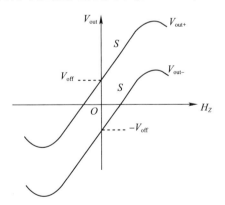

图 3-24　在切换直流偏置和交流电流时获得偏移的基模正交磁通门的响应

$$V_{out+} = S \cdot H_Z + V_{off} \qquad +H_{ac} \text{ 和 } +H_{dc} \quad (3-5)$$

$$V_{out-} = S \cdot H_Z - V_{off} \qquad -H_{ac} \text{ 和 } -H_{dc} \quad (3-6)$$

为了消除偏移,可以简单的将两个极性的电压相加,有

$$V_{\text{out}} = V_{\text{out}+} + V_{\text{out}-} = (S \cdot H_Z + V_{\text{off}}) + (S \cdot H_Z - V_{\text{off}}) = 2S \cdot H_Z \quad (3-7)$$

从实际实施的角度来看,这种解决方案在某种程度上更有效,因为它只需要切换激励电流的极性,而输出电压可以简单地用同一个积分器积分,而不需要实施两个电压的差分。

使用这种方法,可以有效地抑制偏移。然而,由于极性反转时产生的尖峰,直流偏置的切换可能会在输出信号中产生额外的噪声。这个问题可以通过在切换后立即从解调中排除几个周期来解决,以便让任何瞬态耗尽。如果像文献[35]中那样使用数字信号调理,这可以很容易地完成。最近,Karo Hikaru 实现了一个模拟信号调理电路,其中使用固态开关消除了由于直流偏置切换而产生的尖峰。即使该技术有效地降低了尖峰噪声,具有开关偏置的基本模式下的正交滤波器也比具有非开关偏置的相同传感器具有明显更大的噪声(在这种情况下,为 $10pT/Hz^{1/2}$ 而在 1Hz 时为 $3pT/Hz^{1/2}$)。这种差距预计通过同步开关时间来填补,以避免在非零时从 0 到拾取线圈电压的快速过渡。

3.6.6 温度稳定性

除了噪声,磁传感器的另一个重要问题是稳定性与温度的关系。对于许多应用来说,必须在温度不是恒定的环境中使用磁传感器,在某些情况下它能改变几十摄氏度。在这种情况下,必须验证磁通门输出的稳定性。因此,表征传感器在大温度范围内的灵敏度和偏移就尤为重要。

灵敏度是一个重要参数,但开环灵敏度的任何变化都可以通过在反馈中运行磁通门来轻松补偿[36]。因此,只要没有观察到灵敏度的持续损失,温度引起的任何适度的灵敏度漂移都不是问题。

然而,偏移无法通过反馈进行补偿,因此生产具有低的温度偏移漂移的传感器非常重要。基模正交磁通门表现出具有非常大的温度偏移系数[37],高达 59nT/℃,这完全不可接受。但是,研究发现正负直流偏置的偏移漂移非常相似(很可能是由于偏移漂移的主要原因是温度对各向异性的影响)。这意味着借助用来消除偏移的直流偏置开关技术,不仅可以抑制一定温度下的偏移量,而且还可以大大降低偏移漂移。通过应用直流偏置切换,偏移漂移被大大降低到 0.2~0.5nT/K。虽然这仍然大于在温度稳定性方面恰当设计的返回的偏移漂移低至 0.044nT/K[38]、0.02nT/K[39] 或 0.007nT/K[40] 的磁通门,但是相比大多数市场上能够得到的温度系数为 0.1~0.6nT/K 平行磁通门,开关基模正交磁通门依旧提供了一个类似的或更好的偏移漂移。

3.6.7 铁芯几何形状

磁通门的尺寸和形状强烈的影响传感器的性能。在某些应用中,对传感器允许的最大尺寸进行了限制。在其他一些情况下,可以更自由地选择磁通门的尺寸。在这两种情况下,研究磁通门的性能与其几何形状的依赖关系对于获得最好的结果非常重要。如前所述,考虑到横截面通常为几十微米到 100~150μm,正交磁通门与平行磁通门相比具有巨大的优势。因此,在 X-Y 平面上,正交磁通门的磁芯尺寸非常小。然而,对于长度,尺寸的选择非常重要,它直接影响磁通门的灵敏度和噪声。

为了理解为什么,首先考虑当有限长度和周向饱和(如在基模磁通门中处理的那样)的磁性金属线放置在具有均匀磁场区域时磁通量的情况。如图 3-25 所示,能够看见磁通量不仅从金属线的终端汇聚到微丝,还沿着长度方向汇聚。事实上,只有小部分磁通量从末端进入金属线,而大部分磁通量从外圆柱表面进入金属丝。因此,观察到磁通量在终端时最小,然后逐渐增加到金属线中点处的最大值。在金属线的后半部分,情况相反,磁通量对称地离开金属线[41]。

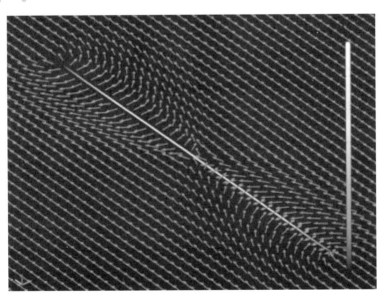

图 3-25 磁通量在均匀场中向磁通门磁芯的会聚

如果绘制微丝内部的磁通量,得到一种钟形,显示金属线中点的磁通量最大并在终端处迅速下降。作为一个导出的实用结论,没有必要沿着磁芯的整个长度缠绕拾取线圈。由于导线的终端对输出信号的贡献可以忽略不计,因此,可以将导线的终端留在拾取线圈之外。

如果考虑不同长度的导线,发现金属线越长,去磁系数越低,金属线中间的磁通量就越高(图3-26)。

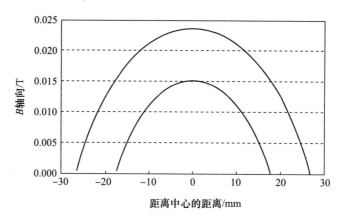

图3-26 35mm和55mm长磁芯的磁通门磁芯场分布

这意味着在拾取线圈匝数相等的情况下,基于较长线芯的磁通门具有较大的灵敏度拾取线圈。因此,传感器的最终噪声也随着金属线的延长而降低。这意味着可以通过构建更长的传感器来无限降低磁通门的噪声吗?当然不能,通过增加磁芯的长度能够实现的噪声降低存在一个极限,图3-27(a)给出了1Hz的噪声与铸态双线芯线长度的关系(在100kHz和40mA直流偏置下以35mA激励)。

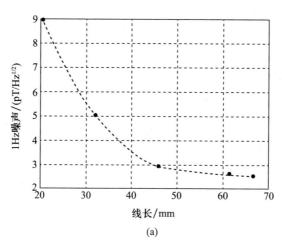

(a)

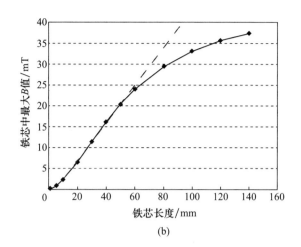

(b)

图3-27 1Hz时铁芯中最大B值处的噪声与铁芯长度的关系
(a)1Hz噪声与线长关系；(b)铁芯长度与最大B值关系。

当长度接近65mm时，噪声会降到大约2.5pTHz$^{1/2}$，这看起来像是铸态线能达到的最小噪声。如果考虑微丝内部磁通的幅度与长度的关系，那么在降低噪声方面出现这种极限的原因很容易理解(图3-27(b))。如果长度一直增加到60mm，磁通量会迅速增加；然后，对于更长的磁芯，磁通量仍然增加，但斜率较小。这些斜率之间的差异至关重要，当增加金属线长度时，肯定增加了灵敏度，但也会线性增加巴克豪森噪声。对于低于60mm的金属线，由于图3-27(b)中的斜率陡峭，金属线中的磁通量比磁噪声增加得更快。因此，使用更长的导线是有意义的，因为灵敏度的增加大于固有磁噪声的增加。然而，对于较长的金属线，灵敏度以与磁噪声相同的速率增加。因此，较大灵敏度的优势被类似的磁噪声增量抵消了。

这意味着仅仅在磁通量以及相应的灵敏度比金属线的固有磁噪声增加的更快以前，增加磁芯的长度是有意义的。一般来说，不同金属线长度是不同的。作为一个经验法则，以导线中心的磁通作为参考，可以计算或测量(简单地通过感应法)导线中心的磁通并绘制它与导线长度的关系。磁通量拐点位置对应的长度就是极限长度，导线长度的增加超过此极限长度的不会有助于降低噪声。

3.7 正交磁通门梯度仪

随着工作在基模的正交磁通门的广泛发展，得到了一种低噪声的磁传感器。

但这种低噪声磁通门主要用于测量弱磁场,这种低的磁场主要来自局部的磁性材料(如用于生物技术的磁性纳米颗粒)或非常弱的电流(如人类心脏跳动产生的磁场)。这两种情况下传感器确实暴露在一种非常弱的磁场中,但当远离磁场源头时,这类磁场会迅速减小。研究表明,将传感器放置在非常靠近患者胸部的位置,使用基模正交磁通门可以测量成人心脏[42],但这并不是测量这种弱磁场的最佳方法。实际上,应该测量磁场的梯度而不是磁场,因为随着距离的增加,磁场会迅速下降,从而产生大的梯度。如果只是测量均匀磁场,那么测量应该在屏蔽环境中进行,首要的是要压制地球磁场和其他比感兴趣的微小磁场大得多的均匀磁场源,通过使用梯度计可以避免这种情况,能够恰当测量磁场的梯度。

某种意义上,文献[13]提出了第一个基于正交磁通门梯度计的样例,使用由弯曲金属线组成的磁通门磁芯测量钢板磁畴产生的磁场。导线的前半部分放置在非常靠近钢板的位置,而导线的后半部分保持在上方1mm处,保证处于均匀场中。然而,第一个实用的基于正交磁通门的梯度计是在文献[43]中提出的。例如,两个最初设计用于测量均匀磁场的30mm长的磁通门探头,通过将它们分开50mm并以反串联方式连接它们的拾取线圈来测量梯度。该样例,没有采用一个单磁芯带两个拾取线圈,而是采用拥有各自拾取线圈的两个不同的磁芯,通过对感应电压进行差分运算来消除对均匀磁场的响应。使用两个磁芯代替一个磁芯的原因是通过将响应匹配到同质场以完全抑制它的灵巧方法。

事实上,当对感应电压进行差分运算时,几乎不可能构建两个具有足够相似灵敏度的传感器来获得对同质场的可忽略不计的响应,即使磁芯由相同的激励电流激励,并且由具有相同几何形状的相同材料组成。因此,必须手动匹配梯度计中使用的传感器的灵敏度。通常通过移动线圈或通过改变拾取线圈的匝数来完成,依旧很难获得良好的灵敏度匹配。

在这种情况下,为了解决上述问题,一种智能技术被用来有效地抑制对同质场的响应。这种方法的事实依据是:如果增加直流偏置,基模正交磁通门的灵敏度会单调下降,如图3-14所示。因此,可以通过增加直流偏置来改变灵敏度较大的传感器的灵敏度,以匹配第二个传感器的灵敏度。如图3-28所示:与流过两个传感器的I_{ac}和I_{dc1}一起,一个额外的电流I_{dc2}被加到其中一个传感器,以获得其灵敏度的微调。使用这种方法,梯度仪的抑制比很容易提高两个数量级以上,最终可以获得在1Hz时具有200(pT/m)/Hz$^{1/2}$噪声的梯度计。

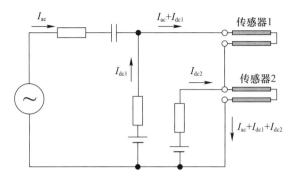

图 3-28 基模正交磁通门的梯度计示意图

3.8 信号提取和工作频率

在过去几年中,从事巨磁阻抗(Giant Magneto Impedance,GMI)研究的人员提出了类似于基模正交磁通门的传感器,并归类为非对角 GMI。即使此类传感器性能低于相同质量的基模正交磁通门[44],但是值得分析它们,因为这使人们可以更好地理解正交磁通门的某些特征,以及获取一些如何正确地从这些传感器中提取信号的启发。传感器的结构非常相似,由交流电流加直流偏置激励的一个磁芯(通常是一根导线)以及在其周围缠绕的一个拾取线圈。

第一个直接的区别是用于从拾取线圈感应的电压中提取信号的方法。如果磁芯达到深度饱和,则输出电压为非常接近基频的正弦波,因此无需调谐拾取线圈即可实现所需频率的谐振(相反,在平行磁通门这需要实施以获取淹没在更大谐波中的二次谐波)。然而,相敏检测在基模正交磁通门中的使用方式与在平行磁通门中的实施方式完全相同。可以通过标准锁相放大器或任何其他类型的相敏解调来实现。使用锁相放大器从电压中提取特定频率,而该频率在该电压信号中很大程度上已经普遍存在,因此这看起来可能多余。非对角 GMI 的开发人员经常使用更简单的方法从拾取线圈感应的电压中提取信号,如后面讨论的,这也是因为非对角 GMI 工作在比正交磁通门更高的频率(高达几十兆赫)。在这种情况下,使用低噪声同步解调相当具有挑战性。一种更便宜的替代方法是用简单的峰值检测器,它可以使用二极管-电容器方案轻松制造[45]。

由峰值检测器获得的非对角 GMI 的典型响应如图 3-29 所示。

曲线显示从 0~±150A/m 的两个伪线性区域,然后在出现峰值后,电压振幅降低。非对角 GMI 的开发者使用偏置场 H_0 将工作点移动到两个伪线性区域

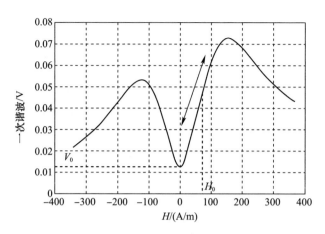

图 3-29 非对角 GMI 传感器的典型特性

之一的中部,以将其用作传感器的工作点[46]。

使用此方法,可以计算如图 3-29 所示曲线的导数,并得出灵敏度(曲线斜率)最大的位置,并在此设置 H_0 偏置,偏置场 H_0 用于将工作点移动到线性区域。采用同样的方法,可以实现 $H=0$ 时灵敏度为零。

另如,科学家使用相敏解调来研究基模正交磁通门。这意味着不仅从拾取的电压中提取特定的频率,而且还导出了其实部。再次考虑响应如图 3-29 所示的传感器。如果提取基波的实部,获得在 ±100 A/m 之间的实际线性响应,而不是在两个伪线性部分(图 3-30)。

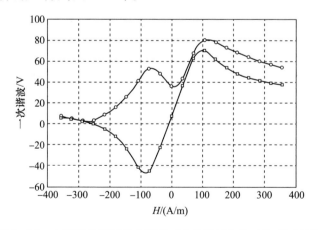

图 3-30 在相同条件下基本模式正交磁通门和非对角 GMI 特性

很明显,这种响应更适合传感器,因为它不需要偏置场 H_0 来实现线性和反对称特性。而且,可以看出,$H=0$ 时的灵敏度大于偏置场 $H_0 > 0$ 时的灵敏度(那里斜率已经减小,因为它正在接近峰值)。因此,考虑基波的实部,能够得到实际的线性特性和最高的灵敏度,这能够仅仅通过改变信号调节技术实现吗?事实上可以。

非对角 GMI 开发人员使用的峰值检测器方法缺失的是相位信息。拾取线圈中感应的电压不仅在振幅上,而且在相位上包含有关测量磁场的信息。

如图 3-29 所示,在 $H=0$ 时,电压振幅不为零,但它达到了其最小值 V_0。这意味着在 $H=0$ 附近,电压的振幅没有明显变化。然而,如果在时域中观察电压,将发现电压的振幅基本保持不变,但根据测量的磁场向左或向右移动。这意味着在 $H=0$ 附近,振幅是稳定的,而电压的相位变化了(图 3-31)。在理想情况下,$V_0=0$,相位仅在 $H=0$ 时切换 π 弧度;在实际情况下,$V_0>0$,并且在 $H=0$ 附近始终存在一个有限的范围(尽管有时很窄),关于磁场的信息不包含在电压的振幅中,而是包含在其相位中。

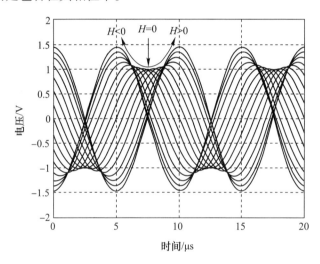

图 3-31　$H=0$ 附近不同测量场值的高 V_0 传感器中的感应电压

在某些特殊情况下,V_0 非常大,接近电压振幅响应的最大值。如果像非对角 GMI 的开发者那样简单使用带有磁场偏置的振幅响应,可能会认为灵敏度非常低,是因为从这种响应中获得了更低的斜率。

使用这种方法从传感器输出电压中提取信息,可以通过选择激励参数来尝试最大化灵敏度,该参数能得到低的 V_0,进而在偏置磁场 H_0 处得到更大的斜率。然而,该方法具有误导性:人们可能认为,由于 H_0 处的斜率,如图 3-32(b)所示的响应具有较低的灵敏度,但事实并非如此。事实上,传感器具有很大的灵敏度,仅仅是采用一种效果较差的方式提取信号。如果考虑电压的实部而不是它的幅值,发现传感器具有非常大的灵敏度(如图 3-22(b)所示的虚线),甚至大于如图 3-32(a)所示的响应。产生误导原因是只关注振幅,而相当可观的信号是由其相位表示的。因此,非对角 GMI 中用于提取信号的方法在采集需要的测量的磁场信息方面是一种简单的非常低效的方法。只有当频率太高以至于无法使用适当的相敏检测时,才应使用这种方法。

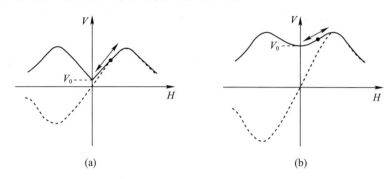

图 3-32 不同传感器在低 V_0 和大 V_0 下的两个响应

如前所述,基模正交磁通门和非对角 GMI 之间的一个重要区别是激励频率:基本模式正交磁通门通常由低频交流电流激励(在文献[27]中为 100kHz,在文献[28]中 40kHz,在文献[25]中范围为 1~32kHz,在文献[26]中为 130kHz),而非对角 GMI 则运行在高得多的频率(在文献[46]中为 1MHz,在文献[48]中为 10MHz,在文献[50]中为 1MHz)。工作频率差异的主要原因是,基于微丝的正交磁门通常工作在千赫频率,为了容易使导线磁饱和,而 GMI 传感器则由兆赫范围内的交流电流激励,为获取显著的趋肤效应,因为这是 GMI 效应的主要原因[50]。

因此,当使用非对角 GMI 传感器时,通常也在高频下工作。另一个让许多研究使用高频的原因是,对于更高的频率,期望的感应信号更大。然而,这并不总是正确的。

如前所述,必须考虑到更高的频率使电流漂移到导线的边界;H_ϕ 在导线中心部分过低而无法达到饱和。因此,随着频率的升高,导线饱和层的厚度减小;甚至如果频率越高,旋转 M 的振幅越低,最终感应电压低于在较低频率下感应的电压。

图 3-33 给出了基模正交磁通门和非对角 GMI 的灵敏度与频率的关系(对于 $I_{dc}=40\text{mA}$,$I_{ac}=18\text{mA}$)。非对角 GMI 灵敏度的测量考虑偏置位于 $H_Z=0$ 和达到特性曲线峰值的 H_Z 值之间的中点。非对角 GMI 的灵敏度明显低于基模正交磁通门的灵敏度(因为 $H_0=0$ 时的灵敏度大于 $H=H_0$ 时的灵敏度)。

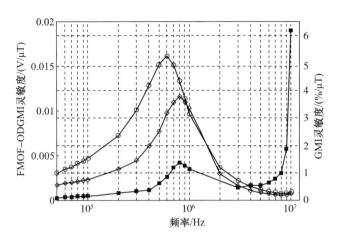

图3-33 基模正交磁通门、非对角GMI和经典GMI灵敏度对频率的依赖性

首先,注意到一个电容,来自拾取线圈的分布电容,一些用户将激励频率调整为共振频率,以使灵敏度最高。这种技术在经典的二次谐波磁通门中非常有效,因为它有助于获取淹没在较大的一次谐波信号中较小的二次谐波。然而,当在基模正交磁通门上工作时,感应电压已经处于期望频率。如果导线处于饱和,则输出电压基本上是正弦的,因此无需使用谐振频率从具有多个谐波的信号中获取特定谐波。

使用共振频率并不总是方便的,因为共振频率值会随着温度漂移。此外,使传感器工作在共振频率时,并没有增加传感器产生的实际信号,而只是通过调节传感器的电容和电感来放大信号。尽管如此,来自磁化旋转的本征信号仅由旋转 M 的振幅及频率引起,而与信号在拾取线圈处调谐无关。这意味着传感器工作在共振频率下不会增加传感器提供的信号中的信息量,而只是增加振幅。

事实上,如果磁力仪中的主要噪声源是电子设备的噪声,这可能是有利的。在这种情况下,通过将电子噪声除以较大的灵敏度,使感应电压尽可能大以降低磁力仪的等效噪声是有用的。排除这种特殊情况,使用共振频率会产生很大的灵敏度,这仅仅是放大的结果,最终没有提高信号的信噪比。由于这里的目标是分析传感器的固有噪声,因此忽略共振发生的频率范围。

考虑如图3-33所示的两个主要区域:第一个是在共振效应出现之前,直到约200kHz的频率区域;第二个是大于谐振频率消失的约3MHz的频率区域。比较这两个区域,注意到频率的影响:在第一个区域(直到约200kHz),由于频率变大(感应定律),灵敏度线性增加。在此阶段,趋肤效应仍然可以忽略,因此影响灵敏度的唯一参数是频率。在第二个区域(高于约3MHz),灵敏度不仅停止如从感应定律中预期的那样增加,而且甚至降到了远低于 $f<200\mathrm{kHz}$ 时的值。

这意味着在 $f>3\mathrm{MHz}$ 时,趋肤效应不再是可忽略的:趋肤效应大大减小了饱和层的厚度,使得磁通量的振幅减小,最终降低了灵敏度。因此,在趋肤效应仍然可以忽略的第一个区域运行传感器更为方便。

此外,图 3-33 是有用的,因为有助于理解传感器的工作原理。图 3-33 除了给出了基本模型正交磁通门和 ODGMI 的灵敏度外,还给出了经典 GMI 的灵敏度。这是非对角 GMI,或简单的经典 GMI,即导线阻抗依赖于 H_z。经典 GMI 灵敏度的值以相对于 $H_z=0$ 时每微特阻抗的百分比表示。可以看到,除了一个小的共振,经典的 GMI 灵敏度在 3MHz 以下非常小,然后迅速增加。这证实了趋肤效应在 $f>3\mathrm{MHz}$ 时变得显著,正如先前推导的那样。

换句话说,巨磁阻抗效应根本不涉及带动被称为非对角 GMI 的信号发展的机制,因为 GMI 效应仅在非对角 GMI 灵敏度已经消失的频率下产生。事实上,所谓的非对角 GMI 传感器是以过大频率激励以及采用低效信号提取方法的基模正交磁门的退化版本。

参考文献

1. Alldredge, USA Patent 2,856,581, 1952
2. F. Primdahl, The fluxgate mechanism, Part I: the gating curves of parallel and orthogonal fluxgates. IEEE Trans. Magn. **MAG-6**(2), 376–383 (1970)
3. M. Butta, P. Ripka, Two-domain model for orthogonal fluxgate. IEEE Trans. Magn. **44**(11), 3992–3995 (2008)
4. J.P. Sinnecker, K.R. Pirota, M. Knobel, L. Kraus, AC magnetic transport on heterogeneous ferromagnetic wires and tube. J. Magn. Magn. Mater. **249**(1–2), 16–21 (2002)
5. P. Ripka, X.P. Li, F. Jie, Orthogonal fluxgate effect in electroplated wires. IEEE Sens. (2005)
6. X.P. Li, Z.J. Zhao, T.B. Oh, H.L. Seet, B.H. Neo, S.J. Koh, Current driven magnetic permeability interference sensor using NiFe/Cu composite wire with a signal pick-up LC circuit. Phys. Status Solidi A **201**, 1992–1995 (2004)
7. M. Butta, P. Ripka, G. Infante, G.A. Badini-Confalonieri, M. Vázquez, Bi-metallic magnetic wire with insulating layer as core for orthogonal fluxgate. IEEE Trans. Magn. **45**(10), 4443–4446 (2009)
8. X.P. Li, J. Fan, J. Ding, H. Chiriac, X.B. Qian, J.B. Yi, A design of orthogonal fluxgate sensor. J. Appl. Phys. **99**(8), Article number 08B313 (2006). ISSN 0021-8979
9. X.P. Li, J. Fan, J. Ding, X.B. Qian, Multi-core orthogonal fluxgate sensor. J. Magn. Magn. Mater. **300**(1), e98–e103 (2006)
10. P. Ripka, X.P. Li, F. Jie, Multiwire core fluxgate. Sens. Actuators, A **156**(1), 265–268 (2009). ISSN 0924-4247
11. P. Ripka, M. Butta, F. Jie, X.P. Li, Sensitivity and noise of wire-core transverse fluxgate. IEEE Trans. Magn. **46**(2), 654–657 (2010). ISSN 0018-9464
12. F. Jie, N. Ning, W. Ji, H. Chiriac, X.P. Li, Study of the noise in multicore orthogonal fluxgate sensors based on Ni-Fe/Cu composite microwire arrays. IEEE Trans. Magn. **45**(Sp. Iss. SI), 4451–4454 (2009). ISSN 0018-9464
13. Y. Terashima, I. Sasada, Magnetic domain Imaging using orthogonal fluxgate probes. J. Appl.

Phys. **91**(10), 8888–8890 (2002). ISSN 0021-8979
14. J. Kubik, L. Pavel, L. Ripka, P. Kaspar, Low-power printed circuit board fluxgate sensor. IEEE Sens. J. **7**(2), 179–183
15. E. Delevoye, A. Audoin, A. Beranger, R. Cuchet, R. Hida, T. Jager, Microfluxgate sensors for high frequency and low power applications. Sens. Actuators, A **145** (SI), 271–277 (2008)
16. M. Butta, P. Ripka, S. Atalay, F.E. Atalay, X.P. Li, Fluxgate effect in twisted magnetic wire. J. Magn. Magn. Mater. **320**(20), E974–E978 (2008)
17. M. Butta, P. Ripka, G. Infante, G.A. Badini-Confalonieri, M. Vázquez, Magnetic microwires with field induced helical anisotropy for coil-less fluxgate. IEEE Trans. Magn. **46**(7), 2562–2565 (2010)
18. P. Ripka, M. Butta, M. Malatek, S. Atalay, F.E. Atalay, Characterization of magnetic wires for fluxgate cores. Sens. Actuators, A **145**(special issue), 23–28 (2007)
19. M. Butta, P. Ripka, J.P. Navarrete, M. Vázquez, Double coil-less fluxgate in bridge configuration. IEEE Trans. Magn. **46**(2), 532–535 (2010)
20. S. Atalay, V. Yagmur, F.E. Atalay, N. Bayri, Coil-less fluxgate effect in CoNiFe/Cu wire electrodeposited under torsion. J. Magn. Magn. Mater. **323**(22), 2818–2822 (2011)
21. S. Atalay, P. Ripka, N. Bayri, Coil-less fluxgate effect in $(Co_{0.94}Fe_{0.06})_{72.5}Si_{12.5}B_{15}$ amorphous wires. J. Magn. Magn. Mater. **322**(15), 2238–2243(2010)
22. M. Butta, P. Ripka, M. Vazquez et al., Microwire electroplated under torsion as core for coil-less fluxgate. Sens. Lett. **11**(1, SI), 50–52 (2013)
23. I. Sasada, Orthogonal fluxgate mechanism operated with dc biased excitation. J. Appl. Phys. **91**(10), 7789–7791 (2002). ISSN 0021-8979
24. D. Jiles, *Introduction to Magnetism and Magnetic Materials* (Chapman & Hall, London, 1991). ISBN 0-412-38640-2
25. E. Paperno, Suppression of magnetic noise in the fundamental-mode orthogonal fluxgate. Sens. Actuators, A **116**(3), 405–409 (2004). ISSN 0924-4247
26. E. Paperno, E. Weiss, A. Plotkin, A tube-core orthogonal fluxgate operated in fundamental mode. IEEE Trans. Magn. **44**(11), 4018–4021 (2008)
27. I. Sasada, H. Kashima, Simple design for orthogonal fluxgate magnetometer in fundamental mode. J. Magn. Soc. Jpn. **33**, 43–45 (2009)
28. M. Butta, I. Sasada, Method for offset suppression in orthogonal fluxgate with annealed wire core. Sens. Lett. **12**, 1295–1298 (2014)
29. M. Butta, S. Yamashita, I. Sasada, Reduction of noise in fundamental mode orthogonal fluxgates by optimization of excitation current. IEEE Trans. Magn. **47**(10), 3748–3751 (2011)
30. M. Butta, I. Sasada, Sources of noise in a magnetometer based on orthogonal fluxgate operated in fundamental mode. IEEE Trans. Magn. **48**(4), 1508–1511 (2012)
31. C. Dolabdjian, B. Dufay, S. Saez, A. Yelon, D. Menard, Is low frequency excess noise of GMI induced by magnetization fluctuations? in *International Conference on Materials and Applications for Sensors and Transducers (ICMAST)*, 2013, Prague, Czech Republic
32. F. Johnson, H. Garmestani, S. Y. Chu, M.E. McHenry, D.E. Laughlin, Induced anisotropy in FeCo-based nanocrystalline ferromagnetic alloys (HITPERM) by very high field annealing. IEEE Trans. Magn. **40**(4), 2697–2699 (2004)
33. P. Butvin, M. Janosek et al., Field annealed closed-path fluxgate sensors made of metallic-glass ribbons. Sens. Actuators, A **184**, 72–77 (2012)
34. I. Sasada, Symmetric response obtained with an orthogonal fluxgate operating in fundamental mode. IEEE Trans. Magn. **38**(5), 3377–3379 (2002)
35. Eyal W., Eugene P. Noise investigation of the orthogonal fluxgate employing alternating direct current bias. J. Appl. Phys. **109**, 07E529 (2011)
36. P. Ripka (ed.), *Magnetic Sensors and Magnetometers* (Artech House, Norwood, MA, 2001). ISBN: 1580530575
37. M. Butta, I. Sasada, M. Janosek, Temperature dependence of offset and sensitivity in orthogonal fluxgate operated in fundamental mode. IEEE Trans. Magn. **48**(11), 4103–4106 (2012)

38. A. Moldovanu, E.D. Diaconu, C. Ioan, E. Moldovanu, Magnetometric sensors with improved functional parameters. J. Magn. Magn. Mater. **157**(158), 442–443 (1996)
39. Y. Nishio, F. Tohyama, N. Onishi, The sensor temperature characteristics of a fluxgate magnetometer by a wide-range temperature test for a Mercury exploration satellite. Meas. Sci. Technol. **18**(8), 2721–2730 (2007)
40. A. Cerman, J.M.G. Merayo, P. Brauer et al., Self-compensating excitation of fluxgate sensors for space magnetometers, in *IEEE Instrumentation And Measurement Technology Conference*, vols. 1–5, pp. 2059–2064 (2008)
41. M. Butta, I. Sasada, Effect of terminations in magnetic wire on the noise of orthogonal fluxgate operated in fundamental mode. IEEE Trans. Magn. **48**(4), 1477–1480 (2012)
42. Shoumu Harada, Ichiro Sasada, Feng Hang, Development of a one dimensional fluxgate array and its application to magnetocardiogram measurements. IEEJ Trans. Fundam. Mater. **133**(6), 333–338 (2013)
43. I. Sasada, S. Harada, Fundamental mode orthogonal fluxgate gradiometer. IEEE Trans. Magn. **50**(11) (2014)
44. M. Malatek, B. Dufay, S. Saez, C. Dolabdjian, Improvement of the off-diagonal magnetoimpedance sensor white noise. Sens. Actuators, A **204**, 20–24 (2013)
45. B. Dufay, S. Saez, C. Dolabdjian, A. Yelon, D. Ménard, Characterization of an optimized off-diagonal GMI-based. IEEE Sens. J. **13**(1), 379–388 (2013)
46. D. Ménard, D. Seddaoui, L.G.C. Melo, A. Yelon, B. Dufay, S. Saez, C. Dolabdjian, Perspectives in giant magnetoimpedance magnetometry. Sens. Lett. **7**(3), 339–342 (2009)
47. K. Goleman, I. Sasada, A triaxial orthogonal fluxgate magnetometer made of a single magnetic wire with three U-Shaped branches. IEEE Trans. Magn. **43**(6), 2379–2381 (2007)
48. B. Dufay, S. Saez, C. Dolabdjian, D. Seddaoui, A. Yelon, D. Ménard, Improved GMI sensors using strongly-coupled thin pick-up coils. Sens. Lett. **7**(3), 334–338 (2009)
49. L. Kraus, Off-diagonal magnetoimpedance in stress-annealed amorphous ribbons. J. Magn. Magn. Mater. **320**(20), E746–E749 (2008)
50. K. Knobel, M. Vázquez, L. Kraus, *Giant Magneto Impedance, Handbook of Magnetic Materials*, vol. 15 (Elsevier, K.H.J. Buschow, 2003)

第4章 巨磁阻抗效应磁力仪

Christophe Dolabdjian, David Ménard[①]

摘要：本章介绍巨磁阻抗磁力仪(Giant Magneto-Impedance, GMI)的最新进展，重点讨论它们在等效磁噪声方面的性能。首先介绍 GMI 效应的物理原理和模型，接着建立 GMI 传感元件与相关电子调节电路之间的关系，从而给出器件性能的表达式。这里的方法是务实的并且针对科学家和工程师关心的敏感磁场的测量，希望这个主题的介绍对从事需要将 GMI 与其他磁传感器进行比较的相关工作的专业人士有所帮助。

4.1 引 言

磁阻抗效应是指由于外加磁场的作用，铁磁性金属的电阻抗发生变化的现象。虽然几十年前[1]就已经对其进行了观察和定性理解，但直到20世纪90年代磁性超软金属的发展，人们才认识到这种效应具有磁场感知的潜力[2]。1994年，有几个研究小组报告了 CoFeSiB 非晶微丝的大阻抗变化[3-7]，逐步采用术语 GMI 定义这种效应。在随后的几年中，人们在各种软磁线和软磁带中观察到了这种效应，并将最初的唯象模型发展成定量模型。在"GMI 再发现"的前10年里，涉及了大量工作，以至于数量太多而无法全面报道，但是有兴趣的读者可以在参考资料中找到该时期的发展情况的全面回顾[8]。

磁阻抗效应是铁磁性金属的共同特性，然而这种效应在超软磁线和磁带中都特别显著[8]，无论对于非晶态还是纳米晶，最广泛使用的材料是 CoFeSiB 基软非晶线(具体成分因研究小组而异)。例如，金属丝或带状物可以通过旋转水淬火[9-10]、玻璃包裹的熔融丝[11]和熔融萃取[12]来制造。在过去的20年中，大量

[①] C. Dolabdjian(✉)，卡昂诺曼底大学，法国卡昂；电子邮件：christophe.dolabdjian@unicaen.fr。梅纳德，蒙特利尔理工大学，加拿大蒙特利尔；电子邮件：david.menard@polymtl.ca；© 瑞士施普林格国际出版公司 2017, A. Grosz 等(编辑)，高灵敏度磁计，智能传感器，测量与仪器 19, DOI 10.1007/978-3-319-34070-8_4。

的 GMI 研究也致力于研究各种退火工艺对 GMI 响应的影响。一般认为,具有稍负的磁致伸缩系数的软质非晶材料,在适当的应力、电流或应力电流联合退火下,产生最大的 GMI 比和最高的灵敏度。

  本章主要关注为了用作磁力仪的磁传感器的发展而进行的 GMI 效应的开发。4.2 节介绍对这种效应建模的物理基础。为了简单起见,将重点放在具有均匀周向各向异性的单畴线上,从而避免与磁畴结构和畴壁动力学特性以及非均匀各向异性分布细节相关的任何困难。尽管磁化率,相应于 GMI,在低 – 中频与畴壁动力学特性有关(这样畴壁运动就不会受到阻尼),但由于下面的原因选择忽略这些影响。在这些超软磁性金属中,磁畴结构很难预测和控制,它们是最可能磁噪声的来源,幸运的是,它们相对容易消除,通常在实践中使用较小的直流偏置电流。

  本章选择不关注模型解释的细节,特别是与 GMI 和铁磁共振之间的既定联系相关的混淆或误解,以及由于在磁化运动方程中包含交换项而使用非局部磁导率所产生的误差。这里通过声明非局部磁导率(导致所谓的交换电导效应)进行研究,该声明已被证明对 GMI 传感器的性能设置了基本限制[13,14]。感兴趣的读者可以在文献[15]中找到这些问题的讨论。最后,也选择将讨论局限于线性行为,从而得到简单的分析处理,尽管已经有了非线性的数值处理方法,如文献[16]。

  4.3 节关注理想的 GMI 传感器的灵敏度和噪声。与使用 GMI 比率的普遍做法相反,即

$$\frac{\Delta Z}{Z} = \frac{Z(B) - Z(B_{\text{ref}})}{Z(B_{\text{ref}})} \tag{4-1}$$

作为一个品质指标,这里采用实用的观点,即与高灵敏度 GMI(或低噪声 GMI)磁力仪设计相关的主要标准是最大电压灵敏度,定义为在静态工作点(偏置磁场)B_0 处施加磁场时 GMI 样品上的电压导数,即

$$\left. \frac{\partial V}{\partial B} \right|_{B = B_0} \tag{4-2}$$

用 V/T 表示。正如最近讨论的[17],GMI 比率作为一个度量标准对灵敏测磁没有特别的意义,在比较不同来源的 GMI 金属线之间的性能时可能会产生误导。

  4.4 节讨论基于 GMI 的磁力仪的设计,即在整个输出动态范围内输出与被测磁场成线性比例的电压的器件。回顾调节电路,并对相关性能进行了评估,总结近年来 GMI 磁力仪的发展现状。

4.2 磁阻抗效应的物理机理

4.2.1 磁阻抗效应的现象

考虑一根长度为 ℓ、半径为 a 的磁导线,使用纵向电流驱动,放置在纵向静磁场 H 中,如图 4-1 所示。实验发现,导线的电阻抗敏感地依赖于外加静磁场的纵向分量,这种现象称为磁阻抗效应(Magneto-Impedance, MI)。导线的复阻抗 $Z = R + iX$,可从导线两端的电压 V_{ac} 与驱动电流 I_{ac} 的比值获得,即

$$Z = \frac{V_{ac}}{I_{ac}} = \frac{\ell}{2\pi a} \frac{e_z}{h_\varphi}\bigg|_{\text{surface}} \quad (4-3)$$

式中: e_z 为表面纵向电场; h_φ 为周向磁场。

对于非磁性导体,式(4-3)右侧的磁场与电场的比值,对应于表面阻抗,可直接由麦克斯韦方程得出。这个过程产生了电阻抗,依赖于电磁趋肤深度。

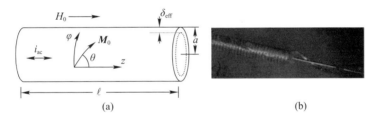

图 4-1 铁磁金属线置于待测磁场中

(a)由交流电流驱动的铁磁金属线,并将其置于待测的纵向磁场中;(b)带有相关线圈的导线。

对于磁性导体,假如使用依赖于磁场的有效趋肤深度代替经典(非磁性)趋肤深度,可以假设阻抗有类似的依赖性。因此,标准化阻抗表示为

$$\frac{Z}{R_{dc}} = \frac{ka}{2} \frac{J_0(ka)}{J_1(ka)} \quad (4-4)$$

式中: R_{dc} 为导线的直流电阻; k 为径向传播常数,可表示为

$$k = \frac{1-i}{\delta_{eff}} \quad (4-5)$$

式中: δ_{eff} 为有效趋肤深度,可表示为

$$\delta_{eff} = \sqrt{\frac{2}{\omega \sigma \mu_{eff}}} \quad (4-6)$$

式中: ω 为角频率; σ 为电导率; μ_{eff} 为有效磁导率。

为了观察强的 MI 效应,电磁场的有效穿透深度 δ_{eff} 必须远小于导线的半径 a。在这种情况下,式(4-4)右侧的贝塞尔函数的比值等于虚单位 i,式(4-4)反映了归一化阻抗与有效趋肤深度的反依赖关系,可表示为

$$\frac{Z}{R_{\text{dc}}} = \frac{1+\text{i}}{2}\frac{a}{\delta_{\text{eff}}} \tag{4-7}$$

式(4-7)通常适用于兆赫范围内微丝的 GMI 响应。然而,对于几千赫或更低的频率,或对于亚微米结构,情况可能是趋肤深度远大于样品的横向尺寸。在这种情况下,式(4-4)右边的贝塞尔函数的比值可以以级数展开,即

$$Z = R_{\text{dc}} + \frac{\text{i}\omega\ell}{8\pi}\mu_{\text{eff}} \tag{4-8}$$

在这种限制下,称为磁感应效应。由于 μ_{eff} 通常为复数,Z 的实部和虚部都可能随磁场变化很大。

由式(4-4)~式(4-6)定义的有效磁导率,是讨论 GMI 效应物理机理的有用概念。然而,它只是将问题从阻抗计算转移到有效磁导率计算。对于具有螺旋各向异性的金属丝,可以得到相对简单的有效磁导率近似表达式。

4.2.2 有效磁导率

考虑 z 轴纵向为静磁场 $\boldsymbol{H}_0$ 施加方向的柱面坐标系,如图 4-1 所示,z 轴周向为各向异性的易轴方向。无外加磁场时,磁化为周向,即 $\theta=90°$。因此,由驱动电流产生的动态磁场的周向分量与静态磁化平行。如果驱动电流足够小能够避免非线性效应,则磁化不应产生响应,材料表现为正常的非磁性导体。因此,对于周向磁化,有效磁导率 μ_0 很小。如果导线沿 z 轴 ($h=0°$) 磁化到饱和,则纵向磁化和周向磁场之间的耦合最大。这对应于定义为 μ_t 的横向有效磁导率。对于一般情况 ($0° \leqslant \theta \leqslant 90°$),$\mu_0$、$\mu_t$ 与螺旋坐标系中定义的阻抗张量的对角线分量有关,螺旋坐标系的 z' 轴与 z 轴成 θ 角,即与静态磁化强度 $\boldsymbol{M}_0$ 平行。例如,对于以能量 $K\sin^2\theta$ 描述的周向单轴各向异性,K 是各向异性常数 (J/m^3),则各向异性场用 $H_k=2K/\mu_0 M_s$ 表示,静态平衡用 $\cos\theta = H_0/H_k$ 表示。然后张量旋转一个角度 θ,以便定向到导线的轴向。该方法得到了一般的有效标量磁导率[①],即

$$\mu_{\text{eff}} = (\sqrt{\mu_t}\cos^2\theta + \sqrt{\mu_0}\sin^2\theta)^2 \tag{4-9}$$

注意,问题的核心在于计算横向有效磁导率 μ_t。尽管在麦克斯韦方程中磁导率是一个 3×3 张量,但磁化特性实际上是由一个简单的标量有效横向磁导率

---

① 参见式(4-9)或文献[14]。

决定,即

$$\mu_t/\mu_0 = 1 + m_\varphi/h_\varphi \tag{4-10}$$

这是由于磁场的平面外分量 $h_r = -m_r$ 的约束,即与径向 k 向量相关的偶极场的结果,也是因为平行于静态磁化强度的磁场分量对磁响应没有贡献。就表面阻抗张量而言可以替代的工作是通过应用约束条件,如文献[14]所获得有效的标量阻抗。

有效横向磁导率可由铁磁转矩运动方程计算,有

$$\frac{dM}{dt} = -|\gamma|\mu_0 M \times (H + d_{ex}^2 \nabla^2 M) - R \tag{4-11}$$

式中:$|\gamma|/2\pi = 28\text{GHz/T}$ 为旋磁比;μ_0 为真空磁导率;M 为磁化强度矢量;H 为"麦克斯韦"磁场,包括外磁场、偶极磁场和去磁磁场。

虽然,为了简单起见,这里没有包括有效各向异性场,但它可以很容易地解释。由非均匀磁化矢量产生的交换有效场用交换长度表示,即

$$d_{ex} = 2A/\mu_0 M_s^2 \tag{4-12}$$

式中:A 为交换刚度。

在式(4-11)中,R 是一个唯象弛豫项,它可以采用不同的数学形式,如黏性阻尼(吉尔伯特(Gilbent)项)或弛豫(修正的布洛赫-布隆伯格根(Bloch-Bloembergen)项)或两种兼有,即

$$R = \frac{\alpha}{M_s} M \cdot \frac{dM}{dt} + \frac{M - M_0}{\tau} \tag{4-13}$$

式中:M_0 为磁化强度的静态部分。

吉尔伯特参数 α 是无量纲的,与黏性阻尼有关,而布洛赫-布隆伯格根 $1/\tau$ 项对应于松弛率,单位为 rad/s。式(4-11)中有效磁导率的计算已在以前的出版物中详细描述[13,14]。

首先考虑在 z 方向上磁饱和的导线。式(4-11)在柱坐标系下以小信号近似求解,这产生了依赖于 k 的磁化率张量,即

$$\begin{pmatrix} m_r \\ m_\varphi \end{pmatrix} = \begin{pmatrix} \chi & -i\kappa \\ i\kappa & \chi \end{pmatrix} \begin{pmatrix} h_r \\ h_\varphi \end{pmatrix} \tag{4-14}$$

张量分量可表示为

$$\chi = \frac{\omega_M \varpi_H}{\varpi_H^2 - \varpi^2}, \quad \kappa = \frac{\omega_M \varpi}{\varpi_H^2 - \varpi^2} \tag{4-15}$$

其中

$$\omega_M = \gamma\mu_0 M_0 \qquad (4-16)$$

$$\varpi = \omega - \mathrm{i}/\tau \qquad (4-17)$$

$$\varpi_H = \gamma\mu_0 H_0 + \mathrm{i}\alpha\omega + \omega_M d_{\mathrm{ex}}^2 k^2 \qquad (4-18)$$

注意,隐式条件 $m_z=0$ 这源自小信号近似的条件。式(4-14)描述了动态磁化对内部动态磁场的响应。式(4-18)中忽略了各向异性和去磁场的影响,用有效内部场代替 H_0。在局部近似中,忽略了交换相互作用,并且从式(4-18)中省略了 k^2 中的最后一项。

由于趋肤效应,波矢量 k 将垂直于导线表面,并且磁场将以贝塞尔函数的形式随径向坐标变化。由麦克斯韦方程得到的关系为

$$h_r = -m_r \qquad (4-19)$$

$$h_\varphi = \frac{k_0^2}{k^2 - k_0^2} m_\varphi \qquad (4-20)$$

式中:$k_0 = (1-\mathrm{i})/\delta_0$ 与在式(4-6)中 $\mu_{\mathrm{eff}} = \mu_0$ 情况下得到的无磁趋肤深度有关。

通过观察 $k^2/k_0^2 = \mu_{\mathrm{eff}}/\mu_0$,式(4-20)简单地重申了 $\mu_{\mathrm{eff}}/\mu_0 = 1 + m_\varphi/h_\varphi$。式(4-14)和式(4-19)的组合能够求解标量横向磁导率,即

$$\frac{\mu_\mathrm{t}}{\mu_0} = 1 + \frac{m_\varphi}{h_\varphi} = \frac{\varpi_{\mathrm{AR}}^2 - \varpi^2}{\varpi_{\mathrm{R}}^2 - \varpi^2} \qquad (4-21)$$

式中:ϖ^2 为复谐振频率,可表示为

$$\varpi_{\mathrm{R}}^2 = \varpi_H(\varpi_H + \omega_M) \qquad (4-22)$$

而且反共振频率可表示为

$$\varpi_{\mathrm{AR}}^2 = (\varpi_H + \omega_M)^2 \qquad (4-23)$$

在局部近似中,式(4-21)可直接用式(4-9)代替,其有效内部场具有适当的 θ 依赖性,这产生有效趋肤深度,进而影响金属丝的磁导率。否则,式(4-18)中的交换项导致 k 依赖于横向磁导率,或等效地导致磁导率的空间色散。因为它依赖于 k,而 k 也依赖于 μ_t,所以非局部方法需要一个合理的解决方案。文献对其进行了详细的分析[13,14]。联立式(4-5)、式(4-6)、式(4-8)和式(4-20)得到归一化阻抗,即

$$\frac{Z}{R_{\mathrm{dc}}} = \sqrt{\frac{\mathrm{i}\omega\sigma\mu_0 a^2}{4}\left(\frac{\varpi_{\mathrm{AR}}^2 - \omega^2}{\varpi_{\mathrm{R}}^2 - \omega^2} + \tan^2[\theta(H_0)]\right)\cos^2[\theta(H_0)]} \qquad (4-24)$$

式中:θ 为静态外加磁场 $\boldsymbol{H}_0$ 的显式函数,强调了阻抗变化的两种机制:作为磁场

函数的磁化强度重新定向和依赖于磁场的横向磁导率。

图4-2显示了作为纵向外加磁场函数特有的GMI阻抗变化,如式(4-24)所示。计算提供了对等式(4-1)、式(4-2)中定义的两种优点的评估。

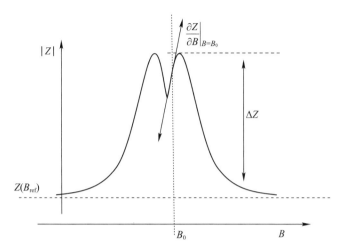

图4-2 导线的特性GMI响应与纵向外加电场的关系

4.3 巨磁阻抗效应传感器

4.3.1 双端口网络模型

本节描述如何使用双端口网络方法将GMI元件工程化为传感器[18]。图4-3给出了传感元件的示意图以及相关的双端口网络模型,它由位于长螺线管或接收线圈内的GMI导线组成。GMI传感元件可用其依赖于磁场的阻抗矩阵$[Z(B_{ext})]$来描述,其中$B_{ext}=\mu_0 H_{ext}$是外部磁感应的纵向分量①,表达式为

$$\begin{pmatrix} v_1 \\ v_2 \end{pmatrix} = [Z(B_{ext})] \begin{pmatrix} i_1 \\ i_2 \end{pmatrix} = \begin{bmatrix} Z_{11} & Z_{12} \\ Z_{21} & Z_{22} \end{bmatrix} \begin{pmatrix} i_1 \\ i_2 \end{pmatrix} \quad (4-25)$$

式中:v_p和i_p分别为端口p(1或2)的电压或电流,如图4-3所示。

对于在闭合磁场配置(反馈回路)中工作在弱磁场的情况,外部磁感应可

---

① 由于强去磁效应,并且假设我们测量的场比饱和磁化强度小得多,GMI元件对场的纵向分量基本上是敏感的。

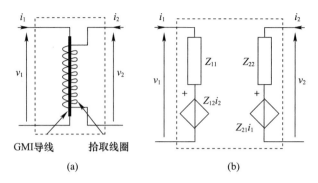

图4-3 式(4-25)和文献[18]中给出的阻抗矩阵的不同项的传感元件示意图及其相关的双端口网络模型

写为

$$B_{\text{ext}} = B_0 + b(t) \tag{4-26}$$

式中:B_0为静态工作点(偏置磁场);$b(t)$为测量的交流信号。

在小信号近似下,阻抗分量的一阶展开产生,即

$$Z_{ij} = Z_{ij_0}(B_0) + \frac{\partial Z_{ij}}{\partial B_0}\bigg|_{B=B_0} \cdot b(t) = Z_{ij_0} + S_{ij-\Omega} \cdot b(t) \tag{4-27}$$

式中:$Z_{ij_0} = Z_{ij}(B_0)$为偏置磁场的阻抗;$\partial Z_{ij}(B)/\partial B (= S_{ij-\Omega})$为相应阻抗分量的固有灵敏度,单位为 Ω/T。

如式(4-25)所示,激励和检测有4种不同的配置,每种配置都与阻抗矩阵的一个分量有关。图4-4[18]给出了测量阻抗分量 $Z_{ij}(B)$ 作为外加磁场函数的示例。

式(4-25)中的矩阵分量由文献[19]给出,即

$$[\mathbf{Z}] = \begin{pmatrix} \dfrac{l}{2\pi a}(Z_M\cos^2\theta_M + Z_N\sin^2\theta_M) & N(Z_N - Z_M)\sin\theta_M\cos\theta_M \\ N(Z_N - Z_M)\sin\theta_M\cos\theta_M & \dfrac{2\pi a N^2}{l_c}(Z_M\cos^2\theta_M + Z_N\sin^2\theta_M) \end{pmatrix}$$

$$\tag{4-28}$$

式中:l、l_c、N 分别为导线长度、拾取线圈长度和线圈匝数 N。

阻抗矩阵的这个表达式也可以扩展到包括接收线圈的寄生电容 C_{coil},可表示为[19]

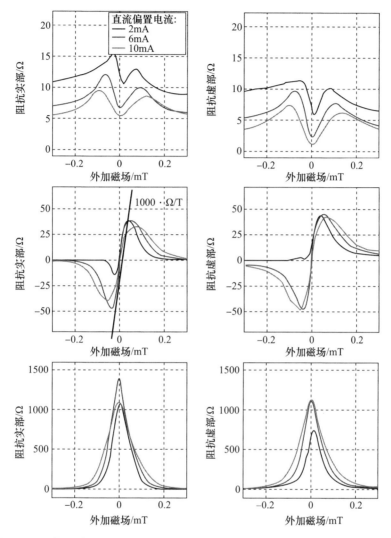

图4-4 阻抗矩阵 $Z_{ij}(B)$ 的实部和虚部作为3个直流偏置电流的外加磁场的函数（测量激励频率 $f=300\text{kHz}$。在 $\text{Re}(z)$ 曲线上，给出了 Ω/T 中零场工作点阻抗灵敏度 SX 的估计微分变化[18]）（见彩图）

$$[Z'] = \begin{pmatrix} Z_{11} - \dfrac{jZ_{12}Z_{21}C_{\text{coil}}\omega_0}{1+jZ_{22}C_{\text{coil}}\omega_0} & \dfrac{Z_{12}}{1+jZ_{22}C_{\text{coil}}\omega_0} \\ \dfrac{Z_{12}}{1+jZ_{22}C_{\text{coil}}\omega_0} & \dfrac{Z_{22}}{1+jZ_{22}C_{\text{coil}}\omega_0} \end{pmatrix} \quad (4-29)$$

式中：Ω_0 为幅度为 I_{ac} 的正弦电流激励的角频率。

4.3.2 传感器灵敏度

传感器的输出电压 V_{out},理想情况下与测量磁场成比例,依赖于几个因素,包括固有灵敏度、驱动电流和调节电子设备。下面考虑4种配置A、B、C或D中任何一种的典型锁频检测方案,如图4-5所示。经典的单线结构(A结构),在4.2节中讨论过,采用直接的导线电阻抗测量。然而,所谓的非对角或晶丝-线圈结构(B结构),相应的励磁电流通过GMI导线,通过接收线圈检测电压。

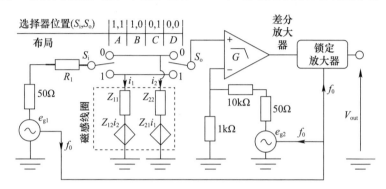

图4-5 两极网络传感器及其相关信号调理(前置放大器+检测器)示意图[18]

激励和检测级包括一个电压源 e_{g1},其内阻为 R_1,与载波补偿电路有关。探测器是一个锁频放大器,锁定到激励频率 f_0 [18]。锁频放大器输出端的输出灵敏度,也称为转换灵敏度 T_r,用 V/T 表示,定义为

$$T_{rX} = \frac{\partial V_{out}}{\partial B} \tag{4-30}$$

式中:$X = (A、B、C 或 D)$ 为测量结构;V_{out} 为输出电压。

假设线性响应,灵敏度可以从 $S_{ij-\Omega}$、Z_{ij0} 和电路元件中获得。锁频输出电压的傅里叶变换为

$$V_{out}(\omega) \approx G\left[I_{ac}\left(Z_{ij0}(\omega_0) + \frac{\partial Z_{ij}(\omega_0)}{\partial B}\bigg|_{B=B_0} \cdot b(\omega) + k_{DS}z_{nij}(\omega) \right) + k_{DS}e_{nX}(\omega) \right]$$

$$\tag{4-31}$$

式中:G 和 k_{DS} 分别为与前置放大器和检测器相关的增益;$z_{nij}(\omega)$ 为等效阻抗谱噪声密度源($\Omega/Hz^{1/2}$);$e_{nX}(\omega)$ 是等效调节电压噪声($V/Hz^{1/2}$)。在工作频率和静态工作点(偏置磁场),输出灵敏度为

$$T_{rX} = GI_{ac}\frac{\partial Z_{ij}(\omega_0)}{\partial B} = \frac{I_{ac}}{2}\frac{\partial Z_{ij}(\omega_0)}{\partial B} \tag{4-32}$$

等效电压噪声为

$$v_n(\omega) = Gk_{DS}I_{ac}z_{n_{ij}}(\omega) + Gk_{DS}e_{n_X}(\omega_0) = \frac{1}{\sqrt{2}}[I_{ac}z_{n_{ij}}(\omega) + e_{n_X}(\omega_0)]$$

(4-33)

式(4-32)和式(4-33)的右边项是通过设置 $G=1/2$ 和 $k_{DS}=\sqrt{2}$ 获得的,其中 k_{DS} 是变化范围从 $\sqrt{2}\sim 1$ 的校正系数,取决于使用的同步检测器或锁频器类型[20-21]。在这里,考虑了一个使用正弦函数的乘积检测器,它与载波频率相同,并且同相。对于理想的正弦电流源($R_1 \gg Z_{11}$ 或 Z_{22})和高输入阻抗的前置放大器,传感器的灵敏度为

$$T_{rX} \approx \frac{\partial |Z_{ij}(\omega_0)|}{\partial B} \frac{I_{ac}}{2}$$

(4-34)

下面章节对电子调节电路的细节进一步讨论,可见文献[18]。

4.3.3 传感器的等效磁噪声

4.3.3.1 固有磁噪声

众所周知,磁化的热涨落对磁传感器的信噪比设定了基本限制,以磁阻元件为例,其响应取决于感测元件的磁化方向[22]。磁化波动对 GMI 传感器等效磁噪声影响的估计在文献[23]中首次讨论,随后在文献[24]中发展。最近,文献[25]考虑分析了 A 结构磁滞损耗对低频噪声的贡献,文献[26]扩展到了 B 结构。

基于均分定理和 GMI 响应的简化物理模型,固有磁噪声由 Ménard 等表达[23],即

$$\overline{z_{n_{ij}}^2(\omega)} \approx \left(\frac{\partial Z_{ij}}{\partial \theta}\right)^2 S_{\theta\theta}^2(\omega) \approx \left(\frac{\partial Z_{ij}}{\partial \theta}\right)^2 \left(\frac{4k_B T \chi''}{2\pi f \mu_0 M_s^2 \vartheta}\right)$$

(4-35)

式中: $S_{\theta\theta}$ 为磁化方向波动的谱密度; χ_t 为磁化率; ϑ 为导线的有效体积; μ_0 为真空磁导率; $k_B T$ 为热能。磁化率的虚部 χ'' 与各种耗散机制有关。

例如,式(4-35)意味着与频率成比例的黏性阻尼产生了与频率无关的噪声(白噪声),而与频率无关的磁滞损耗在低频产生 $1/f$ 噪声。

等效磁功率噪声谱密度,单位为 T^2/Hz ,由电压噪声频谱密度的磁性部分,式(4-33)除以式(4-34)给出,即

$$\overline{b_n^2(f)} = 2\frac{\overline{z_{n_{ij}}^2(\omega)}}{|\partial Z_{ij}(f_0)/\partial B|^2}$$

(4-36)

文献[27]中指出,白噪声的磁贡献可表示为

$$\left|\frac{\partial Z_{ij}(f_0)}{\partial B}\right|^2 = \left|\left(-\frac{\sin\theta}{\mu_0 H_{\text{int}}}\right)\frac{\partial Z_{ij}}{\partial \theta}\right|^2 \quad (4-37)$$

然后,假设 1 根具有周向各向异性的金属丝,其磁化强度为磁场的函数,关系为 $M/M_s = \cos\theta = H_0/H_k$,内部磁场为 $H(H_k^2 - H_0^2)_{k_{\text{int}}}$。该传感器通常在几兆赫的频率下工作,直流偏置磁场约等于 $H_0 = H_k/2$。在这些条件下,使用式(4-35)~ 式(4-37),等效磁功率噪声谱密度的估计为

$$\overline{b_n^2(f)} = \left(\frac{4\mu_0 k_B T \chi''}{\pi f \vartheta}\right)\frac{H_{\text{int}}^2}{|\sin\theta|^2 M_s^2} = \frac{3\mu_0 k_B T}{\pi \vartheta}\frac{H_k^2}{M_s^2}\frac{\chi''}{f} \quad (4-38)$$

假设由 $\chi'' = M_s/H_k$ 确定的最坏情况,在低频范围内,等效磁功率噪声频谱密度的非常粗略的估计为

$$\overline{b_n^2(f)} \approx \left(\frac{3\mu_0 k_B T}{\pi \vartheta}\frac{H_k}{M_s}\right)\frac{1}{f} \quad (4-39)$$

在低频下,$1/f$ 形式额外噪声的下限,由理论本征磁性白噪声给出[17],即

$$\overline{b_n^2(f)} \approx \frac{Z_{11}^2}{|\partial Z_{11}(f)/\partial B|^2}\left(\frac{4k_B T\alpha}{\gamma \mu_0^2 H_k^3 \vartheta}\right) \quad (4-40)$$

式中:γ 和 α 分别为旋磁比和无量纲吉尔伯特(Gilbert)阻尼参数。

原则上,式(4-42)中包含的 GMI 传感器直流电阻的约翰逊噪声也应视为固有噪声贡献。相反,如下面所述,到目前为止,电子调节电路已经有效限制了白噪声的产生过程。

综上所述,低频等效磁噪声谱密度预计与阻抗灵敏度比成正比,与绝对温度的平方根成正比,与导线体积的平方根成反比。虽然,上述分析被认为是等效 GMI 磁噪声的一个非常粗略的估计,但数值表明,由磁化的热涨落引起的热磁噪声可能对传感元件的低频固有噪声有重大影响,解决这一问题需要进一步的理论和实验研究。

4.3.3.2 来自调节电子设备的噪声

系统的输出等效噪声可以基于图 4-4 所示的经典调节电路来估计。假设一个条件良好的电子电路,有三个主要的噪声源。

第一个是由电压源引起的噪声,如正弦信号源的信号不稳定性通常由单边带噪声谱密度(形式为载波频率下每赫的分贝数,即 dBc/Hz)来表征,该噪声谱密度与源的输出幅值直接相关。这能够评估图 4-4 所示的两个电源的电压功率谱密度,即

$$e_{ngi}^2(f) = \frac{e_{gi}^2}{10^{\text{dBc}/10 + 3}} \quad (i = 1, 2) \quad (4-41)$$

式中:e_{ngi}为正弦信号发生器的振幅。dBc 的量级在 1Hz 范围内约为 100 ~ 140dB,取决于信号发生器的性能。

第二发生器的振幅e_{g2}通常与e_{g1}有关,因为在信号放大器的反相和同相输入处的信号的振幅需要近似相等。因此,第二发生器$e_{ng2}(f)$的噪声级可以表示为$e_{ng1}(f)$和电路元件的函数。

第二个噪声源是前置放大器,考虑到输入电压$e_{2npreamp}(f)$和输入电流$i_{2npreamp}(f)$的白功率,可以通过其$e_n(f) - i_n(f)$模型来概括。

第三个源是器件中每个电阻 R 的约翰逊噪声,包括 GMI 元件的约翰逊噪声,表示为

$$e_{nR}^2 = 4k_B TR \qquad (4-42)$$

式中:$k_B(1.38 \times 10^{-23} \text{J} \cdot \text{K}^{-1})$为玻尔兹曼常数;$T(300\text{K})$为电路工作温度。

考虑到$A_c[1 + m\cos(\omega_m t)]\cos(\omega_0 t)$形式的前置放大器输入处的 AM 信号,其中$\omega_m$是检测场$b(t)$的角频率,$\omega_0$是激励(驱动)电流$I_{ac}(t)$的角频率,因此是滤波解调信号乘以$\cos(\omega_0 t)$。随后,由于必须考虑的边带噪声的平方和,输出噪声谱密度增加了因子$G \cdot k_{DS}$(式(4-33))。这导致因子k_{DS}表示的信噪比的降低。在解调和低通滤波之后,能够表示出在输出端口的等效输出白噪声功率谱密度为

$$e_{nX}^2(f) \approx G^2 \cdot k_{DS}^2 \left\{ \left(\frac{|Z_{ij_0}(f_0)|}{R_1} \right)^2 [2e_{ng1}^2(f) + e_{nR1}^2] + e_{npreamp}^2 + e_{nRx}^2 + R_x^2 i_{npreamp}^2 \right\}$$

$$(4-43)$$

器件的等效磁噪声谱密度$b_{nX}(\text{PT}/\text{Hz}^{1/2})$定义为电子噪声谱密度$(\text{V}/\text{Hz}^{1/2})$与灵敏度(V/T)的比值,$b_{nX} = e_{nX}/T_{rX}$。

注意,这种描述可以很好地估计实验噪声,并且磁噪声谱密度由激励或检测阶段决定,这取决于激励电流或传感器灵敏度是高还是低。每种结构(A、B、C、D)表现出的不寻常的噪声特性有助于更好地理解传感器噪声限制。目前,通过线圈端口测量信号的结构(通常称为非对角,X=B),在降低电子调节等效输出磁噪声谱密度方面似乎是最有效的,见文献[28]。

总的来说,由两个主要噪声源(固有 1/f 噪声和调节电路贡献白噪声)引起的 GMI 等效磁噪声为

$$\overline{b_{nX}^2(f)} \approx \overline{b_n^2(f)} + \overline{e_{nX}^2(f)}/T_{rX}^2(f) \approx 3\mu_0 \frac{k_B T H_k}{\pi f \vartheta M_s} +$$

$$k_{DS}^2 \frac{\left\{ \left(\frac{|Z_{ij_0}(f_0)|}{R_1} \right)^2 [2e_{ng1}^2(f) + e_{nR1}^2] + e_{npreamp}^2 + e_{nRx}^2 + R_x^2 i_{npreamp}^2 \right\}}{\left| \frac{\partial Z_{ij}(f_0)}{\partial B} \right|^2 I_{ac}^2}$$

$$(4-44)$$

4.4 磁力仪开发

4.4.1 调节电路

GMI 传感器的激励有两种主要模式:经典正弦波激励[18]和脉冲激励[29,30],如图 4-6 和图 4-7 所示。第一种提供单一频率,第二种提供多频率激励模式。

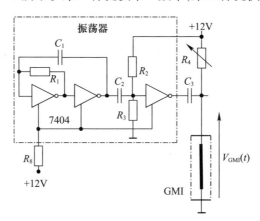

图 4-6 基于脉冲发生器的典型电子设计[31]

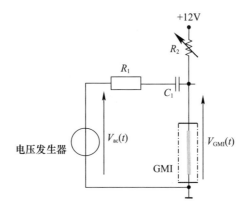

图 4-7 基于正弦波发生器的典型电子设计

基于傅里叶变换和作为线性系统考虑,由于两种信号的一次谐波振幅占主导地位,这两种模式非常相似。在这两种情况下,通常使用直流偏置电流。这有助于降低传感器的等效磁噪声[31]。调节电路还会采用一些其他的方法,如利用 GMI 导线共振的考毕兹(Colpitts)振荡器[32],这里不讨论这些方法。

类似地,有不同类型的检测器,如峰值检测器或锁相检测器。典型的峰值检测器如图4-8所示。

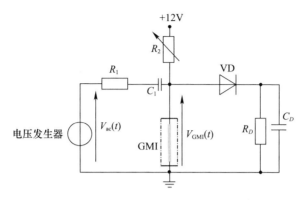

图4-8 关联到MIG焊丝作为传感器经典电子峰值检测器

4.4.2 磁反馈回路

GMI磁力仪必须具有适当的线性度和磁场动态范围。这可以通过使用负反馈技术,应用反馈磁场来实现。通过缠绕在导线上的线圈应用于GMI导线,如图4-1(b)所示,对于几种磁力仪来说这种磁场锁定回路原理是相同的。图4-9给出了一个典型的电路结构,将前置放大器的输出$V_c(t)$通过低通滤波器$A_1(\omega)$,得到磁力仪的输出信号$V_S(t)$。后者通过电阻器反馈给GMI线圈。

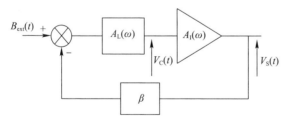

图4-9 反馈回路原理示意图

考虑小信号情况,假设系统锁定在转换系数$T_r(T_r>0)$最大的工作点上。探测器和差分放大器输出之间的传递函数为

$$A_L(\omega) = \frac{A_L(0)}{1+j\omega/\omega_L} \tag{4-45}$$

式中:$A_L(0)$和ω_L分别为放大器的低频增益和截止频率。

同样,低通滤波器的传递函数为

$$A_\mathrm{I}(\omega) = \frac{A_\mathrm{I}(0)}{1 + j\omega/\omega_\mathrm{I}} \tag{4-46}$$

式中:$A_\mathrm{I}(0)$和ω_I分别为放大器的低频增益和截止频率。

结合$A_\mathrm{I}(0)$和ω_I,磁力仪的回路增益系数为[33]

$$A(\omega) = T\beta A_\mathrm{L}(\omega) A_\mathrm{I}(\omega) \tag{4-47}$$

式中:β为施加在磁性导线上的磁通密度与馈送 GMI 线圈的反馈电流产生的磁通密度之比(T/V)。

最后,磁力仪的典型整体小信号传递函数可以表示为标准的二阶传递函数,即

$$T(\omega) = T_\mathrm{Mag}\left(\frac{w_N^2}{\omega_N^2 - \omega^2 + j\omega\omega_\mathrm{L}}\right) \approx \frac{1}{\beta}\left(\frac{w_N^2}{\omega_N^2 - \omega^2 + j\omega\omega_\mathrm{L}}\right) \tag{4-48}$$

式中:$T_\mathrm{Mag} = \dfrac{T_r A_l(0) A_\mathrm{L}(0)}{1 + T_r \beta A_l(0) A_\mathrm{L}(0)} \approx \dfrac{1}{\beta}$;$\omega_N^2 = T_r \beta A_l(0) A_\mathrm{L}(0) \omega_\mathrm{I} w_\mathrm{L}$。

现在考虑一下磁力仪在大信号下的行为特性。在转换系数最大的工作点附近,可以得到伪积分器动态范围的一个粗略估计为[33]

$$-H_\mathrm{Peak} T_r A_\mathrm{L}(0) \leq V_\mathrm{C}(t) \leq H_\mathrm{Peak} T_r A_\mathrm{L}(0) \tag{4-49}$$

式中:$H_\mathrm{Peak} \approx H_k/2$,它得出磁力仪输出的转换率(单位时间内输出电压的最大变化率)满足

$$\left|\frac{\partial V_S(t)}{\partial t}\right| \approx H_\mathrm{Peak} T_\mathrm{I} A_\mathrm{L}(0) A_\mathrm{I}(0) \omega_\mathrm{I} \tag{4-50}$$

当发生较大的磁场跃变,使施加到传感器上的磁通密度偏离$\pm H_\mathrm{Peak}$范围时,就会遇到这种情况。这种情况与锁频系统的大信号响应非常相似。对于大的正弦$B_\mathrm{ext}(t)$信号,也会出现转换率限制。此外,它要求低通滤波器时间常数要高于转换速率。如果系统中没有其他物质饱和,则根据前面的方程推导出等效磁转换为

$$\left|\frac{\partial B(t)}{\partial t}\right| \approx H_\mathrm{Peak} T_r \beta A_\mathrm{L}(0) A_\mathrm{I}(0) \omega_\mathrm{I} \tag{4-51}$$

GMI 磁力仪已有一些优化的例子[26,28,29,34]。从等效磁噪声和性能上看,它们的性能与本文的分析一致。表 4-1 列出了 GMI 磁力仪(或传感器)的最新性能指标。

表4-1 GMI传感器或磁力仪的最新性能指标

序号	模式	材料	构造	励磁	励磁频率/MHz	检测器	反馈回路	噪声级/pT/Hz$^{1/2}$	带宽/Hz	动态范围/μT
[26,28]	B	CoFeSiB,2.5cm,ϕ30μm 线圈500转	钢丝	正弦形	1	峰值检测器	是	35@1Hz	100000	±100
[29]	A	CoFeSiB(1cm,ϕ30μm)	钢丝	脉冲形	16	峰值检测器	是	1000@1Hz	70000	±25
[32]	B	CoFeNiBSiMo,1cm,ϕ30μm 线圈85转	钢丝	正弦形 2mA	4	开关	是	10@300Hz	1000	±250
[34]	B	CoFeSiB,2cm,ϕ30μm 线圈200转	钢丝	脉冲形	0.4	开关	否	50@1Hz	40	±100
[35]	B	$Co_{67}Fe_4Si_8B_{14}Cr_7$ (11cm×1mm×17μm) 线圈290转 (8cm,ϕ9mm)	薄带	正弦形 有效电流 10mA 有效电流 3mA	0.8 0.29	SR840 模拟乘法器	否	17@1Hz 70@1Hz	-10	±1.5 ±75
[36,37]	D	$Fe_{78}Si_9B_{13}$ (1.2cm×2mm×20μm) 线圈100转(6mm)	薄带	脉冲形 20mA	0.3	峰值检测器	否	5kHz	2000	±250
[38]	B	CoFeSiB(1cm,ϕ30μm) 线圈600转	钢丝	脉冲形	0.03	模拟乘法器	否	3@1Hz	—	>10
[39]	A	CoNbZr薄膜 (25mm×25mm×4μm) 之下的电解铜 (2cm×0.8mm×18μm)	钢丝	正弦形 20dBm	600 800	频谱分析仪无解调相位	否	0.71@500kHz 1.3@1Hz		
[40]	A	$Co_{66}Fe_4Si_{15}B_{15}$ (1cm×1mm×20μm)	薄带	正弦形 10mA	0.1	模拟乘法器	是			±200
[41]	A	$Fe_{75}Si_{15}B_6Cu_1Nb_3$/Cu/$Fe_{75}Si_{15}B_6Cu_1Nb_3$ [1cm×6cm× (20μm/40μm/20μm)]	多层薄带	正弦形	0.16	锁相	否	1000	1000	
[42,43]	A	$Fe_{75}Si_{15}B_6Cu_1Nb_3$/Cu/$Fe_{75}Si_{15}B_6Cu_1Nb_3$ [1cm×6cm× (20μm×40μm×20μm)]	多层薄带	正弦形	0.6	锁相	否	13000@100Hz	100	
[44]	B	$Co_{67}Fe_4Si_8B_{14}Cr_7$ (8cm×1mm×17μm) 线圈490转	双薄带	正弦形 有效电流 1.2mA	0.29	锁相	是	5.9@1Hz	15	±75

续表

序号	模式	材料	构造	励磁	励磁频率/MHz	检测器	反馈回路	噪声级/pT/Hz$^{1/2}$	带宽/Hz	动态范围/μT
[45,46]	A	$Co_{67}Fe_4Mo_{1.5}Si_{16.5}B_{11}$ (3.5cm×0.5mm×25μm)	薄带	正弦形 有效电流 10mA	30	峰值检测器	是			±1000
[47]	A	CoNbZr(三线圈 - 0.5cm×30μm×4.3μm)	钢丝	正弦形 有效电流 40mA	0.37	频谱分析仪无解调相位	否	1.7@500kHz		
[48]	B	Co,2cm,ϕ120μm 线圈400转	薄膜	正弦形	0.4	锁相	否	10@2Hz	5	
[49]	A	尤尼吉可(4cm× 0.3cm),ϕ15μm	钢丝	正弦形	18-30	频率	是			±100
[50]	A	$Fe_{4.35}Co_{68.15}Si_{12.15}B_{15}$ 0.3cm,ϕ30μm	钢丝	脉冲形	50	峰值检测器	否		10^6	±100
[51]	A	$[Py/Ti]_3/Cu/[Ti/Py]_3$ (2mm×130μm×590nm)	多层μ条纹	正弦形	120	峰值检测器	否	122	100000	

例如,传感元件的磁场响应模型和噪声模型与实验结果一致[26,28]。这里,传感元件由直接缠绕在直径为100μm的CoFeSiB非晶铁磁线($M_s=561$kA/m, $\alpha=0.02, \rho=129$μΩcm)上的薄检测线圈组成。检测线圈l_c的长度与导线l的长度相等,约为2.5cm,线圈圈数N约为500圈/层。磁力仪在白噪声区的噪声性能约为1.7pT/Hz$^{1/2}$。其带宽约为70kHz,满量程为100μT,测量的转换率高于450T/s。电路示意图和相关等效谱磁噪声密度如图4-10所示。

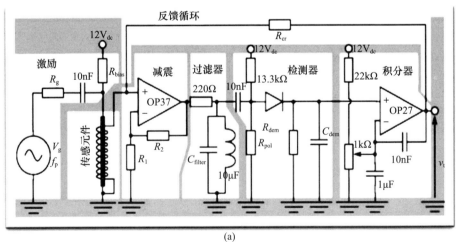

(a)

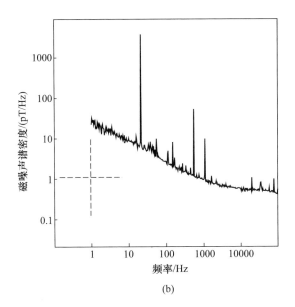

(b)

图4-10 全电子GMI磁力仪设计和相关等效谱磁噪声的示意图[26,28]
(a)全电子GMI磁力仪设计；(b)相关等效谱磁噪声。

4.5 小　　结

虽然GMI传感器技术的发展始于大约20年前，但磁力仪工程化的进展以及对其噪声性能进行的系统评估工作主要集中在最近10年。金属丝、薄带、单层或多层膜的GMI磁学研究正在稳步发展，目前仍然是一个活跃的研究领域。迄今为止，已经进行了令人印象深刻的GMI磁力仪演示，展示了具备与在室温下运行的最先进的低成本磁力仪竞争的性能。GMI传感器目前也被认为是发展多传感器阵列的有希望的候选者，这可以大大扩展其应用范围。主要的短期挑战包括降低它们的低频附加噪声和改善它们的长期磁稳定性。需要说明的是，注意能源消耗和制造成本，以及与材料研究和优化相关的其他问题。

致　　谢

感谢亚瑟·耶伦(Arthur Yelon)教授对手稿的建议，感谢加拿大自然科学与工程研究理事会的资助。

参考文献

1. E.P. Harrison, G.L. Turney, H. Rowe, Nature **135**, 961 (1935)
2. K. Kawashima, T. Kohzawa, H. Yoshida, K. Mohri. IEEE Trans. Magn. **29**, 3168 (1993)
3. F.L.A. Machado, B.L. da Silva, S.M. Rezende, C.S. Martins, J. Appl. Phys. **75**, 6563 (1994)
4. R.S. Beach, A.E. Berkowitz, Appl. Phys. Lett. **64**, 3652 (1994)
5. L.V. Panina, K. Mohri, Appl. Phys. Lett. **65**, 1189 (1994)
6. V. Rao, F.B. Humphrey, J.L. Costa-Kramer, J. Appl. Phys. **76**, 6204 (1994)
7. J. Velásquez, M. Vázquez, D.-X. Chen, A. Hernando, Phys. Rev. B **50**, 16737 (1994)
8. M. Knobel, M. Vázquez, L. Kraus, in *Handbook of Magnetic Materials*, ed. by K.H. J. Buschow (Elsevier, London, 2003), vol. 15, p. 497
9. T. Masumoto, A. Inoue, M. Hagiwara, US Patent No. 4,523, 626 (1995)
10. I. Ogasawara, S. Ueno, IEEE Trans. Magn. **31**(2), 1219–1223 (1995)
11. H. Chiriac, T.A. Ovari, Prog. Mater Sci. **40**(5), 333–407 (1996)
12. P. Rudkowski, J.O. Ström-Olsen, U.S. Patent 5,003,291 26 March 1991
13. L. Kraus, J. Magn. Magn. Mater. **195**, 764–778 (1999)
14. D. Ménard, A. Yelon, J. Appl. Phys. **88**, 379 (2000)
15. P. Ciureanu, L.-G. Melo, D. Ménard, A. Yelon, J. Appl. Phys. **102**(073908), 1–8 (2007)
16. D. Seddaoui, D. Ménard, B. Movaghar, A. Yelon, J. Appl. Phys. **105**(083916), 1–12 (2009)
17. D. Menard, D. Seddaoui, L.G.C. Melo, A. Yelon, B. Dufay, S. Saez, C. Dolabdjian, Sensor Lett. **7**, 439–442 (2009)
18. B. Dufay, S. Saez, C. Dolabdjian, A. Yelon, D. Menard, IEEE Sens. J. **11**(6), 1317–1324 (2011)
19. B. Dufay, S. Saez, C. Dolabdjian, A. Yelon, D. Menard, IEEE Sens. J. **13**(1), 379–388 (2013)
20. L. Ding, S. Saez, C. Dolabdjian, Sens. Lett. **5**(1), 248–251 (2007)
21. M. Lam Chok Sing, C. Dolabdjian, C. Gunther, D. Bloyet, J. Certenais. Rev. Sci. Instrum. **67**(3), 796–804 (1996)
22. W.F. Egelhoff Jr., P.W.T. Pong, J. Unguris, R.D. McMichael, E.R. Nowak, A.S. Edelstein, J.E. Burnette, G.A. Fischerd, Sens. Actuators, A **155**(2), 217–225 (2009)
23. D. Ménard, G. Rudkowska, L. Clime, P. Ciureanu, S. Saez, C. Dolabdjian, D. Robbes, A. Yelon, Sens. Actuators, A **129**(1–2), 6–9 (2006)
24. L. Melo, D. Menard, A. Yelon, L. Ding, S. Saez, C. Dolabdjian, J. Appl. Phys. **103**(3), 1–6 (2008)
25. C. Dolabdjian, S. Saez, A. Yelon, D. Menard, Key Eng. Mater. **605**, 437–440 (2014)
26. B. Dufay, E. Portalier, S. Saez, C. Dolabdjian, A. Yelon, D. Ménard, *EMSA'14 Conference*, 5–7 July, Vienne (2014)
27. L. Melo, D. Menard, A. Yelon, L. Ding, S. Saez, C. Dolabdjian, J. Appl. Phys. **103**(3), 1–6 (2008)
28. B. Dufay, S. Saez, C. Dolabdjian, A. Yelon, D. Menard, I.E.E.E. Trans, Magn. **49**(1), 85–88 (2013)
29. L. Ding, S. Saez, C. Dolabdjian, L. Melo, D. Menard, A. Yelon, IEEE Sens. J. **9**(2), 159–168 (2009)
30. L. Panina, K. Mohri, Appl. Phys. Lett. **65**(9), 1189–1191 (1994)
31. L. Ding, S. Saez, C. Dolabdjian, P. Ciureanu, L. Melo, D. Ménard, A. Yelon, Sens. Lett. **5**(1), 171–175 (2007)
32. T. Uchiyama, K. Mohri, L.V. Panina, K. Furuno. IEEE Trans. Mag. **31**, 3182–3184 (Nagoya University, Japan) (1995)
33. A. Boukhenoufa, C. Dolabdjian, D. Robbes, IEEE Sens. J. **5**(5), 916–923 (2005)
34. T. Uchiyama, K. Mohri, Y. Honkura, L.V. Panina, IEEE Trans. on Magn. **48**(11), 3833–383 (2012)

35. M. Malátek, L. Kraus, Sens. Actuators, A **164**(1–2), 41–45 (2010)
36. Y. Geliang, B. Xiongzhu, X. Chao, X. Hong, Sens. Actuators, A **161**(1–2), 72–77 (2010)
37. Y. Geliang, B. Xiongzhu, Y. Bo, L. YunLong, X. Chao, IEEE Sens. J. **11**(10), 2273–2278 (2011)
38. T. Uchiyama, S. Nakayama, K. Mohri, K. Bushida, Physica status solidi (a) **206**(4), 639–643 (2009)
39. S. Yabukami, K. Kato, Y. Ohtomo, T. Ozawa, K.I. Arai, J. Magn. Magn. Mater. **321**, 675–678 (2009)
40. S.S. Yoon, P. Kollu, D.Y. Kim, G.W. Kim, Y. Cha, C.G. Kim, IEEE Trans. Magn. **45**(6), 2727–2729 (2009)
41. F. Alves, L.A. Rached, J. Moutoussamy, C. Coillot, Sens. Actuators, A **142**(2), 459–463 (2008)
42. F. Alves, J. Moutoussamy, C. Coillot, L. Abi Rached, B. Kaviraj, Sens. Actuators, A **145**, 241–244 (2008)
43. F. Alves, B. Kaviraj, L.A. Rached, J. Moutoussamy, C. Coillot, in *Solid-State Sensors, Actuators and Microsystems Conference* (2007). TRANSDUCERS 2007. International, 2581–2584 (2007)
44. L. Kraus, M. Malatek, M. Dvorak, Sens. Actuators, A **142**, 468–473 (2008)
45. M. Kuzminski, K. Nesteruk, H. Lachowicz, Sens. Actuators, A **141**(1), 68–75 (2008)
46. K. Nesteruk, M. Kuzminski, H.K. Lachowicz, Sens. Transduce. Mag. **65**, 515–520 (2006)
47. S. Yabukami, H. Mawatari, N. Horikoshi, Y. Murayama, T. Ozawa, K. Ishiyama, K. Arai, J. Magn. Magn. Mater. **290**, 1318–1321 (2005)
48. E. Paperno, Sens. Actuators, A **116**(3), 405–409 (2004)
49. C.M. Cai, K. Usami, M. Hayashi, K. Mohri, IEEE Trans. Magn. **40**(1), 161–163 (2004)
50. K. Bushida, K. Mohri, T. Uchiyama, IEEE Trans. Magn. **31**, 3134–3136 (1995)
51. E. Fernández, A. García-Arribas, J.M. Barandiaran, A.V. Svalov, G.V. Kurlyandskaya, C. Dolabdjian, IEEE Sensors **15**(11), 6707–6714 (2015)

第5章 磁电式磁力仪

Mirza I. Bichurin, Vladimir M. Petrov, Roman V. Petrov, Alexander S. Tatarenko[①]

摘要：本章讨论磁电（Magnetoelectric，ME）传感器在测量磁场、电流和微波功率方面的主要特点。ME传感器在灵敏度、价格和抗辐射性等方面均优于半导体传感器。为了预测复合材料应用于传感器的可行性，提出了基于复合材料组件给定参数的诺模图（Nomograph）方法。传感器的灵敏度取决于结构、ME复合材料的参数以及偏置磁场。ME层压板提供了在室温下以被动工作模式低频（0.01~1000Hz）检测弱磁场（10^{-12}T或以下）的可能。任何其他的磁传感器都不具有这种特性的组合。由于电流和测量电路之间存在电流隔离是基于ME效应的电流传感。为了提高传感器的灵敏度，ME部件需要采用高磁致伸缩性、强压电耦合的材料。基于复合材料的微波功率传感器具有高达数百千兆赫的宽频率范围，温度范围从0K到居里温度时，能在显著的辐射水平下保持稳定，在微波区域，利用ME材料的可选择特性，使得能够通过微调谐实现频率可选择的功率传感器。

5.1 引　　言

本章通过ME传感器的概念，认识这个能够记录磁场、导体电流、微波功率等的器件，这里ME复合材料是这些器件起作用的原料。在ME复合材料中，铁磁性和铁电性同时发生，两者之间耦合的产生与ME效应有关。ME效应是指材料对外加磁场的介电极化响应外加电场时感应磁化强度的改变[1,2]。Tellegen的回转器是第一种被提出的ME器件[3]，该器件后来基于Terfenol的层状结构

---

① M. I. Bichurin, V. M. Petrov, R. V. Petrov, A. S. Tatarenko, 诺夫哥罗德州立大学, 诺夫哥罗德大道, 俄罗斯; 邮箱: mirza. bichurin@ novsu. ru; © 瑞士斯普林格国际出版公司 2017, A. Grosz 等（编辑），高灵敏度磁力仪, 智能传感器, 测量和仪器, 19, DOI 10. 1007/978-3-319-34070-8_5。

即 PZT(压电陶瓷)实现[4]。研究人员在设计磁场传感器时主要关注如何获得高的 ME 效应值。这一结果为基于 ME 复合材料的室温高灵敏度磁场传感器的设计提供了契机[5]。Viehland 等的综述中提供了最新的在磁传感器设计领域取得的成果[6]。

本章的内容如下：

5.2 节简要讨论复合材料中的 ME 效应；定义低频、机电和铁磁共振范围内的磁电电压系数(ME Voltage Coefficient，MVC)，并给出用诺模图计算 MVC 的实例。5.3 节介绍 ME 磁场传感器的研究结果，包括物理模型、噪声模型；结合应用实例的制造工艺和电路设计。5.4 节介绍电流传感器的物理模型、制作方法和电路设计。5.5 节中，考虑了微波功率传感器，介绍了这种传感器的等效电路和制作方法。

5.2 ME 复合材料

在 ME 复合材料中，感应极化 P 与磁场 H 通过表达式 $P = \alpha H$ 联系，其中 α 是二阶 ME 磁化率张量。在反铁磁材料 Cr_2O_3 中首次观察到(静态)效应。但大多数单相化合物只表现出弱的 ME 相互作用，而且只在低温下才表现出来[7]。然而，压磁/压电相的复合物也是磁电的[8,9]。当所述复合材料受到偏置磁场 H 作用时，磁致伸缩诱导应变与铁电相耦合，通过压电效应产生诱导电场 E。ME 磁化率 $\alpha = \delta P/\delta H$ 是压磁变形 $\delta l/\delta H$ 和压电产生电荷 $\delta P/\delta l$ 的乘积[10]。这里主要关注动态 ME 效应。对于施加在有偏压层合板上的交流磁场 δH，测量到的感应电压为 δV。ME 电压系数 $\alpha_E = \delta E/\delta H = \delta V/t\delta H$ (或 $\alpha = \varepsilon_o \varepsilon_r \alpha_E$)，其中 t 是复合材料厚度，而 ε_r 是相对介电常数[10]。50 多年前，在单相单晶材料[11]中首次观察到 ME 效应，随后在多晶单相材料中也发现了。单相材料的 α_{ME} 值最大的是 Cr_2O_3 晶体[11]，$\alpha_{ME} = 20mV/cmOe$。近年来，通过材料性能的优化和转换器结构的合理设计，实现了强的磁 – 弹力和弹力 – 电的耦合。锆钛酸铅(Lead Zirconat Titanate，PZT) – 铁氧体、PZT – 特非诺尔 – D 和 PZT – 金属玻璃(Metglas)是迄今为止研究最多的复合材料[12-14]。最近报道的一种高磁导率磁致伸缩压电纤维层合板的 ME 电压系数 $500V \cdot cm \cdot Oe$ 为最大的之一[14]。这些发展导致 ME 这些结构能够在不同的频率和直流偏置磁场范围内提供高灵敏度，从而使实际应用成为可能[15,16]。

为了获得高 ME 耦合，层状结构必须是绝缘的，以便能够沿着电偶极矩方向极化。极化过程包括将样品加热至 420K，并在 $E = 20 \sim 50kV/cm$ 的电场下重新冷却至 300K。然后，将样品放置在用于施加偏置磁场 H 的电磁铁(0 ~18kOe)

的极片之间。通过一对亥姆霍兹(Helmholtz)线圈产生一个幅值为 $\delta H = 1$Oe、频率为10Hz～100kHz的交变磁场施加到与 H 平行的方向。可以根据测量电压 δV 估计垂直于样品平面的交流电场 δE。ME 系数 α_E 的测量有3种情况：①横向或 $\alpha_{E,31}$ 对应 H 和 δH 相互平行且平行于圆盘平面(1,2)且垂直于 δE(方向-3)；②纵向或 $\alpha_{E,33}$ 对应所有3个场相互平行且垂直于样品平面；③在平面内 $\alpha_{E,11}$ 对应所有3个相互平行且平行于样品平面。当电或磁子系统发生共振时，一种基本的和技术上感兴趣的 ME 现象是耦合的增强：即 PZT 的机电共振(Electromechanical Resonance,EMR)和铁氧体的铁磁共振(Ferromagnetic Resonance,FMR)。由于动态磁致伸缩效应是电磁耦合的主要原因，EMR 导致 ME 电压系数显著增加。在 FMR 处出现共振 ME 效应时，电场 E 在压电相产生机械变形，导致铁磁体的共振场发生位移。此外，峰值 ME 电压系数出现在声共振和 FMR 频率的合并点，即在磁声共振处[10]。接下来讨论在不同频率范围内 ME 效应的估计值。

5.2.1 低频磁电耦合

考虑在实际中经常使用将对应于 E 和 δE 的横向电场的方向作为 X_3 的方向，H 和 δH 作为 X_1 方向(在样品平面中)。横向 ME 电压系数的表达式为[17-18]

$$\alpha_{E,31} = \frac{E_3}{H_1} = \frac{-V(1-V)(m_{q_{11}}+m_{q_{21}})^p d_{31}}{p_{\varepsilon_{33}}(^m s_{12}+^m s_{11})v+p_{\varepsilon_{33}}(^p s_{11}+^p s_{12})(1-V)-2^p d_{31}^2(1-V)} \tag{5-1}$$

对于对称三层结构，使用一维近似，横向电压系数的表达式为

$$\alpha_{E,31} = \frac{V(1-V)x}{\varepsilon_0[^m s_{11}V+^p s_{11}(1-V)]} \tag{5-2}$$

式中：$x = (^m q_{11}+^m q_{12})\dfrac{rd_{31}}{p_{\varepsilon_{33}}/\varepsilon_0}$；$s_p = ^p s_{11}(1-^p v), s_m = ^m s_{11}(1-^m v)$；$^p s_{11}$、$^m s_{11}$、$^p d_{31}$、$^m q_{11}$ 是顺性，分别为压电层和压磁层的压电和压磁耦合系数；$p_{\varepsilon_{33}}$ 为压电层的介电常数。

在式(5-2)中，假设机电耦合系数满足条件：$pK_{31}^2 = ^p d_{31}^2/^p s_{11}{}^p \varepsilon_{33} \ll 1$，为了方便起见，建议使用诺模图方法，该方法有助于从复合材料的给定参数有效估计 ME 电压系数(图5-1和图5-2)。

对于双层结构，计算 ME 电压系数应考虑弯曲形变。在前述假设的基础上，该模型能够导出 ME 电压系数的显式表达式为

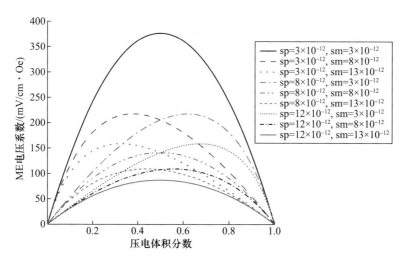

图 5-1 磁致伸缩压电元件对称层状结构横向电压系数与
压电体积分数的关系（见彩图）

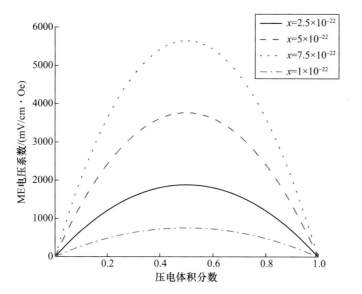

图 5-2 不同 x 值下磁致伸缩和压电元件对称层状结构横向电压系数的
压电体积分数依赖关系

$$\frac{\delta E_3}{\delta H_1} = \frac{[1^p s_{11} + {}^m s_{11} r^3]^m q_{11}{}^p d_{31}/{}^p \varepsilon_{33}}{{}^p s_{11}[2r^m s_{11}(2+3r+2r^2) + {}^p s_{11}] + {}^m s_{11}^2 r^4} \tag{5-3}$$

与式（5-2）推导类似，假设 ${}^p K_{31}^2 \ll 1$，式（5-3）能够以简化形式表示（图 5-3 和图 5-4）。

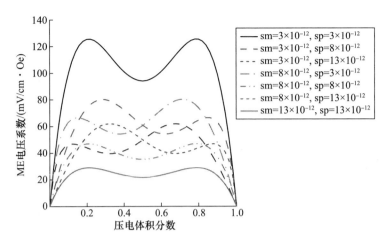

图5-3 具有不同弹性的磁致伸缩和压电元件双层的横向电压系数与压电体积分数的关系(见彩图)

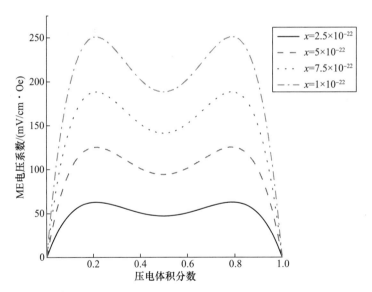

图5-4 不同x值下磁致伸缩和压电元件双层横向ME电压系数的压电体积分数依赖性(单位为SI,$x = {}^m q_{11}^p d_{31} \varepsilon_0 / {}^p \varepsilon_{33}$)

图5-4A点给出低频ME电压系数$\alpha_{E,31} = 190\text{mV}/(\text{cm} \cdot \text{Oe})$。然后,图5-5给出弯曲共振频率下的峰值ME电压系数$\alpha_{E,31} = 20\text{V}/(\text{cm} \cdot \text{Oe})$,图5-2给出轴向共振频率下的峰值ME电压系数$\alpha_{E,31} = 70\text{V}/(\text{cm} \cdot \text{Oe})$(假设$Q=100$)。

5.2.2 弯曲模式下的磁电耦合

接下来,考虑一端刚性夹紧的双层材料在小幅度弯曲振荡下的 ME 耦合。双层偏转应遵守文献[18]的模型中提供的弯曲运动方程。为了求解这些方程,采用双层偏转及其导数在夹持端消失、转动力矩和横向力在自由端消失的边界条件。在假设 $^pK_{31}^2 \ll 1$ 和 $^mK_{11}^2 \ll 1$,$^mK_{11}^2 = {^mq_{11}^2}/({^ms_{11}} \cdot {^mM_{11}})$,$^m\mu_{11}$ 表示磁性层的绝对磁导率下,共振条件为 $\cosh(kL) \cdot \cos(kL) = -1$ (k 为波数)。

弯曲模式频率下的 ME 电压系数可以估计为

$$\alpha_{E31} = \frac{{^mY^H} \cdot {^mt} \cdot {^pd_{31}} \cdot {^pY^E} \cdot {^mq_{11}} (2 \cdot z_0 + {^mt})(2 \cdot z_0 - {^pt})}{2D\Delta \cdot {^p\varepsilon_{33}}} (r_4 r_1 + r_2 r_3)$$

(5-4)

式中:$\Delta = (r_1^2 + 2r_1 r_3 + r_3^2 - r_2^2 + r_4^2)kL$;$r_1 = \cosh(kL)$;$r_2 = \sinh(kL)$;$r_3 = \cos(kL)$;$r_4 = \sin(kL)$;$k^4 = \frac{\omega^2 \rho t}{D}$,$D$、$\rho$、$t$ 和 L 分别为圆柱刚度、密度、总厚度和样品长度。

式(5-4)表明,弯曲共振频率由式 $\Delta = 0$ 决定,主要取决于弹性柔度、初始组分体积分数和 $\frac{L}{\sqrt{t}}$ 比值。峰值电压系数由 Q 值、压电和压磁耦合系数、弹性柔度和初始成分的体积分数决定(图 5-5~图 5-8)。

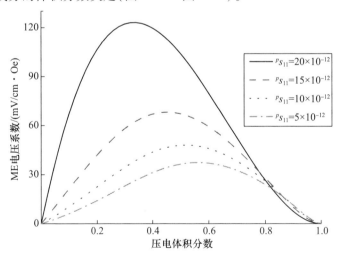

图 5-5　$^ms_{11}$ 为定值($^ms_{11} = 5 \times 10^{-12} \mathrm{m^2/N}$)时,磁致伸缩压电双层弯曲模式下 $^ps_{11}$ 取不同数值时,峰值电压系数与压电体积分数的关系

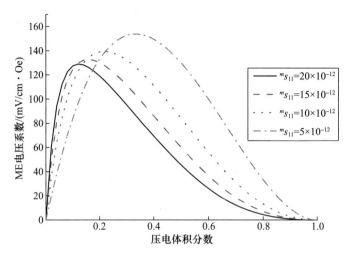

图 5-6 $^p s_{11}$ 为定值($^p s_{11} = 5 \times 10^{-12} \mathrm{m}^2/\mathrm{N}$)时,磁致伸缩压电双层弯曲模式下 $^m s_{11}$ 取不同数值时,峰值电压系数与压电体积分数的关系

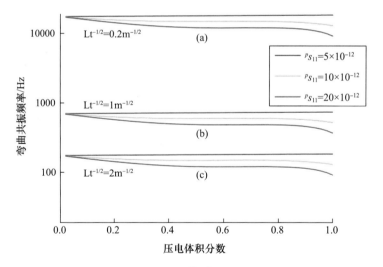

图 5-7 $^m s_{11}$ 为定值($^m s_{11} = 5 \times 10^{-12} \mathrm{m}^2/\mathrm{N}$)时,磁致伸缩压电双层弯曲模式下 $^p s_{11}$、$Lt^{-1/2}$ 取不同数值时,弯曲共振频率与压电体积分数的关系(见彩图)

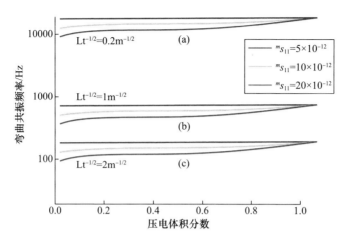

图 5-8 $^pS_{11}$ 为定值($^pS_{11}=5\times10^{-12}\mathrm{m}^2/\mathrm{N}$)时,磁致伸缩压电双层弯曲模式下$^mS_{11}$、$\mathrm{Lt}^{-1/2}$ 取不同数值时,弯曲共振频率与压电体积分数的关系(见彩图)

5.2.3 机电轴向共振模式下的 ME 耦合

下面考虑由磁致伸缩和压电相材料形成的层状结构的小振幅轴向振动。位移应符合文献[18]中给出的介质运动方程。为了求解这个方程,使用了两端自由的双层膜的边界条件。在假设$^pK_{11}^2\ll 1$下,EMR 的基本频率可表示为

$$f=\frac{1}{2L}\sqrt{\frac{^ps_{11}+r^ms_{11}}{^ps_{11}{}^ms_{11}(r^p\rho+{}^m\rho)}} \tag{5-5}$$

轴模频率下的峰值电压系数为

$$\frac{\delta E_3}{\delta V_1}=\frac{8Q_a}{\pi^2}\frac{r^mq_{11}^pd_{31}/^p\varepsilon_{33}}{(r^ms_{11}+{}^ps_{11})(r+1)}$$

或

$$\frac{\alpha_E}{Q_a}=\frac{8}{\pi^2}\frac{V(1-V)^mq_{11}^pd_{31}/^p\varepsilon_{33}}{[V^ms_{11}+(1-V)^ps_{11}]} \tag{5-6}$$

式中:Q_a 为 EMR 共振的质量因子。

应当注意的是,式(5-5)和式(5-6)的共振频率和 ME 电压系数对双层和三层结构都有效。从式(5-6)很容易看出,其压电体积分数随电压系数除以 Q 值的变化与低频下 ME 系数的变化相似(式(5-2))。EMR 频率与压电体积分数的关系如图 5-9 和图 5-10 所示。

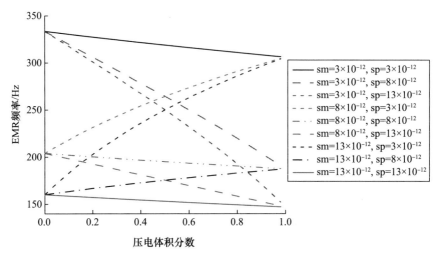

图5-9 10mm长磁致伸缩压电层状结构纵模EMR频率与压电体积分数的关系(见彩图)

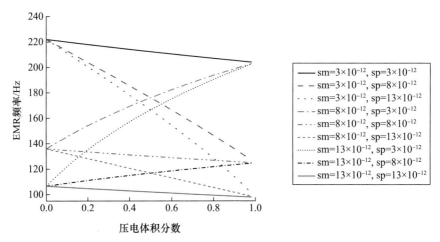

图5-10 15mm长磁致伸缩压电层状结构纵模EMR频率与压电体积分数的关系(见彩图)

5.2.4 FMR区的ME耦合

为了计算电场诱导的磁共振线位移,考虑一种铁氧体和压电体的双层结构。铁氧体组件应该受到一个垂直于其平面的偏置磁场的影响,该偏压场的强度足以驱动铁氧体达到饱和状态。另外,使用铁氧体和压电体的弹性定律和结构方程,以及铁氧体相位的磁化运动方程。

磁共振场的位移可以用电场感应应力引起的去磁系数的线性近似表示为[18]

$$\delta H_E = -\frac{M_0}{Q_1}[Q_2(N_{11}^E - N_{33}^E) + Q_3(N_{22}^E - N_{33}^E) - Q_4 N_{12}^E] \qquad (5-7)$$

式中：

$$Q_1 = 2H_3 + M_0 \sum_{i \neq E}[(N_{11}^E - N_{33}^E) + (N_{22}^E - N_{33}^E)];$$

$$Q_2 = \left[H_3 + M_0 \sum_{i \neq E}(N_{22}^i - N_{33}^i)\right];$$

$$Q_3 = \left[H_3 + M_0 \sum_{i \neq E}(N_{11}^i - N_{33}^i)\right];$$

$$Q_4 = 2M_0 \sum_{i \neq E} N_{12}^i;$$

式中：N_{kn}^i 为有效去磁因子，用于描述磁晶各向异性场（$i=a$）、形状各向异性（$i=f$）场和各向异性诱导的电场（$i=E$）。

例如，考虑一个磁场 **H** 沿轴[111]的具体情况。FMR 场随铁氧体体积分数的变化如图 5-11 和图 5-12 所示。电场对 FMR 场位移的依赖性如图 5-13 所示。

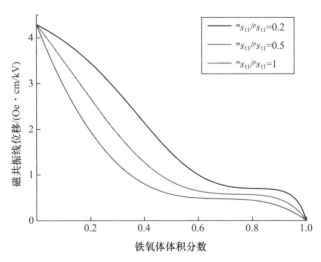

图 5-11 对于铁氧体-压电双层 $\left|\frac{\lambda}{M_i}\right| = 0.16 \times 10^{-8} \text{Oe}^{-1}$ 和 $E = 1\text{kV/cm}$ 时，磁共振线位移与铁氧体体积分数的关系（见彩图）

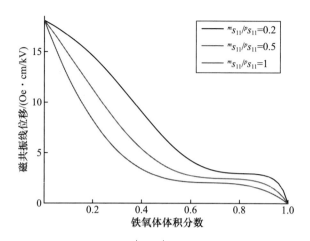

图 5-12 对于铁氧体-压电双层 $\left|\dfrac{\lambda_{111}}{M_s}\right| = 0.68 \times 10^{-8} \mathrm{Oe}^{-1}$ 和 $E = 1\mathrm{kV/cm}$ 时,磁共振线位移与铁氧体体积分数的关系(见彩图)

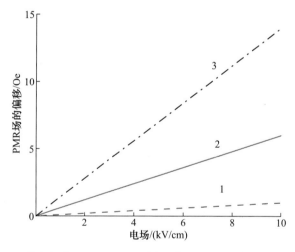

图 5-13 特定频率(9.3GHz)下不同材质的 FMR 场偏移与电场的关系
1—YIG&PZT; 2—NFO&PZT; 3—LFO&PZT。

为了从上述诺模图中获得 ME 系数的估计值,应使用复合材料组件的材料参数。表 5-1 列出了 ME 结构中最常用的几种材料的相关参数。

表 5-1 用于制造层状结构的压电和磁致伸缩材料的材料参数

材料	$s_{11}/(\times 10^{-12}$ m²/N)	$s_{11}/(\times 10^{-12}$ m²/N)	$q_{33}/(\times 10^{-12}$ m/A)	$q_{31}/(\times 10^{-12}$ m/A)	$d_{31}/(\times 10^{-12}$ m/V)	$d_{33}/(\times 10^{-12}$ m/V)	$\lambda_{100}/(\times 10^{-6})$	$\varepsilon_{33}/\varepsilon_0$
PZT	15.3	-5	—	—	-175	400	—	1750

续表

材料	$s_{11}/(\times 10^{-12}$ m²/N)	$s_{11}/(\times 10^{-12}$ m²/N)	$q_{33}/(\times 10^{-12}$ m/A)	$q_{31}/(\times 10^{-12}$ m/A)	$d_{31}/(\times 10^{-12}$ m/V)	$d_{33}/(\times 10^{-12}$ m/V)	$\lambda_{100}/(\times 10^{-6})$	$\varepsilon_{33}/\varepsilon_0$
BTO	7.3	−3.2	—	—	−78	—	—	1345
PMN−PT	23	−8.3			−600	1500		5000
YIG	6.5	−2.4			—		1.4	10
NFO	6.5	−2.4	−680	125			23	10
LFO	35	−12					46	10
Ni	20	−7	−4140	1200				
金属玻璃	10	−3.2	14000	−3000	—	—		

作为 ME 结构的一个例子,考虑了压电体积分数为 0.5 的 Ni 和 PZT 双层膜。根据表 5−1 的数据,得到 $^m s_{11}=20\times10^{-12}$ m²/N, $^p s_{11}=15.3\times10^{-12}$ m²/N, $^p d_{31}=-175\times10^{-12}$ m/V, $^m q_{11}=-4140\times10^{-12}$ m/A, $^p \varepsilon_{33}/\varepsilon_0=1750$。

本节提出了一个新的使用诺模图对 ME 复合材料进行快速测试的方法,并展示了其应用。

5.3 磁场传感器

5.3.1 引言

通常意义上,传感器是检测数量上的变化并提供相应输出的器件。ME 传感器表现为一种具有两个连接到电压表上的电极的 ME 耦合结构。传感器的作用是基于 ME 效应的。由于在外加磁场作用下磁致伸缩相的形变将通过压电效应感应产生电场,因此磁致伸缩和压电复合材料有望成为磁电材料。

磁致伸缩和压电相复合材料的磁电效应取决于外加直流磁场、电阻率、组分体积分数和两相间的机械耦合。磁电相互作用是磁致伸缩和压电相的磁力和机电耦合的结果,应力通过这两个相之间的内界面传递。应注意的是,磁致伸缩相的磁力响应和压电相的机电共振都可能是 ME 输出峰的来源。为了获得最大的 ME 输出,应同时对样品施加偏置磁场和交流磁场。要测量这些场中的任何一个,应指定第二个场的值。在交流磁场传感器中,参考偏置磁场可以由永磁体和电磁铁产生[19]。制作直流(交流)磁场传感器意味着使用附加的磁系统来产生交流(直流)参考场,如图 5−14 所示。

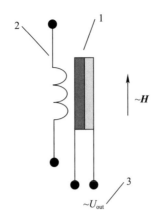

图 5-14　交流(直流)磁场传感器的等效电路
1—ME 复合材料；2—直流(交流)电磁铁；3—输出电压。

5.3.2　物理模型

利用磁极间带有亥姆霍兹线圈的电磁铁可以测量静态磁电效应。亥姆霍兹线圈在 ME 复合材料中产生直流磁场。把直流磁场施加到多层膜结构上,将在压电层上感应输出直流电压。输出电压与磁场之间的关系可用灵敏度来描述。ME 传感器的灵敏度表达式为：$S = \alpha_E \cdot {}^p t$,其中 $\alpha_E = \Delta E/\Delta H$ 是 ME 电压系数,t 是压电层厚度,ΔE 和 ΔH 表示感应电压和外加磁场。

在室温下,静态 ME 灵敏度($\Delta E/\Delta H$)随磁场 H 的变化关系如图 5-15 所示。观察发现,灵敏度 S 最初随着磁场增加而上升,达到最大值,然后随外加直流磁场的增大而下降。

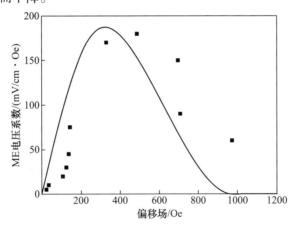

图 5-15　NFO 和 PZT 双层薄膜 ME 电压系数理论值和实测值与 H 的关系

这是因为磁致伸缩系数在一定的磁场值下达到饱和。超过饱和后,磁致伸缩和由此产生的应变也会在压电相产生固定的电场,从而使灵敏度随磁场的增加而降低。

$(\Delta E/\Delta H)_H$ 随磁场增加得益于磁致伸缩在磁极化时达到饱和值,以及在铁电相产生了恒定电场。因此,超过一定磁场,磁致伸缩和由此产生的应变会在压电相产生一个恒定的电场。此外,在达到一定磁场后 $(\Delta E/\Delta H)_H$ 减少的可能原因是磁相进入饱和状态,该状态对增加的外加磁场没有任何响应,因此通过磁相和电相之间界面的应力传递随着磁电耦合 $(\Delta E/\Delta H)$ 而减小。

5.3.3 噪声源及减小方法

最近对 ME 层合板传感器的研究表明,它们在探测磁场变化方面具有显著潜力。结果表明,在频率(f>1Hz)接近准静态的情况下,探测 10^{-12} 数量级的磁场变化是可行的。这是一项重要的成就,因为 ME 传感器本身不需要供电;相反,它可以从电感中获取磁能,作为电容器上的存储电荷。因此,ME 层合板是一种小型的无源磁场传感器,工作在室温时,在低频具备皮特斯拉灵敏度的潜力。ME 传感器的潜力在于,目前没有其他现代磁传感器具备以下关键要求[6,20]:①极高的灵敏度(约 $pT/Hz^{1/2}$),能够进行更好的磁异常检测;②零功耗,有助于长期运行;③低频磁场下能够工作,f 约为 1Hz;④小型化的尺寸,能够阵列部署;⑤无源;⑥低成本。值得注意的是,ME 层压板传感器是唯一有潜力达到所有关键要求的传感器。然而,尽管有这一潜力,但目前还没有能够满足上述要求的可用技术。将 ME 层合板集成到适当的检测方案中尚未实现。该检测方案必须简单,且能够在时域捕获模式下检测异常,而无需信号平均或相位参考。

通常,噪声定义为阻碍相关信号通过的任何不希望出现的干扰。它对微小信号的测量具有重要影响。降低噪声对检测设备的影响是很重要的,因为传感器的灵敏度往往受到噪声水平的限制。下面考虑一些降低噪声的简单方法。

传感器本身和测量电路会产生一些固有噪声。这种噪声由于来源于随机现象无法消除:传感器与环境之间的热和辐射涨落,电子 – 空穴对的产生和复合,以及电流流动穿过材料中潜在的势垒。

过去 10 年,磁致伸缩/压电层合板传感器的降噪研究取得了很大进展。特别地,获得了 $5.1pT/Hz^{1/2}$ 的 1Hz 等效磁噪声,与光泵超低磁场传感器的 1Hz 等效磁噪声非常接近[21]。首先,这能够实现是通过改进的界面结合方法,该方法可以将等效磁噪声水平降低到 $2.7 \times 10^{-11} T/Hz^{1/2}$ [22];其次,压电相的最佳极化条件使 ME 电压系数增加 1.4 倍。据报道,f=1Hz 时的等效磁噪声等于 13~$8pT/Hz^{1/2}$ [23]。

人们发现磁通量集束可以提高 ME 传感器的 ME 系数。文献[24]报道了一种具有增强 ME 系数和降低等效磁噪声的哑铃形传感器,其中哑铃形导致磁通量的集中。具有哑铃形玻璃钢层的 ME 层合板显示出比传统矩形 ME 层合板低 1.4 倍所需的直流偏磁场和高 1.6 倍的磁场灵敏度。

结果表明,Mn 掺杂 PMN – PT 单晶具有压电系数高、$\tan\delta$ 极低的优点。实验中,玻璃钢/PMN – PT 单晶在 1Hz 的多推挽模式下获得了 $6.2pT/Hz^{1/2}$ 的超低等效磁噪声[25]。

5.3.4 制造

磁致伸缩非晶铁磁带与压电材料结合,可以获得显示出极高的磁场检测灵敏度的 ME 层合复合材料。将磁性合金环氧成聚偏氟乙烯(Polyvinglidene Fluoride,PVDF)压电聚合物,其 ME 系数大于 $80V/(cm \cdot Oe)$。此外,高温新型压电聚合物如聚酰亚胺可用于高达 100℃ 环境的 ME 检测。

使用环氧树脂可将两条等磁致伸缩带粘合在压电薄膜聚合物的相对两侧,能够构建具有纵向磁致伸缩效应和横向压电响应的类似三明治的三层 ME 复合材料。磁致伸缩带属于 Fe – Co – Ni – Si – B 族,富铁钢化玻璃具有可测量的磁致伸缩,其范围为 $\lambda s \approx 8 \sim 30ppm$,压磁系数的最大值在大约 $0.6 \sim 1.5 \times 10^{-6}/Oe$ 时为 $d_{33} = d\lambda/dH$。最后一个因素是作为外加偏置磁场的函数调制复合材料的 ME 响应。关于压电材料,首先使用的是知名的聚合物 PVDF,这种知名的压电聚合物,其玻璃化转变和熔化温度分别约为 – 35℃ 和 171℃,但居里温度约为 100℃,这使得其压电响应在 70℃ 以上迅速衰减。

为了开发一种能够在更高的温度下工作的 ME 器件,对聚酰亚胺家族的新型非晶态压电聚合物进行了测试。值得注意的是,其主要参数玻璃化转变温度 $T_g \approx 200℃$ 和降解温度 $T_d \approx 510℃$,该组温度使这类聚酰亚胺适合这里的用途。利用磁弹性共振效应,提高了磁致伸缩响应,所有测量在共振时进行。为此,为了诱导由初始决定的共振的最大幅值,需要静磁场 H_{DC}。用以下方法测量三明治层合板中的感应 ME 电压(通过位于两条相对磁致伸缩带上的两个小银墨触点):在沿长度方向施加的 H_{AC} 磁激励下,磁致伸缩带将沿相同方向伸长和收缩。这将使压电聚合物膜经历交变的纵向应力,在其横向上引起介电极化变化。因此,可以同时确定当偏置磁场 H_{DC} 改变时 ME 响应的依赖关系,以及在最大磁弹性共振振幅的 H_{DC} 值处 ME 电压与外加交流磁激励的依赖关系。

层合磁致伸缩/压电聚合物复合材料最高的 ME 响应已经有报道。在非共振频率下玻璃钢 2605SA1/PVDF(METGLAS,Conway,SC,USA)层合板实现了 $21.5V/(cm \cdot Oe)$ 的 ME 电压系数,这是迄今为止在亚共振频率下获得的最高响应[6]。在纵向共振模式下,能量从磁场到弹性的转移是最大的,反之亦然。这种共振时的能量转换对ME层合板来说非常猛烈,然而对于应用来说,基于这种EMR增强效应的频率带宽仍然有限。交叉连接的P(VDF-TrFE)/玻璃钢2605 SA1的ME电压系数为383V/(cm·Oe),是迄今为止报道的最高值。为了避免温度升高引起显著的灵敏度下降,采用40/60共聚酯亚胺作为高温压电材料,用相同的磁致伸缩材料制备了相同的L-T结构的磁电层合板。

对于EMR和ME应用,获得更宽带宽的努力主要是基于双晶片或三层结构中的磁场调节处理,但最大实现的工作频率约为十分之几千赫。另一种获得高工作频率的方法是基于在磁弹性共振下磁致伸缩带的长度与共振频率值之间的关系。因此,现在的工作重点是制备在高频下具有良好ME响应的短MEL-T型层合板。然而,共振频率越高,共振幅度越小,作为一个首先结果,ME响应也会降低。显然,必须在器件长度、工作频率和感应磁电信号之间达成折中。因此,对于一个1cm长的器件,其谐振(工作)频率上升到230kHz是合适的。以PVDF为压电材料,测得的ME电压系数约为15V/(cm·Oe)。

因此,对于一个0.5cm长的器件,构建后期望工作在约500kHz的谐振频率下。根据这一事实,结合使用类似先前所述的聚酰亚胺高温压电聚合物,可产生一类非常有用的同时在高温和射频范围内工作的ME层合板,这两种特性都是在具有挑战性的环境(如沙漠、隧道或火灾)中进行近距离近场通信时非常感兴趣的特性。将磁致伸缩非晶铁磁带的优异磁弹性响应与压电聚合物相结合,制备了具有极高磁场检测灵敏度的短长度ME层合复合材料。

5.3.5 近期成果的回顾

基于ME复合材料的磁传感器的实际应用意向中,包括近年来引起极大兴趣的生物磁场成像[26-37]。迁徙动物能够感知地磁场的变化,作为远距离迁徙的导航信息来源。众所周知,地磁场在0.4~0.6Oe量级,在不同的位置有不同的磁倾角。覆盖地球表面大部分的许多位置点的平均地磁场和磁倾角可以通过表格形式获取。因此,地磁传感器可以用于导航和定位。磁传感器有很多类型,如超导量子干涉器件或巨磁电阻自旋阀。然而,这些传感器为实现高灵敏度需要非常低的工作温度的液氮。基于励磁线圈的磁通门传感器在检测直流磁场和地磁场方面已有多年的研究。这种广泛使用的传感器价格相对便宜,且与温度无关,但其磁滞、零磁场下的偏移值以及较大的去磁系数限制了设计考虑。最近,基于巨磁电效应的无源交流和有源直流磁场传感器已经得到了发展。它们是在室温下工作的简单器件。研究发现,层压复合材料,如磁致伸缩Terfenol-D或铁氧体层与$PbZr_{1-x}$、Ti_xO_3PZT复合材料发现在H_{dc}<500Oe的直流磁场偏置下

拥有 0.1~2V/(cm·Oe)的巨磁效应。此外，最近报道了在 H_{dc} < 500Oe 时，准静态频率下玻璃钢/PZT 纤维层合板的 ME 系数高达 22V/(cm·Oe)，该系数是以往报道的层合板的 10 倍，是单相材料的 104 倍。因此，使用玻璃钢/PZT 光纤 ME 传感器可以精确地检测地球磁场及其沿一个球体各轴的磁倾角。这种 ME 传感器是一种玻璃钢/PZT 纤维层压板，100 圈线圈紧紧缠绕在其周围。PZT 纤维的厚度为 200μm，用环氧树脂薄层层压在四层玻璃钢之间，每层玻璃钢厚度为 25μm，层压板总尺寸为 100mm×6mm×0.48mm。ME 传感器的工作原理是输入磁场通过磁致伸缩作用改变玻璃钢的长度，并且由于 PZT 纤维通过环氧界面层弹性地与玻璃钢层结合，PZT 纤维也通过压电作用改变其长度并产生输出电压。通过施加一个由 10mA 输入电流的线圈产生的 1kHz 的交流磁场 H_{ac}，并通过锁相放大器 SR-850 测量 PZT 光纤中的直流电压及其相位来实现地磁场的测量。在超过 -1.5Oe < H_{dc} < 1.5Oe 范围内，VME 与 H_{dc} 成线性比例，并且在 H_{dc} = 1Oe 时等于 300mV。这个值是相应的在 1kHz 下工作的 Terfenol-D/PkgZT 直流磁场传感器的 103 倍。另一个重要发现是，与 Terfenol-D/PZT 磁传感器不同，玻璃钢/PZT 纤维传感器的 VME 不依赖于 H_{dc} 的历史（即没有磁滞现象）。这对于稳定、可重复检测直流磁场及其变化非常重要。此外，当 H_{dc} 的符号改变时，相移戏剧性地改变 180°。这种相移可以用来区分 H_{dc} 发生的相对于传感器长轴变化的方向。与磁通门相比，这是一个重要的优势。此前有报道称，玻璃钢/PZT 纤维层合板的 V_{ME} 具有很强的各向异性，仅对其长度方向的磁场变化具有很好的敏感性。在另外两个垂直方向上，随着 H_{dc} 的变化只发现非常微弱的信号。玻璃钢/PZT 光纤 ME 传感器的这些独特性能是由于玻璃钢的超高相对磁导率 r，是 Terfenol-D 或镍铁氧体的 103 倍。相应地，玻璃钢的高 r 导致超小的去磁场，使得在低偏置下具有高的有效压磁系数。

由于生物磁场成像中，需要在 1~30MHz 磁场中具有几个皮特斯拉到数百个飞秒特斯拉的灵敏度。实现这种灵敏度的一种可能方法是采用在弯曲共振下工作在频率调制模式的双层 ME 传感器[6]。比较具有代表性的双层复合系统的低频和共振 ME 电压系数是有意义的。在玻璃钢和压电纤维样品中测量的低频 ME 电压系数约 52V/(cm·Oe)是最佳值之一，这归因于玻璃钢的高 q 值和高磁导率造成的良好的磁场约束场。最近的一项研究比较了由 Permendur 铁钴合金、铁电 PZT、PMN-PT、压电 Langatate 以及石英组成的双层复合材料中在低频和共振情况下的 ME 效应[36]。这些系统中在弯曲共振时最高电压系数为 1000V/(cm·Oe)，是在 Permendur-Langatate 双层材料中测得的。迄今为止，最高的共振 ME 电压系数为 20kV/(cm·Oe)，是使用 AlN-FeCoSiB 在真空下测量的，它降低了空气中弯曲共振的阻尼[26-27]。还报道了一种弯曲共振中采用带有内置数字电极的 FeCoSiB 和 PZT 悬臂梁,拥有非常高的 ME 灵敏度。

ME 灵敏度优化应考虑环境或外部噪声源,如热波动和机械振动。在实际应用中,这些外部噪声将是影响传感器灵敏度的主要因素。对 ME 传感器来说,主要噪声源是热波动和机械振动源。热波动噪声源于热释电,其中压电相的自发极化与温度有关,从而对温度的变化产生介电位移电流;而振动噪声源于压电,其中自发极化通过压电效应与压力和应力变化耦合。与对于所有磁场传感器一样,ME 传感器在设计上要具有通过合适的方式优化抵消外部噪声的能力。

现代磁场传感器的比较特性如表 5-2 所列。在推拉层压板的情况下,EMR 处的极端增强的灵敏度极限(约 10^{-15} T/Hz$^{1/2}$)几乎等同于在 4K 和 15mA 下运行的 SQUID 传感器。

表 5-2 现代磁场传感器的性能[6,20]

传感器类型	灵敏度(1Hz)/(pT/Hz$^{1/2}$)	测量方式
高温超导量子干涉器件(SQUID)	5×10^{-14}	$T<77K$
巨磁电阻自旋阀	4×10^{-10}	$T=300K$ $I=1mA$
采用超导磁通变换器的 GMR 传感器	1×10^{-12}	$T=77K$ $I=5mA$
片式原子磁力仪	5×10^{-11}	$f=10Hz$
磁电磁力仪	3×10^{-11} 2×10^{-15}	$T=300K$,共振频率(10^5 Hz)

磁电层压板在室温下,工作于被动模式,对低频 $10^{-2}\sim10^3$ Hz 微小磁场(10^{-12}T 或以下)的检测具有很大潜力,这种特性组合在任何其他磁传感器中都不具备。

5.4 电流传感器

5.4.1 引言

电流传感器是一种非常重要的器件。根据不同物理原理能够设计不同类型的传感器。最常见的传感器类型是在使用电阻分流器、电流互感器、磁阻和霍尔传感器的基础上开发的。一种新型的 ME 效应传感器,具有良好的绝缘性,体积小、重量轻,同时具有显著的灵敏度优势。目前在进行各种改进研究。ME 电流传感器的工作原理基于测量电流产生的电磁场[38]。通过电磁场的值能够估计在导体中电流的大小。然后,建议使用环形 ME 层压复合材料,该复合材料由周向磁化的磁致伸缩 Terfenol – D 和周向极化的压电 $Pb(Zr,Ti)O_3$(PZT)组成,它们对涡旋磁场具有高的灵敏度[39-41]。在室温下,来自该环形层压板的感应输出电压在亚赫兹和千赫之间的频率范围内,以及在 $10^{-9} < H_{ac} < 10^{-3}$T 的宽磁场范围内对交流(ac)涡旋磁场 H_{ac} 表现出近线性响应。文献[42]中提出通过利用电流转换模式来显著提高此类器件的传感器灵敏度。根据一项研究[43],这种传感器对超低磁场和漏电流具有高的灵敏度。这种圆周模式准环形 ME 层压板可以检测 10^{-7}A 的交流电流(非接触式)和/或涡旋磁场 6×10^{-12}T。接着,文献[44]介绍了一种由磁致伸缩/压电层压复合材料和高磁导率纳米晶合金组成的自供电电流传感器。然而,这种设计只能测量交流电流,这极大地限制了其使用。接下来,考虑基于带有调制线圈的 ME 元件的直流电流传感器[9,3,7,12]。

ME 电流传感器利用 ME 效应作为其测量的基础。ME 效应是对外加磁场的极化响应,或者相反是对外加电场的磁化响应。ME 特性作为压电和磁致伸缩材料的多相系统中的复合效应存在。磁致伸缩层压复合材料比单相材料或颗粒复合材料具有更高的 ME 系数。在磁致伸缩压电层状结构中,磁和电子系统之间通过机械变形相互作用。这意味着 ME 效应在对应于称为共振频率的弹性振荡的频率上要强得多。在电流传感器应用中,感应 ME 电压系数比感应 ME 电场系数更重要,因为电压是测量的物理量。该传感器设计用于检测电路[45-47]中的交流和直流电流,范围从 0~1A、10A 或 100A,具体取决于目的。

ME 电流传感器可以根据不同的原理进行设计。在第一种情况下,ME 元件的工作原理是非谐振的,在第二种情况下,其工作原理是谐振。作为传感器的敏感元件,在这两种情况下都可以使用相同设计的 ME 元件。文献[45]中考虑了非谐振 ME 电流传感器的设计,文献[46,47]中考虑了谐振 ME 电流传感器的设计。还开发了输入到输出的 ME 电流传感器,其中包括作为电流信息源的内部电流导体,以及直接放置在导体上的用于测量电流的表面安装传感器。这里考虑基于低频 ME 效应的非谐振型 ME 电流传感器的基本工作原理,然后是谐振型,工作在激发的谐振机电振荡压电相的 ME 材料中。还有交流和直流 ME 传感器。ME 交流电流传感器是直流传感器的特例,因为它不包含调制线圈和信号发生器,因此制造起来更简单。ME 直流传感器无需设计修改即可作为交流传感器运行。

5.4.2 物理模型

该器件的等效电路如图 5 – 16 所示。传感器的工作原理是基于测量在外部调制磁场和偏置磁场的影响下由于 ME 效应在 ME 元件的输出端产生的电势。ME_{dc} 传感器与 ME_{ac} 传感器的不同仅在于附加的基带发生器。

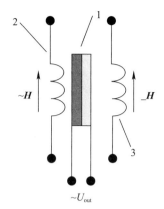

图 5-16 ME 直流电流传感器的等效电路
(1—ME 元件；2—交流电磁线圈；3—直流电磁线圈，用于测量直流电流)

可以使用已知的电物理学基本公式并利用确定 ME 系数的表达式来对电流传感器进行建模。当电流传感器的结构包含螺线管时，可以使用众所周知的螺线管内部磁场的计算公式，即

$$H = \frac{N \cdot I}{l} \tag{5-8}$$

式中：H 为螺线管内的磁场；I 为导体中的测量电流；l 为螺线管的长度；N 为螺线管的匝数。

利用 ME 系数的表示式，电场强度表示为

$$E = H \cdot \alpha_E \tag{5-9}$$

式中：α_E 为 ME 系数；E 为 ME 材料中的电场强度。

由于 ME 效应，ME 元件上产生一个 $U = dE$ 的电势，其中 d 为压电材料厚度。将式(5-8)代入式(5-9)，可得

$$U = \alpha_E \frac{NId}{l} \tag{5-10}$$

如果在电流传感器方案中使用放大器，则表达式中应包括增益因子 K_g，被测电流以传感器的输出电压形式表示为

$$U_s = K_g \alpha_E \frac{N \cdot I \cdot d}{l} \tag{5-11}$$

取决于工作模式的系数 α_E 可以写成不同的情况：弯曲模式的非共振情况，纵向共振工作模式，厚度共振工作模式。

根据式(5-11)，输出电压与流过的电流和螺线管的匝数成正比，与 ME 复合材料的磁导率成反比。ME 传感器的设计就是在这些理论观点的基础上发展

起来的。可以给出参数 U_s 的估计结果:当 $N=500$, $I=1.2A$, $d=3mm$, $l=10mm$, $\alpha_E=2.5V/A$, $K_g=10$ 时,得到的输出电压等于 $4.5V$,与实验吻合较好。

5.4.3 制造

一般情况下 ME 传感器的设计由一个驱动器和一个包含 ME 元件的测量头组成。驱动器的方案取决于测量需求。

5.4.3.1 ME 元件

ME 元件是 ME 电流传感器的敏感部分,例如由压电层和磁致伸缩层组成,如图 5-17 所示。在这种情况下,文献[45]研究了具有 $0.38mm$ 的厚度、$10mm$ 的长度和 $1mm$ 的宽度的基于压电陶瓷 PZT 板的分层结构。

图 5-17 ME 元件的结构
1—PZT;2—玻璃钢;3—ME 元件。

压电在厚度方向极化,电极安置在压电板的两侧。电极由三层玻璃钢制成,尺寸与 PZT 板相对应。一层玻璃钢的厚度约为 $0.02mm$。分层设计的接合通过胶合完成。可以使用各种类型的黏合剂,包括环氧胶。一般情况下,可以使用多个压电板而不是一个压电板来提高灵敏度。此外,玻璃钢层的数量可以根据所需的灵敏度而选择。电信号来自玻璃钢板的表面。

5.4.3.2 测量头

测量头如图 5-18 所示,是传感器的一个重要元件。ME 元件放置在电感线圈中,在那里产生了一个永久磁场和一个可变调制磁场。

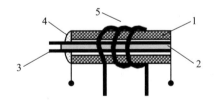

图 5-18 ME 传感器测头设计
1—电感线圈;2—ME 元件;3—ME 元件引出线;4—胶水;5—电流线圈。

将 ME 元件固定到感应线圈非常重要。ME 元件必须仅固定在一端,以避免夹住元件表面其余部分的磁致伸缩层,包括一个电流线圈,如图 5-18 所示。

5.4.3.3 传感器原理图

在非谐振情况下,电流传感器的方案包括一个调谐到,如大约 $500Hz$ 的频率发生器。发生器连接到电感线圈产生磁场调制场,然后来自ME传感器引出线的信号被放大并馈送到峰值检测器。电流线圈产生与电流强度成正比的恒定磁场。如果需要,传感器的电路可以包含带有用于信号转换的内置模数转换器的微处理器。直流传感器框图如图5-19所示。在谐振情况下,电流传感器的方案与非谐振类似,但该方案的灵敏度大约是非谐振10~100倍。

图5-19 直流传感器框图

5.4.3.4 结构

ME电流传感器是由ME元件、信号发生器、整流器(或峰值检测器)、永磁体、一个绕在另一个线圈和外壳上的两个线圈组成的系统。直流ME传感器的结构如图5-20所示。

图5-20 ME电流传感器原型的设计
(a)非谐振传感器;(b)谐振传感器。
1—检测电流引出线;2—电流线圈;3—ME元件;4—芯片组外壳;5—发生器;6—放大器。

交流传感器的设计在电磁场方面是类似的。这些类型的传感器之间的区别在于,交流传感器安装在通有交流电的周围能够形成交变磁场的导体附近。直流传感器也可用作交流传感器。这种传感器的灵敏度取决于 ME 材料特性和交流电流频率,因为 ME 元件的幅频特性是非线性的,并且强烈依赖于频率。传感器的最大灵敏度在不同谐振频率下取得,或者略低于该频率,在低频范围大多高达几千赫。为了提高精度,必须选择磁滞回线最低的材料。

5.4.3.5 电子产品

测量装置使用的标准仪器是稳压电源和示波器。测量装置包括两个电源 APS‐7315(Aktakom)、万用表 HM8112‐3(HAMEG instr.)、示波器 ACIP‐4226‐3(Aktakom)和一个电磁铁,如图 5‐21 所示。第一个电源提供一个用于测量的恒定电流,第二个电源为测量系统提供能量,示波器或万用表是控制输出电压必需的。

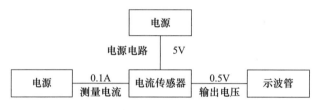

图 5‐21 直流电流传感器的测量设置

5.4.3.6 测量数据

ME 元件包括尺寸为 10mm×5mm×1mm 的压电 PZT 层,通过研究和安装玻璃钢的层数来优化传感器设计。

图 5‐22 给出了在 3mT 磁场下,由依赖于信号发生器频率的输出电压调制

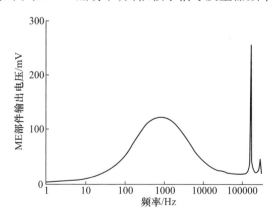

图 5‐22 由输出电压调制的 ME 元件特性取决于在 3mT 磁化场下信号发生器的频率

的 ME 元件的特性。曲线具有非线性形式,最大值在 1000Hz 处,机电谐振频率在大约 176kHz 处,共振频率取决于元件的线性尺寸。

图 5-22 的数据使人们能够为偏置线圈选择振荡器的频率。ME 元件输出电压的特性取决于 500Hz 频率下的磁化场,如图 5-23 所示。ME 元件特性曲线在 5mT 的偏置磁场下具有很强的最大值。使用位于 0.5~4.5mT 或 6~8mT 的线性特征部分可用于开发电流传感器。为了最小化磁化场这里选择了第一部分。

使用图 5-23 中的数据可以方便地选择进行直流测量的区域。由于电流传感器的开发可选择图示曲线的不同区域。例如,线性度较好的区域,首先 0.5~2.5mT,然后 6~8mT,最后可以选择非线性区域并使用补偿或变换的方法。

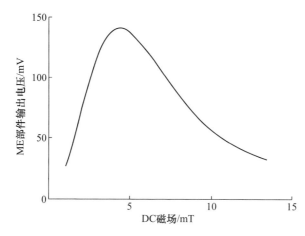

图 5-23 频率为 500Hz 时 ME 元件输出电压的特性取决于直流场

对于开发 ME 电流传感器,选择最佳 ME 结构很重要。文献[48]中详细讨论了对称和非对称 ME 结构的理论模型。选择最佳的 ME 结构后就可以开始测量 ME 传感器的特性。通过改变所需的电流线圈匝数可以调整输出信号。除了放大器之外,还可以使用不同的电流线圈匝数来增加输出信号。随着电流线圈匝数的增加,施加到 ME 元件的磁场更强,因此 ME 元件的输出电压更大。依赖于测量的恒定磁场和不同电流线圈匝数的电流传感器输出电压的曲线如图 5-24 所示。电流传感器可用于不同量级的电流,具体取决于电流线圈的匝数。此外,可以通过使用放大器的增益来调整对直流的灵敏度。

对于已开发的传感器,1A 传感器的灵敏度大于 3V/A,5A 传感器的灵敏度约为 0.68V/A。灵敏度特性的线性度在 1% 以内。传感器的电流消耗为 2.5mA。电流线圈匝数的增加提高了对电流的敏感性。可以使用传感器的匝数

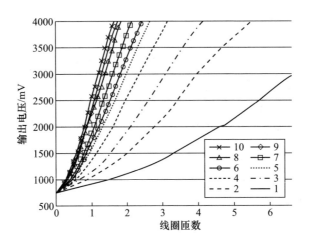

图 5-24 电流传感器输出电压取决于直流电流和不同电流线圈匝数(1~10)

和灵敏度比来计算针对特定电流的传感器设计。

表 5-3 给出了直流传感器数据。LEM 控股公司生产的传感器 HO8-NP、霍尼韦尔(Honeywell)公司生产的 CSLW6B5、快板微系统公司生产的 TLI4970 的传感器信息以及文献[8]中讨论的 ME 传感器数据列于表 5-3 中。表 5-3 的数据明确显示,与传统传感器相比,ME 传感器具有更高的灵敏度和更低的电流消耗。

表 5-3 直流传感器的比较特性

传感器特性	HO8-NP	CSLW6B5	ACS712ELCTR-05B-T	磁电传感器
测量原理	霍尔效应	微型比例线性霍尔效应传感器	霍尔效应传感器	磁电效应
初级电流,测量范围 IPM/A	0~20	±5	±5	0~5
灵敏度/(V/A)	0.1	0.2	0.185	0.68
电源电压/V	5±10%	4.5~10.5	5±10%	5±10%
电流消耗/mA	19	9	10	2.5
准确性/%	1	0.5	1.5	1
输出电压范围/V	2.5~0.5	2.7~3.7	2.5~4.5	0.7~4.1
尺寸/mm	24×12×12	16.2×14×10	6×5×1.75	30×20×10

图 5-25 给出了电流高达 5A 的直流电流传感器的特性。在未来的设计中,将探索使用梯度 ME 材料和直接放置在电导体上的传感器。使用基于成分渐变材料的分层结构可以使传感器在不施加偏置磁场的情况下工作[48]。新的高灵敏度 ME 材料的发展能够开发可轻松安装在任何表面上的工业传感器,而

无需改变被测设备的设计。未来还将开发使用 MEMS 或半导体技术的集成 ME 传感器。

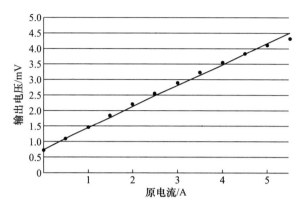

图 5-25　电流传感器输出电压随电流变化

5.5　微波功率传感器

几乎所有的微波设备都使用传感器来测量任何物理量值,这些物理量值通常将微波振荡转换成被测信号。大多数微波功率计(称为瓦特计)的工作原理是基于测量由于消耗了 ME 振荡能量而引起的温度或电阻元件的变化。

5.5.1　强微波信号测量

有各种用于测量微波功率的传感器。

热量计用于测量从几毫瓦到几百千瓦的功率。工作原理归结于将电磁波能量等效转换为热量计本体的热能,通常是水。测辐射热计和热敏电阻的工作基于将入射能量转换为热量以及对温度敏感的电阻元件的电阻变化。二极管检测器用于功率高达 100kW 的测量,工作范围高达 100GHz。霍尔元件用作微波范围内的穿行式功率传感器。带有吸收壁的仪表的工作原理是基于波导壁中微波功率的吸收,使用半导体作为传感元件。有质动力瓦特计的工作原理是基于电磁场对导体的机械作用。电子束法(托马斯(Thomas)法)是基于电子束与微波场的相互作用。此类传感器的缺点包括:强磁场中的非线性、动态和频率范围窄、工作温度范围有限、需要电压源、存在残余应力、对静电和辐射暴露的抵抗力低[49-52]。改进微波功率传感器最有前途的方法之一是使用 ME 材料[12,53],使用它可以提高设备的性能,扩展其功能,并且在某些情况下,可以产生其他类型传感器无法获得的特性的传感器。

5.5.2 等效电路

基于 ME 材料的传感器在暴露于大量辐射时保持稳定,温度范围从 0K 到所用组件的居里温度,具有从直流到数十吉赫的宽频率范围。ME 复合材料由磁致伸缩相和铁电相组成[15]。通过在此类系统中选择某些原装组件可以获得 ME 相互作用,足以满足实际应用。ME 微波功率传感器基于谐振电路[54]。对于谐振器件的工程计算是一种方便的分析方法,其中传输线和微波谐振器被视为一个约束系统。耦合度由一个系数表征,该系数表示带谐振器的传输线的主要特性:电磁微波能量的反射系数、传输系数和吸收系数。该问题分两步解决:①需要求解功率平衡方程(通过分析等效电路),给出带谐振器的传输线特性的一般表达式;②针对微波传输线中谐振器位置的特定情况计算耦合系数。因此考虑两种类型的损耗:传输线中电磁能的热损耗和再发射损耗。

只考虑热损耗确定的谐振器品质因数 Q 为自身品质因数时,ME 谐振器的再发射损耗和负载品质因数的计算可表示为

$$Q_0 = \frac{\omega W}{P_T}$$

$$Q_c = \frac{\omega W}{P_c}$$

其中:

$$\frac{1}{Q_L} = \frac{1}{Q_0} + \frac{1}{Q_c} \qquad (5-12)$$

式中:ω 为角频率;W 为振荡周期内谐振器中存储的能量;P_T 为热损失功率;P_c 为由谐振器重新辐射的波在传输线中传输的功率。

谐振器与微波传输线的耦合系数定义为自身品质因数与耦合品质因数之比,即

$$K = \frac{Q_0}{Q_c} \qquad (5-13)$$

通过计算反射系数、传输系数和吸收系数,获得了由 ME 谐振器连接的两条传输线系统的能量关系。传输和反射系数被定义为仅考虑基本波类型的幅度场的比率。系统谐振时的功率平衡方程可表示为

$$P_{in} = P_{in}T^2 + P_{in}R^2 + P_{in}A^2 \qquad (5-14)$$

式中:T 为传输系数;R 为反射系数;A 为吸收系数。

透射、反射和吸收系数的关系可以通过等效电路分析得到(图 5-26)。等

效电路中的谐振器表示为 LCR 振荡电路。传输线的全输入输出阻抗可以先通过等效电路的分析来计算,然后可以通过提交的耦合系数计算传输和反射系数。该等效电路可用于分析微带和波导谐振微波功率传感器。

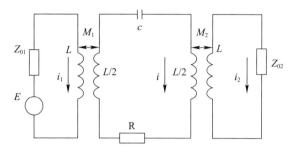

图 5-26 作为传输线耦合元件的谐振器的等效电路

可以通过求解功率平衡方程来获得所有系数。在谐振器与输入和输出传输线之间的相同耦合下,计算公式可表示为

$$T = \frac{K}{1+K}$$

$$R = \frac{1}{1+K}$$

$$A = \frac{2K}{(1+K)^2} \tag{5-15}$$

耦合系数计算可表示为

$$K = \frac{1-R}{R} = \frac{|T|}{1-|T|} \tag{5-16}$$

为了在特定情况下使用获得的一般关系,需要计算谐振器与传输线的耦合系数。ME 谐振器与微带传输线的组合具有相当大的实际意义,这导致了许多宽带、紧凑且易于制造的器件。这种情况下的耦合系数可以表示为

$$\begin{cases} K = \dfrac{2V\gamma''_+ z_0 \varepsilon}{\pi h^2 \lambda_v Z} \left(\arctg \dfrac{Z}{z_0 \sqrt{\varepsilon}} + \dfrac{1}{3} \arctg \dfrac{3Z}{z_0 \sqrt{\varepsilon}} \right)^2 \\ \chi''_+ = \dfrac{8\pi M_0}{\Delta H} \end{cases} \tag{5-17}$$

式中:M_0 为铁氧体元件的饱和磁化强度;ΔH 为 FMR 线的半宽;z_0 为微带传输线的特性阻抗;V 为 ME 谐振器的体积;χ''_+ 为共振磁化率;Z 为自由空间波阻抗;ε 为衬底的介电常数;h 为衬底厚度;λ_v 为波长传输线。

因此,使用耦合系数的表达式和传输线特性的通用公式,可以计算包含 ME 谐振器的不同方案的反射、透射和吸收系数,进而计算器件。耦合程度用微波电磁能的传输系数表征。这里考虑当 ME 谐振器作为传输线中的异质时的传输系数。如果传输线完全匹配,ME 谐振器吸收的功率可写为

$$P_{ab} = \aleph P_{in} \qquad (5-18)$$

式中:$\aleph$ 为吸收系数,可表示为

$$\aleph = \frac{4K}{(1+K)^2 + \xi^2} \qquad (5-19)$$

式中:$\aleph$ 为谐振器到传输线的 ME 耦合系数,ξ 为从谐振值归一化的磁场失谐,可表示为

$$\xi = \frac{H_p - H_0 + \delta H_E}{\Delta H} \qquad (5-20)$$

式中:H_p 为给定频率的共振场值;H_0 为恒定磁化场;δH_E 为外加电场影响下的共振位移值;ΔH 为 ME 样品共振曲线的半峰宽。

由于 ME 相互作用,ME 材料对微波功率的吸收可以用有效微波磁场 h 来描述,而吸收功率为

$$P_{ab} = k_l h^2 \qquad (5-21)$$

式中:k_l 为取决于样品形状和特性的系数。

对于圆盘、磁化垂直或球形样品,k_l 是相等的,即

$$k_l = \frac{\pi M_0}{\Delta H} \mu_0 \omega V \qquad (5-22)$$

对于盘状,磁化切向分量为

$$k_l = \frac{2\pi M_0}{\Delta H} \frac{4\pi M_0 + H_0}{4\pi M_0 + 2H_0} \mu_0 \omega V \qquad (5-23)$$

式中:V 为样本体积。

磁电灵敏度张量 $\hat{\chi}^{ME}$ 可表示为

$$\hat{\chi}^{ME} = \hat{\chi}^M \frac{h}{e} \qquad (5-24)$$

式中:$\hat{\chi}^M$ 为磁化率张量。

由式(5-22)可得微波功率传感器 ME 元件产生的电场为

$$e = \frac{\hat{\chi}^M \sqrt{\dfrac{4KP_{in}}{k_l[(1+K)^2 + \xi^2]}}}{\hat{\chi}^{ME}} \qquad (5-25)$$

带有电极的平面结构的 ME 元件上的电压为(看作电容器)

$$U = ed = d\frac{\hat{\chi}^{\mathrm{M}}\sqrt{\dfrac{4KP_{\mathrm{in}}}{k_l[(1+K)^2+\xi^2]}}}{\hat{\chi}^{\mathrm{ME}}} \tag{5-26}$$

式中：d 为电极之间的距离。

微波功率传感器的灵敏度可表示为

$$K_U = d\frac{\hat{\chi}^{\mathrm{ME}}\sqrt{\dfrac{4K}{k_l[(1+K)^2+\xi^2]}}}{\hat{\chi}^{\mathrm{M}}} \tag{5-27}$$

对式(5-27)的分析表明,为了提高微波功率传感器的灵敏度,必须使用具有大 ME 磁化系数的材料。增加灵敏度也会降低磁化率和耦合系数。为了获得最大灵敏度,必须调整 ME 谐振器的谐振频率。

5.5.3 制造

5.5.3.1 微带谐振微波功率传感器

微带谐振微波功率传感器的拓扑结构[54]如图 5-27 所示。

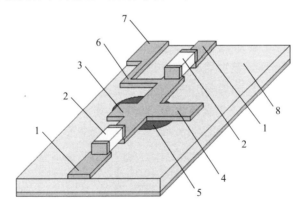

图 5-27 微带微波功率传感器的拓扑结构

1—供给线；2—耦合电容；3,4—条形谐振器；5—ME 材料；6—电感元件；7—电容元件；8—基材。

ME 材料 5 放置在基板 8 的孔中,其厚度必须等于基板的厚度。在 ME 材料条纹环上 3 和 4 对应的长度分别为 $3\lambda/8$ 和 $\lambda/8$ 的位置,分别建立了微波场的圆极化区域。ME 材料同时处于产生偏置磁场的永磁体的磁场中。磁化场的值决定了传感器的工作频率。由于通过传感器的微波功率是 ME 相互作用的结果,在 ME 谐振器的电极上,将出现与入射功率成正比的交流电压。交流电压以围绕调幅 RF 信号重复弯曲的形式通过低通滤波器 6 和 7 连接到测量设备。耦合电容器 2 在不影响微波信号的情况下,可防止低频电压在射频通道中扩散。所提出的功率传感器可用作调幅微波振荡的检测器。

5.5.3.2 波导谐振微波功率传感器

微波功率传感器(图 5-28)是一种波导器件。ME 元件放置在圆极化区域,同时处于在谐振频率产生偏置磁场的电磁铁的恒定磁场中。磁化场的值决定传感器的工作频率。在 ME 材料的电极上会出现围绕微波信号重复弯曲形式的交流电压,并与测量的功率成正比。这里提出的传感器工作在由谐振恒定磁场的电压确定的频率上。波导微波功率传感器的频率重排是通过改变磁化场的值来实现的。波导传感器可用作调幅微波振荡的检测器。

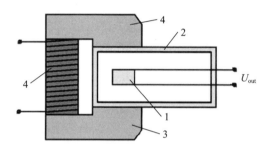

图 5-28 ME 波导微波功率传感器
1—ME 元件;2—波导;3—电磁铁极;4—电磁线圈。

5.5.3.3 基于环形谐振器的 ME 微波功率传感器

图 5-29 给出了基于环形谐振器的传感器设计[55]。ME 元件 1 放置在交流电场的波腹处,同时也是处于永磁体 3 的场中。基于薄膜技术的线圈 5 直接放置在谐振器 ME 的表面。共振磁化场的值决定传感器的工作频率。

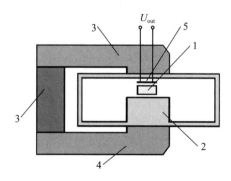

图 5-29 基于环形谐振器的 ME 微波功率传感器
1—ME 元素;2—环形谐振器;3—永磁体;4—电磁铁极;5—线圈。

在由 ME 谐振器中压电和磁致伸缩作用而产生的交流电场的作用下,ME 谐振器的周围出现低频交变磁场。由于 ME 谐振器和电极上线圈的电感耦合产生的电磁场(EMF),其形状对应于围绕调幅微波信号的弯曲,并且幅度与测量的功率成正比。该传感器以由恒定磁场的电压和环形谐振器的自谐振频率确定的固定频率运行。当使用电磁体时,通过环形谐振器的机械调整,可以改变传感器的工作频率。

基于环形谐振器的 ME 微波功率传感器的主要优点是:①能够测量在交流微波场中工作的传统铁氧体传感器和 ME 传感器处于饱和状态的高功率水平;②交流微波电场和磁场充分分离并且不会同时影响大型 ME 谐振器。

5.6 小　　结

在本章中,考虑了用于测量磁场、导体电流和微波功率的 ME 传感器的主要结构、等效电路和特性。结果表明,ME 传感器与半导体传感器,如基于霍尔效应的,相比在灵敏度、低价格和抗辐射性上具有一些优势。得到的结果如下。

(1) 建议使用诺模图方法从复合元件的给定参数有效估计 ME 电压系数。这有助于评估复合材料用于传感器应用的可行性。

(2) ME 传感器的潜力是显著的,因为目前没有其他具有以下关键要求的磁传感器:极高的灵敏度(约 $pT/Hz^{1/2}$),允许更好的磁异常检测;零功耗,有助于长期运行;低频运行,f 约 1Hz;小型化尺寸,支持阵列部署;低成本。

(3) 该理论表明,通过增加 ME 电压系数可以设计高灵敏度 ME 层压板。

(4) ME 灵敏度优化应考虑环境或外部噪声源,如热波动和机械振动。在实际应用中,这些外部噪声是影响传感器灵敏度的主要因素。对于 ME 传感器,主要是热波动和机械振动源。重要的是,ME 传感器可以采用消除这些外部噪声能力的优化设计方式。

(5) 发现 ME 电流传感器的输出电压在各种直流偏置磁场下是检测的输入电流的函数。传感器灵敏度取决于 ME 复合材料的结构、材料参数以及偏置磁场。ME 电流传感器的工作点可以选择。由于感测电路和测量电路之间的电流隔离,基于 ME 效应的电流感测是许多应用的不错选择。使用 ME 复合材料的推挽模式能够改进传感器。为了提高传感器灵敏度,需要使用基于高磁致伸缩和压电耦合材料的 ME 复合材料。

(6) 微波功率传感器的特性分析表明,改进传感器最有前途的方法之一是使用 ME 材料,它可以提高设备的性能,扩展其功能,并在某些情况下产生的传感器具有其他微波功率传感器无法获得的特性。基于复合材料的传感器在显著水平辐射时稳定,温度范围从0K到居里温度时,具有高达数百吉赫宽的频率范围。在微波范围内,可以使用ME材料的选择特性,这可以产生具有调整可能性的频率可选的功率传感器。

前景:尽管可以获得ME传感器的大量参数,但仍有以下几个重要问题有待解决:

(1) 提高传感器的灵敏度和设计,用于同时测量直流和交流磁场的方向和大小。

(2) 一种非接触式传感器设计以及一种用于测量从泄漏电流到100A不同范围的传感器设计。

(3) 在不同微波功率范围内实现频率调谐和传感器设计。

参考文献

1. M.I. Bichurin, D. Viehland (eds.) *Magnetoelectricity in Composites* (Pan Stanford Publishing, Singapore, 2012), 273 p
2. C.-W. Nan, M.I. Bichurin, S. Dong, D. Viehland, G. Srinivasan, J. Appl. Phys. **103**, 031101 (2008)
3. B.D.H. Tellegen, Philips Res. Rep. **3**, 81 (1948)
4. J.Y. Zhai, J.F. Li, S.X. Dong, D. Viehland, M.I. Bichurin, J. Appl. Phys. **100**, 124509 (2006)
5. M.I. Bichurin, V.M. Petrov, R.V. Petrov, Y.V. Kiliba, F.I. Bukashev, A.Y. Smirnov, D.N. Eliseev, Ferroelectrics **280**, 199 (2002)
6. Y. Wang, J. Li, D. Viehland, Mater. Today **17**, 269 (2014)
7. H. Schmid, Ferroelectrics **162**, 317 (1994)
8. J. Van Suchtelen, Philips Res. Rep. **27**, 28 (1972)
9. J. van den Boomgaard, A.M.J.G. van Run, J. van Suchtelen, Ferroelectrics **14**, 727 (1976)
10. M.I. Bichurin, D. Viehland, G. Srinivasan, J. Electroceram. **19**, 243–250 (2007)
11. D.N. Astrov, Sov. Phys. JETP **13**, 729 (1961)
12. S. Dong, J. Zhai, F. Bai, J.F. Li, D. Viehland, Appl. Phys. Lett. **87**, 062502 (2005)
13. C.-W. Nan, G. Liu, Y. Lin, H. Chen, Phys. Rev. Lett. **94**, 197203 (2005)
14. S. Dong, J. Zhai, J. Li, D. Viehland, Appl. Phys. Lett. **89**, 252904 (2006)
15. M.I. Bichurin, V.M. Petrov, S. Priya, Magnetoelectric Multiferroic Composites (Chap. 12), in *Ferroelectrics—Physical Effects*, ed. by M. Lallart (InTech, 2011), p. 277
16. J. Zhai, Z. Xing, S. Dong, J. Li, D. Viehland, J. Am. Ceram. Sos. **91**, 351 (2008)
17. G. Harshe G, Magnetoelectric effect in piezoelectric-magnetostrictive composites. PhD thesis, The Pennsylvania State University, College Park, PA, 1991
18. M.I. Bichurin, V.M. Petrov, in *Modeling of Magnetoelectric Effects in Composites*, vol. 201. Springer Series in Materials Science (Springer, New York, 2014), 108p
19. M.I. Bichurin, V.M. Petrov, R.V. Petrov, Y.V. Kiliba, F.I. Bukashev, A.Y. Smirnov, D.N. Eliseev, Ferroelectrics **280**, 365 (2002)
20. J. Gao, Y. Wang, M. Li, Y. Shen, J. Li, D. Viehland, Mater. Lett. **85**, 84–87 (2012)
21. J. Clarke, R.H. Koch, The impact of high-temperature superconductivity on SQUID magnetometers. Science **242**, 217–223 (1988)
22. Y.J. Wang, J.Q. Gao, M.H. Li, Y. Shen, D. Hasanyan, J.F. Li, D. Viehland, Phil. Trans. R. Soc. A **372**, 20120455 (2014)

23. Y. Wang, D. Gray, J. Gao, D. Berry, M. Li, J. Li, D. Viehland, H. Luo, J. Alloy. Compd. **519**, 1–3 (2012)
24. Y. Wang, D. Gray, D. Berry, J. Li, D. Viehland, IEEE Trans. Ultrason. Ferroelectr. Freq. Control **59**, 859–862 (2012)
25. Y. Wang, J. Gao, M. Li, D. Hasanyan, Y. Shen, J. Li, D. Viehland, H. Luo, Appl. Phys. Lett. **101**, 022903 (2012)
26. X. Zhuang, S. Saez, M. Lam Chok Sing, C. Cordier, C. Dolabdjian, J. Li, D. Viehland, S.K. Mandal, G Sreenivasulu, G. Srinivasan, Sens. Lett. **10**, 961 (2012)
27. R. Jahns, H. Greve, E. Woltermann, E. Quandt, R. Knöchel, Sens. Actuators, A **183**, 16 (2012)
28. T. Onuta, Y. Wang, S.E. Lofland, I. Takeuchi, Adv. Mater. (2014). doi:10.1002/adma.201402974
29. S. Marauska, R. Jahns, C. Kirchhof, M. Claus, E. Quandt, R. Knochel, B. Wagner, Sens. Actuators, A **189**, 321 (2013)
30. J. Petrie, D. Viehland, D. Gray, S. Mandal, G. Sreenivasulu, G. Srinivasan, A.S. Edelstein, J. Appl. Phys. **111**, 07C714 (2012)
31. J.R. Petrie, J. Fine, S. Mandal, G. Sreenivasulu, G. Srinivasan, A.S. Edelstein, Appl. Phys. Lett. **99**, 043504 (2011)
32. Y. Wang, D. Gray, D. Berry, J. Gao, M. Li, J. Li, D. Viehland, Adv. Mater. **23**, 4111 (2013)
33. E. Lage, C. Kirchhof, V. Hrkac, L. Kienle, R. Jahns, R. Knöchel, E. Quandt, D. Meyners, Nat. Mater. **11**, 523 (2012)
34. C. Kirchhof, M. Krantz, I. Teliban et al., Appl. Phys. Lett. **102**, 232905 (2013)
35. A. Piorra, R. Jahns, I. Teliban et al., Appl. Phys. Lett. **103**, 032902 (2013)
36. G. Sreenivasulu, V.M. Petrov, L.Y. Fetisov, Y.K. Fetisov, G. Srinivasan, Phys. Rev. B **86**, 214405 (2012)
37. T.T. Nguyen, F. Bouillault, L. Daniel, X. Mininger, Finite element modeling of magnetic field sensors based on nonlinear magnetoelectric effect. J. Appl. Phys. **109**, 084904 (2011)
38. M.I. Bichurin, V.M. Petrov, R.V. Petrov, Y.V. Kiliba, F.I. Bukashev, A.Y. Smirnov, D.N. Eliseev, Ferroelectrics **280**, 365 (2002)
39. S.X. Dong, J.F. Li, D. Viehland, J. Appl. Phys. **96**, 3382 (2004)
40. S.X. Dong, J.F. Li, D. Viehland, Appl. Phys. Lett. **85**, 2307 (2004)
41. Shuxiang Dong, John G. Bai, Junyi Zhai et al., Appl. Phys. Lett. **86**, 182506 (2005)
42. S. Zhang, C.M. Leung, W. Kuang, S.W. Or, S.L. Ho. J. Appl. Phys. **113**, 17C733 (2013)
43. S.X. Dong, J.G. Bai, J.Y. Zhai, J.F. Li, G.Q. Lu, D. Viehland, S.J. Zhang, T.R. Shrout, Appl. Phys. Lett. **86**, 182506 (2005)
44. Jitao Zhang, Ping Li, Yumei Wen, Wei He et al., Rev. Sci. Instrum. **83**, 115001 (2012)
45. R.V. Petrov, N.V. Yegerev, M.I. Bichurin, S.R. Aleksić, Current sensor based on magnetoelectric effect, in *Proceedings of XVIII-th International Symposium on Electrical Apparatus and Technologies SIELA 2014*, , Bourgas, Bulgaria, 29–31 May 2014
46. I.N. Solovyev, A.N. Solovyev, R.V. Petrov, M.I. Bichurin, A.N. Vučković, N.B. Raičević. Sensitivity of magnetoelectric current sensor, in *Proceedings of 11th International Conference on Applied Electromagnetics—ΠEC 2013*, Niš, Serbia, 1–4 Sept 2013, pp. 109–110
47. R.V. Petrov, I.N. Solovyev, A.N. Soloviev, M.I. Bichurin, Magnetoelectic current sensor, in *PIERS Proceedings*, Stockholm, Sweden, 12–15 Aug 2013, pp. 105–108
48. M. I. Bichurin, V.M. Petrov, Modeling of magnetoelectric interaction in magnetostrictive-piezoelectric composites, in *Advances in Condensed Matter Physics* (2012)
49. E.L. Ginzton, *Microwave Measurements* (McGraw-Hill, Inc., London, 1957)
50. A. Fantom, *Radio Frequency and Microwave Power Measurement*, IET (1990), 278p
51. M.I. Bichurin, S.V. Averkin, G.A. Semenov, The magnetoelectric resonator. Patent 2450427RU
52. A.S. Tatarenko, M.I. Bichurin, Electrically tunable resonator for microwave applications based on hexaferrite-piezoelectrc layered structure. Am. J. Condens. Matter Phys. **2**, #5 (2012)
53. M.I. Bichurin, V.M. Petrov, G.A. Semenov, Magnetoelectric material for components of

radio-electronic devices. Patent 2363074RU
54. M.I. Bichurin, S.N. Ivanov, Selective microwave power detector. Patent 2451942RU
55. M.I. Bichurin, A.S. Tatarenko, V. Kiliba Yu, Magnetoelectric microwave power sensor. Patent 147272RU

第6章 各向异性磁电阻磁力仪

Michael J. Haji – Sheikh, Kristen Allen[①]

摘要：基于AMR的磁力仪用于各种各样的设备，如全球定位系统中以提供航位推算能力，汽车点火系统中以提供曲轴旋转位置。本章介绍这些系统的设计和实现所需的数据和方法，以及一种用于测试这些设备的亥姆霍兹线圈系统的设计方法。本章利用数据和模型表述了单个AMR传感器的横向和纵向特性以及群体（邻近）特性，给出了三轴磁场测量系统的设计，包括从基础电磁理论到COMSOL软件的使用，再到使用商用三轴磁力仪对测量系统的验证。

6.1 引　言

1897年威廉·汤普森（William Thompson）（Kelvin勋爵）发现各向异性磁电阻（Anisotropic Magnetoresistance，AMR）效应时，人们只是对物理学的好奇。为了建模和理解这一效应，科学家在20世纪初做出了重大努力。然而，为利用AMR并使这种效应最大化，又经过了60年的发展（包括微电子革命）才制造出可用于传感器和存储器的薄膜。20世纪60年代，随着集成电路的发明和太空竞赛，产生高质量磁性薄膜的薄膜沉积工艺取得了进展。为寻找一种用于空间应用的轻质非易失性存储部件，研究人员从AMR材料[2]中开发出满足这些要求的器件。这种存储器被称为磁性随机存取存储器（Magnetic Random Access Memory，MRAM）。众多公司像IBM、飞利浦电子、TI和霍尼韦尔等多年来一直在这一领域开展改进工作。

飞利浦电子和霍尼韦尔公司于20世纪60至70年代进入市场，至今仍在使用AMR薄膜磁力仪。在那个时期，研究人员研究了磁场对沉积薄膜的影响[3,4]

[①] M. J. Haji – Sheikh K. Allen，北伊利诺伊大学微电子研究与开发中心电气工程系，地址：美国伊利诺伊州德卡布市；邮编：60115；邮箱：mhsheikh@niu.edu；瑞士斯普林格国际出版公司2017，A、Grosz等（编辑），高灵敏度磁力仪，智能传感器，测量与仪器19，DOI 10.1007/978 – 3 – 319 – 34070 – 8_6。

以及影响弱磁测量的噪声源[5]。近来,如加西亚-阿里瓦斯(García-Arribas)等最近的论文所述,坡莫合金在静磁场中的沉积问题再次引起人们的兴趣[6]。AMR 磁力仪的商业用途包括大电流检测(配电中的过载电流检测)、位置传感、转速测量、弱磁场异常检测和多轴罗盘。

6.2 物理模型

磁电阻可以分为两种类型,常规磁电阻和 AMR。非磁性金属和半导体常表现出常规磁电阻。这种效应是由于霍尔电压的短路,从而增加了电子运动的路径长度,进而增加了电阻。通常的磁阻方程为

$$\frac{\Delta \rho}{\rho_0} = C \cdot \mu \cdot B^2 \qquad (6-1)$$

式中：C 为常数；μ 为迁移率；B 为正常磁场。

这种效应主要应用在朝日化学工业生产的砷化铟磁电阻中。Sb 化合物半导体具有极高的迁移率($60000 \sim 80000 cm^2/Vs$)。在 20 世纪 80 年代末和 90 年代初,通用汽车的研究提倡在曲轴传感器应用中使用 InSb 传感器[7],并将其中一些传感器安装在如凯迪拉克(Cadillac)等豪华系列车型上。

汽车 AMR 传感器有两种类型：①感应基本角度的强磁场传感器；②感应幅度的弱磁场传感器。强磁场的定义范围取决于应用。对于 AMR 装置来说强磁场传感器是在一个平面中磁场水平足够高以至于使传感器保持在饱和状态。通常以奥斯特(Oersteds)或 Oe 为单位讨论磁传感器的磁场水平,因为特斯拉对于正常使用来说是非常大的单位。对于许多 AMR 传感器,这相当于大于 $25 \sim 30$ Oe。弱磁场传感器工作在饱和门限之下。图 6-1 给出了单个 AMR 电阻元件的响应。较低的区域响应特性是正弦的,下一个区域是近似线性的,最后一个区域是饱和区域。这个曲线通常被描述为 $\cos^2$ 特性,即

$$\frac{\Delta R}{R_0} = \Delta R_{\max} \cos^2 \theta \qquad (6-2)$$

图曼斯基(Tumanski)[8]撰写了一本关于 AMR 传感器设计的专著,该专著成稿于 20 世纪 90 年代,出版于 2001 年。图曼斯基定义了一组更广泛的应用设备的情形,并分析了一些巨磁电阻(Giant Magnetoresistive, GMR)器件,不过本文只考虑 AMR 器件。Tumanski 概述了各种磁传感器的许多设计标准,是许多商业应用中使用 AMR 传感器的先驱。

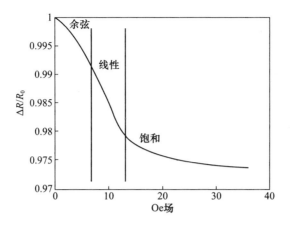

图6-1 横向磁阻曲线37.5nm和35μm宽电阻器(该场响应曲线完全取决于传感器的几何结构(宽度和厚度))

6.2.1 理论特性

常规的磁电阻效应存在于所有的金属中,霍尔(Hau)在1879年发表的关于"磁对电流的新作用"的开创性论文中首次观察到这种效应,随后威廉·汤普森(William Thompson)在1897年发现了AMR效应。经过包括比尔斯(Birss)[10]和斯托纳(Stoner)以及沃福思(Wolforth)[11]等大量研究人员近一个世纪的工作,这种材料从一种好奇心到变压器磁芯的商业成功,再到现代磁传感器和磁存储器。理论模型可以追溯到IBM沃森(Watson)研究中心的研究人员所做的工作[2,12]。一种提出的物理模型是s-d带间散射引起的电阻增加[2]。磁电阻可以分为两种类型,常规磁电阻和AMR。此外,巴特尔(Batterel)和盖林尼尔(Galinier)[13]指出了AMR材料中出现的一种新的效应,这种效应被称为平面效应,是AMR效应张量分析的结果。这种效应通常用于MRAM,通常不用于磁测量。各向异性常数可根据张(Chang)[14]的平面霍尔效应确定。

6.2.2 电阻率张量

AMR传感器特性的物理模型是设计中使用这些传感器的必要步骤。大多数模型开始于试图将饱和点之下的数据和理论拟合到一个电阻。由于需要为了各种饱和模式的应用设计传感器,很明显这种方法不适用于所提出的饱和情况。测试表明,旋转一个饱和场会产生一个非常明确的正弦特性曲线。这与许多期刊论文中描述的$\cos^2\theta$特性不匹配。为了当时在建模中有方程可用,需要重新考虑这个方程。当时设计了一个实验来发展这个物理模型,这个实验整合所知道的关于测量电阻的一切信息。图6-2给出了用于开发基于麦克斯韦方程的模型以描述饱和元件特性的基本电阻器设计。基本概念是使用开尔文(Kelvin)连接电阻,该电阻具有明确的电流发射结构,其工作方式可使提取工作成为一个简单的数学计算。这些薄膜的一种常用测量技术是使用 Vander–Pauw 结构。Vander–Pauw 结构不适用于此类磁实验,因为在这些结构中的电流从不沿直线流动。图6-3给出了在饱和区测试的一组磁阻元件产生的数据图[15]。

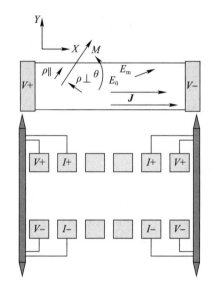

图6-2 典型 AMR 薄膜开尔文电阻器的 CAD 布局图以及给定设备中的矢量示意图
(该照片是霍尼韦尔的感觉和控制部)

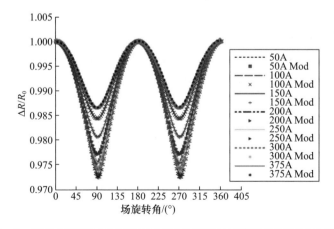

图6-3 通过360°测试的饱和磁电阻(此图还包括建模的结果)(见彩图)

传感器模型的特性是通过假设磁电阻的各向同性和各向异性特性来求解二维张量的结果。在这种解决方案中经常出现的错误是,遗漏了某一与电阻器中的横向电流有关的电流元件。求解饱和磁电阻的全张量可表示为

$$P'_{\text{total}} = \begin{bmatrix} \rho_0 & 0 \\ 0 & \rho_0 \end{bmatrix} + \begin{bmatrix} \rho' + \Delta\rho'\cos(2\theta) & \Delta\rho'\sin(2\theta) \\ \Delta\rho'\sin(2\theta) & \rho' - \Delta\rho'\cos(2\theta) \end{bmatrix} \quad (6-3)$$

在电场中存在以下关系,即

$$E = \rho J \quad (6-4)$$

式中:E 为电场强度;J 为电流密度。

修正后的 AMR 关系与奈伊(Nye)中描述的莫尔(Mohr)圆相似[16],可表示为

$$\rho_{\text{eff}} = \rho_0 + \rho'\sqrt{\left(1 + \frac{\Delta\rho'}{\rho'}\cos(2\theta)\right)^2 + \left(\frac{\Delta\rho'}{\rho'}\sin(2\theta)\right)^2} \quad (6-5)$$

与机械系统的唯一区别是缺少离轴剪切分量。所以测得的电压为

$$V = \rho_{\text{eff}} \frac{\text{lengin}}{\text{area}} \cdot I$$

或

$$V_{\text{total}} = I_s R_0 \left[A + B\sqrt{(1 + C\cos(2\theta))^2 + (C\sin(2\theta))^2} \right] \quad (6-6)$$

电阻 R_0 的值也是通过实验确定的,因为它表示没有外加电场的电阻(表6-1)。

表6-1 坡莫合金磁电阻的拟合系数

	膜厚						
	5.0nm	10.0nm	15.0nm	20.0nm	25.0nm	30.0nm	37.5nm
A	0.97923	0.97580	0.97340	0.97090	0.97050	0.96968	0.97000
B	0.01420	0.01640	0.01695	0.01695	0.01726	0.01722	0.01630
C	0.480	0.480	0.572	0.572	0.718	0.769	0.845

这些经验结果能够对坡莫合金进行高精度拟合,并与麦克斯韦方程相一致。对于低于饱和状态的传感器,建模并不是那么简单。影响结果的因素很多,包括其他传感器元件的接近程度、长度、宽度和厚度。一些汽车设计工作在 0.1~0.2T(1000~2000g)之间,远远高于传感器饱和水平。在饱和度之上,接近度和几何结构没有多大影响,但低于饱和度,设计参数时需要考虑这些影响,并可能对总体结果产生重大影响。

6.2.3 非饱和单电阻元件横轴特性

从一种传感器到另一种传感器的设计,强磁场的范围会发生变化。对于 AMR 传感器来说,强磁场是平面中磁场的水平高到足以使传感器保持饱和。通常以奥斯特或 Oe(空气中也可以使用 GS,在空气中高斯与奥斯特相等,比例系数为 1)为单位讨论磁传感器中的磁场水平。对于许多 AMR 传感器,这相当于大于 15~30 Oe。弱磁场传感器工作在饱和点之下。图 6-4 给出了具有不同厚度的单个 AMR 元件的响应。这种特性代表了微磁畴的旋转。这些磁畴旋转,直到它们达到一个最大角度,这个角度是一个略低于 90°的数字。

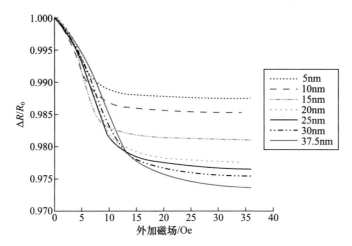

图 6-4 厚从 5~37.5nm,宽为 35μm 的电阻的横向磁电阻曲线(曲线的饱和区受几何控制,较薄的薄膜具有较低的饱和场和较低的最大变化抵抗)(见彩图)

汽车传感中不饱和模式不像上述饱和模式传感器那样常见,但在电动汽车的电流传感和地球磁场传感中会出现。大电流传感器通常被设计为弯曲传感器,但必须考虑上述饱和装置不需要的设计参数。图 6-5 给出了不饱和状态的传感器的各种磁化和特性曲线。

斯托纳-沃福思模型通常用于描述磁阻在磁滞全范围内的特性,如图 6-5 所示。通过磁化旋转,可以认为最小化了磁系统的能量,所以从近角(Chikazumi)和卡拉普(Charap)[17]能够得到

$$E = -K_u \cos^2(\theta - \theta_0) - M_s H \cos\theta \tag{6-7}$$

式中:M_s 为饱和磁化强度;H 为外磁场;θ 为 H 和 M_s 之间的夹角;θ_0 为 H 和易轴(Easy Axis,EA)之间的夹角。

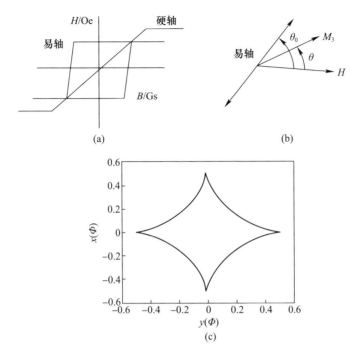

图 6-5 斯托纳-沃福思模型用于描述磁阻在磁滞全范围内的特性举例
(a)理想薄膜的 $B-H$ 特性;(b)薄膜电阻器的无磁体图;(c)星状的斯通沃思图。

各向异性常数 K_u 的作用类似于旋转弹簧的弹簧常数,它提供使磁化恢复到原来位置所需的能量。表征任何特定沉积过程的坡莫合金的输出是很重要的,因为没有两种沉积系统会产生相同的材料。每台机器需要比较的两个主要数据是 H_c 和 H_k 的值。H_c 值表示易轴滞后,H_k 表示饱和水平之间的硬轴斜率。

已有商用的 $B-H$ 环形系统将直接在沉积的基板上以感应方式测量这些值。这意味着式(6-8)需要与实际测试结构相匹配。要提取给定设计的 θ,其计算公式可表示为

$$|\cos\theta| = \sqrt{\frac{1}{4C}\left[\left(\left(\frac{V_0}{I_S R_0} - A\right)\frac{1}{B}\right)^2 - C^2 - 1 + 2C\right]} \qquad (6-8)$$

式中:A、B 和 C 的值来自表6-1;角 θ 可以与实际应用的 θ 不一致。

图6-6中给出了25nm对应的图。式(6-9)是首次尝试使用量值张量比来模拟这种特性:

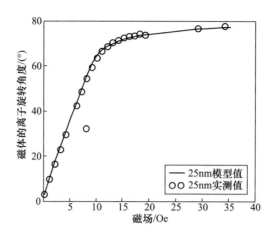

图6-6 磁化强度旋转角 θ 与外加磁场 H 的关系(也给出了通过模型拟合磁化强度旋转角 θ 与外加磁场 H 的关系曲线,明显比 S-W 预测的结果有更多的过渡)

$$\Delta\theta = \frac{M}{2K_u}H = \frac{M_0\sqrt{(1+\alpha\cos2\theta)^2 + (\alpha\sin2\theta)}}{2K_u\sqrt{(1+\delta\cos2\theta)^2 + (\delta\sin2\theta)}} \quad (6-9)$$

式中:M_0 为菱形变化;K_u 也以同样的方式变化;δ 和 α 的值可以通过实验确定,该方程可以通过超越求解。

将模型代入式(6-4),并与原始数据进行比较。初步数据和实验表明,该模型能较好地拟合实际数据。进一步,这些关系可以为将来更完整的模型创建概念基础。重要的是重新插入旋转数据(图6-7)到模型中,以确定磁化旋转模型是否工作。这是为了将建模数据与原始数据匹配。

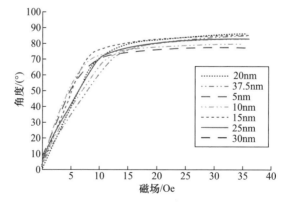

图6-7 相同宽度和不同厚度的电阻器的旋转角度(很明显,厚度改变了最大旋转角度。对于较薄的电阻器,最大旋转角似乎实际上较低。宽度等于 $35\mu m$)(见彩图)

这种比较的结果如图6-8所示。通常,这些数据使用Tumanski[8]所述的分段模型进行拟合,但这种新方法能够使模型看起来是连续的。

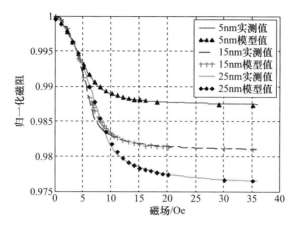

图6-8 宽度恒定但厚度变化的单个电阻的磁响应图(此图给出了模型计算与实际传感器结果之间的关系。遗憾的是,该模型不具有必要的预测性。但它给出了饱和模式早期和在非饱和模式下特性之间的关系)(见彩图)

6.2.4 非饱和单电阻元件纵轴特性

需要理解的一个重要传感器响应是离轴特性。当在一个和电流方向成45°的磁场中观察,以及当磁场从磁化方向旋转180°时,这种离轴特性最有意思。电阻强迫磁化与电阻方向一致,而在没有外加磁场的情况下,磁化强度和电流与电流方向平行。根据这些响应,定义了磁滞。对于非饱和元件来说这是特殊的,通常是误差的来源。

图6-9给出了45°离轴方向外加磁场的特性。第一象限外加磁场设定在磁化强度的方向(右侧),第三象限外加磁场设定在磁化强度相反的方向(左侧)。这演示了生产一个罗盘芯片需要的两种效应,一个效应是电阻响应的不对称性,另一个效应是磁化反向引起的磁滞。

在某些传感器中经常观察到的磁滞效应可以通过在电阻器上施加45°的磁场来演示。每个测量点都在一个毫高斯附近,因此磁畴反转发生在一个窄的磁场范围内。为了证明反向效应最强,一组单个电阻施加纵向偏置。这些电阻分布在4个晶片上,以减少制造变化对实验的影响。没有试图利用这组样本上的邻近效应重现数据。Tanaka、Yazawa和Masuya[18]在钴薄膜的磁化反转中的研究,磁化反转总是以非相干的旋转过程进行,并且受磁畴取向的影响很大。在坡莫合金薄膜的制备过程中,经常会沉积多层膜来获得目标厚度。单层膜具有布

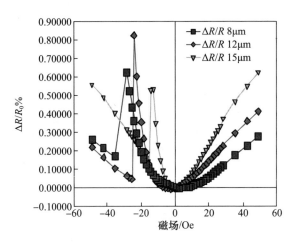

图 6-9 3 种相同厚度不同宽度的电阻器的 45°离轴特性(直到翻转场显示出类似于梳状传感器的特性(应该如此)为止的结果)(见彩图)

洛赫畴壁位移,多层器件具有尼尔(Necl)畴壁位移[19]。这种多层结构降低了开关场,图 6-10 中的膜有多层(最少 2 层,最多 10 层),它们的开关场受薄膜厚度和图形化电阻宽度的强烈影响。图 6-9 中的结果给出了单个电阻元件在 45°时被外部磁场偏置的特性。正如预期的那样,在达到开关场之前,电阻器的特性与巴伯(barber)电极传感器的特性类似。当磁化反转发生时,电阻改变为右半平面特性的镜像。

图 6-10 ~ 图 6-14 给出了沿电阻器方向和该电阻器磁化方向相反方向施加外部偏置磁场的结果。图 6-10 同时给出了 81% Ni/19% Fe 坡莫合金膜的图形和膜厚度对反转场的影响。很明显,开关场随图形化电阻的宽度而下降。如

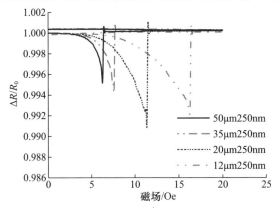

图 6-10 沿电流方向磁偏置的单个电阻器的电阻(电阻厚度为 25nm,所有电阻长度相同)

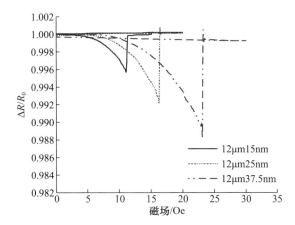

图6-11 沿电流方向磁偏置的单个电阻器的电阻（电阻厚度为15nm、25nm、37.5nm，宽度为12μm，长度相同）

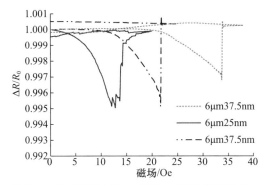

图6-12 沿电流方向磁偏的单个电阻的电阻（电阻厚度为15nm、25nm、37.5nm，宽度为6μm，长度相同）

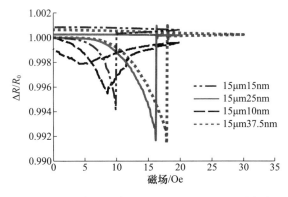

图6-13 沿电流方向磁偏置的单个电阻器的电阻（电阻厚度为10nm、15nm、25nm、37.5nm，宽度为15μm，长度相同）

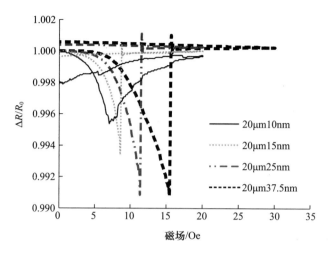

图6-14 沿电流方向磁偏置的单个电阻器的电阻(电阻厚度为10nm、15nm、25nm、37.5nm,宽度为20μm,长度相同)

图6-10所示,薄膜厚度为25nm(250Å),电阻表现出通过一个单一的反转点,这表明这种特性存在一定的相干性。如图6-11所示,使用了固定的电阻器宽度为12μm,而厚度分别为15nm、25nm和37.5nm的薄膜进行。这表明翻转场随薄膜厚度的增加而增大,这与磁性物质体积的增加是一致的。

图6-12给出了使用非常窄的电阻(6μm,如被刻画的)的影响。然而,图6-13和图6-14给出了15μm和20μm电阻器的特性。从这些数字中可以看出几件事。边缘效应对磁化反转的支持作用是非常强烈的。

实验在3种不同温度下进行,结果表明,磁化反转与温度无关。当电阻变得更窄时,反磁化所需的磁场就变得更大。这与目前的设计理念和理论是一致的。厚度对磁化强度的反转也有影响。较薄的传感器不仅显示出较低的反转磁化强度,而且更薄的传感器(10nm)显示出显著的各向异性散布。这种散布在较厚的电阻中并不明显。此外,这种散布效应还与边缘效应的支持相互作用。10nm样品也证明了这一点,当电阻刻画为6μm时,表观散布降低,反转点增加。在测试范围内,这种散布效应似乎不如厚度与宽度之比为15及以上的强。在这个范围内的额外测量可以支持一个强的微磁畴数值模型。

这个实验试图回答的另一个问题是,在较窄的范围内,温度是否对反转值有影响。图6-15给出了沿电流方向磁偏置的单个电阻器的电阻。电阻的厚度为15nm,宽度为6μm,选择该电阻是因为具有超过20Oe的强的磁化反转值。实验在3种不同的温度下进行,结果表明,在窄的范围内,磁化反转与温度相对独立。

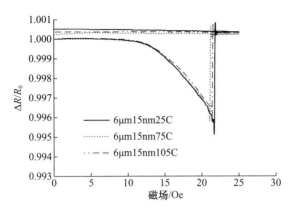

图6-15 沿电流方向磁偏置的单个电阻器的电阻（电阻厚度为15nm,宽度为6μm）

这里也计算了电阻器在磁畴反转过程中的磁化强度旋转角。该计算如图6-16所示,显示磁化强度在反向之前旋转到了50°~65°之间的某处。有趣的是,35μm电阻给出了一个反转之前电阻开始平稳下降的结果,表明电阻器的某些部分旋转超过90°。

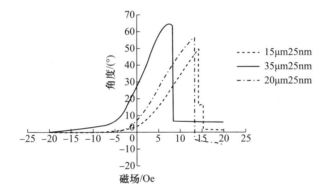

图6-16 对于纵向偏置电阻器使用式(6-11)确定边缘效应计算出的角度
（图上三个电阻相邻排布在同一硅基片上,磁化反转发生在
旋转到反向前的50°~65°之间）

6.2.5 非饱和梳状结构的横轴特性

依据电阻变化与电流方向耦合,研制了一种不同类型的传感器。飞利浦和霍尼韦尔等商业实体使用一种称为巴伯极（Barber-pole）的设计生产了罗盘芯片。与以前的结构不同,巴伯极结构使电流和电阻器成45°方向。这使得最大磁场与电阻器方向成90°角,提高了磁化控制。AMR传感器的主要用途之一是

用于低于饱和的方向传感器。AMR 电阻器的正常特性可以描述为一个偶函数传感器,即对称于"y"轴。这些巴伯极结构在 90°外加电场中的电阻如图 6 – 17 所示。

图 6 – 17　梳状传感器元件,铝短路带用于重定向电流

图 6 – 18 是单元件巴伯极电阻器。电阻器宽 35μm,有 45°短路带。图 6 – 18 中的 np 表示将磁化强度设置在负方向,并将磁场扫向正方向;nn 表示将磁场设置在负方向,并将磁场扫向负方向。这些样本具有固定的偏置磁场,即 0Oe、5Oe 和 10Oe 的偏置磁场。经典的罗盘芯片特性能够通过求和具有不同短路的 +45(+电流)短路条和 -45(-电流)短路条的电阻值使主传感区域线性化。这种结构的电阻与期望的特性相反,越宽的结构电阻越低,反过来说明电阻桥越大,罗盘越好,但通常更昂贵。这些电阻对磁化反转很敏感,因此有一个包括磁化复位功能的校准程序是很重要的。放置在饱和场中的梳状极传感器的特性类似于非梳状极传感器,只是相位偏移了 45°。

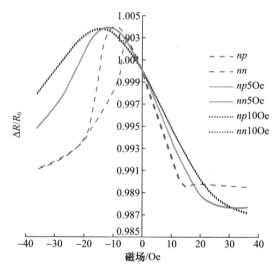

图 6 – 18　单元件巴伯极电阻器(电阻器宽 35μm,有 45°短路带。np 平均值,负集域/
正扫描,nn 表示负集磁场/负扫描。无数字表示无纵向偏差)(见彩图)

图 6 – 19 给出了由 4 电阻惠斯通电桥计算的电桥响应,无邻近效应。邻近效应在 6.2.6 节中说明。电源电阻器数据来自图 6 – 18 中的电阻器。邻近效应

使传感器的灵敏度提高5倍。巴伯极磁力仪的优点是,它有一个非常灵敏的电阻,线性度高,方向感好。但是,这些传感器要么需要一个磁铁来支持一个一致的磁化方向,要么需要某种形式的复位电路和相应的结构。

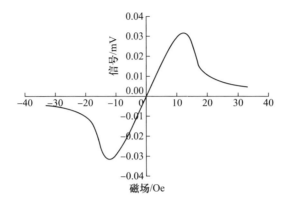

图6-19 使用4电阻阵列计算的无临近效应电桥响应(邻近效应将使传感器的灵敏度提高5倍,饱和场的特性与非梳状传感器类似,只是相位偏移了45°)

6.2.6 邻近效应

在AMR传感器中,邻近效应在传感方面是独一无二的。AMR放置在彼此接近的地方会改变灵敏度,这与其他传感器完全不同。两个压力传感器彼此接近不会改变其灵敏度,两个流量传感元件也不会。这种效应是由每个传感元件的磁性耦合引起的。通过使用便宜的指南针并将其放置在彼此接近的位置,可以直观地演示这种效果。每一个指南针开始影响前一个指南针,直到所有的指南针对彼此的影响超过地球磁场对指南针的影响。图6-20给出了一个电阻阵列的示意图,用于演示邻近效应。

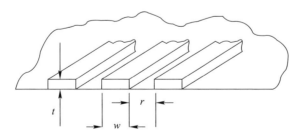

图6-20 带状多电阻模式的邻近效应

因此,在传感器元件中,随着每个元件之间的间距越来越近,有效横向灵敏度也随之增加。邻近效应由B.B.潘特(B.B.Pant)[20]建模并表示为

$$\alpha(r) = 2 \cdot \left(\frac{r}{1+2\cdot r}\right) + \left(\frac{r}{2\cdot(1+r)^2}\right) \cdot \left(\frac{\pi^2}{2} - 4\right) \quad (6-10)$$

式中:$\alpha(r)$ 为基于距离 r(电阻间隔距离)的几何校正系数。

将修正系数 α 用作去磁系数的修正系数,即

$$G(r,t,w) = \frac{t}{w} \cdot \alpha(r) \quad (6-11)$$

去磁系数 $G(r,t,w)$ 现在是间隙 $\alpha(r)$、厚度 t 和电阻器宽度 w 的函数。表 6-2 列出了在邻近设计中如何使用该系数来查找等效厚度、宽度和间隙。这些数值是相当合理的。图 6-21 给出了将间隙保持在 6μm,电阻器宽度从 12μm 变为 35μm 引起的去磁系数 $G(r,t,w)$ 的变化。这些结果显示了元件之间的显著灵敏度差异。灵敏度通常表示为

$$S = \frac{dR}{R_0 dB} \quad (6-12)$$

式中:R 为感兴趣磁场范围内起始点的电阻;dR 为电阻的变化;dB 为磁通量的变化。不幸的是,接近不会影响电阻纵向偏置,这会影响邻近效应在 0°~90°惠斯通电桥配置传感器中的可用性。窄电阻如图 6-10~图 6-14 所示的,反向值远高于更宽的电阻,因此产生更大的磁滞回线,但具有更好的弱磁场传感器的特性(小于 10Oe)。更宽的电阻产生更好的中场范围传感器特性,即大于 11Oe,但低于饱和磁传感器,因为磁滞通常小于 10Oe。

表 6-2 两种不同桥梁设计的几何修正系数

两种桥梁	间隙/μm	$\alpha(r)$	t/μm	w/μm	$G(r,t,w)$
$r1$	6	0.9803	0.035	20	0.00170
$r2$	3	0.9448	0.020	11	0.00172

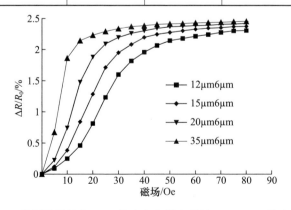

图 6-21 将间隙保持在 6μm 并改变电阻宽度从 12~35μm 的去磁因数

6.3 噪声源及特性

由于坡莫合金薄膜可用于磁记录磁头,所以人们已经研究了该类材料在直流一直到高频下的噪声源和特性。AMR 材料的噪声有多种原因,但最常见的噪声源是巴克豪森(Bark hausen)噪声。鲍德温(Baldwin)和皮克尔斯(Pickles)[19]在 1971 年对坡莫合金薄膜进行了实验,以确定巴克豪森噪声特性符合的模式。术语巴克豪森噪声通常是指在使用软磁材料的老的音响系统中经常听到的不稳定的爆裂声。在上述分析中,应用于试验样品的磁通量随时间呈线性变化。这种情况的结论是确定所分析材料中的巴克豪森噪声是由统计波动引起的。对于指数分布函数,即功率谱 G_p,提出用可折断弹簧模型分析影响的概念,即

$$f(z,z_0) = kz, \quad 0 \leqslant z \leqslant z_0 \tag{6-13}$$

$$f(z,z_0) = 0, \quad z \leqslant 0, z \geqslant z_0 \tag{6-14}$$

指数分布函数为

$$z_0 n(z_0) = N\exp(-z_0/Z) \tag{6-15}$$

然后通过对式(6-15)积分,可得

$$G_p(b) = (1/A_u)\int_\infty^0 \mathrm{d}z_0 n(z_0) \left[\int_{L_p} \exp(-jpz)f(z,z_0)\mathrm{d}z\right]^2 - \left[\int_{L_p}\mathrm{d}z\int_0^\infty \mathrm{d}z_0 n(z_0)f(z,z_0)\right]^2 \delta(p) \tag{6-16}$$

则

$$\frac{G_p(p)}{P_c^2} = \frac{4}{NA_u}\frac{1}{(pZ)^{-1}}\left(\left((pZ)^2\frac{(pZ)^2-1}{(pZ)^2+1}\right) + \ln[(pZ)^2+1]\right) + \delta(p) \tag{6-17}$$

强制压力可表示为

$$P_c = \frac{1}{2}NkZ^2 \tag{6-18}$$

式中:N 和 Z 分别为密度和长度参数;L_p 为在垂直于畴壁方向的畴壁行程的长度;z_0 为缺陷范围;A_u 为畴壁的面积;p 为空间频率。

形状各向异性和缺陷对更高频的特性有影响,Grimes 等证明了这一点[21]。他们通过在薄膜上刻画重复的排列孔,在坡莫合金薄膜上进行实验。这表明,厚

度和产生的孔图形的变化补偿了去磁因子。另一种形式的误差是由传感器元件中边缘畴壁的形成和湮灭引起的磁滞产生的。Mattheis 等使用垂直于电阻器的强磁场证明了这一点[22]。用克尔(Kerr)显微镜观察边缘畴壁。此外,利用具有极化分析的扫描电子显微镜,通过观察坡莫合金薄膜上的横向连接壁,观察了边缘畴壁的钉扎机制,极化分析能够将暴露于交流电场中的坡莫合金薄膜的表面磁畴结构成像,如 Lee 等所述[5]。最近,张等[23]已经演示了亚微米坡莫合金阵列的 Y 因子噪声测量。他们的测试装置是使用共平面波导和刻画坡莫合金配置的。噪声指数公式可表示为

$$F = \frac{N_a + kT_0 G_s}{kT_0 G_s} \qquad (6-19)$$

式中:F 为噪声指数;k 为玻尔兹曼常数;G_s 为系统功率增益;N_a 为附加系统噪声;$T_0 = 290K$。

坡莫合金阵列的噪声电压密度随偏置电压变化,并产生各种铁磁共振峰。测量得到的噪声是来自 RLCG 模型实部的约翰逊 – 奈奎斯特(Johnson – Nyquest)噪声。这种阵列方式的噪声电压密度为

$$V_N = 4NkT\Delta R \qquad (6-20)$$

式中:N 为阵列元素的总数;$\Delta R + R$ 为测量系统的输出。

该分析中的测量结果显示,对于频率测量在 2~10GHz 频率范围内的噪声电压密度甚低,除了在共振时为 $2nV^2/Hz$,低于 $1nV^2/Hz$,此处共振时的噪声是非常低的。

6.4 制造方法

多年来,各种物理沉积方法被用作制作传感薄膜的技术,这些方法包括电子束蒸发、灯丝蒸发、离子束沉积和溅射沉积。溅射沉积方法包括直流、直流磁控管、射频和射频磁控管等离子体沉积。制造 AMR 传感器最有效的方法是将射频磁控管等离子体沉积和足够强的磁铁相结合,在沉积过程中使薄膜产生偏置磁矩。这使得薄膜沉积中含入最小量的捕获的气体,因为等离子体可以在低至 1mTorr① 的压力下运行。等离子体沉积薄膜将捕获气体,例如,van Hattum 等所述[24]氩在薄膜中的掺入量可高达 4%。利用射频等离子体进行的早期沉积实验表明,这种气体的掺入可以造成薄膜的分层。这些捕获气体产生的应力会影

---

① 1Torr = 133.3223684Pa。

响传感器的最大磁阻变化和稳定性。在沉积阶段,另一个需要控制的重要变量是系统基本压力。10^{-8} Torr 范围内的基本压力会最大限度地减少薄膜中的氧气掺入。

在制作传感器膜时,尽可能保护坡莫合金(AMR 传感器膜)不被氧化是很重要的。铁和镍的氧化会缩小传感器的量程,产生更高的 H_c,从而增加薄膜的硬度。如果不加保护,许多工艺化学品会腐蚀坡莫合金膜。相对较高的铁接触,使薄膜对氯化合物相当敏感。为了防止这些问题的发生,许多人使用一层薄的钽氮化物保护层。这样薄膜可以像任何其他金属薄膜一样处理,并用光刻胶刻画而无需担心污染。此时推荐使用干蚀刻,因为保护膜通常是抗湿蚀刻的,而且大多数湿坡莫合金蚀刻多数情况是不一致的。腐蚀坡莫合金最常用的方法是使用中性束离子磨机[15]。图 6-22 给出了单片设备上 AMR 传感器元件的扫描电子显微镜图像的示意图。传感膜 TaN/NiFe/TaN 沉积在半导体接触断开的集成电路上。然后,用正作用光刻胶涂覆该薄膜并通过刻画的光掩模曝光。所有与半导体接触的区域都覆盖有抗蚀剂,传感器的图案也覆盖有抗蚀剂。

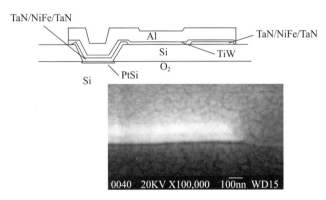

图 6-22　单片 AMR 传感器元件(元素的总厚度约为 1500nm)

在离子研磨处理之后,又去除光刻胶,每个接触点都会覆盖一层剩余的材料。这样做的好处是,这种残余材料也可以作为触点的电迁移屏障。将 TiW/Al 布线层沉积在表面并刻画,然后将整个晶片涂上 SiN。为了降低工艺应力,组件在 400℃ 以上的温度下在成形的气体中退火至少 30min。这一步骤将降低坡莫合金的电阻并使磁阻最大化。为了分析厚度对晶体的影响,将几个不同的样品送到阿贡国家实验室的先进光子源中。结果表明,随着 NiFe 厚度的增加,面心立方[111]增强了[25]。这种增强可以解释厚度小于 10nm 的薄膜中薄膜特性的变化。

6.5 使用磁力仪校准三轴亥姆霍兹系统

为了演示 AMR 磁力仪的一个应用,选用了三轴亥姆霍兹弱磁场系统。为了评估传感器的设计,产生磁场的大小和方向必须是已知的或容易确定的。由于待测磁力仪能够沿 x、y 和 z 轴测量周围的磁场,系统必须能够同时在这 3 个方向产生磁场。这些设计要求通过沿 3 个正交方向放置 3 对亥姆霍兹线圈来实现。一对亥姆霍兹线圈被其共享半径的值隔开。然而,当有 3 组线圈都具有相同的线圈半径,并且沿 x、y 和 z 方向被相同的线圈半径分开时,这些线圈之间需要发生交叉。因此,在最终导出并在下面列出的系统中,这 3 对线圈被它们的直径隔开。这种结构称为改进的亥姆霍兹线圈系统。拟布置的 3 对亥姆霍兹线圈将沿 3 个正交方向布置。1 对亥姆霍兹线圈被其共享半径的值隔开。毕奥－萨伐尔定律(Biot–Savart 定律)用于计算沿着环形线圈轴上某一点的磁场,可表示为

$$B = \frac{\mu_0 I R^2}{2(R^2 + a^2)^{3/2}} \tag{6-21}$$

亥姆霍兹线圈通过两个线圈串联放置定义。这两个线圈具有相同的半径和电流大小/方向,用式(6-21)表示,μ 为自由空间的磁导率,I 为线圈电流,R 为线圈半径,a 为线圈和测量点之间的距离,可以在沿线圈轴线的任何位置。由式(6-21),可以导出一个公式来计算一对线圈磁场强度(即亥姆霍兹线圈的磁场),即

$$B = \frac{\mu_0 (NIR^2)}{2(R^2 + (R/2)^2)^{3/2}} \tag{6-22}$$

式(6-22)中,总电流 I 是根据提供给线圈的电流和线圈的导线匝数 N 来计算的。线圈之间的距离等于线圈半径 R。测量点 a 位于半径的 $\frac{1}{2}$ 处,即 $R/2$。两个线圈以相同的电流方向串联,因此两个线圈产生的磁场是相加的。每个线圈对于所有感兴趣的量都是相同的,描述一个线圈的整个方程可以乘以 2。简化可得到

$$B = (4/5)^{3/2} \frac{\mu_0 NI}{R} \tag{6-23}$$

式(6-21)可用于计算由一对实际的亥姆霍兹线圈获得的磁场,其中线圈由其共享半径分开。然而,为了解释每对线圈由于上面讨论的原因由其直径而

不是半径分开的事实,用一个新的位置表示线圈直径的$\frac{1}{2}$或半径R,则磁场强度为

$$B = \frac{\mu_0(NIR^2)}{2(R^2+R^2)^{3/2}} \quad (6-24)$$

简化式(6-24),可得

$$B = (1/2)^{3/2}\frac{\mu_0 NI}{R} \quad (6-25)$$

式(6-25)是最终描述本章中设计的线圈系统在一个方向上的每对线圈磁场的方程。当指定匝数、电流和半径时,可以确定每对线圈沿其共享轴产生的磁场。或者,可以重新排列式(6-25)以求解不同的未知数,例如,对于求解实现期望磁场值所需的导线匝数是有用的。可以看出,式(6-25)中被称为描述改进的亥姆霍兹线圈对的数值常数,小于出现在式(6-23)中的常数,它描述了真正的亥姆霍兹线圈对。这是可以预料的,因为将线圈分开更大的距离,并在距离产生磁场的两个源更远的点测量磁场,应该会降低测量的磁场。对于给定的电流,该解的结果需要更多的线圈匝数。另外,在改进的线圈系统中产生给定的磁场值需要增加供给电流,这比真正的亥姆霍兹线圈系统需要的要多。这一事实的结果是,将需要比真正的亥姆霍兹线圈系统所需的更多的线圈匝数或更大的电流来在改进的线圈系统中产生给定的磁场值。已经为使用不同方法的磁力仪开发了许多校准技术。一种物理方法的例子是摆动罗盘的处理,该方法长期以来用于海上航行。该过程需要使用船舶罗盘记录8个基本方向的磁场值,然后将这些值与参考值进行比较以获得测量值的偏移量[26]。通常,这种方法是二维的并且不是很精确,因此不适合此应用中的三轴磁力仪。为了补偿外部硬件和软件误差源,这里再次采用椭球形状而不是偏离原点的球体,通常采用使用矩阵的数值方法,被认为是更简单但精度较低的线性方法。在这种方法中,力图在补偿这些误差时摒弃这种数学方法。亥姆霍兹线圈已被用于补偿磁力仪的内部偏置误差。关于三轴设计,现有设计倾向于坚持线圈之间的间隔为其共享半径的要求,这再次要求设计允许线圈的交叉和重叠,从而使实际系统的实现更复杂[27]。在这里,要探索的设计通过将线圈按直径分开来使线圈系统设计更容易实现。

一旦确定磁力仪的测试系统对于所有3个轴都是采用经过修改的亥姆霍兹设计,设计的细节就被列出来了。最初,设计的限制因素是系统能够产生的总磁场强度约为6GS——因为这是该系统测试的一个磁力仪的范围限制。此外,电流最初限制为5A,因为是初始计算中使用的值。这样做是为了解决获

得 6 个具有更高额定电流的电源的困难。物理线圈系统使用 6 个直径为 16.5in①(半径为 8.25in)的铝制自行车轮辋组装,每个轮辋都用 16 号绝缘铜线包裹。在进行下一步之前,必须使用矢量关系方程来确定必须为 3 个轴中的每一个产生要求的磁场,这样合成的磁场矢量通过系统中心的幅值大小约为 6GS。沿每个 x、y 和 z 轴的 3GS 磁场矢量将通过系统中心产生 5.2GS 的合成矢量幅度。

现在,如果使用式(6-25)变形求解 N,能够按照每对的要求估计每个自行车轮辋所需的铜线匝数,即当每对通入 5A 电流时产生约 3GS 的磁场。式(6-25)预测 6 个自行车轮辋线圈中的每一个都需要大约 28 匝。

为了更好地可视化由整个三轴线圈系统产生的预测磁场,使用软件包 COMSOL 的磁场包来模拟线圈系统的设计。在 COMSOL 模型中,6 个铝轮辋、提供给线圈的电流、铜线缠绕的数量等都可以指定。最终的模拟结果如图 6-23 所示,它给出了三维模拟的单个切片。图 6-24 给出了完整的三维模型结果。与计算的场景类似,该模拟为线圈指定了 8.25in 的半径,为每对线圈提供 5A 的电流,并为每个线圈缠绕 28 匝。可以看出,在组件的最中心,根据颜色图例,磁场的预测值约 5.5GS。这确实与上面计算的 5.2GS 的矢量幅度和通过系统中心的方向非常接近。

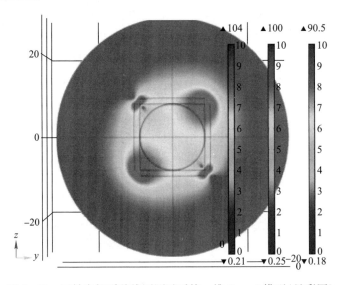

图 6-23 三轴亥姆霍兹线圈测试系统一维 Comsol 模型(见彩图)

---

① 1in = 0.0254m。

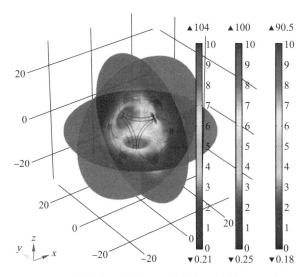

图 6-24 三轴亥姆霍兹测试系统的全三维模型(见彩图)

应该注意的是,对于这种修改后的亥姆霍兹线圈设计,COMSOL 模型显示系统内的场并不像真实亥姆霍兹线圈设计中预期的那样均匀。

如图 6-23 所示,相邻线圈附近存在各种"热点",这些"热点"在系统中产生了整体不太均匀的磁场模式。无论如何,系统的中心点,即放置磁力仪的地方,显示了磁场的"最佳点",式(6-6)可以比较准确地预测。使用 COMSOL 仿真结果,6 个自行车轮辋用 28 匝铜线手工缠绕,目标是在物理组件中心实现大约 6GS 的磁场。图 6-25 给出了线圈系统的实际物理组装。如图 6-25 所示,组件的底座

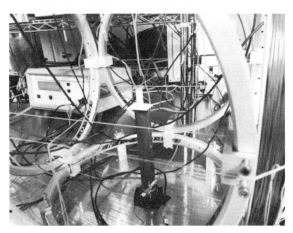

图 6-25 修改后的三轴亥姆霍兹线圈设计(字符串用于帮助在测试区域中放置传感器)

也是由铝制成的,选择类似的自行车轮辋,由于它的非磁性,因此它不是系统磁失真的来源。最后,从位于系统左侧的三轴操纵器延伸到系统中心的杆也是铝制的,这是放置磁力仪的地方。每对线圈缠绕两次,顺时针(Clockwise,CW)方向绕28圈,逆时针(Counter Clockwise,CCW)方向绕28圈(图6-25)。

对于x、y和z方向的3对线圈,每对线圈按顺时针和逆时针方向缠绕,组装总共需要6个电源。

这种设置在没有开关电源的情况下很有用,因为要以其他方式切换电流方向,必须手动在CW和CCW组绕线之间切换引线,并每次都检查其准确性。另外,在两个方向的缠绕情况下,如果需要第二组线圈产生一个磁场偏置值来调整系统的整体磁场,则存在在两组线圈运行时需要向两组线圈通入不同的电流。两个霍尼韦尔芯片HMC5843和HMC5883L被用于测试线圈系统。HMC5843芯片可以直接使用,并提供了构建混合电路的机会,而购买的HMC5883L分线板是完全组装好的。这两款芯片在设计和运行上非常相似。HMC5883L设计为HMC5843的后继产品,并拥有一些改进,包括更小的尺寸、更少的连接、能够测量更大范围的磁场等。

HMC5843芯片首先被开发。芯片本身的尺寸为$4mm \times 4mm \times 1mm$,有20个引脚,每个引脚的宽度为0.25mm(约10mil[①]),引脚之间的间距为0.25mm。使用AutoCAD,构建了用于设计混合电路的布局。设计很简单,仅仅要求具有从芯片焊盘到氧化铝基板边缘较大的印制焊盘的导电迹线,以便与芯片建立外部连接。额外的AutoCAD层被指定用于将介电层印刷到基板上,作为阻焊层,以防止施加到导电焊盘上的焊料渗漏到迹线上。图6-26给出了完整的混合电路,其中HMC5843芯片焊接到印刷电路并连接到连接器。然后将焊接到磁力仪的电线送到线圈系统外部,一个放置在操纵器底部的Arduino Nano上。磁力仪是具有唯一硬件地址的从属设备,必须连接到可以提供电源、时钟、收集数据等的主设备上。然后,通过USB将Arduino连接到计算机上,该计算机最终提供电源到Arduino。代码被上传到Nano运行的Arduino集成电路,Nano收集沿x、y和z轴的磁场数据并计算整体矢量幅度和角度。当向3对线圈中的每一对提供5A电流时,使用Arduino代码测试物理线圈组件和磁力仪的结果。可以看出,x和y轴值与式(6-25)一致,再次预测了在这些条件下的3GS磁场。差异主要与z轴测量有关,因为它显示了与3GS的一个最大变化,大约2GS的磁场。并且,正是这个测量结果将合成磁场的大小降低到4.748GS。回想一下,数学预测为5.20GS,而COMSOL模型预测为5.5GS。事实上,实验模型产生的总磁场值

[①] 1mil=0.0254mm。

与COMSOL模型和数学计算存在显著的不同都是可以预期的,因为后两者被认为比实验模型运行的真实世界情况更理想或更简单。真实世界的条件包括地球磁场以及许多其他潜在的杂散磁场源的存在——实验室中的周围电源、计算机等。

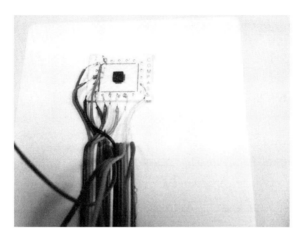

图6-26 带有外部连接的HMC5843混合电路

图6-27给出了使用HMC5883L芯片查找磁场失真源的结果。

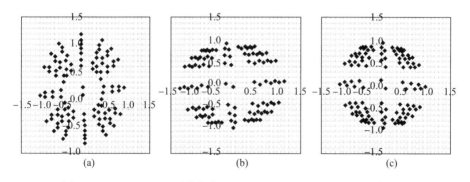

图6-27 HMC5883L磁力仪在$x-z$、$y-z$和$x-y$平面的校正输出图
(具有各种偏移电流以补偿地球磁场。在z线圈组中施加偏置
电流的居中球形磁场数据)

6.6 商用产品

AMR磁力仪的商业传感机会分为两个基本领域:①用于过程控制系统的反馈;②通常用于安全设备。汽车传感器通常用于发动机控制以及安全设备。

反馈控制应用通常是位置传感,与汽车应用非常相似,但许多是静态位置设备。这些静态定位设备通常为机器人和自动设备设定运动范围。一种常见的商业设备是曲折传感器,可用于测量从环形磁铁到电力线产生的高电流磁场的任何磁场。

6.6.1 分立器件

分离 AMR 器件的常见用途通常是弱磁场应用。弱磁场应用主要是罗盘应用,但一些应用(如线性位置传感器)可能会使用分离传感器阵列。位置传感器阵列的示例如图 6-28 所示。

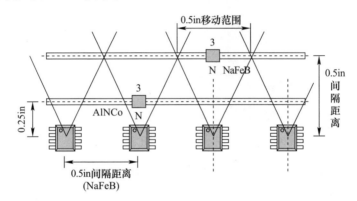

图 6-28 霍尼韦尔的 HMC1501 阵列(可通过比较输出以确定滑动磁铁的位置,引自霍尼韦尔应用说明[28])

这种传感器排列可以与多通道模数转换器和计算机算法一起使用,也可以与一个纯模拟电路的一系列放大器和比较器一起使用。

6.6.2 汽车用产品

在 20 世纪 70 年代初期,一小群工程师开始了使用磁传感器的汽车传感革命。这些人认为磁感应可以取代汽车点火系统中的机械点。而那时,光学点火系统已用于汽车比赛,但这些系统在现场测试中证明不可靠,因为它们在不太理想的条件下往往表现不佳。霍尼韦尔的微动开关部门(MicroSwitch Division)的一个团队发现带有叶片的霍尔效应传感器可以替代汽车点火系统中的凸轮和点。该团队在 20 世纪 60 年代的福特(Ford)野马汽车中安装了第一个固态叶片开关,并驶向未来。首次推出的基于无点磁传感器的点火系统为计算机化汽车控制系统打开了大门。这些发展使汽车制造商能够减少主要污染物的排放。现代发动机控制系统可以监控进气、曲柄位置、凸轮位置和排气。在 20 世纪 90 年代初期,汽车制造商寻求满足更严格的排放标准。标准基本上是在启动期间没有熄火,并且没有燃料箱燃气泄漏。为了提高信号质量并通过移除不需要的组件来简化控制系统,火花分配器被齿轮传感器取代。正是在这种环境下,引入了第一个汽车级 AMR 传感器[29,30]。

这种传感器是单片电路传感器——单片电路是指传感器和电路存在于同一个芯片上,如图 6-29 所示。之前霍尼韦尔团队生产的 AMR 单片传感器(大电流传感器)受制程技术限制为 85℃,这些传感器现在已经被更新的技术取代。大多数汽车平台仍在使用的霍尔效应传感器,它要求磁场的方向指向平面外。霍尔效应传感器的安装方式使传感器基本上位于磁铁的顶部,而齿轮齿刚好在传感器表面附近通过。图 6-30 给出了 20 世纪 90 年代初期带有磁性目标的汽车曲轴。这种传感器配置的问题在于间隙间距是霍尔效应传感器表面与磁性目标之间的距离,取决于包覆成型、配合和发动机磨损。来自齿轮齿的波形形式大致是具有直流偏移的正弦曲线。当霍尔效应传感器靠近齿轮放置时,它会产生高直流偏移和高振幅波形。随着间距的扩大,偏移减小,峰峰值显著减小。为了最大限度地提高传感器的有用性,霍尔效应传感器电子设备需要将齿轮齿目标部分旋转去校正传感器。这会导致在启动期间过量的未燃烧碳氢化合物释放到大气中。

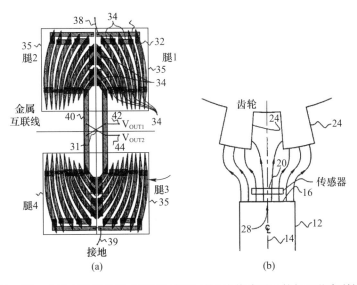

图 6-29 第一个汽车级齿轮齿 AMR 传感器元件(该传感器元件与工艺专利相结合,创造了一种可承受 185℃ 环境温度的单片传感器[29-30])

图 6-30 20 世纪 90 年代早期带有目标的曲轴(箭头显示目标[31]校准传感器)

另外,AMR 传感器依赖于平面内磁场。AMR 传感器对平面内磁场的比率敏感,该比率在几毫米内可能非常一致。这种一致性和高信噪比使得 AMR 传感器非常适合启动条件。与霍尔效应传感器不同,用于 AMR 传感器的电路可以是相对简单的温度补偿直流运算放大器(霍尔效应传感器也可以是直流,但间隙间距要小得多,高达 25%~50%)。AMR 传感器在启动时可以接近零速,这意味着传感器可以检测到第一个齿轮齿的变动。AMR 传感器可用于编码目标而不是齿轮目标。编码目标可以在 1997 年之后由通用汽车制造的美国制造车辆(C5 Corvette)中找到。可以使用 AMR 传感器的其他汽车应用如下:轮速、换挡、自动驾驶传感和罗盘应用。在 AMR 汽车传感的早期,人们担心杂散场会影响 AMR 传感器。霍尼韦尔的一组设计工程师调查了大芝加哥地区所有可能的杂散场来源,从而缓解了这种情况。

发现杂散场远小于导致传感器出现重大错误所需的磁场。图 6-31 给出了霍尼韦尔微开关部制造的原型坡莫合金速度[32]和方向传感器。该设备有两个独立的坡莫合金传感器,它们为产生相移间隔足够远。这种相移以及简单的数字逻辑使器件能够检测环形磁铁的方向和旋转速度。该器件设想的应用是一种防抱死制动传感器,它可以阻止汽车在陡峭的山坡上向后滚动。

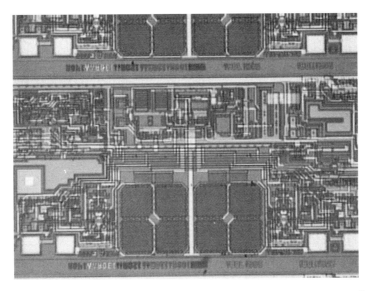

图 6-31　21 世纪初期由霍尼韦尔的微开关事业部制造的原型速度和方向传感器
（整体式器件由离子研磨坡莫合金和双层金属制成，传感器是 ±45°
曲折传感器，逻辑系列是 I2L，照片由作者提供）

6.7　AMR 磁力仪进展

过去 15 年，AMR 磁力测量的大部分工作都集中在改进 AMR 传感器的建模上。人们已经进行了大量工作来分析坡莫合金纳米丝和纳米微粒。科尔特·莱昂（Corte-León）等最近的工作[33]着眼于钉扎在 150nm 结构的效果。他们指出，尽管这些纳米结构的磁响应仍然受 AMR 效应支配，他们仍然正在研究确定分析磁化反转的最佳方法。辛格（Singh）和曼德尔（Mandel）[34]研究了纵横比的影响以及温度影响。阮（Nguyen）等使用高频测量技术研究了坡莫合金纳米结构中的自旋波[35]，理论和实验具有好的相关性。许多新论文正在研究纳米丝的这些物理特性，但这还没有转化到实际磁力测量领域。AMR 磁力仪的大多数现代进步都在商业领域，这可以在对专利机构的粗略搜索中找到。克里恩（Klien）等向美国专利商标局提交了有平面霍尔设备的最新进展[36]和由潘特（Pant）和拉克什曼（Lakshman）[37]提交的双轨汽车传感器的修改。在尝试表征代表磁阻器与基本机制联系起来的三维张量方面，仍然需要做大量的工作。纳米级工作表明，即使电阻越来越小，AMR 效应也可能存在于一个非常基本的层面上。

致　　谢

作者要感谢得克萨斯州理查森霍尼韦尔传感器工厂的许多优秀工程师、技术人员和生产操作员,他们帮助收集了1994—2002年坡莫合金特性的大量数据。还要感谢米斯蒂·哈吉(Misty Haji) - 谢赫耐心地编辑了这项工作。此外,与主要作者一样,许多人已经转向其他职业,如鲍勃 - 布莱德(Bob Biard)(霍尼韦尔退休)、韦恩·基里安(Wayne Kilian)、罗恩·福斯特(Ron Foster)和约翰·施瓦茨(John Schwartz)(霍尼韦尔退休),但所有人都在某些方面用一种或某种方法参与了这项工作。

参考文献

1. W. Thompson, On the electro-dynamic qualities of metal: effects of magnetization on the electric conductivity of nickel and of iron. Proceedings of the Royal Society of London, vol. 8, (1897), pp. 546–550
2. T.R. McGuire, R.I. Potter, Anisotropic magnetization in ferromagnetic 3d alloys. IEEE Trans. Magn. **MAG-11**(4), 1018–1037 (1975)
3. L.I. Maissel, R. Glang, *Handbook of Thin Film Technology* (McGraw-Hill Handbooks, New York City, 1970)
4. B.B. Pant. Magnetoresistive sensors. Sci. Honeyweller **8**(1), 29–34 (1987)
5. Y. Lee, A.R. Koymen, M.J. Haji-Sheikh, Discovery of cross-tie walls at saw-tooth magnetic domain boundaries in permalloy films. Appl. Phys. Lett. **72**(7), 851–852 (1998)
6. A. García-Arribas, E. Fernández, A.V. Svalov, G.V. Kurlyandskaya, A. Barrainkua, D. Navas, J.M. Barandiaran, Tailoring the magnetic anisotropy of thin film permalloy microstrips by combined shape and induced anisotropies. Euro. Phys. J. B **86**(4), 136 (2013)
7. J.P. Heremans, Magnetic field sensors for magnetic position sensing in automotive applications (invited review). Mat. Res. Soc. Symp. Proc. **1**, 63–74 (1997)
8. S. Tumanski, *Thin Film Magnetoresistive Sensors* (IOP, Bristol, U.K., 2001)
9. E.H. Hall, On a new action of the magnet on electric currents. Am. J. Math. **2**(3), 287–292 (1879)
10. R.R. Birss, *Symmetry and Magnetism* (North Holland, Amsterdam, The Netherlands, 1964)
11. E.C. Stoner, E.P. Wohlfarth, A mechanism of magnetic hysteresis in heterogeneous alloys. Philos. Trans. R. Soc. A: Phys. Math. Eng. Sci. **240**(826), 599–642 (1948)
12. D.A. Thompson, L.T. Romankiew, A.F. Mayadas, Thin film resistors in memory, storage and related applications. IEEE Trans. Magn. **MAG-11**(4), 1039–1050 (1975)
13. C.P. Batterel, M. Galinier, Optimization of the planer hall effect in ferromagnetic thin films for device design. IEEE Trans. Magn. **MAG-5**(1), 18–28 (1969)
14. C.-R. Chang, A hysteresis model for planar hall effect in the films. IEEE Trans. Magn. **36**(4), 1214–1217 (2000)
15. M.J. Haji-Sheikh, G. Morales, B. Altuncevahir, A.R. Koymen, Anisotropic magnetoresistive model for saturated sensor elements. Sens. J. IEEE **5**(6), 1258–1263
16. J.F. Nye, *Physical Properties of Crystals: Their Representation by Tensors and Matrices* (Oxford University Press, Oxford, 1985)
17. S. Chikazumi, S.H. Charap, *Physics of Magnetism* (Krieger Pub Co, Malabar, 1978)

18. T. Tanaka, K. Yazawa, H. Masuya, Structure, magnetization reversal, and magnetic anisotropy of evaporated cobalt films with high coercivity. IEEE Trans. Magn. **MAG-21**(5), 2090–2096 (1985)
19. J.A. Baldwin Jr., G.M. Pickles. Power spectrum of Barkhausen noise in simple materials. J. Appl. Phys. **43**(11), 4746–4749 (1972)
20. B.B. Pant, Effect of interstrip gap on the sensitivity of high sensitivity magnetoresistive transducer. J. Appl. Phys. **79**, 6123 (1996)
21. C.A. Grimes, P.L. Trouilloud, L. Chun, Switchable lossey/non-lossey permalloy thin films. IEEE Trans. Magn. **33**(5), 3996–3998 (1997)
22. R. Mathias, J. McCord, K. Ramstöck, D. Berkov, Formation and annihilation of edge walls in thin-film permalloy stripes. IEEE Trans. Magn. **33**(5), 3993–3995 (1997)
23. H. Zhang, C. Li, R. Divan, A. Hoffmann, P. Wang, Broadband mag-noise of patterned permalloy thin films. IEEE Trans. Magn. **46**(6), 2442–2445 (2010)
24. E.D. van Hattum, D.B. Boltje, A. Palmero, W.M. Arnoldbik, H. Rudolph, F.H.P.M. Habraken, On the argon and oxygen incorporation into SiOx through ion implantation during reactive plasma magnetron sputter deposition. Appl. Surf. Sci. **255**, 3079–3084 (2008)
25. S.C. Mukhopadhyay, Y.-M.R. Huang, *Sensors: Advancements in Modeling, Design Issues, Fabrication and Practical Applications*, 1st edn. (Springer, Berlin, 2008)
26. N. Bowditch, *The American Practical Navigator: An Epitome of Navigation* (National Imagery and Mapping Agency, Bethesda, 2002)
27. HCS1: Helmholtz Coil System. HCS1 product datasheet, Barrington Instruments
28. Honeywell's Application Notes, Applications of Magnetic Position Sensors
29. M.J. Haji-Sheikh, TaN/NiFe/TaN Anisotropic Magnetic Sensor Element. Patent Number 5,667,879, 16 Sept 1997
30. D.R. Krahn, Magnetoresistive proximity sensor. U.S. Patent 5,351,028 A
31. J. Heremans, Solid state magnetic field sensors and applications. J. Phys. D Appl. Phys. **26**, 1149–1168 (1993)
32. M. Haji-Sheikh, M. Plagens, R. Kryzanowski, Magnetoresistive speed and direction sensing method and apparatus. U. S. Patent Number 6,784,659
33. H. Corte-León, V. Nabaei, A. Manzin, J. Fletcher, P. Krzysteczko, H.W. Schumacher, O. Kazakova, Anisotropic magnetoresistance state space of permalloy nanowires with domain wall pinning geometry. Sci. Rep. **4**(6045) (2014) doi:10.1038/srep06045
34. A.K. Singh, K. Mandal, Effect of aspect ratio and temperature on magnetic properties of permalloy nanowires. J. Nanosci. Nanotechnol. **14**(7), 5036–5041 (2014)
35. T.M. Nguyen, M.G. Cottam, H.Y. Liu, Z.K. Wang, S.C. Ng, M.H. Kuok, D.J. Lockwood, K. Nielsch, U. Gösele, Spin waves in permalloy nanowires: the importance of easy-plane anisotropy. Phys. Rev. B **73**, 140402(R) (2006)
36. L. Klein, A. Grosz, M.O.R. Vladislav, E. Paperno, S. Amrusi, I. Faivinov, M. Schultz, O. Sinwani, High resolution planar hall effect sensors. Patent Application US 20140247043 A1
37. B.B. Pant, L. Withanawasam, Anisotropic magneto-resistance (amr) gradiometer/magnetometer to read a magnetic track. Patent Application US 20130334311 A1

第7章 平面霍尔效应磁力仪

Vladislav Mor,Asaf Grosz,Lior Klein[①]

摘要:平面霍尔效应(Planar Hall Effect,PHE)与 AMR 密切相关,然而,尽管基于 AMR 的磁传感器已经商业化数十年,并在各种应用中得到广泛应用,但基于 PHE 的传感器主要作为研究的对象,这种情况的原因很可能是 AMR 传感器表现出的优越性能。本章首先回顾在 PHE 传感器领域所做的工作,重点在作者开发的 PHE 传感器。这些传感器的性能超过了商用 AMR 传感器的性能,甚至有可能与体积更大的超灵敏传感器竞争,如磁通门和原子磁力仪,接着回顾这种效应的物理来源、利用形状来产生所需的磁各向异性、传感器及其放大电路的制造细节的优化过程。

7.1 物理背景

自旋极化电流和磁矩之间的相互作用产生了许多具有挑战性和耐人寻味的现象。自旋电子学领域的兴起[1,2]突出了在异质结构中遇到的现象,如 GMR、隧道磁电阻、自旋力矩等。几种附加的重要现象出现在一种单一化合物中,如纵向电阻率 ρ_{xx} 和横向电阻率 ρ_{xy} 依赖于电流密度 J 和磁化强度 M 的方向。对于多晶磁性导体(包括铁磁性 3d 合金),其关系式如下:

$$\rho_{xx} = \rho_\perp + (\rho_\parallel - \rho_\perp)\cos^2\theta \tag{7-1}$$

$$\rho_{xy} = \frac{1}{2}(\rho_\parallel - \rho_\perp)\sin 2\theta \tag{7-2}$$

[①] V. Mor L. Klein,巴依兰大学纳米技术与先进材料研究所,纳米磁性研究中心,物理系,52900 拉马丹,以色列;电子邮箱:vladislav. mor@ gmail. com。L. Klein,电子邮件:Lior. Klein@ biu. ac. il。A. Grosz,内盖夫本-古里安大学电气与计算机工程系,电子邮箱:asaf. grosz@ gmail. com;© 瑞士斯普林格国际出版公司 2017,A. Grosz 等(编辑),高灵敏度磁力仪,智能传感器,测量和仪器 19,DOI 10. 1007/978 - 3 - 319 - 34070 - 8_7。

式中:$\rho_\perp$ 和 $\rho_{//}$ 分别为磁化强度平行和垂直于电流的电阻率;θ 为 J 和 M 之间的角度(图 7-1);变量 ρ_{xx} 为 AMR;变量 ρ_{xy} 为 PHE[3,4]。

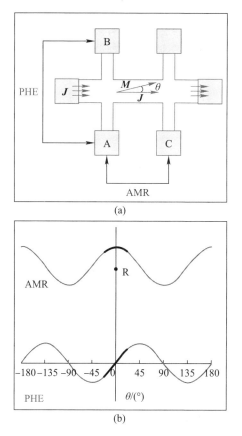

图 7-1 AMR 和 PHE 测量示意图及其与电流和磁化强度夹角的关系
(a)测量 AMR 和 PHE 典型模式的示意图;(b)纵向电阻和横向电阻与电流 J 和磁化强度 M
之间角度 θ 的关系(蓝色图表示 AMR,红色图表示 PHE)。(见彩图)

当磁性导体是晶体时,AMR 和 PHE 可能更复杂,在这种情况下,除了 J 和 M 之间的角度外,两个矢量中的每一个和晶体轴之间的角度都可能相关,磁输运张量 ρ_{ij} 表示为磁化矢量的方向余弦 α_i 的函数[5],即

$$\rho_{ij}(\alpha) = \sum_{k,l,m\cdots=1}^{3} \begin{pmatrix} a_{ij} + a_{kij}\alpha_k + a_{klij}\alpha_k\alpha_l + a_{klmij}\alpha_k\alpha_l\alpha_m + \\ a_{klmnij}\alpha_k\alpha_l\alpha_m\alpha_n + \cdots \end{pmatrix} \quad (7-3)$$

式中:$i,j = 1,2,3$;α 为膨胀系数。

通常情况下,$\rho_{ij}(\alpha) = \rho_{ij}^s(\alpha) + \rho_{ij}^\alpha(\alpha)$,其中 ρ_{ij}^s 和 ρ_{ij}^α 分别为对称张量和反对

称张量。由于AMR和PHE是对称的,因此只利用张量的对称部分来提取AMR和PHE方程来代替式(7-1)和式(7-2)。

在双通道 sd 散射模型的框架下,对三维巡游铁磁体中的AMR和PHE进行了理论分析。在这个模型中,电流(主要由 s 电子承担)被分为平行流动的自旋向上和自旋向下电流,这两种电流通过由传导电子的矢量 k 和磁矩方向之间的角度决定的自旋轨道相互作用混合。$3d$ 磁性合金的AMR约为百分之几,室温电阻率约为 $50\mu\Omega cm$。因此,通常由 $\rho_{\parallel}-\rho_{\perp}$ 计算的PHE振幅约为 $1\mu\Omega cm$。对于厚度约为100nm的薄膜,实际测量的 ΔR 约为 0.1Ω。

GaAs(Mn)[6]、锰氧化物[7]和磁铁矿[8]中的PHE振幅要大得多,因为这个原因这些化合物中的PHE被称为巨PHE,因此巨PHE的起源不是高AMR比,而是大得多的 ρ_{xx}。

7.2 PHE传感器

PHE信号用于感知磁场时,依赖于磁导体中磁化方向和流过它的电流方向之间的角度。在这种应用下,磁导体应具有均匀的磁化,并且在外加磁场的作用下,磁化方向应可预测、可逆且无磁滞现象。为了获得这种特性,磁层应具有磁各向异性,通常具有与电流方向平行的易磁化轴。当满足这些条件时,PHE信号指示磁化方向,该磁化方向显示在垂直于电流方向的膜平面上施加的磁场的大小。

与AMR传感器相比,PHE传感器具有一些固有的优点,作为电流和磁化强度的夹角 θ 的函数,AMR在 $\frac{\pi}{4}+\frac{n\pi}{2}$,斜率最大,而作为 θ 函数的PHE,斜率在 $\frac{n\pi}{2}$ 最大。由于在没有外加磁场 θ 等于 $\frac{n\pi}{2}$ 的情况下制造传感器更加容易,因此PHE传感器制造起来更简单、更便宜。此外,AMR信号在与平均电阻相关联的大直流分量的顶端测量(图7-1(b))。因此,影响直流分量的温度和老化漂移对AMR传感器极为不利。为了获得无直流分量的反映AMR信号的输出电压,AMR传感器通常用于4个AMR传感器的惠斯通电桥配置中。直流分量为零的PHE传感器不需要这种设计(图7-1(b))。

下面给出几种不同类型的PHE传感器。

(1)具有磁各向异性的单一铁磁层的传感器,该铁磁层在生成过程中通过施加磁场和使用反铁磁钉扎层来诱导。

(2)由非磁性导体分离的多铁磁层传感器,这些传感器通常称为自旋阀

PHE 传感器。

(3) 传感器称为 PHE 桥(PHE Bridge,PHEB)传感器,但实际上是一个普通配置 AMR 传感器的惠斯通桥。

(4) 单一铁磁层的传感器,由于其椭圆形的形状诱导了磁各向异性。这是一种具有最好的磁场分辨率的传感器,将详细介绍这些传感器的特性。

7.2.1 具有感应磁各向异性的 PHE 传感器

在生长过程中通过诱导单轴磁各向异性,获得了 PHE 传感器中传感铁磁层的均匀可逆响应。这种传感器的一种常见结构是由铁磁 $Ni_{80}Fe_{20}$ 层与反铁磁 IrMn 层耦合而成,数百个奥斯特量级的磁场诱导磁各向异性,并使 IrMn 层的钉扎方向一致[9-12]。

7.2.2 自旋阀 PHE 传感器

由至少两个由非磁性层隔开的铁磁层组成的 PHE 传感器通常称为具有自旋阀结构的 PHE 传感器(图7-2)。这个术语是指这样的用来获得自旋阀效应的磁性多层结构,即,对于给定的电压,电流的大小取决于相邻磁性层(平行或反平行)中相对的磁化方向,以下是用于制造 PHE 传感器的自旋阀结构。

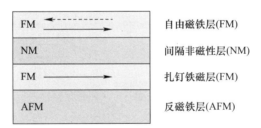

图7-2 自旋阀 PHE 传感器的典型层结构

自旋阀 PHE 传感器常用的结构是 $Ta/Ni_{80}Fe_{20}/Cu/Ni_{80}Fe_{20}/IrMn/Ta$[13-28],这种结构通常通过直流磁控溅射系统沉积在 SiO_2 上,第一个 Ta 层是种子层,第一个 $Ni_{80}Fe_{20}$ 层为自由磁性层,Cu 层为非磁性金属间隔层,第二个 $Ni_{80}Fe_{20}$ 层为钉扎铁磁性层,IrMn 层为钉扎下 $Ni_{80}Fe_{20}$ 层的反铁磁性层,第二层 Ta 为覆盖层。

这些层通常在几毫托的工作压力下溅射生成,同时平行于薄膜平面外加几百奥斯特量级的磁场,磁场的作用是在铁磁层中诱导磁各向异性,并定义反铁磁层与相邻铁磁层之间的转换偏置,典型厚度为:Ta 层——5nm,自由 NiFe 层——4~20nm,Cu 层——1~4nm,钉扎 NiFe 层——1~12nm,IrMn 层——10~20nm。

有资料显示,自由层厚度为 20nm,钉扎层厚度为 2nm 结构的灵敏度为

15.6mΩ/Oe[29],也有报告显示灵敏度小于 10mΩ/Oe[16,21,24,30]。其他自旋阀结构包括 Co/Cu/Py[31-33]、Co/Cu 多层膜[34]、NiFe/FeMn/NiFe[35] 和 Ta/NiFe/CoFe/Cu/CoFe/IrMn/Ta[14]。然而,对于这些结构,要么缺少灵敏度数据,要么灵敏度低于 Ta/Ni$_{80}$Fe$_{20}$/Cu/Ni80Fe20/IrMn/Ta 结构。

在这些传感器中,自旋阀结构用于诱导所需的磁特性,目前还没有与自旋阀效应本身有关的附加横向电压的报告,也就是说,纵向电阻率的显著变化是磁化配置的函数,被测的 PHE 信号是与各层 AMR 相关的所有层的平均贡献。

7.2.3 PHE 电桥传感器

PHEB 传感器[9-12,24,36-41]已用于描述不同惠斯通桥配置的 AMR 传感器,主要考虑了两种类型:①桥臂笔直并形成正方形的传感器;②桥臂形成环形的传感器[42]。这两种基本形状已进一步发展为曲折状形状,以增加信号强度(图 7-3)。所有这些配置中在零外加磁场时,AMR 传感器要求内部磁化方向和电流之间的角度约为 45°左右,而 PHE 传感器要求不平行或反平行。

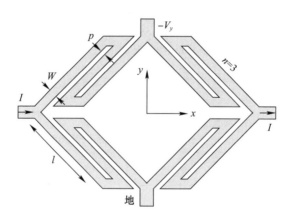

图 7-3 每个分支有多段 PHEB 结构[10]

电桥结构有助于消除热漂移的影响,以及当不施加磁场时,消除由于电流和内部磁化强度之间的角度导致输出电压依赖于磁化方向的现象,这类似于 PHE 的结果,然而,这些实际上是 AMR 传感器,其输出由整个桥结构的集成 AMR 响应决定,这种传感器在 1Hz 时展示的分辨率为 $2nT/Hz^{1/2}$ [10]。

7.3 椭圆 PHE 传感器

从本节开始,集中讨论椭圆 PHE 传感器,其磁场分辨率在 1Hz 时约为

$200pT/Hz^{1/2}$,在 0.1hz 时小于 $1nT/Hz^{1/2}$。

这些传感器的椭圆形状诱导了平行于椭圆长轴的单轴磁各向异性,为了感测,电流沿着椭圆的长轴驱动,由于 PHE 而产生的横向电压通过磁化椭圆的短轴测量(图 7-4)。

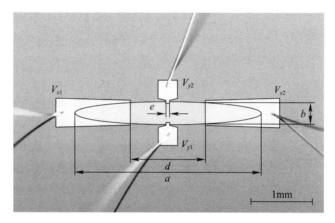

图 7-4 椭圆 PHE 传感器及其尺寸(椭圆部分是用钽覆盖的坡莫合金制成的,电流引线(V_{x1},V_{x2})和电压引线(V_{y1},V_{y2})是金制的)

下面首先描述传感器的制作过程,然后介绍用于分析传感器工作的主要因素:等效电路、信号和噪声模型以及由此产生的分辨率。

7.3.1 制造

传感器的制造步骤如下。

(1)从非掺杂硅晶片开始(取向:(100) ±0.9°,电阻率大于 $100\Omega \cdot cm$,微粗糙度不小于 5Å。

(2)通过剥离过程,使用 MJB-4 掩模校准器、光刻胶 S1813 和显影剂 MICROPOSIT ⓇMF Ⓡ-319,在晶片上绘制椭圆图案。

(3)在超高压蒸发溅射系统(BESTEC)中对钽包覆的坡莫合金($Ni_{80}Fe_{20}$)薄膜进行溅射。在沉积之前,使用 3cm 直流灯丝阴极离子源(Ion Source Filament Cathode,ITI)产生的氩离子束处理晶圆,以去除显影过程后残留的抗蚀剂和显影剂残留物。沉积前的基底真空小于 $5\times10^{-7}b$①,沉积期间上升到 $3\times10^{-3}b$。气体通过电离气体的供给管进入离子源的上游端,坡莫合金以 1.76Å/s 的速率溅射,并在坡莫合金之后立即在顶部原位沉积一层 Ta(3nm)覆盖层,以防止氧化。

---
① 1b = 0.1MPa。

(4) 晶片浸入 NMP 中进行剥离。

(5) 电流和电压引线在第二次剥离过程中形成。

(6) 金触点利用 BESTEC 喷镀在 Cr(4nm) 黏结层上, 在沉积之前, 晶圆用 Ar + 束处理, 金层厚度是磁性层厚度的 1.5 倍。

(7) 晶圆浸入加热至 80℃ 的 NMP 中进行剥离。

(2)、(3) 和 (4) 中所述的剥离过程可以用湿法蚀刻工艺代替, 在此过程中, 步骤 (2) 完成前面的步骤 (3) 在未加工晶圆上执行的工作, 步骤 (3) 完成前面步骤 (2) 的反向光刻 (剩余的光刻胶定义椭圆), 步骤 (4) 用 32% 盐酸的湿法蚀刻代替, 蚀刻能够用水停止。

7.3.2 等效电路

PHE 传感器及其前置放大器的等效电路如图 7-5 所示。等效电路包括通过传感器 y 端子产生 $e_{thermal}$ 电压的 PHE 电压源、通过 y 端子的传感器电阻 R_y、传感器内部热噪声源和 $1/f$ 噪声源分别为 $e_{thermal}$、$e_{1/f}$, 总的前置放大器噪声 e_{amp}, 参考其相关输入 (包括电压噪声、电流噪声以及反馈电阻 R_f 和 R 的噪声)。

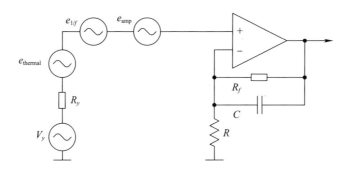

图 7-5 PHE 传感器的等效电路

7.3.3 信号

PHE 传感器的灵敏度定义为 PHE 电压 V_y 与施加在垂直于易轴 (和电流方向) 的薄膜平面上的磁场 B 之比, 当 B 与传感器形状诱导各向异性场 H_{sa} 和额外的各向异性场 H_{ea} 之和的总有效各向异性场 H_k 相比较小时, 灵敏度可以表示为[43]

$$S_y = \frac{V_y}{B} = 10^4 \frac{V_x}{R_x} \cdot \frac{\Delta \rho}{t} \cdot \frac{1}{H_{sa} + H_{ea}} \quad (7-4)$$

式中：V_x 为施加于 x 端子的偏置电压；R_x 为 x 端子的传感器电阻；t 为传感器厚度；$\Delta\rho$ 为传感器平均电阻率（$\Delta\rho = \rho_{/\!/} - \rho_{\perp}$）。

在忽略了金导线电阻和导线与传感器之间接口电阻的情况下，将传感器在 x 端子上的电阻 R_x 可表示为

$$R_x = \frac{C_1 \cdot \rho \cdot d}{t \cdot b} \tag{7-5}$$

式中：C_1 为一个不大于 1 的常数，用来反映前面提到的近似值。

7.3.4 噪声

PHE 传感器 e_Σ 的总噪声有 3 个主要成分：$1/f$ 噪声、热噪声和前置放大器噪声，即

$$e_m = \sqrt{e_1^2 + e_{\text{thermal}}^2 + e_{\text{amp}}^2} \tag{7-6}$$

7.3.4.1 热噪声

热噪声（有时称为约翰逊噪声）由导体中电子的热运动产生，定义为

$$e_{\text{thermal}} = \sqrt{4k_B T R_y} \tag{7-7}$$

式中：k_B 为玻尔兹曼常数；T 为温度；R_y 为 y 端子上的传感器电阻，即

$$R_y = \frac{C_3 \cdot \rho \cdot b}{t \cdot e \cdot C_2} \tag{7-8}$$

式中：C_3 类似于 C_1 为一个不大于 1 的常数；C_2 为一个大于 1 的常数，该常数将 y 端子之间的实际矩形体积与有效传导面积相关联。

7.3.4.2 $1/f$ 噪声

使用霍格（Hooge）经验公式描述传感器 $1/f$ 噪声为

$$e_{1/f} = \sqrt{V_X^2 \frac{\delta_H}{N_C \cdot V_{\text{ol}} \cdot f^\alpha}} \tag{7-9}$$

式中：V_X 为偏压；δ_H 为 Hooge 常数[44,45]；N_C 为"自由"电子密度，对于 $Ni_{80}Fe_{20}$ 坡莫合金[45]等于 $1.7 \times 10^{29} 1/m^3$；f 为频率；α 为常数；V_{ol} 为电子对均匀样品中的传导过程有贡献的有效体积[45]。

考虑到式（7-8）中使用 C_2 描述的有效传导体积，V_{ol} 可近似为

$$V_{\text{ol}} = C_2 \cdot t \cdot b \cdot e \tag{7-10}$$

7.3.4.3 放大器噪声

e_{amp} 为前置放大器的总噪声,参考其输入(包括电压噪声、电流噪声和电阻噪声),选择的反馈电阻 R_f 和 R 足够小,可以忽略它们的噪声贡献,因此

$$e_{\text{amp}} = \sqrt{v_{\text{amp}}^2 + (R_y i_{\text{amp}})^2} \qquad (7-11)$$

式中:v_{amp} 和 i_{amp} 分别为运算放大器的电压和电流噪声,运算放大器的电压和电流噪声具有白色和粉红色(1/f)噪声分量,可以表示为

$$v_{\text{amp}} = v_{\text{amp0}} \sqrt{1 + \frac{f_{c1}}{f^{\alpha 1}}} \qquad (7-12)$$

$$i_{\text{amp}} = i_{\text{amp0}} \sqrt{1 + \frac{f_{c2}}{f^{\alpha 2}}} \qquad (7-13)$$

式中:v_{amp0} 和 i_{amp0} 分别为电压和电流白噪声密度的水平;f_{c1} 和 f_{c2} 分别为电压和电流噪声密度的角频率;α_1 和 α_2 为常数。

7.3.5 等效磁噪声

传感器等效磁噪声(也称为分辨率或最小可检测场)定义为

$$B_{\text{eq}} = \frac{e_{\Sigma}}{s_y} = \frac{\sqrt{e_{1/f}^2 + e_{\text{thermal}}^2 + e_{\text{amp}}^2}}{10^4 \frac{v_x}{R_X} \cdot \frac{\Delta \rho}{t} \cdot \frac{1}{H_{\text{sa}} + H_{\text{ea}}}} \qquad (7-14)$$

7.4 椭圆 PHE 传感器的磁特性

如前所述,PHE 传感器的工作要求磁各向异性,在椭圆 PHE 传感器中,磁各向异性是由依赖于相对于椭圆主轴的磁化方向的静磁能量诱发,与先前讨论的磁各向异性诱发方法(如场感应或使用反铁磁层的感应)相比,使用传感器形状诱发的各向异性具有以下几个重要特点。

(1) 磁各向异性的方向和大小由模型形状决定。

(2) 原则上对于没有固有磁各向异性的理想磁椭球体,各向异性场与信号成反比(式(7-4)),可以做成和要求的一样小。

(3) 各向异性使用一个单一的磁性层来实现,这使得制作简单,此外,由于各向异性不是通过与其他层的相互作用来实现,磁敏元件可以达到所需的厚度和尺寸,这对于降低 1/f 噪声非常重要。对于细长扁平椭球体 $a \geqslant b \gg c$,可以定

义和计算去磁系数[43,46]如下：

$$\frac{N_a}{4\pi} = \frac{c}{a}(1-e^2)^{\frac{1}{2}}\frac{K-E}{e^2} \tag{7-15}$$

$$\frac{N_b}{4\pi} = \frac{c}{a}\frac{E-(1-e^2)K}{e^2(1-e^2)^{1/2}} \tag{7-16}$$

$$\frac{N_c}{4\pi} = 1 - \frac{cE}{a(1-e^2)^{1/2}} \tag{7-17}$$

式中：a、b 和 c 为椭球体的轴；N_a、N_b 和 N_c 为去磁因子（分别对应于 a、b 和 c）；K 为第一类完全椭圆积分；E 为第二类完全椭圆积分；参数 $e = \left(1-\frac{b^2}{a^2}\right)^{1/2}$。当磁场 H 被加到 ab 平面时，椭球的特性可以用斯托纳·沃尔法斯·哈密顿（Stoner - Wohlfarth Hamiltonian）量描述为 $\mathcal{H} = K_u \sin^2\theta - M_s H \cos(\alpha-\theta)$[47]，各向异性常数为 $K_u = \frac{1}{2}M_s^2(N_b - N_a)$。因此，形状诱发的各向异性场为

$$H_{sa} = M_s(M-L) \tag{7-18}$$

在极限情况 $a \gg b \gg c$ 的情况下，使用 K 和 E 的渐近展开式，得到

$$H_{sa} \approx 4\pi M_s \frac{c}{b} \approx 10,807 \frac{c}{b} \text{Oe} \tag{7-19}$$

使用式（7-19），可以估算出主轴 a 和 $b(a \gg b \gg t)$ 薄椭圆（厚度 t）形状诱发的各向异性场为

$$H_{sa} \approx 4\pi M_s \frac{t}{b} \approx 10,807 \frac{t}{b} \text{Oe} \tag{7-20}$$

如图 7-7 所示，当 $t/b = 0$ 时，有效各向异性场不归零。因此，用 H_{sa} 表示形状诱导各向异性场计算值，用 H_k 表示实际有效各向异性场，即

$$H_s(a) = \frac{H_k}{[\sin^{\frac{2}{3}}\alpha + \cos^{\frac{2}{3}}\alpha]^{\frac{3}{2}}} \tag{7-21}$$

式中：H_k 为实际有效的各向异性场。

注意，在 a 接近 180°的情况下，实验点偏离了理论预测，这表明在这个狭窄的角度范围内，磁化反转不能用一致旋转来描述，然而，这并不影响用于检测远小于各向异性场的磁场传感器的功能。

理想的磁椭球体在均匀磁化的情况下会表现出单个磁畴的行为，图 7-6 和

图7-7给出了两种实验,它们证明了薄椭圆的有效单畴特性。

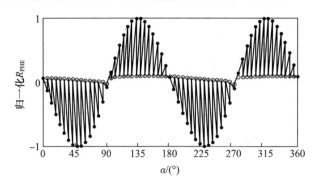

图7-6 大型椭圆传感器有效单畴行为的演示(标准化的PHE是通过椭圆传感器测量的,它是H和J之间的角度α的函数,椭圆的尺寸为2mm长、0.25mm宽和60nm厚,电流J沿椭圆长轴施加,对于每个α,电压测量两次:$H=100$Oe(全符号)和$H=0$(空符号)(来源文献[43]))

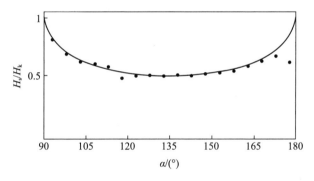

图7-7 翻转磁场H_s除以各向异性场H_k作为α的函数(图中实线是对斯托纳-沃尔法斯模型的拟合,椭圆的尺寸是1mm长,0.125mm宽,60nm厚(来源文献[43]))

图7-6给出了有效的单磁畴行为,显示如果通过外部磁场使磁化倾斜远离易轴,当外加磁场设置为零时,它将完全返回易轴,这可以在有场和无场的情况下通过测量PHE来证明,零场信号的微小变化与小环境场的预期效果一致。图7-7通过长轴为1mm的椭圆传感器的测量值给出了翻转磁场H_s对α的依赖性,曲线表明达到相干旋转的预期值[47]。

为了确定传感器的有效H_k,施加了一个垂直于易轴的弱磁场并测量θ对于$H_\perp$的斜率。图7-8给出对于椭圆传感器在很大尺寸范围内实验获取的H_k为b/t的函数,其中t是薄膜厚度,b是椭圆的短轴。

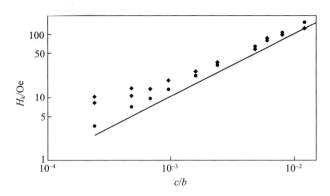

图 7-8 主轴线 a、b 和 c 的椭球体的理论各向异性场(根据式(7-19)的连续线),以及主轴线 a 和 b,厚度 $t=c$ 作为 c/b 函数的椭圆体的实验(菱形)和模拟(点)形状各向异性场(来源文献[43])

将解析近似值与实验结果(图 7-8)进行比较,注意到 H_k 的实验值有一个下限,也就是说,存在一个与样品相关的额外的各向异性,其大小通常为 5Oe 量级。这种额外的各向异性的起源尚待确定。

因此,将 H_k 写成两个贡献的总和:H_{sa} 表示由于形状预期的各向异性场,H_{ea} 表示额外的各向异性场。将解析近似与微磁模拟软件 OOMMF[48]仿真进行比较,注意到式(7-19)中对于 $a/b \geq 8$ 部分的近似是相当的好。还对椭圆和矩形进行了仿真,发现解析近似更适合于细长椭圆,仿真结果还表明,在很宽的尺寸范围内椭球和椭圆是有效的单畴行为,然而矩形样本的稳定性要差得多,轴比为 6∶1 及以上的椭圆表现得很像一个单畴粒子,并且随着轴比的增大,其行为也随之改善。

注意,其他组利用磁阻测量和磁力显微镜也研究了坡莫合金($Ni_{80}Fe_{20}$)椭圆转换特性的尺寸依赖性,在长径比为 5~10 的样品中,可以观察到单筹结构,较复杂的磁畴结构出现在较低的长宽比和较厚的样品中[49]。

令人惊讶的是,甚至对于非常大的椭圆,也可以观察到类似于单畴的行为[43],因此该现象具有实际意义,因为大椭圆的 H_k 非常小,这意味着它们的灵敏度可以更高。

S 与 H_k 的关系可表示为

$$S = \frac{V_y}{I} \cdot \frac{1}{H_k} \propto \frac{1}{H_k} \qquad (7-22)$$

已经获得的 H_k 小至 8Oe,S 大至 $200 \frac{\Omega}{T}$。

7.5 椭圆 PHE 传感器的工作与优化

7.5.1 交流电流激励传感器

如前所述,前置放大器在其输入端存在着电压和电流噪声源,它们都具有白噪声和 $1/f$ 噪声分量(式(7-12)及式(7-13))。该磁力仪设计用于从毫赫兹范围开始的超低频,要求磁力仪具有最佳分辨率,由于椭圆 PHE 磁力仪的 $1/f$ 噪声极低,即使是超低噪声运算放大器也会在低于 1Hz 的频率下引入额外的显著 $1/f$ 噪声(见 LT1028 运算放大器的线性技术)。

可能的解决办法是使用斩波器或自动调零放大器,这些放大器在输入端显示最小的零漂移和 $1/f$ 噪声,然而,即使是最先进的这种类型的商用放大器(见 ADA4528-1 零漂移运算放大器的模拟设备)也显示白噪声水平比标准超低噪声运算放大器的白噪声水平高 5 倍,因此在这种情况下不构成潜在的解决方案。

为了克服这一限制,使用交流电流激励传感器,而不是传统的直流电流激励方法。

使用交流电流激励传感器将其输出信号和固有的 $1/f$ 噪声转换到可以忽略前置放大器 $1/f$ 噪声的频率,然后,可以使用模拟或数字同步检测器将前置放大器输出信号解调到基带。与在放大器内部调制信号的斩波放大器相比,在传感器内部信号的调制会导致放大器输出一个噪声特性明显降低的等效白噪声。

图 7-9 给出了 LT1028 前置放大器等效输入噪声的振幅谱密度,在无激励电流的解调后测量,可以看到前置放大器的噪声在 10mHz~100Hz 之间是白色

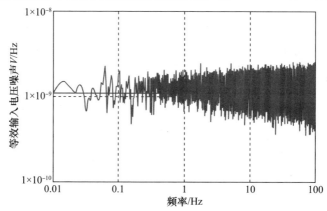

图 7-9 输出解调为 1.12kHz 的 LT1028 运算放大器的等效输入电压噪声与频率的关系
(显示测量噪声和拟合(分别为蓝线和红线))(见彩图)

的,测量的白噪声的电压功率谱密度为 $1.1\mathrm{nV/Hz^{1/2}}$,与 LT1028 运放数据表中报告的白噪声的电压功率谱密度一致,图 7-9 是在 1.12kHz 的频率下使用数字解调获得的。

7.5.2 传感器厚度优化

PHE 传感器 $1/f$ 噪声与传感器体积成反比(式(7-9)),由于传感器信号与传感器厚度成反比,因此也与其体积成反比(式(7-4)),存在传感器等效磁噪声最小的最佳厚度。这种磁力仪经过优化,可以在超低频下工作,在超低频下,传感器的 $1/f$ 噪声分量占主导地位,超过了热噪声和前置放大器白噪声。

在 $1/f$ 噪声占主导地位的限度内,式(7-6)平方根下的只有第一项仍然相关。当 $t>20\mathrm{nm}$ 时,参数 H_{ea}、$\dfrac{\Delta\rho}{\rho}$ 和 ρ 不依赖于传感器厚度,因此它们在这里使用的厚度下被视为常数。通过将 H_{ea}、R_x、V_{ol} 和 R_y 的表达式代入式(7-14),得到

$$B_{eq} = \sqrt{\frac{\delta_H}{N_c \cdot C_2 \cdot t \cdot b \cdot e \cdot f^\alpha}} \frac{(10^4 t + b + H_{ea}) \cdot C_1 \cdot d \cdot \rho}{10^4 \cdot \Delta\rho \cdot b^2} \quad (7-23)$$

注意,式(7-23)中的等效磁噪声仅取决于传感器尺寸和材料特性,通过最小化 B_{eq} 的输出使 t 最优化,即

$$t_{opt} = \frac{H_{sa} \cdot b}{10^4} \quad (7-24)$$

对于厚度 t_{opt},有

$$H_{sa} \approx H_{ea} \quad (7-25)$$

将式(7-24)代入式(7-23),得到最佳厚度下的传感器低频等效磁噪声为

$$B_{min} = \sqrt{\frac{\delta_H}{N_c \cdot C_2 \cdot e \cdot f^\alpha}} \frac{2\sqrt{H_{ea}} C_1 \cdot d \cdot \rho}{10^4 \cdot \Delta\rho \cdot b^2} \quad (7-26)$$

为了认识 B_{eq} 对偏离最佳厚度的敏感性,计算了由表示为 $\delta t = (t_{opt} \pm t)/t_{opt}$ 的传感器厚度的相对改变引起的表示为 $B_{eq} = B_{min} \cdot \delta B_{eq}$ 的 B_{min} 的变化,则

$$\delta B_{eq} = \frac{1}{2}(1+\delta t)\sqrt{\frac{1}{\delta t}} \quad (7-27)$$

式(7-27)(图7-10)的曲线图表明,传感器厚度与最佳值的10倍偏差导致传感器等效磁噪声几乎增加了2倍。

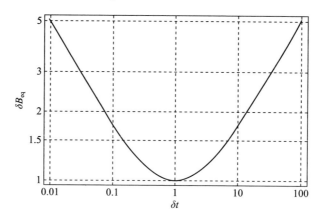

图7-10 最佳厚度偏差引起的等效噪声的相对变化

7.5.3 驱动电流优化

理论上,如果传感器的功耗不受限制,则激励电流应尽可能高,以使所有频率下的等效磁噪声最小。然而,传感器散发过多热量的能力有限,因此在电流过大时,传感器变热且不稳定,从而恶化了其等效磁噪声。

励磁电流应根据具体应用的带宽要求选择,在显著高于或低于1Hz的频率下,无论激励电流如何,热噪声或$1/f$噪声而不是激励电流将分别占主导地位。另一方面,从亚赫到几十或几百赫的带宽范围的特殊情况需要一种基于实验优化过程的更复杂的励磁电流选择方法。

在这种中频情况下,最佳电流必须在$1/f$噪声占主导地位的频率或者白噪声占主导地位的频率,产生尽可能高的磁场分辨率。

为了找到中频范围内的最佳激励电流,测量了电流在10~100mA范围内的传感器0.01~10Hz的等效磁噪声。

逐步地改变电流,在每一步测量传感器增益和噪声,图7-11给出了3种情况下传感器等效磁噪声与频率的函数关系:过高、过低和最佳励磁电流。

传感器被交流电流激励,使用低噪声运算放大器(LT1028)放大传感器输出。放大器输出由24-bitADC(PXI-5421)采样,并使用数字同步检测器解调。同步检波器输出端的100Hz低通滤波器用于限制信号的带宽,由于LT1028运算放大器的输入电压噪声在1kHz左右趋于平坦,因此在1.22kHz激励传感器,以避免放大器的$1/f$噪声和50Hz电网谐波。使用一个校准的螺线管测量传感

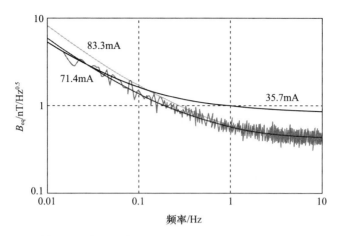

图 7-11 等效磁噪声与频率的关系(对于 71.4mA 的最佳励磁电流振幅,显示了传感器噪声和噪声匹配,对于其他励磁电流振幅,仅显示噪声配合(来源文献[50]))(见彩图)

器增益,发现在 10mHz~100Hz 之间是平坦的。为了抑制低频干扰,在 7 层磁屏蔽装置内测量了传感器的噪声,类似的实验装置如图 7-12 所示,实验传感器参数如表 7-1 所列。

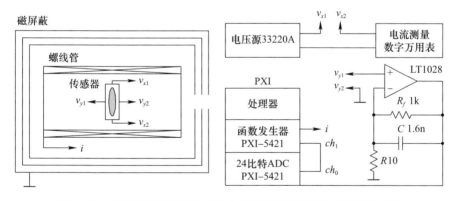

图 7-12 类似于用于励磁电流优化过程的实验装置(来源文献[43])

表 7-1 PHE 传感器实验模型参数

参数	取值	单位	参数	取值	单位
a	3	mm	H_a	3.84	Oe
b	0.375	mm	H_k	3.45	Oe
t	120	nm	$\Delta\rho/\rho$	1.6	%

续表

参数	取值	单位	参数	取值	单位
d	1.2	mm	ρ	2.7×10^{-7}	Oh·mm
e	0.06	mm	α	1.5	
R_x	9.97	Ohm	δH	2.73×10^{-3}	
R_y	5.08	Ohm	N_c	17×10^{28}	$1/m^3$
I_x	71.4	mA			

从图7-11可以看出,在最佳激励电流下的传感器等效磁噪声是最低的,或者实际上与在其他激励电流下的噪声值没有区别,过小的激励电流在低频时会产生类似的结果,但在高频时会产生更糟的结果,因为在高频时,$1/f$噪声并不占主导地位,当励磁电流过大时,高频等效磁噪声与最佳电流等效磁噪声相似,但由于热漂移,低频等效磁噪声恶化。

7.5.4 输入磁噪声等效

通过增加传感器体积(图7-13)和减少与前置放大器相关的白噪声,成功地显著改进了PHE传感器的等效磁噪声,在1Hz时获得200PT/Hz$^{1/2}$的磁场分辨率,在0.1Hz时获得小于1nT/Hz$^{1/2}$的磁场分辨率[51]。

图7-13 安装在载体上的5mm PHE 传感器(放置在1欧元硬币旁边,用于刻度)

图7-14给出了5mm PHE 传感器等效磁噪声随频率的变化与霍尼韦尔HMC1001型高分辨率商用AMR 传感器等效磁噪声的比较。

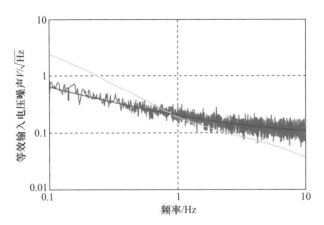

图7-14 5mm椭圆PHE传感器的等效磁噪声(蓝线测量噪声,红线拟合)与高分辨率商用霍尼韦尔HMC1001型AMR传感器(绿线)(注意到式(7-26)等效磁噪声与$\sqrt{H_{ea}}$成正比)(见彩图)

7.6 未来展望与应用

椭圆PHE传感器的当前分辨率超过了最高性能商用AMR传感器和其他MR传感器的分辨率,并且有可能将这些传感器的分辨率提高一个数量级以上,以达到飞特(femto-Tesla,fT)(磁力仪测定的物理量是磁感应强度,其SI制计量单位是"特斯拉"(T))范围内的磁场分辨率。下面,提出提高分辨率的几种途径:①增大信号;②增大测量场;③减小噪声。

增加信号的方法主要有两种,使用的坡莫合金薄膜的AMR比在1%~2%的量级。但是,根据文献中的报道,沉积条件的优化可合理地产生至少2倍的改善,注意到等效磁噪声与AMR比成反比,另一种增加信号的方法是通过减小额外的各向异性Hex,它设置了总有效单轴各向异性的下限。现阶段对额外各向异性的起源还没有完全了解,相信这与内禀磁晶各向异性有关,这种各向异性可以通过优化生成过程环境来抑制。

磁场的放大通常是用磁通集中器来实现的,对于椭圆PHE传感器这种集中器的集成相对简单。注意到,磁通集中器可以增加超过一个数量级的作用磁场。

通过优化传感器的几何参数(包括电流和电压引线的参数)和优化测量方法(励磁电流的幅值和频率、放大电路等),可以达到降低噪声的目的。基于上述,即使不探索其他材料系统,也可以获得带有椭圆PHE传感器的低频飞特(磁力仪测定的物理量是磁感应强度,其 SI 制计量单位是"特斯拉"(T))分辨率。除了这些传感器的磁场分辨率优势外,还有其他重要优势,它们比 AMR 传感器简单,它们的各向异性是根据形状定制的,这样就可以通过区分方向和有效各向异性磁场强度的易轴使同一芯片上多传感器的制作简单。此外,它们非常健壮和稳定,这一特性大大减少了"重启"传感器的需要。传感器的这些特性使它们适合于广泛的应用。它们可能与广泛应用于汽车工业的霍尔传感器等低成本低分辨率磁传感器竞争。目前,这个行业并不需要提高分辨率,然而一旦廉价、高分辨率的传感器出现,这种需求也会出现。

PHE 传感器被建议用于各种医疗诊断应用,特别是作为芯片实验室系统的核心部件[52](图 7 – 15),在这样的系统中,更好的分辨率意味着更灵敏的诊断。因此,在此类系统中使用椭圆 PHE 传感器可能具有重要的医疗效益。此外,它们还可用于检测人体产生的与心脏和神经活动有关的磁场。

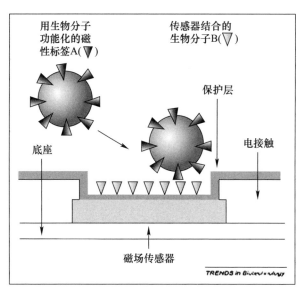

图 7 – 15　生物分子检测的简化方案(带有标签 A 的生物分子通过与互补的生物分子 B 建立桥连接到传感表面,此事件可通过磁场传感器记录,数字取自文献[52])

另一个重要的应用领域与铁物体(如车辆、潜艇等)的磁异常检测有关,可大量生产的 PHE 传感器使其更适用于需要布放大量传感器的"智能尘埃式移动网络"应用[53]。

参考文献

1. S.A. Wolf, A.Y. Chtchelkanova, D.M. Treger, Spintronics—a retrospective and perspective. IBM J. Res. Dev. **50**, 101–110 (2006)
2. S.A. Wolf, D.D. Awschalom, R.A. Buhrman, J.M. Daughton, S. von Molnár, M.L. Roukes et al., Spintronics: a spin-based electronics vision for the future. Science **294**, 1488–1495 (2001)
3. F.G. West, Rotating-field technique for galvanomagnetic measurements. J. Appl. Phys. **34**, 1171–1173 (1963)
4. C. Goldberg, R.E. Davis, New galvanomagnetic effect. Phys. Rev. **94**, 1121–1125 (1954)
5. T.T. Chen, V.A. Marsocci, Planar magnetoresistivity and planar hall effect measurements in nickel single-crystal thin films. Physica **59**, 498–509 (1972)
6. H.X. Tang, R.K. Kawakami, D.D. Awschalom, M.L. Roukes, Giant planar hall effect in epitaxial (Ga, Mn) as devices. Phys. Rev. Lett. **90**, 107201 (2003)
7. Y. Bason, L. Klein, J.B. Yau, X. Hong, C.H. Ahn, Giant planar hall effect in colossal magnetoresistive La0.84Sr0.16MnO3 thin films. Appl. Phys. Lett. **84**, 2593–2595 (2004)
8. X.S. Jin, R. Ramos, Y. Zhou, C. McEvoy, I.V. Shvets, Planar hall effect in magnetite (100) films. J. Appl. Phys. **99**, 08C509 (2006)
9. A.D. Henriksen, B.T. Dalslet, D.H. Skieller, K.H. Lee, F. Okkels, M.F. Hansen, Planar hall effect bridge magnetic field sensors. Appl. Phys. Lett. **97**, 013507 (2010)
10. A. Persson, R.S. Bejhed, F.W. Osterberg, K. Gunnarsson, H. Nguyen, G. Rizzi et al., Modelling and design of planar hall effect bridge sensors for low-frequency applications. Sens. Actuat. a-Phys. **189**, 459–465 (2013)
11. F.W. Osterberg, G. Rizzi, M.F. Hansen, On-chip measurements of Brownian relaxation of magnetic beads with diameters from 10 nm to 250 nm. J. Appl. Phys. **113**, 154507 (2013)
12. A. Persson, R.S. Bejhed, H. Nguyen, K. Gunnarsson, B.T. Dalslet, F.W. Osterberg et al., Low-frequency noise in planar hall effect bridge sensors. Sens. Actuat. a-Phys. **171**, 212–218 (2011)
13. S.J. Oh, T.T. Le, G.W. Kim, C. Kim, Size effect on NiFe/Cu/NiFe/IrMn spin-valve structure for an array of PHR sensor element. Phys. Status Solidi A **204**, 4075–4078 (2007)
14. N.T. Thanh, K.W. Kim, O. Kim, K.H. Shin, C.G. Kim, Microbeads detection using planar hall effect in spin-valve structure. J. Magn. Magn. Mater. **316**, E238–E241 (2007)
15. B. Bajaj, N.T. Thanh, C.G. Kim, in *Planar Hall Effect in Spin Valve Structure for DNA Detection Immobilized with Single Magnetic Bead*. 7th IEEE Conference on Nanotechnology, vol. 1–3 (2007), pp. 1037–1040
16. N.T. Thanh, B.P. Rao, N.H. Duc, C. Kim, Planar hall resistance sensor for biochip application. Phys. Status Solidi A **204**, 4053–4057 (2007)
17. S. Oh, N.S. Baek, S.D. Jung, M.A. Chung, T.Q. Hung, S. Anandakumar et al., Selective binding and detection of magnetic labels using PHR sensor via photoresist micro-wells. J. Nanosci. Nanotechno. **11**, 4452–4456 (2011)
18. D.T. Bui, M.D. Tran, H.D. Nguyen, H.B. Nguyen, High-sensitivity planar hall sensor based on simple gaint magneto resistance NiFe/Cu/NiFe structure for biochip application. Adv. Nat. Sci, Nanosci. Nanotechnol. **4**, 015017 (2013)
19. M. Volmer, J. Neamtu, Micromagnetic characterization of a rotation sensor based on the planar hall effect. Phys. B **403**, 350–353 (2008)
20. M. Volmer, M. Avram, A.M. Avram, in *On Manipulation and Detection of Biomolecules Using Magnetic Carriers*. International Semiconductor Conference (2009), pp. 155–8
21. T.Q. Hung, S.J. Oh, B.D. Tu, N.H. Duc, L.V. Phong, S. AnandaKumar et al., Sensitivity dependence of the planar hall effect sensor on the free layer of the spin-valve structure. IEEE Trans. Magn. **45**, 2374–2377 (2009)

22. T.Q. Hung, J.R. Jeong, D.Y. Kim, H.D. Nguyen, C. Kim, Hybrid planar hall-magnetoresistance sensor based on tilted cross-junction. J. Phys. D Appl. Phys. **42**, 055007 (2009)
23. B.D. Tu, L.V. Cuong, T.Q. Hung, D.T.H. Giang, T.M. Danh, N.H. Duc et al., Optimization of spin-valve structure NiFe/Cu/NiFe/IrMn for planar hall effect based biochips. IEEE Trans. Magn. **45**, 2378–2382 (2009)
24. B. Sinha, S. Anandakumar, S. Oh, C. Kim, Micro-magnetometry for susceptibility measurement of superparamagnetic single bead. Sens. Actuat. a-Phys. **182**, 34–40 (2012)
25. M. Volmer, J. Neamtu, Electrical and micromagnetic characterization of rotation sensors made from permalloy multilayered thin films. J. Magn. Magn. Mater. **322**, 1631–1634 (2010)
26. M. Volmer, J. Neamtu, Magnetic field sensors based on permalloy multilayers and nanogranular films. J. Magn. Magn. Mater. **316**, E265–E268 (2007)
27. T.Q. Hung, B.P. Rao, C. Kim, Planar hall effect in biosensor with a tilted angle of the cross-junction. J. Magn. Magn. Mater. **321**, 3839–3841 (2009)
28. Z.Q. Lu, G. Pan, Spin valves with spin-engineered domain-biasing scheme. Appl. Phys. Lett. **82**, 4107–4109 (2003)
29. B.D. Tu, L.V. Cuong, T.H.G. Do, T.M. Danh, N.H. Duc, Optimization of planar hall effect sensor for magnetic bead detection using spin-valve NiFe/Cu/NiFe/IrMn structures. J. Phys. Conf. Ser. **187**, 012056 (2009)
30. T.Q. Hung, S. Oh, J.R. Jeong, C. Kim, Spin-valve planar hall sensor for single bead detection. Sens. Actuat. a-Phys. **157**, 42–46 (2010)
31. M. Volmer, J. Neamtu, Optimisation of spin-valve planar hall effect sensors for low field measurements. IEEE Trans. Magn. **48**, 1577–1580 (2012)
32. K.M. Chui, A.O. Adeyeye, M.H. Li, Detection of a single magnetic dot using a planar hall sensor. J. Magn. Magn. Mater. **310**, E992–E993 (2007)
33. M. Volmer, J. Neamtu, in *Micromagnetic Analysis and Development of High Sensitivity Spin-valve Magnetic Sensors*. 5th International Workshop on Multi-Rate Processes and Hysteresis, vol. 268 (Murphys, 2010)
34. C. Christides, S. Stavroyiannis, D. Niarchos, Enhanced planar hall voltage changes measured in Co/Cu multilayers and Co films with square shapes. J. Phys. Condens. Mat. **9**, 7281–7290 (1997)
35. K.M. Chui, A.O. Adeyeye, M.H. Li, Effect of seed layer on the sensitivity of exchange biased planar hall sensor. Sens. Actuat. a-Phys. **141**, 282–287 (2008)
36. T.Q. Hung, S. Oh, B. Sinha, J.R. Jeong, D.Y. Kim, C. Kim, High field-sensitivity planar hall sensor based on NiFe/Cu/IrMn trilayer structure. J. Appl. Phys. **107**, 09E715 (2010)
37. F.W. Osterberg, G. Rizzi, T.Z.G. de la Torre, M. Stromberg, M. Stromme, P. Svedlindh et al., Measurements of Brownian relaxation of magnetic nanobeads using planar hall effect bridge sensors. Biosens. Bioelectron. **40**, 147–152 (2013)
38. S. Oh, S. Anandakumar, C. Lee, K.W. Kim, B. Lim, C. Kim, Analytes kinetics in lateral flow membrane analyzed by cTnI monitoring using magnetic method. Sens. Actuat. B-Chem. **160**, 747–752 (2011)
39. S. Oh, P.B. Patil, T.Q. Hung, B. Lim, M. Takahashi, D.Y. Kim et al., Hybrid AMR/PHR ring sensor. Solid State Commun. **151**, 1248–1251 (2011)
40. F. Qejvanaj, M. Zubair, A. Persson, S.M. Mohseni, V. Fallahi, S.R. Sani et al., Thick double-biased IrMn/NiFe/IrMn planar hall effect bridge sensors. Magn. IEEE Trans. **50**, 1–4 (2014)
41. F.W. Osterberg, A.D. Henriksen, G. Rizzi, M.F. Hansen, Comment on "Planar Hall resistance ring sensor based on NiFe/Cu/IrMn trilayer structure" [J. Appl. Phys. 113, 063903 (2013)], J. Appl. Phys. **114** (2013)
42. B. Sinha, T. Quang Hung, T. Sri Ramulu, S. Oh, K. Kim, D.-Y. Kim, et al., Planar hall resistance ring sensor based on NiFe/Cu/IrMn trilayer structure. J. Appl. Phys. **113**, 063903 (2013)
43. V. Mor, M. Schultz, O. Sinwani, A. Grosz, E. Paperno, L. Klein, Planar hall effect sensors

with shape-induced effective single domain behavior. J. Appl. Phys. **111**, 07E519 (2012)
44. T. Musha, Physical background of Hooge's a for 1/f noise. Phys. Rev. B **26**, 1042–1043 (1982)
45. M.A.M. Gijs, J.B. Giesbers, P. Beliën, J.W. van Est, J. Briaire, L.K.J. Vandamme, 1/f noise in magnetic Ni80Fe20 single layers and Ni80Fe20/Cu multilayers. J. Magn. Magn. Mater. **165**, 360–362 (1997)
46. J.A. Osborn, Demagnetizing factors of the general ellipsoid. Phys. Rev. **67**, 351–357 (1945)
47. C. Tannous, J. Gieraltowski, A Stoner-Wohlfarth model redux: static properties. Phys. B **403**, 3563–3570 (2008)
48. M.D. Donahue, D. Porter, OOMMF. http://math.nist.gov/oommf/
49. C.C. Chang, Y.C. Chang, W.S. Chung, J.C. Wu, Z.H. Wei, M.F. Lai et al., Influences of the aspect ratio and film thickness on switching properties of elliptical permalloy elements. Magn. IEEE Trans. **41**, 947–949 (2005)
50. A. Grosz, V. Mor, E. Paperno, S. Amrusi, I. Faivinov, M. Schultz, et al., Planar hall effect sensors with subnanotesla resolution. IEEE Magn. Lett. **4**, 6500104 (2013)
51. A. Grosz, V. Mor, S. Amrusi, I. Faivinov, E. Paperno, L. Klein, A high resolution planar hall effect magnetometer for ultra-low frequencies. IEEE Sensors J. **16**, 3224–3230 (2016)
52. D. Grieshaber, R. MacKenzie, J. Voros, E. Reimhult, Electrochemical biosensors—sensor principles and architectures. Sens. Basel **8**, 1400–1458 (2008)
53. J.M. Kahn, R.H. Katz, K.S.J. Pister, Emerging challenges: mobile networking for smart dust. Commun. Netw. J. **2**, 188–196 (2000)

第8章 巨磁电阻磁力仪

Candid Reig，María – Dolores Cubells – Beltrán[①]

摘要：自1988年发现GMR以来，GMR效应无论从理论上还是应用上都得到了广泛的研究。它的迅速发展最初是由于它们在数字世界中广泛应用于海量数据磁存储系统的读头，从那时起，作为基本固态磁传感器的新提议不断出现。由于其高灵敏度、小尺寸和与标准CMOS技术的兼容性，它们已成为传统上被霍尔传感器占据场合的首选。本章分析GMR传感器作为磁力仪的主要性能，讨论物理基础、制造工艺和限制其响应的参数，还涉及一些重要的应用，包括系统级开发。

8.1 物理背景

在磁性材料和非磁性材料薄层交替叠合而成的磁性多层膜中，电流受到磁层的相对磁化方向的强烈影响[1,2]。更具体地说，当磁性层的磁化方向平行时，磁性多层膜的电阻较低，但当相邻磁性层的磁化方向为反平行时，磁性多层膜的电阻较高，这是由于与自旋相关的散射效应。相邻磁性层之间的自发相对取向依赖于间隔层的厚度，那么通过施加外部磁场，可以实现从反铁磁性到铁磁性（反之亦然）耦合的变化，从而改变合成电阻值。

磁电阻比一般定义为

$$\frac{\Delta R}{R} = \frac{R^{\uparrow\downarrow} - R^{\uparrow\uparrow}}{R^{\uparrow\uparrow}} \qquad (8-1)$$

这种特性有着重要的应用，最初集中在磁信息存储技术上，从这个意义上讲，皮·克鲁伯格（P. Grunberg）和艾·菲尔特（A. Fert）因为发现了这种效应而

[①] C. Reig (&) M. – D. Cubells – Beltrán, 巴伦西亚大学, 巴伦西亚, 西班牙; 电子邮箱: candid. reig@ uv. esM. – D. Cubells – Beltrán, 电子邮箱: m. dolores. cubells@ uv. es; © 瑞士斯普林格国际出版公司2017, A. Grosz 等（编辑），高灵敏度磁力仪, 智能传感器, 测量和仪器19, DOI 10. 1007/978 – 3 – 319 – 34070 – 8_8。

在2007年获得了诺贝尔物理学奖[3]。

有多种结构具有GMR效应[4,5],事实上,已经有相关记载和应用的颗粒状材料就有这种效应[6],对于工程应用,多层结构由于其集成可行性而成为首选[7]。典型的多层结构由两层或更多的铁-钴-镍合金磁性层组成,如图8-1(a)所示,可以是坡莫合金,被非常薄的非磁性导电层隔开,如铜[5]。当磁性薄膜的厚度约为4~6nm,导体层的厚度约为35nm时,层与层之间的磁耦合很小。采用这种配置,磁电阻比水平约达到4%~9%左右,扩展线性范围约50Oe[5],有利于传感应用。通过连续重复基本结构,可以提高这些器件的性能指标。

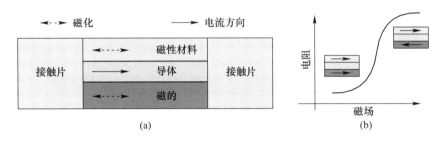

图8-1 典型的多层结构

(a)基本GMR多层结构;(b)基本GMR结构的典型响应。

自旋阀是一种特殊的三明治结构,在自旋阀中,额外的反铁磁(钉扎)层被添加到结构的顶部或底部,如图8-1(a)所示。在这种结构中,不需要外部激励获得反平行排列。尽管如此,钉扎方向(易轴)通常是通过将温度升高到拐点温度(居里温度,此时反铁磁耦合消失)然后在固定磁场中冷却。显然,因此获得的设备有低于拐点温度的温度限制,自旋阀显示的在饱和场为0.8~6kA/m下的典型值是4%~20%的磁电阻比[4]。

对于线性应用,且在没有激励时,钉扎(易轴)和自由层宜布置成交叉轴配置(90°),如图8-2所示。这样,线性范围得到改善,并且在不需要额外磁偏置的情况下检测到外部磁场符号。该结构的响应由弗雷塔斯(Freitas)等给出[8],即

$$\Delta R = \frac{1}{2}\left(\frac{\Delta R}{R}\right) R_L \frac{iW}{h} \cos(\Theta_P - \Theta_f) \quad (8-2)$$

式中:$\frac{\Delta R}{R}$为最大磁电阻比水平(5%~20%);R_L为传感器薄膜电阻15~20Ω/m;L为元件长度;W为元件宽度;h为厚度;i为传感器电流;Θ_P和Θ_f分别为钉扎层和自由层的磁化角,假设自由层和钉扎层的磁化均匀,对于线性化输出,$\Theta_P = \pi/2$和$\Theta_f = 0$。

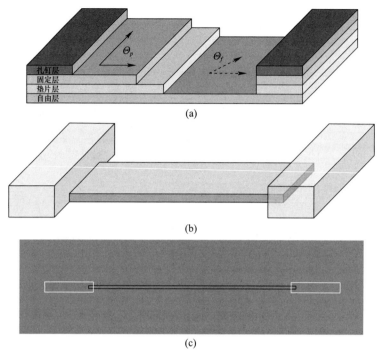

图 8-2 基本自旋阀方案
(a)交叉轴配置的多层结构;(b)典型实现;(c)最简单的光刻掩模组。

作为一个实际例子,在文献[9]中,利用离子束溅射(Ion Beam Deposition,IBD)技术在 3inSi/SiO_2 1500Å 衬底上沉积了自旋阀结构,基压为 1.0×10^{-8} ~ 5.0×10^{-8} Torr。对于 IBD 沉积,为达到 4.1×10^{-8} Torr 的沉积压力使用了 Xe 流。自旋阀结构为 Ta(20Å)/NiFe(30Å)/CoFe(20Å)/Cu(22Å)/CoFe(25Å)/MnIr(60Å)/Ta(40Å)。已证实,这种结构磁电阻响应约为 6% ~ 7%,线性范围约为 20Oe,薄膜电阻约为 10 ~ 15Ω/m[9],沉积速率为 0.3 ~ 0.6Å/s。沉积过程中,在基底上施加 40Oe 的磁场,以确定钉扎层和自由层中的易轴。晶片在两次沉积过程中旋转了 90°,以确保十字交叉的自旋转阀结构。

在钉扎层和自由层之上插入纳米氧化层(Nano-Oxide Layers,NOL)可以将磁电阻比提高到 19%[10],GMR 的增强归因于金属/绝缘体界面导电电子的镜面散射效应。在文献[11]中,镜面自旋阀结构为 Ta(3nm)/NiFe(3nm)/MnIr(6nm)/CoFe(1.6nm)//NOL//CoFe(2.5nm)/Cu(2.5nm)/CoFe(1.5nm)/NiFe(2.5nm)//NOL//CoFe(2.0nm)/Ta(0.5nm)。在沉积工具负载锁中,常压下 15min 的自然氧化步骤中就可形成 NOL 层。自然氧化过程,保持其简单性,已被证明是有效的。

最后,样品在270℃真空下退火,并在平行于钉扎和自由层易轴的3 kOe磁场下冷却。

GMR也可以在其他结构中找到,这里收集了两个示例,Pena等[12]报告了在铁磁/超导体超晶格中的GMR,另外Pullini等[13]描述多层纳米线中的GMR。在任何情况下,为了使自旋电子散射产生这种效应,都需要一个磁性/非磁性界面。

8.2 制　　造

GMR器件的制作涉及一种与标准CMOS工艺类似的沉积、刻画和封装技术,由于不需要掺杂和注入,它们可以被视为低温工艺,作为一个基本原则,制造基本的GMR器件需要3~5个光刻步骤,它们可以沉积在硅片上,但也可以考虑玻璃、蓝宝石或柔性衬底。

在Bi-CMOS工艺中,硅、氧化硅和铝以及掺杂剂(硼、磷、砷、锑及相关化合物)是基础材料,考虑GMR器件,磁性层的制造需要使用额外的磁性材料(铁、钴、镍、锰及其合金),不同的金属(如铜、钌)和额外的氧化物(Al_2O_3、MgO),在传统半导体设备中通常没有这些。每种材料在沉积技术和条件或系统污染方面都有特殊要求,需要特别考虑和优化。作为一个典型的例子,应该提到具有优先排列磁矩的层沉积需要使用放置在沉积系统内的极化磁铁,因此不容易与热沉积工具兼容。

8.2.1 沉积

如前所述,GMR结构由多层精心设计的结构组成,该结构基于非磁性间隔层(Cu)隔开的纳米或亚纳米厚铁磁性材料(如Co、CoFe、NiFe)层。通常也需要隔离层。因此,合适的沉积技术,即那些使用超高真空系统和提供对沉积层厚度彻底控制的技术,对于获得器件的特有功能是必不可少的。

8.2.1.1 溅射

阴极溅射是一种较为常用的用于在衬底上沉积薄膜的物理气相沉积技术,这种溅射过程发生在加速离子击中固体靶材时。如果离子动能足够高,原子就从基质中被提取出来,这里需要一个真空反应室(通常低于10~7Torr),高电压被施加到靶标夹持架上,产生放电,使气体电离,从而产生等离子体。然后产生的离子被吸引到阴极,击中靶标。能量高于阈值的离子可以从靶材中提取原子,这些原子沉积在基底上,通常面向靶标的那一面,从而形成一个材料层。

对于特定的 GMR 器件,这种方法提供了由不同材料(合金或镶嵌靶)组成的靶标上沉积的可能性。因此,溅射是在 GMR 器件中沉积金属层和磁性层的首选技术之一,它也常用于金属非磁性触点和绝缘氧化物的沉积。

8.2.1.2 离子束沉积

IBD 技术没有传统溅射技术应用的那样广泛,但由于实施过程中沉积速率低,使薄膜厚度更均匀,也具备更高的沉积控制能力,能在特定条件下实现外延生长和获得更优质的沉积质地。其中沉积参数,如离子流量、能量和溅射物质,以及入射角等可以单独控制。在这种情况下,等离子体产生并被限制在一个离子枪中,然后通过施加到一个网格组中的电压朝向目标加速,而且典型 IBD 系统的基本结构通常还有辅助枪,用于辅助沉积或离子铣削蚀刻。

可自动交替的靶标夹持器(4~8 个靶标)可在无真空断路器的情况下用于 GMR 多层膜沉积,沉积速率低于 1nm/s。

8.2.1.3 化学气态沉积

化学气态沉积(Chemical Vapor Deposition,CVD)薄膜的制备是基于不同气体化合物的分解和/或反应,采用这种方法,考虑的材料从气态直接沉积到基底表面。

沉积通常发生在高于 300℃ 的高温下,因此与磁性多层膜不兼容,然而由于沉积速率可以非常大(可快速沉积),并且它是保形沉积(意味着极好的阶梯覆盖),该方法主要用于绝缘和钝化层(氧化硅或氮化硅)的沉积,从而使用中等成本的设备获得高质量的沉积层。

8.2.2 光刻

GMR 结构可以用与典型 CMOS 工艺中常用器件相似的方式来进行刻化,通过物理或化学蚀刻工艺以及硬件或软件设计的掩模,可以使用众所周知的紫外(Ultraviolet,UV)光刻,采用这种方法,在限定到小于约 $1\mu m$ 的情况下可实现良好的成本/可靠性比率。GMR 器件的刻画工艺包括图形设计和转换顺序步骤(图 8-3)、3 个典型的光刻步骤、以及打开触点的步骤。

8.2.2.1 光刻

光刻工艺包括 3 个步骤:①用适当的光刻胶(辐射敏感聚合物溶液)涂覆样品;②曝光该光刻胶,对先前准备的某一设计(掩模)进行刻画;③转换刻画的显影。

1) 覆盖

光刻胶采用旋涂的方式沉积在样品的表面,通过控制速度、时间和光刻胶量,获得合适厚度和均匀的感光层,这对光刻分辨率至关重要[14]。通常需要进

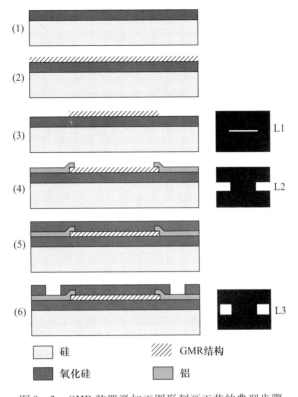

图 8-3 GMR 装置微加工图形刻画工艺的典型步骤

行表面预处理(如采用六甲基二硅氮烷、HMDS)以增加附着力,并进行后处理(软烘烤,80~100℃)以去除溶剂和应力。

2) 光刻

通过使用聚焦激光束(直接写入系统)或灯(硬掩模对准器)的紫外线辐射(波长通常为 0.5~0.1μm),可以获得小于 1μm 的分辨率。由于 GMR 器件的生产量通常是有限的,因此直接写入系统特别令人感兴趣。在这种情况下,光束的点借助于精密的 $X-Y$ 系统和开关光机构在需要照射的区域表面移动,不需要制作物理掩模,这是一个多功能、低成本、但缓慢的工艺(150mm 晶圆的完全曝光可能需要 12h 以上,取决于具体的设计)。如果需要更高的分辨率(小于 0.5μm),可以使用 X 射线、电子或离子束系统[15]。

3) 显影

在将抗蚀显影剂喷涂或旋涂到样品表面之前,通常通过软烘烤步骤辅助显影。使用正抗蚀显影剂时,暴露区域在暴露过程中变得可溶,并在此时移除,对于负抗蚀显影剂,暴露的区域变得更硬并且在显影后保留。

在任何情况下,样品需要清洗以停止显影过程并进行干燥,图案则印在抗蚀层上。

8.2.2.2 图案转换技术

考虑两种选择:蚀刻和剥离。

1) 蚀刻

这是一个关注清除沉积层中不想要部分的能力的过程,这种选择性是由刻画抗蚀掩模以及涉及层的特性提供的,起始点通常是沉淀在基底上待形成刻画的薄膜,想要刻画的图案限定在顶部的抗蚀掩模中。

(1) 干法蚀刻:物理(干)蚀刻通常利用能够可控移除材料的等离子体蚀刻(反应蚀刻或离子束系统)来实现,尤其是离子束蚀刻(离子铣),它的刻蚀速度慢(低于 0.2nm/s),但刻蚀率非常可控和稳定,通常用于 GMR 器件的刻画[15]。这是一种各向异性工艺,蚀刻效率取决于材料类型和入射角[16]。

(2) 湿蚀刻:化学(湿)蚀刻是利用某些物质(通常是酸)的腐蚀性。通过这种方式,可以用聚合物基抗蚀剂进行湿法蚀刻,由于其固有的有机性质,可以抵抗无机酸的作用。文献[17]有不同材料的具体蚀刻方法和相应速度的表格。由于其侵蚀性和各向同性的性质,湿蚀刻通常不用于 GMR 结构的刻画,而是主要用于如打开触点/通孔等处理。

8.3 噪 声

GMR 磁力仪的实际性能只能通过与固有噪声源的比较来估计,噪声功率谱密度(Power Spectrum Density,PSD)一般以 V^2/Hz 形式给出。通常,使用幅度谱密度(Amplitude Spectral Density,ASD)更加方便,以 $V/Hz^{1/2}$ 形式表示,以便于与电压信号相比较。磁阻信号的灵敏度,S_V 通常以 V/V/T 形式给出。GMR 传感器的典型值为 20~40V/V/T,例如,当电压偏置为 1V 时,值为 20~40nV/nT。为了比较不同的传感器,可使用磁场等效噪声 PSD,有时称为检测率,它相当于 PSD 除以灵敏度,例如,如果传感器在给定频率下显示 $10nV/Hz^{1/2}$ 的噪声以及 25V/V/T 的灵敏度,则对于 1V 偏置,检测率为 400pT。

8.3.1 GMR 磁力仪噪声类型

8.3.1.1 热噪声

最相关的噪声是热噪声(也称为约翰逊 – 奈奎斯特(Johnson – Nyquist)噪声或白噪声),它与传感器阻抗直接相关。这是一个白噪声,所以它与频率无关,约翰逊[18]首先观察到这一现象,奈奎斯特[19]对此进行了解释,它表示为

$$S_V(\omega) = \sqrt{4Rk_BT} \qquad (8-3)$$

式中：R 为传感器电阻；k_B 为 Boltzmann 常数；T 为温度。例如,室温下阻值为 1kΩ,则其为 4nV/Hz$^{1/2}$。

8.3.1.2 1/f 噪声

1/f 噪声或"粉色"噪声或 Flicker 噪声的来源是电阻波动,因此只能通过向传感器施加电流来揭示,其与频率的依赖性的唯象公式可表示为

$$S_V(\omega) = \frac{\gamma_H R^2 I^2}{Ncf^\beta} \qquad (8-4)$$

式中：γ_H 为霍格[20]提出的无量纲常数；R 为传感器电阻；I 为偏置电流；Nc 为电流载流子数；f 为频率；β 为典型阶数为 1 的指数。

1/f 噪声表现出非磁性和可能具有不同斜率的磁性成分,传感器的尺寸和形状对 1/f 噪声有很强的影响。因为它的平均性质,由式(8-4)可知,小 GMR 传感器比大传感器显示更大的 1/f 噪声。通过薄传感器的等效分析,1/f 噪声大致与其面积成反比[21]。

8.3.2 GMR 装置中噪声测量

噪声测量是一项需要认真对待的困难工作,标准测量系统应包括传感器(被测设备(Device – Onder – Test,DUT))、低噪声偏置源(通常为电池)、低噪声放大器(可由不同级组成)、滤波和采集/处理系统,如图 8-4 所示。在某些情况下,最后两部分可以用频谱分析仪代替,图 8-4 中还给出了一种特定的实现方式,包括(National Instruments,NI)公司数据采集卡(Data Acquisition,DAQ)(24 位分辨率,200 kHz 带宽,1kHz 处噪声谱密度 8nV/Hz$^{1/2}$)和低噪声放大器(在 0.3 ~ 100kHz 频带内噪声为 2nV/Hz$^{1/2}$,电压增益 1000),器件和偏置电池安装在屏蔽罩内,LabView 程序用于控制系统并获取 ASD。

作为一个典型的例子,这里给出刻画在 3μm × 200μm 带上的基于[Ta(20 Å)/NiFe(30 Å)/CoFe(20 Å)/Cu(22 Å)/CoFe(25 Å)/ MnIr(60 Å)/Ta(40 Å)]多层结构的自旋阀噪声数据。测得灵敏度为 20mV/mT(1mA 偏置),测量带宽大于 1MHz[22],测得噪声如图 8-5(a)和(b)所示。1/f 噪声的特性可以清楚地观察到,热噪声的范围可以很好地确定。如果考虑测量的灵敏度,可以得到被理解为磁场等效噪声的检测率,如图 8-5(c)和(d)所示,明确说明了检测率随频率的分布。偏置电流的增加对高频磁场的检测率有影响,但对 1/f 区没有影响[21]。

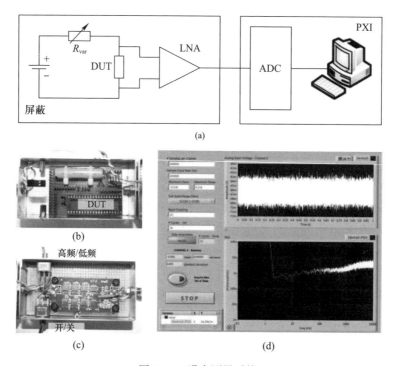

图8-4 噪声测量系统

(a)基本设置;(b)被测器件的偏压和屏蔽细节;(c)特别设计的低噪声放大器;
(d)采集处理软件。

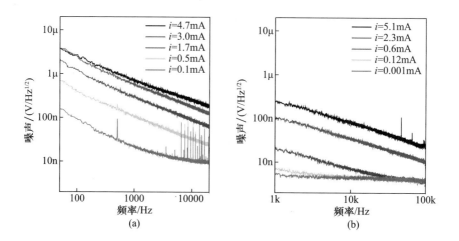

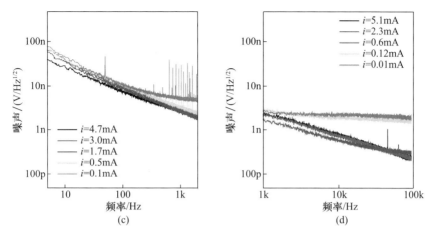

图 8-5 文献[22]中描述的 $3\mu m \times 200\mu m$ 自旋阀噪声测量数据(见彩图)
(a)低频噪声;(b)高频噪声;(c)低频检测;(d)高频检测。

8.3.3 提高探测率

在介绍了主要参数之后,下面给出一些提高基于 GMR 磁力仪检测率的建议,如文献[23]所讨论的。

(1)应考虑高灵敏度(高磁阻比水平)结构以使输出信号最大,然后计算信噪比(Signal to Noise Ratio,SNR)。从这个意义上说,隧道磁电阻(Tunnel Magnetic Resistance,TMR)器件显示出比 GMR 器件更高的灵敏度,但其噪声水平通常是 GMR 器件的 3 倍,因此为了达到相同的信噪比,需要 3 倍的磁阻比水平。另外,为了响应(灵敏度)中的垂直度尽可能的高,线性范围应保持尽可能的窄(图 8-1(b))。

表 8-1 GMR 磁场等效噪声与尺寸的关系表

GMR	尺寸	1Hz 处噪声	白噪声	功耗
小 GMR	$150\mu m \times 4\mu m^2$	10nT	50pT	5mW
大 GMR	$1mm^2$	100pT	20pT	100mW

(2)由于噪声的统计特性随着传感器尺寸的增加而降低,通过霍格参数表示,表 8-1 中的值引自文献[21]。

(3)工作频率应尽可能高,以尽量减少 $1/f$ 噪声影响。这很难通过附加回路调制测量磁场或将传感元件放置在振动悬臂梁上来实现[23]。

---

① 原书误,译者改。

(4) 在某些情况下,使用磁通集中器可使磁场放大至100倍。此外,高渗透材料的沉积与上述的刻化和沉积过程兼容。

8.4 热 效 应

在电子器件中,温度总是一个限制性参数,每一个电子器件都有其物理性质引起的温度依赖响应。对于具体的GMR电流传感器,不仅电阻(传感器阻抗)随温度变化,磁阻比水平(灵敏度)也一样。

GMR传感器的电阻和普通电阻一样,是温度的函数,对于基于GMR的器件,在通常的使用范围内,这种依赖关系可以认为是线性的,并且可以由温度系数(Temperature Coefficient,TEMPCO)定义为

$$\text{TCR}(\%) = 100 \times \frac{1}{R_{T_0}} \frac{\Delta R}{\Delta T} \tag{8-5}$$

灵敏度的热依赖性可定义为类比关系,即

$$\text{TCR}(\%) = 100 \times \frac{1}{S_{T_0}} \frac{\Delta S}{\Delta T} \tag{8-6}$$

考虑全桥结构,这种热依赖性会得到部分补偿,预计会很低。由于电桥传感器固有的电压偏移,因此有必要设定偏移电压的温度漂移,为

$$\text{TCV}_{\text{off}}(\%) = 100 \times \frac{\frac{\Delta V_{\text{off}}}{\Delta T}}{\Delta V_{\text{off},T_0}} \tag{8-7}$$

此外,输出电压还具有热依赖性,定义为

$$\text{TCV}_0(\%) = 100 \times \frac{1}{\Delta T} \frac{V_{\text{o},Ti} - V_{\text{o},T_0}}{V_{\text{o},T_0}} \tag{8-8}$$

其中

$$V_{\text{o},Ti} = V_{\text{out},Ti} - V_{\text{off},Ti}$$

实验参数只与GMR结构的性质有关,且已在别处测量过,图8-6给出了由相同自旋阀元件组成的全电桥传感器的典型值,如文献[22]所述,从这些图中,可以得到TCR≈0.11%/℃,TCV$_{\text{off}}$<10μV/℃,TCS≈-0.15%/℃。

假设热效应不能完全消除,文献中给出了各种温度补偿方法,以降低惠斯通电桥型传感器的热漂移输出,这些方法可分为非侵入性和侵入性。我们所说的非侵入性技术是指为减小电桥的热漂移,在电桥上串联或并联添加不同的电路

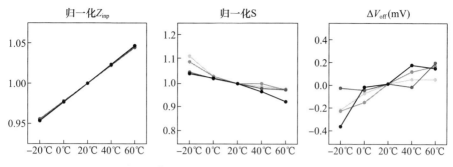

图 8-6 典型 GMR 结构的实验热参数(见彩图)

元件,如文献[24]所述。温度传感器、固定电阻、某种有源网络(二极管或晶体管)或固定电流源等已经成功地应用。这种方法,添加上述元件之一会导致由于温度变化而引起的电桥电源电压变化,从而产生有效的补偿。

一种稍有不同的方法是在电桥的输出端串联一个温度可变增益仪表放大器,另外,惠斯通电桥也可以通过改变原始结构来进行温度补偿。在这种情况下,应该确保电桥的终端可以从外部接入,这组技术可以被认为是侵入性的,因为普通商业传感器中的调节电路使电桥终端常常无法接入。文献[25]对这些工作进行了很好的修订,此外,在相同的工作中,提出了一种新的应用——通用阻抗变换器(Generalized Impedance Converter,GIC),作为特定磁阻传感器的热补偿偏置电路。

8.5 接 口 电 路

从宏观角度看,GMR 传感器表现为电阻,从这个意义上讲,为了得到有用的电信号,可以考虑应用于电阻式传感器的传统方案。

8.5.1 电阻电桥

虽然也可以考虑单个元件或基本分压器,但在电桥结构中布置电阻传感器在信号电平、线性化、电压偏移和抗干扰方面具有明显的优势。作为一个明显的例子,可以从 8.6 节的数据观察到这种配置的好处,从这个意义上说,可以利用具有单传感元件的电桥,半桥或全惠斯通桥。为了得到半桥传感器,以及满足各层磁矩的极化要求,4 个传感元件中的 2 个必须是非活动的,通常是通过沉积刻化的磁屏蔽层来获得的[26]。需要注意的是,如果考虑完整的惠斯通电桥,则制作过程包括 2 个步骤(图 8-7)。

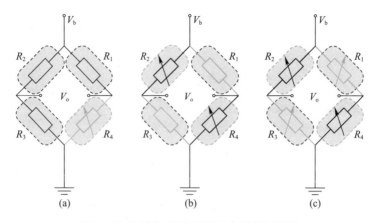

图 8-7 电桥中 GMR 元件的布置(见彩图)

(a)单元件,1 个活动元素,3 个非活动元素(通常在外部);(b)半桥,2 个活动元素,2 个非活动元素(通常是磁屏蔽的);(c)全惠斯通桥,4 个活动元素(2 步沉积)。

8.5.2 放大

由于涉及弱信号,低噪声放大器(Low Noise Amplifier,LNA)通常是必要的,运算放大器中的噪声源如下。

(1)输入参考电压噪声。它可以用噪声电压源来建模。例如,这种噪音通常是:741 通用运算放大器中为 $30\mathrm{nV/Hz}^{1/2}$ @ 1kHz,特定 LNA 中,小于 $1\mathrm{nV/Hz}^{1/2}$。

(2)输入参考电流噪声。它可以建模为两个噪声电流源(通过两个差分输入端泵浦电流),其值范围:通用放大器中为 $10\mathrm{pA/Hz}^{1/2}$@1kHz,特定 LNA 中,$10\mathrm{fA/Hz}^{1/2}$@1kHz。

(3)Flicker(1/f)噪声。由于制作工艺、IC 器件的布局和器件类型,CMOS 放大器的斜率约为 3dB/oct,双极放大器的斜率约为 4dB/oct,JFET 放大器的斜率约为 5dB/oct。

在这个意义上,锁相放大器(Lock in Amplifier,LIA)[27]和斩波放大器[28]是首选。

8.5.3 偏置

正确使用 GMR 器件意味着从电和磁的角度都需要一个适当的偏置方案。假设一个电阻桥结构,恒压源可以通过桥的两个相对顶点为传感器供电,差分输出电压取自其余引脚。已经证明,通过使用恒定电流源为传感器供电,基于自旋阀的传感器热特性(温度漂移)显著改善[29]。此外,已经证明,应用交流偏置的GMR基器件在线性、滞后、偏移和噪声方面显著改善了它们的性能[30]。

一旦传感器被供电并设置了偏置点,就可以通过施加外部磁场对其进行轻微的调节。这个外部磁场将(带符号)加到被测信号上,进而移动了工作点。以一种特定的方式,一个偏置校正线圈也可以理解为附加偏置,如这里所述。当没有辅助线圈时,也可以使用永磁体,在这种情况下,系统必须仔细设计。例如,适当的磁场偏置可以通过将静止点移到输出函数的中间来将 GMR 器件转换为双极性。

8.5.4 电阻时间效应

关于接口,在典型的电阻传感器应用中(如 GMR),电阻传感器件通常是直流偏置的,产生的输出信号取自模拟直流电压,通过采用传统的电阻-电压($R-V$)转换方法,通常也使用前面所述的放大器和滤波器。众所周知,这些伏安测量方法通常存在需要特别校准/校正或考虑的不期望的电压偏移。与 $R-V$ 转换器相比,采用交流激励的前-后端方案通过提高对电压偏移、噪声和频率干扰的抗干扰能力,对宽范围器件或未知标称/基线值的器件表现出巨大优势[15]。这些方法实现电阻-频率($R-f$)或电压-频率($V-f$)的转换,从而提供了频率依赖传感器电阻值的直接准数字输出。此外,由于传感器的交流激励是通过闭环反馈实现的,因此理论上输出频率与电源电压无关。它们通常不需要任何校准程序和/或手动调整,输出信号可以直接连接到系统的数字部分,从而使得这些解决方案对于 A/D 混合信号应用特别具有吸引力。而且这些解决方案可以很容易地用于集成 CMOS 设计和片上系统(System on Chips,SoCs),因为它们通常用较少的有源/无源元件来实现。

这里考虑如图 8-8 所示的几种方法。

如图 8-8(a)所示,用晶体管(不一定是双极性的)实现的简单不稳定多谐振荡器的振荡周期为

$$T = \ln(2)(R_2C_1 + R_3C_2) \tag{8-9}$$

那么,通过改变 R_2 和(或)R_3,就可以实现目标。

振荡器也可以通过使用集成 555 电路来实现,如图 8-8(b)所示。这种情况下,得到一个在 t_1 期间为高电平而在 t_2 期间为低电平的方波,即

$$t_1 = \ln(2)(R_1 + R_2)C, t_2 = \ln(2)(R_2)C$$

得

$$T = \ln(2)(R_1 + 2R_2)C \tag{8-10}$$

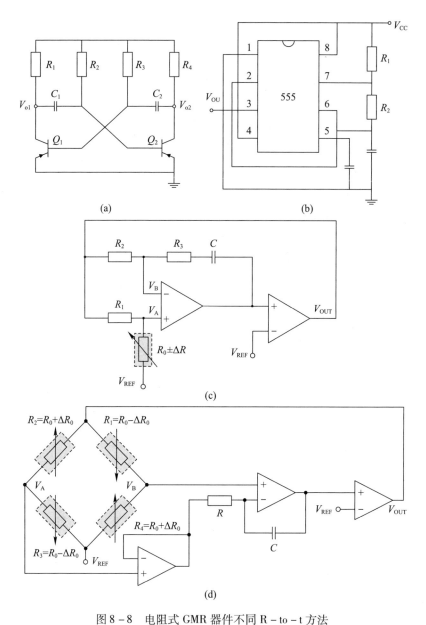

图 8-8 电阻式 GMR 器件不同 R-to-t 方法
(a)基本的晶体管,不稳定;(b) 555 集成电路,不稳定;(c)带单电阻运算放大器电路;
(d)带电阻桥运算放大器电路。

可以使用诸如运算放大器等有源元件开发更复杂的方法,如图 8-8(c)所示,这在文献[31]中进行了详细说明,在这种情况下,有

$$T = \frac{4C_1}{R_1}R_0(R_0 \pm \Delta R_0) - R_1 R_3 \qquad (8-11)$$

对于电阻电桥,可以使用图 8-8(d)中的电路,其中

$$f = \frac{1}{2RC}\left(\frac{R_4}{R_1+R_4}\frac{R_3}{R_2+R_3}\right) \qquad (8-12)$$

如文献[31]所述,图 8-8(c)和(d)所示的电路已经以分立元件和集成电路的形式成功地用于 GMR 自旋阀传感元件和电桥中,用于亚毫安电流测量,得到的示波图如图 8-9 所示,可以看到,灵敏度为 0.8Hz/mA 和 0.68Hz/μA,是这些应用中较好的指标。

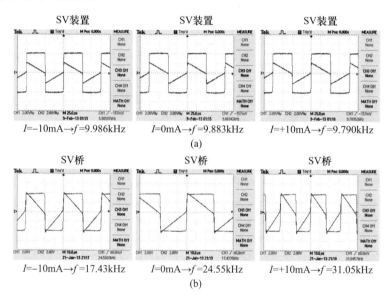

图 8-9 实验波形图(见彩图)
(a) $R-t$ 电路和单个 GMR 器件(图 8-8(c))波形图;
(b) 从 $V-f$ 电路和 GMR 惠斯通电桥(图 8-8(d))波形图。

8.5.5 阵列

特定应用需要用到传感器阵列,如无损评估/测试(NDE/NDT)[32,33]、生物技术系统[34-36]或其他磁成像要求[37,38]。一般来说,每个单独元件的接入涉及两个电气/物理连接,总共产生 $2 \times [N \times M]$ 个连接,在这些特殊条件下,此类阵列的读出接口是一个值得关注的问题[39,40],通常涉及模拟多路复用器和共享放大器[41]。

8.5.6 与 CMOS 技术兼容性

非挥发性电子产品(Non Volatile Electronics, NVE)是第一家利用专用 1.5mBiCMOS 技术将 GMR 和 CMOS 两种技术合并的公司[42],后来,韩等使用了美国国家半导体公司(National Semiconductor Corporation, NSC) 0.25m BiCMOS 技术制造的芯片[43],通过打开钝化通孔应用反应离子蚀刻后处理工艺,从而允许进入埋置金属层。然后通过将 CMOS 芯片的设计规则与 GMR 器件微加工技术相结合,进而将这些传感器及所需的电路(如偏置和调节电路、信号处理、存储器元件等)充分集成。图 8-10 给出了与 GMR 结构整体集成到标准 CMOS 电路的最新成果,文献[44]中描述了直接在处理过的芯片上制备自旋阀磁场传感器件的过程(来自非专用 CMOS 标准技术),如图 8-10(a)所示。

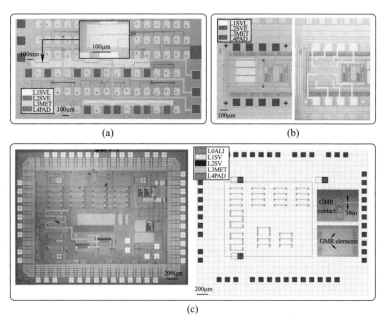

图 8-10 GMR 结构在预处理 CMOS 芯片上的实际单片集成
(a)来自 CNM25 非商用技术[44];(b)非专用 0.35μm AMS 技术[44];
(c)专门设计用于亚毫安电流传感的 0.35μm AMS 芯片[46]。

使用标准的 0.35μmAMS 技术和非商业化 2.5μmCNM 技术(图 8-10(b))成功开发了功能性器件。由于其广泛的应用,0.35μmAMS 工艺最近也用于集成电路级的整体电流传感[45,46](图 8-10(c))。

8.6 能够得到的商用传感器

GMR 是一种比较新颖的技术。目前,据我们所知,只有少数公司(NVE、Infinron and Sensitec)向市场发布了 GMR 线性传感器,超出了读头的初步应用范围。其他公司将基于 AMR 的传感器包括到它们的产品组合(Honeywell、Zetex、Sypris、Philips 和 ADI)。

NVE 是全球领先的类似 GMR 传感技术的公司。它有一个完整的目录[47],里面有不同磁场范围应用的传感器。专注于类似应用,它们的设备是单极性的(无法检测符号,如图 8-11(a)所示),它们基于半桥(两个相反的屏蔽磁电阻)和磁通集中器。灵敏度范围为 5~10mV/V/mT,线性范围为 ±0.1~±7mT,输入电阻约为 5kΩ。它们描述了许多成功的应用,如通用磁力仪、电流传感、磁性介质检测和货币检测与验证。

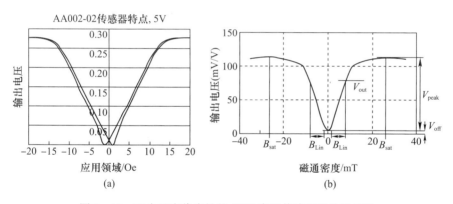

图 8-11 两个具有代表性的 GMR 商用传感器的输出特性
(a)NVE 公司的 AA002-02(引自文献[47]);(b)Sensitec 公司的 GF705(引自文献[49])。

Infineon 公司开发了一系列传感器,主要集中在汽车市场,包括角度传感器和编码器。它们发布集成电路,包括相关的电子产品。有关功能的详细说明见文献[48]。

Sensitec 最近开发了用于通用磁场传感和磁编码的 GMR 传感器,也基于单极半桥(图 8-11(b))。灵敏度为 10mV/V/mT 级,线性范围为 ±1~±8mT,输入电阻约 5kΩ。

人们习惯于将 GMR 传感器的噪声特性与基于标准 AMR 和霍尔的传感器噪声特性进行对比,以突出 GMR 传感器的检测水平。这样的比较如图 8-12 所示。

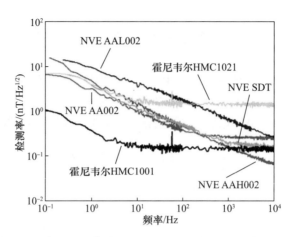

图 8-12 商用磁阻传感器的噪声性能比较(经文献[50]许可)

8.7 成 功 应 用

8.7.1 通用磁力仪

利用 GMR 磁场传感技术发展起来的大多数应用都与测量特定铁磁体对地球磁场的扰动有关,因此,关于位置的检测方案被不断地提出。

例如,可以使用 GMR 传感器局部测量由车身铁制品引起的地磁场微小磁扰动。此外,如果使用 GMR 梯度型传感器,输出信号只与磁场变化的大小有关,不需要额外的磁补偿。这样,当汽车接近时,就可以从传感器的差分输出中获得电压"信号"。在这个方案中,很容易结合另一个放置在已知距离的传感器,以便也测量车速,该提议由佩莱格里(Pelegrí)等成功开发[51]。

同样的物理原理可以直接转化为测量工业机器的振动。利用 GMR 磁场梯度装置,可以将工业装置中铁磁件振动在地球磁场中产生的微小磁场变化转化为电阻变化。通过使用 3 个具有适当 XYZ 排列的传感器,可以获得振动的完整描述,佩莱格里等开发了原型[52],并在钻机上成功测试。

对于线性磁场位置,除了测量磁性材料产生的地球磁场变化外,如果可能的话,还可以使用与系统运动部分相关的永磁体,这样就考虑了绝对磁场的测量。阿兰那(Arana)等[6]报道了一种采用颗粒 GMR 器件的高灵敏度线性位置传感器设计,使用 Nd-Fe-B(0.4T)磁体,灵敏度被验证在 10mV/V/mm 以上。

工业界所也要求角度和圆形位置探测器:汽车应用、旋转机械等。这种传感器通常被设计成无接触系统,其中,磁传感器(这里指 GMR 磁传感器)检测旋转运动磁铁的相对角度位置,这是文献[53,54]中提出的实例。在第一个实例中,专注于他们特别设计的基于颗粒磁阻的传感器。由于不依赖于磁场方向,这项技术是柱对称问题的最优选项。当使用钕铁硼时,灵敏度达到了约为 0.25mV/V/mm。

保守的航空航天部门传统上在开发中使用老的和经过良好验证的部件,将全新的商用货架产品(COTS)用于太空任务的目前仅处于起步阶段。COTS 更便宜,交付速度更快,并且具有更广泛的可靠性,米凯莱娜(Michelena)等[55-57]介绍了在空间应用中使用 GMR 商用传感器的可能性。GMR 传感器尚未用于飞行,但西班牙国家航空航天技术研究所(Spanish National Institute of Aerospace Technology,INTA)正致力于改进小型化的 GMR 三轴传感器(HMC2003,来自霍尼韦尔公司)以适用于 OPTOS 项目框架内的姿态控制系统,这是一个体积为 10cm×10cm×10cm 用于技术实验台的皮米卫星,该电路由调节和偏置电子模块组成。

8.7.2 电流监测

利用各种 GMR 传感器测量产生的磁场,可以间接监测电流。通过这种方式,理论上在吉赫范围内可以实现灵敏、隔离且从直流到传感器带宽的测量。

在中大电流范围内,文献[58]设计了一种用于工业应用的特定全桥自旋阀传感器,并进行了特征描述、实施及测试,将其焊接到 PCB 上,能够监控高达 10A 的电流。

文献[9]中提出了一种改进的设计(图 8-13(a)),其中设计了一条曲折的带子,以使传感器在电压偏移、热漂移和对外部磁场的抗干扰方面具有更好的性能。在具体应用方面,GMR 传感器已成功应用于差分电流表[59]、开关稳压器[60]、电功率测量[61]和电池管理[62]。

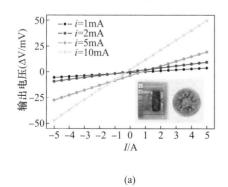

(a)

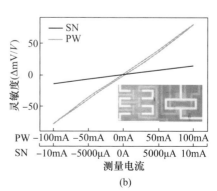

(b)

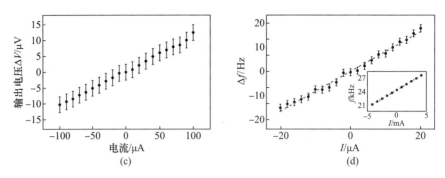

图 8-13 使用 GMR 设备进行电流传感

(a)使用混合 PCB-IC 技术检测中大电流[9]；(b)集成弱电流测量[22]；
(c)AMS0.35μm 芯片中亚 mA 单片集成电流测量；(d)借助 V-f 方案改进检测[31]。

基于 GMR 的传感器也已成功应用于不同场景中的弱电流测量[63]，特别是一些与 CMOS 技术兼容的情况。从这个意义上说，它还验证了自旋阀结构[11]和电桥[22]（图 8-13(b)）在测量电流方面的可用性。在测量过程中应用 R-to-f、V-to-f 方案，可以提高此类传感器的检测能力[31]（图 8-13(c)）。此外，还设计了基于 GMR 结构的电子模拟隔离器[64]，最后这些设备作为毫瓦计的潜力也得到了验证[65]。

8.7.3 生物方面

GMR 传感器已被提出用于不同的生物应用，如分子识别[66]、细菌分析[67]、微流体系统[68]、热疗[69]或神经磁场检测[70]。

随着微加工技术的快速发展，以及兼容设备的开发，芯片实验室的概念在过去几年变得越来越重要。最近能够驱动流体通过微通道接近检测区域的便携式设备已经开发出来，配有额外的调节和获取电路，通常的方案是检测磁性标记的生物分子与绑定到磁场传感器的补充生物分子相互作用的磁边缘场。在这种意义下，磁电子学已成为生物传感器和生物芯片开发的一种有前途的新平台技术[66]。

8.8 小 结

GMR 技术在相对短暂发展史中已日趋成熟，它在硬盘市场上广受欢迎，它的成功打开了新的大门。目前，只有 3 家公司开发基于 GMR 的通用磁力计。特定的 GMR 传感器已成功设计用于生物技术、微电子或汽车等领域的临时应用，它们在高灵敏度、小尺寸和与 CMOS 电子设备的兼容性方面的固有特性使人们对接下来的未来感到乐观。

致　　谢

在个人层面，我们应该感谢菲格拉斯（E. Figueras）、马德里纳斯（J. Madrenas）和乌菲拉（A. Yúfera）对标准 IC 的贡献。还要感谢 A. 罗尔丹（A. Roldán）和 J. B. 洛尔丹（J. B. Roldán）在开发电气模型方面的帮助。作者永远感谢与 INESC – MN 的卓有成效的合作。部分工作已在以下项目下开展：HP2003/0123（西班牙科技部）、GV05/150（瓦伦西亚地区政府）、ENE2008 – 06588 – C04 – 04（西班牙和欧洲科学与创新部）区域发展基金）、UV – INV – AE11 – 40892（瓦伦西亚大学）和 NGG – 229（2010 年）。

参考文献

1. M.N. Baibich, J.M. Broto, A. Fert, F.N. Vandau, F. Petroff, P. Eitenne, G. Creuzet, A. Friederich, J. Chazelas, Giant magnetoresistance of (001)Fe/(001)Cr magnetic superlattices. Phys. Rev. Lett. **61**(21), 2472–2475 (1988)
2. G. Binasch, P. Grunberg, F. Saurenbach, W. Zinn, Enhanced magnetoresistance in layered magnetic-structures with antiferromagnetic interlayer exchange. Phys Rev B **39**(7), 4828–4830 (1989)
3. S.M. Thompson, The discovery, development and future of gmr: the nobel prize 2007. J. Phys. D Appl. Phys. **41**(9), 093001 (2008)
4. U. Hartman. (Ed.), *Magnetic Multilayers and Giant Magnetoresistance: Fundamentals and Industrial Applications*. Surface Sciences (Springer, Berlin, 1999)
5. E Hirota, H Sakakima, K Inomata, *Giant Magnetoresistance Devices. Surface Sciences* (Springer, Berlin, 2002)
6. S. Arana, N. Arana, R. Gracia, E. Castaño, High sensitivity linear position sensor developed using granular Ag-Co giant magnetoresistances. *Sens. Actuators A—Phys* 116–121 (2005)
7. C. Reig, M. Cardoso, S.E. Mukhopadhyay, *Giant Magnetoresistance (GMR) Sensors. From Basis to State-of-the-Art Applications*. Smart Sensors, Measurement and Instrumentation (Springer, Berlin, 2013)
8. P.P. Freitas, R. Ferreira, S. Cardoso, F. Cardoso, Magnetoresistive sensors. J. Phys-Condens Matter **19**(16) 21 (2007)
9. C. Reig, D. Ramírez, F. Silva, J. Bernardo, P. Freitas, Design, fabrication, and analysis of a spin-valve based current sensor. Sens Actuators A-Phys **115**(2–3), 259–266 (2004)
10. A. Veloso, P.P. Freitas, P. Wei, N.P. Barradas, J.C. Soares, B. Almeida, J.B. Sousa, Magnetoresistance enhancement in specular, bottom-pinned, $Mn_{83}Ir_{17}$ spin valves with nano-oxide layers. Appl. Phys. Lett. **77**(7), 1020–1022 (2000)
11. C. Reig, D. Ramírez, H.H. Li, P.P. Freitas, Low-current sensing with specular spin valve structures. IEE Proc-Circ Devices Syst **152**(4), 307–311 (2005)
12. V. Peña, Z. Sefrioui, D. Arias, C. Leon, J. Santamaria, J.L. Martinez, S.G.E. te Velthuis, A. Hoffmann, Giant magnetoresistance in ferromagnet/superconductor superlattices. Phys Rev Lett **94**(5) (2005)
13. D. Pullini, D. Busquets, A. Ruotolo, G. Innocenti, V. Amigó, Insights into pulsed

electrodeposition of gmr multilayered nanowires. J. Magn. Magn. Mater. **316**(2), E242–E245 (2007)
14. D. Leitao, R. Macedo, A. Silva, D. Hoang, D. MacLaren, S. McVitie, S. Cardoso, P. Freitas, Optimization of exposure parameters for lift-off process of sub-100 features using a negative tone electron beam resist, in *Nanotechnology (IEEE-NANO), 2012 12th IEEE Conference on* (2012), pp. 1–6
15. D.C. Leitao, J.P. Amaral, S. Cardoso, C. Reig, *Giant magnetoresistance (GMR) sensors. From basis to state-of-the-art applications, ch. Microfabrication techniques.* Smart Sensors, Measurement and Instrumentation [7] (2013), pp. 31–46
16. Z. Marinho, S. Cardoso, R. Chaves, R. Ferreira, L.V. Melo, P.P. Freitas, Three dimensional magnetic flux concentrators with improved efficiency for magnetoresistive sensors, J. Appl. Phys. **109**(7) (2011)
17. R.C. Jaeger, *Introduction to microelectronic fabrication.* Modular series on solid state devices (Addison-Wesley, USA, 1988)
18. J. Johnson, Thermal agitation of electricity in conductors. Nature **119**, 50–51 (Jan–Jun 1927)
19. H. Nyquist, Thermal agitation of electric charge in conductors. Phys Rev, **32**, 110–113 (Jul 1928)
20. F.N. Hooge, 1/f noise. Physica B & C **83**(1), 14–23 (1976)
21. C. Fermon, M. Pannetier-Lecoeur, *Giant magnetoresistance (GMR) sensors. From basis to state-of-the-art applications, ch. Noise in GMR and TMR sensors.* In Smart Sensors, Measurement and Instrumentation [7] (2013)
22. M. Cubells-Beltrán, C. Reig, D. Ramírez, S. Cardoso, P. Freitas, Full Wheatstone bridge spin-valve based sensors for IC currents monitoring. IEEE Sens. J. **9**(12), 1756–1762 (2009)
23. P.P. Freitas, S. Cardoso, R. Ferreira, V.C. Martins, A. Guedes, F.A. Cardoso, J. Loureiro, R. Macedo, R.C. Chaves, J. Amaral, Optimization and integration of magnetoresistive sensors. Spin **01**(01), 71–91 (2011)
24. J. Gakkestad, P. Ohlckers, L. Halbo, Compensation of sensitivity shift in piezoresistive pressure sensors using linear voltage excitation. Sens. Actuators A-Phys **49**(1–2), 11–15 (1995)
25. D.R. Muñoz, J.S. Moreno, S.C. Berga, E.C. Montero, C.R. Escrivà, A.E.N. Anton, Temperature compensation of Wheatstone bridge magnetoresistive sensors based on generalized impedance converter with input reference current. Rev. Sci. Instrum. **77**(10), 6 (2006)
26. P. Freitas, F. Silva, N. Oliveira, L. Melo, L. Costa, N. Almeida, Spin valve sensors. Sens. Actuators, A **81**(1–3), 2–8 (2000)
27. A. De Marcellis, G. Ferri, A. D'Amico, C. Di Natale, E. Martinelli, A fully-analog lock-in amplifier with automatic phase alignment for accurate measurements of ppb gas concentrations. Sens. J. IEEE **12**, 1377–1383 (2012)
28. G.T. Ong, P.K. Chan, A power-aware chopper-stabilized instrumentation amplifier for resistive wheatstone bridge sensors. Instrum. Measure. IEEE Transac. **63**, 2253–2263 (2014)
29. C. Reig, M. Cubells-Beltrán, D. Ramírez, *Giant Magnetoresistance: New Research, GMR Based Electrical Current Sensors* (Nova Science Publishers, New York, 2009)
30. M. Vopalensky, P. Ripka, J. Kubik, M. Tondra, Improved GMR sensor biasing design. Sens. Actuators A-Phys. **110**(1–3), 254–258 (2004)
31. A. De Marcellis, M.-D. Cubells-Beltrán, C. Reig, J. Madrenas, B. Zadov, E. Paperno, S. Cardoso, P. Freitas, Quasi-digital front-ends for current measurement in integrated circuits with giant magnetoresistance technology. Circ. Devices Syst., IET, **8**, 291–300 (July 2014)
32. W.S. Singh, B.P.C. Rao, S. Thirunavukkarasu, T. Jayakumar, Flexible GMR sensor array for magnetic flux leakage testing of steel track ropes. *J. Sens.* (2012)
33. O. Postolache, A.L. Ribeiro, H. Geirinhas Ramos, GMR array uniform eddy current probe for defect detection in conductive specimens, *Measurement* **46**, 4369–4378 (Dec 2013)
34. D.A. Hall, R.S. Gaster, T. Lin, S.J. Osterfeld, S. Han, B. Murmann, S.X. Wang, GMR biosensor arrays: a system perspective. Biosens Bioelectron. **25**, 2051–2057 (15 May 2010)

35. P. Campiglio, L. Caruso, E. Paul, A. Demonti, L. Azizi-Rogeau, L. Parkkonen, C. Fermon, M. Pannetier-Lecoeur, GMR-based sensors arrays for biomagnetic source imaging applications. IEEE Transac. Magnet. **48**, 3501–3504 (Nov 2012)
36. D.A. Hall, R.S. Gaster, K.A.A. Makinwa, S.X. Wang, B. Murmann, A 256 pixel magnetoresistive biosensor microarray in 0.18 µm CMOS. IEEE J. Solid-State Circ. **48**, 1290–1301 (May 2013)
37. J. Kim, J. Lee, J. Jun, M. Le, C. Cho, Integration of hall and giant magnetoresistive sensor arrays for real-time 2-D visualization of magnetic field vectors. IEEE Transac. Magnet. **48**, 3708–3711 (Nov 2012)
38. G.Y. Tian, A. Al-Qubaa, J. Wilson, Design of an electromagnetic imaging system for weapon detection based on GMR sensor arrays. Sens. Actuators A-Phys. **174**, 75–84 (Feb 2012)
39. H. Liu, Y.F. Zhang, Y.W. Liu, M.H. Jin, Measurement errors in the scanning of resistive sensor arrays. Sens. Actuators A: Phys. **163**(1), 198–204 (2010)
40. R. Saxena, N. Saini, R. Bhan, Analysis of crosstalk in networked arrays of resistive sensors. Sens. J. IEEE **11**, 920–924 (2011)
41. R. Saxena, R. Bhan, A. Aggrawal, A new discrete circuit for readout of resistive sensor arrays. Sens. Actuators, A **149**(1), 93–99 (2009)
42. J. Brown, A universal low-field magnetic field sensor using GMR resistors on a semicustom BiCMOS array, ed. by G. Cameron, M. Hassoun, A. Jerdee, C. Melvin. *Proceedings of the 39th Midwest Symposium on Circuits and Systems* (1996), pp. 123–126
43. S.-J. Han, L. Xu, H. Yu, R.J. Wilson, R.L. White, N. Pourmand, S.X. Wang, CMOS integrated DNA Microarray based on GMR sensors, in *2006 International Electron Devices Meeting*, International Electron Devices Meeting (2006), pp. 451–454
44. M.-D. Cubells-Beltrán, C. Reig, A.D. Marcellis, E. Figueras, A. Yúfera, B. Zadov, E. Paperno, S. Cardoso, P. Freitas, Monolithic integration of giant magnetoresistance (gmr) devices onto standard processed CMOS dies. Microelectron. J. **45**(6), 702–707 (2014)
45. F. Rothan, C. Condemine, B. Delaet, O. Redon, A. Giraud, A low power 16-channel fully integrated gmr-based current sensor, in *ESSCIRC (ESSCIRC), 2012 Proceedings of the* (2012), pp. 245–248
46. A. de Marcellis, C. Reig, M. Cubells, J. Madrenas, F. Cardoso, S. Cardoso, P. Freitas, Giant magnetoresistance (gmr) sensors for 0.35 µm cmos technology sub-ma current sensing. Proc. IEEE Sens. **2014**, 444–447 (2014)
47. NVE Corporation, GMR sensor catalog, (2012)
48. K. Kapser, M. Weinberger, W. Granig, P. Slama, *Giant Magnetoresistance (GMR) Sensors. From Basis to State-of-the-Art Applications*, ch. GMR Sensors in Automotive Applications. In Smart Sensors, Measurement and Instrumentation [7] (2013)
49. Sensitec, Gf705 magnetoresistive magnetic field sensor (2014)
50. N.A. Stutzke, S.E. Russek, D.P. Pappas, M. Tondra, Low-frequency noise measurements on commercial magnetoresistive magnetic field sensors. J. Appl. Phys. **97**(10) (2005)
51. J.P. Sebastiá, J.A. Lluch, J.R.L. Vizcano, Signal conditioning for GMR magnetic sensors applied to traffic speed monitoring. Sens. Actuators A-Phys. **137**(2), 230–235 (2007)
52. J.P. Sebastiá, J.A. Lluch, J.R.L. Vizcano, J.S. Bellon, Vibration detector based on gmr sensors. IEEE Trans. Instrum. Meas. **58**(3), 707–712 (2009)
53. S. Arana, E. Castaño, F.J. Gracia, High temperature circular position sensor based on a giant magnetoresistance nanogranular ag_xco_{1-x} alloy. IEEE Sens. J. **4**(2), 221–225 (2004)
54. A.J. López-Martn, A. Carlosena, Performance tradeoffs of three novel gmr contactless angle detectors. IEEE Sens. J. **9**(3), 191–198 (2009)
55. M.D. Michelena, R.P. del Real, H. Guerrero, Magnetic technologies for space: Cots sensors for flight applications and magnetic testing facilities for payloads. Sens. Lett. **5**(1), 207–211 (2007)
56. M.D. Michelena, W. Oelschlagel, I. Arruego, R.P. del Real, J.A.D. Mateos, J.M. Merayo, Magnetic giant magnetoresistance commercial off the shelf for space applications. J. Appl. Phys. **103**(7), 07E912 (2008)

57. M. Diaz-Michelena, Small magnetic sensors for space applications. Sensors **9**(4), 2271–2288 (2009)
58. J.P. Sebastiá, D.R. Munoz, P.J.P. de Freitas, W.J. Ku, A novel spin-valve bridge sensor for current sensing. IEEE Trans. Instrum. Meas. **53**(3), 877–880 (2004)
59. J. Pelegrí-Sebastiá, D. Ramírez-Muñoz, Safety device uses GMR sensor. EDN **48**(15), 84–86 (2003)
60. J. Pelegrí, D. Ramírez, P.P. Freitas, Spin-valve current sensor for industrial applications. Sens. Actuators A-Phys. **105**(2), 132–136 (2003)
61. D.R. Muñoz, D.M. Pérez, J.S. Moreno, S.C. Berga, E.C. Montero, Design and experimental verification of a smart sensor to measure the energy and power consumption in a one-phase ac line. Measurement **42**(3), 412–419 (2009)
62. D. Ramírez, J. Pelegrí, GMR sensors manage batteries. Edn **44**(18), 138 (1999)
63. M. Pannetier-Lecoeur, C. Fermon, A. de Vismes, E. Kerr, L. Vieux-Rochaz, Low noise magnetoresistive sensors for current measurement and compasses. J. Magn. Magn. Mater. **316**(2), E246–E248 (2007)
64. C. Reig, M.-D. Cubells-Beltrán, D. Ramírez, S. Cardoso, P. Freitas, Electrical isolators based on tunneling magnetoresistance technology. IEEE Trans. Magn. **44**(11), 4011–4014 (2008)
65. A. Roldán, C. Reig, M.-D. Cubells-Beltrán, J. Roldán, D. Ramírez, S. Cardoso, P. Freitas, Analytical compact modeling of GMR based current sensors: Application to power measurement at the IC level. Solid-State Electron. **54**, 1606–1612 (2010)
66. D.L. Graham, H.A. Ferreira, P.P. Freitas, Magnetoresistive-based biosensors and biochips. Trends Biotechnol. **22**(9), 455–462 (2004)
67. M. Mujika, S. Arana, E. Castaño, M. Tijero, R. Vilares, J.M. Ruano-López, A. Cruz, L. Sainz, J. Berganza, Microsystem for the immunomagnetic detection of escherichia coli o157: H7. Phys. Status Solidi A **205**(6), 1478–1483 (2008)
68. H. Ferreira, D. Graham, P. Parracho, V. Soares, P.P. Freitas, Flow velocity measurement in microchannels using magnetoresistive chips. Magnet. IEEE Transac. **40**, 2652–2654 (2004)
69. S. Mukhopadhyay, K. Chomsuwan, C. Gooneratne, S. Yamada, A novel needle-type sv-gmr sensor for biomedical applications. Sens. J. IEEE **7**, 401–408 (2007)
70. J. Amaral, S. Cardoso, P. Freitas, A. Sebastiao, Toward a system to measure action potential on mice brain slices with local magnetoresistive probes. J. Appl. Phys. **109**, 07B308–07B308-3 (Apr 2011)

第9章 MEMS 洛伦兹力磁力仪

Agustín Leobardo Herrera – May, Francisco López – Huerta, Luz Antonio Aguilera – Cortés[①]

摘要: 基于微机电系统(Microelectromechanical System,MEMS)的洛伦兹力磁力仪具有体积小、功耗低、灵敏度高、动态范围宽、分辨率高、批量制造成本低等优点。这些磁力仪在生物医学、导航系统、电信、汽车工业、空间卫星和无损检测等领域具有潜在的应用前景。本章包括由利用洛伦兹力和不同的信号处理技术的谐振结构组成的 MEMS 磁力仪的发展,介绍 MEMS 磁力仪的工作原理、传感技术、制作工艺、应用及面临的挑战,未来的应用考虑将磁力仪与不同器件(如加速度计、陀螺仪、能量获取和温度传感器)集成在单个芯片上。

9.1 引 言

微型化使得同一芯片上可以制造不同的元件包括传感器、执行机构、电子、通信、计算、信号处理和控制[1]。这种芯片可以通过微制造工艺批量生产,能降低成本。小型化(微型化)是生产具有功能多、体积小、能耗低、性能高等重要特征的芯片的关键。例如,最近的计算机系统比 20 年前的计算机系统功能更强大、速度更快,它们具有更多特点,更加便宜,并且具有更少的功耗。小型化已经实现了更快的器件,并且具有可观的成本/性能优势,以及机械和流体部件与电子设备的集成,因此这些器件可以提高其功能、分辨率和灵敏度。

---

① A. L. Herrera – May(&) 微和纳米技术研究中心,维拉克鲁斯大学,鲁伊斯科蒂内斯路 455,94294 博卡德尔里奥,VER,墨西哥电子邮件:leherrera@ uv. mx。F. López – Huerta 维拉克鲁扎纳大学工程学院,鲁伊斯科蒂内斯路 455,94294 博卡德尔里奥,VER,墨西哥电子邮件:frlopez@ uv. mx。L. A. Aguilera – Cortés 瓜纳华托大学机械工程学院,萨拉曼卡 – 圣地亚哥山谷公路 3.5 + 1.84 米,36885 萨拉曼卡 GTO,墨西哥电子邮件:aguilera@ ugto. mx© 瑞士斯普林格国际出版公司 2017A. Grosz 等(编辑),高灵敏度磁力仪,智能传感器,测量和仪器 19,DOI 10. 1007/978 – 3 – 319 – 34070 – 8_9。

9.1.1 微机电系统

MEMS能够开发由微米级尺度的电子和机械元件组成的器件,包括信号获取、信号处理、驱动和控制[2]。这些器件具有体积小、功耗低、灵敏度高、批量制造成本低等优点。最近,已经制造了一些MEMS器件,如微镜、加速度计、陀螺仪、磁力仪、压力传感器、微泵和微夹持器[3-10]。这些设备可用于生物医学和化学分析、汽车和军事工业、电信、消费类电子和导航,图9-1给出了由微纳技术研究中心(Micro and Nanotechnology Research Center,MICRONA – UV)的研究人员与巴塞罗那微电子研究所(Microelectronics Institute of Barcelona,IMB – CNM(CSIC))合作设计的两个MEMS磁力仪的扫描电镜图像。

图9-1 基于谐振硅结构和压阻传感的两个磁力仪的扫描电镜图像,这些磁力仪的设计来自MICRONA – UV和IMB – CNM(CSIC)

MEMS可以分为3部分:微机械结构、执行机构和传感器[2]。微机械结构可以包括梁、板和微通道;执行器将磁或电输入信号转换为相应的角位移(如谐振结构、微型泵、微型夹持器和微型开关);传感器检测化学和物理信号,并将这些信号转换成电信号。图9-2给出了具有压阻传感的磁力仪的扫描电镜图像,该磁力仪具有谐振硅结构和带有4个p型压阻的惠斯通电桥,这种磁力仪是由MICRONA – UV和IMB – CNM(CSIC)的研究人员制作的。

采用微电子技术的MEMS器件的生产可以实现集成器件在单个芯片上,它

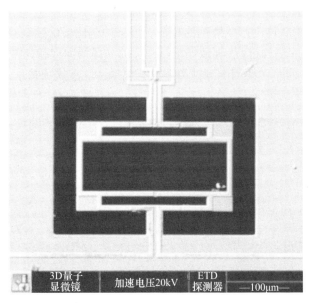

图9-2 扫描电镜图像MEMS磁力仪压阻传感,由
MICRONA-UV和IMB-CNM(CSIC)

们结合了微电子机械结构、传感元件和信号处理。这些器件能够结合MEMS和微电子技术的优点,实现新的应用。将MEMS器件与信号处理系统集成在一块芯片上,能够激发不寻常的监测多种化学和物理变量的设计。例如,多轴MEMS加速度计和陀螺仪可以应用于智能手机,以控制屏幕方向。

9.1.2 制造工艺

MEMS器件可以采用表面和体微加工技术制造,这些技术同时利用了硅的机械和电学特性。硅有比钢更高的强度和最小机械滞后的机械性能。此外,硅的电学特性使其成为集成电路中最常见的材料。

体微机械加工选择性地刻蚀硅基片用以制备三维微结构,在这种微机械加工过程中,大量的材料从硅晶片中去除,从而形成梁、膜、孔、微通道和其他结构类型(图9-3)。在MEMS制造过程中,刻蚀技术通过物理或化学过程去除期望区域的材料,确定MEMS组件的几何形状。通常化学刻蚀称为湿刻蚀,物理刻蚀称为干刻蚀或等离子体刻蚀。化学蚀刻考虑用稀释的化学溶液溶解基底,例如,使用过氧化钾(KOH)蚀刻二氧化硅(SiO_2)、氮化硅(Si_3N_4)和多晶硅。等离子体刻蚀利用带有大量电子的物质产生一束带正电荷的离子流,该离子流被惰性载气如氩气稀释[11]。这采用高压电荷或射频(Radiofrequency,RF)电源实现,这种微机械加工技术通过方向无关(各向同性)或方向相关(各向异性)的湿或干蚀刻剂在硅基底体上产生雕刻的特征。湿法蚀刻比干法蚀刻具有更高的选择性[12]。对于这些刻蚀过程,刻蚀停止与硅片的晶体取向或掺杂浓度以及刻蚀剂保护掩模有关,掩膜对使用的刻蚀类型没有选择性。在这项技术中,关键是用于制作微结构的蚀刻类型。

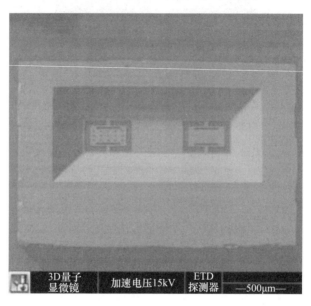

图 9-3 两个的扫描电镜图像使用体微加工制造的谐振硅结构(背面视图)
(这些磁力仪的设计来自 MICRONA-UV 和 IMB-CNM(CSIC))

通常,体微加工利用如硅、碳化硅(SiC)、砷化镓(CaAs)、磷化铟(InP)、锗(Ge)和玻璃等材料。蚀刻保护膜覆盖材料基板的一部分,用于保护它免受化学蚀刻剂影响,然而没有蚀刻保护膜的硅基板的其他部分则被蚀刻剂溶解。此外,化学蚀刻可能削弱位于保护掩模下的硅。硅衬底的蚀刻过程可以是各向同性的或各向异性。各向同性刻蚀在硅基片的全方位上进行腐蚀,称为方向无关刻蚀,这种刻蚀类型与温度有关,并且很难控制基板的横向刻蚀。另外,对于平面晶体衬底,各向异性刻蚀能够获得良好几何形状的微观结构。

表面微加工是基于沉积在硅表面或任何其他基底上的层的刻画,它使 MEMS 器件与微电子器件集成在同一个基板上,结构层的厚度由沉积层的厚度决定。采用低压化学气相沉积(Low-Pressure Chemical Vapor Deposition, LPCVD)技术,这种微加工工艺可以在硅基片上沉积薄膜,多晶硅是表面微加工中最常用的结构材料。牺牲层(如二氧化硅或磷硅玻璃)确定了结构层和基底之间的空间,通过湿法刻蚀去除。因而,结构层被悬空(图9-4)。在湿法刻蚀中,表面张力可能会拉动结构层,造成永久性粘着。结构层可以是多晶硅、Si_3N_4、聚酰胺、钛和钨,其厚度可以为 2~5μm。这些层需要高温处理,以消除在表面微加工过程中产生的内应力,这种制造工艺比体微加工复杂得多。

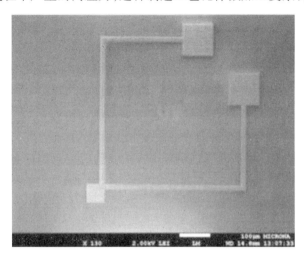

图9-4 由多晶硅谐振器、微镜和铝环组成的磁力仪的扫描电镜图像
(它的设计来自 MICRONA-UV 和使用 Sandia 制造超平面多级 MEMS
技术(SUMMiT V)流程)

9.1.3 传感技术

MEMS 器件可以通过压阻、电容或压电传感技术检测不同的物理、生物或化学现象,用于监测化学或物理信号的合适的传感技术的选择取决于信号动态范围、环境参数、封装和所需的精度。环境参数包括工作压力和温度、湿度和化学暴露。此外,其他因素也会影响传感技术的选择,如信号处理、数据显示、器件阻抗、电源电压、工作寿命、频率响应和校准。

压阻传感是基于材料在机械应力作用下电阻的改变,它可以使用 4 个压阻的惠斯通桥将压阻电阻的变化转换为输出电压的变化,如图9-5 所示。这种传感技术对压阻的掺杂水平和类型以及工作温度的变化有很高的依赖性,压阻传感在 MEMS 器件的电响应中产生电压偏移。其他的可变电阻元件能够用于调整零点偏移水平和校准灵敏度,以及提供温度补偿。此外,采用适当的掺杂浓度,可以控制满量程的温度依赖性(即满量程输出和偏置之间的差异)。

电容传感器利用平板或梁形电极之间电容的变化,这提供了相对易于制造

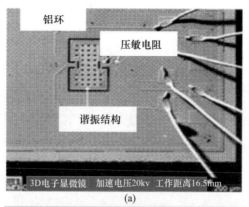

(a)

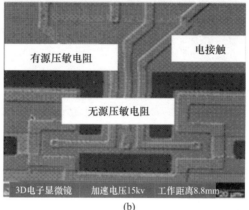

(b)

图 9-5 压阻式 MEMS 磁力仪的扫描电镜图像(经埃雷拉·梅(Herrera May)等许可转载,微电子工程师,142,12-21,2015,版权所有© 2015,爱思唯尔有限公司)
(a)谐振硅结构和铝环;(b)惠斯通电桥的四个压阻[13]。

的固定和移动的电极。这项技术必须考虑杂散电容和边缘场的影响。压阻式传感器的噪声较小,但其电容值非常小,可以使用电荷放大器、电荷平衡技术、交流电桥阻抗测量和几种振荡器结构。

光学传感依赖于光频电磁波的调制特性,MEMS 器件可以调制电磁波的强度、相位、波长、频率、空间位置和偏振等特性。

压电传感利用压电材料在机械形变时产生电信号,带有压电元件的 MEMS 器件在受力时会产生输出电压,压电材料锆钛酸铅(Lead Zirconate Titanate,PZT)是一种常用的 MEMS 器件材料,压电传感成本低廉,不需要电源电压。然而当温度接近居里点时,压电材料会失去压电性能,此外,这些材料的压电系数与温度变化有关。

9.1.4 封装工艺

封装工艺是确定 MEMS 器件可靠性的关键,封装提供了免受环境参数,如水分、液体或气体化学品的保护。MEMS 器件可以采用球栅阵列(Ball-Grid Array,BGA)和平面栅阵列(Land-Grid Array,LGA)封装,此外表面贴装技术(Surface-Mount Technology,SMT)可以提供晶圆级封装(Wafer-Level Package,WLP)、叠层芯片封装、晶圆级芯片尺度封装(Wafer-Level Chip-Scale Package,WLCSP)和三维封装。由于封装、组装、测试和校准步骤以及使用的专用集成电路(Application-Specific Integrated Circuit,ASIC),MEMS 器件的成本可增加约 35%~60%。加工完成后,通过锯切或划片断裂技术将 MEMS 器件从晶圆上分离成独立的芯片。如图 9-6 所示,这些小块被放置在带有自动拾取和放置机器的载体中,以将小块从载体移动到封装上,在那里黏合器件芯片到封装上。接下来,如图 9-7 所示,通过丝焊将芯片表面的电触点(焊盘)与封装的电触点(焊

图 9-6 封装 MEMS 的显微照相磁力仪(来自 MICRONA-UV 和 IMB-CNM(CSIC))

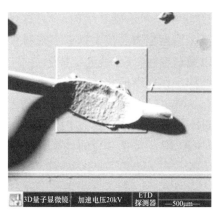

图 9-7 扫描电镜图像金线与 MEMS 装置衬垫的电接触
(来自 MICRONA-UV 和 IMB-CNM(CSIC))

盘)连接起来,这里分配器件和外部组件之间的电气连接。

MEMS 器件封装的设计必须考虑器件的特定功能和传感技术,以及封装过程中产生的热应力。这种热应力改变了器件的灵敏度和分辨率,器件封装可能会受到以下特性的影响:晶圆厚度和晶圆层叠、尺寸、集成度、应力灵敏度、环境灵敏度、发热、热灵敏度和光灵敏度[10]。

9.1.5 可靠性

MEMS 器件要求进行可靠性测试,以验证其在不同环境和工作条件下的性能。这些测试可能涉及使用寿命、温度循环、机械冲击、湿度变化、高温和振动。通过加速寿命和机械完整性测试,可以获得 MEMS 器件的全寿命可靠性。对于这些器件,在制造、封装和信号处理过程中会有几种失效机制。

9.2 洛伦兹力磁力仪

基于 MEMS 的洛伦兹力磁力仪是一种可供选择的监测磁场的器件,具有体积小、功耗低、灵敏度高、分辨率好、动态范围宽、批量制造成本低等重要优点。与 SQUID 器件、搜索线圈传感器和光纤传感器相比,这些磁力仪体积小、重量轻。它们相对于 AMR 和 GMR 传感器以及霍尔效应器件方面具有商业竞争力。然而,MEMS 磁力仪需要更多的可靠性研究,以确保在不同环境条件下的安全性能。

9.2.1 工作原理

MEMS 洛伦兹力磁力仪可以采用硅基结构工作,这种结构与外部磁场和电流相互作用,在结构上产生洛伦兹力。该力垂直于磁场和电流的方向,它会导致磁力仪结构的变形,可以通过电容、压阻或光学传感技术进行测量。为了提高磁力仪的灵敏度,建议该结构工作在谐振状态下。为此,施加的电流的频率应等于磁力仪结构的谐振频率,这种谐振结构可以使磁力仪的灵敏度提高一个与其品质因数相等的数量级,进一步磁场信号转换成电信号或光信号。图 9 - 8 给出了洛伦兹力磁力仪的工作原理,其中洛伦兹力的计算公式为

$$F_L = I_e B_x L_y \tag{9-1}$$

式中:L_y 为穿孔板的宽度,且有

$$I_e = \sqrt{2} I_{RMS} \sin(\omega t) \tag{9-2}$$

式中：t 为时间；I_{RMS} 和 ω 分别为正弦电流 I_e 的均方根（Root Mean Square, RMS）和角频率。

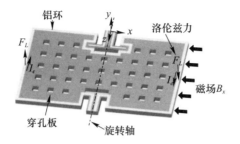

图 9-8　基于 MEMS 的洛伦兹力磁力仪工作原理示意图[13]（经许可转载，埃雷拉梅等，微电子工程，142，12-21，2015 年，版权所有© 2015，爱思唯尔公司）

洛伦兹力引起磁力仪结构的偏转和两个有源压电电阻器的纵向应变 ε_l（一个是拉伸的，另一个是压缩的）。当磁力仪结构谐振时，这种应变会增加，该应变改变了每个有源压阻的初始电阻 R_i，即

$$\Delta R_i = \pi_l E \varepsilon_l R_i \tag{9-3}$$

式中：ΔR_i 为压阻的电阻变化量；E 为压阻材料的杨氏模量；π_l 为纵向压阻系数。

两个压阻的电阻变化改变了惠斯通电桥的输出电压 V_{out}，它可以计算为

$$V_{out} = \frac{1}{2} \pi_l E \varepsilon_l R_i V_{in} \tag{9-4}$$

式中：V_{in} 为惠斯通电桥的偏置电压。

磁力仪灵敏度由输出电压偏移 ΔV_{out} 与平行于磁力仪长轴方向施加的磁场范围 ΔB_x 的比值确定，即

$$S = \frac{\Delta V_{out}}{\Delta B_x} \tag{9-5}$$

9.2.2　材料

MEMS 磁力仪的性能在很大程度上取决于材料的功能和结构，由于单晶硅（Single-Crystal Silicon, SCS）或多晶硅重要的电性能和机械性能，这些磁力仪采用其作为材料。另外，MEMS 磁力仪可以使用不同的薄膜材料，尽管它们的特性与制造工艺和后处理工艺相关，如沉积条件、退火、沉积装置和薄膜厚度。

预测 MEMS 磁力仪的性能，必须精确了解其材料特性。在同一片晶圆上利

用微加工的测试结构可以测量材料的性能,如测试结构用于检测弹性模量、泊松比、断裂应力、断裂韧性、疲劳、热导率和比热容测量[15]。

9.2.3 仿真和设计工具

MEMS 器件的设计阶段采用计算机辅助仿真工具,具有以下优点。

(1) 与不同工作条件、材料和几何尺寸相关的器件性能的预测。

(2) 综合确定器件的最佳操作条件、尺寸和材料。

(3) 具有解决与器件性能相关的复杂偏微分方程的可能。

(4) 通过开发稳健和快速的设计软件工具,具备帮助设计人员减少器件设计时间的可行性。

仿真工具有助于预测 MEMS 磁力仪的优化设计,可以帮助设计人员将成本、尺寸、重量和损耗降到最低,并最大限度地提高器件的灵敏度和分辨率。

9.2.4 衰减特性

基于谐振结构的 MEMS 器件的性能受衰减机制的影响,3 种主要的衰减源分别是流失到周围流体的能量、材料内部耗散的能量和通过器件的支撑装置振动耗散的能量。这些衰减机制改变了谐振结构的品质因数 Q,即器件结构中存储的总能量与每一循环中的能量损失之比。

品质因数 Q_f 与流失到周围流体的能量有关,受流体类型、结构尺寸、振型、流体压力等因素影响。当流体压力降低到接近真空压力时,它显著增加[16-17]。

热衰减意味着结构材料的内部能量耗散,这种衰减与品质因数 Q_i 有关,它取决于谐振结构的振荡温度梯度和材料的热性能,对于接近真空的压力它有一个最大值[18]。

支承衰减可以定义为其通过结构支承传递耗散的振动能量,与支承衰减相关的品质因数 Q_s 取决于谐振结构的支承类型、振动模式和结构尺寸[19]。

谐振结构的总品质因数 Q_T 近似为

$$\frac{1}{Q_T} = \frac{1}{Q_f} + \frac{1}{Q_i} + \frac{1}{Q_s} \tag{9-6}$$

9.2.5 分类

MEMS 磁力仪按照采用的传感技术可以分为电容式、压阻式和光学式,这些技术可以将磁信号转换成电信号或光信号,它们使用由电子或光学组件集成的信号处理系统。图 9-9 给出了一个采用压阻传感的基于洛伦兹力的磁力仪的示意图[3],压阻式磁力仪具有信号处理简单、制作成本低等优点,但它们需要补偿电路来减少温度漂移对磁力仪性能的影响。

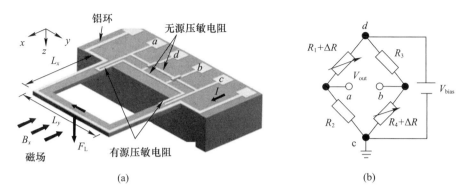

图 9-9　具有压阻读数的洛伦兹力式磁力仪的示意图和 4 个压阻的惠斯通电桥[3]
(经埃雷拉·梅等许可重印,传感器,9,7785-7813,2009,
版权所有© 2009,MDPI AG)

通常电容传感技术用于采用表面微加工技术的磁力仪的制造,这样可以减小磁力仪的尺寸和成本。该技术受到寄生电容的影响,可以通过磁力仪与信号调理系统的集成而使寄生电容最小化。图 9-10 给出了一个基于洛伦兹力的电容式磁力仪的示意图[3],它包含了一个带有两个扭梁的谐振板、一个铝环和电极。

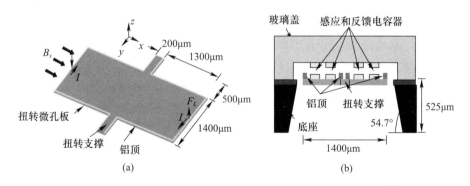

图 9-10　基于洛伦兹力的磁力仪及其电容读出系统的示意图[3]
(经埃雷拉·梅等许可重印,9,7785-7813,2009,版权所有© 2009,MDPI AG)
(a)谐振板;(b)铝环和电极。

光学传感可以减少磁力仪的电子元件和重量,它具有抗电磁干扰(Electromagnetic Interference,EMI)的能力,具有谐振结构和光学读出系统的基于洛伦兹力的磁力仪可以通过其谐振腔的位移测量外部磁场,如图 9-11 所示。

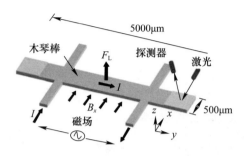

图9-11 具有谐振结构和光学传感的基于洛伦兹力的磁力仪的示意图[3]
(经埃雷拉·梅等许可重印,9,7785-7813,2009,版权所有© 2009,MDPI AG)

9.3 传感技术

本节介绍了几种基于洛伦兹力的采用不同传感技术的MEMS磁力仪,包括磁力仪的主要性能特点。

9.3.1 压阻传感

埃雷拉·梅等[20]设计了1个磁力仪,由1个硅板($400\mu m \times 150\mu m \times 15\mu m$)、1个铝环和1个带有4个P型压阻的惠斯通电桥组成(图9-12)。它有一个简单用体微机械加工技术制成的谐振结构。该硅板采用弯曲振动模式工作在谐振(136.52kHz),这时它的灵敏度提高到了$403mVT^{-1}$。该磁力仪在大气压下的品质因数高达842,功耗低至约10mW。它使用压阻式传感器,在外部磁场下具有高偏移(接近4mV)的非线性电气响应,它给出了$57.48nVHz^{-1/2}$的理论噪声电压,包括热噪声、$1/f$噪声和放大器噪声。

后来,埃雷拉·梅等[21]开发了一种基于谐振结构的由硅梁矩形环($700\mu m \times 400\mu m \times 5\mu m$)、铝线圈和压阻传感技术组成(图9-13)的磁力仪,它在大气压下采用22.99kHz谐振频率的弯曲振动模式工作,此外它具有一个简单的使用体微加工技术制作的结构。该磁力仪有几个优点,包括线性响应、96.6的品质因数,接近16mV的功耗,$1.94VT^{-1}$的灵敏度,给出了$83.60nVHz^{-1/2}$的理论噪声电压。但由于制造过程中产生的残余应力以及励磁电流在结构中引起的焦耳效应,其电响应显示很高的偏移。多明格斯·尼古拉斯(Dominguez Nicolas)等[22]为工业应用制造了一个带有信号处理系统和虚拟仪器的磁力仪,该信号处理系统是在印刷电路板(Printed Circuit Board,PCB)上实现的。该磁力仪有一个谐振硅结构($700\mu m \times 600\mu m \times 5\mu m$),由横向和纵向横梁、1个铝环和1个带有4个p

型压阻的惠斯通电桥集成,该结构工作在其第一弯曲谐振频率(14.38kHz),灵敏度为$4VT^{-1}$。通过信号处理系统,磁力仪的输出信号经过数字处理,并被转换为工业标准的4～20mA输出,该输出信号在小磁场下具有线性特性。

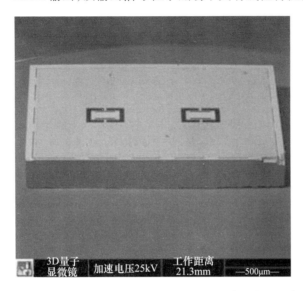

图9-12 埃雷拉·梅等开发的两台微机电系统磁力仪的扫描电镜图像[20]
(引自 MICRONA - UV 和 IMB - CNM(CSIC))

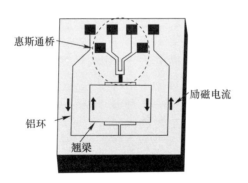

图9-13 埃雷拉·梅等开发的磁力仪设计的三维示意图[21](经埃雷拉·梅等人许可重印,传感器执行器 A,165,399 - 409,2011,版权所有©2011,爱思唯尔有限公司)

9.3.2 电容传感

布鲁格(Brugger)和保罗(Paul)[23]给出了1种磁力仪,它由1对平面线圈和1个采用4个直弯曲弹簧悬挂的非晶集磁器的硅谐振结构(25μm厚)组成,它使用绝缘体上的硅(Silicon-on-Insulator,SOI)衬底采用体微加工技术制成。该磁力仪具有一个静电驱动的采用微机械加工技术的谐振器,利用电容进行检测,其刚度和基本谐振频率能够由平行于集磁器的外部磁场改变。因此,这种谐振频移与外加磁场有关。对于80mA的线圈电流和10^{-5}mbar的压力,该磁力仪达到了$1.0MHz \cdot T^{-1}$的灵敏度,400nT的分辨率,接近2400的高品质因数。这种磁力仪不需要复杂的反馈和调制电路,但它需要一个后加工过程,以配置集磁器的谐振结构以及真空封装,较大的外部机械振动会影响磁力仪的性能。

李(Li)等[24]为监测平面外和平面内的磁场分量开发了一种具有谐振多晶硅结构(15μm厚)的磁力仪。它需要电容传感来检测谐振结构的面内和面外运动,该磁力仪通过标准的表面微加工工艺制成,它具有低功耗(0.58mW),面外和面内磁场的灵敏度和分辨率分别为$12.98VT^{-1}$、$0.78VT^{-1}$、$135VTHz^{-1/2}$和$445VTHz^{-1/2}$。不过,它需要真空(1mbar①)封装,并呈现出由静电力引起的残余运动,从而导致输出电压的偏移。

吴等[25]设计了一个带有一个方形硅片(1000μm×1000μm×46μm)和一个平面感应线圈(0.4μm厚)的磁力仪,采用腔SOI工艺制作,采用电容驱动和电磁感应来检测外部磁场。该硅片采用方形扩展(Square-Extensional,SE)的振动模式谐振工作,位于硅片上的感应线圈在硅片谐振时产生切割磁场运动。磁力仪具有$3mVT^{-1}$的灵敏度,约1.9mV的较大输出电压偏移。为了提高磁力仪的灵敏度,需要真空包装。

朗菲德(Langfelder)等[26]提出了一种由高长宽比的容性多晶硅板构成的磁场传感器,该传感器具有在惯性测量单元(Inertial Measurement Unit,IMU)中潜在的应用前景。它结构紧凑,在峰值驱动电流为250μA时灵敏度为$150vmVT^{-1}$。该传感器需要真空封装(1mbar),并具有非线性电气响应。

9.3.3 光学传感

基普朗格(Keplinger)等[27,28]设计了两个使用U形硅悬臂梁(1000μm×1000μm×10μm)的带有光学检测系统的磁力仪(图9-14)。该磁力仪适用于在电磁噪声环境中探测10mT~50T的磁场,它们要求一个几乎完美的前边垂直的悬臂。温度变化能够改变悬臂梁的基本谐振频率,进而改变磁力仪的偏移和输出信号。

---

① 1mbar=0.1kPa。

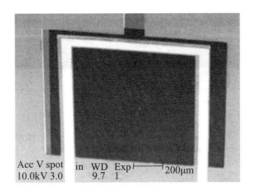

图9-14 带有光学传感的谐振硅结构集成磁力仪的扫描电镜图像[28](利用光纤测量谐振结构的位置,经基普朗格等许可重印,传感器执行器A,110,112-118,2004,版权所有© 2004,爱思唯尔公司)

维肯登(Wickenden)等[29]开发了一种由多晶硅木琴微杆($50\mu m \times 50\mu m \times 2\mu m$)形成的磁力仪,如图9-15所示。它将磁输入信号转换成木琴微杆的振荡运动,这种运动可以由一个基于一个激光二极管光束和一个位置敏感探测器的光学读出系统检测到。

图9-15 由多晶硅木琴杆谐振器组成的磁力仪的扫描电镜图像[29]
(经维肯登等许可重印,宇航员,52,421-425,2003,版权所有© 2003,
爱思唯尔有限公司)

磁力仪的谐振频率为78.15kHz,在4.7Pa下的品质因数接近7000,交流电流为$22\mu A$,热噪声为$100pTAHz^{-1/2}$,分辨率接近纳特斯拉。此外,采用光学传感的微传感器还具有抗电磁干扰的能力。尽管它的线性响应高达 $150\mu T$,但其性能因压力和温度的变化而变化。带有光学读出系统的磁力仪可以减少其电子电路和重量。

9.3.4 相关比较

一般来说,MEMS 磁力仪具有尺寸小、重量轻、功耗低、成本低、灵敏度高、动态范围宽、信号处理方便等重要优点,表 9-1 列出了几种在洛伦兹力作用下工作的 MEMS 磁力仪的主要特性,它们具有用于电信、工业、军事、生物医学和消费电子产品等潜在应用的能力。

表 9-1 几种 MEMS 磁力仪的主要特性

磁力仪	传感技术	谐振频率/kHz	品质因数	尺寸(谐振结构)/$\mu m \times \mu m$	灵敏度
埃雷拉·梅等[20]	压阻式	136.52	842	400×150	$0.403VT^{-1}$
埃雷拉·梅等[21]	压阻式	22.99	96.6	700×400	$1.94VT^{-1}$
多明格斯·尼古拉斯等[22]	压阻式	14.38	93	700×600	$4.0VT^{-1}$
布鲁格和保罗[23]	电容式	2.20	2400	2000×2000	$1.45MHzT^{-1}$
李等[24]	电容式	46.96	10000	1000×2000	$12.98VT^{-1}$
吴等[25]	电容式	4329	3700	1000×1000	$3\times10^{-3}VT^{-1}$
朗菲德等[26]	电容式	28.3	328	89×868	$150VT^{-1}$
基普朗格等[27,28]	光学的	5.0	200	1000×1000	*
维肯登等[29]	光学的	78.15	7000	500×50	*

注:*文献中没有数据

9.4 挑战和未来应用

MEMS 磁力仪在未来的商业市场中具有重要的特色,然而,这些磁力仪在降低输出响应偏移、噪声、温湿度依赖性以及高的可靠性等方面存在诸多挑战。此外,磁力仪可靠性的研究还需要研究在不同环境和工作条件下磁力仪的性能。未来的磁力仪需要与其他器件集成在一块芯片上,这要求开发多功能传感器监测不同的化学或物理信号,如气体、磁场、加速度、压力和温度。

利用 MEMS 磁力仪(图 9-16)开发了一个呼吸磁力图设备,可以检测老鼠呼吸活动期间的强磁通密度[30]。图 9-17 描绘了老鼠呼吸时胸腔的肌电图和磁力图[30],这些测量结果可用于临床诊断,以监测胸腔某些器官的健康状况,与健康器官相比,不健康器官的磁通密度可能有变化,对于这一生物医学应用,有必要通过 MEMS 磁力仪的虚拟仪器进行数字信号处理[31]。

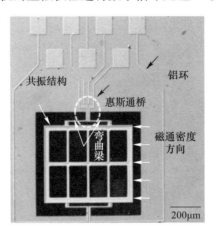

图 9-16 用于生物医学应用的 MEMS 磁力仪的扫描电镜图像[30]（经许可转载
多明格斯·尼古拉斯等,医学院,科学,10,1445-1450,2013,
版权所有© 2013,常春藤国际出版社）

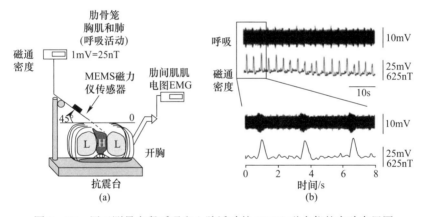

图 9-17 用于测量老鼠呼吸和心脏活动的 MEMS 磁力仪的实验布置图
（经多明格斯·尼古拉斯等许可转载,医学科学,10,1445-1450,2013,
版权所有© 2013,常春藤国际出版社）
(a)老鼠呼吸时胸腔的肌电图；(b)老鼠呼吸活动期间检测到的胸肌肌电图和磁通密度[30]。

微机电系统磁力仪（图 9-18 和图 9-19）可用于通过无损检测（Non-Destructive Testing,NDT）检测铁磁材料的裂纹和缺陷,如涡流检测和磁记忆法（Magnetic Memory Methed, MMM）[32-35]。涡流技术要求磁场源和铁磁材料之间的相互作用,从而在材料中产生涡流,材料小的裂纹可以通过监测涡流产生的磁场变化探测。MMM 利用铁磁材料在制造过程或热处理过程中产生的残余磁场,铁磁材料的裂纹和几何缺陷引起磁场的变化,可以通过 MEMS 磁力仪进行监测。

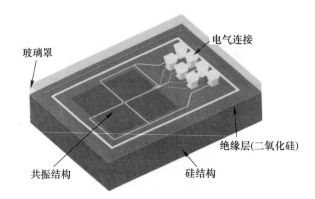

图 9-18 设计一个压阻式 MEMS 磁力仪(该磁力仪具有使用磁记忆方法进行无损检测(NDT)的潜在应用[32],获得阿塞维多,梅昂斯等的许可后重印,微系统技术,1897-1912,2013,版权所有© 2013,斯普林格国际出版公司)

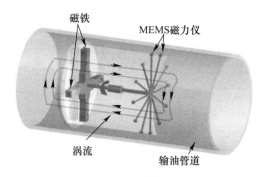

图 9-19 输油管道裂纹监测检测系统设计[34](它需要涡流检测和 MEMS 磁力仪,经埃雷拉·梅等许可重印,微传感器,3,65—84,2011,版权所有© 2011,高科技)

IMU 可能包含硅磁力仪、加速度计和陀螺仪[26,36],这些器件可以在单片上制作,以降低电子噪声和功耗。IMU 在民用和军用航空、火车、卫星、船舶、消费电子产品和无人驾驶车辆行业具有潜在发展及应用[37-39]。图 9-20 给出了一个用于监测飞机内磁场的扭力 MEMS 磁力仪,它可能是 IMU 的一部分[36]。利用洛伦兹力工作并使用电容传感器,它的面积为 $282\mu m \times 1095\mu m$,在标称压力 0.35mbar 下封装,谐振频率 19.95kHz、品质因数 2500、灵敏度 $850VT^{-1}$。

微卫星、纳米卫星或皮卫星在执行其空间任务时需要小质量、小尺寸和低功耗的磁力仪,这些问题可以通过使用基于多晶硅木琴杆的采用电容传感谐振工

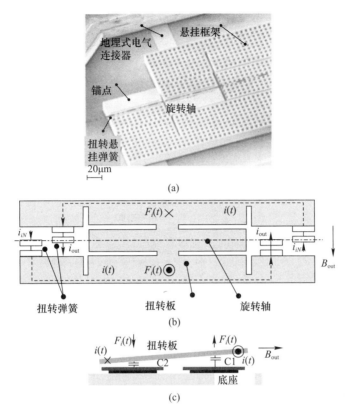

图 9-20 使用表面微加工制造的 IMU 用扭转式 MEMS 磁力仪的扫描电镜图像
(经莱格等许可转载,229,218—226,2015,版权所有© 2015,爱思唯尔有限公司)
(a)磁力仪;(b)磁力仪俯视图;(c)磁力仪横截面[36]。

作的磁力仪克服[40-41]。

电子稳定程序(Electronic Stability Program,ESP)使汽车在紧急情况下,如急刹车和光滑路面上保持动态稳定。ESP 系统需要与方向盘角度、横摆率、横向加速度和车轮转速相关的数据,该数据可以通过 MEMS 磁力仪、加速度计、陀螺仪和压力装置测量。如图 9-21 所示,磁力仪可应用于交通检测系统以检测车辆的速度和大小。该系统由两个平行放置在路边的磁力仪(具有恒定的分离距离)组成,磁力仪将探测到的由车辆运动引起的地球磁场的变化传到 A/D 转换器和数字数据处理系统。磁场的变化取决于车辆的速度和大小,这由磁力仪在不同的时间(t_1 和 t_2)测量检测到。接下来,通过磁力仪分离距离与时差 $t_1 - t_2$ 的比值计算车速。该系统与智能信号控制功能结合,可用于减少道路交通拥堵。

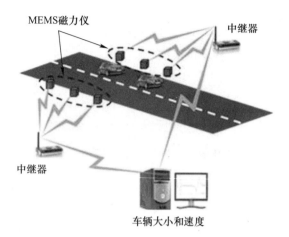

图9-21 用MEMS磁力仪实现的交通检测系统的示意图[34]（经埃雷拉·梅等许可重印,微传感器,3,65-84,2011,版权所有©2011,高科技）

9.5 小　　结

MEMS技术使利用洛伦兹力的谐振硅结构组成的磁力仪得以发展。这些MEMS磁力仪由于具有体积小、功耗低、动态范围宽、灵敏度高、分辨率高、批量制造成本低等优点,是常规磁力仪的重要选择。它们还可能拥有未来的商业市场,包括生物医学、电信、航空航天和汽车行业。然而,需要对磁力仪的可靠性进行研究,以预测其在不同环境和工作条件下的性能。此外,单片制备技术可用于低电子噪声MEMS磁力仪的研制。

致　　谢

这项工作得到了桑迪亚国家实验室大学联盟计划、FORDECYT-CONACYT 115976号项目、PRODEP"在生理学和光电子学中具有潜在应用的电子和机电器件研究"和"铁磁结构的电子剩余磁场测量系统"项目等的部分支持,作者要感谢IMB-CNM-CSIC（西班牙最大的微电子研究所）的爱德华·弗卡洛斯（Eduard Figueras）博士在MEMS磁力计制造上的合作以及LAPEM（材料测试实验室）的B.S.费尔南多 布拉沃·巴雷拉（B.S. Fernando Bravo-Barrera）对扫描电镜图像方面的帮助。

参考文献

1. G.K. Ananthasuresh, K.J. Vinoy, S. Gopalakrishnan, K.N. Bhat, V.K. Aatre, *Micro and Smart Systems Technology and Modeling* (Wiley, Danvers, 2012)
2. S.D. Senturia, *Microsystem Design* (Kluwer Academic Publishers, New York, 2002)
3. A.L. Herrera-May, L.A. Aguilera-Cortés, P.J. García-Ramírez, E. Manjarrez, Resonant magnetic field sensor based on MEMS technology. Sensors **9**, 7785–7813 (2009)
4. O. Solgaard, A.A. Godil, R.T. Howe, L.P. Lee, Y.-A. Peter, H. Zappe, Optical MEMS: from micromirrors to complex systems. J. Microelectromech. Syst. **23**, 517–538 (2014)
5. D. Yamane, T. Konishi, T. Matsushima, K. Machida, H. Toshiyoshi, K. Masu, Design of sub-1 g microelectromechanical systems accelerometers. Appl. Phy. Lett. **104**, 074102Ç (2014)
6. Z. Deyhim, Z. Yousefi, H.B. Ghavifekr, E.N. Aghdam, A high sensitive and robust controllable MEMS gyroscope with inherently linear control force using a high performance 2-DOF oscillator. Microsyst. Technol. **21**, 227–237 (2015)
7. A.L. Herrera-May, J.A. Tapia, S.M. Domínguez-Nicolás, R. Juarez-Aguirre, E.A. Gutierrez-D, A. Flores, E. Figueras, E. Manjarrez, Improved detection of magnetic signals by a MEMS sensor using stochastic resonance. PLoS ONE **9**, e109534 (2014)
8. S. Kulwant, J. Robin, V. Soney, J. Akhtar, Fabrication of electron beam physical vapor deposited polysilicon piezoresistive MEMS pressure sensor. Sens. Actuators A **223**, 151–158 (2015)
9. Y. Liu, P. Song, J. Liu, D.J.H. Tng, R. Hu, H. Chen, Y. Hu, C.H. Tan, J. Wang, J. Liu, L. Ye, K.-T. Yong, An in-vivo evaluation of a MEMS drug delivery device using Kunming mice model. Biomed. Microdevices **17**, 6 (2015)
10. W. Zhenlu, S. Xuejin, C. Xiaoyang, Design, modeling, and characterization of a MEMS electrothermal microgripper. Microsyst. Technol. **21**, 2307–2314 (2015)
11. H. Tai-Ran, *MEMS & Microsystems. Design and Manufacture* (McGraw Hill, New York, 2002)
12. S. Sedky, *Post-processing Techniques for Integrated MEMS* (Artech House, Norwood, 2006)
13. A.L. Herrera-May, M. Lara-Castro, F. López-Huerta, P. Gkotsis, J.-P. Raskin, E. Figueras, A MEMS-based magnetic field sensor with simple resonant structure and linear electrical response. Microelectron. Eng. **142**, 12–21 (2015)
14. "MEMS Packaging," Yole Développement report. http://www.i-micronews.com/mems-sensors-report/product/mems-packaging.html
15. O. Tabata, T. Tsuchiya, MEMS and NEMS Simulation, in *MEMS: A Practical Guide to Design, Analysis, and Applications*, ed. by J.G. Korvink, O. Paul (William Andrew Inc, New York, 2006), pp. 53–186
16. F.R. Bloom, S. Bouwstra, M. Elwenspoek, J.H.J. Fluitman, Dependence of the quality factor of micromachined silicon beam resonators on pressure and geometry. J. Vac. Sci. Technol. B **10**, 19–26 (1992)
17. A.L. Herrera-May, L.A. Aguilera-Cortés, L. García-González, E. Figueras-Costa, Mechanical behavior of a novel resonant microstructure for magnetic applications considering the squeeze-film damping. Microsyst. Technol. **15**, 259–268 (2009)
18. R. Lifshit, M.L. Roukes, Thermoelastic damping in micro-and nanomechanical systems. Phys. Rev. B **61**, 5600–5609 (2000)
19. Z. Hao, A. Erbil, F. Ayazi, An analytical model for support loss in micromachined beam resonators with in-plane flexural vibrations. Sens. Actuators A **109**, 156–164 (2003)
20. A.L. Herrera-May, P.J. García-Ramírez, L.A. Aguilera-Cortés, J. Martínez-Castillo, A. Sauceda-Carvajal, L. García-González, E. Figueras-Costa, A resonant magnetic field microsensor with high quality factor at atmospheric pressure. J. Micromech. Microeng. **19**,

15016 (2009)
21. A.L. Herrera-May, P.J. García-Ramírez, L.A. Aguilera-Cortés, E. Figueras, J. Martínez-Castillo, E. Manjarrez, A. Sauceda, L. García- González, R. Juárez-Aguirre, Mechanical design and characterization of a resonant magnetic field microsensor with linear response and high resolution. Sens. Actuators A **165**, 299–409 (2011)
22. S.M. Dominguez-Nicolas, R. Juarez-Aguirre, P.J. Garcia-Ramirez, A.L. Herrera-May, Signal conditioning system with a 4–20 mA output for a resonant magnetic field sensor based on MEMS technology. IEEE Sens. J. **12**, 935–942 (2012)
23. S. Brugger, O. Paul, Field-concentrator-based resonant magnetic sensor with integrated planar coils. J. Microelectromech. Syst. **18**, 1432–1443 (2009)
24. M. Li, V.T. Rouf, M.J. Thompson, D.A. Horsley, Three-axis Lorentz-force magnetic sensor for electronic compass applications. J. Microelectromech. Syst. **21**, 1002–1010 (2012)
25. G. Wu, D. Xu, B. Xiong, D. Feng, Y. Wang, Resonant magnetic field sensor with capacitive driving and electromagnetic induction sensing. IEEE Electron Devices Lett. **34**, 459–461 (2013)
26. G. Langfelder, C. Buffa, A. Frangi, A. Tocchio, E. Lasalandra, A. Longoni, Z-axis magnetometers for MEMS inertial measurement units using an industrial process. IEEE Trans. Industr. Electron. **60**, 3983–3990 (2013)
27. F. Keplinger, S. Kvasnica, H. Hauser, R. Grössinger, Optical readouts of cantilever bending designed for high magnetic field application. IEEE Trans. Magn. **39**, 3304–3306 (2003)
28. F. Keplinger, S. Kvasnica, A. Jachimowicz, F. Kohl, J. Steurer, H. Hauser, Lorentz force based magnetic field sensor with optical readout. Sens. Actuators A **110**, 112–118 (2004)
29. D.K. Wickenden, J.L. Champion, R. Osiander, R.B. Givens, J.L. Lamb, J.A. Miragliotta, D.A. Oursler, T.J. Kistenmacher, Micromachined polysilicon resonating xylophone bar magnetometer. Acta Astronaut. **52**, 421–425 (2003)
30. S.M. Domínguez-Nicolás, R. Juárez-Aguirre, A.L. Herrera-May, P.J. García-Ramírez, E. Figueras, E. Gutierrez, J.A. Tapia, A. Trejo, E. Manjarrez, Respiratory magnetogram detected with a MEMS device. Int. J. Med. Sci. **10**, 1445–1450 (2013)
31. R. Juárez-Aguirre, S.M. Domínguez-Nicolás, E. Manjarrez, J.A. Tapia, E. Figueras, H. Vázquez-Leal, L.A. Aguilera-Cortés, A.L. Herrera-May, Digital signal processing by virtual instrumentation of a MEMS magnetic field sensor for biomedical applications. Sensors **13**, 15068–15084 (2013)
32. J. Acevedo-Mijangos, C. Soler-Balcázar, H. Vazquez-Leal, J. Martínez-Castillo, A.L. Herrera-May, Design and modeling of a novel microsensor to detect magnetic fields in two orthogonal directions. Microsyst. Technol. **19**, 1897–1912 (2013)
33. A. Dubov, A. Dubov, S. Kolokolnikov, Application of the metal magnetic memory method for detection of defects at the initial stage of their development for prevention of failures of power engineering welded steel structures and steam turbine parts. Weld World **58**, 225–236 (2014)
34. A.L. Herrera-May, L.A. Aguilera-Cortés, P.J. García-Ramírez, N.B. Mota-Carrillo, W.Y. Padrón-Hernández, E. Figueras, Development of Resonant Magnetic Field Microsensors: Challenges and Future Applications, in *Microsensors*, ed. by I. Minin (InTech, Croatia, 2011), pp. 65–84
35. M. Lara-Castro, A.L. Herrera-May, R. Juarez-Aguirre, F. López-Huerta, C.A. Ceron-Alvarez, I.E. Cortes-Mestizo, E.A. Morales-Gonzalez, H. Vazquez-Leal, S.M. Dominguez-Nicolas, Portable signal conditioning system of a MEMS magnetic field sensor for industrial applications. Microsyst. Technol. (2016). doi:10.1007/s00542-016-2816-4
36. G. Laghi, S. Dellea, A. Longoni, P. Minotti, A. Tocchio, S. Zerbini, G. Lagfelder, Torsional MEMS magnetometer operated off-resonance for in-plane magnetic field detection. Sens. Actuators A **229**, 218–226 (2015)
37. C.M.N. Brigante, N. Abbate, A. Basile, A.C. Faulisi, S. Sessa, Towards miniaturization of a MEMS-based wearable motion capture system. IEEE Trans. Industr. Electron. **58**, 3234–3241 (2011)

38. S.P. Won, F. Golnaraghi, W.W. Melek, A fastening tool tracking system using an IMU and a position sensor with Kalman filters and a fuzzy expert system. IEEE Trans. Industr. Electron. **56**, 1782–1792 (2009)
39. R.N. Dean, A. Luque, Applications of microelectromechanical systems in industrial processes and services. IEEE Trans. Industr. Electron. **56**, 913–925 (2009)
40. H. Lamy, V. Rochus, I. Niyonzima, P. Rochus, A xylophone bar magnetometer for micro/pico satellites. Acta Astronaut. **67**, 793–809 (2010)
41. S. Ranvier, V. Rochus, S. Druart, H. Lamy, P. Rochus, L.A. Francis, Detection methods for MEMS-Based xylophone bar magnetometer for pico satellites. J. Mech. Eng. Autom. **1**, 342–350 (2011)

第10章 超导量子干涉器件磁力仪

Matthias Schmelz, Ronny Stolz[①]

摘要：直流超导量子干涉器件(dc – SQUID)是一种能够检测磁通量或任何能够转化为磁通量的物理量的传感器。它们包括一个被两个电阻分流的约瑟夫森(Josephson)隧道结插入的超导回路。它们通常在4.2 K下工作,磁通噪声级为$1\mu\Phi_0/Hz^{1/2}$的量级,对应于10^{-32} J/Hz$^{1/2}$的噪声能量。它们可以用作磁力仪、磁梯度计、电流传感器和电压计、感光计或(射频)放大器。由于其大带宽及从直流到千兆赫平坦的频率响应范围,它们适合于各种非常广泛的应用,如生物磁学和为探测重力波的地球物理勘探以及磁共振等。

10.1 引　言

SQUID是当今检测磁通量 Φ 最敏感的器件。它们将磁通量或任何可以转化为磁通量的物理特性(如磁通密度 B 等)转化为器件上的电压。SQUID的运行基于两种物理现象:闭合超导环中的磁通量以磁通量子 $\Phi_0 = h/2e = 2.07 \times 10^{-15}$ Tm^2 为单位和约瑟夫森隧穿效应。

超导是一种存在于临界温度 T_C 以下的热力学状态,那里电流由具有相反动量和自旋的电子对(库伯(Copper)对)运动承载。对于金属低温超导体(Low – Temperature Superconductor,LTS),如最广泛使用的铌(Nb),其 T_C 通常低于10K。低工作温度可实现非常灵敏的测量,但需要使用低温技术。尽管高温超导(High – Temperature Superconductor,HTS)已经降低了对冷却系统的要求,但由于低温超导器件固有噪声较低、可靠性较高以及具有工业化制造工艺的潜力,我们将本次回顾局限于低温超导器件。对高温超导器件大体的考虑因素也是相同

[①] M. Schmelz(&)R. Stolz,莱布尼茨光子技术研究所,阿尔伯特爱因斯坦大街9号,07745 德国杰纳;电子邮箱:matthias. schmelz@ ipht – jena. de。R. Stolz,电子邮箱:ronny. stolz@ ipht – jena. de。© 瑞士斯普林格国际出版公司2017;A. Grosz 等(编辑),高灵敏度磁力仪,智能传感器,测量和仪器19,DOI 10. 1007/978 – 3 – 319 – 34070 – 8_10。

的。在众多SQUID类型中,我们重点关注dc-SQUID,因为与射频超导量子干涉器件(rf-SQUID)相比,dc-SQUID具有优异的低噪声特点,在现代技术中具有重要意义。

本章,我们将回顾SQUID以及它们的工作原理和设计准则。介绍与SQUID电路相关的制造技术和评论。由于篇幅有限,重点在于从实际应用性角度了解此类传感器。为了深入了解超导电性及其各种效应,本章参考了能够得到的优秀教科书[1,2]。此外,这里仅能简要地涉及大量书籍中有关各种研究主题的详细的内容,同时提供关于这些器件的理论和应用的详细观点[3-6]。

第2部分,简要回顾SQUID最重要组成部分约瑟夫森隧道结,介绍其基本效应和关系。第3部分,描述这些器件是如何制造和工作,讨论它们的灵敏度极限,以及如何根据给定的应用制定不同类型的SQUID。第4部分回顾针对大量应用的最新器件取得的成果。第5部分,给出一些总结意见和展望。

10.2 SQUID基本原理

dc-SQUID首次由雅克列维奇(Jaklevic)等在1964年提出[7],它由一个电感为L_{SQ}并被两个约瑟夫森结插入的超导环组成。在讨论SQUID的工作原理之前,简要介绍约瑟夫森隧道结和相关的基本效应。

10.2.1 约瑟夫森结

如前所述,超导中电流是由所谓的库伯对的运动承载。由于这些电子对具有零自旋,它们遵循玻色子分布。因此,它们凝聚在同一个量子态中,可以用一个共同的超导波函数来 $\Psi = \Psi_0 * \exp(i\phi)$ 描述,其中$\phi(x,t)$是与时间和空间相关的相位,$n_s = |\Psi|^2$ 是库伯对密度。

如果两个超导体是弱连接,库伯对可以在它们之间交换。这些弱连接或连接点的排列方式有不同的类型。可能最重要的类型和重点关注的类型是SIS约瑟夫森隧道结,即两个超导体(S)之间放置一个薄的绝缘层(I)。通过约瑟夫森隧道结的电流被第一约瑟夫森方程 $I_C = I_{C,0}\sin(\varphi)$ 描述,$\varphi = \phi_1 - \phi_2$ 为通过结的相位差[8]。这里,$I_{C,0}$指的是结的最大临界电流,由绝缘层厚度 t_{ox}、结面积 A_{JJ} 和工作温度 T 决定。

当超过最大临界电流时,结间的相位差随着时间的变化而改变,结的两端出现直流电压。它由第二约瑟夫森方程[8]描述,即

$$\frac{\partial \varphi}{\partial t} = \frac{2e}{\hbar} \cdot V_{DC} = \frac{2\pi}{\Phi_0} \cdot V_{DC} \quad (10-1)$$

式中：$\hbar = 1.055 \times 10^{-34}$ Js 是约化普朗克 Planck 常数。

注意，随后的电压 V 代表结上的时间平均直流电压。事实上，当偏置 $I > I_{C,0}$ 时，约瑟夫森电流以约瑟夫森频率 $2\pi V_{DC}/\Phi_0$ 振荡。一个无阻尼约瑟夫森结的典型电流-电压特性表现出滞后特性，如图 10-1(a) 所示，这种滞后的计量是 McCumber 参数[9,10]，即

$$\beta_C = \frac{2\pi I_C R^2 C_{JJ}}{\Phi_0} \quad (10-2)$$

为了避免滞后现象，相应获得如图 10-1(b) 所示的单值特性，通常在结的两端放置额外的并联电阻 R_S，以抑制其动态特性，在 $\beta_C < 1$ 时满足条件。约瑟夫森结的动态特性通常使用阻容分流结(Resistively and Capacitirely Shunted Junction, RCSJ) 模型描述。其中，实际的约瑟夫森结由理想约瑟夫森结并联的附加的电阻 R 和 C_{JJ} 构成，分别描述了正常电子在电压状态下的隧穿和两个超导电极之间电容上的位移电流。

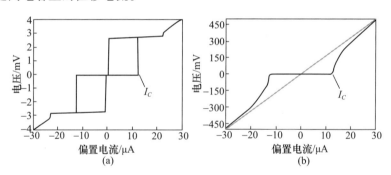

图 10-1 约瑟夫森隧道结的伏安特性，超导结的临界电流 I_C 为 IOMA，对于大的偏置电流，分流超导结的伏安特性收敛为由分流电阻值决定的欧姆特性

(a) 无阻尼约瑟夫森隧道结伏安特性；(b) 阻尼(分流) 约瑟夫森隧道结伏安特性。

由于温度 $T > 0$℃ 时有限的热能，无滞后隧道结的 $I-V$ 特性对噪声四舍五入后，电流大约为 I_C，如图 10-1(b) 所示。热能 $k_B T$ 与约瑟夫森耦合能 $E_J = I_C \Phi_0/2\pi$ 之比描述了因并联电阻[11,12]的热噪声而产生的噪声舍入强度，称为噪声参数，即

$$\Gamma = \frac{k_B T}{E_J} = \frac{2\pi k_B T}{I_C \Phi_0} \quad (10-3)$$

式中：k_B 为玻尔兹曼常数。

在 LTS‐dc‐SQUID 中,当 $\Gamma < 0.05$ 时,热噪声舍入的影响通常被忽略。

10.2.2 直流 SQUID

10.2.2.1 工作原理

由于库伯对可以用单值波函数来描述,超导体内部沿任意闭合路径 $\vec{l}$ 的相位差 $\Delta\phi$ 必须是 2π 的倍数。因此,超导体内部的磁通量 Φ 只能取磁通量子 Φ_0 的整数值。因此,外部施加到超导环路的磁通量 Φ_{ext} 被环路中的环流屏蔽电流 I_{Circ} 以适当的自感磁通量 $\Phi = L_{SQ} \cdot I_{Circ}$ 补偿到以 Φ_0 为单位。

为了进一步讨论,假设两个相同的超导结,每个结都有临界电流 I_C,如图 10-2 所示,对称布置在 SQUID 环路中。如果,SQUID 采用恒定电流 $I_B \geqslant 2I_C$ 偏置,则偏置电流在两个支路中平均分配。当外磁通量 Φ_{ext} 引起环路电流以实现环路中的磁通量子化时,SQUID 中的偏置电流根据外磁通量重新分配。当 $\Phi_{ext} = n\Phi_0$ 时,无循环屏蔽电流,SQUID 的临界电流仅为 $I = 2I_C$,然而当 $\Phi_{ext} \neq n\Phi_0$ 时,SQUID 的临界电流被抑制。SQUID 的临界电流或在恒定电流偏置的情况下,SQUID 的电压在两个极值 $\Phi_{ext} = n\Phi_0$ 和 $\Phi_{ext} \neq n\Phi_0/2$ 之间进行调制,与 Φ_{ext} 有周期依赖关系,如图 10-3 所示。对 SQUID 临界电流抑制的计量是无量纲的屏蔽参数,即

$$\beta_L = \frac{2L_{SQ}I_C}{\Phi_0} \qquad (10-4)$$

对于 $\beta_L \ll 1$,电流摆幅 ΔI 接近 $2I_C$,而对于 $\beta_L \gg 1$,电流摆幅减小到 0。

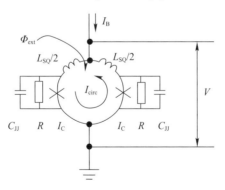

图 10-2 具有两个约瑟夫森结的直流 SQUID 的示意图(包含 SQUID 电感 L_{SQ}、临界电流 I_C、结电容 C_{JJ} 和电阻 R,与 SQUID 回路耦合的外部磁通 Φ_{ext} 产生循环屏蔽电流 I_{Circ},其调制通过 SQUID 的测量电压 V)

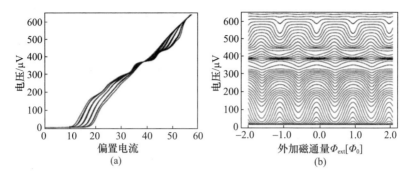

图10-3 测量获得的外磁场 Φ_{ext} 变化时 SQUID 的伏安特性以及相应偏置电流变化时的磁通电压特性,磁通电压特性表示调制外磁通时的电流电压特性的投影,电流-电压特性中的拐点是由于后面讨论的 SQUID 中发生的共振引起的

(a) Φ_{ext} 的 $n\Phi_0$ 和 $(2n+1)\Phi_0/2$ 之间变化时 SQUID 的伏安特性;

(b) 偏置电流从 0μA 到 55μA 以 1μA 为步进间隔的磁通电压特性集。

SQUID 可以在恒定电流(即电流偏置)或恒定电压(电压偏置)下运行。在电流偏置模式下,它通常运行在磁通电压特性的陡坡部分,其中转换系数 $V_\Phi = \partial V/\partial \Phi$ 是最大。在小信号限制($\Phi_{ext} \ll \Phi_0$)下,它将外部磁通量 U_{ext} 或其他可以转换为磁通量的物理量转换为 SQUID 两端的电压。由于外部磁通通常超过小信号限制,SQUID 一般运行在磁通锁定环路(Flux-Lockeol-Loop, FLL)反馈电路中,这在10.2.3节中讨论。

10.2.2.2 直流 SQUID 噪声—白色噪声及 $1/f$ 噪声

SQUID 中的噪声有两种:一种是与频率无关的白噪声,另一种是在低频时增加的有色噪声。噪声谱中的有色部分也称为 $1/f$ 噪声。磁通噪声的代表性谱①如图10-4所示。在4.2K时,分流电阻的典型奈奎斯特噪声是白噪声的主要来源。结果表明[13],在最优条件下($\beta_C = \beta_L \approx 1$),电压噪声的功率谱密度为

$$S_V(f) \approx 16 k_B TR \tag{10-5}$$

这相当于磁通量噪声的谱密度为

$$S_\Phi(f) = S_V/V_\Phi^2 = 16 k_B T L_{SQ}^2 / R \tag{10-6}$$

式中:转换系数的近似值取 $V_\Phi = R/L_{SQ}$。需要注意的是,由于 SQUID 中的混合效果,测量噪声大约是奈奎斯特噪声的4倍。

---

① 等效磁通噪声 $S_\Phi^{1/2}$ 由测量电压噪声 $S_V^{1/2}$ 和传递函数 V_Φ 给出,为 $S_\Phi^{1/2} = S_V^{1/2}/V_\Phi$。

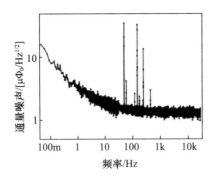

图 10-4 4.2K 时直流 SQUID 的典型磁通噪声谱（SQUID 的电感为 $L_{SQ}=180\text{pH}$，正常电阻为 $R\approx 10\Omega$，等效白磁通噪声为 $1.3\mu\Phi_0/\text{Hz}^{1/2}$）

为了比较具有不同电感 L_{SQ} 的 SQUID，常常参考等效能量分辨率 $\varepsilon=S_\Phi/2L_{SQ}$，指单位带宽内信号的能量与固有噪声能量的比值。对于上述的最优条件，这些关系可以改写为 SQUID 电感 L_{SQ} 和结电容 C_{JJ} 的函数，即

$$\sqrt{S_\Phi(f)}=4\cdot L_{SQ}^{3/4}C_{JJ}^{1/4}\cdot\sqrt{2k_BT} \qquad (10-7)$$

$$\varepsilon(f)=16k_BT\sqrt{L_{SQ}C_{JJ}} \qquad (10-8)$$

式中：设置 $\beta_C=\beta_L=1$。

LTS-dc-SQUID 在 4.2K 工作中时的白磁通噪声量级为 $10^{-6}\Phi_0/\text{Hz}^{1/2}$，能量分辨率相当于 $10^{-32}\text{J/Hz}^{1/2}$，对应几 h，h 为普朗克常数。温度为 0.3K 时，已经实现了 $L_{SQ}\approx 100\text{pH}$ 的 SQUID 的噪声能量约为 $2\hbar$。对于这样电感的 SQUID，$\beta_L=1$ 条件将导致结的临界电流约为 $I_C\approx 10\mu\text{A}$，这是一个典型的低噪声 SQUID 的值。

由以上关系可以看出，通过降低 SQUID 电感、工作温度和结电容可以提高能量分辨率。然而，对于实际可应用的传感器来说，与外部信号的耦合限定了 SQUID 电感的下限。例如，方形衬垫 SQUID 的有效磁通捕获面积与衬垫孔的线性尺寸成比例，而后者又与电感 L_{SQ} 成比例。因此，在高能量分辨率要求的小电感和外部信号充分耦合要求的足够有效区域对应的大电感之间需要一个权衡。

LTS-dc-SQUID 的工作温度通常固定在 4.2K 或更低的温度，由测量任务及可用的冷却设备决定。为了进一步提高 SQUID 噪声方面的性能，需要减小总的结电容 C_{JJ} 以及相应的结的尺寸，这通常受到使用的制造工艺的限制。只有仔细注意结附近的物质，才可以利用小面积结的低电容优势。由于超导电极附近的涂层而产生的非希望的寄生电容 $C_{JJ,p}$ 可能会影响甚至支配超导器件的性能，该问题在10.3节中进行更为详细的讨论。

除了上面讨论的第一种噪声源白噪声外,在某一特定频率f_c(即$1/f$的拐角)以下,噪声按$1/f^\alpha$增加,α的范围为0.5~1.0。在f_c处,白噪声的贡献等于$1/f$噪声的贡献,f_c可能小于1Hz。到目前为止,已经能够确定直流SQUID中的几个低频噪声源。根据文献[15]已经可以区分约瑟夫森结临界电流的波动和磁通噪声。

一般认为,临界电流的波动起源于结势垒中缺陷态电子的随机捕获和释放。因此,势垒高度和由此引起的约瑟夫森结的临界电流的局部变化,导致一种随机的电磁噪声。每个波动都有自己的特有的寿命,大量这些波动的叠加,导致磁通噪声S_Φ功率谱密度的$1/f$依赖性[16]。正如将在10.2.3节中提到的,临界电流波动的影响可以通过使用适当的电子读出方案来减少甚至消除。

第二种噪声源,即所谓的通量噪声,来自于SQUID衬垫中超导体内部小块的非超导区域捕获涡旋的运动。在超导结构中,捕获流动的吸引力可以通过计算吉布斯(Gibbs)自由能得到[17-19]。根据估算,当超导体在环境磁场中冷却时,小线宽的超导体通常有利于防止超导体中的涡旋捕获。通过将超导结构的线宽w减小到$w \approx (\Phi_0/B)^{1/2}$以下,原则上可以消除这种磁通噪声。当磁通密度$B \approx 50\mu T$时,要求$w < 6\mu m$。

最近又发现了低频磁通噪声的另一来源,但迄今为止对这一现象还没有全面的认识。在过去的几年里,讨论了一些有关低频磁通噪声的微观起源的可能原因。例如,科赫(Koch)等[20]认为超导体表面上的未配对电子的自旋,由于热激活而跳上或跳下缺陷态,可能会产生这样的特征。在这种情况下,只要电子被捕获,自旋的方向就会被锁定,从而产生随机的磁性信号。许多不相关的自旋方向变化的叠加之后就会得到观测到的$1/f$功率谱。

由于磁通噪声的功率谱密度与V_Φ成比例,因此这种贡献在$\partial V/\partial \Phi = 0$的工作点中消失,而临界电流波动则不会。这表明对临界电流和磁通噪声的作用能够进行独立估算和优化。虽然这种磁通噪声起源的问题仍然是一个未解决的难题,但似乎超导薄膜的质量及其与衬底的界面对$1/f$通量噪声的大小起着重要的作用,并且在未来期望会有相当大的改进。

10.2.2.3 实际器件

如前所述,直流SQUID由一个具有电感L_{SQ}中间插入了两个约瑟夫森结的超导环组成。如今,SQUID通常采用薄膜技术,而不是最初使用的块状材料制备。在10.3节中,讨论现代高灵敏度器件制备的主要步骤。

现在考虑一个最简单的设计:方形衬垫SQUID。其中,SQUID的电感形状为内外尺寸分别为d和D的衬垫,如图10-5(a)所示。

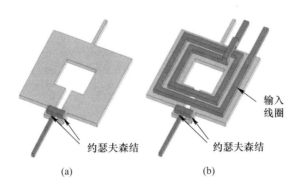

(a)　　　　　　　　(b)

图10-5　一种未耦合和耦合的方形衬垫的SQUID(SQUID电感形状为中间有孔和
具有狭缝的方形衬垫,约瑟夫森结安放在狭缝的外缘,耦合的SQUID在
SQUID衬垫的顶部显示有输入线圈)

(a)未耦合的方形衬垫的SQUID；(b)耦合的方形衬垫的SQUID。

这些裸露的或非耦合的SQUID,但由于除了通过孔的磁通外没有外部信号耦合到SQUID,具有$L_{SQ} \approx \mu_0 d$的小电感,它们表现出非常小的有效磁通捕获面积约$A_{eff} = \partial \Phi / \partial B = dD$[21]以及相应的弱磁场噪声,即

$$\sqrt{S_B(f)} = \sqrt{S_\Phi(f)}/A_{eff} \qquad (10-9)$$

这有助于需要良好空间分辨率的应用,如SQUID显微镜或微型感光计[22]。为了在不改变电感的情况下增加这些器件的有效面积,可以简单地增加衬垫的外部尺寸D,利用超导体由于完全抗磁性而产生的磁通聚焦效应。虽然这种方法已经成功地应用尤其是在高温超导器件中,但由于磁通捕获,超导体的线宽w增加可能会降低其低频能。

一种更有效的方法是在SQUID衬垫的顶部放置一个多圈薄膜输入线圈,确保两者之间的紧密电感耦合,如图10-5(b)所示方法。这两层通过绝缘层相互隔开。现在一个独立的有效面积更大的耦合回路可以连接到这个输入线圈,以提高磁场分辨率。除输入线圈外,第二个线圈通常集成在SQUID衬垫的顶部,以便将反馈信号耦合到SQUID中,如将在10.2.3节中讨论的那样。

通过集成薄膜输入线圈,SQUID不仅可以用于SQUID磁力仪,还可以作为任何可以转化为磁通量的物理量的传感器,磁梯度仪、电流传感器和电压表、磁化率计、射频放大器或位移传感器都可能应用。因此,SQUID的用途非常广泛,应用范围从生物磁学[23,24]和地球物理勘探[25,26]到磁共振成像[27]。表10-1列出了一些应用中SQUID的典型灵敏度。在10.4节中,提供关于一些最先进设备的更多信息。

表 10 – 1 SQUID 传感器的典型灵敏度

测量	灵敏度
磁场	$10^{-15}\text{T}/\text{Hz}^{1/2}$
电流	$10^{-13}\text{A}/\text{Hz}^{1/2}$
电压	$10^{-14}\text{V}/\text{Hz}^{1/2}$
电阻	$10^{-12}\Omega$
磁矩	10^{-10}emu

如 10.2.2.2 节所述,为了比较具有不同电感 L_{SQ} 的 SQUID,通常参考等效能量分辨率 ε。由于这描述了非耦合 SQUID 的能量分辨率,实际上使用所谓的耦合能量分辨率 ε_c,可表示为

$$\varepsilon_c = \varepsilon/k_{in}^2 \tag{10-10}$$

式中:k_{in} 为输入线圈电感 L_{in} 与 SQUID 环电感 L_{SQ} 之间的耦合常数,它由输入线圈和 SQUID 之间的互感 M_{in} 来确定,即

$$M_{in} = k_{in}\sqrt{L_{SQ}L_{in}} \tag{10-11}$$

根据 ε 的定义,耦合能量分辨率 ε_c 对应于输入线圈中单位带宽可检测到的最小能量。根据预期的应用和相应的 L_{in},目前的 SQUID 具有低于 100h 的耦合能量分辨率。

基于衬垫 SQUID 的耦合 SQUID 的设计相当直接明了的,并且可以根据实验证明的表达式[28,29]实施:SQUID 电感可表示为

$$L_{SQ} = L_h + L_s + L_j \tag{10-12}$$

式中:L_h 为衬垫孔的电感;L_s 为狭缝的电感;L_j 为与约瑟夫森结相关的电感(通常可以忽略不计)。衬垫孔的电感为

$$L_h = \alpha\mu_0 d \tag{10-13}$$

方形衬垫的 $\alpha = 1.25$,八角衬垫的 $\alpha = 1.05$,圆形衬垫的 $\alpha = 1$。狭缝电感可近似为

$$L_s = 0.3\text{pH}/\mu\text{m} \tag{10-14}$$

SQUID 与 SQUID 衬垫顶部集成的多匝输入线圈之间的互感为

$$M_{in} \approx nL_{SQ} \tag{10-15}$$

输入线圈的电感可以表示为

$$L_{in} \approx n^2 L_{SQ} \tag{10-16}$$

输入线圈电感为实现最佳耦合应与耦合电路电感相匹配。在 SQUID 磁力

仪的情况下,耦合回路通常是具有电感 L_j 的薄膜或绕线回路,如图 10-6 所示。耦合电路的形状必须适合测量任务,对于平面和轴向一阶梯度计如图 10-6 所示。

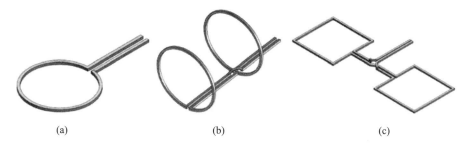

图 10-6 常见的耦合回路结构(耦合回路的两端连接到 SQUID 衬垫顶部的集成输入线圈)
(a)用于磁力仪;(b)用于一阶轴向梯度计;(c)用于一阶平面梯度计。

然而,在实际设备中,可能会出现偏离理想性能的情况。例如,SQUID 衬垫和输入线圈之间的杂散电容在磁通-电压特性中会导致共振,进而可能会严重恶化设备性能。因此,对于这种紧密耦合的 SQUID,通常需要仔细的设计优化处理。有关此主题的详细信息,请参见文献[30,31]。

尽管耦合能量分辨率是比较不同电感的 SQUID 的一种很好的方法,但是磁力仪的优值系数在于磁场噪声 $S_B^{1/2}$。结果表明,在保持 $L_{in} \approx L_p$ 的情况下,通过增大耦合回路面积,可以提高磁场分辨率,以及相应的磁场噪声 $S_B^{1/2}$。文献[32]与耦合回路的半径 r_p 相对的 $S_B^{1/2}$ 的白噪声水平近似为

$$\sqrt{S_B} \approx \frac{2\sqrt{\mu_0 \varepsilon}}{r_p^{3/2}} \quad (10-17)$$

对于 $r_p = 15mm$ 和 $\varepsilon = 10^{-32}$ 的圆形耦合回路区域,这导致 $S_B^{1/2} \approx 100 \times 10^{-16} T/Hz^{1/2} = 0.1 fT/Hz^{1/2}$。

在这一点上值得注意的是,尽管 SQUID 传感器本身表现出优异的噪声性能,但是 SQUID 系统的总体噪声性能可能会受到读出电路的噪声以及环境(如杜瓦瓶产生的噪声)的损害。

提高磁力仪有效面积的另一种方法是在保持 SQUID 电感在一个能够接受的水平下将超导耦合线圈分成若干独立的并联回路,以降低总的 SQUID 电感。在这些称为多环的磁力仪中,如文献[33-36]中所述,SQUID 本身通常充当敏感区域,那里所谓的凯臣(Ketchen)型 SQUID 通过感应耦合到如上所述的天线上。由于在电感耦合 SQUID 中使用的磁通变换器不可避免的损耗,多回路磁力仪能够对于给定芯片的区域实现最佳场分辨率,如在文献[37]中描述的一阶梯

度计。

然而,转换器耦合 SQUID 提供了在设计中包括薄膜低通滤波器的可能性,以提高其稳健性,特别是对于电磁非屏蔽运行。作为示例,图 10-7 给出了具有约瑟夫森结的变换器耦合 SQUID 的内部结构[38]。SQUID 自身是三叶草形状,上面有输入线圈。SQUID 用于一阶梯度计的布局导致其对均匀环境场不敏感,因此可以作为电流传感器工作。

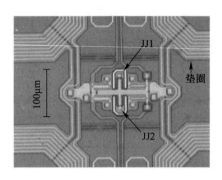

图 10-7 变压耦合 SQUID 电流传感器中心部分的显微镜照片(约瑟夫森结表示为 JJ1 和 JJ2。SQUID 衬垫顶部的线表示输入线圈。转载自文献[38],经 IOP 许可转载出版有限公司)

10.2.3 SQUID 电子线路

如上所述,SQUID 本身是一个具有非线性周期性磁通-电压特性的非常灵敏的磁通-电压转换器(图 10-3)。为了获得从 SQUID 环中穿过的磁通与 SQUID 两端电压的线性依赖性,SQUID 工作在被称为 FLL 的反馈环中。

10.2.3.1 磁通锁定环路

有两种主要的 FLL 方案:磁通调制和直接耦合读出。

由于具有设计紧凑的读出电路的能力,适用于大带宽和动态范围以及低功耗的多通道系统中,直接耦合 SQUID 电子在目前被广泛使用。因此,本章节的讨论限定在这种类型的 FLL 上,尽管基本概念对两者都适用。

在讨论直接耦合读出模式的细节之前,应该提到,采用磁通调制读出方案能够抑制前置放大器的低频噪声和约瑟夫森结的同相临界电流波动。由于在最先进的低温超导体隧道结中的临界电流波动一般非常微弱,因此,这不是大多数应用中存在的主要问题。也有其他读出选项,如偏置反转[15,40],它能够抑制两种读出方案中的同相和异相临界电流波动。

直接耦合读出方案的示意图如图 10-8 所示。通过反馈电阻 R_{Fb} 和互感

M_{Fb}将由于信号磁通Φ_{Sig}变化引起的 SQUID 上的电压放大、集成并反馈给 SQUID 作为反馈磁通Φ_{Fb}。

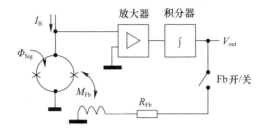

图 10-8 直接耦合 SQUID 电子的示意图(R_{Fb}和M_{Fb}分别表示反馈线圈和 SQUID 之间的反馈电阻和互感。在反馈模式下,输出电压V_{out}与外部信号通量Φ_{Sig}呈线性关系)

因此,FLL 使 SQUID 内部的磁通量保持恒定,输出电压,即通过反馈电阻的电压,在一个极大提高的线性工作范围内线性地依赖于施加的信号Φ_{Sig}。

除了线性化之外,电子线路的主要目的是在不影响 SQUID 的低电压噪声水平的情况下读出 SQUID 的电压。读出电子线路对总测量磁通噪声$S_{\Phi,t}^{1/2}$影响可表示为[39]

$$\sqrt{S_{\Phi,t}} = \sqrt{(\sqrt{S_{\Phi,SQ}})^2 + \left(\frac{\sqrt{S_{V,Amp}}}{V_\Phi}\right)^2 + \left(\frac{\sqrt{S_{I,Amp} \cdot R_{dyn}}}{V_\Phi}\right)^2} \quad (10-18)$$

式中:$S_{\Phi,t}^{1/2}$为 SQUID 本征磁通噪声;$S_{V,Amp}^{1/2}$和$S_{I,Amp}^{1/2}$分别为前置放大器的输入的电压噪声和电流噪声;R_{dyn}为工作点的动态 SQUID 电阻。

最先进的 SQUID 电子线路的典型输入电压和输入电流噪声约为 0.35nV/$Hz^{1/2}$和 2~6pA/$Hz^{1/2}$[41,42]。对于当前可用的直流 SQUID,可用电压摆幅和转换函数通常分别在 30~150μV 和 100~500μV/Φ_0之间变化。这种 SQUID 的动态电阻通常在 5~50Ω 之间。因此,室温 SQUID 电子线路对噪声的贡献可以达到 1~5μΦ_0/$Hz^{1/2}$,可能对总的测量磁通噪声有相当大的贡献。在 10.2.3.2 节中,讨论几种可能的降噪技术。

注意,式(10-18)没有考虑由$S_I^{1/2} = (4k_B T/R_{Fb})^{1/2}$给出的反馈电阻器中热噪声对噪声的贡献。在 SQUID 中,电流噪声通过互感M_{Fb}转换成磁通噪声。特别是在需要大动态范围的 SQUID 系统中,例如,在地球磁场中进行无屏蔽工作时,这种噪声可能会变得很重要,甚至占主导地位。

由于 SQUID 是矢量磁力仪,在地球磁场中的旋转会导致高达 130μT 的磁场差异①。例如,一个磁场噪声为 10fT/$Hz^{1/2}$的 SQUID 磁力仪系统要求 200dB 量级

---

① 这取决于地球上的位置,只考虑了地球磁场对地壳的贡献。

的动态范围,这超过了 30Bit①。即使 SQUID 电子设备允许这样的工作范围,目前的 A/D 转换器(Analogue to Digital Converter,ADC)仍限制在 24Bit 左右。

除动态范围外,与 FLL 动态特性相关的另一个重要参数是系统的转换速率[39,40],可表示为

$$\dot{\Phi}_{\max} = \left| \frac{\partial \Phi_{\text{Fb}}}{\partial t} \right| = 2\pi \cdot f_{\text{GBP}} \cdot \delta V \cdot \frac{M_{\text{Fb}}}{R_{\text{Fb}}} \qquad (10-19)$$

式中:f_{GBP} 是增益 – 带宽乘积,对特定放大器配置是固定值;δV 为 SQUID 可用的电压摆幅。因此,高系统转换速率需要大的 δV 和小的反馈电阻值,但这可能会限制系统噪声。因此,反馈电路的结构总是在低系统噪声与高动态范围和转换率之间进行权衡。式(10-19)描述了在某一特定时间间隔内,电子设备能够跟踪的最大信号变化。

10.2.3.2 降噪技术

如前所述,即使是最先进的 SQUID 电子线路,电子线路的噪声贡献也可能占主导地位。很明显,提高转换函数 V_Φ 会减少这种贡献。

为了提高 SQUID 的 V_Φ,Drung 等提出了一种称为附加正反馈(Additional Positive Feedback,APF)的读出方案[43]。它由一个电阻 R_{APF} 和一个电感 L_{APF} 串联而成,并与 SQUID 并联,如图 10-9 所示。引入的电感 L_{APF} 与 SQUID 磁耦合。在磁通 – 电压特性正斜率的工作点上,小信号 $\delta\Phi$ 产生正电压 δV。因此,通过 APF 线圈的电流增加,由此进一步增大 SQUID 电压。从而,如图 10-9 所示,磁通 – 电压特性在正斜率处变陡,而负斜率将减小。

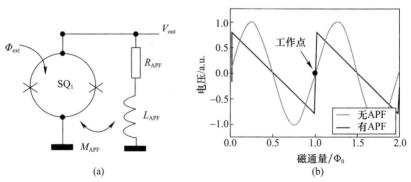

图 10-9 附加 APF 电路的示意图(与无 APF 的特性相比,APF 的磁通电压特性在正斜率处变陡。注意,对于 APF,SQUID 的可用电压摆幅减小)

---

① 在 1Hz 宽带下,动态范围可计算为 $DR = 20 * \log(130\mu\text{T/fT/Hz}^{1/2} * 波峰因子)$,取波峰因子为 4,这导致 $DR = 190\text{dB} > 30\text{Bit}$。

$L_{APF}-R_{APF}$电路扮作一个小信号前置放大器,从而转换函数 V_Φ 在磁通-电压特性的正斜率上增加。因而,降低了前置放大器输入电压噪声的影响。V_Φ 的这种增强伴随 SQUID 可用电压波动的减小,并且它减小了线性磁通工作范围 Φ_{lin}。因此,对于需要大转换率的系统是不利的[39]。在这种结构中,R_{APF} 也将对总的测量噪声产生贡献。

另一种降低室温 SQUID 电子线路贡献的方法是使用第二个 SQUID 作为低噪声前置放大器[44]。图 10-10 给出了这样一个两级设置。这里,要测量的 SQUID(SQ_1)通常工作在电压偏置模式($R_C \ll R_{dyn}$),由外部信号引起的电流调制在放大器 SQUID SQ_2 中检测。放大器 SQUID 互输入线圈电感 M_2 的适当选择使两个 SQUID 之间的磁通增益 $G_\Phi = (\partial\Phi_2/\partial\Phi_1)$ 达到一个足够的水平。使用直接耦合 SQUID 电子器件的两级结构的总噪声为

$$\sqrt{S_\Phi} = \sqrt{(\sqrt{S_{\Phi,1}})^2 + \frac{1}{G_\Phi^2}\left[(\sqrt{S_{\Phi,2}})^2 + \left(\frac{\sqrt{S_{V,Amp}}}{V_{\Phi,2}}\right)^2 + \left(\sqrt{\frac{S_{I,Amp} \cdot R_{dy,2}}{V_{\Phi,2}}}\right)^2\right]}$$

(10-20)

式中:下标 1 和 2 分别为 SQUID SQ_1 和 SQUID SQ_2。

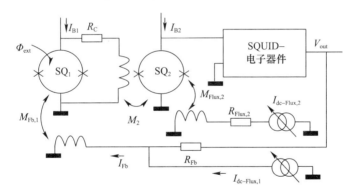

图 10-10 两级测量装置的示意图(在放大器 SQUID SQ_2 中检测到 SQUID SQ_1 由于外部信号通量 Φ_{ext} 而产生的电流调制。当作为电压表工作时,反馈可应用于第一级 SQUID 或 SQUID SQ_2)

显然,大的磁通增益能够忽略放大器 SQUID 和 FLL 的贡献。特别是在前端 SQUID SQ_1 工作在非常低的温度 $T \ll 4.2K$ 下时,这种两级配置通常是利用低水平 SQUID 噪声的唯一方法。然而,在这种配置中,线性磁通范围和系统转换率将降低。

为了在不影响线性磁通范围的情况下增加电压信号以及转换函数,可以使

用由多个相同 SQUID 串联而成的称为串联 SQUID 阵列。如果 SQUID 的临界电流偏差足够小,并且假设阵列中的所有 SQUID 都耦合了相同的磁通量,则单个 SQUID 的电压调制相干地叠加达到类似单个的 SQUID 特性。对于 N 个 SQUID 串联阵列,转换函数和磁通噪声可表示为

$$V_{\Phi,\text{Array}} = N \cdot V_{\Phi,\text{SQ}} \tag{10-21}$$

$$\sqrt{S_{\Phi,\text{Array}}(f)} = \sqrt{S_{\Phi,\text{SQ}}(f)}/\sqrt{N} \tag{10-22}$$

显然,SQUID 阵列的磁通噪声比单个 SQUID 通量噪声小得多。然而,直接使用串联 SQUID 阵列作为电流传感器耦合到检测回路以测量磁通感应的屏蔽电流是不可行的,由于在光刻中不可避免的不精确性以及由此引起的 SQUID 几何形状微小的变化会导致大磁通偏置值时磁通 - 电压特性的振幅调制。阵列中单个 SQUID 中的捕获磁通也可能导致磁通 - 电压特性的失真。

因此,如前所述,SQUID 阵列通常用作两级结构中的 SQUID 放大器。由于磁通噪声与 $N^{1/2}$ 成正比,即使 SQUID 为中等数量 N 以及较低的磁通增益也能够满足大多数应用。在文献[45,46]中已经展示了使用串联 SQUID 阵列作为 SQUID 的读出设备,实现了输出电压在毫伏范围以及带宽超过 100MHz。

与具有周期性磁通 - 电压特性的串联阵列不同,一种有意将不同的具有适当 SQUID 电感分布的 SQUID 的串形联接,仅显示一个显著的最小值[47,48]。这些器件被称为超导量子干涉滤波器(Superconducting Quantum Interference Filter,SQIF)。尽管该方案显示出比具有相同数目的单个 SQUID 的串联 SQUID 阵列稍高的噪声,但由于在 FLL 模式下无法锁定 SQUID 放大器的多个工作点,因此它对于某些应用来说可能是有利的。

这里以一个更一般性的评论来结束这一部分:目前 SQUID 电子器件已经比较成熟,能够兼顾低热漂移、低功耗和小尺寸的优点,具有低噪声和大带宽,甚至在偏远地区 SQUID 系统能够工作。它们通常由计算机控制,能够自动设置 SQUID 工作点,甚至还依然有用户友好的一键式解决方案。目前的趋势是朝向更高的速度和带宽或在 4.2K 温度时前置放大器级的集成(也基于 SQUID),以避免由于信号在室温和低温容器之间连接线上的传播而导致的延迟时间。

10.3　SQUID 制造

LTS - SQUID 的制造是基于复杂的薄膜技术,类似于它们在半导体工业中的应用。SQUID 传感器是在晶片上制作的,将晶片切成几平方毫米大小的芯片,具体尺寸取决于预期应用所需的拾取区域。4in 或更大尺寸的石英、硅或氧

化硅片通常用作基板。因此,成百上千的SQUID可以一次加工。

本节讨论用于LTS-SQUID制造的基本薄膜技术,强调最重要的步骤,即结的制造。更详细的信息可以在文献[49]中找到。

10.3.1 光刻和薄膜技术

目前用于LTS-SQUID的超导薄膜材料主要是铌和铝。起初通常使用铅或铅合金(同样用于结制造的电极材料),但有限的长期稳定性以及与热循环相关的问题导致了今天使用的"全耐火"工艺。

为制备超导薄膜,可采用各种沉淀技术,如热蒸发或电子束蒸发、分子束外延、等离子体和离子束溅射等。由于铌的熔化温度高,溅射是实际使用的标准方法。这通常是在超高真空下进行的,因为杂质可能会极大地改变超导薄膜的性能。

考虑薄膜的最小应力、超导性能或结构边缘的形状等方面的影响,仔细优化超导薄膜的沉积和刻化过程是至关重要的。超导薄膜的陡峭边缘通常是有利的,因为它们不太影响磁通捕获。此外在多层工艺中,必须特别注意避免与薄膜刻画相关的残留物和栅栏结构,因为它们可能导致器件的短路或故障。更高集成的多层工艺,如基于快速单磁通量(Rapid Single Flux Quantum, RSFQ)逻辑[50,51]的约瑟夫森结,试图克服超导层数量增加带来的困难,以及通过隔离层的平面化(通常采用化学机械抛光)来解决潜在的台阶高度或表面形貌问题。由于SQUID的设计通常没有RSFQ电路复杂,目前在SQUID制造中一般不进行平面化,但在未来可能会实现。

薄膜的刻画通常是用剥离法或蚀刻法来完成的。对于剥离法,在薄膜沉积前将光刻胶应用于衬底上。当薄膜被蚀刻时,光刻胶被放置在薄膜的顶部。在两种情况下,抗蚀剂充当所需要结构的掩模。为了剥离,在(超声波)溶剂中去除抗蚀剂,这样抗蚀剂顶部的膜也被去除。蚀刻过程通常是干蚀刻,如等离子体或反应离子束蚀刻。湿法蚀刻也可以使用,但由于各向同性的蚀刻行为而不是那么吸引人。为了避免底层膜的过度蚀刻,可以使用端点探测器或使用薄的自然蚀刻阻止层,如用于氟基蚀刻工艺的铝层。

通常应该避免温度升高(尤其是为成型约瑟夫森结的三层结构已经沉积在晶片上时),因为这提高了氢扩散到薄膜或可能改变势垒特性。

典型的薄膜厚度为 50~300nm。超导结构的线宽,例如,SQUID衬垫顶部刻画的多匝输入线圈的线宽可以小到 $1\mu m$ 甚至更小。抗蚀剂的厚度取决于光刻方法和所需薄膜结构的横向尺寸,在几百纳米到大约 $2\mu m$ 之间。

依靠复杂的设计,LTS-SQUID的制作至少包括两个超导层,一个用于

SQUID衬垫，一个用于输入和反馈线圈以及（几个）隔离层。图10-11给出了一个具有采用氟铸造RSFQ工艺的适当的Nb布线层的分流约瑟夫森结的横截面扫描电子显微镜图像[54]。

图10-11 分流Nb-AlOx-Nb约瑟夫森结横截面的扫描电子显微镜图像
（采用聚焦离子束刻蚀法制备了样品。M0、M1、M2为不同的Nb接线层。通道是这些层之间的连接点。转载自文献[54]，爱思唯尔转载许可）

10.3.2 结的制备

现今SIS约瑟夫森结通常是基于原位沉积Nb-AlOx-Nb的三层三明治结构。还有其他材料体系，如Nb-SiNx-Nb，但它们没有表现出这样好的结的性质，可再现性、低结电容和低水平的临界电流波动。关于过去使用的其他材料体系的详细信息可以在文献[49,55]中找到。

如今，大多数制造技术都是基于所谓选择性铌阳极氧化工艺（Selective Niobium Anodization Process，SNAP）[56]或其众多的演变。1983年Gurvitch介绍了Nb-AlOx-Nb约瑟夫森结[57]的使用。这种材料组合带来了优越的结特性，并很快成为最重要的结制备工艺。到目前为止，它是甚至是为数字应用的非常复杂的RSFQ电路的标准，实现了在单个芯片上可靠地制造多达数万个约瑟夫森结[50]。

结的制备开始于一个由一个Nb基电极、一个薄铝层（在三层沉积过程中部分氧化）和另一个作为对电极的Nb层组成的三层结构的沉积。三层的原位沉积对于两层之间清洁的界面至关重要。AlOx层是通过将溅射的Al暴露在纯氧环境中形成。由氧分压与暴露时间的乘积决定的AlOx层厚度t_{ox}决定了结的临界电流密度j_c，它与厚度呈指数关系。对于SQUID，j_c的范围是0.1~2kA/cm^2，这取决于所需的结的临界电流和尺寸。典型的薄膜厚度Nb为50~300nm，Al约为10nm。薄铝层用于消除下方Nb层的表面粗糙度，并由于AlO$_x$的介电常数ε_r比NbO$_x$低的多实现低的结电容。

在SNAP工艺中，通过对三层的上电极进行阳极氧化来限定结区。在阳极氧化过程中,所需的结区域被一个小的抗氧化点覆盖。在这个所谓的窗口型工艺中,典型的最小结尺寸为几平方微米。由于阳极氧化溶液在光刻胶下部蔓延,小的结的可重复性较差,甚至有缺陷。

为了结能够导电,在对电极的顶部沉积一 Nb 层。最后在结附近放置一个分流电阻器以抑制其动态并满足 $\beta_c \leqslant 1$ 条件。通常使用 Pd、AuPd、Ti 或 Mo 作为分流材料。图 10-12(a)给出了尺寸为 $3\mu m \times 3\mu m$ 窗口型结的扫描电子显微镜图像。

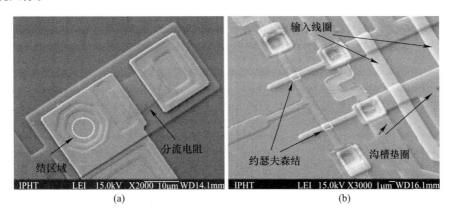

图 10-12　(a)窗口型约瑟夫森结的扫描电子显微镜图像;(b)交叉型结技术的 SQUID 的扫描电子显微镜图像(这种技术大大减小了结的尺寸,避免了由于结周围超导层重叠而产生的寄生电容)。

Nb-AlOx-Nb 约瑟夫森结(形成平行板电容)的比电容约为 $45\sim60\text{fF}/\mu m^{②}$,这取决于势垒厚度,以及由此确定的临界电流密度[58]。由于结周围超导层的重叠(如补偿不同层之间不可避免的排列误差),形成寄生电容,增加了结电容。随着结尺寸的减小,这种效应的影响变得更加明显。

正如 10.2.2.2 节讨论的,小的结电容是有利的,因为它将提高 SQUID 在能量分辨率和电压摆动方面的性能。为了减少和避免寄生电容,已经报道了几种制造技术。一种可能的方法是交叉型技术[59],在这种技术中,连接点是由两条狭窄的垂直条带的重叠来确定的。图 10-12(b)给出了带有图中标出的约瑟夫森结的中间 SQUID 部分的扫描电镜图像。下面的条带是完整的 Nb-AlOx-Nb 三层,宽度与期望的结的线性尺寸相对应。第二垂直的 Nb 条沉积在三层的顶部,作为从三层上刻画 Nb 对电极的掩模。由于该工艺的自对准,没有形成寄生电容。在文献[59]中,已经报道了尺寸为 $0.6\mu m \times 0.6\mu m$ 的高质量约瑟夫森隧道结。由于结的窄线宽设计,避免了磁通量俘获,并且可以在地球磁场中不受限制地进行冷却[60]。

目前超导制造技术的趋势是进一步降低结电容,相应地缩小约瑟夫森结的尺寸,同时在整个晶片上保持高的制造成材率和低的参数变动。

10.4 目前最先进水平的器件

如上所述,SQUID 不仅可以作为磁力仪使用,还可以作为任何可以转化为磁通量的物理性质的传感器,本节展示针对多种应用的目前最先进的器件取得的成果。

10.4.1 SQUID 磁力仪

对于 SQUID 磁力仪,灵敏度是等效磁场噪声 $S_B^{1/2} = S_\Phi^{1/2}/A_{\text{eff}}$。如前所述,由于优化后 SQUID 的参数 β_L 和 β_C 近似一致,磁通噪声 $S_\Phi^{1/2}$ 可表示为设计相关参数 SQUID 电感 L_{SQ} 和结电容 C_{JJ} 的函数。对于所用生产工艺中最小的结尺寸,可以通过最小化 L_{SQ}/A_{eff} 比值来实现对低 $S_B^{1/2}$ 的优化。这也描述了如何有效地将决定白磁通噪声幅值大小的给定的 SQUID 电感转换为一个有效区域。

如上所述,多回路磁力仪能够在给定的芯片区域获得最佳的磁场分辨率。目前已经取得了很好的效果,在白噪声区实现了小于 $1\text{fT}/\text{Hz}^{1/2}$ 的磁场噪声水平[36,61]。图 10-13(a)给出了尺寸为 12mm 的带有外部耦合线圈的器件的磁场噪声谱。器件表现出的典型白场噪声约为 $0.3\text{fT}/\text{Hz}^{1/2}$。

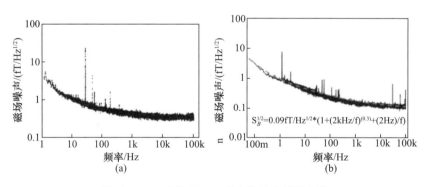

图 10-13 两种 SQUID 磁力仪的磁场噪声谱

(a)带有尺寸 12mm 外接检波线圈的集成多回路 SQUID 磁力仪的磁场噪声谱,该图摘自文献[61],经 IOP 出版有限公司许可转载;(b)由 SQUID 电流传感器和尺寸为 29mm×33mm 的全薄膜检波线圈组成的磁力仪磁场噪声谱。

SQUID 磁力仪也可以通过将薄膜或线绕的耦合线圈连接到电流传感器 SQUID 的输入线圈来实现。如 10.2.2.2 节所述,在保持 $L_{\text{in}} \approx L_p$ 的情况下,通过增大耦合回路的面积可以改善磁场噪声。但这种方法也有其局限性,如由于内部低温恒温器的尺寸、杜瓦壁中的杂质或杜瓦瓶周围使用的超绝缘而产生的噪声。对于预期的应用,SQUID系统还应该以足够大的动态范围为特色。

图10-13(b)给出了SQUID磁力仪的磁场噪声谱,该磁力仪由一个高度敏感的SQUID电流传感器连接到一个尺寸为29mm×33mm的薄膜耦合线圈组成。该器件显示出约$0.1fT/Hz^{1/2}$的白磁场噪声水平,与10.2.2.2节中的粗略近似具有极好的一致性。值得注意的是,$S_B^{1/2}$在1Hz时仍低于$1fT/Hz^{1/2}$。

图10-13中的两个频谱都显示了大约从10kHz的频率开始噪声出现轻微增加,这是由10.2.2.2节中讨论的磁通噪声引起的。如果确定了这个噪声源,预计在$1Hz<f<10kHz$频率范围内的噪声会进一步改善。从图10-13(b)中能够看出,在频率低于1Hz时,约瑟夫森结中临界电流波动产生的噪声占主导地位。

除了通常在高透过性和超导屏蔽层中测量的器件的优越噪声性能外,SQUID系统在非屏蔽运行时的性能尤为重要。例如,文献[62]研究了SQUID系统在地球磁场中冷却和运行时的噪声。系统噪声的估算是通过将两个相同的平行排列的SQUID系统的信号进行相互关联来抵消自然的地球物理噪声。图10-14(a)给出了这两个系统的原始数据的频谱。可以看到,并行通道之间有很好的相关性,允许使用讨论的相关技术。

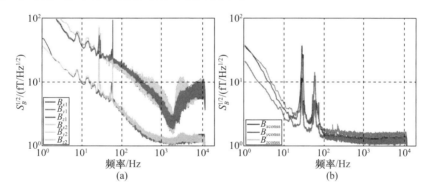

图10-14 高灵敏度SQUID系统的噪声谱(见彩图)

(a)由三个正交SQUID组成的两个高灵敏度系统的噪声谱,在美国犹他州德尔塔西北部同时进行非屏蔽测量;(b)由图(a)的原始数据在频域中通过互相关技术估算的SQUID系统固有噪声(转载文献[62],经IOP出版有限公司许可转载)

图10-14(b)给出了通过在频域中互相关估算的固有噪声。三个正交通道的白噪声约为$1.2\sim1.5fT/Hz^{1/2}$。由于两个系统之间的小偏差以及可能的系统在地球磁场中的运动引起的噪声,估算的低频噪声可能不能完全代表固有的系统噪声。

10.4.2 梯度仪

正如10.2.3.1节中讨论的,在地球磁场中移动运行这种高灵敏度的SQUID磁力仪需要超过30bit的动态范围,远远超出了目前的电子技术和A/D转换器的能力。如果耦合环被配置为在一定的基线上有两个或多个反向的线圈的梯度仪,远处(噪声)源不会在输入线圈中产生信号,因为它们在空间上能够产生非常均匀的场。然而,来自附近样品的信号会在梯度耦合环产生空间非均匀场,导致环路中产生信号电流,该电流将被电感耦合SQUID电流传感器检测到[63]。

梯度仪的品质通常用平差表示,即梯度仪对均匀磁场的响应。对于一个理想的梯度仪来说是没有响应的,因为输入线圈反向绕组的有效面积是相等的。由于在光刻等方面的不准确性是无法避免的,真实的器件在均匀磁场中表现出(小)寄生区域。因此,在梯度仪系统中,磁场的所有分量通常同步测量,以补偿剩余的不平衡。

梯度仪原则上分为两类:电子梯度仪和本征梯度仪。在电子梯度仪中,两个由某一基线分开的SQUID磁力仪的FLL输出电压需要相减。然而,由于讨论过的在地球磁场中工作的磁力仪动态范围问题,这种SQUID的灵敏度以及相应的梯度仪的灵敏度通常很低。为了降低动态范围的要求,这两个磁力仪可以在一个全局反馈方案中运行[64]。

本征梯度仪直接测量穿过两个检波环的磁场差异。通常使用两个检波环的串行连接,它们以"8"型排列。所述耦合环可由薄膜或金属线组成,并连接到SQUID电流传感器的输入线圈中。在这种情况下,SQUID应该被布置成一个二级梯度仪来单独测量耦合回路中屏蔽电流感应的磁通量。

根据被测量的磁场梯度张量的分量 $G_{i,j} = \{\partial B_i/\partial x_j\}$ ($i, x_j \in \{x, y, z\}$),可采用平面式或轴向式梯度仪。平面型梯度仪通常集成了所有的薄膜器件,这可以实现更好的平衡,在理想情况下仅受光刻对准误差的限制。在轴向式的对应部分中,通常使用绕线式耦合线圈。

通过恰当平衡的梯度仪,可以在不超过电流反馈电路动态范围的情况下,在地球磁场范围内进行移动工作。因此,它们能够以高灵敏度测量完全磁梯度张量。因此,复杂的反演算法可以实现对信号源的检测和定位。

图10-15给出了平面式集成全薄膜SQUID梯度仪的噪声谱图。梯度仪具有40mm的基线和采用两个大小为20mm×20mm的环8字形排列的梯度检波环。白噪声达18fT/mHz$^{1/2}$。这些集成器件显示约万分之一的剩余。利用同时获得的磁场分量对测量的寄生区域进行补偿,可达到千万分之一的剩余[65]。

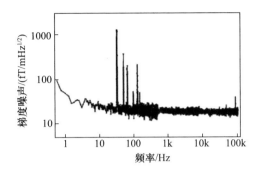

图 10-15 在磁屏蔽内测量平面 SQUID 梯度仪的噪声谱(梯度仪基线为 40mm,两个耦合环的尺寸为 20mm×20mm。实测白梯度噪声为 $18fT/Hz^{1/2}$)

10.4.3 电流传感器

对于基于 SQUID 的电流传感器,通常在 SQUID 衬垫的顶部放置一个集成的超导输入线圈。输入线圈电感耦合到 SQUID 环,所以,线圈中的电流会在线圈内部产生磁通量。因此,它可以用作具有感性输入阻抗的电流传感器。

输入线圈的紧密耦合使其具有良好的电流分辨率 $S_I^{1/2} = S_\Phi^{1/2}/M_{in}$。由于互输入电感 M_{in} 与 SQUID 电感和 SQUID 衬垫上的匝数成正比,需要根据所需的电流分辨率进行许多匝数集成。其受限于制造过程中给定的最小线宽和相邻绕组之间的距离。此外,需要保持输入线圈的超导特性:超导薄膜需要有足够的边缘覆盖,使信号电流不超过薄膜的临界电流。然而,集成输入线圈的紧密耦合可能导致磁通-电压特性的强共振,需要对整个传感器进行优化,如 10.2.2 节所述。另一种将几个微亨的输入线圈有效耦合到电感约为 100pH 或更低的 SQUID 的可能性是利用双变换器耦合方案[66]。这里使用了一个附加的中间磁通变换器,它可以是一个薄膜变型,也可以安装在单独的芯片上或用于低温电流比较器的线绕变压器[67]。

在文献[68]中,报道了一种初级线圈为 10000 匝的线绕电流比较器,在白噪声区域实现了 $4fA/Hz^{1/2}$ 的电流分辨率。集成薄膜器件在大多数情况下比笨重的绕线器件更可取,最近取得的白噪声水平约为 $110fA/Hz^{1/2}$[69]、$25fA/Hz^{1/2}$[70]和 $3fA/Hz^{1/2}$[71]。

图 10-16 给出了文献[71]中描述的器件的噪声谱,白电流噪声为 $3fA/Hz^{1/2}$。它由 2.5mm×2.5mm 的 SQUID 芯片和 12.5mm×12.5mm 的单独磁通变换器芯片组成。当测量的输入电感为 9.5mH 时,其能量分辨率估算约为 65h。

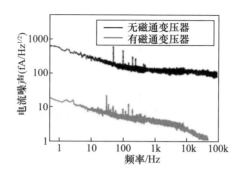

图 10-16 有无变压器时归一化到输入电流的 SQUID 电流传感器的噪声谱
（带变压器和无变压器时的白噪声分别为 $3fA/Hz^{1/2}$ 和 $110fA/Hz^{1/2}$；
转载自文献[71]，经 IOP 出版有限公司许可转载）

10.4.4 进一步应用及发展趋势

10.4.4.1 微型和纳米-SQUID

与通常致力于低磁场噪声的 SQUID 磁力仪不同，微型甚至纳米尺寸的 SQUID 或具有耦合环的微纳尺度上 SQUID 致力于良好的空间分辨率和低噪声。它们可用于 SQUID 显微镜[22]或微型 SQUID 磁化率计[14]。

目前的研究重点是此类传感器在小自旋系统研究和单电子自旋翻转检测中的应用[72-74]。

为了提高 SQUID 的自旋灵敏度 $S_\mu^{1/2} = S_\Phi^{1/2}/\Phi\mu$（这里 S_μ 和 S_Φ 分别为归一化的磁矩和磁通的噪声谱功率密度），需要减小它们的物理尺度，从而通过降低 SQUID 总电感 L_{SQ} 来降低等效磁通噪声谱密度 S_Φ，同时增加了磁矩为 μ 的粒子与 SQUID 之间的耦合 Φ_μ[14,75]。

微型化 SQUID 通常是通过收缩型结实现的，在这种结中，通过电子束或聚焦离子束光刻将一个小孔刻画成薄的超导带[76-79]。在文献[80]中，纳米 SQUID 是通过将一个空心石英管拉入非常锋利的吸管中，在其顶端沉积一个 SQUID 环来实现的。据报道，铅基器件的白磁通噪声水平已降至 $50n\Phi_0/Hz^{1/2}$。

上述交叉型约瑟夫森隧道结能够实现 SIS 结，与超导体-常规导体-超导体（Superconductor-Normal Conductor-Superconductor，SNS）相比，SIS 结更受青睐[81]。它们的小结电容使得白通量噪声水平显著降低。图 10-17 给出了内环尺寸为 $1.5\mu m$ 的器件的扫描电子显微图。图 10-17(b)为回路尺寸为 $0.5\mu m$ 的器件的磁通噪声谱。由测量到的 $70n\Phi_0/Hz^{1/2}$ 白通量噪声估算得到其自旋灵敏度为 $S_\mu^{1/2} < 7\mu_B/Hz^{1/2}$[82]。

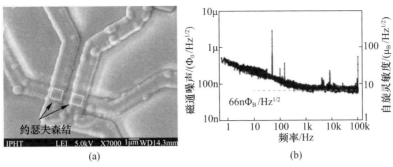

图10-17 SQUID扫描电子显微图和通量噪声谱图

(a)内环尺寸为1.5μm交叉型约瑟夫森结的微型化SQUID的扫描电子显微图;
(b)回路尺寸为0.5μm的纳米SQUID的通量噪声谱(等效白通量噪声为$66n\Phi_0/Hz^{1/2}$)。
根据$S_\mu^{1/2} = S_\Phi^{1/2}/\Phi_\mu$计算自旋灵敏度(右轴),估计耦合$\Phi_\mu = 10.5n\Phi_0/\mu B$。
转载自文献[82],经IOP出版有限公司许可转载)。

10.4.4.2 新型SQUID概念

为了解决与SQUID系统的动态范围和当前AD转换器的有限分辨率相关的问题,提出了几个SQUID概念,例如,数字反馈回路或工作在室温下[83,84]或集成在传感器芯片上[85,86]。这些数字SQUID通常基于超导耦合回路中的临界电流比较器。其中,由外部磁通穿过耦合回路引起的屏蔽电流将叠加到如单个磁滞约瑟夫森结的偏置电流。如果两者之和超过节点临界电流,则将切换到电压状态。应用交流偏置可以复位磁滞结,并进一步实现环路中磁通量的上升和下降计数。该单结可以被磁耦合SQUID取代,以增加电流灵敏度和避免直接反馈到耦合环。

芯片上约瑟夫森结的集成逻辑上像RSFQ一样,避免了由于信号传播到室温电子器件造成的时间延迟,并实现了数据预处理。因此,100MHz的大带宽和大系统回转转换速率成为可能。这种SQUID的第一个原型已经制造出来,但是可靠的低噪声运行还需要在实际应用中得到证明。然而,芯片集成伴随着电路复杂性的大幅增加,从而对制造工艺提出了更高的要求。

在文献[87]中,为了克服当前SQUID系统的动态范围限制,介绍了另一种工作原理。在这种结构中,共面SQUID级联排列在单个芯片上,其有效面积相差几个数量级。假设在芯片区域上有一个均匀的磁场,信息就被分成几个通道,每个通道都被数字化。随后,信息由数据后处理而成。图10-18给出了级联原理。灵敏SQUID的准确分支是由在其自身反馈回路中运行的参考SQUID决定,SQUID系统的灵敏度由级联中最灵敏的SQUID给出。在文献[87]中已经报道了190dB的整体动态范围。此外,该SQUID系统还可以实现对地球磁场矢量分量的绝对测量。

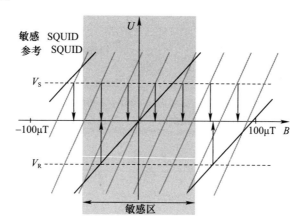

图 10-18 SQUID 级联设置的工作原理(在敏感区中,参考 SQUID 表现出独特的工作点。该参考 SQUID V_R 的输出电压指示敏感 SQUID 的可能工作范围,这决定了整个系统的灵敏度。转载自文献[87],经 IOP 出版有限公司许可转载)

10.5　小结与展望

SQUID 是目前探测磁通量具有接近量子极限能力分辨率的最灵敏的器件,具有一个宽且平坦的从直流到数吉赫的频率响应范围。SQUID 能够用于测量任何能够被转化成磁通量的物理量,如电流、电压、磁化强度和磁化系数、位移以及温度和其他。它们因此是万能的,应用广泛。

然而,为了使用 LTS dc-SQUID 的超级灵敏度,必须在 4.2K 及以下的工作温度下进行。低温的需求是 SQUID 广泛应用的一大障碍,因此操作人员的便利性和系统成本都受到了影响。在此背景下,我们回顾哈罗德温斯托克(Harold Weinstock)1990 年在北约高级研究所发表的评论:如果有更简单、更便宜的设备可以完成任务就不要使用 SQUID。

幸运的是,在过去的几年里,普遍的需求推动了制冷机的发展,现在市面上有各种型号的制冷机。然而,要使用这些机械冷却器,测量室通常是磁屏蔽的,以衰减制冷机产生的磁和震动噪声。如果这些噪声源能够以合理的费用大大减少,各种潜在的市场就可能打开。

基于 Nb-AlOx-Nb 约瑟夫森结的 LTS SQUID 制造已经是一项成熟的技术,可以在单个芯片上制造多达数万个约瑟夫森结。目前的技术发展主要是进一步降低结电容，从而缩小约瑟夫森结，以及成品率和参数扩展的优化。这进一步提高 SQUID 的灵敏度。此外，小线宽器件可以在环境磁场中工作。通过揭示磁通量噪声的来源可能进一步提高现代 SQUID 的灵敏度。

近年来，SQUID 电子线路已经朝着低噪声、大带宽、低热漂移、低功耗和小尺寸的方向发展。用户友好的解决方案，甚至可以由非专业的个人操作。目前的研究集中在 4.2 K 温度下实现更高的速度以及进一步增加带宽和集成前置放大器级。动态性能的显著提高是可以预期的，这是一个关键问题，特别是对于高灵敏度的非屏蔽移动作业。

致　　谢

作者非常感谢安 S. Anders 博士的细心校对和许多令人兴奋的讨论。

参考文献

1. M. Tinkham, *Introduction to Superconductivity* (Dover Publications, USA, 1996)
2. W. Buckel, R. Kleiner, *Superconductivity* (Wiley-VCH, Weinheim, 2008)
3. H. Weinstock, *Squid Sensors: Fundamentals, Fabrication, and Applications* (Kluwer Academic Publishers, Dordrecht, 1996)
4. J. Clarke, A.I. Braginski, *The SQUID Handbook: Fundamentals and Technology of SQUIDs and SQUID Systems* (Wiley-VCH, Weinheim, 2004)
5. J. Clarke, A.I. Braginski, *The SQUID Handbook: Applications of SQUIDs and SQUID Systems* (Wiley-VCH, Weinheim, 2006)
6. P. Seidel, *Applied Superconductivity: Handbook on Devices and Applications* (Wiley, Hoboken, 2015)
7. R. Jaklevic, J. Lambe, A. Silver, J. Mercereau, Quantum interference effects in Josephson tunneling. Phys. Rev. Lett. **12**, 159–160 (1964)
8. B.D. Josephson, Possible new effects in superconductive tunneling. Phys. Lett. **1**, 251–253 (1962)
9. D.E. McCumber, Effect of ac impedance on dc voltage-current characteristics of superconductor weak-link junctions. J. Appl. Phys. **39**, 3113–3118 (1968)
10. W.C. Stewart, Current-voltage characteristics of Josephson junctions. Appl. Phys. Lett. **12**, 277–280 (1968)
11. C.M. Falco, W.H. Parker, S.E. Trullinger, P.K. Hansma, Effect of thermal noise on current-voltage characteristics of Josephson junctions. Phys. Rev. B. **10**, 1865–1873 (1974)
12. R.F. Voss, Noise characteristics of an ideal shunted Josephson junction. J. Low Temp. Phys. **42**, 151–163 (1981)
13. C.D. Tesche, J. Clarke, dc SQUID: noise and optimization. J. Low Temp. Phys. **29**, 301–331 (1977)
14. M.B. Ketchen, D.D. Awschalom, W.J. Gallagher, A.W. Kleinsasser, R.L. Sandstrom, J.R. Rozen, B. Bumble, Design, fabrication, and performance of integrated miniature SQUID susceptometers. Trans. Magn. IEEE **25**, 1212–1215 (1989)
15. R.H. Koch, J. Clarke, W.M. Goubau, J.M. Martinis, C.M. Pegrum, D.J. Harlingen, Flicker (1/f) noise in tunnel junction dc SQUIDS. J. Low Temp. Phys. **51**, 207–224 (1983)

16. S. Machlup, Noise in semiconductors—spectrum of a two-parameter random signal. J. Appl. Phys. **25**, 341–343 (1954)
17. M.A. Washington, T.A. Fulton, Observation of flux trapping threshold in narrow superconducting thin films. Appl. Phys. Lett. **40**, 848–850 (1982)
18. G. Stan, S. Field, J.M. Martinis, Critical field for complete vortex expulsion from narrow superconducting strips. Phys. Rev. Lett. **92**, 097003 (2004)
19. K. Kuit, J. Kirtley, W. van der Veur, C. Molenaar, F. Roesthuis, A. Troeman, J. Clem, H. Hilgenkamp, H. Rogalla, J. Flokstra, Vortex trapping and expulsion in thin-film $YBa_2Cu_3O_{7-\delta}$ strips. Phys. Rev. B. **77**, 134504 (2008)
20. R.H. Koch, D. DiVincenzo, J. Clarke, Model for 1/f flux noise in SQUIDs and qubits. Phys. Rev. Lett. **98**, 267003 (2007)
21. M.B. Ketchen, W.J. Gallagher, A.W. Kleinsasser, S. Murphy and J.R. Clem, in *dc SQUID Flux Focused*, ed by H.D. Hahlbohm, H. Lübbig. SQUID '85—Superconducting Quantum Interference Devices and their Applications (De Gruyter, 1986), pp. 865–871
22. J.R. Kirtley, Fundamental studies of superconductors using scanning magnetic imaging. Rep. Prog. Phys. **73**, 126501 (2010)
23. J. Vrba, J. Nenonen, L. Trahms, in *Biomagnetism*, ed by J. Clarke, A.I. Braginski. The SQUID Handbook: Applications of SQUIDs and SQUID Systems (Wiley-VCH, Weinheim, 2006), pp. 269–389
24. H. Nowak, in *SQUIDs in Biomagnetism*, ed by P. Seidel. Applied Superconductivity: Handbook on Devices and Applications (Wiley, Hoboken, 2015), pp. 992–1019
25. T.R. Clem, C.P. Foley, M.N. Keene, in *SQUIDs for Geophysical Survey and Magnetic Anomaly Detection*, ed by J. Clarke, A.I. Braginski. The SQUID Handbook: Applications of SQUIDs and SQUID Systems (Wiley-VCH, Weinheim, 2006), pp. 481–543
26. R. Stolz, in *Geophysical Exploration*, ed by P. Seidel. Applied Superconductivity: Handbook on Devices and Applications (Wiley, Hoboken, 2015), pp. 1020–1041
27. R. Kraus, M. Espy, P. Magnelind, P. Volegov, *Ultra-Low Field Nuclear Magnetic Resonance: A New MRI Regime* (Oxford University Press, USA, 2014)
28. J.M. Jaycox, M.B. Ketchen, Planar coupling scheme for ultra low noise dc SQUIDs. Trans. Magn. IEEE **17**, 400–403 (1981)
29. M.B. Ketchen, Integrated thin-film dc SQUID sensors. Trans. Magn. IEEE **23**, 1650–1657 (1987)
30. J. Knuutila, M. Kajola, H. Seppä, R. Mutikainen, J. Salmi, Design, optimization, and construction of a dc SQUID with complete flux transformer circuits. J. Low Temp. Phys. **71**, 369–392 (1988)
31. R. Cantor, in *dc SQUIDS: Design, optimization and practical applications*, ed by H. Weinstock. Squid Sensors: Fundamentals, Fabrication, and Applications (Kluwer Academic Publishers, Dordrecht/Boston/London, 1996), pp. 179–233
32. J. Clarke, in *SQUID fundamentals*, ed by H. Weinstock. SQUID Sensors: Fundamentals, Fabrication and Applications (Kluwer Academic Publishers, Dordrecht/Boston/London, 1996), pp. 1–62
33. J.E. Zimmerman, Sensitivity enhancement of superconducting quantum interference devices through use of fractional-turn loops. J. Appl. Phys. **42**, 4483–4487 (1971)
34. F. Dettmann, W. Richter, G. Albrecht, W. Zahn, A monolithic thin film dc-SQUID. Physica Status Solidi (a). **51**, K185–K188 (1979)
35. P. Carelli, V. Foglietti, Behavior of a multiloop dc superconducting quantum interference device. J. Appl. Phys. **53**, 7592–7598 (1982)
36. D. Drung, S. Knappe, H. Koch, Theory for the multiloop dc superconducting quantum interference device magnetometer and experimental verification. J. Appl. Phys. **77**, 4088–4098 (1995)
37. V. Zakosarenko, L. Warzemann, J. Schambach, K. Blüthner, K.H. Berthel, G. Kirsch, P. Weber, R. Stolz, Integrated LTS gradiometer SQUID systems for unshielded measurements in a disturbed environment. Supercond. Sci. Technol. **9**, A112–A115 (1996)

38. R. Stolz, L. Fritzsch, H.G. Meyer, LTS SQUID sensor with a new configuration. Supercond. Sci. Technol. **12**, 806–808 (1999)
39. D. Drung, in *Advanced SQUID read-out electronics*, ed by H. Weinstock. SQUID Sensors: Fundamentals, Fabrication and Applications (Kluwer Academic Publishers, Dordrecht/Boston/London, 1996), pp. 63–116
40. D. Drung, Low-frequency noise in low-Tc multiloop magnetometers with additional positive feedback. Appl. Phys. Lett. **67**, 1474–1476 (1995)
41. N. Oukhanski, R. Stolz, H.G. Meyer, High slew rate, ultrastable direct-coupled readout for dc superconducting quantum interference devices. Appl. Phys. Lett. **89**, 063502 (2006)
42. D. Drung, C. Hinnrichs, H.-J. Barthelmess, Low-noise ultra-high-speed dc SQUID readout electronics. Supercond. Sci. Technol. **19**, S235–S241 (2006)
43. D. Drung, R. Cantor, M. Peters, H.J. Scheer, H. Koch, Low-noise high-speed dc superconducting quantum interference device magnetometer with simplified feedback electronics. Appl. Phys. Lett. **57**, 406–408 (1990)
44. V. Foglietti, Double dc SQUID for flux-locked-loop operation. Appl. Phys. Lett. **59**, 476–478 (1991)
45. R.P. Welty, J.M. Martinis, Two-stage integrated SQUID amplifier with series array output. IEEE Trans. Appl. Supercond. **3**, 2605–2608 (1993)
46. M.E. Huber, P.A. Neil, R.G. Benson, D.A. Burns, A.F. Corey, C.S. Flynn, Y. Kitaygorodskaya, O. Massihzadeh, J.M. Martinis, G.C. Hilton, dc SQUID series array amplifiers with 120 MHz bandwidth. IEEE Trans. Appl. Supercond. **11**, 1251–1256 (2001)
47. J. Oppenländer, C. Häussler, N. Schopohl, Non Phi0 periodic macroscopic quantum interference in one-dimensional parallel Josephson junction arrays with unconventional grating structure. Phys. Rev. B **63**, 024511 (2000)
48. C. Häussler, J. Oppenländer, N. Schopohl, Nonperiodic flux to voltage conversion of series arrays of dc superconducting quantum interference devices. J. Appl. Phys. **89**, 1875 (2001)
49. R. Cantor, F. Ludwig, in *SQUID Fabrication Technology*, ed by J. Clarke, A.I. Braginski. The SQUID Handbook vol. 1: Fundamentals and Technology of SQUIDs and SQUID systems (Wiley-VCH, Weinheim, 2004), pp. 93–126
50. H. Hayakawa, N. Yoshikawa, S. Yorozu, A. Fujimaki, Superconducting digital electronics. Proc. IEEE **92**, 1549–1563 (2004)
51. K.K. Likharev, Superconductor digital electronics. Physica C **482**, 6–18 (2012)
52. J.V. Gates, M.A. Washington, M. Gurvitch, Critical current uniformity and stability of Nb/Al–oxide–Nb Josephson junctions. J. Appl. Phys. **55**, 1419 (1984)
53. T. Lehnert, D. Billon, C. Grassl, K.H. Gundlach, Thermal annealing properties of Nb–Al/AlOx–Nb tunnel junctions. J. Appl. Phys. **72**, 3165 (1992)
54. S. Anders, M.G. Blamire, F.I. Buchholz, D.G. Crété, R. Cristiano, P. Febvre, L. Fritzsch, A. Herr, E. Il'ichev, J. Kohlmann, J. Kunert, H.G. Meyer, J. Niemeyer, T. Ortlepp, H. Rogalla, T. Schurig, M. Siegel, R. Stolz, E. Tarte, et al. European roadmap on superconductive electronics—status and perspectives. Physica C: Superconductivity. **470**, 2079–2126 (2010)
55. H.G. Meyer, L. Fritzsch, S. Anders, M. Schmelz, J. Kunert, G. Oelsner, in *LTS Josephson Junctions and Circuits*, ed by P. Seidel. Applied Superconductivity: Handbook on Devices and Applications (Wiley, Hoboken, 2015), pp. 281–297
56. H. Kroger, L.N. Smith, D.W. Jillie, Selective niobium anodization process for fabricating Josephson tunnel junctions. Appl. Phys. Lett. **39**, 280–282 (1981)
57. M. Gurvitch, M.A. Washington, H.A. Huggins, High quality refractory Josephson tunnel junctions utilizing thin aluminum layers. Appl. Phys. Lett. **42**, 472–474 (1983)
58. M. Maezawa, M. Aoyagi, H. Nakagawa, I. Kurosawa, S. Takada, Specific capacitance of $Nb/AlO_x/Nb$ Josephson junctions with critical current densities in the range of 0.1—18 kA/cm^2. Appl. Phys. Lett. **66**, 2134–2136 (1995)
59. S. Anders, M. Schmelz, L. Fritzsch, R. Stolz, V. Zakosarenko, T. Schönau, H.G. Meyer, Sub-micrometer-sized, cross-type Nb–AlOx–Nb tunnel junctions with low parasitic capacitance. Supercond. Sci. Technol. **22**, 064012 (2009)

60. M. Schmelz, R. Stolz, V. Zakosarenko, S. Anders, L. Fritzsch, M. Schubert, H.G. Meyer, SQUIDs based on submicrometer-sized Josephson tunnel junctions fabricated in a cross-type technology. Supercond. Sci. Technol. **24**, 015005 (2011)
61. M. Schmelz, R. Stolz, V. Zakosarenko, T. Schönau, S. Anders, L. Fritzsch, M. Mück, H.G. Meyer, Field-stable SQUID magnetometer with sub-fT $Hz^{-1/2}$ resolution based on sub-micrometer cross-type Josephson tunnel junctions. Supercond. Sci. Technol. **24**, 065009 (2011)
62. A. Chwala, J. Kingman, R. Stolz, M. Schmelz, V. Zakosarenko, S. Linzen, F. Bauer, M. Starkloff, M. Meyer, H.G. Meyer, Noise characterization of highly sensitive SQUID magnetometer systems in unshielded environments. Supercond. Sci. Technol. **26**, 035017 (2013)
63. J. Vrba, in *SQUID Gradiometers in Real Environment*, ed by H. Weinstock. Squid Sensors: Fundamentals, Fabrication, and Applications (Kluwer Academic Publishers, Dordrecht/Boston/London, 1996), pp. 117–178
64. K.P. Humphrey, T.J. Horton, M.N. Keene, Detection of mobile targets from a moving platform using an actively shielded, adaptively balanced SQUID gradiometer. IEEE Trans. Appl. Supercond. **15**, 753–756 (2005)
65. R. Stolz, *Supraleitende Quanten-interferenzdetektor-Gradiometer-Systeme für den geophysikalischen Einsatz* (University Jena, Jena, 2006)
66. B. Muhlfelder, W. Johnson, M.W. Cromar, Double transformer coupling to a very low noise SQUID. IEEE Trans. Magn. **19**, 303–307 (1983)
67. I.K. Harvey, A precise low temperature dc ratio transformer. Rev. Sci. Instrum. **43**, 1626–1629 (1972)
68. F. Gay, F. Piquemal, G. Geneves, Ultralow noise current amplifier based on a cryogenic current comparator. Rev. Sci. Instrum. **71**, 4592–4595 (2000)
69. C. Granata, A. Vettoliere, M. Russo, An ultralow noise current amplifier based on superconducting quantum interference device for high sensitivity applications. Rev. Sci. Instrum. **82**, 013901 (2011)
70. J. Luomahaara, M. Kiviranta, J. Hassel, A large winding-ratio planar transformer with an optimized geometry for SQUID ammeter. Supercond. Sci. Technol. **25**, 035006 (2012)
71. V. Zakosarenko, M. Schmelz, R. Stolz, T. Schönau, L. Fritzsch, S. Anders, H.G. Meyer, Femtoammeter on the base of SQUID with thin-film flux transformer. Supercond. Sci. Technol. **25**, 095014 (2012)
72. W. Wernsdorfer, in *Classical and Quantum Magnetization Reversal Studied in Nanometer-Sized Particles and Clusters*. Advances in Chemical Physics (Wiley, Hoboken, 2001), pp. 99–190
73. W. Wernsdorfer, Molecular magnets: a long-lasting phase. Nat. Mater. **6**, 174–176 (2007)
74. P. Bushev, D. Bothner, J. Nagel, M. Kemmler, K.B. Konovalenko, A. Lörincz, K. Ilin, M. Siegel, D. Koelle, R. Kleiner, F. Schmidt-Kaler, Trapped electron coupled to superconducting devices. Eu Phys. J. D. **63**, 9–16 (2011)
75. M. Schmelz, R. Stolz, V. Zakosarenko, S. Anders, L. Fritzsch, H. Roth, H.G. Meyer, Highly sensitive miniature SQUID magnetometer fabricated with cross-type Josephson tunnel junctions. Physica C **476**, 77–80 (2012)
76. K. Hasselbach, C. Veauvy, D. Mailly, MicroSQUID magnetometry and magnetic imaging. Physica C **332**, 140–147 (2000)
77. S.K.H. Lam, D.L. Tilbrook, Development of a niobium nanosuperconducting quantum interference device for the detection of small spin populations. Appl. Phys. Lett. **82**, 1078 (2003)
78. A.G.P. Troeman, H. Derking, B. Borger, J. Pleikies, D. Veldhuis, H. Hilgenkamp, NanoSQUIDs based on niobium constrictions. Nano Lett. **7**, 2152–2156 (2007)
79. L. Hao, J.C. Macfarlane, J.C. Gallop, D. Cox, J. Beyer, D. Drung, T. Schurig, Measurement and noise performance of nano-superconducting-quantum-interference devices fabricated by focused ion beam. Appl. Phys. Lett. **92**, 192507 (2008)

80. D. Vasyukov, Y. Anahory, L. Embon, D. Halbertal, J. Cuppens, L. Neeman, A. Finkler, Y. Segev, Y. Myasoedov, M.L. Rappaport, M.E. Huber, E. Zeldov, A scanning superconducting quantum interference device with single electron spin sensitivity. Nat Nano. **8**, 639–644 (2013)
81. J. Nagel, O.F. Kieler, T. Weimann, R. Wölbing, J. Kohlmann, A.B. Zorin, R. Kleiner, D. Koelle, M. Kemmler, Superconducting quantum interference devices with submicron Nb/HfTi/Nb junctions for investigation of small magnetic particles. Appl. Phys. Lett. **99**, 032506 (2011)
82. M. Schmelz, Y. Matsui, R. Stolz, V. Zakosarenko, T. Schönau, S. Anders, S. Linzen, H. Itozaki, H.G. Meyer, Investigation of all niobium nano-SQUIDs based on sub-micrometer cross-type Josephson junctions. Supercond. Sci. Technol. **28**, 015004 (2015)
83. D. Drung, Digital feedback loops for dc SQUIDs. Cryogenics **26**, 623–627 (1986)
84. H. Matz, D. Drung, E. Crocoll, R. Herwig, E. Kramer, M. Neuhaus, W. Jutzi, Integrated magnetometer with a digital output. Trans. Magn. IEEE **27**, 2979–2982 (1991)
85. N. Fujimaki, K. Gotoh, T. Imamura, S. Hasuo, Thermal-noise-limited performance in single-chip superconducting quantum interference devices. J. Appl. Phys. **71**, 6182 (1992)
86. T. Reich, P. Febvre, T. Ortlepp, F.H. Uhlmann, J. Kunert, R. Stolz, H.G. Meyer, Experimental study of a hybrid single flux quantum digital superconducting quantum interference device magnetometer. J. Appl. Phys. **104**, 024509 (2008)
87. T. Schönau, M. Schmelz, V. Zakosarenko, R. Stolz, M. Meyer, S. Anders, L. Fritzsch, H.G. Meyer, SQUID-based setup for the absolute measurement of the Earth's magnetic field. Supercond. Sci. Technol. **26**, 035013 (2013)

第 11 章 腔光机磁力仪

Warwick P. Bowen, Changqiu Yu[①]

摘要: 本章介绍了一种将精密腔光机测量与磁致伸缩材料响应相结合的新型磁力仪。这种磁力仪可以在片上制作,在室温和地磁环境下都能工作。首先,推导得出由系统热机波动引起的灵敏度理论极限,表明其灵敏度超过当前技术状态在原理上是可能的。随后,展示它的带宽可能达到兆赫范围。然后,讨论这些磁力仪的实验实现,验证的灵敏度达到200pT,空间分辨率达到几十微米。最后,在理论和实验两个方面与当前技术进行比较。当前设备的灵敏度与同类尺寸最佳的低温 SQUID 磁力仪相差不到 100 倍,而理论上灵敏度可以超过这些设备一个数量级。

11.1 引　　言

腔体光机磁力仪是一种新型的室温磁力仪,它得益于高质量光学腔体和高质量机械谐振器制造技术的发展。该技术基于磁致伸缩效应,即磁场变化导致材料形变。基于磁致伸缩的磁力仪已经存在了一段时间[1-3]。但是,由于没有腔光机带来的高灵敏度,它们的性能由于热机械噪声影响受到很大限制。近来,集成在片上并利用磁致伸缩材料实现其功能的微环光机系统磁力仪已经实现了在热机械噪声极限下的运行[4-5]。目前,该类设备具有室温条件下同尺寸磁力仪的磁场灵敏度水平[6]、超过地磁场的动态范围、仅微瓦级的光功率、千赫兹的带宽,性能大大超过其他最先进的室温磁力仪[7]。理论模拟表明,在未来的装置中,灵敏度甚至可能超过低温 SQUID 磁力仪[7],这将开辟其在医学诊断[8]、地球测量[9]、基础科学[10]和其他领域[11,12]的一系列潜在应用。

[①] W. P. Bowen (&) _ C. Yu,澳大利亚工程量子系统中心,昆士兰大学,布里斯班,QLD 4072,澳大利亚;电子邮件:w. bowen@ uq. edu. au C. Yu,电子邮件:cq. yu. five@ gmail. com。C. Yu,可调谐激光技术国家重点实验室,哈尔滨工业大学,黑龙江哈尔滨 150080;© 瑞士斯普林格国际出版公司 2017,A. Grosz 等(编辑),高灵敏度磁力仪,智能传感器,测量和仪器 19,DOI 10. 1007/978 – 3 – 319 – 34070 – 8_11。

本章旨在向读者介绍腔光机磁力仪的基本概念及发展现状。首先,介绍基于涨落-耗散定理的基本热机械本底噪声和包括量子反作用在内的测量本底噪声,尽管这种影响与当前设备无关。然后,推导腔光机磁力仪的带宽,预测未来设备带宽可达到兆赫范围。最后,讨论最近的实验进展,并将现有的设备和理论与文献进行了比较。

11.2 应力导致的材料形变

对于材料由于施加应力而引起形变或应变的研究已经比较充分了,特别是在机械工程中。一般来说,这种形变是相当复杂的,可以用应力张量 T 来描述。此外,这种形变往往表现出非线性特征,特别是当形变尺度达到材料的某一物理尺度时。杜芬(Duffing)非线性效应是材料非线性响应的一个典型例子,在足够的应力作用下会导致梁的弯曲[13]。虽然各种的形变都会影响光机磁力仪的性能,但为了简单起见,仅考虑最主要的部分,即作用于材料上的均匀法向应力 σ 所引起的均匀线性法向形变 ε。

作用于材料的法向应力定义为单位面积 A 上的力 F,即

$$\sigma = \frac{F}{A} \qquad (11-1)$$

施加该应力后,材料在应力方向上经历线性膨胀 x,应变定义为

$$\varepsilon = \frac{x}{L} = \frac{\sigma}{E} \qquad (11-2)$$

式中:L 为材料在施加应力方向上的总长度;E 为弹性模量。长度 x 的变化携带了相关作用力的信息。

11.2.1 磁致伸缩应力

如前所述,光机磁力仪采用的是磁致伸缩材料,这种材料在磁场作用下会产生一个力以及随之而来的形变。与所有应力的情况一样,通常这种应力由张量给出,即磁致伸缩应力张量。同样,为了简化问题,这里假定应力是均匀且单轴的这一简单情况。材料中由磁场 B 引起的应力与磁场的关系可简单地表示为

$$\sigma_B = \alpha_B B \qquad (11-3)$$

式中:α_B 为磁致伸缩系数,不同材料之间差异很大。

在所有可用的商用材料中,Terfenol-D 在室温下具有最大的磁致伸缩系数。Terfenol-D 是一种镝、铁和铽的合金,最早由美国海军武器实验室开发,用

于磁致伸缩驱动①。它的磁致伸缩系数变化范围很大,可以超过一个数量级,这取决于材料的制造和处理方法[14]。一个典型的值,也是本章中使用的值 $\alpha_B = 5 \times 10^8 \text{NT}^{-1} \cdot \text{m}^{-2}$ [15]。

11.3 基于形变的磁场测量热机械本底噪声

很好理解,上述光机磁力仪中的信号是材料对磁场响应的磁致伸缩形变。该信号的主要干扰是材料固有的以及测量设备的噪声。材料是具有一定温度的,因此会激发热噪声,这就是材料内部噪声的来源。材料的每一个自由度都会受到来自环境的马尔可夫·布朗(Markovian Brownian,MB)噪声力 $F_T(t)$ 的影响。在热平衡中,涨落-耗散定理将这种热力噪声强度与环境耦合强度联系起来。尤其,与其耗散到环境中的速率 Γ 相关的一个自由度的热力能量谱密度 $S_T(\omega)$ 可表示为[16]

$$S_T(\omega) \equiv \int_{-\infty}^{\infty} e^{i\omega\tau} \langle F_T(\tau) F_T(0) \rangle d\tau = 2m\Gamma k_B T \quad (11-4)$$

式中:$\langle \cdots \rangle$ 为自相关运算,用于表征均值;m 为该自由度的有效质量,在后面会精确定义;k_B 为玻尔兹曼常数,$k_B = 1.38 \times 10^{-23} \text{m}^2 \cdot \text{kg} \cdot \text{s}^{-2} \cdot \text{K}^{-1}$。

注意,这里存在一个典型限制条件,即 $k_B T \gg \hbar\Omega$,该限制条件贯穿本章内容。对于室温光机磁力仪来说这是一个合适的限制。还要注意的是,式(11-4)的右边与频率 ω 无关,也就是说,热力噪声是白噪声,幅度与频率无关。涨落-耗散定理能够确保,在正常平衡状态下,材料的每一个自由度具有热力学要求的平均能量 $k_B T$。

利用涨落-耗散定理以及式(11-1)和式(11-3),立即能够得出所有基于线性形变的磁场传感器热机械本底噪声,即

$$B_{\min,T} = \frac{S_T^{1/2}}{A\alpha_B} = \frac{\sqrt{2m\Gamma k_B T}}{A\alpha_B} = \frac{1}{\alpha_B}\sqrt{2\rho\left(\frac{L}{A}\right)\Gamma k_B T} \quad (11-5)$$

其中,假设整个材料结构具有相同的磁致伸缩系数,在最终表达式中,进一步假设该结构的全部质量参与形变($m = \rho L A$),其中 ρ 是材料的密度。式(11-5)展现了一些有趣的事情。首先,在热机械噪声限制方面,为了获得高灵敏度,需要一个低耗散的机械模式(低 Γ)。其次,对于固定长宽比(如恒定长宽比 $\sqrt{L/A}$),$L/A \propto V^{1/3}$,也即灵敏度与器件尺寸的 $V^{1/6}$ 成正比。这可以从热力在空间上不相

---

① "Terfenol"取自铽英文单词 terbium,铁化学符号 Fe,以及美国海军武器实验室缩写(NOL)的组合。

关这一事实方面理解,不过至少在该模型中信号力在整个结构中是恒定的。因此,随着结构尺寸的增加,总信号力成比例地增加,然而材料上平均的总体热噪声增加地非常缓慢。最后,注意,由于热机械力与频率无关,热机械对磁场灵敏度的限制也与频率无关。

取密度 $\rho = 2000 \text{kgm}^{-3}$,直径 $L = 50 \mu\text{m}$,横截面积 $A = 50 \mu\text{m} \times 1 \mu\text{m}$,耗散率 $\Gamma = 10 \text{kHz}$,与文献[4]中由微环形光学谐振器组成磁力仪的实验基本一致,可以得到 $B_{\min,T} \approx 0.8 \text{pTHz}^{-1/2}$,这个结果与论文中的预测一致。在扩张尺度 L 能够被做得更小的几何结构中,甚至可以获得更好的热机械噪声性能。双腔光机磁力仪几何结构热机械噪声极限的理论值如图 11-9 所示,这里假设磁致伸缩变形与上面计算中使用的磁力仪空间振型、密度和损耗率之间存在完美的匹配。在实心黑色曲线中,磁力仪的比例 $L:W:D = 50:50:1$(约为文献[4]中的比例),其中 A 定义为 $W \times D$,W(或等效 L)定义了空间分辨率。在实红色曲线中,沿磁致伸缩膨胀方向的长度 $L = 1 \mu\text{m}$,$\sqrt{A} = W = D$ 定义了空间分辨率。两条曲线均采用式(11-5)计算。如图 11-9 所示(图在后面),该理论灵敏度大大优于当前存在的同等大小传感器。

从这一基本论述中可以看出,来自环境的热波动对基于形变的磁力仪性能的本质影响是显而易见的。然而,为了达到热机械噪声影响的精度极限,系统必须不受测量噪声的限制。测量噪声的影响是 11.4 节的主题。

11.4 磁场灵敏度的测量精度极限

在光机磁力仪中,由施加的磁场应力引起的机械响应,通常可以在磁力仪结构中使用高品质机械共振来增强。正如后面将看到的,只要这种结构作为一种弹性介质能够很好地被建模,它就是合理的。通常,这种结构包含多个机械共振,每个共振都具有不同的特性,包括耗散率、共振频率、有效质量和磁致伸缩应力的耦合强度。虽然在建模磁致伸缩磁力仪时相对直接地包含了多个共振,然而在感兴趣的频率范围内只有一个机械共振主导系统的动力学特性的简单情况下,本质上的物理现象才能被清晰地展现,这里的情况正是材料可以被考虑作为简谐振子的情况。

受热力和磁力影响的简谐振子的位置 x 的动态特性,可以用运动方程来描述为

$$m\ddot{x} + m\Gamma\dot{x} + kx = F_T + F_B \tag{11-6}$$

式中:F_B 为磁场施加的合力;$k = m\Omega^2$ 为振子的弹簧常数;Ω 为共振频率;m 为振

子的质量,或者更复杂振子的有效质量,如后面将看到的弹性结构中的振动模式。

值得注意的是,这里 F_B 通常不是简单的像期望的那样由式(11-1)和式(11-3)通过 $F_B = A\alpha_B B$ 得出。在前面的讨论中,仅考虑了均匀静态磁致伸缩扩展。这里,取而代之的是将处理一些复杂结构的力学本征模。在这种情况下, F_B 主要取决于磁致伸缩应力和振型之间的空间匹配。

式(11-6)可通过傅里叶变换在频域内轻松求解,得到

$$x(\omega) = \chi(\omega)(F_T(\omega) + F_B(\omega)) \tag{11-7}$$

式中:$\chi(\omega)$ 为机械磁化率,可以由复洛伦兹函数给出,即

$$\chi(\omega) = \frac{1}{m(\omega^2 - \Omega^2 + i\Gamma\omega)} \tag{11-8}$$

这里使用了傅里叶变换关系 $F\{\dot{f}(t)\} = i\omega f(\omega)$。

通过共振增强光场或通过电容耦合到电子电路来实现振子位置 x 的测量总会有一些不确定性。包括这种不确定性在内,检测到的光电流可以写为

$$i(\omega) = x(\omega) + N(\omega) \tag{11-9}$$

$$= \chi(\omega)(F_T(\omega) + F_B(\omega)) + N(\omega) \tag{11-10}$$

$$= \chi(\omega)(F_T(\omega) + c_{\text{eff}} B(\omega)) + N(\omega) \tag{11-11}$$

式中:$N(\omega)$ 为测量噪声,并且假定光电流已经校准,因此 $\langle i \rangle = \langle x \rangle$。在这里,还介绍了一个系数 c_{eff},它用于量化信号磁场转化为施加在振子上的力的灵敏程度,$F_B = c_{\text{eff}} B$。如后所述,一般来说,这个系数取决于感应磁场应力的空间分布与机械振子振型的匹配程度。在完美匹配的简单情况下,该系数可以从式(11-1)和式(11-3)获得,即 $c_{\text{eff}} = \alpha_B A$。

对描述磁场的式(11-11)变形,得到

$$B(\omega) = B_{\text{est}}(\omega) - \frac{1}{c_{\text{eff}}} \left(\underbrace{\frac{N(\omega)}{\chi(\omega)}}_{\text{测量噪声}} + \underbrace{F_T(\omega)}_{\text{热噪声}} \right) \tag{11-12}$$

式中:

$$B_{\text{est}}(\omega) = \frac{i(\omega)}{c_{\text{eff}} \chi(\omega)} \tag{11-13}$$

该值是基于测量的光电流和机械振子的已知响应对外加磁场的估计。可以观察到,虽然热噪声是平坦的,如前所述,但机械响应在机械共振频率处有尖锐峰值,从而使得在该频率处测量噪声最小。这可以理解为,热力和磁力都被机械共振

增强了,而测量噪声没有增强。

可以简单地得到测量精度为

$$B_{\min}(\omega) = \langle (B(\omega) - B_{\text{est}}(\omega))^{1/2} \rangle \tag{11-14}$$

$$B_{\min}(\omega) = \frac{1}{c_{\text{eff}}} \left(\frac{S_N(\omega)}{|\chi(\omega)|^2} + S_T(\omega) \right)^{1/2} \tag{11-15}$$

$$B_{\min}(\omega) = \frac{1}{c_{\text{eff}}} \left(\frac{S_N(\omega)}{|\chi(\omega)|^2} + 2m\Gamma k_B T \right)^{1/2} \tag{11-16}$$

式中:$S_N(\omega)$为测量噪声功率谱密度;热机械力功率谱密度$S_T(\omega)$由式(11-4)给出,并且由于热机械噪声和测量噪声是不相关的,因此交叉项的均值为0。在假定$S_N(\omega)$频谱平坦的情况下,测量强度与频率ω的函数关系如图11-1所示。这种假设在腔光机传感器中通常是非常合理的,因为腔线宽度κ决定了测量噪声谱形状,如后面将看到的那样,通常在兆赫到吉赫的范围内,而机械衰减率在赫兹到千赫的范围内。

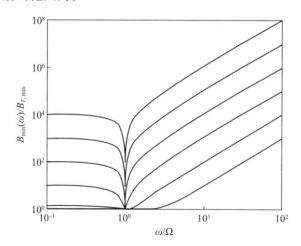

图11-1 不同测量强度下,磁场灵敏度随测量频率而变化(纵轴为利用热机械噪声限 ($B_{T,\min} = \sqrt{2m\Gamma k_B T/c_{\text{eff}}}$)归一化后的最小可检测磁场强度。从上到下几条曲线为 $B_{N,\min}/B_{T,\min} = \{100, 10, 1, 0.1, 0.01, 0.001\}$,其中,$B_{N,\min} = S_N(\Omega)^{1/2}/|\chi(\Omega)|c_{\text{eff}}$ 是假定没有机械热噪声情况下,机械共振时的最小可检测强度。 机械品质因数取值 $Q = \Omega/\omega = 100$)

从图11-1可以看出,当测量强度不足以掩盖谐振器的热运动时,精度在机械共振频率Ω附近急剧达到峰值,并且具有逆洛伦兹线型。另外,当测量强度足以掩盖热运动时,精度在机械谐振频率接近热机械本底噪声,并开始变宽。最终,热机械噪声在所有频率范围内($\omega = 0 \sim \Omega$)都达到了极限,测量精度在这个范围内是平坦的。

图11-2(a)给出了共振磁场灵敏度随测量强度的变化关系,显示随着测量精度接近热机械本底噪声,灵敏度提高,以及一旦超过该水平,灵敏度停滞在热机械本底噪声。

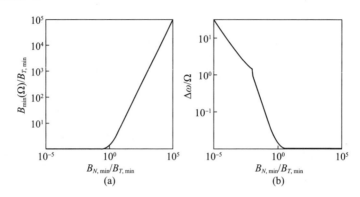

图11-2 谐振磁场灵敏度和传感带宽的函数随测量强度的变化。其中(a)与机械品质因数无关,而(b)机械品质因数取值 $Q = \Omega/\omega = 100$

(a)机械热噪声限归一化($B_{T,\min} = \sqrt{2m\Gamma k_B T/c_{\text{eff}}}$)的最小可检测谐振($\omega = \Omega$)磁场;

(b)机械共振频率归一化的磁场感应带宽。

11.4.1 基于形变的磁测带宽

同样地,在测量本底噪声 S_N 为白噪声的假设下,从式(11-16)可以导出基于磁致伸缩形变的磁力仪带宽解析表达式。这里,将带宽定义为 $B_{\min}(\Omega)$ 最优值的 $\sqrt{2}$(或者在功率中是2倍因子)倍的谱区域宽度。将 $B_{\min}(\omega) = \sqrt{2}B_{\min}(\Omega)$ 代入式(11-16)并求解,得到

$$\left(\frac{\omega_{3\text{dB}}^{\pm}}{\Omega}\right)^2 = 1 - \frac{1}{2Q^2} \pm \frac{1}{Q}\left[\frac{1}{4Q^2} + 1 + \frac{2k_B T}{\Gamma k S_N}\right]^{1/2} \quad (11-17)$$

式中:$Q = \Omega/\Gamma$ 为机械品质因数;$k = m\Omega^2$ 为机械弹簧常数。高频解总是实数,然而,在测量强度足够高时,低频解变为虚数。当测量强度足以掩盖振子在直流下($\omega = 0$)的热机械噪声时,就会发生这种情况。因此,可以将传感器的带宽 $\Delta\omega$ 定义为

$$\Delta\omega = \omega_{3\text{dB}}^{+} - \text{real}\{\omega_{3\text{dB}}^{-}\} \quad (11-18)$$

如图11-2(b)所示,带宽是测量强度的函数。可以看出,当测量强度不足以掩盖热机械噪声时,带宽大致恒定,等于机械耗散率 Γ。一旦测量强度足以掩

盖热机械噪声,带宽大致随测量强度线性增加①。曲线上有明显的拐点,直流磁场下拐点发生在热机械噪声被测量强度掩盖的位置。在拐点上方,带宽随着测量强度的增加而缓慢增加,具体来说按照平方根关系。

图11-2(b)给出了光机磁力仪和其他精密室温磁力仪如氮空位(Nitrogen Vacancy,NV)原子磁力仪之间的一个显著区别。在这些情况下,由于需要相对复杂的控制脉冲序列,带宽通常限制在千赫范围内。如果有足够的测量强度,例如,基于5MHz机械共振的光机磁力仪可以达到MHz带宽,甚至更大。

11.5 腔光机械作用与磁场感测

在11.4节中可以知道,精确测量机械运动对磁致伸缩形变磁力仪高精度和高带宽性能的重要性。这激发了光场和光腔的使用,也就是腔光力学(图11-3)。这样就可以常规地进行机械运动光学测量,其基本概念是反射来自机械振子的光场。振子的运动在光场中引起相移,这个相移可使用适当的相位参考检测技术(如零差或外差检测)来测量。与受热约翰逊噪声约束的电测量装置相比,光场展现出良好的性能,仅受光场的量子散粒噪声约束②,而光腔的本质作用是多次循环光子,从而放大光子产生的相移。

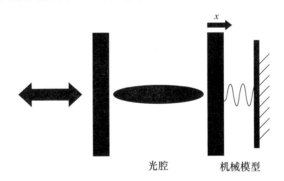

图11-3 一种由法布里-珀罗型腔和一个附在弹簧上的
反射镜组成的通用腔光机系统

当机械振子被放置在光腔中时,由于机械运动引起的光子腔内相移耦合到光谐振频率Ω_c的偏移中。因此,腔光机械系统可以用哈密顿量(Hamiltonian)来描述(见文献[17])为

---

① 如果将测量强度定义为共振测量精度$B_{N,min}$的倒数。
② 利用光子间的量子相互关系可以超过这个限制。

$$H = \hbar(\Omega_c + Gx)n + \frac{p^2}{2m} + \frac{kx^2}{2} \tag{11-19}$$

式中:n 为腔内光子数;p 为机械振子的动量;G 为光机耦合强度(Hz/m)。

也就是说,它量化了由于给定的机械振子位移而引起的光学谐振频率偏移。

虽然这里没有从式(11-19)和文献[18]中的光场输入-输出理论推导出表达式,但是可以通过测量离开光腔的光场相位得到测量光腔中机械振子位置的总噪声功率谱密度[17],为

$$S_N(\omega) = S_{\text{imp}}(\omega) + \frac{h^2|\chi(\omega)|^2}{\eta} \frac{1}{S_{\text{imp}}(\omega)} \tag{11-20}$$

这里,假设入射激光的散粒噪声是有限的。式中:$S_{\text{imp}}(\omega)$ 为测量不精确度功率谱密度;第二项是反作用噪声的总量。式(11-20)第二项是由驱动机械振子的腔内场散粒噪声波动引起的,并在机械运动中附加了噪声。从量子力学的角度来看,根据海森堡(Heisenberg)不确定性原理,防止对机械振子的连续测量是必要的,这能够比连续测量提供更多的机械振子位置和动量的信息。这就解释了为什么当不确定噪声 $S_{\text{imp}}(\omega)$ 减小时,该项反而变大。虽然量子反作用是比较有趣的,并且限制了腔光机磁力仪的最终性能,但是与不确定噪声 $S_{\text{imp}}(\omega)$ 相比,目前的磁力仪在可以忽略不计的范围内工作良好。至此,这是可以忽略的。需要注意,最近一些关于光机相互作用的一些基本实验已经涉及这一领域,其中反作用噪声起了重要作用[19-20]。因此,未来它在空腔光机磁力仪中发挥作用并非不可能。

对于光腔的共振驱动,不确定噪声为[17]

$$S_{\text{imp}}(\omega) = \frac{\kappa}{16\eta nG^2}\left[1 + 4\left(\frac{\omega}{\kappa}\right)^2\right] \tag{11-21}$$

式中:η 为光的总探测效率;κ 为腔的光衰减率。

从式(11-21)注意到,在远低于光衰减率($\omega \ll \kappa$)的频率处,测量噪声是频谱平坦的,正如在11.4节中近似计算的。在较高的频率下,由于腔体不再与信号共振,测量噪声会增加。

举一个具体相关的例子,对于微环形共振器,光衰减率通常约为 $\kappa/2\pi$ = 50MHz,对于入射光功率 $10\mu W$,腔内光子数约为 $n \approx 10^6$。当采用径向各向同性扩展的径向呼吸模式,光机耦合强度通常在 $G = 100$GHz/nm 范围内[21]。将这些参数代入式(11-21)中,取 $\omega \ll \kappa$ 和 $\eta = 1$,得到的测量噪声为 $S_{\text{imp}}(\omega) \approx 3 \times 10^{-38}$m^{2}Hz^{-1}。换言之,在1个测量周期内分辨微环形光学共振器周长 10^{-19}m 的变化在原理上是可以实现的。

由于这种相当高的精度,可预期,至少在接近径向呼吸模式的频率,基于力

和磁场传感器的微环能够轻松地解决驱动模式的热噪声。事实证明也是如此。将上段例子中使用的值代入式(11-16)中,并使用典型的径向呼吸模式,取质量 $m=1$pg,频率 $\Omega/2\pi=20$MHz,耗散率 $\Gamma/2\pi=10$kHz,可以表明测量噪声对最小可分辨磁场的贡献比热力噪声的贡献大了约 4 个数量级。因此,当使用 1pg 机械共振器时,如果腔的唯一目标是为了提高机械共振频率下的最小可分辨磁场,只要入射光功率不被限制在亚纳瓦级,高品质微环光腔就不需要了。然而,正如之前发现的,随着共振器尺寸的增加,热机械波动的水平降低。因此,高品质光学腔为更大、更灵敏的磁力仪提供了达到热机械噪声限的途径。此外,如 11.4 节所述,提高测量精度也会增加带宽。事实上,假设测量噪声为白噪声,由式(11-18)可以得到带宽约为 $3\Omega=2\pi\times60$Mrad/s,在 $\omega=0\sim3\Omega$ 整个范围内达到了热机械噪声的极限性能。当然,从式(11-21)中发现,本底噪声不是平坦的,并且在 $\omega=\kappa$ 以上的频率下会降低。不过,基于微环的光机磁力仪具有很好的带宽潜力,具有达到兆赫范围的良好潜力。

11.6 体机械振子的连续介质力学

11.6.1 弹性波动方程

正如敲响酒杯或敲击音叉可以很好地理解,大块材料通过材料的弹性提供储存力,维持共振的机械振动。与电磁场的情况类似,这种行为可以用波动方程描述。如前所述,机械系统具有非线性特性,如弯曲,在原理上应包括在全波动方程中。然而,在许多情况下,实际上通常情况下也是如此,波动的振幅都足够小,因而非线性可以放心地忽略。从而弹性波动方程可以写为[22]

$$\rho\ddot{\boldsymbol{u}}(\boldsymbol{r},t)=(\lambda+\mu)\nabla(\nabla\boldsymbol{u}(\boldsymbol{r},t))+\mu\nabla^2\boldsymbol{u}(\boldsymbol{r},t)+\boldsymbol{f}(\boldsymbol{r},t) \quad (11-22)$$

式中:如图 11-4 所示,向量场 $\boldsymbol{u}(\boldsymbol{r},t)$ 定义了初始位置为 $\boldsymbol{r}$ 和时间为 t 的一个极小的立方体积元的位移;$\boldsymbol{f}(\boldsymbol{r},t)$ 为由于某种作用力而产生的机械体积力密度(牛顿/单位体积);λ 和 μ 为 Lamé 常数,可表示为

$$\lambda=\frac{\sigma E}{(1+\sigma)(1-2\sigma)} \quad (11-23)$$

$$\mu=\frac{E}{2(1+\sigma)} \quad (11-24)$$

式中:σ 和 E 分别为泊松系数和弹性模量。

弹性模量是材料刚度的度量,量化施加应变 ε 时其轴向压缩,而泊松系数则定义为微小垂直膨胀与轴向压缩之比。对于光机测磁的具体问题,体积力 $\boldsymbol{f}(\boldsymbol{r},t)$

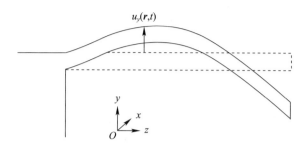

图 11-4 欧拉-伯努利悬臂梁示意图(位移矢量 $\boldsymbol{u}(\boldsymbol{r},t)$ 的 y 轴分量)

由材料中每个点的信号磁场决定。通常,电磁学中,只要引入与材料几何结构相适应的边界条件,就可以求解波动方程来确定本征模及其共振频率。

11.6.2 用分离变量法求解波动方程

分离变量是求解波动方程的常用方法。这里,通过假设弹性波方程式(11-22)的解由独立的时空模态函数乘积组成,即

$$\boldsymbol{u}(\boldsymbol{r},t) = \boldsymbol{\psi}_q(\boldsymbol{r}) u_q(t) \qquad (11-25)$$

$$\boldsymbol{f}(\boldsymbol{r},t) = \boldsymbol{\psi}_q(\boldsymbol{r}) f_q(t) \qquad (11-26)$$

式中:$u_q(t)$ 和 $f_q(t)$ 分别为由本征模态 q 决定的随时间变化的振荡振幅和体积力幅度;$\boldsymbol{\psi}_q(\boldsymbol{r})$ 为随模态形状函数变化的本征模态位置。

模态形状函数归一化是任意的,但是这里根据惯例选择为

$$\max\{|\boldsymbol{\psi}_q(\boldsymbol{r})|^2\} = 1 \qquad (11-27)$$

这产生物理上合理的模态有效质量。机械本征模态形成了正交基,使得 $p \neq q$ 情况下,有 $\int_V \boldsymbol{\psi}_p(\boldsymbol{r}) \cdot \boldsymbol{\psi}_q(\boldsymbol{r}) \mathrm{d}^3 \boldsymbol{r} = 0$,其中 V 是振子的总体积。利用这一点,可以直接证明,$f_q(t)$ 可以由体积力唯一地确定,即

$$f_q(t) = \int \mathrm{d}V \boldsymbol{\psi}_q^*(\boldsymbol{r}) \cdot \boldsymbol{f}(\boldsymbol{r},t) \qquad (11-28)$$

将式(11-25)代入式(11-22)得到一个新的运动方程为

$$\ddot{u}_q(t) = \left[\frac{(\lambda+\mu)\nabla(\nabla \cdot \boldsymbol{\psi}_q(\boldsymbol{r})) + \mu \nabla^2 \boldsymbol{\psi}_q(\boldsymbol{r})}{\rho \boldsymbol{\psi}_q(\boldsymbol{r})}\right] u_q(t) + \frac{f_q(t)}{\rho} \quad (11-29)$$

注意,方括号中的项与时间 t 无关,而等式中的所有其他项与位置 $\boldsymbol{r}$ 无关。因此,方括号中的项必须是常数。通过检验,可以观察到这一项对机械位移 u_q 起着恢复力的作用。为了使运动方程稳定,它必须是负的,与位移相反。利用后见之明,将其定义为等于 $-\Omega_q^2$,从而得到分离的时空运动方程为

$$(\lambda + \mu)\nabla(\nabla \cdot \boldsymbol{\psi}_q(\boldsymbol{r})) + \mu \nabla^2 \boldsymbol{\psi}_q(\boldsymbol{r}) = -\rho \Omega_q^2 \boldsymbol{\psi}_q(\boldsymbol{r}) \quad (11-30)$$

$$m_q \ddot{u}_q(t) + k_q u_q(t) = F_q(t) \quad (11-31)$$

式中：$k_q = m_q \Omega_q^2$ 为普通振子的弹簧常数，并且

$$F_q(t) = m_q f_q(t)/\rho \quad (11-32)$$

式(11-32)表示的是 q 阶本征模态对应的力，单位为牛顿，其中 m_q 为模态有效质量。解式(11-30)得到 q 阶空间模态函数 $\boldsymbol{\psi}_q(\boldsymbol{r})$ 和频率 Ω_q，式(11-31)表明该模态特性类似于简谐振子。这是一个直接且不令人惊讶的结果，通过这个结果，就可以将分析点缩小至描述介质线性弹性波动的线性弹性波方程。

利用由磁致伸缩应力施加的已知体积力，可以利用式(11-32)为每个机械本征模态 q 确定与磁致伸缩磁测相关的系数 c_{eff}。如果磁场 B 在传感器上均匀分布，则 $c_{q,\text{eff}} = F_q/B$。

在 11.6.1 节中，已经推导了一些高度对称几何体中机械共振的模式函数和本征频率的近似解析表达式；通常式(11-30)不适用于解析解和数值方法，而如时域有限差分法(Finite Difference Time Domain, FDTD)或有限元法(Finite Element Method, FEM)会用来确定给定结构的本征频率、本征模、耗散率和有效质量。

11.6.3　确定机械本征模的有效质量

机械振子的各本征模 $\boldsymbol{\psi}_q(\boldsymbol{r})$ 的特征形状决定了唯一的有效质量。有效质量可以通过确定给定材料形变幅度下弹性势能的变化来确定。弹性势能一般由文献[23]给出，可表示为

$$U = \frac{1}{2} \int_V dV [\sigma_x \varepsilon_x + \sigma_y \varepsilon_y + \sigma_z \varepsilon_z + \tau_{xy} \gamma_{xy} + \tau_{yz} \gamma_{yz} + \tau_{zx} \gamma_{zx}] \quad (11-33)$$

式(11-33)是对振子的总体积 V 进行了积分。$\boldsymbol{\sigma}_i$ 和 $\boldsymbol{\tau}_{ij}$ 分别为法向应力和剪应力，通常以矩阵形式表示为

$$\boldsymbol{\sigma} = \begin{pmatrix} \sigma_{xx} & \sigma_{xy} & \sigma_{xz} \\ \sigma_{yx} & \sigma_{yy} & \sigma_{yz} \\ \sigma_{zx} & \sigma_{zy} & \sigma_{zz} \end{pmatrix} = \begin{pmatrix} \sigma_x & \tau_{xy} & \tau_{xz} \\ \tau_{yx} & \sigma_y & \tau_{yz} \\ \tau_{zx} & \tau_{zy} & \sigma_z \end{pmatrix} \quad (11-34)$$

式中：ε_i 和 γ_{ij} 分别为法向应变和工程剪切应变，定义为

$$\varepsilon_i = \frac{\partial u_i(\boldsymbol{r}, t)}{\partial i} \quad (11-35)$$

$$\gamma_{ij} = \frac{1}{2}\left(\frac{\partial u_i(\boldsymbol{r},t)}{\partial j} + \frac{\partial u_j(\boldsymbol{r},t)}{\partial i}\right) \tag{11-36}$$

式中：$u_i(\boldsymbol{r},t)$ 为 $u(\boldsymbol{r},t)$ 的第 i 个分量。

法向和工程剪切应变也通常以矩阵形式表示，即

$$\boldsymbol{\varepsilon} = \begin{pmatrix} \varepsilon_{xx} & \varepsilon_{xy} & \varepsilon_{xz} \\ \varepsilon_{yx} & \varepsilon_{yy} & \varepsilon_{yz} \\ \varepsilon_{zx} & \varepsilon_{zy} & \varepsilon_{zz} \end{pmatrix} = \begin{pmatrix} \varepsilon_x & \gamma_{xy} & \gamma_{xz} \\ \gamma_{yx} & \varepsilon_y & \gamma_{yz} \\ \gamma_{zx} & \gamma_{zy} & \varepsilon_z \end{pmatrix} \tag{11-37}$$

对于典型用于微机械振子的线性弹性材料，每个应力分量与每个应变分量线性相关，通过广义胡克定律可以表示为

$$\sigma_{ij} = C_{ijkl}\varepsilon_{kl} \tag{11-38}$$

其中，紧致性用张量符号表示，C_{ijkl} 是一个仅与材料性质有关的 4 阶弹性张量。结合式(11-35)中定义的法向应变和剪切应变，通常可以利用这个关系式由式(11-33)确定机械振子形变引起的弹性势能。然而，如果振子是由各向同性材料形成的，使用文献[23]给出的广义胡克定律，可以明显简化为

$$\sigma_{ij} = 2\mu\varepsilon_{ij} + \lambda\varepsilon_{kk}\sigma_{ij} \tag{11-39}$$

把式(11-39)代入式(11-33)得

$$U = \frac{1}{2}\int_V dV[\lambda(\varepsilon_x + \varepsilon_y + \varepsilon_z)^2 + 2\mu(\varepsilon_x^2 + \varepsilon_y^2 + \varepsilon_z^2) + 2\mu(\gamma_{xy}^2 + \gamma_{yz}^2 + \gamma_{zx}^2)]$$

$$\tag{11-40}$$

可以得到 q 阶本征模态的机械势能为

$$U_q = \frac{1}{2}k_q u_q^2(t) = \frac{1}{2}m_q \Omega_q^2 u_q^2(t) \tag{11-41}$$

式中：k_q 为模式的弹性常数。

这使得可以将 q 阶本征模态中由机械形变引起的弹性势能与模态的有效质量 m_q 联系起来。将本征模态 q 的时空变化（设置 $u_i(\boldsymbol{r},t) = u_q(t)\psi_{q,i}(\boldsymbol{r})$）代入法向应变和剪应变的表达式(11-35)，并利用式(11-40)可以得到

$$m_q = \frac{2U_q}{\Omega_q^2 u_q^2(t)}$$

$$= \frac{1}{\Omega_q^2}\int_V dV\left[\lambda(\nabla\cdot\boldsymbol{\psi}_q(\boldsymbol{r}))^2\right] + 2\mu\left(\frac{\partial\psi_{q,x}}{\partial x}\right)^2 + \left(\frac{\partial\psi_{q,y}}{\partial y}\right)^2 + \left(\frac{\partial\psi_{q,z}}{\partial z}\right)^2 +$$

$$\frac{\mu}{2}\left|\left(-\frac{\partial}{\partial x},\frac{\partial}{\partial y},\frac{\partial}{\partial z}\right)\times(\psi_{q,x}(\boldsymbol{r}) - \psi_{q,y}(\boldsymbol{r})\psi_{q,z}(\boldsymbol{r}))\right|^2 \tag{11-42}$$

式(11-42)将机械振子本征模的有效质量通过振型和材料特性来表示。

11.7 微环腔光机磁力仪

迄今为止,唯一报道的腔光机磁力仪是基于硅芯片上的微环形腔(图11-5)。在本节中,总结利用该设备取得的结果。

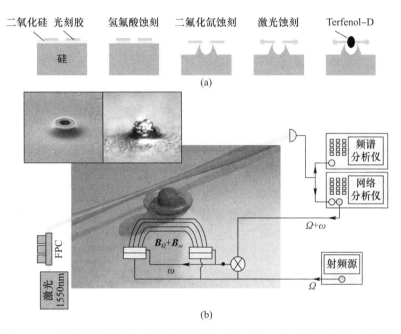

图11-5 微环形腔腔光机磁力仪制造过程及实验装置(经文献[5]许可复制,版权所有2014 WILEY-VCH Verlag GmbH&Co. KGaA,Weinheim)
(a)磁力仪制造过程;(b)实验装置:FPC光纤偏振控制器,在Terfenol-D沉积之前插入扫描电子显微图传感器以及最终的传感器光学显微图。

11.7.1 制作

文献[5]中用来生产基于微环的腔光机磁力仪的制造工艺如图11-5(a)所示。基本概念是生产一个在中心有孔的微环,并在该孔内嵌入磁致伸缩材料。这个过程从一个带有2μm氧化硅层的硅晶片开始。首先,使用标准光刻技术来勾勒光刻胶环,然后利用氢氟酸(Hydrofluoric,HF)去除未覆盖的二氧化硅,使用丙酮、异丙醇和去离子水连续去除剩余的光刻胶。在此之后,使用二氟化氙(Xenon Difluoride,XeF_2)气体各向同性地蚀刻硅环下面的硅,形成具有中心空穴的环形底切硅支撑座。然后，用 10.6μm 的 CO_2 激光对硅片进行再蚀刻，形成一个光滑的圆环。最后，在中心空隙内沉积一粒合适大小的 Terfenol – D，并用环氧树脂固定。文献[5]提到的成品器件的光学品质因数在 10^6 以上，并且在 1~40MHz 频率范围内显示出几种品质因数 Q 约为 40 的机械模态。虽然光学和机械品质因子与前面讨论的最先进的微环面相比都相对较低[24-25]，而要实现兆赫传感带宽的超高质量是必要的，但是不需要达到此类器件的热机械噪声限值。如图 11 – 7(b)所示，利用文献[5]的装置，在机械共振频率周围的几个窄频率窗口中达到热机械本底噪声。相比之下，电子噪声通常会使电子磁力仪的工作幅值数量级远离该限值。

11.7.2 测量装置

为了描述光机磁力仪的灵敏度，并最终在应用中使用它们，必须能够有效地将光耦合到光机磁力仪中，然后测量装置对磁场的响应，即在输出光场上的编码。文献[5]中使用的磁力仪的安装示意图如图 11 – 5(b)所示。来自散粒噪声限制在 1550nm 以内的可调谐光纤激光器的光通过偏振控制器到达锥形光纤。锥形光纤可以短暂地耦合到微环形光腔中。激光频率通过热锁定方式锁定在光学共振最大值的一半。包括磁致伸缩介质在内，施加在谐振器上的应变改变了光的共振频率，从而调制了透射光的振幅。该透射光场通过 InGaAs 光电二极管检测，探测器处有 50μW 的非共振光，足以观察具有良好信噪比的机械共振热机械噪声。装置两侧的一对螺线管产生空间均匀的射频磁场。将已知的直流电流通入线圈，使用霍尔探头测量产生的磁场，并且利用线圈的已知频率响应来校准磁场。

11.7.3 线性工作模式下的灵敏度和动态范围

磁场灵敏度是信号频率的函数，可以通过网络和被测光电流的光谱分析组合来确定[4]。频谱分析可以给出背景激光和机械热噪声。通过在传感器上以参考频率 ω_{ref} 施加已知幅度磁场，频谱分析还可以用来校准该频率下的磁场灵敏度

$$B_{min}(\omega_{ref}) = B_{ref}/\sqrt{SNR \cdot BW} \quad (11-43)$$

式中：B_{ref} 为施加磁场的幅度；BW 为频谱分析仪的分辨率带宽；SNR 为频谱分析仪在频率 ω_{ref} 处观察到响应的信噪比（如图 11 – 7 在 9.7GHz 信号峰值）。网络分析提供了系统对外加磁场的频率响应函数，并可以对磁场灵敏度进行量化，即

$$B_{min}(\omega) = \sqrt{\frac{S(\omega)N(\omega_{ref})}{S(\omega_{ref})N(\omega)}} B_{min}(\omega_{ref}) \quad (11-44)$$

式中：$S(\omega)$ 和 $N(\omega)$ 分别为实测的功率谱密度和网络响应。

磁致伸缩磁力仪的灵敏度是作用于设备直流磁场的强函数。这一点可以理解，因为磁致伸缩过程牵涉到材料内部磁畴沿外加磁场方向的重新排列。如果没有直流磁场，则磁畴没有最终对齐。直流磁场作用到磁畴上，一旦所有磁畴被极化到磁场方向，磁畴最终将完全对齐。材料的膨胀与外加磁场函数关系的测量，呈现 S 形特征，关于零场对称。到目前为止讨论的都是在线性模式下的工作，磁致伸缩系数以及磁场灵敏度，在（非零）直流偏置场下能够最大化，这是由于该偏置场能够在附加弱信号场的作用下使材料的膨胀最大化。磁致伸缩系数与外加直流磁场的关系以及最佳磁致伸缩系数如图 11-6 所示。

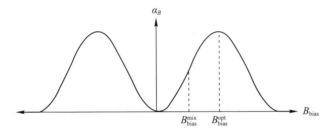

图 11-6 磁致伸缩系数与直流偏压场振幅的函数关系图（显示了标准磁力仪和基于射频混合的磁力仪的最佳偏压场）

在文献[5]的实验中，采用永磁体产生直流偏置磁场。优化永磁体的位置，给出了作为频率函数的最佳磁场灵敏度值，如图 11-7(a) 的红色曲线所示。大致在 17MHz 处，灵敏度达到峰值，为 200ptHz$^{-1/2}$，并扩展到数百千赫的带宽，该设备采用径向呼吸模式。先前预测的兆赫带宽在这里被排除，主要是由于器件的光学品质因数相对较低。

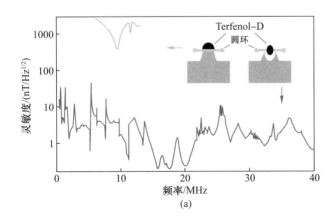

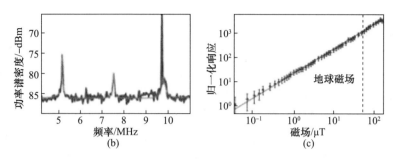

图 11-7 腔光机磁力仪的灵敏度特性(见彩图)
(a)腔光机磁力仪不同结构在线性工作模式的灵敏度(腔式光机磁力仪的插入结构);
(b)在 9.70MHz、1μT 磁场激励下的功率谱密度(PSD)(分辨率带宽:10kHz。橙色曲线拟合,包括 5.2MHz、7.6MHz 和 9.7MHz 下 3 个机械共振的洛伦兹线型);
(c)响应随 100Hz 分辨率带宽信号场强的函数关系,版权所有 2014
WILEY - VCH Verlag GmbH&Co. KGaA, Weinheim。

将文献[5]的结果与 Terfenol - D 粘贴到常规微环形谐振器顶部而产生的空腔光机磁力仪结果进行了比较,如图 11-7(a)的橙色曲线所示,其中这个常规微环形谐振器没有在基座上蚀刻出中心孔。可以看出,磁致伸缩产生的体积力与器件的机械模式之间匹配得到改善,使灵敏度和带宽方面都产生了重大提高。

如图 11-7(c)所示,文献[5]的磁力仪在 200ptHz$^{-1/2}$ ~ 150μTHz$^{-1/2}$ 的整个测量范围内的响应是线性的,在整个被测场范围内没有显示非线性行为的迹象。如这里展示的,扩展到比地磁场大得多的磁场动态范围,对于精密磁力仪来说是不寻常的,并且可以实现非屏蔽传感。

11.7.4 利用非线性混频的低频测量

通常,光学测量技术的局限性之一是对声振动和其他低频噪声源极为敏感。如上所述的磁力仪(并在文献[5]中报告)中,将实施精确磁场感应的频率限制在大约 1MHz 以上。低频下的灵敏度对于许多应用都是至关重要的,包括地球测量、许多生物成像和测量技术。

磁致伸缩材料的扩展与外加磁场的非线性关系如图 11-6 所示,表明磁致伸缩磁力仪的一种替代方法,可以实现低频场的精确测量而不用暴露到低频的光噪声源中。其基本思想是,非线性响应可用于将低频磁场信号混入被测光流围绕相干外加射频磁场频率的边带中[26]。在这里,与其工作在使磁致伸缩系数最大的直流偏置场中,不如希望在弱信号情况下,工作在使磁致伸缩系数变化最大的偏置场中。在这种情况下,低频磁场将改变磁力仪对相干射频驱动的响应。

文献[5]首次在腔光电机磁力仪中观察到非线性混频现象。图11-8(a)给出了观察到的调制边带,由强射频驱动产生的5.22MHz信号上的500Hz低频信号。通过类似的网络和频谱允许的组合分析,这种结构能被确定的最小可检测磁场是频率的函数,在信号频率为2Hz~1kHz的范围内$B_{min}(\omega) \approx 130 \mathrm{nTHz}^{-1/2}$。如上所述,在几赫兹到千赫的频率范围内检测磁场的能力对于许多应用都很重要。显然,非线性混频提供了达到这种频率范围的方法。然而,这是以灵敏度降低了约3个数量级为代价的,像文献[5]实施的那样。

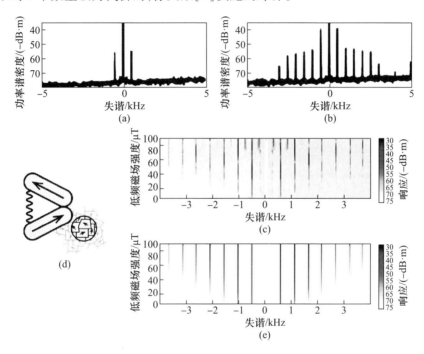

图11-8 光机磁力仪非线性混频(经文献[5]授权复制,版权所有2014威利-VCH沃来格有限公司,韦恩海姆)(见彩图)
(a)在5.22MHz频率附近与振幅为1μT、频率为500Hz的低频信号混频的响应;(b)对22μT信号的响应,呈现为边带梳;(c)传感器响应随信号强度和失谐的伪彩图;(d)Terfenol-D中磁偶极子相互作用的示意图;(e)模拟的(或模型产生的)传感器响应随信号强度和失谐的伪彩图。

文献[5]的一个有趣且出乎意料的观察结果是,不仅由于非线性混频而出现边带,而且在足够高的信号场振幅下,出现了高阶边带的频率梳,如图11-8(b)和(c)所示。文献[5]的作者通过承认磁致伸缩对机械形变非线性响应也会影响结构机械共振的运动,具体来说是在其动力中引入非线性项,提出了一个简单的非线性模型来解释这一现象。机械共振的运动方程可以使用x的二阶函

数表示为

$$\ddot{x} + \Gamma\dot{x} + \Omega^2 x + \chi_B x^2 = (c_0 - c_1 x - c_2 x^2)B \qquad (11-45)$$

式中：χ_B 为通过磁致伸缩引入的非线性系数，c_0、c_1、c_2 分别是 0 阶、1 阶和 2 阶磁致伸缩系数。使用该运动方程的模型很好地再现了实验结果（图 11-8(e)）。

11.8 与先进水平的比较

正如本书明确支持的，磁力仪有着广泛的应用，以不同的方式依赖于一组参数，包括空间分辨率、灵敏度和工作要求。灵敏度和体积是两个关键的对立的参数，它们标示多小的磁场以及在多大的空间范围内可以被探测到。图 11-9 给出了几个最近研发的磁力仪的一些参数。

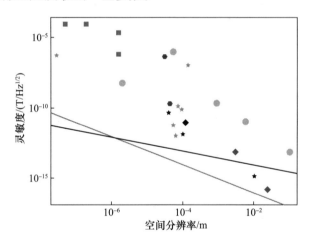

图 11-9 一些现代先进磁场传感器的灵敏度与空间分辨率关系（包括旋转交换无弛豫（SERF）磁力仪（绿色下三角图）[28-30,33]、SQUID 磁力仪（红色五角星图）[34-36]、霍尔传感磁力仪（magneta 十字图）[37,38]、基于 NV 中心的磁力仪（黄色五角星图）[6,32,39-42]。玻色-爱因斯坦凝聚（BEC）磁力仪（黑十字）[43]。磁致伸缩传感器（青色圆圈和钻石）有多种尺寸，其灵敏度一般高于同等尺寸的现代传感器[1,2,44]。如本章所述，腔光力学允许它们的灵敏度大大提高（蓝色上升角）[4,5]。黑线和红线为 11.3 节讨论的磁致伸缩磁力仪的热机械噪声限值，这个图部分参考文献[45]）（见彩图）

在低温环境中，超低场磁力仪主要由 SQUID 主导，它的灵敏度可以高达 $1\mathrm{FtHz}^{-1/2}$ [9]，能够检测单个磁通量子。然而，低温冷却增加了工作成本，且在很多应用中不适用[27]。在室温下，原子磁力仪的灵敏度记录已小于 $160\mathrm{aTHz}^{-1/2}$ [28]，但动态范围和带宽相对较窄[29-30]。此外,它们的空间分辨率通常被限制在毫米量级。

NV 金刚石磁力仪克服了原子磁力仪和 SQUID 磁力仪的尺寸限制,实现了低至几十纳米的空间分辨率记录,且灵敏度高达几个 $nTHz^{-1/2}$[31]。它们的带宽(从几赫到几百赫)和动态范围受到与原子磁力仪类似的限制。近年来,人们研制出了更大的微米尺寸的 NV 磁力仪。通过使用 NV 集成,这些磁力仪实现了更高的精度,对于直径 $60\mu m$ 的磁力仪,有记录的最佳精度为 $1 pt\ Hz^{-1/2}$[32]。

NV 磁力仪吸引人的原因有很多,包括可以方便地将它们与生物样品集成,既可以在细胞内使用金刚石纳米颗粒,也可以使用金刚石基底中的 NV 植入样本。

电子和干涉原理的磁致伸缩磁力仪的尺寸范围很广,从涂有 Terfenol-D 的微型悬臂梁到灵敏度为 $fTHz^{-1/2}$、尺寸为几厘米的光纤干涉仪[1,2,44]。它们具有室温运行、动态范围大、可集成等优点。然而,直到文献[4,5]的腔光机磁力仪,这些磁力仪的灵敏度被限制在远远高于热机械噪声极限。文献[4,5]中获得的灵敏度为同类尺寸的最佳 NV 和低温 SQUID 磁力仪大约 100 倍,而成百上千赫兹带宽和动态范围远优于现有的最先进的 NV 磁力仪。能够使用合理标准制造方法来生产制造、光纤或者波导与光的耦合以及微瓦级的功率要求是这些磁力仪进一步的优势。

随着制造技术的进一步发展,可以接近图 11-9 所示的噪声性能的理论极限。这为腔光机磁力仪的灵敏度超越现有磁力仪提供了前景。

11.9 小　　结

总之,腔光机磁力仪是一种超灵敏室温磁力仪的解决方案,其磁场灵敏度能够媲美甚至在理论上超越目前最先进的技术,具有千赫至兆赫的带宽及超过地磁场的动态范围。这种磁力仪只需要微瓦的光功率,具有达到亚纳瓦量级功率水平的潜力,并且可以集成在硅芯片上。这些特性可能会使新的应用成为可能,如在微型样品上的医学诊断[46],以及直接测量强相互作用自旋系统如半导体[47]、超导体[48]和自旋凝聚体[49]的动力学。随着灵敏度的进一步提高,这些器件可以将微尺度磁力仪的应用扩展到包括芯片上生长的单个神经元的磁成像[50]和弱磁场共振成像[51]等领域,能够在室温下以低功耗和低成本进行便携式高分辨率成像。

参考文献

1. F. Bucholtz et al., High frequency fibre optic magnetometer with 70 fT Hz$^{-1/2}$ resolution. Electron. Lett. **25**(25), 1719–1720 (1989)
2. R. Osiander et al., A microelectromechanical-based magnetostrictive magnetometer. Appl. Phys. Lett. **69**(19), 2930 (1996)
3. Y. Hui et al., High resolution magnetometer based on a high frequency magnetoelectric MEMS-CMOS oscillator. J Microelectromech S **24**, 1 (2015)
4. S. Forstner et al., Cavity optomechanical magnetometer. Phys. Rev. Lett. **108**, 120801 (2012)
5. S. Forstner et al., Ultrasensitive optical magnetometry. Adv. Mater. **26**, 6348 (2014)
6. D.L. Sage et al., Efficient photon detection from color centers in a diamond optical waveguide. Phys. Rev. B Rapid **85**, 121202(R) (2012)
7. S. Forstner et al., Sensitivity of cavity optomechanical field sensors. Proc SPIE **8439**, 84390U (2012)
8. L.P. Ichkitidze et al., Magnetic field sensors in medical diagnostics. Biomed. Eng. **48**(6), 305–309 (2015)
9. A. Edelstein, Advances in magnetometry. J. Phys.: Condens. Matter **19**, 165217 (2007)
10. A. Laraoui et al., Diamond nitrogen-vacancy center as a probe of random fluctuations in a nuclear spin ensemble. Phys. Rev. B **84**, 104301 (2011)
11. D. Rühmer et al., Vector fluxgate magnetometer for high operation temperatures up to 250 °C. Sens. Actuat. A-Phys. **228**(1), 118–124 (2015)
12. H. Can, U. Topal, Design of ring core fluxgate magnetometer as attitude control sensor for low and high orbit satellites. J. Supercond. Nov. Magn. **28**(3), 1093–1096 (2015)
13. I. Kovacic, M.J. Brennan, *The Duffing Equation: Nonlinear Oscillators and Their Behavior* (Wiley, London, 2011)
14. M.B. Moffett et al., Characterization of Terfenol-D for magnetostrictive transducers. J. Acoust. Sec. Am. **89**(3), 1448–1455 (1991)
15. G. Engdahl, *Handbook of Gieant Magnetostrictive Materials* (Academic Press, San Diego, 2000)
16. A. Schliesser et al., Resolved-sideband cooling and position measurement of a micromechanical oscillator close to the Heisenberg uncertainty limit. Nat. Phys. **5**, 509–514 (2009)
17. W.P. Bowen, G.J. Milburn, *Quantum Optomechanics* (CRC Press, Taylor & Francis Publishing, London, 2015)
18. C.W. Gardiner, M.J. Collett, Input and output in damped quantum systems: quantum stochastic differential equations and the master equation. Phys. Rev. A **31**, 3761 (1985)
19. T.P. Purdy et al., Observation of radiation pressure shot noise on a macroscopic object. Science **339**(6121), 801–804 (2013)
20. S. Schreppler et al., Optically measuring force near the standard quantum limit. Science **344**(6191), 1486–1489 (2014)
21. L. Ding et al., High frequency GaAs nano-optomechanical disk resonator. Phys. Rev. Lett. **105**, 263903 (2010)
22. L.D. Landau, E.M. Lifshitz, *Theory of Elasticity*, 2nd edn. (Pergamon Press, New York, 1970)
23. M.H. Saad, *Elasticity: Theory, Applications, and Numerics,* 3nd edn. (Academic Press, New York, 2014)
24. D.K. Armani et al., Ultra-high-Q toroid microcavity on a chip. Nature **421**, 925–928 (2003)
25. T.J. Kippenberg et al., Analysis of radiation-pressure induced mechanical oscillation of an optical microcavity. Phys. Rev. Lett. **95**, 033901 (2005)
26. D.M. Dagenais et al., Elimination of residual signals and reduction of noise in a low-frequency magnetic fiber sensor. Appl. Phys. Lett. **53**, 1474 (1988)

27. M. Sawicki et al., Sensitive SQUID magnetometry for studying nanomagnetism. Semicond. Sci. Technol. **26**(6), 064006 (2011)
28. H.B. Dang et al., Ultrahigh sensitivity magnetic field and magnetization measurements with an atomic magnetometer. Appl. Phys. Lett. **97**, 151110 (2010)
29. M.V. Romalis, H.B. Dang, Atomic magnetometers for materials characterization. Mater. Today **14**(6), 258–262 (2011)
30. D. Budker, M. Romalis, Optical magnetometry. Nat. Phys. **3**, 227–234 (2007)
31. G. Balasubramanian et al., Ultralong spin coherence time in isotopically engineered diamond. Nat. Mater. **8**, 383–387 (2009)
32. T. Wolf et al., A subpicotesla diamond magnetometer. arXiv:1411.6553 [quant-ph] (2014)
33. V. Shah et al., Subpicotesla atomic magnetometry with a microfabricated vapour cell. Nat. Photon. **1**, 649–652 (2007)
34. J.R. Kirtley et al., High-resolution scanning SQUID microscope. Appl. Phys. Lett. **66**(9), 1138–1140 (1995)
35. F. Baudenbacher et al., Monolithic low-transition-temperature superconducting magnetometers for high resolution imaging magnetic fields of room temperature samples. Appl. Phys. Lett. **82**(20), 3487–3489 (2003)
36. M.I. Faley et al., A new generation of the HTS multilayer dc-SQUID magnetometers and gradiometers. J. Phys: Conf. Ser. **43**(1), 1199–1202 (2006)
37. A. Sandhu et al., Nano and micro Hall-effect sensors for room-temperature scanning hall probe microscopy. Microelectron. Eng. **73–74**, 524–528 (2004)
38. A. Sandhu et al., 50 nm hall sensors for room temperature scanning hall probe microscopy. Jpn. J. Appl. Phys. **43**(2), 777–778 (2004)
39. J.R. Maze et al., Nanoscale magnetic sensing with an individual electronic spin in diamond. Nature **455**(2), 644–648 (2008)
40. L.M. Pham et al., Magnetic field imaging with nitrogen-vacancy ensembles. New J. Phys. **13**, 045021 (2011)
41. K. Jensen et al., Cavity-enhanced room-temperature magnetometry using absorption by nitrogen-vacancy centers in diamond. Phys. Rev. Lett. **112**, 160802 (2014)
42. V.M. Acosta et al., Broadband magnetometry by infrared-absorption detection of nitrogen-vacancy ensembles in diamond. Appl. Phys. Lett. **97**(17), 174104 (2010)
43. M. Vengalattore et al., High-resolution magnetometry with a Spinor Bose-Einstein condensate. Phys. Rev. Lett. **98**(20), 200801 (2007)
44. D. Shuxiang et al., Ultrahigh magnetic field sensitivity in laminates of TERFENOL-D and Pb $(Mg_{1/3}Nb_{2/3})O_3$-$PbTiO_3$ crystals. Appl. Phys. Lett. **83**(11), 2265 (2003)
45. S. Forstner et al., Sensitivity and performance of cavity optomechanical field sensors. Photonic Sens. **2**(3), 259–270 (2012)
46. V. Demas, T.J. Lowery, Magnetic resonance for in vitro medical diagnostics: superparamagnetic nanoparticle-based magnetic relaxation switches. New J. Phys. **13**, 025005 (2011)
47. S. Steinert et al., Magnetic spin imaging under ambient conditions with sub-cellular resolution. Nat. Commun. **4**, 1607 (2013)
48. L.S. Bouchard et al., Detection of the Meissner effect with a diamond magnetometer. New J. Phys. **13**, 025017 (2011)
49. M.S. Chang et al., Observation of Spinor dynamics in optically trapped Rb_{87} Bose-Einstein condensates. Phys. Rev. Lett. **92**, 140403 (2004)
50. K.B. Blagoev et al., Modelling the magnetic signature of neuronal tissue. Neuroimage **37**, 137–148 (2007)
51. M.P. Ledbetter et al., Near-zero-field nuclear magnetic resonance. Phys. Rev. Lett. **107**(10), 107601 (2011)

第12章 平面磁力仪

Asif I. Zia, Subhas C. Mukhopadhyay[①]

摘要:随着对磁力仪小型化、低功耗、紧凑性和便携性要求的不断提高,传感器的尺寸几乎成为磁力仪的唯一选择准则。磁性微珠、微磁扫描、无损检测以及类似磁性药物递送的医学应用等,都要求磁传感器具有更小的尺寸和单边测量能力。为了满足这些需求,探索和应用支配纳米科学和最新制造技术的新原理至关重要。本章介绍磁场平面传感器的最新进展,该传感器可用于测量磁场,具有无损测量和单边接触样品的能力。

12.1 引 言

磁力仪定义为一种灵敏的电子读出仪器,配有专门的传感器,用于测量磁性材料的磁化强度或测量空间某一点的磁场强度和方向,磁场传感器是核心器件,以磁感应、洛伦兹力、法拉第旋转、霍尔效应和磁光效应等物理、电子、电学和光学原理为基础工作,应用现代技术的磁感测在物理学和材料科学领域开拓了更广阔的空间。

在半导体工业中,利用高科技的光刻技术对特征尺寸进行精确控制的最新进展为厚膜和薄膜磁传感器及相关变换器的成功制造铺平了道路。最先进的现代微机械加工技术促进了新型固态 MEMS 的发展,该系统为通常与更大规模相似结构相关的许多问题提供了多种解决方案。这些系统足以用平面微型系统取代体积庞大的三维系统,制造成本的降低反过来又导致了各式各样的高精度磁传感器类型的出现,其中包括基于平面感应线圈、磁通门、SQUID、霍尔效应、AMR、GMR、磁隧道结、巨磁阻抗、磁致伸缩复合材料、磁二极管、磁晶体管、光

---

① A. I. Zia (&) S. C. Mukhopadhyay,工程与先进技术学院,梅希大学,北帕默斯顿4442,新西兰;电子邮箱:a. i. zia@ me. com S. C. Mukhopadhyay;电子邮箱:s. c. mukhopadhyay@ massey. ac. nz。A. I. Zia,信息技术大学物理系,公园路,伊斯兰堡,巴基斯坦© 瑞士斯普林格国际出版公司 2017。A. Grosz 等(编辑),高灵敏度磁力仪,智能传感器,测量和仪器 19,DOI 10. 1007/978 – 3 – 319 – 34070 – 8_12。

纤、磁光、光泵、核进动和 MEMS 的磁传感器。本章回顾和讨论将大体积磁传感器小型化和转变为智能传感器件方面的进展,并适时讨论基于平面曲折线圈和网格线圈的磁传感器的应用。

12.2 磁传感器原理分类

磁传感器将磁场转换为电信号,因此磁传感器的基本工作原理是基于交流或直流的应用。

图 12-1 给出了一个依据施加的激励类型和由此产生的电磁感应类型划分的磁传感器和材料的谱系图,所有电磁学效应中最基本的是霍尔效应,当直流电沿垂直于磁感应矢量的方向流过导体时,霍尔效应将产生与磁感应矢量和电流都正交的电场。在电流流过超导材料的情况下,在约瑟夫森结处观察到的电磁效应被称为量子力学电磁效应,这已经成为实现高灵敏度 SQUID 传感器和磁力仪的基础[1]。

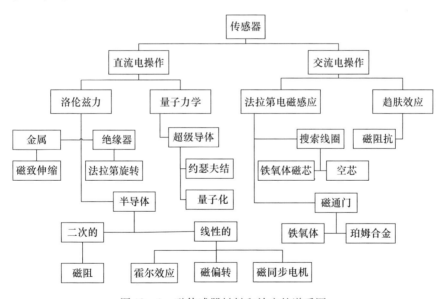

图 12-1 磁传感器材料和效应的谱系图

12.3 基于物理工作原理的数学模型

下面简要介绍工作在直流技术下用于开发平面磁传感器和磁力仪的一些物理原理。

在洛伦兹力和库仑力的作用下,导电或超导材料中的电荷载流子迁移现象产生了电流-磁效应,即

$$F = eE + e[v \times B] \tag{12-1}$$

式中:"e"为载流子电荷(对于电子 $e = -q$,对于空穴 $e = +q$,$q = 1.6 \times 10^{-19}$ C);E 为电场;v 为载流子速度;B 为磁感应强度。对于暴露在横向电场和磁场中的半导体材料(即 $E \cdot B = 0$),用总电流密度"J"表示的电流传输方程由文献[2]给出,即

$$J = J_0 + \mu_H [J_0 \times B] \tag{12-2}$$

式中:J_0 为由式(12-3)给出的由电场和载流子浓度梯度 ∇n 引起的载流子电荷密度;迁移系数 μ_H(具有相应载流电荷符号的霍尔迁移率)、σ(电导率)和 D(扩散系数)由载流子散射过程决定,通常取决于电场和磁场,即

$$J_0 = \sigma E - eD \nabla n \tag{12-3}$$

施加适当的边界条件[3],霍尔效应和磁阻效应都可以从式(12-2)的解中导出。

12.3.1 半导体中的霍尔效应与磁阻率

考虑一种载流子传输的特殊情况,即沿 x 轴放置的一种非本征且均匀的狭长半导体材料,暴露于已知磁通密度的沿 y 轴的磁场 $B = (0, B_y, 0)$ 中,如果金属带施加一个外部电场 $E_X = (E_x, 0, 0)$,电流 I 将以电流密度 $J = (J_x, 0, 0)$ 沿着金属带流动。由于 $J_z = 0$,为了抵消洛伦兹力,必须建立一个称为霍尔场的内部横向电场 E_H,在横向电流密度消失的情况下,即 $E_H = (0, 0, E_z)$ 和 $E_z = -\mu_H B E_x$,洛伦兹力可通过将 $E = E_X + E_H$ 代入式(12-2)①中确定,霍尔场的出现会产生一个可测量的横向电压,称为霍尔电压 V_H,可计算为(忽略-符号)

$$V_H = \mu_H E_x B w = R_H J_x B w \tag{12-4}$$

式中:w 为条带宽度;$R_H = \mu_H/\sigma = r/en$ 为霍尔系数,r 为载流子的霍尔散射系数,n 为载流子密度。在半导体材料中,低载流子密度导致了较大的霍尔系数,因此式(12-4)解释了半导体相对于导体的优越性,合成电场的偏转是由霍尔场的产生引起的,该偏转可以根据相对于外加电场测量的霍尔角来评估,式中,$\tan \theta_H = E_z/E_x = -\mu_H B$。

电场线旋转的 θ_L 称为洛伦兹偏转角,可在宽横截面积的短条暴露于外部电场 $E_x = (E_x, 0, 0)$ 时得到,即

---

① 原书误,作者改。

$$\frac{J_z}{J_x} = \mu_H B = \tan\theta_L \tag{12-5}$$

由此产生的电流密度导致横向分量 J_z,该分量导致产生了增加载流子几何磁电阻效应的较长的漂移路径,数学表示[2]为

$$\frac{\rho_B - \rho_0}{\rho_0} = (\mu_H B)^2 \tag{12-6}$$

式中:ρ_0 为 $B=0$ 时的电阻率;ρ_B 为由于磁场的存在而增加的电阻率。式(12-6)给出了电阻率的相对变化。由于低载流子迁移率,本征硅不显示可观的磁阻效应。基于这种效应的磁性传感器需要高迁移率、窄禁带的 III-V 化合物,如锑化铟或砷化铟半导体[4]。

12.3.2 AMR

AMR 是在铁磁性过渡金属和合金中观察到的一种固有特性。坡莫合金是一种含 80% 镍和 20% 铁的合金,表现出 AMR 特性,磁化强度矢量决定了这些材料中电流流动的方向,因此当暴露在外部磁场中时合成的磁化强度矢量使电流路径旋转一个角度 θ[5],样品的电阻率 $\rho(\theta)$ 是 θ 的函数,可表示为

$$\rho(\theta) = \rho_\perp + (\rho_\parallel - \rho_\perp)\cos^2\theta = \rho_\perp + \Delta\rho\cos^2\theta \tag{12-7}$$

式中:$\rho_\parallel$ 为电流平行于磁化强度矢量时样品的电阻率,即 $\theta=0$;$\rho_\perp$ 为电流垂直于磁化强度矢量时样品的电阻率,$\theta=90°$。磁阻效应 $\Delta\rho/\rho_o$ 是电阻率的变化率与 $\theta=0$ 时电阻率之比,薄膜沉积技术的发展为 AMR 效应在磁传感器中的应用铺平了道路[6]。

12.3.3 磁通量子化和迈斯纳效应

磁通不变性导致的超导闭环内的磁通量子化称为迈斯纳(Meissner)效应,使用超导材料和利用迈斯纳效应测量磁场的磁传感器通常被称为 SQUID 磁力仪。一个闭合的超导回路置于外部磁场中时,会产生一种屏蔽电流,称为超电流 I_S,它围绕着圆环的内表面循环,从而使圆环内的总磁通量 ϕ_i 量子化。超导闭环自感 L、感应电流 I_S 和外磁场通量 ϕ_e 与量子化磁通大小的关系可表示为

$$\phi_i = m\phi_0 = LI_S + \phi_e \tag{12-8}$$

式中:$\phi_0 = 2.07 \times 10^{-15}$ Wb 为磁通量子;m 为整倍数。只要超电流 I_S 保持在称为 I_c 的临界限制内,超导回路就会通过产生相等但相反的磁通量来响应外部磁通量的任何变化。通过超导回路的电流 I_S 可以使用约瑟夫森结进行测量,这为高灵敏的 SQUID 磁力仪开发提供了手段。

基于交流电的磁感应利用了经典电动力学的物理原理,例如,搜索线圈传感器、磁通门传感器、磁阻抗传感器和巨磁阻抗传感器等平面磁传感器的开发都利用了法拉第感应定律和电磁理论。对于交流激励,电压 V 通过复阻抗 Z 与产生的电流 I 相关,复阻抗 Z 是趋肤深度 δ 的函数,趋肤深度 δ 取决于材料的角频率 ω 和磁导率,V 和 I 的数学解释可表示为

$$V = Z(\delta)I \tag{12-9}$$

$$I = I_0 \exp(i\omega t) \tag{12-10}$$

式中:I_0 为振幅。

12.4 平面集成微霍尔传感器

霍尔效应是磁传感器应用最多的物理现象[7],硅的霍尔灵敏度范围为 10~1000G 或 10^6~10^8nT,霍尔传感器的灵敏度在 1mA 电流的情况下通常为 1mV/mT,霍尔效应器件已经实现了大量低成本的位置检测应用。它们是轻量级平面器件,功耗在 0.1~0.2W 之间,可以在较宽的温度范围内安全工作。霍尔效应传感器可以测量恒定磁场或者频率上限约为 1MHz 的变化磁场,对于更高灵敏度应用,锑化铟(InSb)薄膜的典型灵敏度为 5mV/mT,砷化铟(InAs)薄膜的典型灵敏度为 2mV/mT[8],与硅和 InSb 相比,InAs 具有更好的霍尔电压温度稳定性。InAs霍尔效应传感器可以在 -40~+150℃ 的范围内工作,这表明它们是汽车应用的最佳候选者[9]。利用绝缘体上硅(Silicon-on-Insulator, SOI)技术制作了一种有前景的霍尔传感器:对于 80μm 宽,50nm 厚的传感器,实现了 $1\mu T/\sqrt{Hz}@1Hz$ 的噪声。基于砷化镓(GaAs)的二维量子阱多层异质结构在低噪声霍尔传感器中有着应用潜力:利用外部旋转电流电路实现了 $\mu T/\sqrt{Hz}@1Hz$ 的噪声,并进一步通过使用无漏磁开关提高了 3 倍[11]。

图 12-2 给出了一个在售的平面 InSb 霍尔传感器,InSb 薄膜霍尔传感器夹在具有集成铁氧体集束器的两个铁氧体片之间(日本旭化成(Asahi-Kasei)BW 系列),图中给出了有限元模拟的磁通线和器件的显微照片[8]。

最近一种基于非侵入式霍尔原理的新型微系统问世,该系统拥有检测磁性微结构的能力[12],采用 CMOS 工艺制作的微系统中嵌入的微霍尔板的有效面积只有 $2.4\mu m \times 2.4\mu m$,微系统在 1Hz 时显示出 $300nT/\sqrt{Hz}$ 的磁场分辨率。

为了演示开发的微系统的性能开发了一个二维的磁扫描器[12],通过将传感器嵌入尺寸为 $2600\mu m \times 900\mu m$ 的平面 CMOS 芯片上,微系统具有能够补偿传感器对温度的依赖性以及包围传感器的磁路的能力。

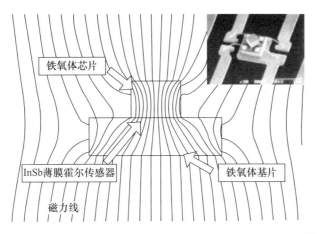

图 12-2 薄膜霍尔传感器磁场集中器的磁力线(有限元模拟)[8]

微型霍尔板传感器被放置在如图 12-3 所示硅芯片的外围角部,接合连接器放置在芯片远离霍尔传感器的另一侧,将噪音降至最低,这种平面设计可以使霍尔感应区非侵入性的单边接近需要磁性表征的表面。

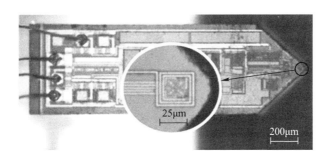

图 12-3 集成微霍尔探头的照片,微型霍尔板传感器被放置在硅片的外围角落,芯片尺寸为 $2600\mu m \times 900\mu m$[12]

12.5 平面各向异性磁电阻传感器

坡莫合金由于其相对较大的磁电阻,可能是 AMR 传感器最常用的材料,使用坡莫合金作为 AMR 传感器的另一个优点是其特性(如零磁致伸缩系数和易于薄膜沉积)与用于制造硅集成电路的实用制造技术相兼容[5]。一种平面 AMR 集成传感器包括由 4 个坡莫合金电阻构成的电桥,制备通常是在硅衬底上通过溅射工艺以薄膜形式沉积电桥来实现的,如果两条电流路径之间的电阻不匹配,则两条电流路径之间会产生电位差,较长的电流路径设计可确保较高的电桥电阻,从而降低 AMR 传感器的功率要求[8]。所有 4 个电桥电阻都需要精确的电阻匹配,以避免在没有测试磁场的情况下在电流的两条路径上出现任何偏移电位差,采用特殊的设计和制作方法,减小了 4 个电阻失配引起的偏移电位差。

图 12-4[13]给出了 4 电阻桥的 AMR 芯片传感器的平面设计图,为了提供反馈磁场和设定/复位磁场,制作了 2 个平面曲折线圈。

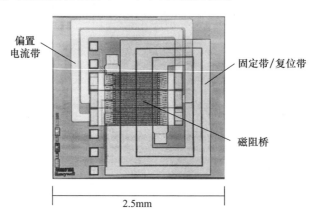

图 12-4 4 个电阻桥和 2 个线圈的 AMR 传感器的平面设计结构
（i）用于设置/复位场脉冲；（ii）用于反馈场[13]。

半导体制造业的最新技术进步使在同一芯片上制造磁力仪读出电子器件和附加温度补偿电路成为可能。为了实现磁场变化与相对应的电阻变化之间的线性关系,给电桥施加偏置电压用于旋转磁化方向,在电阻器上溅射一层钴薄膜,以在坡莫合金带上提供短路路径。在磁化钴时,磁场使电流方向相对于磁化方向成 45°角,电流看起来像一个梳状结构[4]。

带有开环读出电子器件的 AMR 平面传感器的灵敏度范围为 $10^{-2} \sim 50G$ 或 $10^3 \sim 5 \times 10^6 nT$[13],对于有限的带宽和采用闭环反馈读出的电子方法,可获得 0.1nT 的最小检测磁场。

基于 AMR 传感器的磁力仪在从 0Hz 到近 1GHz 的极宽的动态范围内具有优良的测量磁场强度的能力,这些传感器重量轻,通过小型化,仅需要 0.5mW 的功率,工作温度通常为 55~200℃ [14]。

12.6 平面磁通门磁传感器

最近的一篇文章提出了一种新型的生产在印制电路板（Printed Circuit Board,PCB）基板上的微型磁通门磁力仪,彼此之间的电连接采用类似于目前半导体封装中"倒装芯片"的概念。该传感器通过反向倒装一块 5cm×3cm 的 PCB 基板与另一块相同的 PCB 基板焊接在一起,该基板包括双磁芯、平面拾取线圈和由印制在 PCB 基板上的平面铜互连构成的三维激励线圈[15],该倒装芯片微磁通门传感器的示意图如图 12-5 所示。"倒装芯片"磁通门传感器的主要部件和最终装配示意图如图 12-6 所示。

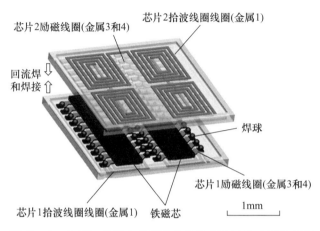

图 12-5　文献[15]提出的倒装芯片微磁通门传感器示意图

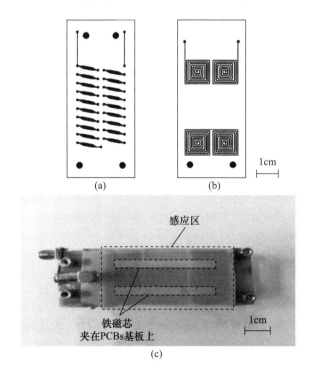

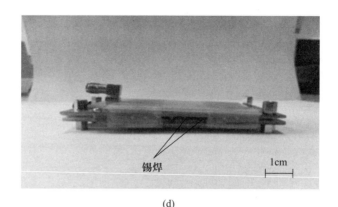

(d)

图 12-6 "倒装芯片"磁通门传感器的主要部件和最终装配示意图
(a)PCB 基板上的激励线圈的 Cu 图形(正面);(b)PCB 基板上的拾取线圈的 Cu 图形(背面);
(c)已完成的"倒装芯片"磁通门传感器的俯视图;(d)已完成的"倒装芯片"
磁通门传感器的侧视图[15]。

该传感器的工作特点是采用改进的二次谐波检测技术,验证了 $V-B$ 的线性相关性和响应度。此外,实验已经证明在极低频(1Hz)磁场下测得的响应幅度是原来的 2 倍,在 50kHz 激励频率下,二次谐波激励下的最大响应率为 593V/T,然而对于所述激励电势,最小磁场噪声为 $0.05\text{nT}/\sqrt{\text{Hz}}@1\text{Hz}$ [15]。

12.7 平面三轴巨磁电阻磁力仪

一种沿三个相互正交的轴感应磁通量的平面三轴传感器已于 2013 年 10 月获得专利,该磁力仪可用于三维磁场检测及其他磁场检测应用,传感单元通过 XY 平面上的器件感应 X 轴和 Y 轴的磁通量信号,而 Z 轴的感应则是通过使用一个连续的环形或八角形的适合将 Z 轴的磁通量信号转换成 XY 平面上的磁通量信号的磁集束器来实现的。

如图 12-7 所示,根据所提出的设计,磁力仪布局显示出一个连续的环形磁集束器。磁集束器由具有高磁导率和低矫顽力的铁磁性材料构成,磁集束器每侧的 GMR 和/或 TGMR 单元 14 和 15(图 12-7)在结构上是相同的,单元 14 和 15 布置在集束器的相对侧,布置设置/复位线圈装置用于启动、设置和复位自由层和磁集束器的磁化方向,并利用 XZ 平面的多组传感单元和 YZ 平面的多组传感单元,可以从其中一个传感单元获取 Z 的差分信号,并从另一个传感单元获取 X 或 Y 的复合信号[16]。

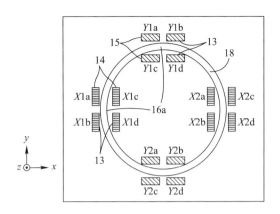

图 12-7 环形磁集束器三轴平面磁场传感器视图[16]

12.8 平面感应线圈传感器

感应线圈传感器通常被称为搜索线圈和拾取线圈传感器,是最古老的、研究深入的、采用交流电技术的磁传感器类型。控制磁感应的传递函数 $V=f(B)$ 来自基本的法拉第感应定律,传输阻抗定义为感应线圈感应电压与激励线圈电流之比。励磁绕组通过产生时变(高频)磁场,用以检查不产生涡流的非导电磁性介质,以及检查产生涡流的导电介质,如金属[17]。平面型柔性结构适用于曲面,可用于核电站冷却管道及飞机表面等的检测。

许多研究论文都报道了利用一个放置在金属表面附近并由交流电驱动的小的右旋圆柱形空心线圈,测量与频率相关的阻抗来确定近表面材料的特性[18-22]。通常测试材料的电磁特性,包括其缺陷是从测试材料的存在引起线圈阻抗的变化中推断出来的[23,24],使用的电阻分量 R_n 和反应分量 X_n 的标准值,可表示为

$$R_n = \frac{R_m - R_0}{R_0} \text{ 和 } X_n = \frac{X_m}{X_0} \qquad (12-11)$$

式中:R_m 和 X_m 分别为当传感器耦合到材料时阻抗的实部和虚部;R_0 和 X_0 为相应空气中的或非耦合的值。实验结果表明,铁氧体罐芯涡流传感器归一化阻抗图的形状与传感器的设计参数、提离间隙和材料电阻率无关[18]。

平面型曲折线圈用于评估近表面特性,在文献[25,26]中均有相关研究,其目的是将建模技术扩展到平面网状传感器,并研究将其应用于评估近表面材料特性、结构健康和裂纹测定的质量检查[27]、电镀材料[17]、乳制品中的脂肪含量[28]、萨克斯管簧片[29]和饮用水中的硝酸盐污染[30]的可行性。

12.8.1 平面感应线圈传感器结构

有两种类型的平面电磁传感器通常用于测试材料特性的无损估计和单边接触的性能评估,测试材料的类型决定了为特定应用选择的传感器类型,图 12-8 给出回折和网状型平面感应线圈传感器的配置。回折和网状传感器由两个平面线圈组成,分别是一个励磁线圈(回折型)和一个传感线圈(网状型),网状平面线圈放置在回折线圈顶部,两个平面配置之间夹有绝缘层,回折线圈由高频正弦扰动激励,能够在检测材料中产生电磁场。材料诱导场与外加场相互作用,合成场由放置在激励线圈上方的平面网状线圈拾取。

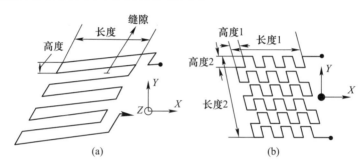

图 12-8 平面电磁传感器的结构
(a)励磁线圈(回折型);(b)传感线圈(网状型)[29]。

回折和网状平面结构由 $50\mu m$ 厚的聚酰亚胺膜分离,为了提高试验材料中的磁通穿透性,在传感线圈的顶部放置了 N_iZ_n 磁性板。传感器的大小取决于检测中使用的节数,最佳节距大小取决于应用,本应用中使用的尺寸为 27mm × 27mm,节距尺寸为 3.25mm,回折式传感器的灵敏度随其相对于检测材料的方向而变化。因此在某些应用中,网状类型更合适,这些传感器的结构配置如图 12-9 所示,图 12-10 给出了用于确定金属板中裂纹的传感器的横截面图。

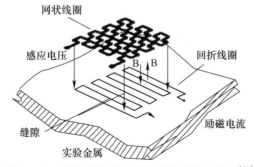

图 12-9 回折/网状耦合涡流探伤探头结构图[27]

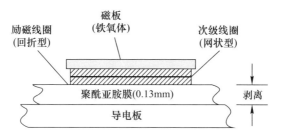

图 12-10　平面涡流检测探头截面图(等)[27]

12.8.2　网状和回折线圈的有限元建模

利用有限元分析工具,分析了平面传感器网状和回折结构的电磁场分布,利用康索尔(Comsol)多物理场有限元软件,推导了所设计平面传感器的关键参数和磁场分布,图 12-11 和图 12-12 分别给出了横过回折和网状型平面传感器的磁场分布屏幕截图。

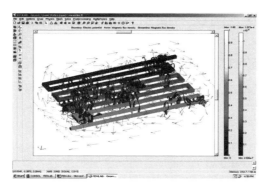

图 12-11　由 COMSOL 有限元软件计算分析的回折平面传感器磁场分布[29](见彩图)

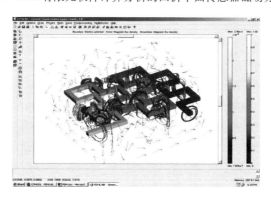

图 12-12　由 COMSOL 有限元软件计算分析的网状平面传感器的磁场分布[29](见彩图)

该软件利用数学模型和麦克斯韦方程计算分析了用于模拟磁传感器设计的重要数值参数,根据提供的边界条件和计算参数,软件绘制出传感器周围的预期磁场分布,观察到对于两个传感器线圈磁通线都垂直进入水平面(Z轴)并穿出,对于回折类型分布仅影响一个轴(平行于水平面),而对于网状类型分布影响水平面的两个轴。

12.8.3 平面回折和网状传感器制造

所有传感器均采用 Altium Designer 6.0 设计,FR4 基片传感器是在梅西(Massey)大学采用标准 PCB 印刷技术制造的。设计图案使用了光阻板通过激光印制在透明膜上,电路板的导电层通常由薄铜箔制成,薄膜和电路板一起暴露在紫外线下,这一过程将想要的传感器图样印制和烧蚀到板上。接着把光阻板放在一个装满显影剂的罐子里,然后将电路板浸入一种特殊的化学制剂中通过蚀刻工艺去除多余的铜,只留下所需的铜痕迹,传感器被切割成适合测试的样式[31,32]。

12.9 网状-回折平面传感器的应用

12.9.1 平面 ECT 探头的缺陷成像

为了检测金属物体中的裂纹/缺陷,研制了先进的平面型涡流检测探头(Eddy Current Testing Probe,ECT),该探头的核心思想是通过施加回折线圈产生的交变磁场,感应导电板内部的涡流。

网状线圈是一种二维拾取线圈,它感应导电板中涡旋电流产生的局部磁场,在没有缺陷的情况下,磁场产生规则的图案,相应涡流在每个节距处都有方向,如图 12-13(a)所示。在其他情况下,如果存在缺陷,涡流的分布使图案局部

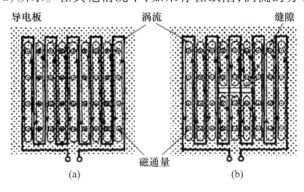

图 12-13 感应磁通和涡流分布[27]

化,如图 12-13(b)所示。成像技术通过提高视觉记录的分辨率和灵敏度,可以进一步扩大 ECT 的应用。

12.9.2 萨克斯管簧片检查

采用平面网状-回折感应传感器对萨克斯管簧片进行无损检测,根据以下参数对簧片进行评价:易受损害、易于维持、乐器低-中-高音域的音质以及音量评分。图 12-14 给出了使用平面网状-回折平面电磁系统评估上述参数的萨克斯管簧片类型,图 12-15 给出了上述应用中基于 FR4 基板制造的传感器。

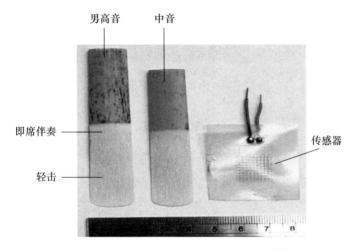

图 12-14　男高音和中音萨克斯管簧片[29]

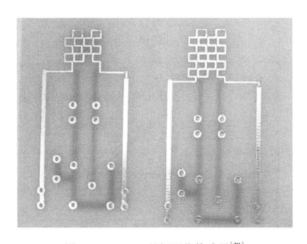

图 12-15　FR4 基板网状传感器[29]

对 8 种不同簧片的测试获得的频率响应表明,具有较好音质的簧片表现为峰值在 579MHz 处的谐振电路,相移与频率关系如图 12-16 所示。

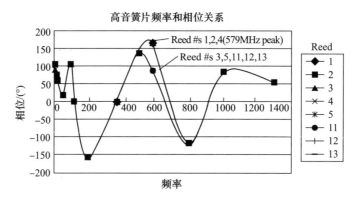

图 12-16 测试簧片的频率响应[29]

12.9.3 机器人中的平面回折传感器

通过一对回折线圈对机器人足部的角度位移进行了测试,结果表明,无论足部的整个区域如何接触地面,传感器都能给出正确的位移信息。平面回折型传感器通过输入电感的变化测量移动,可以作为地面反作用力(Ground Reaction Force,GRF)传感器,为步态运动提供动态平衡,该感应位移传感器设计成检测力的法向分量和切向分量[33]。图 12-17 给出了单连杆驱动的机械脚的示意图,图 12-18 给出了平面回折线圈感应传感器在机械脚中的位置。

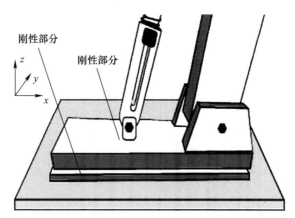

图 12-17 单连杆机械脚[33]

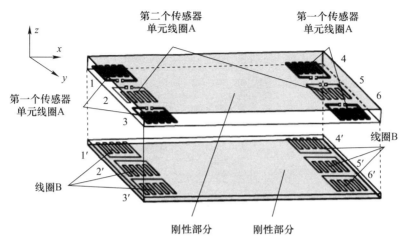

图 12-18 回折线圈在底部的定位[33]

分析两种最常见的情况:当线圈 B 绕 x 轴旋转角度 b(图 12-19)和绕 y 轴旋转时。

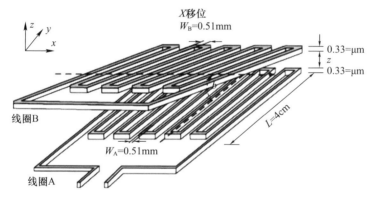

图 12-19 回折线圈 B 绕 x 轴旋转

研究中使用了阻抗分析仪 HP4194A,在频率为 1MHz 的条件下,测量了线圈不同角度和间距下回折传感元件的感应结果,如图 12-20 所示。对于 x 轴旋转(即特定距离处的最大角度 β)的法向和切向位移的情况结果,最大角度($\beta = \beta_{max}$)和线圈平行时($\beta = 0$)特性之间的计算偏差如图 12-20 所示。结果表明,这些偏差是可以忽略的结论,即平面回折感应传感器提供了有关足部位移的可靠信息,无论足部如何接触地面,将显露足部接触地面的整个区域[33]。

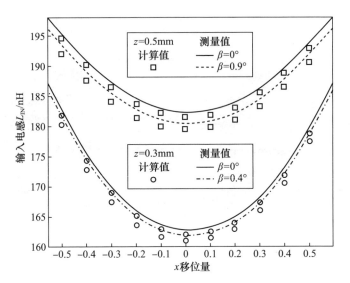

图 12-20 线圈 B 绕 x 轴旋转时输入电感 L_{IN} 的测量和计算值[33]

12.10 小　　结

本章力图展示磁场平面传感器通过测量磁场在无损测量和单边接触样品方面的最新进展。迄今为止，人们不得不在传感器的尺寸与其参数测量能力之间进行权衡。随着对磁力仪小型化、低功耗、紧凑性和便携性要求的不断提高，传感器尺寸往往是唯一的选择标准，磁性微珠、微磁扫描、无损检测以及类似磁性药物递送的医学应用等迫切需要体积更小、具有单边测量能力的磁性传感器。为了满足这些需求，探索和应用主导纳米科学技术的新原理至关重要。

参考文献

1. A. Mahdi, L. Panina, D. Mapps, Some new horizons in magnetic sensing: high-T c SQUIDs, GMR and GMI materials. Sens. Actuators, A **105**, 271–285 (2003)
2. S.M. Sze, *Semiconductor Sensors* (Wiley, New York, 1994)
3. P. Ripka, Sensors based on bulk soft magnetic materials: advances and challenges. J. Magn. Magn. Mater. **320**, 2466–2473 (2008)
4. A. Ozbay, E. Nowak, A. Edelstein, G. Fischer, C. Nordman, S.F. Cheng, Magnetic-field dependence of the noise in a magnetoresistive sensor having MEMS flux concentrators. Trans. Magn. IEEE **42**, 3306–3308 (2006)
5. W. Lee, M. Toney, D. Mauri, High magnetoresistance in sputtered permalloy thin films through growth on seed layers of (Ni 0.81 Fe 0.19) 1-x Cr x. Trans. Magn. IEEE **36**, 381–385 (2000)

6. P. Ciureanu, S. Middelhoek, *Thin film resistive sensors* (CRC Press, Boca Raton, 1992)
7. R.S. Popovic, *Hall effect devices* (CRC Press, Boca Raton, 2003)
8. P. Ripka, M. Janošek, *Advances in magnetic field sensors* (2010)
9. C. Lei, R. Wang, Y. Zhou, Z. Zhou, MEMS micro fluxgate sensors with mutual vertical excitation coils and detection coils. Microsyst. Technol. **15**, 969–972 (2009)
10. Y. Haddab, V. Mosser, M. Lysowec, J. Suski, L. Demeus, C. Renaux, D. Flandre, in *Low-noise SOI Hall devices, SPIE's First International Symposium on Fluctuations and Noise* (2003), pp. 196–203
11. A. Kerlain, V. Mosser, Low frequency noise suppression in III-V Hall magnetic microsystems with integrated switches. Sens. Lett. **5**, 192–195 (2007)
12. P. Kejik, G. Boero, M. Demierre, R. Popovic, An integrated micro-hall probe for scanning magnetic microscopy. Sens. Actuators, A **129**, 212–215 (2006)
13. J. Lenz, A.S. Edelstein, Magnetic sensors and their applications. Sens. J. IEEE **6**, 631–649 (2006)
14. A. Bertoldi, D. Bassi, L. Ricci, D. Covi, S. Varas, Magnetoresistive magnetometer with improved bandwidth and response characteristics. Rev. Sci. Instrum. **76**, 065106-065106-6 (2005)
15. C.-C. Lu, J. Huang, P.-K. Chiu, S.-L. Chiu, J.-T. Jeng, High-sensitivity low-noise miniature fluxgate magnetometers using a flip chip conceptual design. Sensors **14**, 13815–13829 (2014)
16. Y. Cai, J. Qiu, L. Jiang, Planar three-axis magnetometer (2013)
17. S. Mukhopadhyay, Development of a novel planar mesh type micro-magnetic sensor for the quality inspection of electroplated materials. Sens. 2002 Proc. IEEE **2002**, 741–746 (2002)
18. S. Vernon, The universal impedance diagram of the ferrite pot core eddy current transducer. Trans. Magn. IEEE **25**, 2639–2645 (1989)
19. J. Bowler, H. Sabbagh, L. Sabbagh, The reduced impedance function for cup-core eddy-current probes. Trans. Magn. IEEE **25**, 2646–2649 (1989)
20. J.C. Moulder, E. Uzal, J.H. Rose, Thickness and conductivity of metallic layers from eddy current measurements. Rev. Sci. Instrum. **63**, 3455–3465 (1992)
21. S.C. Mukhopadhyay, S. Yamada, M. Iwahara, Investigation of near-surface material properties using planar type meander coil. JSAEM Stud. Appl. Electromagnet. Mech. **11**, 61–69 (2001)
22. S.C. Mukhopadhyay, Planar electromagnetic sensors: characterization, applications and experimental results (Planare elektromagnetische Sensoren: Charakterisierung, Anwendungen und experimentelle Ergebnisse). Tm-Technisches Messen **74**, 290–297 (2007)
23. S. Mukhopadhyay, C. Gooneratne, G.S. Gupta, S. Yamada, Characterization and comparative evaluation of novel planar electromagnetic sensors. Trans. Magn. IEEE **41**, 3658–3660 (2005)
24. N.J. Goldfine, K.G. Rhoads, K.E. Walrath, D.C. Clark, *Method for characterizing coating and substrates*. Google Patents, (2002)
25. N.J. Goldfine, Conformable, meandering winding magnetometer (MWM) for flaw and materials characterization in ferrous and nonferrous metals. Am. Soc. Mech. Eng. Press. Vessels Pip. Div. (Publication) PVP **352**, 39–43 (1997)
26. N.J. Goldfine, Magnetometers for improved materials characterization in aerospace applications. Mater. Eval. **51**, 396–405 (1993)
27. S. Yamada, M. Katou, M. Iwahara, F.P. Dawson, Defect images by planar ECT probe of Meander-Mesh coils. Trans. Magn. IEEE **32**, 4956–4958 (1996)
28. S.C. Mukhopadhyay, C.P. Gooneratne, G.S. Gupta, S.N. Demidenko, A low-cost sensing system for quality monitoring of dairy products. IEEE Trans. Instrum. Meas. **55**, 1331–1338 (2006)
29. S.C. Mukhopadhyay, G.S. Gupta, J.D. Woolley, S.N. Demidenko, Saxophone reed inspection employing planar electromagnetic sensors. IEEE Trans. Instrum. Meas. **56**, 2492–2503 (2007)
30. M.A.M. Yunus, S.C. Mukhopadhyay, Novel planar electromagnetic sensors for detection of nitrates and contamination in natural water sources. IEEE Sens. J **11**, 1440–1447 (2011)
31. A.R.M. Syaifudin, P. Yu, S. Mukhopadhyay, M.J. Haji-Sheikh, J. Vanderford, *Performance evaluation of a new novel planar interdigital sensors* (2010), pp. 731–736

32. M.A.M. Yunus, G.R. Mendez, S.C. Mukhopadhyay, Development of a low cost system for nitrate and contamination detections in natural water supply based on a planar electromagnetic sensor. Instrum. Measur. Technol. Conf. (I2MTC), 2011 IEEE **2011**, 1–6 (2011)
33. S.M. Djuric, L.F. Nagy, M.S. Damnjanovic, N.M. Djuric, L.D. Zivanov, A novel application of planar-type meander sensors. Microelectron. Int. **28**, 41–49 (2011)

第13章 基于磁共振的原子磁力仪

Antoine Weis, Georg Bison, Zoran D. Grujié[①]

摘要：本章全面介绍在自旋极化原子团中实施光学检测磁共振（Optically Detected Magnetic Resonance, ODMR）的原子磁力仪原理，以及这种磁力仪的实际实现。尽管整个过程中都在讨论单激光束实验，但给出了如何将结果扩展到泵浦-探测结构的明确提示。在总体介绍和对原子磁力仪原理的分类进行叙述后，讨论磁共振磁力仪子类中的三个主要过程，即极化产生、原子-磁场相互作用和光学探测。本文还回顾在称为 Hanle 磁力仪结构的自旋取向和自旋排列介质的时间无关信号。在展开的中心部分，导出一个代数主表达式（适用于所有 ODMR 磁力仪），该表达式能够表示反映所有系统参数的检测到的时间相关的光功率变化信号。然后，给出了在称为 M_z- 和 M_x- 结构中观察到的绝对信号的显式代数结果，该结果适用于任意以静态场、振荡磁场和光传播方向为相对基准方向的各种布局结构。尽管本章的主要焦点是由振荡磁场驱动的磁共振过程（同时分析了自旋取向和自旋排列介质），也介绍由振幅、频率或偏振调制光驱动磁共振的磁力仪。本章最后一节详细介绍 M_x- 磁力仪阵列的物理实现及其工作需要的电子线路。演示了观测到的共振信号具有预测的光谱形状，并举例说明优化磁测灵敏度的步骤。

13.1 引　　言

原子磁力仪能够探测与暴露在感兴趣的磁场 B_0 中的原子气体或原子蒸气发生相互共振作用光的特定性质的变化[②]。最常见的是，通过测量发射穿过该

[①] A. Weis（&）Z. D. Grujié，弗里堡大学物理系，1700 弗里堡，瑞士；电子邮件：antoine. weis@ uni-fr. ch。G. Bison，保罗·舍雷尔研究所，瑞士维利根 5232 号；电子邮件：georg. bison@ psi. ch；© 瑞士斯普林格国际出版公司 2017. A. Grosz 等（编辑），高灵敏度磁力仪，智能传感器，测量和仪器 19，DOI 10.1007/ 978-3-319-34070-8_13。

[②] 在第16章中讨论的无自旋进动磁力仪是这个规则的例外。

介质的光束的功率 P 推断出 $\boldsymbol{B}_0$ 对原子介质的影响。替代检测方法包括测量发射光束的偏振变化或记录光诱导的荧光功率(或偏振)。

原子磁力仪依赖于共振磁光效应,2002 年文献[1]对其大量的变形和应用进行了综合评述。原子磁力仪也被称为"光学磁力仪"(Optical Magnetometer, OM),因为磁力仪信息被编码成光学信号,或被称为"光泵磁力仪"(Optically Pumped Magnetometer,OPM),因为光泵是磁力仪工作的一个基本特征。本章所述的基于磁共振的磁力仪也称为"射频 – 光学"或"双共振(Double Resonance,DR)"磁力仪,后者的名称来源于光激发/检测和磁共振过程均是共振驱动的。由于部署了光学探测,这种磁力仪也被称为"ODMR"磁力仪,这里区分了"DROM"和"DRAM"(基于双共振定向/排列的磁力仪)变形,取决于它们是采用圆偏振光(基本上只产生自旋取向)还是线偏振光(产生自旋排列)运行。

布德克尔(Budker)和劳马里斯(Romalis)[2]在 2007 年的评述以及最近出版的(2013 年)光学磁力仪教科书[3]对各种原子磁力仪的原理和方法、实际实现、性能和应用进行了广泛的综述,本章在许多方面补充了文献[3]中的第 4 章和第 6 章中提供的信息。

受磁场影响的原子介质的任何光学性质,原则上都可以用来构建原子磁力仪。原子 – 磁场的相互作用受塞曼(Zeeman)效应约束,塞曼效应以拉莫尔(Larmor)频率 ω_L 为参数,其中 $\hbar\omega_L$ 表示相邻磁子能级的能量分裂。磁学信息的提取依赖(旋磁)在感兴趣的磁场 $\boldsymbol{B}_0$ 和拉莫尔频率之间的关系式

$$\omega_L = 2\pi\nu_L = \frac{g_F\mu_B}{\hbar}|\boldsymbol{B}_0| \equiv \gamma_F|\boldsymbol{B}_0| \qquad (13-1)$$

式中: γ_F 为(具体原子的)旋磁比。

磁光实验中的信号可以用无量纲参数 $\nu_L/\Delta\nu$ 来表示,其中频率 $\Delta\nu$ 表示在考虑的实验中发生的共振的特征宽度。例如,在室温原子蒸气中的线性磁光实验中,有 $\Delta\nu = \Delta\nu_D$,其多普勒宽度 $\Delta\nu_D$ 通常为几百兆赫。在处理捕获的冷原子时,$\Delta\nu = \Delta\nu_D$,碱原子中的自然线宽 $\Delta\nu_{opt}$(代表光偶极矩的去相干率)约为兆赫量级。

超高灵敏度原子磁力仪建立在自旋极化的原子介质上,其中 $2\pi\Delta\nu = \gamma 2$ 代表自旋相干衰减率。在测量中这种实验是非线性的,一方面用(光学)共振光产生原子自旋极化,另一方面用以探测磁场影响下它的演变。当泵和探针过程发生在一个直径为 d 的穿过真空碱蒸气室的光束内时,相干时间由穿过光场的弹道路线(平均速度 $\bar{v}$)来确定,产生的 $\Delta\nu = \bar{v}/2\pi d$ 的值在数千赫范围内。采用添加惰性缓冲气体通过对原子施加散布性的运动来抑制弹道飞行,将 $\Delta\nu$ 降低到数十赫范围,同时在碱真空容器壁上涂上石蜡或硅烷,以减少壁碰撞时的去极

化,从而使 $\Delta \nu$ 在赫范围内。当在涂层气室实施从线性磁光光谱到非线性自旋极化光谱的研究时,$\Delta \nu$ 幅值降低的 8 个数量级与相应提高的磁灵敏度相对应。

作为后一种情况下灵敏度极限的粗略估计,考虑一种 $\Delta \nu = 3.5 Hz$ 宽磁光共振,对于 Cs 来说,它对应于由 1nT 场产生的拉莫尔频率的变化。当以 10^5 的信噪比记录时,线中心即磁场的测定精度约为 $1nT/10^5$,即 10fT。

这里补充了亚历山德罗夫(E. B. Alexandrov)(在文献[3]中 M_x 和 M_z 磁力仪一章的作者)多年前在与作者私下交谈时说的一句话:"没有最好的磁力仪,但每种应用都有最合适的磁力仪",把这句话扩展如下:灵敏度(探测磁场变化的能力)仅仅是给定磁力仪的一个特征性质。例如,准确度(推断绝对磁场值的能力)是原子磁力仪领域尚未给予太多关注的特性。一个磁力仪的完整特性必须面对的其他问题如下(非详尽列表)①:①磁力仪的灵敏度与其准确度相比如何?②它测量的是准静态场还是振荡场?③它可以用于什么范围的场强(动态范围)?④它对突然的磁场变化(测量带宽)的反应有多快?⑤它能变成便携式设备吗?⑥它是用来监测一个实验室的磁场,其大小和方向是先验的吗?⑦哪个方向的磁场使它的灵敏度最高,它的方向死区是什么?⑧器件是否存在方向误差,即其读数是否取决于场方向?⑨该方法是否允许器件在多传感器阵列中轻松部署?⑩磁力仪能在恶劣的环境(真空、机载、太空、水下)下工作吗?⑪设备的稳定性是否允许长时间(小时/天)测量?

13.1.1　原子磁力仪原理分类

在描述本章的范围之前,这里尝试对过去 20 年中出现的各种类型的原子磁力仪进行分类,沿着激光照射在磁力仪工作中的使用。

(1) 类型 1:Hanle 磁力仪。这些磁力仪也被称为"零场基态水平交叉磁力仪"(由雷曼(Lehmann)和科昂 – 唐努德日(Cohen – Tannoudji)在 1964 年引入[4]),因为它们依赖于原子自旋极化的共振修正,当原子暴露的磁场 B_0 被扫描到时 $B_0 = 0$。这种改变可以通过监测产生自旋偏振的光束的传输,或者通过介质在另一方向(优选90°)传播的第二光束(探测光束)的传输来检测。在双光束变形中,还可以记录探针光束(光)偏振度的变化。当介质是自旋定向的,探测可以通过使用能够抑制技术噪声的平衡旋光计记录顺磁旋转(通常被错误地称为法拉第旋转)来实现。由于光的偏振度受介质折射率的影响,记录需要一束频率远离原子共振频率的光束。

---

① 这里 W. Heil 在这本书其他地方描述的 ^{3}He 磁力仪是一个显著的例外。

被称为"SEPR"(无自旋交换弛豫)的原子磁力仪(见第 15 章)实际上是 Hanle 磁力仪,其中 SERF 指的是磁性介质的一种性质,而不是指记录方法本身。考虑到最近的光学方法已经证明它可以抑制基于磁共振的[5]和基于光调制的磁力仪中的自旋交换弛豫碰撞(见第 14 章),这个不适宜的名称变得更加混乱(见 13.7 节的讨论)。

卡斯塔尼亚(Castagna)和韦斯(Weis)[6](勘误表[7]),布雷斯基(Breschi)和韦斯[8]等分别提出了圆偏振和线偏振激光激发(和探测)下 Hanle 线形的基本理论。

在后面文献中推导的方程表明,汉勒(Hanle)磁力仪运行时需要一个非常均匀的近零磁场,这限制了其应用领域。尽管在 SERF 条件下的 Hanle 磁力仪已经证明突破了 $1fT/\sqrt{Hz}$ 灵敏度极限[9],但它们的绝对精度相当有限。

(2) 类型 2:磁共振磁力仪。这些磁力仪,共振光的相互作用与共振磁的共振相互作用相结合,可被称为 ODMR 磁力仪。它们的基本物理原理及具体实现形式是本章讨论的重点。尽管它们不是最敏感的原子磁力仪,但它们是可靠的、易于实现的装置,灵敏度可达到一位数的 $fT/\sqrt{Hz}$ 范围和典型绝对精度可达到皮特范围。

(3) 类型 3:光调制磁力仪。磁共振下的磁子能级的相干耦合不仅可以通过周期性变化的磁场来实现,还可以通过与原子共振耦合的光场的周期性调制特性(振幅、频率、偏振)来实现。基于光调制的磁力仪模型与 ODMR 磁力仪有许多相似之处,以致于在这里有介绍相应的 ODMR 模型的想法。

(4) 类型 4:自由自旋进动磁力仪。在自由自旋进动磁力仪(Free Spin Precession,FSP)中,样品通过连续波泵浦或(最好)通过横向磁场中的脉冲光泵浦进行自旋极化,然后极化强度绕着磁场自由进动(同时衰减)。另外,可以在纵向场中实现泵浦,以及由 π/2 脉冲引发自由自旋进动。利用强度降低的探测光束监测自由自旋进动,在衰减过程中根据振荡频率推断出场值。最近已经演示了一种使用 Cs FSP 磁力仪实现低于 $100fT/\sqrt{Hz}$ 的散粒噪声限制的灵敏度[10]。最近研究表明,用线偏振光获得的 FSP 信号可以产生磁场的矢量信息[11]。

如果不能用光学方法读出自旋进动,则可以使用辅助磁力仪来观测,例如,通常用于探测核自旋极化的 ^{3}He 的自由自旋进动(见第 16 章)。SQUID 通常用于这种读出[12],但 1969 年[13]已经表明,碱蒸气磁力仪也可以用于同样的目的。最近,报道了一种 ^{3}He FSP 磁力仪,它能够通过 8Cs 双共振磁力仪的同时记录读出。

在上述分类中,没有包括基于相干双色或多色光场的磁力仪。这些磁力仪在文献中被称为"相干布居囚禁(Coherent Population Trapping,CPT)""暗态""亮态""Λ共振"等磁力仪。实质上,由于两种情况下光场的傅里叶谱非常相似,因此基础物理与光调制磁力仪密切相关。据了解,到目前为止还没有发表过任何对这类磁力仪的评论(关于CPT磁力仪应用的有限的评论,请参阅,如文献[15]),在此不讨论此类磁力仪。

13.1.2 标量和矢量磁力仪注意事项

我们注意到,这里所述的基于磁共振的磁力仪都是标量磁力仪,这意味着检测到的功率P仅是磁场模量$|\boldsymbol{B}_0| = (B_x^2 + B_y^2 + B_z^2)^{1/2}$的函数。然而,标量磁力仪在偏置磁场$\boldsymbol{B}_0 = B_0\hat{z}$工作时,可用于检测一个非常弱的磁场$\delta\boldsymbol{B}$的单个矢量分量$(\delta B_x, \delta B_y, \delta B_z)$:由于磁力仪测量磁场模量,一个有

$$B_{\text{tot}} = |\boldsymbol{B}_{\text{tot}}| = |\boldsymbol{B}_0 + \delta\boldsymbol{B}| \approx B_0 + \delta B_z + O(\delta B_i^2) \quad (13-2)$$

因此,在一阶小量上,磁力仪只能有效地检测到$\delta\boldsymbol{B}$的一个矢量分量δB_z。

13.1.3 本章范围

本章讨论原子磁力仪的变型,在这里磁场与自旋极化原子的相互作用通过特定的磁共振(Magnetic Resonance,MR)过程增强。磁共振通常(但不仅仅)是由微弱的振荡磁场实现的,这确保了当振荡频率与原子的拉莫尔频率(与$|\boldsymbol{B}_{\text{tot}}|$成比例)匹配时,检测到的光信号被共振增强。

重点讨论M_x磁力仪的理论,这是ODMR磁力仪最广泛的变型,并为计算探测到的光信号建立一个通用的理论坐标系。该模型可以导出磁共振线型及其与探测器参数的关系(振荡场的振幅和方向、激光功率以及原子介质的尺寸、密度和弛豫率),以及探测磁场的性质(大小和空间方向)。

第2节讨论探测到的激光功率如何依赖于原子自旋极化的程度和方向。第3节讨论处于静态场和振荡场下原子相互作用产生的稳态自旋极化,给出描述任意布局系的场中ODMR信号的通用主表达式。第4节将通用表达式应用于特定的M_x磁力仪变体,所谓M_z磁力仪是其中的一个特殊情况。第5节简要介绍开发较少的在张量自旋极化(排列)基础上的ODMR磁力仪。第6节讨论磁力仪中遇到的线型,其中磁子能级之间的磁共振跃迁是由特定光参数(振幅、频率或极化)的调制而不是由振荡磁场共振驱动的。第7节对M_x磁力仪的实验实施进行广泛的讨论,包括控制和数据采集电子器件的细节、性能及其在传感器阵列中的部署。

13.2 原子磁力仪原理

原子磁力仪的物理基础是以下过程的相互影响:①自旋极化的产生过程;②由 B_0 施加的扭矩对极化和弛豫过程导致的稳态极化;③对改变的自旋极化的光学检测。

13.2.1 光泵浦产生的极化

原子的自旋极化是通过光泵浦在原子介质中产生,克劳德·关塔努齐(Cohen Tannoudji)和卡斯特勒(Kastler)[16]对其物理机理进行了讨论,哈珀(Happer)[17]给出了更多细节。

图 13-1(a)给出了自旋为 1/2 原子的初始未极化状态,在其磁子能级 $|1/2,m\rangle$ 具有相同的布居数。在碱原子中(本章讨论限制到碱金属),基态的超精细结构在单模激光照射激发下被分解,相应的子能级被标记为 $|F,m\rangle \equiv n^2S_{1/2};F,m\rangle$。几个来自与原子跃迁共振的偏振光束的光子的吸收/再发射过程,导致了磁子能级布居数 P_m 的非各向同性分布(图 13-1(b))。结果,吸收子能级被清空,导致光吸收降低。图 13-1(c)给出了磁共振跃迁(13.3 节中提到)在子能级布居数之间诱导相干振荡,从而导致周期性吸收的恢复,通过探测光调制检测。①

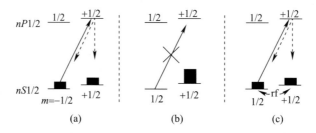

图 13-1 通过光泵浦在 D_1 跃迁上产生自旋极化(表现为布居数不平衡)的细节 - 此处未显示超精细结构

(a)初始未极化状态;(b)磁子能级布居数的非各向同性分布;
(c)磁共振与 rf 场的相互作用引起子能级布居数的振荡。

---

① 非吸收态 $|1/2,+1/2\rangle$ 被称为"暗"态,因为处于该状态的原子不会发光,而 $|1/2,-1/2\rangle$ 状态则称为"亮"态。在这个意义上,本章下面讨论的磁力仪原理的震荡时间依赖性可以被理解为暗态和亮态之间相干振荡的结果。

诱导的各向异性(亚能级布居不平衡)反映了光极化的(镜像反转和旋转)对称性,可以通过文献[18]中介绍的方法进行可视化。图 13-2 给出了各向同性非极化介质(图 13-2(a))以及用圆(图 13-2(b)和(b'))和线偏振(图 13-2(c))光泵浦产生的各向异性介质。

用 $0 \leq k \leq 2F$ 和 $-1 \leq q \leq +1$ 的不可约球形多极矩 $m_{k,q}$ 可以方便地描述介质的自旋极化[19]。正如哈珀[17]指出的,当用光驱动电偶极跃迁探测介质时,介质的光学性质仅取决于多极矩特定的取向($m_{1,q}$)和排列($m_{2,q}$),这一事实大大简化了极化介质与光相互作用的数学模型。圆偏振光泵浦产生的相应的多极矩为 $m_{1,0} \propto S_0 \equiv S_z$ 和 $m_{2,0} \propto A_{ZZ} \equiv A_0$,其中 S_0 和 A_0 定义为

$$S_0 = \langle F_z \rangle = \sum_{m=-F}^{F} p_m m \tag{13-3}$$

$$A_0 = \langle 3F_z^2 - F^2 \rangle = \sum_{m=-F}^{F} p_m [3m^2 - F(F+1)] \tag{13-4}$$

是球面矩的笛卡尔等量。对于线性偏振光泵浦,产生的取向 A_0',由与式(13-4)相同的表达式给出,其数量 p_m 参照与光偏振平行的量化轴 z'(图 13-2(c))。

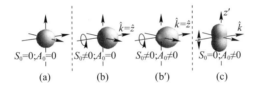

图 13-2 圆偏振光泵浦制备的多极矩表征。所示表面表示在沿特定空间方向进行量化轴测量时,发现介质处于拉伸状态 $|F,m=F\rangle$ 下的概率。
(a)非极化介质;(b)具有纵向($\parallel k$)取向 $S_z = S_0$ 介质;(b')纵向取向 S_0 和排列的 $A_{ZZ} = A_0$ 介质;
(c)线偏振光制备的具有横向取向介质 A_0'。

图 13-3 给出了产生多极矩的磁子能级布居,其与图 13-2 所示的多极矩类似。为了简单起见,给出了特定情况 $F=1$ 下这些极矩的整体情况,只有多极

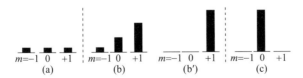

图 13-3 所示反映图为图 13-2 的多极矩的塞曼能级 $F=1$ 的布居分布
(a)非极化介质;(b)沿 k 方向介质;(b')沿 k' 方向定向排列介质;(c)横向排列介质。
注意:在(c)的情况下,量化轴与 k 正交。

的取向和排列。

光泵浦磁力仪中的信号与通过泵浦光获得的自旋极化 S_0（和/或 A_0）成正比。当光泵浦通过原子基态和激发态之间的光学跃迁取得了小的角动量时，如 $F=1/2 \to F'=1/2$ 或 $F=1 \to F'=0$ 的跃迁，平衡自旋极化为

$$S_0 = S_\infty \frac{\gamma_{\text{pump}}}{\gamma_{\text{pump}} + \gamma} = S_\infty \frac{G_{\text{op}}}{G_{\text{op}} + 1}, \quad G_{\text{op}} = \frac{\gamma_{\text{pump}}}{\gamma} = \frac{P_0}{P_{\text{sat}}} \quad (13-5)$$

式中：γ_{pump} 为光泵浦速率；γ 为自旋弛豫速率；S_∞ 为当 $\gamma_{\text{pump}} \gg \gamma$ 时获得的最大自旋极化；G_{op} 为（无量纲）光泵浦饱和参数，它与激光功率 P_0 成正比；P_{sat} 为一个标度功率。

注意到式（13-5）在角动量较大的系统中不再有效。然而，它的低功率限制，即 $S_0 \approx S_\infty P/P_{\text{sat}}$ 仍然一直有效。

13.2.2 原子与场的相互作用

对于基态角动量为 F 的极化原子，原子与场的相互作用的强度用拉莫尔频率表征为

$$\omega_L = \frac{g_F \mu_B}{\hbar} |\boldsymbol{B}_0| \equiv \gamma_F |\boldsymbol{B}_0| \quad (13-6)$$

式中：g_F 和 γ_F 分别为基态的朗德（Landé）因子和旋磁比。因数 F 是与总原子角动量 $\boldsymbol{F} = \boldsymbol{J} + \boldsymbol{I}$ 和 $\boldsymbol{J} = \boldsymbol{L} + \boldsymbol{S}$ 相关联的量子数，其中 $\boldsymbol{J}$、$\boldsymbol{L}$、$\boldsymbol{I}$ 和 $\boldsymbol{S}$ 分别是总电子角动量、轨道角动量以及核和电子自旋角动量量子数。

拉莫尔频率是由于磁场对与自旋极化相关的磁化强度施加的扭矩而使原子自旋极化进动的频率。在量子图像中，拉莫尔频率对应于相邻的塞曼亚能级 $|F, m_F\rangle$ 之间的能量分离（以角频率单位测量）。

注意到，基于磁共振的磁力仪的能力在于能够直接测量拉莫尔频率，从而测量磁场，具有准确度，即原则上，仅受已知比例常数 γ_F 准确度的限制。

13.2.3 光学检测

磁场引起的自旋极化的改变改变了原子介质的光学性质，后者影响了穿过原子介质的探针光束的性质。下面我们讨论限制在探头光束与泵光束一致的情况。因此，可以从以下情况下提取磁场信息。

（1）穿过介质的探测光束的功率。

（2）穿过介质的探测光束的偏振。

（3）探测光束所引起的荧光强度。

(4）诱导的荧光的 Stokes 参数。

(5）反向反射探测光束的功率（偏振）。

下面导出的显式表达式专门处理上述列表的情况（1），并且可以很容易地扩展到情况（2）。注意到情况（3）~（5）在原子磁力仪中很少被开发，引用文献[20]作为情况（3）的例子，文献[21,22]作为例子（5）。

光在非极化介质中的传输：频率为 ω_{opt} 的穿过长度为 L 的非极化原子介质的（与频率为 ω_{atom} 的原子吸收线接近共振）光束的功率由朗伯·比尔（Lambert Beer）定律给出为

$$P = P_0 \exp[-\kappa_0^{unpol} L \mathcal{L}(\omega_{opt} - \omega_{atom})] \tag{13-7}$$

式中：P_0 为入射功率；$\mathcal{L}$ 为光吸收线形状函数，通常为 Voigt、多普勒或洛伦兹线形，归一化为 $\mathcal{L}(0) = 1$；峰值吸收截面 $\kappa_0^{unpol} = \kappa L(\omega_{opt} = \omega_{atom})$ 表示当光频率 ω_{opt} 调谐到原子共振频率 $\omega_{atom} = (E_{nLJ,F} - E_{n'L'J'F'})/\hbar \equiv \omega_{F,F'}$ 时未极化介质的吸收系数。

对于穿过光学薄（$\kappa_0^{unpol} L \ll 1$）非极化介质的共振光，式（13-7）简化为

$$P \approx P_0 - P_0 \kappa_0^{unpol} L \tag{13-8}$$

假设磁力仪工作在一个与分裂的超精细跃迁 $nL_J, F \rightarrow n'L'_{J'} F'$ 相对应的吸收线上，这种情况常见于激光运作的工作于 $D_1(nS_{1/2}, F \rightarrow nP_{1/2}, F')$ 或 $D_2(nS_{1/2}, F \rightarrow nP_{3/2}, F')$ 跃迁的碱蒸气磁力仪上。

光通过自旋极化介质中的传输：当原子介质被自旋极化时，吸收系数的计算，圆偏振光必须根据

$$\kappa_0^{unpol} \rightarrow \kappa_0^{unpol} [1 - \alpha_{F,F'}^{(1)} S_z - \alpha_{F,F'}^{(2)} A_{zz}] \tag{13-9}$$

对于线偏振光①，依据

$$\kappa_0^{unpol} \rightarrow \kappa_0^{unpol} [1 - \alpha_{F,F'}^{(2)} A'_{z'z'}] \tag{13-10}$$

在这些方程中，参数 $\alpha_{F,F'}^{(k)}$ 是多极分析功率（符号，基于核物理中的相应符号），它依赖于光与之共振的原子跃迁的角动量量子数 F, F'。这些参数的明确代数表达式会在其他地方发表[23]。因此，由三个极化分量 S_z、A_{zz} 和 $A_{z'z'}$ 可以完全描述自旋极化介质在共振光作用下的吸收系数。这些参数描述了初始极化分量（S_z^0、A_{zz}^0、$A_{z'z'}^0$）在磁场作用下演化的稳态取向和排列。

---

① 注意，式（13-9）中的 S_z 和 A_{zz} 在 k-矢量上的量子轴上，而式（13-10）中定义的量子轴在图 13-2 所示的光偏振方向上。

13.2.4 磁力仪信号

对于圆偏振光束,可以总结本节的结果如下所示:光学泵浦通过产生自旋方向和自旋排列使介质极化。后者在磁场和驰豫作用下演化,得到稳定值 $S_z(\boldsymbol{B}_0)$ 和 $A_{zz}(\boldsymbol{B}_0)$。在感兴趣的静态磁场中,这种演变可能以被动的方式发生,或主动被附加的振荡磁场(或光束参数的调制,如功率、频率或偏振)驱动。对于光薄介质,其被探测到的功率为

$$P(\boldsymbol{B}_0) \approx P_0 - P_0 \kappa_0^{\mathrm{unpol}} L[1 - \alpha_{F,F'}^{(1)} S_z(\boldsymbol{B}_0) - \alpha_{F,F'}^{(2)} A_{zz}(\boldsymbol{B}_0)] \quad (13-11)$$

当主动驱动时,如13.3节描述的ODMR磁力仪中,$S_z(\boldsymbol{B}_0)$ 和 $A_{zz}(\boldsymbol{B}_0)$ 排列变得与时间有关。这种依赖性允许使用相敏(锁定)检测提取包含磁力测量信息的特定项。注意到式(13-11)适用于单光束的情况,该光束同时充当圆偏振泵浦和沿量化轴 z 传播的探测光束。当使用具有不同传播方向和/或不同偏振的探测光束时,式(13-11)中的取向和排列必须由探测光束敏感的分量 $S_i(\boldsymbol{B}_0)$ 和 $A_{jk}(\boldsymbol{B}_0)$ 替换。

以被动操作磁力仪为例,给出了单圆偏振光作用下汉勒磁力仪稳态定向和排列的显式表达式。在这种磁力仪中,原子只暴露在具有 B_x、B_y、B_z 分量的静电场中,式(13-11)中的稳态取向由文献[6]给出,即

$$\frac{S_z(B_x, B_y, B_z)}{S_0} = \frac{1 + x_\parallel^2}{1 + x_\parallel^2 + x_\perp^2} \quad (13-12)$$

而稳态排列(自适应文献[8])可表示为

$$\frac{A_{zz}(B_x, B_y, B_z)}{A_0} = \frac{1}{4} + \frac{3}{4} \frac{1 + 8x_\parallel^2 + 16x_\parallel^4}{1 + 4x_\parallel^2 + 4x_\perp^2} - 3\frac{1 + x_\parallel^2 + x_\parallel^4}{1 + x_\parallel^2 + x_\perp^2} \quad (13-13)$$

和

$$x_\parallel = \frac{\gamma_F B_z}{\gamma} \text{和} \ x_\perp = \frac{\gamma_F \sqrt{B_x^2 + B_y^2}}{\gamma} \quad (13-14)$$

式中:S_0、A_0 分别定义为由光泵浦过程产生的纵向取向和排列,并且这里已经将所有的弛豫速率设置为 γ。

注意,在式(13-12)中,引入 $x_\parallel$ 定义的量化轴 z 是沿着 $\boldsymbol{k}$ 的,而在式(13-13)中,量化轴是指垂直于 $\boldsymbol{k}$ 的线性偏振方向。

因此,当一个磁场分量 B_i 被扫过零时,汉勒磁力仪信号表现为共振。这些共振的振幅和宽度取决于未扫描的场分量的大小,如文献[6,8]所述,这一事实使得在绝对标度上精确校准这种磁力仪变得困难。如前所述,所谓的SERF磁

力仪(在第 15 章中讨论)实际上是基态汉勒磁力仪。

在下面的章节中,讨论主动驱动磁力仪中出现的信号。

13.3 光学检测磁共振

13.3.1 磁共振

磁共振,MR,是一类的名字,指通过与时间周期性微扰的相互作用,以共振方式影响介质的空间取向和/或自旋极化强度的过程。在最广泛使用的磁共振实现中,这种微扰是由振荡(或旋转)磁场 $B_{rf}(t)$ 提供的。当扰动的频率 ω_{rf} 被调谐到系统的特征频率附近时,该过程被共振地增强,例如由外部磁场引起的拉莫尔频率 ω_L(这里感兴趣的情况)①。

当极化介质由其自旋密度算符描述时,即

$$\rho = \sum_{k,q} m_{k,q} \mathbb{T}_q^k \tag{13-15}$$

考虑极化多极矩 $m_{k,q}$($\mathbb{T}_q^k$ 是不可约的球张量算符[19])的参数化,磁共振过程由 $\dot{\rho}$s 运动方程(刘维尔(Liouville)方程)的解得出,即

$$i\hbar\dot{\rho} = [H, \rho] + 驰豫相 \tag{13-16}$$

式中:H 是原子与场相互作用的哈密顿量。将式(13-15)插入式(13-16)中,得到多极矩的运动方程。

当在 B_0 中与磁场的相互作用呈线性时,即当 $H = -\mu \cdot B_0$,式(13-16)中换位子的 H 与给定秩 k 的算符 $\mathbb{T}_q^k$ 产生具有相同秩的算符的线性组合[24]。结果,对于给定 k 的每一组多极 $m_{k,q} = -k\cdots+k$ 的运动方程被解耦,因此,对于每一个秩 k 将其减少为一组 $2k+1$ 方程,该方程与相应的 $2k+1$ 个被 q 标记的多极相耦合(见文献[24])。对于矢量多极矩 $m_{1,q}$,这三个对应的方程称为布洛赫方程。这些通常用三个笛卡尔矢量分量 S_i 表示为

$$\dot{S} = S \times (\gamma_F B_{tot}) + 驰豫相 \tag{13-17}$$

式中:$B_{tot} = B_0 + B_{rf}(t)$ 为总磁场矢量。笛卡尔方向矢量(布洛赫矢量)S 的分量与对应的多极矩有关,通过

---

① 磁共振跃迁也可以在原子精细或超精细结构部件之间驱动,在这种情况下,特征频率分别为 $\omega_{fs} = \Delta E_{fs}/\hbar$ 和 $\omega_{hfs} = \Delta E_{hfs}/\hbar$ 都由内部磁场决定的。

$$m_{1,\pm 1} \propto \mp \frac{S_x \pm \mathrm{i} S_y}{\sqrt{2}} \quad \text{和} \quad m_{1,0} \propto S_z \qquad (13-18)$$

具有依赖 F 的比例因子(如文献[19]中给出的)。

对于将其参数化为 $\boldsymbol{B}_{rf}(t)=2\boldsymbol{B}_1\sin\omega_{rf}t$ 的线性振荡射频场,式(13-17)不能用代数方法求解,可以利用所谓的旋转波近似来获得代数解。

13.3.2 旋转波近似

$\boldsymbol{B}_{rf}(t)$ 沿 $\boldsymbol{B}_0$ 的任何分量都不会引起磁共振,因此只考虑

$$\tilde{\boldsymbol{B}}_{rf}(t)=2\tilde{\boldsymbol{B}}_1\sin\omega_{rf}t=\frac{\tilde{\boldsymbol{\Omega}}}{\gamma_F}\sin\omega_{rf}t \qquad (13-19)$$

与 $\boldsymbol{B}_0$ 正交的 $\boldsymbol{B}_{rf}(t)$ 分量(图13-4(a))。我们称 $\boldsymbol{B}_{rf}$ 为"有效 rf 场"。

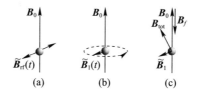

图 13-4 旋转波近似

(a)只有与 $\boldsymbol{B}_0$ 正交的振荡场 $\tilde{\boldsymbol{B}}_{rf}(t)=2\tilde{\boldsymbol{B}}_1$ 驱动磁共振;(b)线性振荡成反向旋转分量,
每个振幅 $\tilde{\boldsymbol{B}}_1$ 仅保留一个;(c)在频率 ω_{rf} 下围绕 $\boldsymbol{B}_0$ 旋转的参考框中,
rf 场变为静态,出现另外一个虚构的磁场 $\boldsymbol{B}_f$。

线性振荡场分解为两个旋转分量(每个振幅 $\tilde{B}_1$),一个在 ω_{rf} 频率下围绕 $\boldsymbol{B}_0$ 与原子自旋极化同向旋转(图13-4(b)),另一个反向旋转分量①被忽略(旋转波近似)。在下一步中,我们考虑一个坐标系 $(x'y'z')$,该坐标系与围绕 $(\boldsymbol{B}_0\parallel\hat{z}')$ 的自旋极化同向旋转,使得该坐标系中的 $\tilde{\boldsymbol{B}}_1$ 成为 $x'y'$ 平面中的静态场(图13-4(c))。旋转坐标系的转换导致了一个虚拟磁场 $\boldsymbol{B}_f=-\omega_{rf}/\gamma_F\hat{z}'$ 的出现,因此总场 $\boldsymbol{B}'_{tot}$(在旋转坐标系中)具有分量 $(B_1,0,B_0-\omega_{rf}/\gamma_F)$。这个场可以用频率 $\tilde{\boldsymbol{\Omega}}'=\gamma_F\boldsymbol{B}'_{tot}$ 表示,其中总有效拉比(Rabi)矢量 $\tilde{\boldsymbol{\Omega}}$ 的分量为 $(\tilde{\Omega}_{x'},\tilde{\Omega}_{y'},-\delta\omega)$。在式(13-19)中,引入了 rf 频率与拉莫尔频率的失谐量 $\delta\omega=\omega_{rf}-\omega_L$,以及拉比频率 $\tilde{\Omega}_{x'}=\gamma_F\tilde{B}_{1,x'}$ 和

---

① 被忽略的分量引起磁谐振频率 ω_L 在 $\Delta\omega_L\sim\gamma^2/\omega_L$ 数量级上的系统红移 $\Delta\omega_L$(布洛赫-西格特(Bloch-Siegert)位移),其中 γ 是极化弛豫率。

$\tilde{\Omega}_{y'} = \gamma_F \tilde{B}_{1,y'}$。

旋转坐标系中极化矢量 S' 的分量通常用 (u,v,w) 表示,其运动方程由式(13-17)导出为

$$\dot{u} = -\delta\omega v - \tilde{\Omega}_{y'} w - \gamma_2(u - u^{eq}) \qquad (13-20)$$

$$\dot{v} = +\tilde{\Omega}_{x'} w + \delta\omega u - \gamma_2(v - v^{eq}) \qquad (13-21)$$

$$\dot{w} = +\tilde{\Omega}_{y'} u - \tilde{\Omega}_{x'} v - \gamma_1(w - w^{eq}) \qquad (13-22)$$

式中:γ_1/γ_2 分别为纵向/横向驰豫率;量 u^{eq}、v^{eq} 和 w^{eq} 为 u、v 和 w 在没有任何磁场($\tilde{\Omega}=0$)的情况下假定的稳态平衡值($\dot{u} = \dot{v} = \dot{w} \equiv 0$)。

在没有任何磁场的情况下,光束(在实验室坐标系中)沿光的传播方向产生自旋极化 $S_0 = S_0 k/|k|$。在旋转坐标系中,k 向量围绕 B_0 旋转(图13-5)。因此,有理由假定

$$S'_{eq} = \{u^{eq}, v^{eq}, w^{eq}\} \equiv \{0, 0, S_0 \cos\theta_B\} \qquad (13-23)$$

式中:$S_0\cos\theta_B = S_0 \cdot B_0/|B_0|$ 为激光沿磁场产生的极化分量。这个假设在(低功率)极限下是有效的,在这个极限下,光泵浦产生自旋极化的速率 γ_p(泵浦速率)是远小于 ω_L。

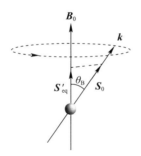

图13-5 在旋转坐标系中平衡自旋极化 S'_{eq} 是 S_0 在 B_0 上的投影

基于上述假设,可以通过设 $\dot{S}' = 0$ 并求出稳态解,解随后的三个代数方程得到 S'_{ss},即旋转坐标系中的稳态极化矢量。它的分量是

$$u_{ss} = \frac{-\delta\omega\tilde{\Omega}_{x'} + \gamma\tilde{\Omega}_{y'}}{\delta\omega^2 + \gamma^2 + \tilde{\Omega}_{x'}^2 + \tilde{\Omega}_{y'}^2} S_0\cos\theta_B \qquad (13-24)$$

$$v_{ss} = \frac{-\delta\omega\tilde{\Omega}_{y'} - \gamma\tilde{\Omega}_{x'}}{\delta\omega^2 + \gamma^2 + \tilde{\Omega}_{x'}^2 + \tilde{\Omega}_{y'}^2} S_0\cos\theta_B \qquad (13-25)$$

$$w_{ss} = \frac{\delta\omega^2 + \gamma^2}{\delta\omega^2 + \gamma^2 + \tilde{\Omega}_{x'}^2 + \tilde{\Omega}_{y'}^2} S_0 \cos\theta_B \quad (13-26)$$

对于给定布局形状的磁共振磁力仪,一般的建模方法在于将系统的特定向量转换为旋转坐标系,在旋转坐标系中求出解,然后再转换回实验室坐标系,在实验室坐标系中可以导出具体的实验观测解。

13.3.3 单束ODMR磁力仪的常规布局

图 13-6 给出了基于 ODMR 的磁力仪的一般布局结构。假设一束圆偏振光沿着 $k \parallel \hat{z}$ 传播,作为泵浦光和读出光束。在不失一般性的情况下,假设实验室坐标系中的振荡场位于 $x-z$ 平面上,与 k 矢量形成一个角 θ_{rf},即 $\boldsymbol{B}_{rf}(t)$ 具有分量 $2\sin\theta_{rf}、0、\cos\theta_{rf}/\gamma_F$,其中 $2\Omega/\gamma_F = 2B_1$ 为 $\boldsymbol{B}_{rf}(t)$ 的振幅。感兴趣磁场的方向 $\hat{\boldsymbol{B}}_0$ 由球坐标 θ_B 和 φ_B 定义。

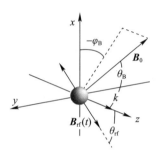

图 13-6 ODMR 磁力仪的一般布局结构(rf 场被选在 $x-z$ 平面上,更多细节在文中给出)

为了应用上一段推导的结果,必须确定旋转坐标系中有效 rf 场的分量 $\tilde{\Omega}_{x'}$ 和 $\tilde{\Omega}_{y'}$。该坐标系中的 rf 场由 $\boldsymbol{B}'_{rf} = R_z(+\omega_{rf}t)R_y(-\theta_B)R_z(-\varphi_B)\boldsymbol{B}_{rf}$ 给出,以角速度 ω_{rf} 绕 $\boldsymbol{B}_0$ 旋转的与 $\boldsymbol{B}_0$ 正交的分量为

$$\tilde{\boldsymbol{B}}_1 = \frac{1}{2}\left[\boldsymbol{B}'_{rf} - (\boldsymbol{B}'_{rf} \cdot \boldsymbol{B}_0)\frac{\boldsymbol{B}_0}{|\boldsymbol{B}_0|^2}\right] \quad (13-27)$$

式中:因子 1/2 反映旋转波近似值,即在 $-2\omega_{rf}$ 下旋转的反向旋转分量的下降。通过这些变换,有效拉比矢量 $\tilde{\boldsymbol{\Omega}}$(具有 $\tilde{\Omega} = |\tilde{\boldsymbol{\Omega}}|$)的分量可表示为

$$\tilde{\Omega}_{x'} = \tilde{\Omega}\sin\varphi_B\sin\theta_{rf}, \tilde{\Omega}_{y'} = -\tilde{\Omega}\sin\theta_B\cos\theta_{rf} - \tilde{\Omega}\cos\theta_B\cos\varphi_B\sin\theta_{rf} \quad (13-28)$$

将这些表达式带入到式(13-24)~式(13-26)中,得到旋转坐标系中稳态极化矢量 $\boldsymbol{S}'_{ss}$ 的分量的一般代数表达式。

接下来,旋转坐标系解决方案可以转换回实验室坐标系。为此,首先通过在 z' 轴周围应用与时间相关的旋转(在频率 $+\omega_{rf}$ 处)来离开旋转坐标系,产生 $\boldsymbol{S}'(t) = R_z(-\omega_{rf}t)\boldsymbol{S}'_{ss}$。然后,$\boldsymbol{S}'(t)$ 通过旋转 $\boldsymbol{S}(t) = R_z(\varphi_B)R_y(\theta_B)\boldsymbol{S}'(t)$ 矢量(由 $\boldsymbol{B}_0$ 到 $\boldsymbol{k}$ 给出)回到实验室坐标系。对于圆偏振光束,只有 $S_k(t) = \boldsymbol{S}(t) \cdot \boldsymbol{k}/|\boldsymbol{k}|$ 给出的沿着 $\boldsymbol{k}$ - 矢量的分量 $\boldsymbol{S}(t)$ 影响吸收系数①。通过上述变换能够发现

$$S_k(t) = S_{DC} + S_{IP}\sin\omega_{rf}t + S_{QU}\cos\omega_r t \tag{13-29}$$

$$S_{DC} = w_{ss}\cos\theta_B, \quad S_{IP} = -v_{ss}\sin\theta_B, \quad S_{QU} = -u_{ss}\sin\theta_B \tag{13-30}$$

因此,沿 $\boldsymbol{k}$ 矢量的偏振具有时间无关的贡献 S_{DC},并且时间相关的贡献与 rf 场同相(S_{IP})和正交(S_{QU})振荡。

13.3.4 光学检测磁共振

用式(13-29)和式(13-30)代替式(13-11)中的 S_z,得到了改变的稳态自旋极化 $S_k(t)$ 对圆偏振光光束传输功率的影响,得到了这种形式的一般表达式,即

$$P(t) = P_{DC} + P_{IP}\sin\omega_{rf}t + P_{QU}\cos\omega_r t \tag{13-31}$$

式中:

$$P_{DC} = P_0 - P_0\kappa_0^{unpol}L + P_0\kappa_0^{unpol}L\alpha_{F,F'}^{(1)}w_{ss}\cos\theta_B \tag{13-32}$$

$$P_{IP} = -P_0\kappa_0^{unpol}L\alpha_{F,F'}^{(1)}v_{ss}\sin\theta_B \tag{13-33}$$

$$P_{QU} = -P_0\kappa_0^{unpol}L\alpha_{F,F'}^{(1)}u_{ss}\sin\theta_B \tag{13-34}$$

式(13-31)可以写成

$$P(t) = P_{DC} + P_R\sin(\omega_{rf}t + \phi) \tag{13-35}$$

式中:

$$P_R = P_0\kappa_0^{unpol}L\alpha_{F,F'}^{(1)}\sin\theta_B\sqrt{u_{ss}^2 + v_{ss}^2} \tag{13-36}$$

$$\tan\phi = \frac{P_{QU}}{P_{IP}} = \frac{S_{QU}}{S_{IP}} = \frac{u_{ss}}{v_{ss}} \tag{13-37}$$

式(13-31)和13.4节中导出的 S_{DC}、S_{IP}、S_{QU}、S_{IP} 和 ϕ 的显式表达式表示用

---

① 下面给出的结果很容易扩展到使用沿某个方向传播的探测光束磁力仪上在随后的方程式中替换一个方向探 $\boldsymbol{k}_{probe} \neq \boldsymbol{k}_{pump}$。为此,必须通过 $S_{probe}(t) = \boldsymbol{S}(t) \cdot \boldsymbol{k}_{probe}/|\boldsymbol{k}_{probe}|$ 将 $\boldsymbol{S}(t)$ 投影到探测光束上或者用 $S_{probe}(t)$ 替代后面的方程 $S_k(t)$。

探测光功率描述ODMR磁力仪信号的主方程。

我们注意到,在上面的推导中,去掉了式(13-11)的排列(A_{zz})项,其对 $F \rightarrow F-1$ 碱原子D1线的超精细组分的贡献通常可以忽略不计[25],其对磁力仪性能的影响,据目前所知从未涉及过。

13.4 基于定向的磁力仪理论

本节集中讨论由沿 $\boldsymbol{k} \parallel \hat{z}$ 传播的圆偏振光束(泵浦光束)光泵产生的极化矢量(方向)构建的磁力仪,从而在没有外场的情况下,在实验室坐标系中产生自旋极化$(0,0,S_z)$。这种自旋极化的大小和方向是由感兴趣的场 $\boldsymbol{B}_0$、rf场 $\boldsymbol{B}_{rf}$ 和弛豫共同作用改变的,如前所述。第二束(圆偏振)光束(探测光束)检测改变的自旋极化的特定分量。出于实际原因,例如,为了简化多传感器阵列情况下的传感器硬件(见13.7.7节),或者在便携式磁力仪的情况下,通常使用一束既作为泵浦源又作为探测的光束。下面我们只讨论这种单光束布局。

13.4.1 M_z 和 M_x 分类

如13.3.2节所述,平衡极化矢量(定向)S'_{eq} 由沿 $\boldsymbol{B}_0 \parallel \hat{z}$ 定向的 $\boldsymbol{k}_{pump}$ 方向传播的圆极化泵浦光束产生。原子磁力仪文献(文献[3]第4章)提到一种结构,其中自旋极化的 z 分量由探测光束 $\boldsymbol{k}_{probe} \parallel \hat{z}$ 检测称为 M_z 磁力仪(图13-7(a))。由于泵浦光和探测光具有相同的偏振特性并沿相同的方向传播,它们实际上表现为相同的单光束。极化分量与被检测的 $\boldsymbol{B}_0$(称为 x 分量)正交的任何布置被称为 M_x 磁力仪(图13-7(b))。一个"纯"M_x 磁力仪需要两个不同的光束。然而,可以如图13-7(c)所示通过同时读出稳态极化的 x 分量和 z 分量的单光束来实现。

这种分类在某些情况下有点人为,因为人们无法预先知道 $\boldsymbol{B}_0$ 相对于 $\boldsymbol{k}_{probe}$ 的相对方向。此后,虽然如此仍将保留 M_x 和 M_z 磁力仪的既定概念。

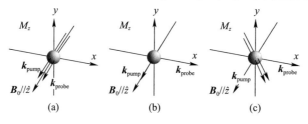

图13-7 磁力仪的布局形状。在本节的讨论中,假设所有光束都是圆偏振的 (a)M_z;(b)M_x;(c)M_x。

13.4.2 M_x 磁力仪

这里讨论 M_x 磁力仪的一般情况,其传感器本身包含有碱蒸气,碱蒸气被装在一个球形容器中,一个单束、频率调谐为原子吸收线的圆偏振光束穿过该容器。假设光束沿 $\boldsymbol{k} = k\hat{z}$ 传播,而原子暴露在振荡磁场 $\boldsymbol{B}_{rf}(t)$ 中,这两个矢量规定了磁力仪的布局,因此其灵敏度依赖于方向。分为两个子类是有用的,即磁力仪中射频场被布置成平行于 $\boldsymbol{k}$ 或垂直于 $\boldsymbol{k}$。这两种特殊情况很重要,因为符合条件 $\hat{\boldsymbol{k}} \cdot \hat{\boldsymbol{B}}_{rf} = 1$ 和 $\hat{\boldsymbol{k}} \cdot \hat{\boldsymbol{B}}_{rf} = 0$ 的传感器探头易于通过精密加工实现。

1) $\boldsymbol{B}_{rf} /\!/ \boldsymbol{k}$ 的 M_x 磁力仪

图 13-8 给出了一个 M_x 磁力仪的几何布局,其设计使得射频场 $\boldsymbol{B}_{rf}(t)$ 与光传播方向 $\boldsymbol{k}$ 平行。由于传感器的圆柱形对称性,该几何结构中的磁场方向通过单个角度 θ_B 确定。实验室框架内的有效射频场 $\tilde{\Omega}(\theta_{rf} = 0)$,由式(13-28)给出,各分量 $= (0, -\tilde{\Omega}\sin\theta_B, 0)$,相应磁力仪信号(式(13-24)~式(13-28))结果是

$$S_{IP} = S_0 \frac{\gamma \tilde{\Omega} \sin\theta_B}{(\omega_{rf} - \omega_L)^2 + \gamma^2 + \tilde{\Omega}^2 \sin^2\theta_B} \cos\theta_B \sin\theta_B$$
$$= S_0 \frac{1}{x^2 + 1 + \tilde{G}_{rf}} \sqrt{\tilde{G}_{rf}} \cos\theta_B \sin\theta_B \qquad (13-38)$$

$$S_{QU} = -S_0 \frac{(\omega_{rf} - \omega_L) \tilde{\Omega} \sin\theta_B}{(\omega_{rf} - \omega_L)^2 + \gamma^2 + \tilde{\Omega}^2 \sin^2\theta_B} \cos\theta_B \sin\theta_B$$
$$= -S_0 \frac{x}{x^2 + 1 + \tilde{G}_{rf}} \sqrt{\tilde{G}_{rf}} \cos\theta_B \sin\theta_B \qquad (13-39)$$

$$S_R = S_0 \frac{\sqrt{x^2 + 1}}{x^2 + 1 + \tilde{G}_{rf}} \sqrt{\tilde{G}_{rf}} |\cos\theta_B \sin\theta_B| \qquad (13-40)$$

$$\tan\phi = \frac{S_{QU}}{S_{IP}} = -x \qquad (13-41)$$

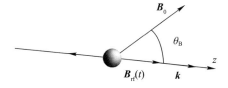

图 13-8 $\boldsymbol{B}_{rf} /\!/ \boldsymbol{k}$ 布局中的 M_x 磁力仪

（1）无量纲参数。在式（13-41）中，引入了无量纲的"失谐参数"x，定义为

$$x = \frac{\omega_{rf} - \omega_L}{\gamma} = \frac{\delta\omega}{\gamma} \tag{13-42}$$

和无量纲的"有效射频饱和参数"$\tilde{G}_{rf}$，定义为

$$\tilde{G}_{rf} = \frac{\tilde{\Omega}^2}{\gamma^2}\sin^2\theta_B = G_{rf}\sin^2\theta_B \tag{13-43}$$

式中：拉比频率与$\Omega = \gamma_F B_1$的振荡场的半振幅有关。为了简化表达式，设定$\gamma_1 = \gamma_2 = \gamma_3$，这是在石蜡涂层碱蒸气容器中符合较好的近似值[7,26]，然而在缓冲气体容器中，相干弛豫速率γ_2可能远大于γ_1。当去掉$\gamma_1 = \gamma_2$假设时，式（13-38）～式（13-41）变得更加复杂，但失谐和饱和参数由简单关系给出为

$$x = \frac{\delta\omega}{\gamma_2}, \quad G_{rf} = \frac{\Omega^2}{\gamma_1\gamma_2} \tag{13-44}$$

（2）光功率展宽。光泵浦过程影响本征弛豫速率γ_i，可以发现对于最低阶$G_{op} \propto P_0$（见13.2.1节），这一影响可通过替换式（13-44）参数来考虑，即

$$\gamma_i \Rightarrow \Gamma_i = \gamma_i + \gamma_{pump} \tag{13-45}$$

（3）以通用形式重写信号。回想以上与时间相关极化的参数化相关的信号S_{IP}、S_{QU}、S_R和ϕ，根据

$$S_k(t) = S_R\sin(\omega_{rf}t + \phi) = S_{IP}\sin\omega_{rf}t + S_{QU}\cos\omega_{rf}t \tag{13-46}$$

式（13-38）～式（13-41）是$\boldsymbol{B}_{rf} /\!/ \boldsymbol{k}$的$M_x$磁力仪的具体方程式。然而，正如在下面看到的，不服从式（13-46）的磁力仪通过引入适当的相移ϕ_0也可以写成相同的通用形式的式（13-38）～式（13-41），即

$$\phi = \phi_0 - \arctan x \tag{13-47}$$

注意，在上面情况下$\phi_0 = 0$。定义$\tilde{\phi} = \phi - \phi_0$，可以发现，通过一些代数运算，对于所有类型的$M_x$磁力仪，检测的随时间变化的自旋极化可以表示为

$$S_k(t) = \tilde{S}_{IP}\sin(\omega_{rf}t + \phi_0) + \tilde{S}_{QU}\cos(\omega_{rf}t + \phi_0) \tag{13-48}$$

式中：

$$\tilde{S}_{IP} = S_0 \frac{1}{x^2 + 1 + \tilde{G}_{rf}}\sqrt{\tilde{G}_{rf}}\,|\cos\theta_B\sin\theta_B| \tag{13-49}$$

$$\tilde{S}_{QU} = -S_0 \frac{x}{x^2 + 1 + \tilde{G}_{rf}}\sqrt{\tilde{G}_{rf}}\,|\cos\theta_B\sin\theta_B| \tag{13-50}$$

$$\tilde{S}_R = S_R = S_0 \frac{\sqrt{x^2+1}}{x^2+1+\tilde{G}_{rf}}\sqrt{\tilde{G}_{rf}}|\cos\theta_B\sin\theta_B| \qquad (13-51)$$

$$\tan\tilde{\phi} = \tan(\phi-\phi_0) = -x, \quad 当 \boldsymbol{B}_{rf}//\boldsymbol{k} 时, \phi_0 = 0 \qquad (13-52)$$

这里将后者称为 M_x 磁力仪信号的"标准通用形式"。正如下文所述,这个标准形式就所有 M_x 磁力仪信号都可以用这种形式来表示而言是普遍通用的,而不考虑 $\boldsymbol{B}_0$ 和 $\boldsymbol{B}_{rf}$ 的方向。M_x 信号标准形式的显著特征是,共振相位消失,即 $\tilde{\phi}(x=0)=0$,并且具有负的斜率,即 $d\phi/dx|_{x=0}<0$。

(4) $\boldsymbol{B}_{rf}//\boldsymbol{k}$ 磁力仪的线形。图 13-9 给出了有效射频饱和参数变化时,由式(13-49)~式(13-52)给出的标准信号 $\tilde{S}_{IP}$、$\tilde{S}_{QU}$、S_R 和 $\tilde{\phi}=\phi-\phi_0$ 的失谐依赖关系。

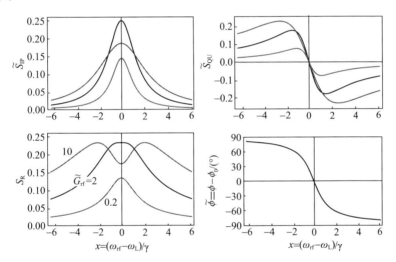

图 13-9 M_x 磁力仪通用线形函数(见彩图)(信号 $\tilde{S}_{IP}$、$\tilde{S}_{QU}$、S_R 和 $\tilde{\phi}$ 在 rf 频率 ω_{rf} 上的相关性由式(13-49)~式(13-52)给出。图中给出了有效射频饱和参数 $\tilde{G}_{rf}$ = 0.2(红色)、2(黑色)和10(蓝色)。对于本段讨论的 $\boldsymbol{B}_{rf}//\boldsymbol{k}$ 示例,有 $\tilde{G}_{rf}=G_{rf}\sin^2\theta_B$ 和 $\phi_0=0$)

同相/正交信号分别为色散/吸收洛伦兹信号,射频功率扩展线宽可表示为

$$\Delta x_{FWHM} = 2\sqrt{1+\tilde{G}_{rf}} \Rightarrow \Delta\omega_{FWHM} = 2\gamma\sqrt{1+\left(\frac{\Omega}{\gamma}\right)^2\sin^2\theta_B} \qquad (13-53)$$

对于 $\tilde{G}_{rf}\ll 1$,S_R 信号是一条单吸收线,宽度是 S_{QU} 信号的 2 倍,而对于更大

的振幅,它分裂成两条线。

(5) $B_{rf}//k$ 磁力仪的信号相位。描述相位的 arctan-函数(式(13-41))不受射频功率展宽的影响,但依赖于激光功率(借助式(13-45))。这个值得注意的事实,加上 $x=0$ 附近磁场大小的线性依赖,使这个信号成为一个理想的鉴别器函数,用于实施一个反馈环路,使射频频率 ω_{rf} 主动锁定在拉莫尔频率 ω_L(更多细节见 13.7 节)。进一步,式(13-52)表明相位与磁场方向无关(θ_B 确定的),这使得 M_x 磁力仪的 $B_{rf}//k$ 变体成为一个真标量磁力仪。

(6) 奈奎斯特图。奈奎斯特(Nyquist)图(图 13-10)是表示通用 $\tilde{S}_{IP}(x)$ 和 $\tilde{S}_{QU}(x)$ 信号的另一种方法,也使 $S_R(x)$ 和 $\tilde{\phi}(x)$ 的依赖关系可视化。对于每个给定 $\tilde{G}_{rf}$ 值,对应的曲线表示 $(\tilde{S}_{QU}, \tilde{S}_{IP})$ 值与 x 的相关性。当失谐 x 从 $-\infty \sim +\infty$ 变化时,就 $\tilde{G}_{rf}=0.1$ 曲线上箭头所指而言曲线变化从原点回到原点,其中红点表示 $x=(\omega_{rf}-\omega_L)/\gamma$ 的具体值。从式(13-49)和式(13-50)可以很容易地看出,对于 $\tilde{G}_{rf} \ll 1$ 奈奎斯特(Nyquist)曲线是半径为 $\sqrt{\tilde{G}_{rf}}|\sin\theta_B\cos\theta_B|$ 的圆。

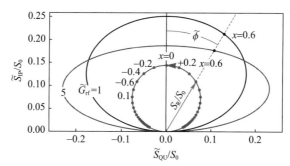

图 13-10　$\tilde{G}_{rf}=0.1$、1、1.5 时通用 M_x-信号奈奎斯特图(见彩图)

奈奎斯特图在实验上是有用的表示,它可以用于调整锁相解调器的参考相位(见 13.7 节),以揭示光电流中由振荡磁场的(感性的或容性的)电子检波线圈诱导的虚假振荡信号,或评估非均匀场的线展宽,如文献[27]所述。

(7) $B_{rf}//k$ 磁力仪角度依赖性。有两种方法来观察 $B_{rf}//k$ 磁力仪的角依赖性。一方面,上面推导的方程得出 R 信号的共振值是一个与 G_{rf} 和 θ_B 都有关的函数,并且在 $G_{rf}=2$ 和 $\theta_B=\pi/4$ 时达到绝对最大值,如图 13-11(a) 所示,即

$$S_R(x=0) = S_0|\cos\theta_B|\sin^2\theta_B \frac{\sqrt{G_{rf}}}{1+G_{rf}\sin^2\theta_B} \quad (13-54)$$

实线表示 G_{rf}^{opt} 值和 θ_B^{opt} 值,分别表示给定 θ_B 和 G_{rf} 值时产生的最大信号。白点表示(绝对)最大信号发生的参数组合。图 13-11(b)给出了 R 信号在 $\theta_B = \pi/4$ 时对 G_{rf} 的依赖性,在 $G_{rf} = 2$ 时达到最大值。

另一方面,对于每个给定的磁场方向 θ_B,可以通过改变射频振幅 $\Omega \propto \sqrt{G_{rf}} \propto \sqrt{\widetilde{G}_{rf}}$ 来优化共振上的 R 信号。在优化的射频条件下,角相关性变得与射频振幅无关,如图 13-11(c)所示,达到 $\widetilde{G}_{rf} = 1$ 的最大值。

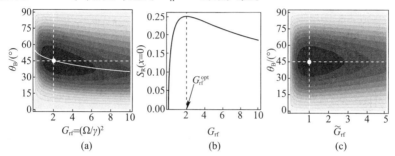

图 13-11 $\boldsymbol{B}_{rf}//\boldsymbol{k}$ 磁力仪的角度依赖性(在这种通用表示中,最大信号出现在 $\theta_B = 45°$ 处)

(a)$\boldsymbol{B}_{rf}//\boldsymbol{k}$ 布局的共振 R 信号 $S_R(x=0)$ 作为 G_{rf} 和 θ_B 函数的等高线图;(b)沿图(a)水平虚线

($\theta_B = \pi/4$)剪开的图形,显示 $G_{rf} = 2$ 出现最大 R 信号,在图(c)中对应于 $\widetilde{G}_{rf} = 1$;

图(c)与图(a)相同的作为 θ_B 和有效射频功率 G_{rf} 函数的图。

图 13-12 给出了不同射频饱和振幅下 S_R 信号的角依赖关系。虚线表示通过图 13-11(a)的垂直切面,实线表示在优化 G_{rf} 条件下得到的通用角度相关性。对于 $\widetilde{G}_{rf} \ll 1$,S_R 信号的角依赖性由 $\cos\theta_B \sin^2\theta_B$ 给出,函数在 $\theta_B = 54.74°$ 时达到最大值,而对于 $\widetilde{G}_{rf} \gg 1$,峰值渐进地演化到 $\theta_B = 180°$。对于使 $S_R(0)$ 最大化的射频功率,即对于 $G_{rf} = 2$(相当于 $\widetilde{G}_{rf} = 1$),其角依赖在 $\theta_B = 45°$ 处达到峰值(实黑线)。

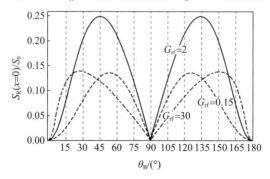

图 13-12 $\boldsymbol{B}_{rf}//\boldsymbol{k}$ 布局:不同 G_{rf} 值下 S_R 信号振幅的角依赖性(见彩图)

2) $B_{rf} \perp k$ 的 M_x 磁力仪

图 13-13 给出了一个 M_x 磁力仪的几何布局,其设计的射频场 $B_{rf}(t)$ 与光传播方向 k 正交。在这种情况下,磁力仪不再具有旋转对称,磁场方向必须由如图 13-13 所示的两个球坐标角 θ_B 和 φ_B 指定。在这个布局中,实验室框架中的有效射频场 $\Omega(\theta_{rf} = \pi/2)$,由式(13-28)给出,具有分量 $(-\sin\varphi_B, -\cos\theta_B\cos\varphi_B, 0)$,磁力仪信号为

$$S_{IP} = S_0 \frac{x\cos\theta_B\cos\varphi_B + \sin\varphi_B}{x^2 + 1 + \tilde{G}_{rf}} \sqrt{G_{rf}}\cos\theta_B\sin\theta_B \qquad (13-55)$$

$$S_{QU} = S_0 \frac{\cos\theta_B\cos\varphi_B - x\sin\varphi_B}{x^2 + 1 + \tilde{G}_{rf}} \sqrt{G_{rf}}\cos\theta_B\sin\theta_B \qquad (13-56)$$

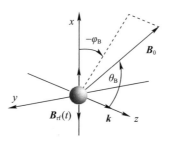

图 13-13 M_x 磁力仪在 $B_{rf} \perp k$ 布局

$$S_R = S_0 \frac{\sqrt{x^2 + 1}}{x^2 + 1 + \tilde{G}_{rf}} \sqrt{\tilde{G}_{rf}} |\cos\theta_B\sin\theta_B| \qquad (13-57)$$

$$\tan\phi = \frac{\cos\theta_B\cos\varphi_B - x\sin\varphi_B}{x\cos\theta_B\cos\varphi_B + \sin\varphi_B} \qquad (13-58)$$

式中:$\tilde{G}_{rf} = G_{rf}g(\theta_B, \varphi_B)$,且

$$g(\theta_B, \varphi_B) = \cos^2\theta_B\cos^2\varphi_B + \sin^2\varphi_B = \cos^2\theta_B + \sin^2\theta_B\sin^2\varphi_B \quad (13-59)$$

像在 $B_{rf} // k$ 情况下一样,式(13-58)给出的相位不依赖于射频饱和参数 G_{rf},但注意到它依赖于场方向。也注意到在式(13-55)~式(13-57)中 G_{rf} 和 $\tilde{G}_{rf}$ 不对称的出现。

(1) 将信号改写为标准通用形式。同相和正交信号的大量表达式可以转换为在 13.4.2 节针对 $B_{rf} // k$ 情况介绍的标准通用形式,经过一些代数运算,可以得到时变极化可以用与式(13-48)~式(13-51)相同的通用表达式表示,即

$$S_k(t) = \tilde{S}_{\text{IP}}\sin(\omega_{\text{rf}}t + \phi_0) + \tilde{S}_{\text{QU}}\cos(\omega_{\text{rf}}t + \phi_0) \tag{13-60}$$

式中:

$$\tilde{S}_{\text{IP}} = S_0 \frac{1}{x^2 + 1 + \tilde{G}_{\text{rf}}}\sqrt{\tilde{G}_{\text{rf}}}|\cos\theta_B\sin\theta_B| \tag{13-61}$$

$$\tilde{S}_{\text{QU}} = -S_0 \frac{x}{x^2 + 1 + \tilde{G}_{\text{rf}}}\sqrt{\tilde{G}_{\text{rf}}}|\cos\theta_B\sin\theta_B| \tag{13-62}$$

$$\tilde{S}_R = S_R = S_0 \frac{\sqrt{x^2 + 1}}{x^2 + 1 + \tilde{G}_{\text{rf}}}\sqrt{\tilde{G}_{\text{rf}}}|\cos\theta_B\sin\theta_B| \tag{13-63}$$

$$\phi = \phi_0 - \arctan x \tag{13-64}$$

和

$$\tan\phi_0 = \cos\theta_B\cot\varphi_B \tag{13-65}$$

(2) 谐振相位。谐振偏移相位 $\phi_0 = \tilde{\phi}(x=0)$ 值得特别关注。图 13-14 给出了 ϕ_0 对 θ_B 和 φ_B 的依赖关系。图 13-14 中的红线表示,对于 $\theta_B = 90°$,相位没有 φ_B 依赖关系,反过来,对于 $\varphi_B = 90°$,相位没有 θ_B 依赖关系。这两种特殊情况分别等价于磁场 $\boldsymbol{B}_0$ 位于 $x-y$ 平面和 $x-z$ 平面(图 13-13)。图 13-14 边缘的蓝色线表明,对于 $\varphi_B = 0°$ 或 $180°$($\boldsymbol{B}_0$ 在 $x-z$ 平面上),相位没有 θ_B 相关,除了相位跳变 $180°$,这对应于 S_{QU} 信号的符号变化。对于不位于三个坐标平面中的任何一个的磁场,其相位取决于磁场的方向。信号振幅取决于 θ_B、φ_B 和 G_{rf},这使得讨论变得困难。

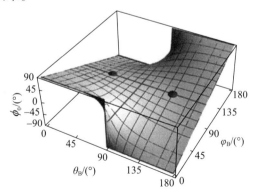

图 13-14 $\boldsymbol{B}_{\text{rf}} \perp \boldsymbol{k}$ 布局:对谐振相位 ϕ_0 的 $\theta_B - \varphi_B$ 依赖关系(见彩图)(红色和蓝色的线表示特定的平面,其中的相位与场方向无关(直到一个符号),而品红色的点是场方向产生最大的 S_R 信号)

（3）特殊情况下 $\boldsymbol{B}_{rf} \perp \boldsymbol{k}$ 和 $\boldsymbol{B}_{rf} \perp \boldsymbol{B}_0$。外加的 $\boldsymbol{B}_{rf}$ 垂直于 $\boldsymbol{B}_0$ 的特殊情况已经在前面讨论过了[27,28]。这里提出的模型框架，对应于 $\theta_B = \pi/2$ 的 $\boldsymbol{B}_{rf} \perp \boldsymbol{k}$ 磁力仪，这种情况下磁力仪的方向依赖性减小为纯 θ_B 依赖性，通用式（13-55）~式（13-58）减少为

$$S_{IP} = S_0 \frac{1}{x^2 + 1 + G_{rf}} \sqrt{G_{rf}} \cos\theta_B \sin\theta_B \qquad (13-66)$$

$$S_{QU} = -S_0 \frac{x}{x^2 + 1 + G_{rf}} \sqrt{G_{rf}} \cos\theta_B \sin\theta_B \qquad (13-67)$$

$$S_R = S_0 \frac{\sqrt{x^2 + 1}}{x^2 + 1 + G_{rf}} \sqrt{G_{rf}} |\cos\theta_B \sin\theta_B| \qquad (13-68)$$

$$\phi = -\arctan x \qquad (13-69)$$

注意到，这种特殊情况下的信号与标准通用线形函数相同，而不需要引入偏移相位。

13.4.3 M_z 磁力仪

图 13-15 给出了 M_z 磁力仪的结构布局，其中磁场 $\boldsymbol{B}_0$ 沿光的 $\boldsymbol{k}$ 向量，而射频场 $\boldsymbol{B}_{rf}$ 正交于 $\boldsymbol{k}$。很容易看出，这表示了 M_x 布局的 $\boldsymbol{B}_{rf} \perp \boldsymbol{k}$ 变形的特殊情况（$\theta_B = 0$），其信号可表示为

$$S_{IP}^{M_z} = S_{QU}^{M_z} = 0, \quad S_{DC}^{M_z} = S_0 \left(1 - \frac{G_{rf}}{x^2 + 1 + G_{rf}}\right) \qquad (13-70)$$

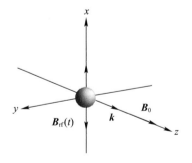

图 13-15 M_z 磁力仪的布局

M_z 磁力仪的特殊特征是没有随时间变化的信号，这一特征可用于激光束与磁场的精确平行排列。我们也注意到对于 M_z 布局 $\widetilde{G}_{rf} = G_{rf}$。

13.4.4 M_x 结构中的时间无关信号

前面讨论的 M_x 布局中的信号也有与时间无关的 S_{DC} 的贡献,其测量不需要锁相放大器。对于所有布局,这些直流信号读数为

$$S_{DC} = S_0 \left(1 - \frac{\tilde{G}_{rf}}{x^2 + 1 + \tilde{G}_{rf}}\right) \cos^2\theta_B \qquad (13-71)$$

式中:$\tilde{G}_{rf} = G_{rf} f(\theta_B, \varphi_B)$,这里 $f(\theta_B, \varphi_B)$ 由式(13-74)给出。因此,所有直流信号都是向下的洛伦兹信号,其宽度和振幅与 $\tilde{G}_{rf}$ 相关,叠加在与方向相关的背景上,如图13-16所示。

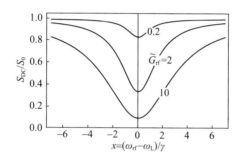

图13-16 时间无关(dc)信号 S_{DC} 在所有 M_x 布局图形中有一个通用的唯一表示。所有的信号在磁场方向上标度为 $\cos^2\theta_B$

13.4.5 所有 M_x 磁力仪信号的基本表达式

如前所述,已经讨论了 M_x 磁力仪所有可能的布局变形。检查结果表明,它们都具有以下共同的基本信号结构:

(1) 所有布局中相位信号都可以表示为

$$\tilde{\phi} = -\arctan x = -\arctan\frac{\delta\omega}{\gamma} = -\arctan\frac{\omega_{rf} - \omega_L}{\gamma} \qquad (13-72)$$

式中:$\tilde{\phi} = \phi - \phi_0$,这里 $\tilde{\phi}$ 是 $\boldsymbol{B}_{rf}(t)$ 和检测到的光功率 $P(t)$ 之间的相位,其中偏移相位 ϕ_0 取决于 $\hat{\boldsymbol{B}}_{rf}$ 和 $\hat{\boldsymbol{B}}_0$ 相对于 $\hat{\boldsymbol{k}}$ 的特定方向。从实验的角度来看,偏移相位 ϕ_0 是无关紧要的,因为它在任何情况下都需要通过实验来确定[①],并通过在实验

[①] 除了依赖于磁场方向外,相位偏移 ϕ_0 还可能受到额外的相移的影响,例如,线圈驱动和光电探测器电路中的复杂阻抗,或射频线圈的布局排列不确定性。

时使用相敏放大器中减去一个合适的参考相位来补偿。

（2）所有布局中的 S_R 信号都可以写成

$$S_R = S_0 \frac{\sqrt{x^2+1}}{x^2+1+\widetilde{G}_{rf}} \sqrt{\widetilde{G}_{rf}} |\cos\theta_B \sin\theta_B| \qquad (13-73)$$

式中：$\widetilde{G}_{rf} = G_{rf} f(\theta_B, \varphi_B)$ 为一个"有效的"射频饱和参数，它依赖于 $\hat{\boldsymbol{B}}_{rf}$ 和 $\hat{\boldsymbol{B}}_0$ 的相对方向，可表示为

$$f(\theta_B, \varphi_B) = \begin{cases} \cos^2\theta_B + \sin^2\theta_B \sin^2\varphi_B & \boldsymbol{B}_{rf} \perp \boldsymbol{k} \\ \sin^2\theta_B & \boldsymbol{B}_{rf} /\!/ \boldsymbol{k} \end{cases} \qquad (13-74)$$

从实验的角度来看，这个函数也是无关紧要的，因为在任何情况下，都要通过射频线圈优化电流 I_{rf}，以最大化谐振 R 信号

$$S_R(x=0) \propto \frac{\sqrt{\widetilde{G}_{rf}}}{1+\widetilde{G}_{rf}} = \frac{I_{rf}/I_c}{1+(I_{rf}/I_c)^2} \qquad (13-75)$$

式中：I_c 为特定线圈的校准常数。后一个函数峰值在 $I_{rf} = I_c$，相当于 $\widetilde{G}_{rf} = 1$。

（3）所有信号振幅的角依赖性与 $\sin 2\theta_B$ 成正比，因此在 $\theta_B = \pi/4$ 时产生一个最大信号。

（4）式(13-72)和式(13-73)的 ϕ 和 S_R 包含所有的线形信息，可以用来推导同相和正交信号

$$S_{IP} = S_0 \frac{1}{x^2+1+\widetilde{G}_{rf}} \sqrt{\widetilde{G}_{rf}} |\cos\theta_B \sin\theta_B| \qquad (13-76)$$

$$S_{QU} = -S_0 \frac{x}{x^2+1+\widetilde{G}_{rf}} \sqrt{\widetilde{G}_{rf}} |\cos\theta_B \sin\theta_B| \qquad (13-77)$$

（5）最后，将式(13-76)和式(13-77)分别代入式(13-33)和式(13-34)，可以得到被测光功率的同相分量和正交分量，即

$$P_{IP} = \widetilde{P} \frac{1}{x^2+1+\widetilde{G}_{rf}} \sqrt{\widetilde{G}_{rf}} |\cos\theta_B \sin\theta_B| \qquad (13-78)$$

$$P_{QU} = -\widetilde{P} \frac{x}{x^2+1+\widetilde{G}_{rf}} \sqrt{\widetilde{G}_{rf}} |\cos\theta_B \sin\theta_B| \qquad (13-79)$$

$$P_R = \widetilde{P} \frac{\sqrt{1+x^2}}{x^2+1+\widetilde{G}_{rf}} \sqrt{\widetilde{G}_{rf}} |\cos\theta_B \sin\theta_B| \qquad (13-80)$$

式中：

$$\tilde{P} = S_0 P_0 \kappa_0^{\text{unpol}} L\alpha_{F,F'}^{(1)} \tag{13-81}$$

原则上也仅仅是一个实验校准因子,但它通过物理系统参数的表示有助于讨论 M_x 磁力仪的灵敏度、局限性和可能的改进。

13.5 基于取向的磁力仪理论

到目前为止讨论的磁力仪都是基于共振圆偏振光产生(和探测)的矢量极化(定向)。虽然圆偏振光也会沿光传播的 k 方向产生一种排列(张量极化),但这种贡献迄今为止在理论处理中被忽略了。这被碱基 D_1 跃迁中的 $nS_{1/2}$, $F \to nP_{1/2}$, $F-1(D_1)$ 超精细分量的可以忽略不计的排列贡献对基于激光的磁力测量是最有效的事实证明是正确的。

本节讨论原子介质中的磁共振过程,其中张量自旋极化(排列)是由线偏振光产生(和探测)的(图 13-2)。基于排列的双共振磁力仪(Alignment-Based Double Resonance Magnetometer,DRAM)在原子磁力仪领域的研究不如基于方向的(Orientation-Based Double Resonance Magnetometer,DROM)器件。其中的原因如下:因为它们的发明,在过去的 20 年中原子磁力仪通过使用激光照射获得提升之前,原子磁力仪主要由在被用于磁力仪传感器的化学单元中的气体实施放电的灯的共振照射驱动。灯发出的共振线的多普勒(和/或缓冲气体压力)加宽不允许分辨传感器介质的超精细结构,因此灯激发的 D_1 跃迁适合读取 $nS_{1/2} \to nP_{1/2}$。再次忽略沿 k 方向的排列在于任何谱宽度或度数以及偏振类型的光产生的线形偏振光照射不会产生任何横向排列,因为具有角动量 $J=1/2$ 的介质不能保持一致,也就是说,不能有一个二阶张量特性,如 $m_{2,q} \propto \langle 6S_{1/2} | T_q^{(2)} | 6P_{1/2} \rangle \equiv 0$,其中 $T_q^{(2)}$ 表示二阶不可约张量算子的设置[19]。基于同样的原因,线偏振光在含有缓冲气体的一定压力下的碱蒸气室中可能无法实现显著的光泵浦,该压力使光线变宽以至于跃迁的超精细结构不再被分辨。

另外,使用线偏振激光照射的光泵浦,调谐到真空容器中(有或没有抗松弛壁涂层)原子共振线的一个特定超精细跃迁,产生平行于光偏振的排列,即正交于 k (图 13-2)。任何不平行于激光偏振的静态磁场 $\boldsymbol{B}_0$ 将导致产生的排列的进动。这种进动可以由正交于 $\boldsymbol{B}_0$ 的振荡(或旋转)场 $\boldsymbol{B}_{rf}$ 共振驱动。这构成了 DRAM 的基础。

在文献[29]中,推导了 DRAM 中遇到的信号的线形和方向依赖性的代数表达式。该方法与 13.4 节详细介绍的 DROM 的方法相似,主要区别是必须用描述 5 个排列分量 $m_{2,q}$ 的动力学特性的 5 个相应的方程来替换 3 个布洛赫方程中的方向分量 $m_{1,q}$。值得注意的是,法诺(Fano)在 1964 年[30]首次给出了自旋 $F=1$ 系统的布洛赫方程的推广,然而任意自旋 F 的系统中的(弛豫)多极矩进动的显式方程由文献[24,31]给出。

图 13-17 给出了 DRAM 的布局。磁力仪的方向用光的线偏振方向 ε 来描述,因为 ε 是产生(和探测)对齐的旋转对称轴(图 13-2)。因此,B_0 和 ε 之间的角度 ψ 充分表征了对特定磁场 B_0 的探测的方向依赖性。像在 DROM 的情况一样,沿磁场的射频场 B_{rf} 分量不会引起磁共振跃迁,因此图 13-17 仅给出了有效射频场 $\tilde{B}_{rf}$。

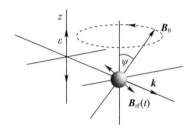

图 13-17　DRAM 的结构布局。这里只给出垂直于 B_0 的射频场的有效分量

文献[29]推导的基本结果如下:探测到的光功率为

$$P(t) = P_{DC} + P_{IP}^{\omega_{rf}}\cos\omega_{rf}t + P_{QU}^{\omega_{rf}}\sin\omega_{rf}t + P_{IP}^{2\omega_{rf}}\cos2\omega_{rf}t + P_{QU}^{2\omega_{rf}}\cos2\omega_{rf}t \quad (13-82)$$

具有与时间无关的贡献(这里没有表述),并且包含与射频驱动和它的二次谐波同相且正交的振荡的项,后者来自于自旋极化的二阶张量性质。同相和正交信号的幅值分别为

$$P_{IP}^{\omega_{rf}} = \tilde{P}\frac{4x^2 + 1 + \tilde{G}_{rf}}{(x^2 + 1 + \tilde{G}_{rf})(4x^2 + 1 + 4\tilde{G}_{rf})}\sqrt{G_{rf}}h_{\omega_{rf}}(\psi) \quad (13-83)$$

$$P_{QU}^{\omega_{rf}} = \tilde{P}\frac{x(4x^2 + 1 - 2\tilde{G}_{rf})}{(x^2 + 1 + \tilde{G}_{rf})(4x^2 + 1 + 4G_{rf})}\sqrt{\tilde{G}_{rf}}h_{\omega_{rf}}(\psi) \quad (13-84)$$

和

$$P_{IP}^{2\omega_{rf}} = -\tilde{P}\frac{2x^2 - 1 - \tilde{G}_{rf}}{(x^2 + 1 + \tilde{G}_{rf})(4x^2 + 1 + 4\tilde{G}_{rf})}\tilde{G}_{rf}h_{2\omega_{rf}}(\psi) \quad (13-85)$$

$$P_{QU}^{2\omega_{rf}} = \tilde{P}\frac{3x}{(x^2 + 1 + \tilde{G}_{rf})(4x^2 + 1 + 4\tilde{G}_{rf})}\tilde{G}_{rf}h_{2\omega_{rf}}(\psi) \quad (13-86)$$

式中:x 为 13.3.2 节介绍的无量纲失谐;$\tilde{P}$ 为实验标定常数。图 13-18 和图 13-19分别给出了检测功率在 ω_{rf} 和 $2\omega_{rf}$ 解调时的相关线形。作为一个普遍的特征,注意到,对于大的射频饱和参数,线形比 DROM 导出的更复杂。两个解调通道中的相位由 $\tan\phi_{\omega_{rf},2\omega_{rf}} = P_{QU}^{\omega_{rf},2\omega_{rf}}/P_{IP}^{\omega_{rf},2\omega_{rf}}$ 给出。

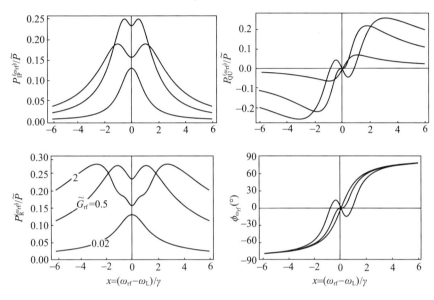

图 13-18 $P(t)$ 在 ω_{rf} 解调的 DRAM 线形(见彩图)

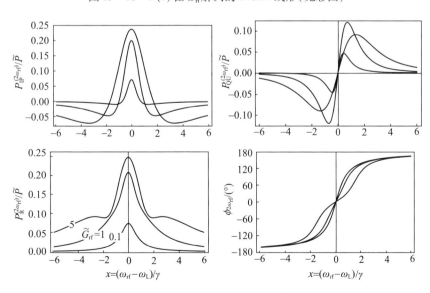

图 13-19 $P(t)$ 在 $2\omega_{rf}$ 解调的 DRAM 线形(见彩图)

归一化共振 R 信号 $P_R = \sqrt{P_{IP}^2 + P_{QU}^2}$ 读取

$$p_{\omega_{rf}} \equiv \frac{P_R^{\omega_{rf}}}{\tilde{P}h_{\omega_{rf}}(\psi)} = \frac{\sqrt{\tilde{G}_{rf}}}{1+4\tilde{G}_{rf}}, \quad p_{2\omega_{rf}} \equiv \frac{P_R^{2\omega_{rf}}}{\tilde{P}h_{2\omega_{rf}}(\psi)} = \frac{\tilde{G}_{rf}}{1+4\tilde{G}_{rf}} \quad (13-87)$$

如图 13-20(a)所示。当 $G_{rf} = 1/4$ 时,$p_{\omega_{rf}}$ 信号峰值为 1/4,而 $p_{2\omega_{rf}}$ 信号渐近达到相同的值。DRAM 信号的一个显著特征是信号相位对 G_{rf} 的依赖,特别是共振相位斜率

$$t_{\omega_{rf},2\omega_{rf}} \equiv \frac{d\phi_{\omega_{rf},2\omega_{rf}}}{dx}\bigg|_{x=0} \quad (13-88)$$

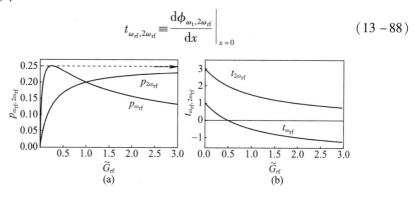

图 13-20 共振上 R 信号的 $\tilde{G}_{rf}$ 依赖关系和相位斜率图

(a)依赖关系图,箭头表示 $\tilde{G}_{rf} \to \infty$ 的 $p_{2\omega_{rf}}$ 的渐近值。(b)相位斜率图。

在 $\tilde{G}_{rf} = 0.5$ 以上改变符号,如图 13-20(b)所示,也注意到对于所有 $\tilde{G}_{rf}$ 值 $t_{2\omega_{rf}} = t_{\omega_{rf}} + 2$。

在式(13-83)~式(13-86)中,角依赖函数为

$$h_{\omega_{rf}}(\psi) = \frac{3}{2}\sin\psi\cos\psi(3\cos^2\psi - 1) \quad (13-89)$$

$$h_{2\omega_{rf}}(\psi) = \frac{3}{4}\sin^2\psi(1 - 3\cos^2\psi) \quad (13-90)$$

式中:ψ 为 ε 与 $\boldsymbol{B}_0$ 的夹角(图 13-17)。

上述 DRAM 信号的线形、饱和特性和角度依赖性(图 13-21)在作者的弗里堡实验室[32]进行了实验验证。通过上述理论信号可以很好地再现所有性质。在同一篇论文中,利用实验和理论线形之间的良好一致性来推断三个相关的排列弛豫率。在文献[33]的后续研究中,为了优化 DRAM 的磁测量灵敏度,对 DRAM 的运行参数进行了优化。还通过改变 Cs 数密度,对 DROM DRAM 的 Cs 磁力仪进

行了定量比较。尽管能够演示一个 DRAM 工作的灵敏度低于 $-30\text{fT}/\sqrt{\text{Hz}}$,然而,比在同一气室中最佳的 DROM(即 M_x)工作模式差约 3 倍。作为一个副产品,后一项研究允许我们推断出碰撞非对准横截面。

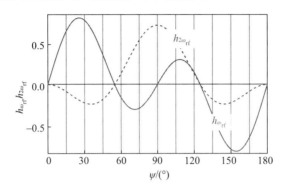

图 13-21　分别在 ω_{rf}(红色实线)和 $2\omega_{rf}$(蓝色虚线)振荡的
同相和正交 DRAM 信号的方向依赖性(见彩图)

注意到,与 DROM 相比,DRAM 有其他的定向死区,这一事实在原则上可以用来从由圆偏振和线性偏振光获得的磁力仪信号中推断矢量信息。据我们所知,这种对矢量信息的获取从未在基于磁共振的磁力仪中得到实际应用。

13.6　基于光调制的磁力仪

贝尔(Bell)和布鲁姆(Bloom)[34]在 1961 年的开创性论文中指出,在原子基态中,可以通过斩波控制照射在横向场中的圆偏振共振光束的强度来驱动磁共振跃进(图 13-22(a))。原子自旋极化 S 以 ω_L 频率进动。当光源的开/关调制频率①ω_{mod} 与拉莫尔进动同步时,透射光功率将共振增强。将光频率从谐振值调制到非谐振值(FM-调制),或将光螺旋度从 σ_+ 调制到 σ_-(SM 调制②),都是实现这种调制共振的替代方法(图 13-22(b)和图 13-22(c))。

根本机理可以理解为:在 AM 和 FM 方案中,当极化运动通过红色区域时,光泵浦增加了自旋极化,而在蓝色阴影区域没有产生光泵浦。在 SM 方案中,泵浦发生在两个区域,在红色区域由 σ_+ 偏振光和在蓝色区域由 σ_- 偏振光。由于

---

①　我们注意到,在前几节讨论的真正的磁共振磁力仪中,本节中使用的调制频率 ω_{mod} 与射频频率 ω_L 起着等效的作用。

②　对于偏振调制,我们使用缩写 SM,意思是 Stokes(参数)调制,因为缩写 PM 可能与相位调制的缩写错误。

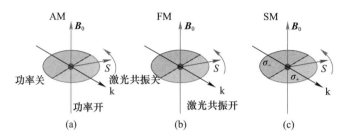

图 13-22 调制光的偏振叠加原理图。在 AM(FM)中,泵浦光打开(共振时当旋进偏振相对于 k(红半盘)向前时发生光泵浦,而在后半周期(蓝半盘)不发生光泵浦。在 SM 中,泵浦同时发生在向前和向后的方向,称为"推拉式"泵浦(见彩图)
(a)振幅(AM)调制光;(b)频率(FM)调制光;(c)偏振(SM)调制光。

这个特性,SM-泵浦也被称为"推拉式泵浦"[35]。

2013 年格鲁吉奇(Grujić)和韦斯[25]提出了一种通用的线形理论,用于研究 AM-、FM-和 SM-调制的磁共振实验中光谱的丰富结构。图 13-23 给出了这里讨论的三种情况下的占空比为 η 的方波调制函数 $\xi(t)$。

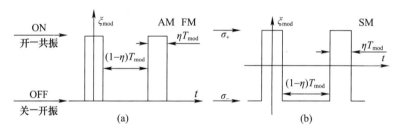

图 13-23 调制函数 $\xi(t)$,用来调制光束的某一特定性质
(a)调幅和调频方案;(b)SM 方案。

在调幅和调频实验中,给出了 $\xi(t)$ 的余弦傅里叶系数为

$$g_0 = \eta, \quad g_{m \neq 0} = \frac{1}{\pi} \frac{\sin(m\pi\eta)}{m} \quad (13-91)$$

而偏振调制(SM)的 g_m 取为

$$g_0 = 2\eta - 1, \quad g_{m \neq 0} = \frac{2}{\pi} \frac{\sin(m\pi\eta)}{m} \quad (13-92)$$

对于每种类型的实验(TOE = AM、FM、SM),检测功率均有结构

$$P^{\text{TOE}}(t) = P_{\text{DC}}^{\text{TOE}} + \sum_{q=1}^{\infty} P_{\text{IP},q}^{\text{TOE}} \cos(q\omega_{\text{mod}}t) + \sqrt{2} \sum_{q=1}^{\infty} P_{\text{QU},q}^{\text{TOE}} \sin(q\omega_{\text{mod}}t)$$

$$(13-93)$$

其中具有与时间无关(dc)分量($P_{\text{DC}}^{\text{TOE}}$)以及与调制频率和谐波$q\omega_{\text{mod}}$同相振荡($P_{\text{IP},q}^{\text{TOE}}$)和正交振荡($P_{\text{QU},q}^{\text{TOE}}$)的分量。

13.6.1 直流信号

在低功率限制下,文献[25]推导的结果给出了每种类型实验中时间无关透射量为

$$\frac{P_{\text{DC}}^{\text{AM}}}{P_0} = (1 - \kappa_0 L)g_0 + \beta P_0 \sum_{m=-\infty}^{+\infty} g_m^2 A_m(\omega_L) \qquad (13-94)$$

$$\frac{P_{\text{DC}}^{\text{FM}}}{P_0} = 1 - \kappa_0 L g_0 + \beta P_0 \sum_{m=-\infty}^{+\infty} g_m^2 A_m(\omega_L) \qquad (13-95)$$

$$\frac{P_{\text{DC}}^{\text{SM}}}{P_0} = 1 - \kappa_0 L + \beta P_0 \sum_{m=-\infty}^{+\infty} g_m^2 A_m(\omega_L) \qquad (13-96)$$

式中:$\beta = \alpha_{F,F'}^{(1)} \kappa_0 L S_\infty / P_{\text{sat}}$,这里$\alpha_{F,F'}^{(1)}$和$S_\infty$,$P_{\text{sat}}$分别在13.2.3节和13.2.1节中已经介绍。

13.6.2 同相和正交信号

在相同的低功率限制下,同相传输信号取为

$$\frac{P_{\text{IP},q}^{\text{AM}}}{P_0} = \sqrt{2}(1 - \kappa_0 L)g_q + \sqrt{2}\beta P_0 \sum_{m=-\infty}^{+\infty} g_m(g_{q-m} + g_{q+m})A_m(\omega_L)$$
$$(13-97)$$

$$\frac{P_{\text{IP},q}^{\text{FM}}}{P_0} = -\sqrt{2}\kappa_0 L g_q + \sqrt{2}\beta P_0 \sum_{m=-\infty}^{+\infty} g_m(g_{q-m} + g_{q+m})A_m(\omega_L) \qquad (13-98)$$

$$\frac{P_{\text{IP},q}^{\text{SM}}}{P_0} = \sqrt{2}\beta P_0 \sum_{m=-\infty}^{+\infty} g_m(g_{q-m} + g_{q+m})A_m(\omega_L) \qquad (13-99)$$

而正交信号分别为

$$\frac{P_{\text{QU},q}^{\text{AM}}}{P_0} = \sqrt{2}\beta P_0 \sum_{m=-\infty}^{+\infty} g_m(g_{q-m} - g_{q+m})D_m(\omega_L) \qquad (13-100)$$

$$\frac{P_{\text{QU},q}^{\text{FM}}}{P_0} = \sqrt{2}\beta P_0 \sum_{m=-\infty}^{+\infty} g_m(g_{q-m} - g_{q+m})D_m(\omega_L) \qquad (13-101)$$

$$\frac{P_{\text{QU},q}^{\text{SM}}}{P_0} = \sqrt{2}\beta P_0 \sum_{m=-\infty}^{+\infty} g_m(g_{q-m} - g_{q+m})D_m(\omega_L) \qquad (13-102)$$

吸收和色散线形的函数为

$$D_m(\omega_L) = \frac{mx_{\text{mod}} - x_L}{(mx_{\text{mod}} - x_L)^2 + 1}, \quad A_m(\omega_L) = \frac{1}{(mx_{\text{mod}} - x_L)^2 + 1} \quad (13-103)$$

式中:$x_{\text{mod}} = \omega_{\text{mod}}/\gamma$,$x_L = \omega_L/\gamma$。

图 13-24 给出了分别由图 13-23 中 AM(左列)、FM(中列)和 SM(右列)调制方案的表达式给出的 P_{DC}、P_{IP} 和 P_{QU} 谱图。对于每个类型的实验,图形从上到下给出了记录的没有解调的光电流的(dc)光谱,分别为光电流在 $\omega_{mod}(q=1)$ 和 $2\omega_{mod}(q=2)$ 解调时的同相(IP)分量,以及光电流在 $\omega_{mod}(q=1)$ 和 $2\omega_{mod}(q=2)$ 解

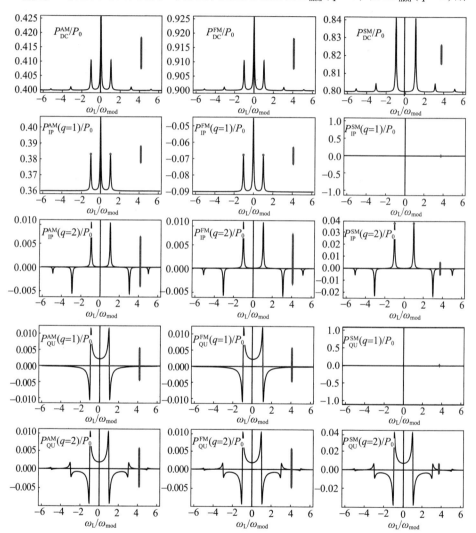

图 13-24 占空比为 50%($\eta=0.5$)的调幅(AM,左)、调频(FM,中)和偏振调制(SM,右)光诱导的磁共振线形状(见彩图)(图中数值由参数 $\kappa_0^{unpol}L=0.2$,$\beta=0.5$,$P_0=P_{sat}$ 及共振质量因子 $Q=\omega_L/\gamma$ 为 20 计算得到。图中的点表示每种调制的最强信号。图中竖条都具有相同的绝对幅度,有助于比较相对信号的幅度)

调时的正交（QU）分量。共振发生在零场，拉莫尔频率由调制频率的谐波给出，即 $\omega_L = n\omega_{mod}$。

在调幅和调频频谱中共振的相对幅度是相同的。然而，它们叠加在不同的与依赖于 $\kappa_0^{unpol}L$ 的偏移电平无关的磁场上，这可能是实验中附加噪声的来源。为了更好地判断图中所有信号的相对大小，在图 13-24 中添加了垂直（蓝色）条，它们的绝对长度都是 0.01 单位。

与图 13-23 中单极 AM/FM 调制函数相比，由于偏振调制函数的双极性质，偏振调制光产生的 SM 光谱表现出不同的特征。SM 谱最显著的特征是同相分量是无背景的，当信号在调制频率的基频 ω_{mod} 处解调时没有出现正交分量。

对于所有的光谱，IP 光谱上的红点标记了在 $\omega_L/\omega_{mod} = \pm 1$ 处中最大振幅的共振。注意到 SM 光谱中的共振振幅是 AM/FM 光谱中的 2 倍，这是偏振调制光泵浦的推拉性质的结果。

正交谱显示出与同相信号在相同位置的共振。然而，它们的相对幅度不同于同相信号，因为在式（13-97）~ 式（13-99）中与 g_m 相关的振幅是负号，而在相应的式（13-100）~ 式（13-102）中是正号。

调幅和调频频谱中的背景偏移与 $\tan\phi = P_{QU}^{TOE}/P_{IP}^{TOE}$ 定义的信号相位有严格的因果关系。图 13-25 给出了 3 个调制方案中在最强共振附近相位与失谐关系（图 13-24 中的红点）。由于 AM 和 FM 信号中的背景，对于 M_x-磁力仪，总相位摆幅（在选定的实验参数下）分别只有 3.5° 和 16.7°，而 SM 信号显示了 180° 的全相位摆幅。因此，鉴别信号 $d\phi/d\omega_{rf}$ 不太适合驱动基于 AM 和 FM 的采用相位反馈回路的磁力仪。由于偏振调制（SM）产生的无背景信号比 AM/FM 信号大 2 倍，而且由于它的更大鉴别选择，在讨论的 3 种方案中，它在反馈工作的（单波束）磁力仪上具有最大潜力。

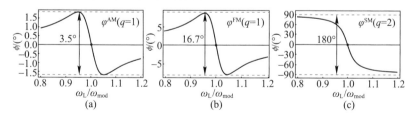

图 13-25　由 $\tan\phi = P_{QU}^{TOE}/P_{IP}^{TOE}$ 定义的不同调制方案的信号相位图
（函数用与图 13-24 中 $\kappa_0^{unpol}L,\beta,P_0/P_{sat}$ 相同的参数值计算）
(a) TOE = AM；(b) TOE = FM；(c) TOE = SM。

（1）幅度调制（AM）：格鲁吉奇和韦斯已经证实[25]，式（13-97）和式（13-100）确实很好地描述了实验中获得的使用调幅（AM）光的对于 $q = 1, 2, \cdots, 6$ 的同相和正交线形,其中 $q=1$ 或 2 的情况出示在图 13-24 左栏,$q=1$ 的解调信号更早由舒尔茨(Schultze)等给出[36]。文献[25]和文献[26]中描述的工作是基于一个单光束。基于 AM 磁力仪的最终磁灵敏度是通过双(泵/探头)方案获得的(关于此变形的更多细节,见第 14 章)。请注意,所有引用的工作都使用圆偏振泵浦光。

(2) 频率调制(FM):频率调制已被用于实现采用线性偏振光和偏振检测的单波束磁力仪,文献[37,38]得到了亚 $10\text{fT}/\sqrt{\text{Hz}}$ 灵敏度。

(3) 偏振调制(SM):弗森科(Fescenko)等研究了用 σ_+/σ_- 偏振调制光获得的直流信号[39],是与贝尔和布鲁姆关于幅度调制的开创性工作[34]等效的偏振调制。结果表明,对于偏振调制函数的任意占空比 η,上述模型函数(式(13-94))都能很好地描述信号。布雷斯基等利用相敏检测研究了任意调制占空比 η 的 SM 方案中的 P_{IP} 和 P_{QU} 共振线形,他们发现[40]与式(13-99)和式(13-102)预测的线形有很好的一致性。同一位作者利用相位信号的主动反馈建立了一个基于圆偏振调制光的推拉式磁力仪[35],类似于 13.7 节中描述的 M_x 磁力仪的方法。在石蜡涂层的室温 Cs 蒸汽室中,他们使用单光束的这种方案演示了小于 $20\text{fT}/\text{Hz}$ 的灵敏度。最近,贝维拉(Bevilacqua)和布雷斯基[41]通过 90°调制线偏振激光束的方向,在同一仪器中对 SM 光谱进行了建模和研究,声称这种调制方案没有方向死区。

13.7 ODMR 磁力仪的实际应用

ODMR 磁力仪的磁灵敏度性能取决于其实际实现中的许多细节。本节详细介绍一个特定的 ODMR 磁力仪的实验实现、硬件寻址、信号采集和处理电路重点介绍 13.4.2 节中描述的 M_x 磁力仪 $\boldsymbol{B}_{rf}//\boldsymbol{k}$ 变型,使用 13.4.5 节的 ODMR 信号的通用形式。但是,注意到,这里讨论的概念可以以类似的方式用于优化任何其他基于 ODMR 的磁力仪。

13.7.1 实验装置

图 13-26 给出了 M_x ODMR 磁力仪的典型实验设置。光由单模二极管激光器产生,并通过光纤传输到磁力仪头部。一小部分光被提供给光谱系统,该系统主动使光频率稳定在所需的原子跃迁的共振频率。① 在传感器头部,光与玻璃气室中的原子相互作用。在进入气室之前,激光束经过平行和偏振。对于标准

---

① 在碱原子中,$F \to F-1$ 超精细组件的 $|n^2S_{1/2}\rangle \to |n^2P_{1/2}\rangle$ 跃迁产生的信号最大。

的 M_x 磁力仪,圆光偏振是通过线性偏振器和 1/4 波片的组合来保证的。

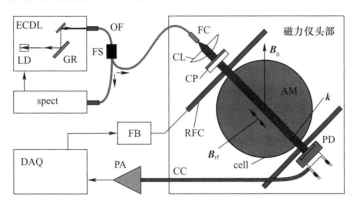

图 13-26 实验性 M_x 磁力仪示意图(非按比例)。来自单模二极管激光器(这里显示为扩展腔激光器(Extended Carity Laser,ECDL)、带有激光二极管(Laser Diode,LD)和光栅(Grating,GR)的光通过光纤(Optical Fiber,OF)传输到磁力仪头部。光纤分束器(Fiber Splitter,FS)为光谱装置(spect)提供光,用于稳定激光频率。在磁力仪头部,一个透镜(Lens,CL)形成一束由圆偏振器(Circular Polarizer,CP)偏振的准直光束。通过包含原子介质(Atomic Medium,AM)的电池的光被光电二极管(Photodiode,PD)检测,将其功率转换为光电流,并通过同轴电缆(Coaxial Cable,CC)传送到前置放大器(Pre-Amplifier,PA)。请注意 CC 是如何连接到 PD 的细节,以减少电感耦合的电拾取。AM 暴露在由射频线圈(RF-Coils,RFC)产生的射频场 $B_{rf}//k$ 中。对于 k,方向为 $|\theta_B|=\pi/4$ 的感兴趣 B_0 场使信号最大。数据采集(Data Acquisition,DAQ)系统对来自 PA 的信号进行采样和处理,并生成反馈信号(Feedback Signal,FB)用于磁力仪的工作。DAQ 和 FB 如图 13-33 所示

通过气室传输的光功率 P 由光电二极管检测。光纤输出和准直透镜的组合确定了光的传播方向,保证了光有效地传输到光电二极管。传感器头中的所有组件必须是无磁的,以防止磁化组件产生的局部磁场和梯度降低自旋相干时间,从而降低磁力仪的灵敏度。找到真正的非磁性元件可能是一项具有挑战性的任务。例如,许多标准电子元件中的镀金触点通常覆盖在一层薄薄的镍层上。磁性污染的另一个来源可能是塑料中的颜料(特别是基于氧化铁的黑色颜料)。聚碳酸酯已成功用于机械零件,它具有较强的强度,易于加工,无磁性和真空稳定性。

13.7.2 磁力仪灵敏度

如 13.4.5 节所述,感兴趣的磁力仪信息编码在光电二极管检测到的光功率 $P(t)$ 的频率($f_{rf}=\omega_{rf}/2\pi$)、振幅(P_R)和相位 ϕ 中。当 ω_{rf} 选择接近 ω_L 时,

P_R 和 ϕ 表现出共振行为。考虑光功率展宽(式(13-45)),由式(13-72)和式(13-73)得到

$$P_R = \tilde{P}\frac{\sqrt{\delta\omega^2+\Gamma^2}\,\tilde{\Omega}}{\delta\omega^2+\Gamma^2+\tilde{\Omega}^2}|\sin\theta_B\cos\theta_B| \qquad (13-104)$$

$$\tilde{\phi} = \phi_0 - \arctan\frac{\delta\omega}{\Gamma} \qquad (13-105)$$

式中:$\delta\omega = \omega_{rf} - \omega_L$。在最佳灵敏度条件 $\theta_B = \pi/4$ 或 $3\pi/4$ 时,$\sin\theta_B\cos\theta_B$ 的方向依赖性值为 $1/2$。

图13-27 给出了磁共振线形的测量结果。相位信号 $\phi(\omega_{rf})$ 在绘制的信号中是唯一的,因为它的形状不受驱动射频振幅的影响(没有射频功率展宽),它也与整体信号振幅 $\tilde{P}$(见13.4.5节)无关。因此,这里使用 $P(t)$ 的振幅和相位表示,因为它在灵敏度优化过程中解耦了重要的影响因素。

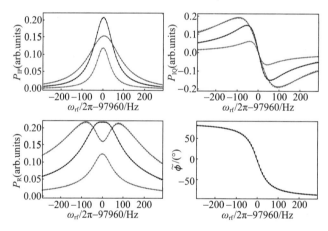

图13-27 实验中不同射频饱和参数的磁共振线形状如图13-9所示。这些点表示信号 P_{IP}、P_{QU}、P_R 和 ϕ 在频率 ω_{rf} 的测量依赖性。实线符合式(13-78)、式(13-80)和式(13-72)给出的理论模型。图中给出了有效射频饱和参数 $\tilde{G}_{rf}=0.2$(红色),2(黑色)和10(蓝色)(见彩图)

来自 M_x 磁力仪的信号通常由光电二极管记录下来,光电二极管将光量转换成与光功率成比例的光电流 I(光电子通量),即单位时间内检测到的所有光子能量的总和。光电二极管的量子效率(QE)表示每秒产生的光电子与每秒入射光子数 $\dot{N}_e = QE\,\dot{N}_\gamma$ 的比率。商用 Si PIN 光电二极管[42]达到的辐射灵敏度为

$$\eta = \frac{I}{P} = \frac{e\lambda}{hc}\mathrm{QE} \approx \frac{1242}{\lambda(\mathrm{nm})}\mathrm{QE} \qquad (13-106)$$

约 $0.6\mu\mathrm{A}/\mu\mathrm{W}$ 的量级,对应于 QE = 97…83% 在相应于碱金属 ODMR 磁力仪的 $\lambda = 770…894$ 波长范围内。鉴于从光子到光电子的几乎完美的转换,下面将从光电流的角度讨论磁力仪的性能。

光电流 I_R 的谐振($\delta\omega = 0$)信号幅值为

$$I_R = \tilde{I}\frac{\Gamma\tilde{\Omega}}{\Gamma^2 + \tilde{\Omega}^2} \qquad (13-107)$$

式中:$\tilde{I} = \eta\tilde{P} = \eta S_0 P_0 \kappa_0^{\mathrm{unpol}} L\alpha_{F,F'}^{(1)}$。

吸收系数 $\kappa_0^{\mathrm{unpol}} = n\sigma_0^{\mathrm{unpol}}$ 与原子数密度 n 和共振光吸收截面 $\sigma_0^{\mathrm{unpol}}$ 成正比。电流振幅 $\tilde{I}$ 通常是通过实验确定的,它还包含进一步的因素,如样品长度 L 和光电二极管的光敏度 η。

对于 M_x 磁力仪,在自由运行模式下,ω_{rf} 有一个接近共振的固定值,如 $|\omega_{\mathrm{rf}} - \omega_L| \ll \Gamma$,可以很容易地估计磁场中灵敏度的变化。在自由运行模式下,相变 $\Delta\phi$ 与磁场变化成正比,即

$$\Delta\phi = \Delta B \frac{\mathrm{d}\phi}{\mathrm{d}B}\bigg|_{\delta\omega = 0} = \Delta B \frac{\gamma_F}{\Gamma} \qquad (13-108)$$

该表达式可用于将统计相位误差转换为等效磁场误差,从而量化磁力仪的统计灵敏度。反过来,同样的表达式也可以用来将系统相位不确定性(相移)转换为系统的磁场估计误差。

量 $x(t)$ 的统计误差最常用谱噪声密度 σ_x 的标准差 $\rho_x(f)$ 来量化,由方差定义为

$$\sigma_x^2 = \int_0^{f_{\mathrm{bw}}} \rho_x^2(f)\mathrm{d}f \qquad (13-109)$$

式中:f_{bw} 为信号带宽。对于以频率 f_{SR} 采样的信号,它表示由奈奎斯特频率 $f_N = f_{\mathrm{SR}}/2$ 给出的检测带宽。如果谱密度不依赖于频率(白噪声),则式(13-109)简化为 $\sigma_x = \rho\sqrt{f_{\mathrm{bw}}}$。为了避免由于 σ_x^2 依赖于 f_{bw} 而引起的复杂性,这里使用噪声密度 ρ_x 来量化磁力仪的灵敏度。从式(13-108)可以得到

$$\rho_B = \frac{\Gamma}{\gamma_F}\rho_\phi \qquad (13-110)$$

式中:ρ_B 和 ρ_ϕ 的单位分别为 $\mathrm{T/Hz}^{1/2}$ 和 $\mathrm{rad/Hz}^{1/2}$。它们的数值等于带宽为 1Hz

时的标准偏差,这相当于0.5s的积分时间。

图13-28给出了相位ϕ和振幅I_R的定义,它描述了光电流$I(t)$在f_{rf}频率处的傅里叶分量。整个部分使用的峰值振幅I_R与由$I_R^{RMS}=I_R/\sqrt{2}$确定的RMS振幅相关。从时间序列的采样电流值$I_i=T(t_i)$中提取幅值、相位等参数的过程称为估计[43]。在估计过程中,I的统计波动扩大到ϕ和I_R的波动。利用估计理论,可以证明理想相位估计器的噪声密度为

$$\rho_\phi = \frac{\sqrt{2}\rho_I}{I_R} = \frac{\rho_I}{I_R^{RMS}} \qquad (13-111)$$

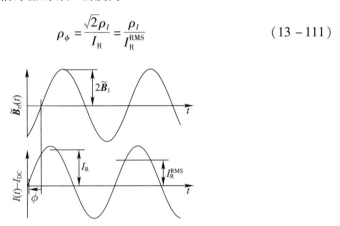

图13-28 检测到的光电流$I(t)=I_{DC}+I_R\sin(\omega_{rf}t+\phi)$由其直流分量$I_{DC}$、振幅$I_R$和相位$\phi$相对于驱动磁场$\tilde{B}_{rf}(t)$定义。该图显示了$I(t)$相对于$\tilde{B}_{rf}(t)$的正相移$\phi>0$

利用式(13-108)和式(13-111),统计的磁力仪灵敏度可表示为

$$\rho_B = \frac{\sqrt{2}\rho_I \Gamma}{I_R \gamma_F} = \sqrt{2}\rho_I \frac{\Gamma^2+\tilde{\Omega}^2}{\tilde{I}\gamma_F\tilde{\Omega}} \qquad (13-112)$$

下面几节讨论如何在给定的技术和经济考虑因素的约束下有效实现最佳灵敏度ρ_B。

13.7.3 光学检测过程中的噪声

探测过程中的基本噪声是由光电二极管中离散电子-空穴对的统计性生成引起的电子散粒噪声。光电流散粒噪声密度$\rho_I^{(sn)}$表示电流噪声密度的下限,即

$$\rho_I \geq \rho_I^{(sn)} = \sqrt{2eI_{DC}}$$

式中:I_{DC}为直流光电流,与检测到的功率PDC成正比(式(13-31))。由于$\rho_I^{(sn)} \propto \sqrt{P_{DC}}$,如果信号随$P_{DC}$增加的速度快于$\sqrt{P_{DC}}$,光功率$P_{DC}$的增加导致一个更好的信号噪声密度比,这通常是在低功率限制下出现的情况。

除了基本的散粒噪声外,技术噪声源通常也会对检测到的光电流噪声产生影响。技术噪声源影响 ρ_P,进而直接影响 ρ_I 的是:

(1) 在低频 f 时,由激光二极管发出的功率有一个功率谱密度 $\rho^2 \propto 1/f$(闪烁噪声、粉红噪声),这是由激光二极管中的处理以及激光驱动电子中的噪声引起的。有源功率稳定器可以减少这种贡献。

(2) 在光传输系统中机械振动的影响会在检测系统中引起噪声。作为一个例子,考虑光通过光多模光纤传输。虽然注入的光一般是线偏振的,但在光纤中沿不同路径传播的多个横向模式导致出射光强虽然不是完全退偏的退偏。由声音和/或振动引起的微小机械光纤的运动可能引起路径长度的变化。因此,出现的光的偏振度和方向可能会发生变化,在线性偏振后这意味着强度波动。解决这一问题的方法是光纤的刚性安装,并使用一个有效的由光纤盘绕成多个环路构成的偏振扰频器。大的光纤直径(如 $400 \sim 800 \mu m$)也有助于抑制波动,因为功率分布在大量的横向模式和偏振模式中,这些模式都对传输功率有贡献,从而在一定程度上平均了单个模式的波动。因此,单模光纤根本不能防止这种影响,因为光纤中的单个横向模式仍然有两个偏振模式。然而,保偏单模光纤由于纤芯的两种偏振模式并不耦合,因此可以强烈地抑制这种波动。由于维持偏振的单模光纤比大直径光纤贵一个数量级,它们目前不是传感器阵列的经济解决方案。

(3) 激光中的频率噪声通常是由激光腔有效长度的变化引起的(图 13-26),这一变化受到许多参数的影响。这些包括机械振动(声音),腔内介质(空气)的折射率的变化,如由压力变化引起的,以及注入电流或温度引起的激光二极管折射率的变化。频率噪声可以通过激光频率相关的原子吸收(FM - AM 噪声转换)转换为振幅噪声。无源频率稳定是通过刚性和密封的激光腔设计实现的,而有源方案,如光电流减少法[45]可以进一步抑制这些噪声贡献。

技术噪声贡献与 P_{DC} 呈线性关系,因此在足够大的激光功率下占噪声谱的主导地位。图 13-29 给出了在这些噪声贡献中经常遇到的典型的 $1/f$ 谱依赖关系。

另一类不依赖于激光功率的噪声贡献是由影响光电流从光电二极管传输到处理电路的过程引起的。在携带光电流的电路中,可以通过感性和/或电容耦合感应附加的(拾取)电流。电感耦合噪声通常在线频及其奇次谐波处观察到(图 13-29)。此外,用于驱动原子介质中的磁共振的振荡磁场也能与光电流耦合。后者的作用很容易与光诱导的噪声区分开来,因为它们在遮挡激光束时不会消失。如图 13-26 所示,将光电二极管与同轴电缆耦合中的封闭区域(拾取回路)最小化可以减少噪声的贡献。

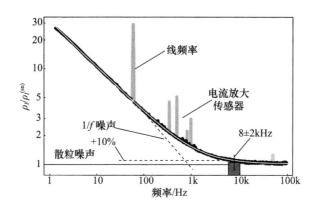

图 13-29 二极管激光器发出的光功率的噪声谱密度((归一化为理论散粒噪声密度 $\rho_I^{(\mathrm{sn})}$),在二极管中产生 1.8μA 的光电流 I_{DC}。(粗)黑色曲线表示使用 Hann-窗口快速傅里叶变换(Fast Fourier Tranform,FFT)转换的测量数据。许多 FFT 谱被平均,以减少散射,便于与模型函数 $\rho(f) = \sqrt{\rho_A^2/f + \rho_B^2}$ 的(薄)白色曲线进行比较。灰色峰值由电流前置放大器拾取,在适合时被忽略。信号的低频部分由技术噪声控制,其频率依赖性为 $\rho^2 \propto 1/f$。对于 4kHz 以上的频率,噪声在散粒噪声的 10% 以内。灰色带代表噪声成分,将通过一个锁相放大器与 8kHz 参考频率和 2kHz 滤波器带宽)

13.7.4 线宽和信号幅度的优化

在优化良好的 ODMR 设置中,噪声应该接近光电子散粒噪声 $\rho_I^{(\mathrm{sn})}$,因此只依赖于检测到的光功率 P_{DC}。然而,式(13-112)中的振幅 $\tilde{I}$ 和磁共振线宽 $\varGamma$ 取决于许多将在本节中讨论的参数。

由于统计(式(13-112))和许多系统误差(式(13-120)和式(13-121))以 $\varGamma$ 为标度,通常希望运行的 ODMR 磁力仪的线宽尽可能的窄。在给定的 ODMR 设置中,可实现的最小线宽受到引起原子自旋弛豫过程的限制。这些过程包括碱原子与玻璃气室壁以及和其他原子或分子的碰撞。为了防止壁面碰撞过程中的自旋弛豫,通过缓冲气体可以显著降低这种碰撞发生时碰撞中的速率,在缓冲气体中,碱原子经历了扩散运动,减慢了它们与壁面碰撞的速率。然而,当缓冲气体密度过高时,缓冲气体碰撞会使碱原子去极化,使得每种原子和缓冲气体都有一个最佳的缓冲气体压力[46]。在最佳缓冲气体条件下,原子可能在几毫秒期间与射频场驱动的磁共振驱动相互作用,从而导致相应的磁共振线宽降低。由于每个原子在其自旋相干时间内历经的体积比气室小得多,信号/噪声可以通过照射气室大的部分来增加,从而增加对信号有贡献的原子总数。然而,缓冲气体气室对磁场均匀性有更严格的限制,因为在磁场梯度存在时,磁共振线将经历非均匀的加宽。因此,只有在被照射的体积内当空间场变化 ΔB_0 小于磁共振线宽($\gamma_F \Delta B_0 < \Gamma$)时,才能观察到由于对原子限制而产生的窄线宽。在处理缓冲气体气室时,必须进一步注意这一点。在使磁共振线宽最小的缓冲气体条件下,泵浦/探测跃迁的(自然)光的线宽通常会随着决定磁灵敏度的光峰值吸收系数 κ_0 的相应降低而明显变宽。因此,缓冲气体磁力仪通常需要比真空气室更大的激光功率,以弥补后者的信号损失。

防止壁面碰撞时自旋弛豫的另外方法是壁面涂层,它可以缩短原子接触壁面的时间。这种排斥的涂层通常由石蜡[26]或硅烷(见文献[3]中的第11章)制成,可以将每次壁面碰撞的自旋弛豫概率从1降低到 10^{-3} 以下。抗自旋弛豫涂层气室通常不包含任何缓冲气体,可以使原子在其热速度下历经整个气室体积。原子与固体/液体碱金属液滴碰撞是不希望的,因为金属表面能有效地使原子去极化。因此,大块金属被放置在通过毛细管与主细胞体积相连(图13-37)的侧臂中。覆涂层的真空容器中碱原子的弹道运动导致梯度诱导线展宽的减小,因为每个原子都历经整个容器体积,并有效地平衡了不确定的磁场梯度(运动变窄[47])。因此,如果不能排除磁场梯度的存在,覆涂层的真空容器将是首选。

可达到的线宽是温度的函数,因为原子的密度 n 和速度强烈地依赖于温度。通过 n,信号振幅也取决于温度。这两种依赖关系都很难精确建模,需要实验优化[27]。一般来说,封装在小体积内的原子介质比大体积内的介质对最佳温度的要求更高。对于直径为30mm的自旋抗弛豫涂层Cs容器,其最佳工作温度接近室温[26]。

最佳射频功率:磁力仪噪声密度 ρ_B 在 $\tilde{\Omega} = \Gamma$ 时最小,因此从式(13-112)可以得到

$$\rho_B = 2\sqrt{2}\rho_I \frac{\Gamma}{\gamma_F \tilde{I}} \qquad (13-113)$$

当 ω_{rf} 设置为 ω_L 时,在自由运行模式下通过实验很容易找到这个最佳值(图13-30)。达到最大共振振幅(式(13-107))的射频振幅是最佳选择。这是一个简单的一维优化问题,可以很容易地实现自动化。在接下来的优化步骤中,假设射频振幅总是优化的。

最佳激光功率:决定灵敏度 ρ_B(式(13-113))的许多参数取决于入射到原子介质上的直流激光功率 P_0,这与光电二极管检测的直流功率 P 有关

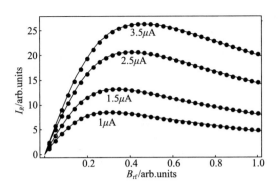

图13-30 实验中不同直流光电流的磁共振振幅 I_R(ω_{rf}设为ω_L)与射频振幅B_{rf}的函数关系

(式(13-7))。信号振幅 $\tilde{I}$ 与 P_0 和由光泵浦产生的平衡自旋极化 S_0 成正比(式(13-5)和式(13-107)及13.2.1节讨论)。

$$\tilde{I} \propto P_0 S_0 \propto P_0 \frac{G_{op}}{G_{op}+1} = P_0 \frac{P_0/P_{sat}}{P_0/P_{sat}+1}$$

式中:P_{sat}为光泵浦过程的饱和功率,必须通过实验来确定[26]。激光功率通过光功率的展宽进一步影响弛豫率(式(13-45)),即

$$\Gamma = \gamma + \gamma_p = \gamma(1+\gamma_p/\gamma) = \gamma(1+P_0/P_{sat}) = \gamma(1+G_{op}) \quad (13-114)$$

最后,噪声(在散粒噪声受限运行的情况下)的标度①为$\rho_I \propto \sqrt{P_0}$,综合上述效应,得出灵敏度(式(13-113))与激光功率的比例表达式为

$$\rho_B \propto \rho_I \Gamma \tilde{I}^{-1} \propto \sqrt{P_0} \frac{(1+P_0/P_{sat})^2}{P_0^2/P_{sat}} \propto \frac{(1+G_{op})}{G_{op}^{3/2}}$$

根据式(13-114),最后一个表达式为 $G_{op} = 3$ 最小化,这意味着最优功率将共振展宽了4倍。图13-31给出了灵敏度相对于在 $G_{op} = 3$ 处最优灵敏度 ρ_B^{opt} 下降的情况。注意到这个最优激光功率的简化推导并没有考虑到所有可能的影响。例如,在较大的激光功率下由于超精细泵浦引起电流 $\tilde{I}$ 的额外降低会导致自旋极化的损失,从而要求小的最佳功率。这些过程依赖于原子的能级结构和使用的超精细跃迁,因此最好通过实验优化。通常从使磁共振宽度加倍($G_{op} = 1$)的激光功率开始,然后增加功率直到达到最佳。

---

① 这里我们使用P_0和P_{DC}之间的比例关系来表示噪声相对于P_0的比例。

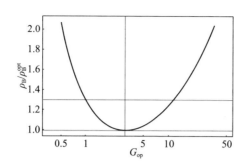

图 13-31 磁力仪灵敏度 ρ_B 相对于优化灵敏度 ρ_B^{opt} 作为光泵浦饱和参数 G_{op} 的函数，灵敏度在 $1 < G_{op} < 11.5$ 的最佳值的 30% 以内

13.7.5 信号采集和反馈控制电路

采集和控制电子的作用是记录光电二极管信号并对其进行处理，以产生振荡信号发送到射频线圈以驱动磁共振。

（1）自振荡模式：M_x 磁力仪最简单的运行方式是所谓的自振荡模式，由布鲁姆在 1962 年[48]详细描述（最近的发展由亚历山德罗夫和韦尔霍斯基（Vershoskiy）[3]提出）。在该方案中，光电流的交流部分经过适当的放大和移相后直接用于驱动射频线圈，导致系统在接近拉莫尔频率的频率上产生自发振荡。一个自动增益控制系（Automatic Gain Control System，AGC）稳定线圈电流的幅度。磁场的模通过将一个最终经过带通滤波的产生信号的副本发送到频率计数器来估计的。传统的模拟电路直接用于对被测信号进行放大和相移来产生振荡。如文献[48]所述，自振荡磁力仪对磁场变化具有准实时响应，即带宽仅受模拟处理电路延迟的限制。这种延迟是由品质因子为 Q 的模拟移相器和带通滤波器的稳定时间（$\tau \approx 2Q/\omega_{rf}$）引起的。

（2）使用商用锁相放大器：为了达到式（13-112）给出的理想磁力仪灵敏度，需要一个理想的相位估计器（式（13-111））。能够获取的商用数字双相锁相放大器[49-51]是用于包括 ODMR 磁力仪在内的广泛信号的近似理想的相位估计器。

图 13-32（a）给出了连接到磁力仪头部的 LIA。参考输出 ref_{out} 是一个纯正弦波，锁相于参考输入。它用来产生射频场 B_{rf}，驱动磁力仪中的磁共振，从而定义 ω_{rf}。参考相位 ϕ_{ref} 可以设置，以使相位输出 ϕ_{out} 反映信号 $\tilde{\phi}$（式（13-117）和图 13-35）。如前所述，相位信号可以直接用来测量磁场。另外，它可以用于在反馈环路中控制 ω_{rf}。现代数字 LIA 的输出通常以比例模拟电压和数字形式提

供。通过模拟反馈控制器和压控振荡器(Voltage Controued Oscillator,VCO)直接实现使用模拟信号的反馈控制。在内部,所有的数字 LIA 使用的数字信号处理方案与下一段"使用数字信号处理"中讨论的方案非常相似。

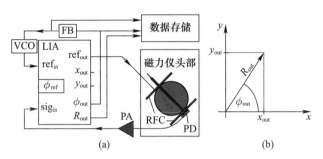

图 13-32 使用商用锁相放大器实现磁探仪数据采集和存储的电路连接图
(a)磁探头与检测预放大(PA)光电二极管(PD)信号相位的锁相放大器(LIA)的连接原理图,反馈控制器(FB)通过压控振荡器(VCO)提供 LIA 参考频率,磁探头中的交变磁场由锁相放大器的基准输出驱动射频线圈产生;(b)LIA 的输出信号表现为一个 2D 矢量,可以表示角度 ϕ_{out} 和半径 R_{out} 或相应的 x 和 y 分量,这些信号与磁力仪理论模型的
$\tilde{\phi}$、R、$\tilde{S}_{IP}$、$\tilde{S}_{QU}$ 成正比(见 13.4 节)

(3)使用数字信号处理:为了运行多传感器磁力仪阵列,由于明显的成本原因,不能依赖商用 LIA。为此,选择了自己开发的一种基于数字信号处理(Digital Signal Processing,DSP)的锁定方法。这种方法允许对所有解调和反馈过程进行完全控制,并且可以很容易地扩展到几乎无限数量的通道。由于对于 LIA、DSP 方案的目标是实现通用相位信号 $\tilde{\phi}$ 的数字表示,该信号可以用作直接测量磁场(自由运行模式)或作为反馈算法的输入。图 13-33 给出了一个典型的 DSP 方案用于处理由 ADC 采样的磁力仪头部的光电流 $I(t)$。$I(t)$ 的数字表示通过对应于式(13-105)和式(13-107)的振幅为 I_R 的 $I(t) = I_R \sin(\omega_{rf} t + \phi_{in})$ 建模。除了在理论建模部分(式(13-52))中参数化的相位 $\phi = \tilde{\phi} + \phi_0$ 外,实验信号处理还必须通过设置将技术相移 ϕ_{tec} 考虑在内

$$\phi_{in} = \tilde{\phi} + \phi_0 + \phi_{tec} \tag{13-115}$$

如图 13-33 所示,$I(t)$ 的数字表示被标记为(c)。当使用足够高分辨率的转换器(通常使用 16 位或 24 位 DR-ADC)时,采样信号的噪声密度受 13.7.3 节中讨论的物理过程的限制。在实验中,采样信号的傅里叶变换最好地验证了这一点,当驱动射频场不作用于原子时,其结果应该是如图 13-29 所示的频谱。当施加射频场时,光电流中相应的调制出现一个突出的峰值(频响处的载波),

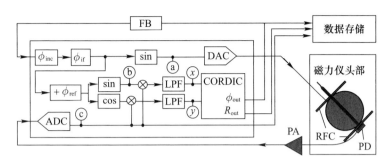

图 13-33 数字信号处理方案(来自 PD 的光电流通过 PA 进行放大,并通过 ADC 进行数字化,采样率为 $f_{sr}=1/\Delta t$。在每个采样周期中,相位增量 $\phi_{inc}=\omega_{rf}/\Delta t$ 被添加到 RFC 中。数字-模拟转换器(Digital to Analog conrerter,DAC)向 RFC 提供由 $\sin\phi_{rf}=\sin\omega_{rf}t$ 给出驱动射频信号(a)。相移参考振荡以进一步的正弦和余弦单位产生,生成(b) $=\sin(\omega_{rf}t+\phi_{ref})$。参考振荡与 ADC 样本(c)混合,并馈给低通滤波器(Low Pass Filter,LPF)。CORDIC 单元[52]将产生的同相(x)和正交(y)信号转换为输出相位 ϕ_{out} 输出和幅值 R_{out}。反馈算法(Feedback Algorithm,FB)可用于控制 ϕ_{inc})

如图 13-34 所示。峰下的高出部分(绿色曲线)是由于磁场波动对载流子相位的调制引起的。原始 ADC 数据(c)被输送到图 13-33 中的数据存储中进行噪声测试。在磁力仪正常运行期间,不需要记录原始 ADC 采样。

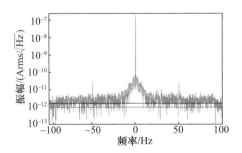

图 13-34 采样光电流的噪声密度为与载波 $f_{rf}=8.3kHz$ 频率偏移的函数。围绕载波频率的底座(绿色曲线)是由波动磁场调制的载波相位引起的。在 50Hz 的进一步调制边带是由线频振荡的磁场引起的。除调制外,噪声降至 $\rho_I=1.3pA/Hz^{1/2}$(黑线),比散粒噪声(红线)高出 1.7 倍(见彩图)

数字锁定 DSP 算法可以作为微处理器程序[53,54]或在现场可编程门阵列(Field Programmable Gate Array,FPGA)[55,56]中实现。在这两种情况下,算法应与 ADC 的采样率 $f_{SR}=1/\Delta t$ 同步执行。在每个 ADC 转换周期内,rf-相位 ϕ_{rf} 按照 $\phi_{inc}=\omega_{rf}/\Delta t$ 增加。当 ϕ 被表示为一个 n 位整数变量时,标度为 $2^n\equiv2\pi$,整数

加法溢出将产生正确的相位约束。使用这种表示,可以简单地将任意(常数或时间相关的)相位偏移添加到相位变量中。①

驱动 ODMR 过程的射频信号(图 13-33 中的信号)由 DAC 产生并提供给磁力仪头部。参考振荡信号 $R_S = 2\sin(\omega_{rf}t + \phi_{ref})$(图 13-33 中的信号(b))和 $R_C = 2\cos(\omega_{rf}t + \phi_{ref})$ 是在加上恒定相位偏移 ϕ_{ref} 后使用相同的 rf-相位生成。采样输入信号 $I(t)$(图 13-33 中的信号(c))与参考振荡混合(相乘)得到

$$I(t)R_S = I_R \sin(\omega_{rf}t + \phi_{in}) 2\sin(\omega_{rf}t + \phi_{ref})$$
$$= I_R \cos(\phi_{in} - \phi_{ref}) - I_R \cos(2\omega t + \phi_{in} + \phi_{ref})$$
$$I(t)R_C = I_R \sin(\omega_{rf}t + \phi_{in}) 2\cos(\omega_{rf}t + \phi_{ref})$$
$$= I_R \sin(\phi_{in} - \phi_{ref}) + I_R \sin(2\omega t + \phi_{in} + \phi_{ref}) \quad (3-116)$$

用数字 LPF(图 13-33 中的 LPF)滤除 $2\omega t$ 的振荡分量。输入信号 $I(t)$ 中对 LPF 后的信号有重要贡献的频率分量位于 $f - f_{LPF} \sim f + f_{LPF}$ 的频段内。只有这些频率成分被混合成通过 LPF 的频率。当该频段的噪声密度接近散粒噪声时,有期望接近最佳的噪声性能。这可以用由 ADC 采样的原始数据(图 13-33 中的信号(c))计算的傅里叶频谱来最好地验证。图 13-29 给出了这样一个频谱的例子,其中噪声在一个 $f = 8\mathrm{kHz}$ 左右的 $\pm f_{LPF} = \pm 2\mathrm{kHz}$ 频带内。注意,$1/f$ 噪声的很大一部分是由 LPF 抑制的,因为 $f_{LPF} \ll f$。

LPF 后的剩余信号,可以解释为一个二维向量在坐标轴上的投影。图 13-32(b)给出了 $x_{out} = R_{out}\cos\phi_{out}$ 和 $y_{out} = R_{out}\sin\phi_{out}$ 分量,分别对应于图 13-10 的 Nyquist 图中的同相和正交信号。可以使用 CORDIC 算法[52]以一种计算效率高的方式从 x_{out} 和 y_{out} 中提取出 R_{out} 和 ϕ_{out},当使用足够的位深[57]实现时,该算法不会产生额外的噪声。

将 x_{out} 和 y_{out} 与式(13-116)进行比较,发现提取的振幅为 $R_{out} = I_R$,相位为 $\phi_{out} = \phi_{in} - \phi_{ref}$ 使用式(13-115)的相位定义,测量的相位相应为

$$\phi_{out} = \tilde{\phi} + \phi_0 + \phi_{tec} - \phi_{ref} \quad (13-117)$$

当参考相位服从 $\phi_{ref} = \phi_0 + \phi_{tec}$ 时,输出相位等于所需的通用相位信号($\phi_{out} = \phi_0$),从而补偿由磁共振过程和技术相移产生的总相位。在此条件下,当 $\omega_{rf} = \omega_L$ 时,参考振荡 R_S 将与 $I(t)$ 相位一致。

图 13-35 给出了相位 ϕ_{out} 作为 ω_{rf} 函数的实验记录。用最小二乘拟合来提取相位偏移,然后用它来设置参考相位 ϕ_{ref}。在此相位校准处理后,被测相位遵循一般的相位曲线 $\phi_{out} = \tilde{\phi}$,并给出其近谐振线性近似为

---

① 基于正弦和余弦函数[55]的查找表的实现得益于这种表示,因为 ϕ 的两个最重要的位对应于它的象限。

$$\phi_{\text{out}}(\omega, |B|) \approx \frac{\gamma_F |B| - \omega_{\text{rf}}}{\Gamma} \quad (13-118)$$

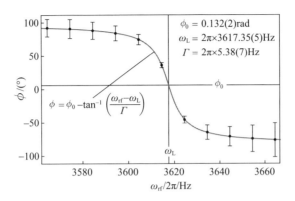

图 13-35　铯磁力仪的信号相位(黑点)与 ω_{rf} 的关系。误差按比例增加了 50 倍。
在等待一段时间后,每个点都被记录下来,使相位完全稳定下来。图中的值是
给定拟合模型的最小二乘拟合结果(红色曲线)(见彩图)

在 ω_{rf} 值固定的自由运行工作模式下,式(13-118)中的相位信号可用于检测磁场模值相对于 ω_{rf} 对应的磁场值的小的偏差。然而,自由运行模式的动态范围相当有限,$\Delta B \ll \Gamma\gamma_F$。对于有效线宽 $\Gamma = 2\pi \times 5.4\text{Hz}$(图 13-35)和 Cs 旋磁比 $\gamma_F \approx 3.5\text{Hz/nT}$,条件是 $\Delta B = 1.5\text{nT}$。

通过主动反馈扩展动态范围:通过主动反馈可以显著增加动态范围。反馈系统的目标是使产生的射频频率 ω_{rf} 与 ω_L 共振。根据应用的不同,可以采用几种不同的反馈方法来改变 ω_{rf}(射频反馈)或 ω_L(磁反馈)。rf 反馈有两种常用的技术。最初的实现是上面提到的自振荡方案,它只能使用模拟电子技术来实现。

使用 LIA 的射频反馈方案如图 13-32 所示,全数字版本如图 13-33 所示。rf 频率 ω_{rf} 是由反馈系统(Feedback System,FB)控制,要么通过 VCO,要么通过改变相位增量寄存器 ϕ_{inc} 进行数值控制。反馈系统使用测量的相位输出作为输入误差信号,其目的是保持输出状态为 $\phi_{\text{out}} = 0$。典型的反馈算法包括文献[58]中描述的 PI 和 PID 方案,可以以数字或模拟形式实现。在射频反馈模式下,被测量是 ω_{rf},在相位增量寄存器 ϕ_{inc} 中可以得到数字形式,并且可以很容易地转发到合适的记录设备。在该方案中,磁场模估计为 $|B| = \omega_{\text{rf}}/\gamma_F$。

如果反馈算法总能达到条件 $\phi_{\text{out}} = 0$,并且这个条件也对应 $\omega_{\text{rf}} = \omega_L$,那么这个估计是正确的。有些反馈算法需要一个非零误差输入来生成非零输出(如简单的比例反馈)。反馈算法中的积分器抑制了该误差,记录 ϕ_{out} 可用于离线修正剩余的反馈误差。在接下来的讨论中,假设反馈回路总是达到 $\phi_{\text{out}} = 0$。这使得

假设 $\omega_{rf} = \omega_L$ 成为一个潜在的误差来源。根据式(13-118),有

$$\phi_{out}(\omega_{ff}, |\boldsymbol{B}|) = -\frac{\omega_{ff} - \omega_L}{\Gamma} + \delta\phi = 0 \quad (13-119)$$

任何无补偿相移 $\delta\phi$ 都会产生锁定点 $\omega_{rf} = \omega_L + \delta\phi\Gamma$,从而导致系统测量误差 δB 为

$$\delta B = \frac{\delta\phi\Gamma}{\gamma_F} \quad (13-120)$$

为了验证这种相位偏移被补偿,需要进行周期性的相位校准。由于相移与频率有关,为了在大的拉莫尔频率范围内实现精确测量,必须要在不同频率上进行相位校准和采用更详细的补偿方案。

磁场反馈的工作方式与射频反馈基本相同,只是 ω_L 被调整到如式(13-119)所示。反馈算法通过产生额外的磁场抵消要测量的磁场变化来控制 ω_L。如果反馈磁场是由线圈产生的,磁力仪的测量量就是线圈电流 I_{FB}。磁反馈具有与射频反馈相同的动态范围扩展效应,并能保持谐振频率不变。因此相位响应只能针对一个频率进行校准。

带宽:在具有固定 ω_{rf} 的自由运行模式下,测量带宽由被测量(ϕ_{out})对磁场变化作出反应的延迟时间给出。一个磁场步长 ΔB(式(13-108))后,新的相位值 ϕ_0 以指数方式达到 $\phi(t) = \phi_0 - \Delta\phi\exp(-t/\tau)$。时间常数 τ 不能短于自旋相干时间 $T_c = \Gamma^{-1}$,因为在 T_c 期间原子有效地与磁场相结合。因此,原子充当一个截止(-3dB)频率为 $f_c = \Gamma/2\pi$ 的一阶 LPF,如图 13-36 所示。由于磁力仪噪声密度(式(13-113))与 C 成正比,因此很难同时实现高分辨率和高带宽。

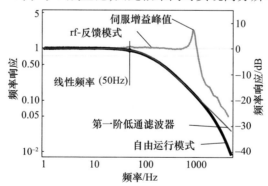

图 13-36 测得的磁力仪对小磁场振荡的响应与振荡频率的关系(见彩图)(响应在自由运行模式(黑色曲线)是很好的近似一阶 LPF(红色曲线)。rf-反馈模式下的响应(蓝色曲线)显示了反馈控制中经常遇到的典型"伺服泵浦"。在频率高于 2kHz 时,黑曲线和红曲线之间的偏差是由锁相放大器的低通滤波器引起的)

除了动态范围扩展外,磁共振条件 $\omega_{rf} = \omega_L$ 的反馈稳定也增加了测量带宽。当相位随磁场变化而开始偏离 0 时,反馈算法在相位稳定到自由运行工作模式下达到的值之前很久就开始改变 ω_{rf}。一个具有高增益的反馈算法可以在自旋相干时间的一小部分内将 ω_{rf} 设置为新的共振频率。在这种情况下,相位永远不会停留在一个不同于 0 的值,因为它总是立即被矫正。反馈的带宽受到 DSP 方案中使用的 LPF 的限制,因此必须远小于拉莫尔频率。

图 13-36 给出了自由运行工作模式的频率响应与射频反馈实现的频率响应。在反馈模式下,有用带宽(以 -3dB 点为特征)大约要大一个数量级。反馈响应中的增益峰值导致在 600~1000Hz 之间的相应频率分量的放大,这可以在离线数据处理步骤中进行校正。反馈增益越小,峰值增益和可用带宽越小。如果反馈增益增加,峰值会迅速发散,造成不稳定的反馈运行回路。

13.7.6　反馈锁定 M_x 磁力仪的方向误差

M_x 磁力仪受制于两种方向误差,也称为定向误差。方向误差(Heading Error,HE)表示系统读数的误差,表现为磁力仪本身读数的变化,即当 B_0(假定为常数大小 $|B_0|$)方向相对于由 k 和 B_{rf} 确定的磁力仪的方向发生变化时的拉莫尔频率。一类 HE 源于碱基态 Breit-Rabi 相互作用引起的非线性塞曼效应。在文献[3]的第 5 章讨论了 M_x 磁力仪的自振荡模式工作下的这种类型的 HE(见 13.7.5 节),但也适用于上述讨论的主动反馈锁定工作模式。这种效应使得,如 CsM_x 磁力仪不适用于精确测量地球磁场($B_0 \approx 40\mu T$)。这里讨论另一个发生在 M_x 磁力仪的 $B_{rf} \perp B_0$ 变形的 HE。

投影相位误差:在 M_x 磁力仪的 $B_{rf} // k$ 变体中,由式(13-41)给出的相位 ϕ,并不取决于 θ_B 或 φ_B,这使得这种磁力仪的变体成为一个真正的标量磁力仪,其中由 $\omega_L = \gamma_F |B_0|$ 决定的锁定点取决于磁场的模,而不是磁场的方向。

一方面,在 $B_{rf} \perp k$ 磁力仪变体中,由于相位偏移 ϕ_0 是 θ_B 和 φ_B 的函数(式(13-65)和图 13-14),可能会遇到完全不同的情况。为了更详细的描述,这里假设磁力仪工作在一个产生最大 S_R 信号的方向(图 13-14 中的品红点标记)。在此条件下,偏移相位为 $\phi_0(\theta_B = \pi/4, \varphi_B = \pi/2) = 0$,进一步假设技术相移得到了完全补偿。当磁场极形方向 θ_B(恒定磁场幅值 B_0)偏离最佳方向 $\theta_B = \pi/4$ 旋转任意量 $\delta\theta_B$ 时,偏移相位 ϕ_0 不变,如图 13-14 中的红线所示。因此,磁力仪的振荡频率不会因反馈而改变,磁力仪的读数也不会受到影响。

另一方面,方位 $\delta\varphi_B$ 的变化将引起相移 $\delta\phi$,根据式(13-120),导致系统的磁场估计误差 δB 为

$$\delta B = \frac{\delta \phi \Gamma}{\gamma_F} = \frac{\Gamma}{\gamma_F} \delta \varphi_B \frac{d\phi_0}{d\varphi_B}\bigg|_{\theta_B = \frac{\pi}{4}, \varphi_B = \frac{\pi}{2}} = \frac{\Gamma}{\gamma_F} \frac{\delta \varphi_B}{\sqrt{2}} \qquad (13-121)$$

把这种方向误差称为投影相位误差。作为一个数值例子,考虑如图13-35所示的线宽 Γ 为 $2\pi \times 5.4$Hz 的共振曲线,其中 1mrad 的取向变化 $\delta\varphi_B$ 意味着 1pT $|\delta B|$ 的 HE。这种系统误差比同一台磁力仪的典型灵敏度高出2个数量级以上,该磁力仪能够探测 10ft 以下的磁场变化。

13.7.7 传感器阵列的实现

磁场传感器阵列用于测量磁场的空间分布。例如,在地磁场勘探中,布置的传感器阵列的传感器间距要比单个传感器的尺寸大得多,因此传感器能够彼此独立工作。对于与传感器尺寸相当的传感器间隔,各个传感器可能相互影响,因此需要更详细的反馈方案。记录 MCG 或 MEG 等应用,即绘制人类心脏[60]或大脑产生的磁场[61],需要这种传感器紧密排列的传感器阵列。需要 30mm 量级的空间分辨率来分辨患者胸部上方记录的 MCG 的空间结构。

图 13-37 给出了部署在大型二维阵列中的传感器模块的设计。典型的单激光束 M_x 磁力仪有助于高集成密度的机械设计。传感器模块被放置在印刷电

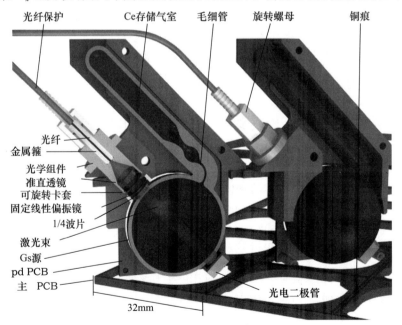

图 13-37 文献[59]中用于心脏磁测图的传感器阵列的一部分剖视图。透明的玻璃部分被染成蓝色以提高能见度(见彩图)

路板(主 PCB)层积的专用通路中,印制板作为机械支撑,确定了公共传感器平面。PCB 具有提供相对刚性结构的优点,可以在其上印刷具有精确几何形状的导体,以实现各种线圈。通过层积两个或三个传感器平面,可以很容易地建立一级或二级梯度仪。通过这种方式,实现了带有 25[60] 或 57[59] 个单个传感器模块的阵列。以下描述适用于后面文献的传感器模块。

传感器模块本身由光模块(包括用于光纤插箍的通道、透镜和线性偏振器)、包含 Cs 蒸气的玻璃容器和 PD 组成。这些组件由夹在两个薄的也支持 Cs 气室和 PD 的 PCB(pd PCB)之间的塑料支架机械支撑。该 PCB 印刷有电路,能将光电流传导到一个可以方便地放置电连接器的位置。多模光纤端口接非磁性光纤耦合器,将光引导到光模块。该光纤耦合器由一个陶瓷卡套组成,套住芯直径为 $400\mu m$ 的多模光纤的末端。该卡套通过塑料管与光纤保护衬垫连接,并通过旋转螺母压入精密加工的光模块。光纤耦合器的所有部件都是定制的,因为非磁性耦合器市场上没有。来自光纤的光由一个 6mm 焦距的透镜进行准直。

准直是不完美的,因为光纤有一个相当大的芯直径,而镜头是用来将光纤端成像到距离镜头 32mm 的 PD 上。光模块中的最后一个光学元件是用于调节传输到 Cs 气室的光功率的二向色线性偏振器。

圆形偏振器由第二个线性偏振器和一个 1/4 波片组成,在仔细调整它们的相对方向后粘在安装环上。圆形偏振器组件固定到 Cs 相应的气室上。

在每个模块中,进入 Cs 气室的功率可以通过旋转光学模块(包含如前所述的线性偏振器)相对于圆形偏振器来调整。这里使用 Codixx[62] 的二色(colorPol IR 905)偏光镜,它们有方形和圆形两种形状,在 894nm 的消光系数大于 1000。

通过 Cs 气室传输的激光束的功率由安装在 pd PCB 上的非磁性 PD 检测。这里使用了 Hamamatsu(型号 S6775)Si - PINPD[63],该 PD 灵敏度高,价格便宜,光敏面积相对较大,几乎完全无磁性。Cs 气室的外径为 27mm,这是在 32mm 传感器间距的阵列中所能容纳的最大气室尺寸。

对于文献[60]中描述的阵列,使用外径为 30mm 的 Cs 气室,间隔为 50mm。在断开光纤、相邻模块的光纤和光电流载流电缆后,每个传感器模块可以很容易地从阵列中取下。相对于 SQUID 传感器(通常用于 MCG 测量)而言,这种传感器安装和更换的方便性是一个显著的优势,因为在低温环境要求,SQUID 传感器更换需要复杂的技术程序。

主 PCB 有助于简单的传感器更换,因为它携带所有必要线圈的导体。这些包括一个为所有传感器提供射频磁场的大线圈,以及为每个传感器提供单独磁场反馈的线圈。所有线圈都经过优化,以在容器体积内获得最佳的场均匀性,并分布在 4 个表面上(图 13 - 37 中只显示了 2 个)。由于给定传感器的反馈线圈也会改变相邻传感器的磁场,因此磁反馈会产生一定的串扰。这种约10%量级的串扰并不妨碍稳定的反馈运行,可以在离线数据分析[60]中进行校正。

13.8 小　　结

这里已经对建立在原子磁共振过程上的双共振磁力仪提供了一个详细的理论论述。聚焦于由振荡磁场驱动的真正的磁共振过程(处理自旋取向和自旋排列介质),也讨论了建立在光调制技术上的磁共振。在所有被讨论的方法中,M_x磁力仪的历史最长。在其最简单的实现中,包括单个光束和透射光功率的检测,它已被证明是一种非常鲁棒的、易于实现的、相对便宜的设备。M_x磁力仪已广泛应用于地磁勘探、生物医学成像和基础物理实验中的磁场控制等领域。在石蜡涂层的气室中,M_x磁力仪的运行只需要几微瓦的共振光,因此任何毫瓦的商用二极管激光器都可以轻松地运行几十个传感器阵列。关于M_x磁力仪的最新发展的讨论超出了本章的范围,涉及使用极化探测、空间分离光泵－探针扩展、小型化到芯片规模和超薄气室的传感器以及双色激发的变型,但在本书的第14章至第18章都有论述。然而,需要注意到,这里导出的基础理论可以应用于大多数这些扩展类型的建模。

参考文献

1. D. Budker, W. Gawlik, D.F. Kimball, S.M. Rochester, V.V. Yashchuk, A. Weis, Resonant nonlinear magneto-optical effects in atoms. Rev. Mod. Phys. **74**, 1153–1201 (2002)
2. D. Budker, M. Romalis, Optical magnetometry. Nat. Phys. **3**(4), 227–234 (2007)
3. D. Budker, D.F. Jackson Kimball (ed.), *Optical Magnetometry* (Cambridge University Press, Cambridge, 2013)
4. J.C. Lehmann, C. Cohen-Tannoudji, Pompage optique en champ magnétique faible. CR Acad. Sci. Paris **258**, 4463 (1964)
5. T. Scholtes, V. Schultze, R. IJsselstijn, S. Woetzel, H.-G. Meyer, Light-narrowed optically pumped M_x magnetometer with a miniaturized Cs cell. Phys. Rev. A **84**, 043416 (2011)
6. N. Castagna, A. Weis, Measurement of longitudinal and transverse spin relaxation rates using the ground-state Hanle effect. Phys. Rev. A **84**, 053421 (2012). (**85**:059907, November 2011. Erratum)
7. N. Castagna, A. Weis, Erratum: Measurement of longitudinal and transverse spin relaxation rates using the ground-state Hanle effect. Phys. Rev. A **85**, 059907 (2012) ([Phys. Rev. A 84, 053421 (2011)])
8. E. Breschi, A. Weis, Ground-state Hanle effect based on atomic alignment. Phys. Rev. A **86**(5), 053427 (2012)
9. I.K. Kominis, T.W. Kornack, J.C. Allred, M.V. Romalis, A subfemtotesla multichannel atomic magnetometer. Nature **422**(6932), 596–599 (2003)
10. Z.D. Grujić, P.A. Koss, G. Bison, A. Weis, A sensitive and accurate atomic magnetometer based on free spin precession. Eur. Phys. J. D **69**, 1–10 (2015)

11. L. Lenci, A. Auyuanet, S. Barreiro, P. Valente, A. Lezama, H. Failache, Vectorial atomic magnetometer based on coherent transients of laser absorption in Rb vapor. Phys. Rev. A **89**(4), 043836 (2014)
12. A. Nikiel, P. Blümler, W. Heil, M. Hehn, S. Karpuk, A. Maul, E. Otten, L.M. Schreiber, M. Terekhov, Ultrasensitive ^{3}He magnetometer for measurements of high magnetic fields. Eur. Phys. J. D **68**(11), 1–12 (2014)
13. C. Cohen-Tannoudji, J. Duppont-Roc, S. Haroche, F. Laloë, Detection of the static magnetic field produced by the oriented nuclei of optically pumped He-3 gas. Phys. Rev. Lett. **22**(15), 758 (1969)
14. H.C. Koch, G. Bison, Z.D. Grujić, W. Heil, M. Kasprzak, P. Knowles, A. Kraft, A. Pazgalev, A. Schnabel, J. Voigt, A. Weis, Design and performance of an absolute ^{3}He/Cs magnetometer. Eur. Phys. J. D **69**, 1–12 (2015)
15. L. Moi, S. Cartaleva, Sensitive magnetometers based on dark states. Europhys. News **43**(6), 2427 (2012)
16. C. Cohen-Tannoudji, A. Kastler, Optical pumping. Rev. Mod. Phys. **5**, 1–81 (1966)
17. W. Happer, Optical pumping. Rev. Mod. Phys. **44**(2), 169–249 (1972)
18. S.M. Rochester, D. Budker, Atomic polarization visualized. Am. J. Phys. **69**(4), 450 (2001)
19. K. Blum, *Density matrix theory and applications* (Plenum Press, Berlin, 1996)
20. I. Fescenko, A. Weis, Imaging magnetic scalar potentials by laser-induced fluorescence from bright and dark atoms. J. Phys. D Appl. Phys. **47**(23), 235001 (2014)
21. A. Weis, V.A. Sautenkov, T.W. Hänsch, Observation of ground-state Zeeman coherences in the selective reflection from cesium vapor. Phys. Rev. A **45**(11), 7991 (1992)
22. B. Gross, N. Papageorgiou, V. Sautenkov, A. Weis, Velocity selective optical pumping and dark resonances in selective reflection spectroscopy. Phys. Rev. A **55**(4), 2973 (1997)
23. A. Weis. unpublished
24. G. Bevilacqua, E. Breschi, A. Weis, Steady-state solutions for atomic multipole moments in an arbitrarily oriented static magnetic field. Phys. Rev. **89**(3), 033406 (2014)
25. Z.D. Grujić, A. Weis, Atomic magnetic resonance induced by amplitude-, frequency-, or polarization-modulated light. Phys. Rev. A **88**, 012508 (2013)
    A. Weis, A large sample study of spin relaxation and magnetometric sensitivity of paraffin-coated Cs vapor cells. Appl. Phys. B Lasers Opt. **96**, 763–772 (2009)
27. G. Bison, R. Wynands, A. Weis, Optimization and performance of an optical cardiomagnetometer. J. Opt. Soc. Am. B **22**(1), 77–87 (2005)
28. S. Groeger, G. Bison, J.-L. Schenker, R. Wynands, A. Weis, A high-sensitivity laser-pumped M_x magnetometer. Eur. Phys. J. D **38**, 239–247 (2006)
29. A. Weis, G. Bison, A.S. Pazgalev, Theory of double resonance magnetometers based on atomic alignment. Phys. Rev. A **74**, 033401 (2006)
30. U. Fano, Precession equation of a spinning particle in nonuniform fields. Phys. Rev. **133**(3B), B828 (1964)
31. H.-J. Stöckmann, D. Dubbers, Generalized spin precession equations. New J. Phys. **16**(5), 053050 (2014)
32. G. Di Domenico, G. Bison, S. Groeger, P. Knowles, A.S. Pazgalev, M. Rebetez, H. Saudan, A. Weis, Experimental study of laser-detected magnetic resonance based on atomic alignment. Phys. Rev. A, **74**(6), 063415 (2006)
33. G. Di Domenico, H. Saudan, G. Bison, P. Knowles, A. Weis, Sensitivity of double-resonance alignment magnetometers. Phys. Rev. A **76**(2), 023407 (2007)
34. W.E. Bell, A.L. Bloom, Optically driven spin precession. Phys. Rev. Lett. **6**, 280–281 (1961)
35. E. Breschi, Z.D. Grujić, P. Knowles, A. Weis, A high-sensitivity push-pull magnetometer. Appl. Phys. Lett. **104**(2), 023501 (2014)
36. V. Schultze, R. IJsselsteijn, T. Scholtes, S. Woetzel, H.-G. Meyer, Characteristics and performance of an intensity-modulated optically pumped magnetometer in comparison to the classical M_x magnetometer. Opt. Express **20**(13), 14201–14212 (2012)
37. V. Acosta, M.P. Ledbetter, S.M. Rochester, D. Budker, D.F. Jackson Kimball, D.C. Hovde,

W. Gawlik, S. Pustelny, J. Zachorowski, V.V. Yashchuk, Nonlinear magneto-optical rotation with frequency-modulated light in the geophysical field range. Phys. Rev. A **73**(5), 053404 (2006)
38. D.F. Jackson Kimball, L.R. Jacome, S. Guttikonda, E.J. Bahr, L.F. Chan, Magnetometric sensitivity optimization for nonlinear optical rotation with frequency-modulated light: Rubidium D_2 line. J. Appl. Phys. **106**(6), 063113 (2009)
39. I. Fescenko, P. Knowles, A. Weis, E. Breschi, A Bell-Bloom experiment with polarization-modulated light of arbitrary duty cycle. Opt. Express **21**(13), 15121–15130 (2013)
40. E. Breschi, Z.D. Gruijć, P. Knowles, A. Weis, Magneto-optical spectroscopy with polarization-modulated light. Phys. Rev. A **88**(2), 022506 (2013)
41. G. Bevilacqua, E. Breschi, Magneto-optic spectroscopy with linearly polarized modulated light: theory and experiment. Phys. Rev. A **89**(6), 062507 (2014)
42. M. Bass, in *Handbook of Optics: Fundamentals, techniques, and design*. Number Bd. 1. Handbook of Optics (McGraw-Hill, New York, 1994)
43. S.M. Kay, *Fundamentals of Statistical Signal Processing: Estimation Theory* (Prentice-Hall Inc, Upper Saddle River, 1993)
44. D.C. Rife, R. Boorstyn, Single tone parameter estimation from discrete-time observations. Inf. Theor. IEEE Trans. **20**(5), 591–598 (1974)
45. V. Schultze, R. IJsselsteijn, H.-G. Meyer, Noise reduction in optically pumped magnetometer assemblies. Appl. Phys. B **100**(4), 717–724 (2010)
46. A. Corney, *Atomic and laser spectroscopy* (Clarendon Press, Oxford, 1978)
47. A. Abragam, *The principles of nuclear magnetic resonance* (Clarendon, Oxford, 1961)
48. A.L. Bloom, Principles of operation of the rubidium vapor magnetometer. Appl. Opt. **1**, 61 (1962)
49. Stanford Research Systems. www.thinksrs.com
50. Signal Recovery. www.signalrecovery.com
51. Zurich Instruments AG. www.zhinst.com
52. J.E. Volder, The CORDIC trigonometric computing technique. IRE Trans. Electron. Comput. EC **8**(3), 330–334 (1959)
53. J. Gaspar, S.F. Chen, A. Gordillo, M. Hepp, P. Ferreyra, C. Marqués, Digital lock in amplifier: study, design and development with a digital signal processor. Microprocess. Microsyst. **28**(4), 157–162 (2004)
54. Stanford Research Systems, *User's Manual, Model SR830 DSP Lock-In Amplifier* (2011)
55. A. Restelli, R. Abbiati, A. Geraci, Digital field programmable gate array-based lock-in amplifier for high-performance photon counting applications. Rev. Sci. Instrum. **76**(9), 093112 (2005)
56. J.-J. Vandenbussche, P. Lee, J. Peuteman, On the accuracy of digital phase sensitive detectors implemented in FPGA technology. IEEE Trans. Instrum. Measur. **63**(8), 1926–1936 (2014)
57. Y. Hu, The quantization effects of the CORDIC algorithm. IEEE Trans. Sig. Process. **40**(4), 834–844 (1992)
58. K.J. Åström, T. Hägglund, *PID Controllers: Theory, Design, and Tuning*, 2 edn. (Instrument Society of America, Research Triangle Park, NC, 1995)
59. G. Lembke, S.N. Erné, H. Nowak, B. Menhorn, A. Pasquarelli, G. Bison, Optical multichannel room temperature magnetic field imaging system for clinical application. Biomed. Opt. Express **5**(3), 876–881 (2014)
60. G. Bison, N. Castagna, A. Hofer, P. Knowles, J.-L. Schenker, M. Kasprzak, H. Saudan, A. Weis, A room temperature 19-channel magnetic field mapping device for cardiac signals. Appl. Phys. Lett. **95**(17), 173701 (2009)
61. H. Xia, A. Ben-Amar Baranga, D. Hoffman, M.V. Romalis, Magnetoencephalography with an atomic magnetometer. Appl. Phys. Lett. **89**, 211104 (2006)
62. CODIXX AG. www.codixx.de
63. Hamamatsu Photonics. *Si PIN Photodiodes, S6775 series datasheet* (2014)

第14章 非线性磁光旋转磁力仪

Wojciech Gawlik, Szymon Pustelny[①]

摘要: 非线性磁光旋转(Nonlinear Magneto - Optical Rotation, NMOR)对整个磁光旋转(法拉第)信号的贡献是非线性的,它产生的信号与光和磁场强度密切相关。与磁场的密切相关性使得微弱磁场(弛豫速率有限的)的精确测量成为可能。为实现非零磁场的精确测量,这种效应也可以通过调制光(调频或调幅)来研究。NMOR 磁力仪的主要优点是:技术简单、精度高、动态范围宽。

14.1 引 言

磁光旋转是一种磁光效应,主要是线偏振光在传播过程中通过一个受外磁场作用的介质时偏振面将发生旋转。偏振旋转现象是1845年法拉第在研究光在固体中的传播时发现的[1]。半个世纪后,马卡卢索(D. Macaluso)和科尔比诺(O. Corbino)研究了气体中的法拉第效应[2-3]。他们的研究显示偏振旋转在传播光波长上强烈的共振特性。这一发现以被称为法拉第效应的共振版本——马卡卢索 - 科尔比诺效应的方式最终被认可[4]。

图 14-1 给出了磁光旋转实验的原理。共振线偏振光用于照射受纵向磁场 B 影响的磁光作用介质。偏振平面 $\varphi(B)$ 的旋转使得磁场强度的测量成为可能。

法拉第效应是由磁场引起的介质圆偏振双折射(磁场引起相应的左旋和右旋圆偏振光折射率 n_- 和 n_+ 的差异)引起的。这种效应将材料的特定光学性质维尔德(Verdet)常数 V[5] 与沿光束方向的磁场 B 的大小 B 联系起来。对于弱光,即在光 - 物质相互作用的线性范围中,偏振旋转与磁场的依赖关系可以使用

---

① W. Gawlik(通讯作者) S. Pustelny,斯莫鲁霍夫斯基物理研究院,克拉科夫雅盖隆大学,ul. Łojasiewicza 11,30 - 348 克拉科夫,波兰;电子邮件:gawlik@ uj. edu. pl。S. Pustelny,电子邮件:pustelny@ uj. edu. pl;© 瑞士斯普林格国际出版公司 2017,A. Grosz 等(编辑),高灵敏度磁力仪,智能传感器,测量和仪器 19,DOI 10. 1007/978 - 3 - 319 - 34070 - 8_14。

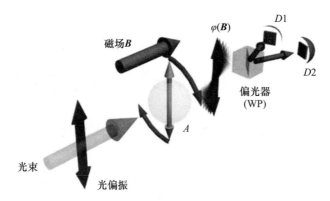

图14-1 磁光旋转实验示意图。共振线偏振光束照射受纵向磁场 **B** 影响的磁光活性介质(A)。磁场引起的偏振面旋转由偏光器(WP)和两个光电探测器组成的偏光计测量

简单的比例关系描述[1],即

$$\varphi = VLB \tag{14-1}$$

式中:L 为光在介质中的路径长度。这种依赖性使得通过检测偏振旋转来量化磁场成为可能。

式(14-1)表明法拉第效应的磁测量能力由维尔德常数决定。在固态材料中,观察到较大的维尔德常数,如在磁性石榴石中。特别是,铽镓石榴石在600nm 厚度上显示了曾经被报道过的最高的维尔德常数,约为 100rad/(Tm)。在含有高浓度铅和铋的玻璃中也观察到较大的维尔德常数。不幸的是,同时具有高的维尔德常数和低吸收材料的可选择性是相当有限的。因此,传感器的磁测灵敏度经常通过延长光传播的距离来提高。采用这种方法的一个具体解决方案是含有铁磁性掺杂剂光纤的应用[6]。

在气体中的情况不同于固体中。非共振光照明的原子或分子气体通常显示非常小的维尔德常数。因此,不使用多程气室[7-8]或光学腔[9],很难获得可测量的旋转信号。然而,由于维尔德常数对波长的强烈依赖性,使得共振光的磁光旋转显著增加,从而可以观察到相当大的磁光信号。马卡卢索 - 科尔比诺效应与法拉第效应的变换关系如图14-2 所示。图14-2 中给出了线偏振光的左右偏振分量折射率 n_- 和 n_+ 及它们之间的差异,决定了偏振旋转 φ,作为纵向磁场 **B** 大小的函数,有

$$\varphi = \frac{\omega}{2}(n_+ - n_-)L \tag{14-2}$$

其中使用了自然单位 $c = \hbar = 1$(此处为约化普朗克常数)。对应于不同失谐 $\omega - $

ω_0(其中 ω 是光的频率,ω_0 是跃迁频率)的图形显示了旋转振幅从共振激发(Macaluso – Corbino 效应)到非共振激发(法拉第效应)的变化。随着振幅的降低,图形表明了磁场范围变宽,从而式(14 – 1)可用于磁场测量。

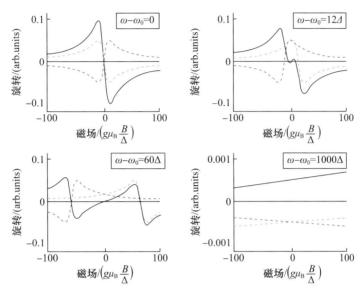

图 14 – 2 Macaluso – Corbino 效应(共振法拉第效应)和法拉第效应(强失谐)之间的变换(见彩图)(这些图显示了线偏振光左旋(绿色虚线)和右旋(蓝色虚线)分量的折射率与磁场的关系。它们的差异(实线)决定了整个偏振旋转 φ。不同的面对应于不同的失谐 $\omega - \omega_0$。增加的失谐将导致:(1)在 $B = 0$ 附近,偏振旋转 $\varphi(B)$ 曲线符号反向;(2)降低旋转振幅(注意最后一张图中垂直刻度的扩展因子为 100);(3)φ 与 B 的线性关系的展宽。磁场用相对单位 $g\mu_B B/\Delta$ 表示,其中 g 是 Lande 因子,μ_B 是玻尔磁子,$\Delta = 10$ 是过渡线宽)

尽管法拉第效应和 Macaluso – Corbino 效应中的磁光旋转对磁场的依赖性不同,但根据式(14 – 1),在每种情况下,都在 $B = 0$ 附近存在一个有限磁场范围,显示了与磁场的线性关系(图 14 – 3(a)中的虚线)。这样的线性关系对磁力仪非常方便,偏振旋转提供了有关磁场 **B** 大小的信息,依赖的陡峭程度($\mathrm{d}\varphi/\mathrm{d}B|_{B=0}$)决定了弱磁场测量的灵敏度(见 14.3.1 节)。对于弱光源,旋转幅度和线性范围受到光跃迁线宽的限制。在固体中,线宽可能高达几十纳米,线性范围较大,但对于基于原子/分子气体的传感器,典型宽度为多普勒宽度 ΔD(千兆赫)的量级,这造成测量范围明显远小于 1T($\Delta B \leqslant 0.1$T)。因此,对于这种传感器,已经观察到在中等磁场下由线性依赖造成的偏差。当共振线的磁场分裂超过线宽时,旋转就减小,更重要的是,不能明确地确定磁场的具体值。

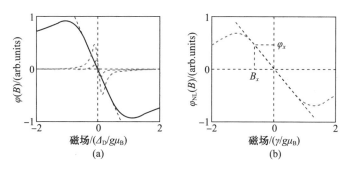

图14-3 偏振旋转与纵向磁场大小的函数关系示意图

(a)偏振旋转与纵向磁场大小的函数关系示意图,$\varphi(B)$为在典型的非均匀加宽介质(实线)中记录的 Macaluso - Corbino 效应。这种依赖关系的中心部分 $\varphi(B)$ 表现出了线性关系(虚线),这可用于测定磁场。非线性旋转的贡献是为线性旋转增加了一个依赖于强度的、窄的特征 $\varphi_{NL}(B)$(点线和断线表示受功率加宽影响的两种不同光强度的贡献);(b)得益于与非线性法拉第效应有关的窄带 $\varphi_{NL}(B)$ 贡献中心部分的线性依赖性,使得通过测量旋转角度 φ 精确地确定磁场 B 成为可能。注意(a)和(b)之间的水平刻度差,这反映了基态相干的多普勒宽度 ΔD 和弛豫速率 γ 之间的差异。

1950—1960年,光泵浦技术[10]和射频光谱敏感方法[11,12]的发展,促进了光学磁力仪的重大进展(见本书其他章节)。然而,确实是可调谐激光的出现推动了基于磁光旋转技术的发展。在前向散射几何结构中,对激光 Macaluso - Corbino 效应进行了早期研究,检测了光通过放置在两个交叉偏振片之间磁光活性介质的传输(在这种布置中信号由 $S \propto I_0 \sin^2 \varphi(B)$ 给出,其中 I_0 是光的强度)[13]。文献[13]的作者发现,当光强度不是很低时,偏振旋转在其中心部分(约 $B \approx 0$)与标准低强度信号 $\varphi_L(B)$ 的依赖关系不同(图14-3)。特别是,旋转幅度与光强的依赖出现狭窄结构,揭示了效应的非线性特点。整体磁光旋转信号的非线性贡献表示为 $\varphi_{NL}(B)$,相关效应称为NMOR。应该强调的是,这个特征出现的范围不受多普勒展宽的影响,但是由与光耦合的原子/分子基态弛豫速率决定。由于弛豫速率比多普勒宽度小几个数量级,即使旋转幅度比线性效应小一些,偏振旋转的陡度也比线性效应大得多($d\varphi_{NL}/dB \gg d\varphi_L/dB$)。因此,NMOR 的磁场灵敏度远高于线性效应。如图14-3(b)所示,这种增强可以用于磁力测量,尽管其磁场范围相对较窄。14.2.2节描述了不考虑磁场范围的测量方式。

14.2 非线性磁光旋转的物理基础

14.2.1 直流光源

有几种因素对NMOR信号产生影响。这种现象背后的潜在因素与通过速度选择的光泵浦(贝内特(Bennet)效应[14])和基态原子的极化来重新分配原子布局有关[4,15,16](基态原子布局重新分配和塞曼子能级之间相干产生)。其中一些因素可能在磁场领域是很有价值的,因为它们通常引起磁光旋转在不同磁场强度下出现峰值,导致一系列围绕 $B=0$ 的色散特征。一般来说,最窄特征的宽度由基态相干弛豫率 γ 决定,它与横向弛豫时间 T_2 成反比。

为了理解这种关系的基本原理和传统①(直流)NMOR 检测弱磁场的局限性,考虑一个简单的通过线偏振光共振耦合的 $J=1 \to J'=0$ 原子系统是有指导意义的。如果光沿着量化轴 z 传播,其线偏振是两个圆偏振 σ^+ 和 σ^- 的叠加,会根据特定的选择规则激发跃迁(σ^+ 偏振光激发 $m_{J'}-m_J=1$ 跃迁,其中 m_J 和 $m_{J'}$ 分别是基态和激发态的磁量子数,σ^- 偏振光激发 $m_{J'}-m_J=-1$ 跃迁)。因此,在 $J=1 \to J'=0$ 系统,光将 $|1,\pm1\rangle$②基态子能级与 $|0,0\rangle$ 激发态子能级相干耦合,产生 $\Delta m=2$ 的基态子能级的叠加(图 14-4(a)中用虚线表示)。在零磁场中,基态子能级是退化的,因此建立的光相干具有最大的振幅,但相干是静止的(子能级相同的能量确保了没有相干演化存在)。

尽管相干的振幅最大,但在 $B=0$ 处,光的 σ^+ 分量和 σ^- 传播完美对称性确保光束之间没有相移,以及没有偏振旋转,即 $\varphi(0)=0$。对于非零场,$B \neq 0$,塞曼子能级分裂(子级能量变化由 $E_z^m = m\omega_L$ 给出,其中 $\omega_L = g\mu_B B$ 是拉莫尔频率)。结果,叠加变得非平稳,例如,其相位以 $2\omega_L$ 的频率振荡。③ 相干的产生和进动之间的竞争降低了总相干的振幅,并改变了与磁场相关的相位。尽管在 $B \neq 0$ 处光产生的相干幅度小于在 $B=0$ 处产生的幅度,但光的两个圆分量的不同相移导致非零偏振旋转。偏振旋转角度取决于相干幅度,例如由光强度和调谐决定,也由磁场决定。例如,对于 $|B| < \gamma/(g\mu_B)$,旋转角与磁场成线性关系,在 $|B| = \gamma/(g\mu_B)$ 时,旋转角达到其极值,对于更强的磁场,旋转角变小。这是由于产生的相干幅度进一步减小导致。图 14-4(b)示意性地给出了 NMOR 信号以及相应物理系统的特征。

尽管 NMOR 的第一次展现是在前向散射实验中,有记录的 NMOR 信号尽管具有亚自然线宽(比激发态的弛豫速率更窄),仍然相对较宽(百纳特斯拉范围)。1998 年,德米特里-布德克(D. Budger)和他的同事对 NMOR 进行了研究,展示了大约 10^{-10} T 宽的信号[17]。这些信号允许在约 10^{-10} T 动态磁场范围

---

① 使用非调制光。
② 将状态用 $|J, m_J\rangle$ 表示。
③ 一般来说,相干频率可以由 $\omega_{coh} = \Delta m \omega_L$ 给出。

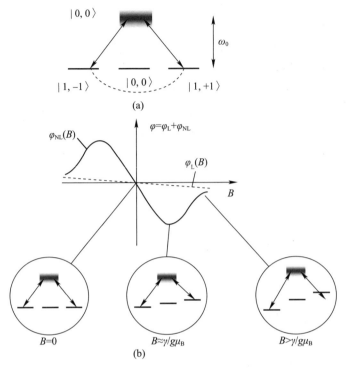

图 14-4 NMOR 相干贡献建立示意图(见彩图)

(a)线偏振光通过激发态$|0,0\rangle$产生基态子能级$|1,\pm1\rangle$的拉曼耦合(基态相干用蓝色虚线表示);
(b)在状态$m_J=\pm1$之间的原子相干性对整体旋转(红线)的额外贡献$\varphi_{NL}(B)$负责,
它比线偏振旋转$\varphi_L(B)$(虚线)的贡献窄。插图展示了磁场强度的三个特征值$B=0$、
$B\approx\gamma/(g\mu_B)$和$B>\gamma/(g\mu_B)$相干性的产生

内可检测到的磁场灵敏度为$10^{-15}\text{T}/\text{Hz}^{1/2}$。虽然这是迄今为止所证实的最高灵敏度之一,但窄的动态范围是该技术最大的问题之一。

14.2.2 调制光源

减小对接近于$B=0$的磁场动态范围限制的一个重要步骤是应用调制光源对原子进行同步泵浦。这个想法可以追溯到贝尔和布鲁姆[18]的开创性工作,他们发现光的调制能够产生介质的动态(时变)自旋极化。具体地说,作者证明,使用频率为ω_m的圆偏振光强度调制可以在光吸收中观察到共振;如果调制频率与拉莫尔频率一致,即$\omega_m=\omega_L$,则观察到吸收减小。在贝尔-布鲁姆的实验实例中,利用线偏振光也可以实现同步光泵浦。要理解使用调制光时的 NMOR,在与调制频率ω_m一起旋转的坐标系中考虑系统是有指导意义的。对于给定的磁场,由于调制光可以分解为两个对旋分量 $\pm\omega_m$,其中一个分量的旋转频率接近于自旋进动频率(相干演化频率),而另一个分量是强非共振的,因此它对相干产生的影响可以忽略不计。如上所述,在 NMOR 中,相干演化频率为 $2\omega_L$,因此坐标系以 $\omega_m \approx 2\omega_L$ 旋转,带调制光的 NMOR 等效于直流 NMOR。图 14 - 5 展示了调制光两个对旋分量的存在是如何导致基态相干共振的产生,此时

$$B = \pm \frac{\omega_m}{2g\mu_B} \quad (14-3)$$

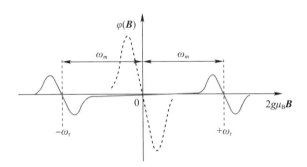

图 14 - 5 光泵浦调制产生动态/调制 NMOR 信号,允许测量非零磁场(见彩图)(强、非零场的测量精度接近于直流 NMOR 在低磁场(用黑色虚线表示)的测量精度,并且得益于泵浦速率的调制,测量可以扩展到更高的场。当通过锁相检测器检索调制的旋转信号时,该信号仅由以 $\pm\omega_m/(2g\mu_B)$(红色实线)为中心的两个分量组成)

随调制光产生的相干弛豫速率由基态相干弛豫速率 γ 决定,类似于在直流情况下。因此,首先,零磁场 NMOR 信号和使用调制光的信号具有相同的宽度。由于调制频率可以改变,强磁场对应的 NMOR 共振的位置可以精确控制(式(14 - 3))。这就打开了探测更强磁场的可能性,并将动态范围扩大到超过地球磁场。然而,应该注意的是,在更强磁场下,由于非线性塞曼效应[19]、定向排列转换[20]、磁场非线性等,强磁场下 NMOR 信号变差。这种变差对使用调制光的 NMOR 的动态范围产生了实际限制。

原理上,任何影响光 - 原子相互作用的量都可以用作同步泵浦中的调制源。对于基于磁光旋转的磁力仪,最常使用两种技术:调频(Frequency Modulation,FM NMOR)和调幅(Amplitude Modulation,AMOR)[21]。最近韦斯等发表了基于其他调制方案方法的深入分析[22,23]。

14.2.2.1 FM NMOR

FM NMOR 技术采用 FM 光,该光的电场时域表达式为[24]

$$E = E_0 \cos(\omega(t)t) = E_0 \cos(\omega^{(0)} + \Delta\omega\cos\omega_m t)t \quad (14-4)$$

式中:$\omega^{(0)}$ 为载波频率;$\Delta\omega$ 为调制度。所述调制光束调制了原子的泵浦速率(图 14-6(a),使用铷 D1 线的 $F=2 \to F'$ 的跃迁,展示了 FM 光泵浦的概念,即 NMOR 中常用的系统)。如果 ω_m 两倍于拉莫尔的共振频率,即 $\omega_m = 2\omega_L$ (式(14-3)),则原子被同步泵浦,激发出最大动态极化,极化旋转的调制分量达到最大,即观察到 FM NMOR 共振。

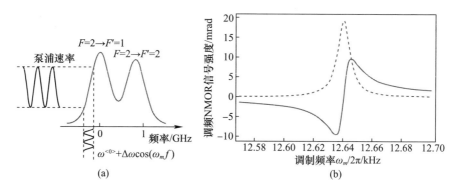

图 14-6 泵浦速率调制机制及石蜡包裹容器铷蒸气中测量的典型 FM NMOR 信号(见彩图)
(a)利用 FM 光调制泵浦速率机制示意图。图中展示了一个情况:光以加宽跃迁多普勒斜坡上的频率调准到多普勒加宽铷 D1 线(通常用于 NMOR 磁力仪)$F=2 \to F'$ 跃迁。该方案描述了光的频率调制(水平调制)如何导致原子泵浦速率的调制;(b)在石蜡包裹容器铷蒸气中测量的典型 FM NMOR 信号的同相和正交分量。记录的信号强度约为 1mw/cm²,以 $\Delta\omega \approx 2\pi \times 100s^{-1}$ 调准至铷 D1 线 $F=2 \to F'=1$ 跃迁的低频斜率。

图 14-6(b)给出了对于给定磁场($B \approx 1.8\mu T$),测量的典型 FM NMOR 信号与调制频率的对应关系。NMOR 信号是用非调制光束测量的,其偏振旋转是用工作在调制频率一次谐波的 LIA 检测的(见 14.4.2.1 节)。这两条曲线对应于信号的两个分量:色散同相分量(蓝色实线)和正交分量(红色虚线)。对于给定的一组参数,记录的信号幅值约为 20mrad,宽度约为 30Hz(通过峰-峰测得)。

图 14-6(b)给出了在非零磁场下 FM NMOR 发生共振的情况。当磁场改变时,可以通过调制频率 ω_m 的相应变化来恢复共振位置,从而使磁测避开直流 NMOR 的 $B \approx 0$ 的限制。

14.2.2.2 AMOR

AMOR 技术利用了用于实验的光场 AM 调制。对于调制信号的检测,过程与 FM NMOR 相同,利用时变旋转的锁相探测方法在调制频率的谐波处探测[25]。

AMOR 信号实例如图 14-7 所示。与 FM-NMOR 类似,当光调制频率与拉莫尔频率的2倍相等时,观察到强共振。该信号与图14-6所示的信号在同一个气室中测量,但是,不同调谐、不同平均光强度和不同磁场导致在 ω_m = 29.3kHz 处出现较大振幅的稍宽共振。

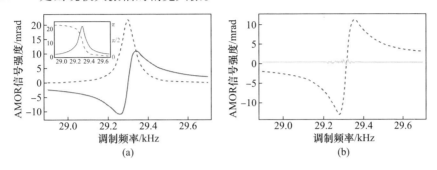

图14-7 AMOR信号实例(见彩图)

(a)在调制频率为其一次谐波的情况下同相(纯蓝)和正交(红色虚线)测量的典型AMOR信号。插图显示了AMOR信号的相应振幅(蓝色实线)和相位(红色虚线);(b)同相AMOR信号(纯蓝),与色散洛伦兹函数(红色虚线)和数据拟合差分信号(纯绿)重叠。用正弦调制光(100%调制深度)、平均光强度为1mw/cm²、光调谐到铷D1的 $F=2\rightarrow F'=1$ 跃迁中心。

用于AMOR技术的所有调制器调制光强度 I 为

$$I(t) = \frac{I_0}{2}(1 + A\cos\omega_m t) \qquad (14-5)$$

式中:A 为调制幅度。这种简单的调制技术产生非常方便的检测信号。然而,理论分析表明是电场强度,而非光强度。对于100%调制,$A\approx 1$,在这种情况下,光场($E=\sqrt{I}$)振幅关系式可表示为

$$E(t) = \frac{E_0}{2}\left[\cos\left(\omega - \frac{\omega_m}{2}\right)t + \cos\left(\omega + \frac{\omega_m}{2}\right)t\right] \qquad (14-6)$$

正如本章后面将详细讨论的那样,FM-NMOR方法非常容易应用,得益于可以使用二极管激光器,可以通过调制二极管激光电流轻松实现FM。然而,同时,电流调制与光强度的调制相关,因此纯FM调制非常困难甚至不可能。在这种情况下,就更推荐AM技术。

14.3 光学磁力仪的特性

14.3.1 灵敏度

14.3.1.1 灵敏度的基本限制

磁力仪最重要的参数之一是灵敏度。在光学磁力仪中,灵敏度的基本限制

源于磁场感知中涉及对象的量子性质以及它们之间的耦合。由于原子、光子和原子-光子相互作用的影响是独立的,因此基本受限的灵敏度 δB_f 可以写成

$$\delta B_f = \sqrt{\delta B_{at}^2 + \delta B_{ph}^2 + \delta B_{ba}^2} \qquad (14-7)$$

式中:δB_{at} 为原子引起的灵敏度限制;δB_{ph} 为光子引起的灵敏度限制;δB_{ph} 为探测光作用于原子引起的灵敏度限制。

灵敏度的原子限制来源于自旋投影的海森堡不确定原理

$$\delta F_i^2 \delta F_j^2 \geq \frac{|\langle [F_i, F_j] \rangle|^2}{4} = \frac{\langle F_k \rangle^2}{4} \qquad (14-8)$$

式中:$F_{i,j,k}$ 为自旋 $\boldsymbol{F}$ 的三个分量;[,] 为转换算子。对于相干自旋态[26],式(14-8)是饱和的,投影噪声限制的磁场灵敏度 δB_{at} 可以写成[27]

$$\delta B_{at} = \frac{1}{g\mu_B} \sqrt{\frac{1}{N_{at} T_2 \tau}} \qquad (14-9)$$

式中:N_{at} 为参与光-原子相互作用的原子总数;T_2 为横向弛豫时间(自旋相干寿命);τ 为测量的持续时间。根据式(14-9),灵敏度取决于原子数 N_{at}、弛豫时间 T_2 和测量时间 τ。式(14-9)揭示了提高灵敏度的潜在策略,包括提高测量时间或增加 $N_{at} T_2$ 的乘积。第一种方法的局限性是在许多测量中都需要有限带宽,或是必须提供磁场或光强度/频率等参数良好的时间稳定性。第二种方法需要增加参与磁场探测的原子数量(例如,可通过蒸气温度增加原子密度 N_{at})或通过增加横向弛豫时间 T_2 来实现。在典型的 NMOR 磁力仪中,磁光作用蒸气的体积小于 $10cm^3$,磁场感应在室温或稍低的温度(通常低于60℃)下进行。这一条件的设定是希望工作的光学介质深度在同一量级,从而优化自旋极化过程(光泵浦),进而优化 NMOR 磁力仪的传感性能。特别是,在更高的深度/浓度下,辐射捕获[28]和自旋交换碰撞[29]等过程成为弛豫的重要来源,限制了 NMOR 磁力仪的灵敏度。因此,为了进一步提高灵敏度,需要延长 NMOR 磁力仪的横向弛豫时间 T_2,而 T_2 受到光与物质有效相互作用时间的限制。在真空蒸气室中,这一时间由原子穿过光束的(有效)光照时间[30,31]决定,但可以通过在容器壁上涂上一层特殊的抗弛豫层或通过向容器中引入缓冲气体来延长。虽然将特殊层(如石蜡)涂在壁上可以防止原子与壁的去极化碰撞,但将缓冲气体(通常是惰性气体)引入容器会减缓原子向壁的扩散(碱金属原子和缓冲气体原子之间的碰撞在一阶近似上维持基态极化)。这两种方法能够延长弛豫时间 T_2:容器中缓冲气体产生的弛豫时间达 $10ms$[32],石蜡涂层容器的弛豫时间超过 $60s$[33]。尽管时间上的差异似乎暗示应该应用抗弛豫涂层,但两种方法存在的其他差异有利于缓冲气体的应用(如工作在更高温度下的能力、磁场测量的空

间灵敏度等)。

对磁场灵敏度基本限制的第二个影响因素与光子的性质有关。光子,作为量子粒子,服从泊松分布,其单位时间的通量在平均值 $\bar{N}_{ph}$ 附近以振幅 $\bar{N}_{ph}^{1/2}$ 随时间波动。因此,光的强度和偏振可以用 $(\bar{N}_{ph}\tau)^{-1/2}$ 给出的有限精度来确定,其中 $\bar{N}_{ph}$ 是探测光光子的数量。这就限制了自旋态测定的精度,从而限制了磁场测量的灵敏度。为了缓解这一问题,可以在更高的探测光强度下工作,此时信噪比增加①,从而提高磁场灵敏度。随着光强度的增加,对于 AMOR 磁力仪可能在 5~75μT 的宽磁场范围内达到散粒噪声极限[34]。然而,需要注意的是,对于更强烈的探测光,探测光泵浦成为一个重要的过程。因此,为了减少这种影响,可以使探头光束偏离跃迁。在这种情况下,光子散粒噪声限制的灵敏度 δB_{ph} 由于 $\bar{N}_{pr}$ 的增加而提高,然而介质受到的影响仍然微弱(孤立跃迁有关的吸收与 $1/\Delta^2$ 成比例,而色散的吸收与 $1/\Delta$ 成比例,其中 Δ 是失谐)。

限制磁场灵敏度的最后一个因素来自于探测光对原子的反作用。这一影响源于交流斯塔克(Stark)位移,这种效应在于光的电场对塞曼子能级的改变。这种改变导致自旋进动频率的变化,模仿了外部磁场的变化。因此,光强度的基本波动可能导致自旋态测定的不确定性,并因此限制了灵敏度。因此,减小反作用成为光学磁力仪中的一个重要问题。文献[34-37]报道了几种减少反作用的方法。其中,基于光跃迁探测失谐的流行策略似乎特别吸引人[38];对于大失谐量,斯塔克位移尺度与失谐量的平方成反比,因此工作在这种条件下可以显著降低反作用对灵敏度的影响。通过对磁光作用介质的适当选择和工作条件(气体温度、横向弛豫限制技术、光泵浦和探测光强度以及失谐等)的适当选择,NMOR 磁力仪灵敏度的基本极限可以达到甚至超过 $1\text{ft}/\text{Hz}^{1/2}$。特别是,文献[39]中讨论的弱磁场 NMOR 磁力仪显示了 $0.16\text{ft}/\text{Hz}^{1/2}$ 的基本灵敏度,而强磁场情况下,利用强度调制光,其灵敏度约为 $10\text{ft}/\text{Hz}^{1/2}$ 量级[40,41]。

14.3.1.2 灵敏度技术限制

尽管上述三个影响因素对 NMOR 磁力仪的灵敏度存在基本的限制,但实际设备的性能通常更加糟糕。灵敏度下降是由于设备运行的非理想条件造成的。在现实世界中,技术因素增加了噪声,降低了磁力仪的灵敏度。

光学磁力仪中技术噪声的一个特殊来源是光传播环境的波动。在实际系统中,光学元件和空气扰动的振动改变了与磁光活性介质相互作用的光相位、强度和空间分布。这可能会影响光-物质耦合和/或光检测的效率。磁力仪所用元

---

① 忽略探测光引起的原子光泵浦,NMOR 信号幅度与探测光光子数量具有线性关系(信号为 $S = I_{pr}\sin^2\varphi$),噪声/不确定度的比值为常数 $\sqrt{I_{pr}}$。

件的光学或机械特性热致漂移也可能影响光与物质之间的相互作用,从而导致噪声。另一个噪声源是电子,它可能通过光电探测器暗电流、电磁(如交流)传感器或电子设备的热不稳定性造成灵敏度损失。然而,与基本噪声相比,这些影响大多与频率有关。图14-8给出了NMOR磁力仪的典型噪声谱。如图14-8所示,频谱显示 $1/f$ 依赖性,交流谱线的谐波清晰可见(50Hz和100Hz)。这些特性提出了降低技术噪声的途径。尤其是该装置工作在更高的频率下可降低技术噪声的影响。可以通过调节探测光及其相位敏感检测(见14.4.2.1节)或通过使该装置工作在非零磁场中来实现。后一种方法只能具有足够宽动态范围的装置能够实现(见14.5节)。然而,应该注意的是,虽然技术噪声的影响可能很小,但它们始终会影响NMOR磁力仪的性能。

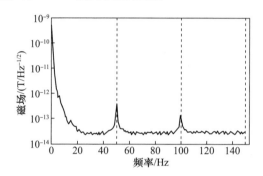

图14-8 工作在 $B \approx 0$ 磁场中的NMOR磁力仪噪声谱(频谱显示 $1/f$ 依赖性,交流谱线的谐波清晰可见(50Hz)。在所提出的情况下,基本噪声限制大约比用频谱记录的本底噪声低一个数量级。这种差异很可能是由于探测到磁场的波动引起。)

除了技术噪声的影响外,NMOR磁力仪还可能受到磁力仪探测区域中磁噪声的影响。严格地说,磁场不稳定性不是磁力仪的"固有噪声",而是决定磁力仪性能的一个因素(不可控制的磁场波动可能会严重阻碍磁力仪检测磁场微小变化的能力)。

为了解决这个问题,采取了各种办法。其中一类方法的基本思想是屏蔽(被动或主动)外部磁场,从而能够在较安静的磁场环境中检测磁场。被动屏蔽代表性做法是在由高磁导率材料制成的磁性外壳内实现[42]。这种外壳的具体例子是多层金属磁屏蔽,其屏蔽系数通常大于 10^4(取决于层数、几何结构、尺寸等)。或者,可以使用一组磁场线圈来补偿外部磁场。这项技术可以主动补偿磁场漂移和外部磁场的波动。为了实现这种主动补偿,需要提供补偿测量的误差信号。这种信号通常由非光学传感器(如磁通门磁力仪或磁阻传感器)提供,这些传感器具有较差的磁性能(特别是不太敏感),但更易于处理。

降低环境磁噪声的另一种技术是基于所谓的磁梯度计[43]。在这种模式下，将两个串行放置在被测微弱源磁场中的磁力仪读数相减。由于背景磁场具有相对高的空间均匀性①，且弱源磁场与距离有很强的依赖性(r^{-q}，其中$q \geqslant 1$)，两个磁力仪的分离(通常与源尺寸相当)确保其中一个磁力仪的读数由弱源主导。差分信号可以降低环境噪声，更精确地测量弱源产生的磁场。代表性的，梯度计模式下的噪声可以降低一个数量级以上[44]。

14.3.1.3 光学磁力仪灵敏度

从实际角度看，NMOR 磁力仪的灵敏度取决于被测 NMOR 信号的 SNR。为了确定探测弱磁场的能力，首先需要确定 NMOR 对磁场共振函数的斜率，然后重新将旋转幅度中的噪声计入磁场决定的不确定度，即

$$\delta B_{\mathrm{pr}} = \frac{\delta \varphi}{\delta B} \frac{N}{S} \tag{14-10}$$

式中：$\delta \varphi / \delta B$ 为 NMOR 在中心部分的共振斜率。这种依赖关系决定了实验中磁场测量探测灵敏度对应于一组特定实验参数(包括光强、调谐、锁相时间常数等)。在某种程度上，最佳条件相互依赖，但也取决于环境条件(如磁场噪声)。因此，实际中磁力仪灵敏度优化需要对参数进行仔细的选择。

14.3.2 带宽

带宽是光学磁力仪的另一个重要特性。对于典型的光学磁力仪，磁力仪对小磁场变化的响应等效于具有时间常数 T_2 的一阶 LPF 响应[45]。相应的，对于 $T_2 < \tau$，磁力仪带宽由 $(2\pi T_2)^{-1/2}$ 决定，然而对于更短的测量时间 $T_2 > \tau$，带宽由 $(2\pi T_2)^{-1}$ 给定。因此，为了增加带宽，可以增加光强度、蒸气温度或引入不均匀磁场，这都可能缩短弛豫时间 T_2。但是，应强调的是，由于灵敏度和带宽依赖于同一参数 T_2，它的调整需要在灵敏度和带宽之间做出折中。

14.3.3 动态范围

在传统的 NMOR 磁力仪中，如利用单频光的磁力仪(见 14.2.1 节)，不仅灵敏度和带宽，还包括动态范围 ΔB_{CW} 也受到横向弛豫时 T_2 的限制，$\Delta B_{\mathrm{CW}} = 1/(g \mu_{\mathrm{B}} \pi T_2)$。如图 14-3 所示，这源于零场 NMOR 信号的色散形状，显示仅在 $-\Delta B_{\mathrm{CW}}/2 \sim \Delta B_{\mathrm{CW}}/2$ 的范围内对磁场具有线性依赖性。强度更强的磁场，$|B| > \Delta B_{\mathrm{CW}}/2$，不能与弱磁场区分(图 14-3)。

如 14.2 节所述，为了扩大 NMOR 磁力仪的动态范围，可以使用调制光。在

---

① 代表性地假设背景磁场由远处源产生，因此磁场在两个磁力仪处的变化可以忽略不计。

这种情况下,动态范围不受 NMOR 信号宽度限制,因为强磁场 NMOR 共振位置跟随磁场变化,并且可以通过改变调制频率来调整(式(14-3))。对于一阶近似,调制 NMOR 磁力仪的动态范围 ΔB_{mod} 是无限的。然而,实际上,需要磁力仪测量的最强磁场很少超过地球磁场。这源于高阶效应(如非线性塞曼效应[19]、定向排列转换[20])减小 NMOR 共振幅度。此外,要提供强磁场的良好空间均匀性也要困难得多。①

14.3.4 工作模式

用 NMOR 磁力仪探测强磁场有两种模式。在第一种所谓的被动模式中,通过在调制频率处解调磁力仪的输出信号(偏振旋转)来检测磁场。这能够提取信号的振幅和相位。由于在共振中(如 $\omega_m = 2\omega_L$),信号的两个特性取特定的值(最大旋转和90°相移),因此应用反馈回路控制调制频率和跟踪共振位置能够进行磁场测量。相敏检测能够实现强噪声抑制(更高的信噪比),从而在宽动态范围内更精确地跟踪磁场。

除了被动工作模式,磁力仪可以工作在自振荡模式下。在这种模式下,磁力仪的输出信号被过滤和放大,然后用来调制光。信号对调制频率的依赖(式(14-3))确保了从信号的整个噪声频谱中,系统仅提升特定的调制频率,即共振频率($\omega_m = 2\omega_L$)。此外,由于自旋进动对磁场变化的响应没有延迟,系统可即时调整调制频率,使 $\omega_m = 2\omega_L$。在这种方式下,系统自动跟踪磁场变化,且调制频率提供磁场信息。此外,在自振荡模式下,NMOR 信号的宽度可以更窄。这是因为在自振荡模式下,波动磁场显示为主频 $2\omega_L$ 的边带,很容易被滤除,而在被动模式下,则会导致共振的展宽。

14.3.5 标量/矢量传感器

一般来说,NMOR 磁力仪是标量传感器,它们对磁场的大小很敏感。然而,通过采用不同调制频率在三个正交方向对磁场进行调制,标量磁力仪很容易转换成矢量磁力仪。在这些频率对信号进行的检测提供了不同方向的磁场分量信息。或者,磁场方向的测量可以通过在 ω_L 和 $2\omega_L$ 两个频率处检测旋转信号来获得。如文献[46]所述,在这些频率下测量的信号振幅取决于磁场的方向,因此它们的比值提供了垂直于入射(探测)光偏振方向平面上的磁场方向信息。

14.3.6 功率消耗

与广泛使用的、灵敏度相当的 SQUID 磁力仪相比,光学磁力仪的独特优势

---

① 磁场不均匀性引起观测到 NMOR 共振的变宽,以及随之的设备磁场灵敏度变差。

是低功耗。在 NMOR 磁力仪中,原子蒸气容器的加热对系统整体功率消耗的贡献最大。现代激光器,尤其是垂直腔面发射激光器(Vertical Cavity Surface Emitting Laser,VCSEL)和电子系统具有低功耗。因此,在不加热的情况下,整个系统的特点是功率需求小于 10W。

14.4 NMOR 磁力仪组成

图 14-9 给出了强磁场 NMOR 磁力仪的一般组成。该系统由两个主要部分组成:光电部分,包含所有光处理和传感元件;电子部分,包含用于电信号处理的所有元件。

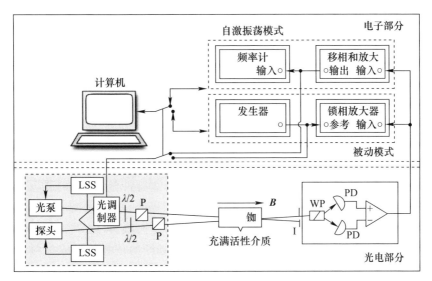

图 14-9 NMOR 磁力仪的通用方案(上边为系统电子部分。它包括自激振荡工作模式下所需的元件(移相器、放大器、频率计),以及被动工作模式下所需的元件(锁相放大器、发生器),以及控制整个实验的计算机。下边是系统的光电部分。它包括两个激光器(光泵和探头)、光波长控制和稳定系统(Light-Warelength Control and Stabilization System,LSS)、放置在光束泵浦路径上的光调制器(Light Modulator,MOD)、充满磁光活性介质(如 Rb)的气室和检测光偏振状态的偏振计。此外,该系统还包含一组光学元件:
P 和 WP 表示偏振器(WP 是系统中专门使用的 Wollastone 棱镜),
PD 表示光电二极管,$\lambda/2$ 表示半波片。)

14.4.1 光与光电元件

系统中光电部分的目的是:①产生参数合适的光(强度、波长、偏振、时间特性等);②将光与原子蒸气耦合以有效地光泵浦介质;③使探测光偏振状态特征化。下面,将更详细地描述实现这些目的的方法。

14.4.1.1 光源

在所有的 NMOR 磁力仪中,都使用二极管激光器。从光学磁力仪的角度来看,二极管激光器具有以下几个优点:可调谐性、窄线宽(单模激光器小于 10MHz)和足够的发射光功率(约 $100\mu W$)。这种激光器具有体积小、功耗低、可靠性好、可与光电元件集成等特点。

对于 NMOR 磁力仪,使用的光需要在磁光活性介质中调谐到特定的跃迁。对于通常用于光学磁力仪的碱蒸气,光被调谐到最强的 D_1 或 D_2 谱线(如铷 D_1 - 795nm、铷 D_2 - 780nm、铯 D_1 - 894nm、铯 D_2 - 852nm、钾 - 770nm)。这种调谐需要以亚微米精度执行。此外,由于 NMOR 信号对波长的依赖性,波长需要在时间上稳定,甚至要求更好的稳定性。这一目标可以通过几种技术来实现,如光谱吸收法、磁诱导二向色性法或双折射法。

NMOR 强磁场测量所需的另一个关键特性是光的调制。利用二极管激光器,可以通过改变激光电流来产生调频光。这可以很容易地在 0~1MHz 的带宽内实现,这对应于从超弱磁场到地球物理(或更强)磁场的磁场范围。调频光也可由外部元件(如电光移相器)产生。调幅光在 NMOR 中的应用通常需要使用外部调制器。① 简化的方法在于对光束的机械斩波。然而,这种方法存在以下严重缺陷:①光调制带宽窄,频率控制精度有限;②脉冲整形能力有限。因此,AM 调制中采用了其他方法。其中一个是应用了声光调制器(Acousto - Optical Modulator,AOM)。通过改变驱动 AOM 的射频信号振幅,可以调节光的衍射效率。这使得光强度在宽动态范围内的调制和光脉冲的任意整形成为可能。然而,AOM 的缺点是运行所需的功率(典型为 10W 量级)。为了避免这个问题,可以使用基于波导的调制器。这种设备基于干涉仪臂上集成电光调制器的马赫 - 曾德尔(Mach - Zehnder)干涉仪。通过改变干涉光束的相位,可以调节光的强度。这种调制器的优点是可以灵活地整形脉冲特性和具有低功耗。此外,该器件与其他电子元件具有良好的可集成性。

在 NMOR 磁力仪中,用于调整光参数的最后一组元件是无源光学元件。在每一个系统中,如反射镜、波片、偏振片、光纤等元件都被用来引导光束,控制其偏振和强度。

---

① 通常,虽然光强度可以通过改变二极管激光器电流来调制,该调制需要在一个宽的范围内改变电流。电流调制也会在远超光跃迁宽度的范围内引起光的频率调制。这失去了将两种调制方式解耦合的可能性,同时使得光(平均)波长的稳定性复杂化,会导致记录的 NMOR 信号的不稳定性。

14.4.1.2 磁场传感介质

在 NMOR 磁力仪中,碱金属蒸气是最常用的磁光活性介质。它们的主要优点是简单的电子结构、可操纵的单旋转、可利用的光源(二极管激光器)谱线可激发性、在不太高温度下的高蒸气压力。蒸气装在尺寸 0.01~1000cm^3(1cm^3 是蒸气容器的典型尺寸)范围的玻璃容器(通常由耐热玻璃制成)中。容器通常被加热到几十摄氏度,提供一致的蒸气光深度。为提高 NMOR 信号幅度,典型地用电子加热器(典型地,是产生极低磁场的双绞线)或者热水/空气对蒸气进行加热。为了延长光与原子的有效相互作用时间,在玻璃容器中还填充有惰性气体,如氖、氩或分子氮,或在其壁上涂上特殊的抗弛豫层(见 14.3.1.1 节)。光学磁力仪中使用的蒸气容器典型弛豫时间约为 10ms。

14.4.1.3 偏振器

为了测量磁场,需要精确地测定偏振旋转。对大多数 NMOR 磁力仪,光偏振的检测使用平衡偏振计来完成。偏振计由一个晶体偏振器(如沃拉斯顿(Wollaston)棱镜)和两个光电二极管组成,用于监测定向于偏振器各个通道中的光强度。与入射光的偏振成 45°角的偏振器轴方向,以及两个光电二极管光电流差的检测,可以直接测量偏振旋转为

$$S \propto I_1 - I_2 = I_0 \sin^2[45° + \varphi(t)] - I_0 \sin^2[45° - \varphi(t)]$$
$$= I_0 \sin[2\varphi(t)] \approx 2I_0 \varphi(t) \tag{14-11}$$

式中:I_1 和 I_2 为定向在偏振计各个通道的光强度;I_0 为照射偏振器的光强度。根据式(14-11),可以得出结论,更高的探测光强度能够获取更大的 NMOR 信号。此外,如 14.3.1.1 节所述,更高的探测强度导致散粒噪声的降低。但应注意的是,更大的 I_0 会更显著影响介质的跃迁(探测器光泵浦),这会导致偏振旋转 $\varphi(t)$ 变差。

除了偏振器检测,也可以用单个偏光镜测量偏振旋转,相对于入射偏振计轴的轻微倾斜为

$$S \propto I_1 = I_0 \sin^2[\varphi_0 + \varphi(t)] \tag{14-12}$$

式中:φ_0 为原子样本之前相对于初始光偏振小的非交叉角。偏光镜的倾斜使得能够区分相反方向的旋转。[①] 虽然第二种方案更容易实现,但对于与非交叉角成比例的小角度来讲,检测到的信号是与 φ_0^2 成比例的常数分量,也与磁光旋转 $\varphi(t)$ 成线性和二次方比例。

---

① 当 $\varphi_0 = 0$,$S \propto I_1 = I_0 \sin^2\varphi(t)$。因此,以相反方向旋转的信号难以区分,并且强磁场 NMOR 下可观测到的在 $2\omega_L$ 处光偏振导致信号被调制在 $4\omega_L$。

14.4.2 电子部分

为了检测磁场,需要对光电二极管信号进行处理。对 NMOR 磁力仪,可以通过两种方式来实现:①检测在调制频率一次谐波处解调的 NMOR 信号的幅度(被动模式);②测量被检测信号的频率(自激模式)。

14.4.2.1 幅相检测

在被动模式下(见 14.3.4 节),光电二极管信号馈入 LIA。放大器在光调制频率 ω_m 的特定(通常是一次)谐波处解调信号。这就能够检测信号的幅度和相位,并跟踪它的共振特性(如 $\omega_m = 2\omega_L$)。该跟踪可通过软件算法实现,利用计算机控制参考信号发生器,或也可通过硬件实现,利用如锁相环(Phase – Locked Loop,PLL)和 VCO 来调整调制频率。在典型磁场测量中,锁相积分时间大于横向弛豫时间 T_2,这使得噪声的抑制能力更强,共振位置的确定更加精确。

14.4.2.2 频率检测

除了被动模式中的振幅和相位检测,光电二极管时变差分信号也可用于自振荡模式下驱动光调制。在这种模式下,偏振计的输出信号先进行滤波,然后进行相移和放大。处理后的信号被送入光源系统的调制端口。如果驱动信号和输出信号之间的相位偏移为 90°,此解决方案允许自动跟踪磁场所有变化。在这种模式下,磁场幅度通过测量调制信号的频率测定。

14.5 强磁场 NMOR 磁力仪

14.4 节讨论的实验布置可用于建立一个完全可运行的 NMOR 磁力仪。根据系统参数,如光强度和波长、调制类型和形状、磁场不均匀性等,系统具有不同性能。图 14 – 10 给出了利用调幅光和以铷蒸气作为磁场感测介质的 NMOR 磁力仪获得的示例性磁场跟踪信号。系统工作在自激振荡模式,每隔几十秒磁场就被显著改变(约 $10\mu T$)。如图 14 – 10 所示,在每一步之后,系统立即跟踪了磁场变化。

测量灵敏度可以根据信噪比确定。图 14 – 10 的插图给出了在半屏蔽磁场环境(三层圆柱形金属磁屏蔽体一侧的端盖被移除)下测量的磁场功率谱密度平方根。在频谱中,在 $\omega_m = 510 kHz$ 处观察到最强峰值,对应于磁场为 $18.5\mu T$ ($\omega_L = 255 kHz$)的自振荡信号。通过拟合了这个峰值的洛仑兹(Lorentz)曲线和频谱中观测到的本底噪声(SNR 约 3500),计算设备的实际磁敏灵度约为 $20 ft/Hz^{1/2}$。这比根据式(14 – 8)计算的相应基本灵敏度限值大了约 10 倍。将灵敏度的下降归因于不可控磁场泄漏到了探测区域,而且磁力仪也没有工作在完全优化的

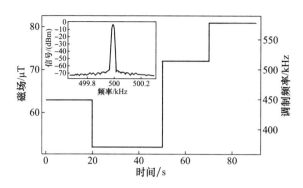

图 14-10 磁场跟踪信号(灰色实线为检测到的响应磁场(棕色虚线))的自振荡系统调制频率。每当磁场突然改变时,磁力仪就会立即调整调制频率以适应新的共振状态。插图显示了在磁场为 18.5μT 的给定条件下,自振荡式磁力仪记录的信号谱)(见彩图)

工作条件。

NMOR 磁力仪小型化是步入实用的一个重要步骤。图 14-11 给出了 NMOR 磁力仪磁头的图片,它容纳了系统的大部分光电元件。磁探头分为两种形式:①全光纤耦合,即远程产生和检测光,并通过光纤传输至磁探头以及从磁探头传输;②二极管激光器和光电探测器集成于传感器磁探头。尽管第一种解决方案需要去除所研究磁源附近的所有金属元素,第二种解决方案在技术上要求较低(无需将光耦合到单模偏振保持光纤)。

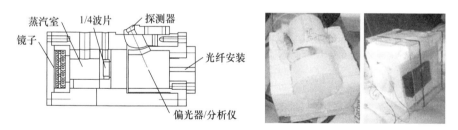

图 14-11 利用 AMOR 的磁力仪传感器头

14.6 小结与展望

光学磁力仪起源于光学和磁学的早期研究成果。激光光谱、光泵浦的发展以及对量子干涉的理解使 NMOR 磁力仪发展成为非常有用和可靠的设备。这取决于 NMOR 磁力仪主要优点:技术简单、精度高、动态范围宽。从基础科学到许多重要的实际应用领域,这些器件的潜力得到了越来越广泛的开发。

参考文献

1. M. Faraday, On the magnetization of light, and the illumination of magnetic lines of force. Philos. Trans. R. Soc. Lond. **1**, 104–123 (1846)
2. D. Macaluso, O. Corbino, Sopra una nuova azione che la luce subisce attraversando alcuni vapori metallici in un campo magnetico. Nuovo Cimento **8**, 257–258 (1898)
3. D. Macaluso, O.M. Corbino, L. Magri, Sulla relazione tra il fenomeno di Zeemann e la rotazione magnetica anomala del piano di polarizzazione della luce. Nuovo Cimento **9**, 384–389 (1899)
4. D. Budker, W. Gawlik, D.F. Kimball, S.M. Rochester, V.V. Yashchuk, A. Weis, Resonant nonlinear magneto-optical effects in atoms. Rev. Mod. Phys. **74**, 1153–1201 (2002)
5. E. Verdet, Recherches sur les proprietes optiques developpees dans les corps transparents par laction du magnetisme. Ann. Chim. Phys. **41**, 370–412 (1854)
6. L. Sun, S. Jiang, J.R. Marciante, Compact all-fiber optical Faraday components using 65-wt%-terbium-doped fiber with a record Verdet constant of-32 rad/(Tm). Opt. Express **18**, 12191–12196 (2010)
7. S. Li, P. Vachaspati, D. Sheng, N. Dural, M.V. Romalis, Optical rotation in excess of 100 rad generated by Rb vapor in a multipass cell. Phys. Rev. A **84**, 061403(R) (2011)
8. D. Sheng, S. Li, N. Dural, M.V. Romalis, Subfemtotesla scalar atomic magnetometry using multipass cells. Phys. Rev. Lett. **110**, 160802 (2013)
9. D. Jacob, M. Vallet, F. Bretenaker, A. Le Floch, R. Le Naour, Small Faraday rotation measurement with a Fabry-Perot cavity. Appl. Phys. Lett. **66**, 3546 (1995)
10. C. Cohen-Tannoudji, A. Kastler, Optical pumping, in *Progress in Optics*, vol V, ed. by E. Wolf, (Elsevier, North Holland, 1966), p. 1
11. G.W. Series, Optical pumping and related topics, in *Quantum Optics*, the 1969 Scottisch Universities Summer School, ed. by S.M. Kay, A. Maitland (Academic Press, London, 1970), p. 395
12. A. Corney, *Atomic and Laser Spectroscopy* (Oxford University Presss, Oxford, 1977)
13. W. Gawlik, J. Kowalski, R. Neumann, F. Träger, Observation of the electric hexadecapole moment of free Na atoms in a forward scattering experiement. Opt. Commun. **12**, 400 (1974)
14. W. Bennett, Hole burning effects in a He-Ne optical maser. Phys. Rev. **126**, 580 (1962)
15. W. Gawlik, S. Pustelny, Nonlinear Faraday effect and its applications, in *New Trends in Quantum Coherence*, ed. by R. Drampyan (Nova, New York, 2009), p. 47
16. D. Budker, D.F. Kimbal Rochester (eds.), *Optical Magnetometry* (Cambridge University Press, Cambridge, 2013)
17. D. Budker, V. Yashchuk, M. Zolotorev, Nonlinear Magneto-optic effects with ultranarrow widths. Phys. Rev. Lett. **81**, 5788 (1998)
18. W.E. Bell, A.L. Bloom, Optically driven spin precession. Phys. Rev. Lett. **6**, 280–281 (1961)
19. S. Pustelny, M. Koczwara, Ł. Cincio, W. Gawlik, Tailoring quantum superpositions with linearly polarized amplitude-modulated light. Phys. Rev. A **83**, 043832 (2011)
20. D. Budker, D.F. Kimball, S.M. Rochester, V.V. Yashchuk, Nonlinear magneto-optical rotation via alignment-to-orientation conversion. Phys. Rev. Lett. **85**, 2088 (2000)
21. D.F. Jackson Kimball, S. Pustelny, V.V. Yashchuk, D. Budker, Optical magnetometry with modulated light, in *Optical magnetometry*, ed. by D. Budker, F.D.J. Kimball (Cambridge University Press, Cambridge, 2013), pp. 104–124
22. Z.D. Grujić, A. Weis, Atomic magnetic resonance induced by amplitude-, frequency-, or polarization-modulated light. Phys. Rev. A **88**, 012508 (2013)
23. E. Breschi, Z.D. Grujić, P. Knowles, A. Weis, Magneto-optical spectroscopy with polarization-modulated light. Phys. Rev. A **88**, 022506 (2013)
24. Y.P. Malakyan, S.M. Rochester, D. Budker, D.F. Kimball, V.V. Yashchuk, Nonlinear magneto-optical rotation of frequency-modulated light resonant with a low-*J* transition. Phys.

Rev. A **69**, 013817 (2004)
25. W. Gawlik, L. Krzemień, S. Pustelny, D. Sangla, J. Zachorowski, M. Graf, A. Sushkov, D. Budker, Nonlinear magneto-optical rotation with amplitude-modulated light. Appl. Phys. Lett. **88**, 131108 (2006)
26. C.C. Gerry, P.L. Knight, *Introductory Quantum Optics* (Cambridge University Press, Cambridge, 2005)
27. M. Auzinsh, M. Auzinsh, D. Budker, D.F. Kimball, S.M. Rochester, J.E. Stalnaker, A.O. Sushkov, V.V. Yashchuk, Phys. Rev. Lett. **93**, 173002 (2004)
28. A.F. Molish, B.P. Oehry, *Radiation Trapping in Atomic Vapours* (Oxford University Press, Oxford, 1998)
29. J.P. Wittke, R.H. Dicke, Phys. Rev. **103**, 620 (1956)
30. W. Gawlik, Nonstationary effects in velocity-selective optical pumping. Phys. Rev. A **34**, 3760 (1986)
31. E. Pfleghaar, J. Wurster, S.I. Kanorsky, A. Weis, Time of flight effects in nonlinear magneto-optical spectroscopy. Opt. Commun. **99**, 303 (1993)
32. M. Erhard, H.-P. Helm, Buffer-gas effects on dark resonances: theory and experiment. Phys. Rev. A **63**, 043813 (2001)
33. M.V. Balabas, T. Karaulanov, M.P. Ledbetter, D. Budker, Polarized alkali-metal vapor with minute-long transverse spin-relaxation time. Phys. Rev. Lett. **105**, 070801 (2010)
34. V.G. Lucivero, P. Anielski, W. Gawlik, M.W. Mitchell, Shot-noise-limited magnetometer with sub-picotesla sensitivity at room temperature. Rev. Sci. Instr. **85**, 113108 (2014)
35. W. Wasilewski, K. Jensen, H. Krauter, J.J. Renema, M.V. Balabas, E.S. Polzik, Phys. Rev. Lett. **104**, 133601 (2010)
36. I. Novikova, A.B. Matsko, V.L. Velichansky, M.O. Scully, G.R. Welch, Phys. Rev. A **63**, 12 (2001)
37. G. Vasilakis, V. Shah, M.V. Romalis, Phys. Rev. Lett. **106**, 143601 (2011)
38. K. Jensen, V.M. Acosta, J.M. Higbie, M.P. Ledbetter, S.M. Rochester, D. Budker, Phys. Rev. A **79**, 023406 (2009)
39. D. Budker, D.F. Kimball, S.M. Rochester, V.V. Yashchuk, M. Zolotorev, Sensitive magnetometry based on nonlinear magneto-optical rotation. Phys. Rev. A **62**, 043403 (2000)
40. S. Pustelny, A. Wojciechowski, M. Gring, M. Kotyrba, J. Zachorowski, W. Gawlik, Magnetometry based on nonlinear magneto-optical rotation with amplitude modulated light. J. Appl. Phys. **103**, 063108 (2008)
41. W. Chalupczak, R.M. Godun, S. Pustelny, W. Gawlik, Room temperature femtotesla radio-frequency atomic magnetometer. Appl. Phys. Lett. **100**, 242401 (2012)
42. V.V. Yashchuk, S.-K. Lee, E. Paperno, Magnetic shielding, in *Optical Magnetometry*, ed. by D. Budker, D.F.J. Kimball (Cambridge University Press, Cambridge, 2013), pp. 104–124
43. S. Xu, S.M. Rochester, V.V. Yashchuk, M.H. Donaldson, D. Budker, Construction and applications of an atomic magnetic gradiometer based on nonlinear magneto-optical rotation. Rev. Sci. Instr. **77**, 083106 (2006)
44. S.J. Smullin, I.M. Savukov, G. Vasilakis, R.K. Ghosh, M.V. Romalis, Low-noise high-density alkali-metal scalar magnetometer. Phys. Rev. A **80**, 033420 (2009)
45. P. Wlodarczyk, S. Pustelny, J. Zachorowski, M. Lipinski, Modeling an optical magnetometer with electronic circuits-analysis and optimization. J. Instr. **7**, P07015 (2012)
46. S. Pustelny, W. Gawlik, S.M. Rochester, D.F. Jackson Kimball, V.V. Yashchuk, D. Budker, Nonlinear magneto-optical rotation with modulated light in tilted magnetic fields. Phys. Rev. A **74**, 063420 (2006)

第15章 无自旋交换弛豫磁力仪

Igor Mykhaylovich Savukov[①]

摘要：10多年前,无自旋交换弛豫(Spin-Exchange Relaxation Free,SERF)磁力仪创下了超过低温 SQUID 磁力仪的磁场灵敏度新纪录。从那时起,SERF 磁力仪的设计、商业化和新应用开发都取得了很大的进展。此外,SERF 磁力仪的运行已超出了 SERF 范围,导致发现了超高灵敏度高频标量磁力仪。本章介绍在自旋交换碰撞影响磁力仪线宽状态下,有关 SERF 和高密度类 SERF 磁力仪的一些基本原理。涉及的各种主题包括：SERF 运行、自旋交换碰撞的作用、SERF 和其他高密度磁力仪的基本和技术噪声、光致偏移、光泵浦。通过举例简要介绍密度矩阵方程的形式。在某些条件下,由于布洛赫方程也能够恰当处理自旋运动问题,因此简要介绍该内容。讨论 SERF、高频和标量磁力仪的一些应用,如脑磁图和磁共振成像(Magnetic Resonance Imaging,MRI)。SERF 磁力仪的应用数量在未来将会增加,特别是当高灵敏度的 SERF 磁力仪变得商用化及操作变得简单和用户友好时。最后,预计在不久的将来,基于 SQUID 磁力仪开发的许多应用将逐渐被基于 SERF 和其他的超灵敏原子磁力仪取代。

15.1 引　　言

本节回顾最灵敏的高密度原子磁力仪(Atomic Magnetometer,AM)及一些多种可能的应用。这些磁力仪最显著的特点是它们在不需要低温冷却的情况下超过了飞特的灵敏度[1]。目前,AM 可以在许多需要最高可能灵敏度的应用中与 SQUID 竞争。MEG 已经成为主要的目标应用,因为 AM 是 SQUID 唯一的非低温替代品[2-4]。其他应用包括超弱磁场(Ultra-Low-Field,ULF)MRI[5] 和 ULF NMR[6,7],该应用有望彻底改变磁共振心磁图仪[8]以及一般的生物磁学。潜艇

---

① I. M. Savukov(&),洛斯阿拉莫斯国家实验室,NM,美国；电子邮件：isavukov@lanl.gov；©瑞士斯普林格国际出版公司 2017,A. Grosz 等(编辑),高灵敏度磁力仪,智能传感器,测量和仪器 19,DOI 10.1007/978-3-319-34070-8_15。

探测和空间磁场测量[9]是重要的国家安全应用。AM 具有许多优点,一方面与传统的廉价磁力仪(如磁通门)相比具有相对高的灵敏度,另一方面又与 SQUID 相比更方便,限制性更小。几十年来,低温 SQUID 到目前为止一直是低频领域最灵敏的磁力仪,但现在情况已经改变。

本章重点讨论 SERF 原子磁力仪及其衍生品,包括高密度 RF[6]和标量磁力仪[11]。由于自旋交换(Spin-Exchange,SE)的横截面在幅值的数量级上超过了其他弛豫横截面[10],因此消除 SE 效应的 SERF 磁力仪具有更高的灵敏度,优于 ft/Hz$^{1/2}$ [1,13]。因此,SERF 和 SERF 衍生磁力仪的关键是理解自旋交换效应,已涵盖在本章内容中。除了 SE 之外,SERF 和类 SERF 磁力仪的一些重要特性需要考虑:原子高密度,以及由此导致的原子室高温,防止与壁碰撞的缓冲气体使用,以及双光束光泵浦-探测方案,该方案可以简化为灵敏度较低的单光束方案。

15.1.1 SERF 磁力仪

SERF 磁力仪具有达到最高可能灵敏度的潜力[1,10,13]。对于厘米级的气室,为了达到 SERF 状态和亚飞特灵敏度,对于给定的磁场需要一定的原子自旋密度,实际上实验中发现的是 $10^{14}/cm^3$ 量级。对于 AM 来说,这种密度被认为是很高的,因为这个原因它们可以被称为高密度 AM。任何碱金属原子都可以使用,但钾(K)、铷(Rb)和铯(Cs)是最实用和方便的。K SERF 具有最高的灵敏度,但需要最高的工作温度为 180℃;Cs 具有最低的灵敏度,要求最低的温度(100~120℃);Rb 介于两者之间。工作温度高是 SERF 磁力仪的主要缺点,多半问题与加热装置的设计相关,例如需要在加热方法和所需温度下结构稳定的非磁性、非导电材料的有限选择方面进行折中。在这方面,为钾容器建造加热装置是最艰巨的任务。重要的考虑是当容器被加热到高温时,容器性能的持续恶化。

最初,SERF 磁力仪依靠热空气加热来减少磁场噪声,系统包括加热元件、连接到压缩空气源的铜管或高温塑料管、带有真空管作为光窗口的双壁加热装置。一个高温的非金属加热装置,连同管子,被一层厚厚的隔热层包围着。长管子、加热装置中空气的短路径,以及从加热装置中热空气的排出,导致了额外的热损失,从而降低了能量效率。大个头的加热装置是另一个负面因素。加热用电功率高达 1kW,快速加热和精确控温需要额外的功率储备。这个加热系统也是僵化的,主要适用于安装在屏蔽体内的实验室用磁力仪。因此,积极寻求替代方案也就不足为奇了。后来,空气加热被电加热取代,这戏剧性地减少了加热装置的尺寸和功耗[14]。但电加热也带来了其他问题,如约翰逊噪声和低占空比。为了降低 AM 中的约翰逊噪声,加热元件被放置在离气室一定距离的地方,并且在测量过程中切断电流。除了产生噪声外,电加热器产生的磁场干扰了原子极化。因此,为了降低这种影响,使用了不对原子自旋产生影响的高频交流电流[15]。尽管存在这些缺点,电加热对实验室之外的应用是非常重要的,在这里,功耗和便携是非常重要的,并被许多研究团体普遍采用。一种替代的激光加热方法在带有小 Rb 气室的 AM 上成为可能[4],但这种加热方式在应用在小于 1cm 的气室时有其自身的缺点[16],如可能点燃用于将光转换为热的吸光材料。

回到最佳碱金属原子选择的讨论,标准就是基本灵敏度或量子噪声。正如后面将要展示的,在 SERF 状态,基本噪声取决于自旋破坏(Spin Destruction,SD)(自旋去相干)速率 $R_{SD}^{1/2}$。K:Rb:Cs 自旋破坏速率比例为 1:10:100[10,17,18],基本灵敏度比例为 1:3:10,甚至最不灵敏的 Cs – SERF 磁力仪的基本噪声预计为 0.1ft/$Hz^{1/2}$ 量级,高于测定过的 K 气室敏感度水平 0.16ft/$Hz^{1/2}$[13]。目前,基本灵敏度极限远低于已证明的灵敏度,这是由于受到技术噪声的限制以及应用在几飞特磁场噪声情况下,例如,由于磁屏蔽筒中的热流,K、Rb 和 Cs 似乎都是 AM 的良好选择。K 的灵敏度最高[1,13];Rb – SERF 的灵敏度仅为几飞特,居第二位[3];Cs – SERF 排在最后,灵敏度为 40fT(4fT 为光子散粒噪声级)[19]。在文献[20]中,利用 Cs 气室低温的优点,使用基于微加工气室的 Cs – SERF 对微流体通道中的 NMR 进行了检测。

开发 AM 的重要动力来自于"户外"应用,其中便携性、低重量、低功耗和振动稳定性是必需的。第一台 SERF 磁力仪[1,10]是在特殊的非磁性光学工作台上实现的,该工作台具有多层镍铁高导磁率合金屏蔽层,可将周围的磁场减少 100 万倍,由于实验装置的复杂性和昂贵的价格,这种磁力仪使用有限,一般用于旨在验证最高可能灵敏度的实验室或者用在基础实验中。如果要进行户外的应用,设计必须简化和小型化,如果要成功商业化,价格也必须大大降低。

为了降低成本和重量,科琴(Kitching)的美国国家标准与技术研究院(NIST)团队一直致力于微型原子蒸气容器的微制造和集成激光电子封装,这是微型原子钟开发的一个附带项目[14,21]。结果表明,该时钟封装可适用于磁场测量,在 10Hz 频率处具有 50pt/$Hz^{1/2}$ 的灵敏度。时钟/磁力仪模块由各种功能部件的多层电路组成:激光器、滤波器、透镜、石英波片、ITO 加热器、原子容器和 PD。这些薄片形状的部件堆叠在一起形成一个紧凑的组件。由于这种类型的磁力仪最初没有按 SERF 构造设置,所以它们的灵敏度相当低。然而,在后续实验中,在 SERF 状态下测试了微加工的原子气室,观察到灵敏度显著提高,接近

1000倍,达到65ft/Hz$^{1/2}$的水平$^{[22]}$。甚至通过基本量子噪声的分析,更高的灵敏度是可能的。微加工气室的一个问题是,由于向气室壁扩散,它们具有显著的自旋破坏速率,因此磁共振比厘米大小的气室宽得多,但理论上,可以通过在高于正常温度的条件下运行气室来补偿。

同步的,在普林斯顿大学,对一个具有小加热装置和光学装置的厘米级磁力仪进行测试显示出几ft/Hz$^{1/2}$量级的高灵敏度$^{[24]}$。单光束光纤耦合设计不仅可以实现小型化,而且还具有灵活性。事实上,后来,基于光纤耦合的商业原型设备出现了$^{[4,25]}$,现在高灵敏度厘米尺寸的原子磁力仪已开始商业化。

对高密度AM的兴趣最初是被SERF状态的高灵敏度激发;然而,后来也表明,高密度AM在SERF状态之外也是非常灵敏的$^{[6]}$。因为这个原因,在15.1节中结合SERF和其他类型高密度灵敏度磁力仪进行了概述。SERF与非SERF高密度磁力仪的本质区别在于自旋交换碰撞对自旋去相干和灵敏度的影响,因此将对自旋交换现象进行详细的讨论。

15.1.2 工作在SERF状态之外的高密度原子磁力仪

通常,SERF磁力仪工作在所有磁场精确调零的情况下,并且磁力仪的频率灵敏度曲线与一阶LPF的频率灵敏度曲线相似,带宽与自旋去相干速率成正比。当被测场的频率f在带宽之外时,信号衰减为$1/f$,且在几百赫兹以上灵敏度几乎损失殆尽。如果应用偏置场将磁力仪"调谐"到感兴趣的频率,则灵敏度可以部分恢复$^{[6,26]}$。当共振频率超过共振宽度时,原子磁力仪频率响应表现出明显的来自相反旋转磁场分量附加的拖尾共振现象。在零磁场下,两个共振的贡献使信号翻倍,但在显著的偏置场下,只有一个共振起作用。然而,更重要的是,偏置场导致SE碰撞的额外展宽,这意味着在SERF状态之外运行。最初,SE展宽随磁场呈二次方增长,但随后增长速率减慢并逐渐达到某个最大值,这占SE速率的一个不小的部分。除了偏置场外,SE展宽还取决于自旋极化率以及由此引起的光泵浦率。在高光泵浦率下,可以通过称为光致变窄的过程来抑制SE展宽$^{[27]}$。然而,光泵浦会导致额外的自旋去相干,因此有一个最小共振带宽值,在最佳光泵浦速率下实验观察到最小值在100Hz的量级$^{[6]}$,这取决于SE和自旋破坏速率。由于利用双频激光器可以使技术噪声降低,并且可以接近光子散粒噪声极限,在使用的典型激光功率下达到十几转的量级,因此对于受SE影响的几百赫兹宽磁共振,有可能达到亚飞特灵敏度$^{[6,28]}$。稍后更详细地讨论射频磁力仪的灵敏度和光致变窄(式(15-9)和式(15-23))。

如果用与偏置磁场成正比的谐振频率来测量磁场,RF磁力仪可以转换成标量磁力仪。唯一复杂的是比例系数,即旋磁比,不是常数,且依赖于其他参数。在低频段,当磁场和极化发生变化时,对于 Rb-87 或 K,它可以改变 1.5 倍。在超精细频率以下的高频,旋磁比几乎是恒定的,因此标量磁力仪可以给出磁场的绝对值。在超精细频率附近和上方,不同能级之间的塞曼分裂变得明显不均匀,导致明显的多重磁共振。当共振宽度小于能级宽度时,在低缓冲气压和抗弛豫涂层的原子气室中,可以在地球磁场中观察到这些共振。多重共振的结果是,基于共振频率的磁场测量将依赖于方位,从而导致所谓的航向误差,这将精度限制在 1~10nT 的水平。对于飞行中的磁场测量,这可能是一个问题。

15.2 工作原理和理论

15.2.1 自旋与磁场的相互作用

典型的高密度 AM,如 SERF,包含一个充满碱金属原子的加热蒸气气室。这些原子有与磁场相互作用的未配对电子自旋。可以通过测量自旋状态测量磁场。量子力学中,原子自旋和磁场之间的相互作用用哈密顿量描述为

$$H = \gamma_e \boldsymbol{J} \cdot \boldsymbol{B} + \gamma_N \boldsymbol{I} \cdot \boldsymbol{B} + a_{hf} \boldsymbol{J} \cdot \boldsymbol{I} \qquad (15-1)$$

式中:$\gamma_e = g_J \mu_B / h$(电子旋磁比);$\gamma_N = g_I \mu_B / h$(核子旋磁比);μ_B 为玻尔磁子;g_J、g_I 为电子和核的 g 因子(朗德因子);$\boldsymbol{J}$ 为电子的总角动量,为电子自旋和轨道角动量之和,$\boldsymbol{J} = \boldsymbol{S} + \boldsymbol{L}$;$\boldsymbol{I}$ 为核的角动量;a_{hf} 为超精细常数。哈密顿量负责磁场中退化的磁子能级分裂,称为塞曼分裂。在 $J = S = 1/2$ 时,式(15-1)的解称为布赖特-拉比方程[29],即

$$W(F, M_F) = -\frac{\Delta W}{2(2I+1)} - \frac{\mu_I}{I} B M_F \pm \frac{\Delta W}{2} \sqrt{1 + \frac{4M_F}{2I+1}x + x^2} \qquad (15-2)$$

式中:$\Delta W = a_{hf}[F_2(F_2+1) - F_1(F_1+1)]/2$ 为状态 $F_1 = I - 1/2$ 和 $F_2 = I + 1/2$ 在零磁场下的超精细分裂;$x = (g_J - g_I)\mu_B B/\Delta W$,$g_I = -\mu_I/I\mu_B$。表 15-1 列出了可用于 AM 的不同同位素的参数列表。图 15-1 给出了超精细子能级能量与外加磁场的典型依赖关系。$M \to M \pm 1$ 磁子能级间的跃迁可以被时变磁场诱导,从而导致相互作用的哈密顿量 $H_{int} = \gamma_e \boldsymbol{J} \cdot \boldsymbol{B}(t) + \gamma_N \boldsymbol{I} \cdot \boldsymbol{B}(t)$。塞曼共振通常具有洛伦兹线形,其宽度由自旋去相干率决定。对于给定的磁场,弱磁场的多重共振几乎具有相同的频率;但是,在强磁场中,消除了频率退化,可以观察到多重共振。共振频率是外加直流磁场的函数,可用于测量磁场的绝对值或具有较高灵敏度的相对变化。

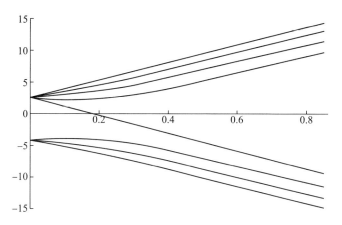

图 15-1 对于 Rb-87, $I=3/2$, 塞曼分裂(GHz)与磁场(T)的函数关系

表 15-1 计算布赖特-泡利分裂的参数; μ_N 为核磁子

碱金属原子	I	$\Delta W/\text{MHz}$	μ_I/μ_N
^{39}K	3/2	461.7	+0.39147
^{41}K	3/2	254.0	-0.21487
^{85}Rb	5/2	3036	+1.3527
^{87}Rb	3/2	6835	+2.7506
Cs	7/2	9193	+2.5788

15.2.2 光-自旋相互作用

至少有两种方法可以产生显著的自旋极化:①施加磁场;②用共振圆偏振光照射原子[30]。对于第一种方法,要达到高度极化,需要非常强的磁场,更不用说这种场或产生他们的线圈会干扰测量灵敏度。因此,磁场极化方法在 AM 中应用是不实际的。第二种方法是光泵浦,不仅效率高,而且易于实现。毫不意外,所有灵敏的 AM 都采用第二种方法。光泵浦是如何工作的?直观地,光泵浦可以从角动量守恒来理解,因为随着光子的吸收,1 个单位的角动量被转移到原子。另外,角动量守恒是众所周知的磁能级选择规则的结果。利用这些规则,同时也考虑原子吸收光子后各种跃迁之间的平衡,就可以预测光泵浦效率。在缓冲气体(通常添加到高密度 AM 的碱金属气室中,在 1 大气压左右的量级)存在的情况下,不解析超精细能级,只需要考虑 4 个能级(图 15-2):基态的 2 个磁子能级和 $p_{1/2}$ 激发态的 2 个磁子能级。注意,为了简单和更具针对性,这里仅考虑 D1 线上的光泵浦:也可以使用其他线,但为了在光密蒸气中实现几乎 100% 极化,D1 线上的光泵浦是最理想的。当一个圆偏振光子被吸收时,一个碱金属

原子经历了$|ns_{1/2}, -1/2\rangle \rightarrow |ns_{1/2}, +1/2\rangle$的跃迁,这会使得-1/2基态数减少。如果原子返回到原来的状态,就不会产生光泵,但是由于与氮分子的快速碰撞(添加以提高泵浦效率)等效于激发态布居数的重新分布,随着辐射跃迁以相同的概率返回到2个基态,从-1/2基态到另一个基态的布局转移是显著的。用极化原子数与吸收光子数之比来衡量,光泵浦效率相当高,仅仅是以衰变到-1/2基态而有所降低为代价。更具体地说,当碰撞混合比辐射衰变快时,一个被吸收的光子会将一个原子从$m = -1/2$基态中移除,然后以相同的概率返回到任一基态,因此效率是原子只返回到$m = +1/2$状态的一半。

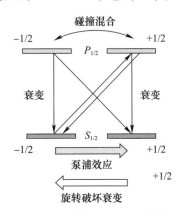

图15-2 4能级系统圆偏振光泵浦的示意图

光泵浦不断地在塞曼子能级数中产生差异,但由于各种弛豫过程,数量也以一定的速率,即自旋破坏速率随机重新分布。经过多次吸收/衰变循环,建立了一定平衡极化,通常接近1,由$R/(R + R_{SD})$估计,其中R_{SD}是自旋破坏率,R是泵浦率。

当自旋极化时,其动态过程可以用一个单平均自旋来描述。在磁场中,它会改变其方向,通过测量自旋的投影就可以探测磁场。为此,可以使用通过原子蒸气的探测光束的线偏振旋转(法拉第效应)。当探头光束垂直于泵浦光束方向发送时,可以获得最佳的灵敏度。

光学探测是一种基于光与极化原子的强自旋相关相互作用来探测原子自旋状态的高灵敏度方法。这有两个原因:①由于磁能级选择规则,光与原子的相互作用是旋转相关的;②偏振测量的噪声非常低,仅受纳弧度级别基本光子计数噪声的限制。吸收测量也是可能的,但它们会导致较低的灵敏度。吸收法的一个缺点是,通过调谐到更接近吸收共振的光,自旋的去相干更强。

典型密度碱金属原子的吸收和法拉第旋转可以用两能级模型来估计,该模型适用于1大气压下氦或氮碰撞展宽的原子,这是高密度AM中的典型压力。

在这种情况下,碰撞宽度超过多普勒宽度和超精细分裂;因此吸收系数为

$$\alpha(v) = ncr_e f \frac{\gamma}{(v-v_0)^2 + \gamma^2} \tag{15-3}$$

式中:n 为原子密度;c 为光速;r_e 为经典电子半径;v 为光的频率;f 为振子强度;γ 为吸收谱线宽度。最大吸收将在中心处,$\alpha(v_0) = ncr_e f/\gamma$。当钾气室充满氦气时,线宽约为 7GHz(HWHM)或 0.014nm/1 大气压(1 大气压为正常条件下的气体密度)[26]。氦密度为 1 大气压量级时,线宽超过了 ^{39}K(I=3/2)的超精细分裂 462MHz 和多普勒宽度 HWHM = 500MHz。在较重的碱金属原子中,超精细分裂,Rb(I=5/2)为 3036MHz,Cs(I=7/2)为 9192MHz,可以与 1 大气压的缓冲气体展宽相比较,需要使用更复杂的模型。

在法拉第探测方法中,探测激光与共振失谐,有助于光在光密介质中的传播,并减少了探测光导致的自旋破坏,这遵循 $\alpha(v)$ 的曲线。线偏振光可以分解为两个圆偏振光分量,由于磁子能级(当自旋极化时)布局数不同,导致折射率 n_+ 和 n_- 不相等,线偏振光的偏振面被旋转一个非零角,即

$$\theta = \frac{\pi(n_- - n_+)l}{\lambda} \tag{15-4}$$

式中:λ 为波长;l 为路径长度。光泵蒸气中光偏振大的旋转是由于折射率对原子自旋取向的强烈依赖性。它可以从式(15-3)和式(15-4)导出,碱金属原子旋转角的克拉茂-克朗尼希(Kramers-Kronig)关系

$$\theta = \pm \frac{1}{2} lr_e cfnP_x D(v-v_0) \tag{15-5}$$

式中:$D(v)$ 为洛伦兹色散曲线;$D(v) = \dfrac{v}{v^2 + \gamma^2}$。D1 和 D2 线的旋转符号相反。在大多数实际情况下,只需要考虑一条线。

当光泵浦导致布局重新分布时,泵浦光束和探测光束都会影响塞曼分裂,这与磁场类似。这种效应被称为光致偏移。泵浦速率 R 和光致偏移 L 都与圆偏振光的强度成正比,它们可以从复光泵浦速率的表达式中发现,即

$$R + iL = \pi r_e cf\Phi\Lambda(v-v_0) \tag{15-6}$$

式中:$\Lambda(v) = \dfrac{1}{2\pi} \dfrac{2\gamma + iv}{v^2 + \gamma^2}$ 和 $\Phi = I/hv$ 为光子通量。

可以立即看出,当光从吸收最大值失谐至一个线宽时,光致偏移与泵浦速率相当。光致偏移遵循洛伦兹色散曲线,而泵浦速率遵循洛伦兹吸收曲线,具有相同的系数。光致偏移除以旋磁比,将具有磁场的单位,它可以作为一个附加虚拟

磁场包含在布洛赫方程或密度矩阵方程中。它的方向与激光束方向一致,符号取决于圆偏振的符号。通常,只有圆偏振光会产生光致偏移。当光是线偏振时,它由数量几乎相等的相反符号的圆偏振光子组成,其差异的波动很小。这种波动导致所谓的光致偏移噪声[6]。

对于椭圆偏振光,一般来说,可以表示为

$$P = s\cos\theta R / (R + R_{SD}) \qquad (15-7)$$

式中:s 为振幅等于圆偏振幅值且方向沿泵浦光束方向的矢量。原子对泵浦光的散射会导致"错误"方向的泵浦和极化度的降低。为了减少原子的散射光,AM 气室充满氮气作为缓冲气体,能有效地比辐射跃迁更快地熄灭激发态。

由于光的强度和频率不断波动,并且强度在整个 AM 气室中不均匀,光致偏移既增加了 AM 信号的噪声,又像磁场梯度一样扩大了磁共振的宽度。如果强度波动起主导作用,则可以通过将激光调谐到吸收共振中心来最小化光致偏移效应。如果频率波动更为重要,则可以通过中心失谐来最小化光致偏移噪声,但通常不可能通过改变波长来完全消除光移噪声。由线偏振探测光束产生的光致偏移(探测光的光致偏移)也会导致噪声和展宽,这不仅是由于光子数量的基本波动,而且还由于玻璃气室窗口和其他光学元件缺陷导致的双折射。通过稳定波长和强度,可以减少光致偏移的波动。因此,使用高质量的激光不仅对于探测,而且对于光泵浦也很重要。

如上所述,碱金属原子在实用的波长范围内有两条强的 D1 和 D2 吸收线,但 D1 吸收线更可取,因为在光密蒸气中可以实现更高的偏振水平。其中一个原因是 D1 光在光密偏振光蒸气中衰减较小。实际上,D1 线的强度 I 可表示为

$$dI/dz = -\alpha(1 - P_z)I \qquad (15-8)$$

当沿传播方向 P_z 的偏振投影接近 1 时,强度衰减极大地减小。D2 线并非如此。或者,为了避免在光密蒸气中的强吸收,可以将泵浦光调离 D1 或 D2 共振线。对于足够远的失谐,强度衰减与传播距离成线性关系,而不是指数关系,这将改善整个气室 AM 灵敏度的均匀性,特别是当反向传播光束被加入,例如,向回反射的光束在通过气室后被加入。失谐的一个后果是大的光致偏移。它可以通过使两个频率在吸收中心相对侧来最小化[28]。

对于探测,D1 还具有一些优势,因为吸收系数较小(注意,吸收降低了 PD 上的探测光束强度,从而降低了散粒噪声敏感度)。尽管如此,D2 线在某些情况下被用于探测,例如,利用一个单光束作为探测光和泵浦光,通过气室后将其分开[3]。

15.2.3 SE 碰撞

碱金属原子之间 SE 碰撞的横截面积在 $10^{-14}\,\mathrm{cm}^2$ 量级,大大超过了自旋破坏碰撞的横截面[10]。以 K 这一被用于最灵敏 SEFR 磁力仪中的原子为例,这个比率非常大,约 10^4。SE 碰撞会限制原子磁力仪的灵敏度。因为碱金属原子有一个非零的核自旋,基态被分裂成许多子能级,每个子能级某种程度上都有自己独立的演化以及与各子能级间的相互作用。为了进行完整的分析,必须求解密度矩阵方程(Density-Matrix-Equation,DME)[10,26](一个简短的论述如下)。

SERF 磁力仪的思想是基于哈珀和唐(Tang)的发现[12]:弱磁场下,在高密度的碱金属蒸气中自旋共振线变得非常窄。哈珀和泰姆(Tam)[31]导出了在弱极化限制情况下任意 SE 速率磁共振频移和宽度的解析表达式。该方程预测了零场下大 SE 速率下的零展宽,本质的 SERF 状态,尽管弱极化对 SERF 工作不是最优的。另一个有趣的效应——磁共振的光致变窄,或者更准确地说,在高极化水平下自旋交换对横向弛豫速率贡献的降低,在晚得多的 1998 年被阿佩尔特(Appelt)等发现[27]。文献[10]首次对任意自旋极化下的弱磁场自旋交换效应进行了分析,结果表明,任意旋转极化下零场的 SE 弛豫被完全消除。包含 SE 碰撞、光泵浦以及其他项的,用于完整描述 SERF 磁力仪的密度矩阵方程已在文献[10,32]中用公式表示。对于描述大范围的 AM 参数,如 SE 率、光泵浦速率、磁场等的密度矩阵方程的数值解已经得到,并与实验测量值进行了比较,为分析 SERF 和其他高密度 AM 奠定了坚实的基础[26]。

15.2.4 高密度原子磁力仪的分类(无自旋交换弛豫磁力仪、射频原子磁力仪和标量射频原子磁力仪)

SERF 磁力仪充分抑制了 SE 碰撞对弛豫的重要影响以达到更高的灵敏度,特别是在基础层面上。然而,SERF 状态的运行仅限于低频和弱磁场范围。通过施加偏置磁场,频率范围可以大大扩展,因此当偏置磁场不再是弱磁场时,考虑高密度磁力仪在 SERF 状态之外的工作是有趣的。文献[26]对"SERF 磁力仪"的非 SERF 状态进行了详细的研究,发现,在高频情况下,AM 也可以具有飞特灵敏度[6]。

工作在 SERF 状态之外的一个特征是 SE 碰撞开始影响自旋的磁共振。正如所提到的,SE 碰撞比 SD 碰撞有更大的横截面,在 SERF 磁力仪中使用的典型碱蒸气密度下,SE 碰撞引起的展宽可以达到几千赫的量级,超过了典型 SERF 几赫带宽多个数量级。由于在 AM 中,带宽与信号幅度成反比,因此带宽的研究是灵敏度分析的核心。文献[26]通过求解 DM 方程,对高密度磁力仪的带宽和

SE 引起的展宽进行了详细的实验和数值研究。图 15-3 给出了仿真与实验的比较示例。

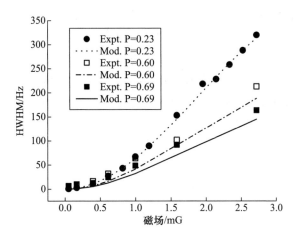

图 15-3 磁共振随磁场的展宽（取自文献[26]）

在非 SERF 状态,对于典型的 SERF 磁力仪工作温度,SE 展宽可以达到几千赫的量级。充分理解 SE 效应对设计任意频率灵敏的磁力仪是必要的。例如,可以用光致变窄来抑制 SE 展宽[27]。当大多数原子通过强泵浦作用进入极化状态($F=I+1/2, M=F$)时,由于在进动旋进相反的 $F=I+1/2$ 和 $F=I-1/2$ 超精细状态之间自旋的 SE 碰撞减少,从而导致光致变窄。另外的详细说明见文献[6,26]。实验中,观察到光致变窄超过 10 倍,磁场灵敏度也有同步提高。尽管通过将所有原子泵浦到极化状态可以完全抑制 SE 展宽,但泵浦光本身会使磁共振展宽,并与功率成线性关系,因此存在一个使共振宽度最小化的最佳泵浦速率。这从极化极限接近 1 的解析方程式(15-6)中可以明显看出

$$T_2^{-1} = \frac{R}{4} + \frac{R_{SE}R_{SD}}{R}G(\omega_0, R_{SE}) \qquad (15-9)$$

$$G(\omega_0, R_{SE}) = \text{Re}\left[\frac{R_{SE} + 4i\omega_0^2/\pi v_{HF}}{5R_{SE} + 8i\omega_0^2/\pi v_{HF}}\right] \qquad (15-10)$$

式中:ω_0 为自旋进动频率;v_{HF} 为超精细频率。这个方程是在原子 $I=3/2$ 的条件下推导的。在进动频率低于兆赫范围的情况下,$T_2^{-1} = \frac{R}{4} + \frac{R_{SE}R_{SD}}{5R}$,最优的泵浦速率得到以下最小带宽:$(1/T_2)_{\min} = (R_{SE}R_{SD}/5)^{1/2}$。这一宽度远小于无光致变窄区中的 SE 展宽 $R_{SE}/8$,因为 $R_{SD} \ll R_{SE}$,在 K 中约为 10000 倍。光致变窄因子是最佳泵浦速率的最小宽度与无光致变窄的最大宽度之比,为 $K=(5R_{SE}/R_{SD})^{1/2}/8$。如果 SD 率主要由 K-K 碰撞主导,这可以通过提高碱金属原子的密度来实现,

那么 $K = (5\sigma_{SE}/\sigma_{SD})^{1/2}/8$，其中 σ_{SE} 和 σ_{SD} 是 SE 和自旋破坏截面。K 原子 $\sigma_{SE} = 1.8 \times 10^{-14} cm^2$，$\sigma_{SD} = 1 \times 10^{-18} cm^2$，因此最大的光致窄因子 $K_{max} \approx 37$。在实践中,这种光致窄是很难实现的,如由于在整个气室中的光泵浦速率的不均匀性。

RF 磁力仪的高灵敏度可以通过偏置磁场磁共振调谐、光致窄和降低高频技术噪声来实现。结果表明,就已证明的灵敏度而言,FRAM[6,28] 可以与 SERF 磁力仪[1,13]相媲美,主要是由于后者的技术噪声限制。文献[6]研究了 RF 磁力仪的基本噪声。该问题在下面的单独部分讨论。

由于 RF 磁力仪的灵敏度表现出共振特性,共振频率是偏置磁场的函数,因此可以通过在共振频率 $\omega_L = \gamma\sqrt{B_x^2 + B_y^2 + B_z^2}$ 附近施加 RF 调制场将其转换为标量磁力仪。注意,磁共振的位置取决于总磁场,而不是它的投影。标量磁力仪的一个优点是,它可以测量地球磁场环境中的磁场,而无需高磁导率合金屏蔽或磁场补偿,这与 SERF 不同。共振频率约为 350kHz($I=3/2$ 原子),地球磁场的微小变化很容易通过共振的移动观察到。磁共振附近的同相和异相 LIA 信号与频率具有吸收和色散洛伦兹曲线关系。使用色散分量很方便给出在共振时最大的斜率(图 15-4)。标量磁力仪的信号与磁场共振区域的偏离成正比。LIA 可用于对高频 RF 磁力仪信号进行解调,提取慢变准直流磁场信号。对直流磁场的灵敏度由色散分量的斜率决定。文献[11]研究了 RF 磁力仪的斜率。由于信号最初随 RF 场激发幅度增大,而后由于 SE 展宽而减小,因此存在最佳激发幅度。标量磁力仪灵敏度的基本极限可以从包含大激发幅度展宽效应的 RF 磁力仪灵敏度极限中推导出来。对标量磁力仪的基本噪声也通过单独的部分进行研究。

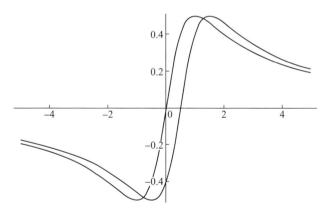

图 15-4　RF 磁力仪异相信号到标量磁力仪信号的转换(磁场使曲线移动,因此 RF 信号对磁场敏感。可以使用任意单位,最大值位置与磁共振宽度一致)

标量磁力仪的主要优点是它对方向不敏感，并且可以在没有补偿线圈的情况下工作在地球本底磁场中。标量磁力仪还可以在无需校准的情况下通过使用旋磁比将频率转换成磁场而测量磁场的绝对值。不幸的是，旋磁因子与磁场、极化和方向有轻微的关系，这是多个部分重叠的塞曼共振的结果。如果核自旋为零，则只存在一个共振，其位置只与磁场有关。在这方面，氦磁力仪具有优势。

15.2.5 原子自旋动力特性

原子蒸气中的自旋有复杂的动力特性。它们的行为受到磁场、光－原子相互作用、原子与器壁和原子之间碰撞以及其他因素的影响。存在自旋影响的碰撞时，薛定谔方程必须用密度矩阵方程代替。在 SERF 和类高密度磁力仪中，只需要考虑基态超精细子能级。有 $2F+1=(2I+2)$ 个高一点的超精细态和 $2I$ 个低一点的超精细态，其总数为 $4I+2(I=3/2,8)$。弱磁场下的塞曼分裂是线性的，并且在磁场中超精细态之间以相同的频率跃迁（回忆交变磁场会导致相邻 M 态之间的跃迁），尽管高一点的和低一点的超精细态的自旋进动方向相反。SE 碰撞强烈影响超精细子能级的演化。然而，SE 碰撞保持了碰撞对的总角动量，并且在一定条件下，当 AM 处于 SERF 状态时，SE 碰撞不会导致极化态的变化，也不会影响相干性。尽管定性和直观的考虑是可能的，但最终要模拟自旋运动并提取如磁共振宽度等重要参数，需要求解密度矩阵方程。密度矩阵（Density Matrix, DM）方程提供了对系统的精确描述，只要明确了自旋密度、缓冲气压、激光强度和偏振度等实验参数。

15.2.5.1 密度矩阵方程

碱金属蒸气中原子自旋的行为用 DM 方程定量描述[10,26,32,33]为

$$\frac{\mathrm{d}\rho}{\mathrm{d}t} = a_{\mathrm{hf}}\frac{[\boldsymbol{I}\cdot\boldsymbol{S},\rho]}{\mathrm{i}\hbar} + \mu_{\mathrm{B}}gs\frac{[\boldsymbol{B}\cdot\boldsymbol{S},\rho]}{\mathrm{i}\hbar} + \frac{\varphi(1+4\langle\boldsymbol{S}\rangle\cdot\boldsymbol{S}) - \rho}{T_{\mathrm{SE}}} + \frac{\varphi - \rho}{T_{\mathrm{SD}}} + R[\varphi(1+2\boldsymbol{s}\cdot\boldsymbol{S}) - \rho] + D\nabla^2\rho \tag{15-11}$$

式中：ρ 为 DM，它具有超精细态数量的维数；$\varphi = \rho/4 + \boldsymbol{S}\cdot\rho\boldsymbol{S}$ 为 DM 的纯核部分；$\langle\boldsymbol{S}\rangle = \mathrm{Tr}(\rho\boldsymbol{S})$；$T_{\mathrm{SE}}$ 为 SE 碰撞时间；T_{SD} 为自旋破坏时间；R 为光泵浦速率；s 为前面定义的光泵浦矢量。描述超精细和塞曼相互作用的第一和第二项可以从冯·诺曼（Von Neumann）方程 $\mathrm{i}\hbar\frac{\mathrm{d}\rho}{\mathrm{d}t} = [H,\rho]$ 得到，其中 H 是式（15－1）中定义的哈密顿量。其余的分别是 SE、弛豫、光泵浦和扩散项。DM 方程的解可以用来解释原子磁力仪中许多观测到的效应，包括在一个很宽实验条件下的自旋进动频率和去相干速率。DM 方程被认为是最合适的理论框架，但不幸的是，在许多

情况下,只能得到数值解。注意,SE 项 $\dfrac{\varphi(1+4\langle S\rangle \cdot S)-\rho}{T_{SE}}$ 是非线性的,使用特征值查找子程序的解决方案并不立即适用。相反,不得不使用迭代解法并选择合适的初始猜测解。在一定条件下,可以对 DM 方程进行简化,得到解析解。将自旋的期望值分为两部分是有用的,对高一点的 $(F=I+1/2)S_{up}$ 超精细流形和低一点的 $(F=I-1/2)S_{down}$ 超精细流形分别进行平均。在弱磁场下,这些多种形式的自旋旋转频率相等但方向相反,即

$$\dfrac{\mathrm{d}S_{up}}{\mathrm{d}t}=\gamma B \times S_{up}$$
$$\dfrac{\mathrm{d}S_{down}}{\mathrm{d}t}=-\gamma B \times S_{down}$$

(15-12)

如果密度小,这两部分将独立进动,但在 SERF 磁力仪的典型密度下,强 SE 相互作用会影响它们的动力特性。在 SERF 状态下,当处于 SE 碰撞时,两部分的自旋方向没有明显改变,它们倾向于一起旋转,但以更慢的速度。在非 SERF 状态下,两个流形的自旋开始扩散,在 SE 导致的重新分布后,横向极化消失。当泵浦强到足以将大多数自旋激发到极化态时,RF 磁力仪低流形中的原子数将少得多,从而导致由 SE 碰撞引起的自旋退相干率降低。

当没有施加激发磁场时,SE 碰撞导致建立起众所周知的 NMR 自旋-温度(Spin-Temperature,ST)分布关系为

$$\rho_{ST}=k_n\exp(\beta F)$$

(15-13)

式中:β 为 ST 参数;k_n 为归一化因子;F 为总角动量矢量。这个特定矩阵是包含 SE 项的 DM 方程的本征解。

对于 $I=3/2$ 情况下 ST 分布如图 15-5 所示。在静态和旋转坐标系中,如果诱发自旋进动,ST 分布保持 SERF 状态。在 SERF 状态外,ST 分布是无效的,但当 SE 分布偏离较小时,可以有效地利用微扰理论来求解。用这种方法分析了 RFAM 中的自旋动力学特性[6,26,33]。

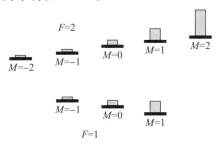

图 15-5 $I=3/2$ 情况下的典型自旋温度分布

对一般情况下 DM 的解进行了分析,并与文献[26]中的实验数据进行了比较。例如,如图 15-6 所示,发现旋磁比与磁场和极化有关。磁共振宽度也与这些参数有关(图 15-3)。

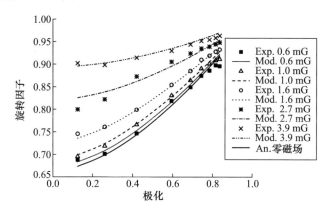

图 15-6　旋磁比对自旋极化的依赖(采纳自文献[26])

15.2.5.2　布洛赫方程

在 SERF 状态下,由于自旋进动频率相同,并且弛豫速率相同,因此可以用一个单一的布洛赫方程来描述,即

$$dS_x/dt = \gamma S_y B_z - \gamma S_z B_y - S_x/T_2$$
$$dS_y/dt = \gamma S_x B_z - \gamma S_z B_x - S_y/T_2 \quad (15-14)$$
$$dS_z/dt = \gamma S_x B_y - \gamma S_y B_x + (S_0 - S_z)/T_1$$

式中:γ 为原子自旋的旋磁比;T_1 为纵向弛豫时间;T_2 为横向弛豫时间。这种变化过程可以通过直接求解 DM 方程得到验证。在 SERF 状态之外,当自旋完全极化时,自旋的变化过程仍然可以用一个布洛赫方程来描述。来自下流形反方向进动自旋效应,可以并入旋磁比和弛豫速率的修正。只要除了对旋磁比和弛豫常数的贡献之外低流形自旋的相互作用可以忽略,那么可以使用通常用于推导布洛赫方程解析解的旋转坐标系的近似。

用布洛赫方程描述动力特性可以方便地用来类比 NMR[34],这是分析操纵核自旋中大量序列的基础。与 NMR 相类比,容易研究的课题包括:自由感应衰变、自旋回波、ST 分布、运动致窄、RF 场和场梯度导致的展宽、旋转波近似的有效性、MRI。即使当布洛赫方程并不严格适用时,它仍然可以为原子磁力仪的许多实验提供定性指导。例如,对于给定的单独共振,DM 方程的小激励振幅解等价于布洛赫方程的小振幅解。显而易见,通过使用复变量 $A_+ = A_x + iA_y$,可以将布洛赫方程简化为

$$dS_+/dt = i\gamma(B_z S_+ - S_z B_+) - S_+/T_2 \qquad (15-15)$$

在SERF状态,布洛赫方程的稳态解可用于描述自旋的动力学特性并获得磁力仪信号,即

$$S_x = S_0 \frac{\gamma B_y T_2 - (\gamma T_2)^2 B_x B_z}{1 + (\gamma T_2)^2 (B_x^2 + B_y^2 + B_z^2)} \qquad (15-16)$$

在这个方程中,T_2包括光泵浦导致的加宽。沿探测光束方向的自旋x分量通常给出SERF磁力仪的信号,磁力仪中泵浦和探测光束正交。

15.2.5.3 最大灵敏度调谐场

根据式(15-16),为了使SERF磁力仪的灵敏度最大化,所有磁场分量都必须归零。有几种策略可以做到这一点。第一种策略,使用直流AM信号偏移使By场归零,然后调制Bx使Bz场为零,且调制Bz场使Bx场为零。重复该过程,直到达到收敛。第二种策略是通过在任意序列中改变所有三个分量来最大化由低频By调制感应的信号。这种策略之所以有效,是因为当每个分量归零时,包含所有分量平方和的分母达到最小。调制频率必须低于带宽才能使稳态解有效。如果频率太高,信号最大化过程会导致一些残余的非零场。这是因为在稳态范围之外,非零偏置场的共振增强会提高信号。在存在噪声的情况下,利用高频磁力仪信号可以对横向分量进行近似归零。

除了给出最大信号外,磁场调零还有助于减少由于泵浦和探测激光频率和强度波动而产生的光致偏移噪声。如前所述,光致偏移等效于磁场,SERF信号取决于Bx和Lz的乘积,其中Lz是沿泵浦方向的光致偏移。同样,探测光致偏移噪声的贡献与Bz成正比,并且可以通过对Bz进行调零来消除。

当磁力仪被调校到一个偏置场,它的运行将移出SERF状态之外,情况就变得完全不同了。首先,仅对横向分量进行调零替代了所有分量归零。AM对Bx和By分量场的响应是相同的,并且AM输出可以通过任意一个分量的调制实现最大化。其次,当总场沿泵浦方向时,RF AM具有最大的光致窄效应,因此通过最大化输出,横向分量将归零。因为当横向分量小于z分量时,它们对频率的影响是二次小量,通过调整横向分量和纵向分量最大化迭代将收敛。当横向磁场为零时,泵浦光致偏移噪声被抑制,而探测光移噪声则不受抑制。因此,有一个稳定振幅和频率的探测激光器是重要的,并且通过它的光束扩展以减少光强度,从而减少光致偏移量。

标量磁力仪的磁场调谐在本章中没有讨论。在某种程度上,标量磁力仪根据定义必须与磁场方向无关。显然,如果它是基于RF磁力仪,RF磁力仪的性能必须得到优化。然而,标量磁力仪可能还有一些额外的问题。泵浦光致偏移

是非常重要需要考虑的因素,并且它对信号的影响不能通过调整磁场来消除。此处探测光的位移与 RF 磁力仪中的作用类似。

最后,使用上面讨论的信号最大化策略,平行光束 SERF 磁力仪[3,24]中的磁场也可以归零。z 分量的稳态解同样可以从布洛赫方程中导出。

15.2.5.4 类比 NMR

原子自旋在某些条件下(SERF 状态,强极化情况)像核自旋一样服从布洛赫方程,并且原子自旋与 NMR 存在直接类比,这是可以利用的。NMR 的领域非常丰富,包括许多脉冲序列的应用,如自由感应衰变(Free Induction Dececy, FID)、自旋回波、CPMG 自旋回波脉冲序列(Car - Purcell - Meiboom - Gill, CPMG);这种类比应用对于 NMR 和原子磁力仪都有益处。一些工作已经做了,但只触及表面,仍有许多工作有待探索。为了给这些可能性提供一些趣味,下面讨论 Rb - 87 自旋的 MRI。

15.2.5.5 Rb 原子自旋 MRI

MRI 是磁场中一种非常有价值的基于自旋进动的成像方法。磁共振的引入对于医疗诊断学是革命性的。多年来开发了许多应用。来自核自旋和碱金属自旋之间的相似性,包括对磁场中 RF 激励具有相似的共振响应、较长的相干时间、使用恒定和脉冲梯度进行频率和相位编码的可能性,很明显,MRI 方法可用于原子自旋实验。一些出版物已经演示了 Rb 和 Cs 自旋的 MRI。下面详细描述发表于文献[34]中的一个成像实验。

与通常的 MRI 一样,该系统包含均匀场和梯度线圈。均匀场是确定自旋进动频率的必要条件,而梯度则用于频率和相位编码。磁场的强度远低于常规 MRI 的场强,但考虑到光泵浦和高灵敏度光探测使原子自旋极化更大,弱磁场工作应能够提供足够的信噪比。

一种采用单频和双相编码梯度的三维磁共振梯度回波法用于对原子容器内的极化进行成像。这个序列以 $\pi/2$ 脉冲开始,它激发了 Rb - 87 自旋极化。在 $\pi/2$ 脉冲期间,所有梯度都被关闭,以避免切片选择或位置相关的相位积累。梯度回波由梯度 G_z 沿读出方向反转形成,这也是泵浦光束的方向。在 $\pi/2$ 脉冲 $t_{\pi/2}$ 和 G_z 反转时间 t_{-G_z} 之间施加相位编码梯度 G_y(y 轴与探测光束方向大致一致)和 G_x。

图 15 - 7 给出了大约 1mm 的分辨率。而在传统的 MRI 中,质子自旋在图像中的移动并不多,但对于 Rb 自旋,典型扩散长度与分辨率相当。为了减少运动伪影,序列计时被缩短到毫秒级。一个值得注意的特征是,容器内原子图像的某些区域是黑暗的,这意味着泵浦光和探测光束不完全填充容器体积。由于灵敏度取决于有效容积,基于磁力仪容器的 MRI 可以作为一个有价值的诊断工具用

于检查光束对准或其他故障排除任务。更广泛地说,MRI 可以成为研究容器内自旋动力学和相互作用的有价值的研究工具。

图 15-7 原子容器中的 Rb 极化。深度切片按 1.4mm 的增量从上到下和从左到右排列(平面分辨率为 1.2mm(水平)×0.8mm(垂直)。垂直方向的分辨率受扩散影响。最大亮度对应于偏振度 1,取自文献[34])

15.2.6 极化旋转测量方案

原子自旋态的光学检测通常基于使用激光极化测量法对极化旋转进行测量。典型的偏光计包括一个偏振分束器(Polarizing Beam Splitter,PBS)和一个相对于 PBS 轴旋转一个角度(约 45°)的偏振器(图 15-8)。分裂光束的强度是 $I_0 \sin^2\theta$ 和 $I_0 \cos^2\theta$,其中 θ 是光的偏振方向与分束器立方体轴之间的角度。当 PBS 输出被精确平衡时,激光强度波动引起的噪声被抑制,某些情况下达到 100 倍。角度旋转可以确定为

$$\delta\theta = \frac{U_1 - U_2}{2(U_1 + U_2)} \approx \frac{\delta U}{4U_1} \tag{15-17}$$

式中:U_1 和 U_2 为两个光电探测器的输出,通常用跨阻抗放大器测量。噪声级由电子数决定,为电流除以电子电荷。

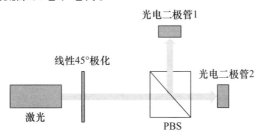

图 15-8 PBS 的偏振检测

另一种偏光计装置包括两个交叉偏振器、一个插入其间的偏振调制器和一个 PD。被检测的信号为调制频率的一次谐波。偏振调制器减少了来自探测光束强度波动和其他原因引起的噪声，这些噪声通常与频率成反比，即 $1/f$ 噪声。偏振角的调制幅度选择为几度。分束器法和偏振调制技术均可用于多通道磁场测量。

15.2.7 噪声分析

AM 噪声一般可分为检测系统噪声和固有自旋噪声。然而许多验证的检测方案，通常不从基本噪声的角度进行分析，而是侧重于灵敏度验证实验。最完整的基本噪声分析是在正交光束结构情况下，使用 PBS 利用法拉第检测方法进行的。因此，本节详细讨论这一分析。

探测光偏振测量的灵敏度受光子散粒噪声 $1/\sqrt{N_{Ph}}$ 的限制，其中 N_{Ph} 是检测到的光子数。这是因为线偏振光可以被分解成一个由左旋和右旋圆极化光子的等效混合，这些光子数量的波动服从泊松分布。在纳弧度范围内，即使在几毫瓦的中等激光功率下，偏振噪声也非常低。在高频下，它很容易达到，但在低频，技术噪声往往超过光子散粒噪声。

除此之外，自旋波动噪声也会限制灵敏度。这种噪声是由于自旋投影的量子波动而产生的，它可以利用不确定性原理来估计。自旋噪声的尺度为 $1/\sqrt{N_{Spin}}$，其中 N_{Spin} 是 AM 有效容积中的自旋原子数。在典型的 AM 中，基本噪声远低于 $1\text{ft}/\text{Hz}^{1/2}$，在实际系统中，特别是在高频工作时，灵敏度与基本灵敏度相差不远。

15.2.7.1 SERF 灵敏度

SERF 磁力仪的高灵敏度主要是由于完全抑制了 SE 展宽。剩余磁共振宽度由原子间碰撞、壁面碰撞以及泵浦光束和探测光束相互作用引起的自旋破坏率确定。文献[19]导出了 SERF 磁力仪的基本噪声

$$\delta B = \frac{1}{g_S \mu_B P_Z} \frac{1}{\sqrt{nVt}} \sqrt{2(R + \Gamma_{SD} + \Gamma_{pr}) + \frac{4(R + \Gamma_{SD} + \Gamma_{pr})^2}{\Gamma_{pr}(OD)_0}} \quad (15-18)$$

式中：Γ_{SD} 为总的碰撞自旋破坏率；Γ_{pr} 为由于探测光束引起的自旋破坏率；$(OD)_0$ 为光线中心的光密度；n 为自旋的碱金属密度；V 为原子气室的有效体积。对于典型情况：$V = 1\text{cm}^3$，密度 $n = 1.7 \times 10^{13}\text{cm}^{-3}$，$(OD)_0 = 12$，$\Gamma_{SD} = 300\text{s}^{-1}$，$R = 710\text{s}^{-1}$，$\Gamma_{pr} = 91\text{s}^{-1}$，Cs AM 噪声是 $\delta B = 0.24\text{fT}/\text{Hz}^{1/2}$。如果 $(OD)_0$ 增加，表达式(15-18)中的第二项可以达到最小，例如通过增加密度，有

$$\delta B = \frac{1}{g_s \mu_B P_Z \sqrt{nVt}} \sqrt{2(R + \Gamma_{SD} + \Gamma_{pr})} \qquad (15-19)$$

然后,基本噪声受到自旋投影噪声的限制,而自旋投影噪声又可以通过将光泵浦速率调整为 $R = \Gamma_{SD}/2$,并使探测光频率远离共振而得到优化: $\delta B = \frac{3\sqrt{3/2}}{g_s \mu_B} \sqrt{\frac{\Gamma_{SD}}{nVt}}$。

这可以进一步简化表达式为

$$\delta B = \frac{3\sqrt{3/2}}{g_s \mu_B} \sqrt{\frac{v\sigma_{SD}}{Vt}} \qquad (15-20)$$

这只取决于一个基本量,自旋破坏截面。对于 K,达到阿特的灵敏度水平是可能的。通过用 $\sigma_{SD}^{1/2}$ 对 K、Rb 和 Cs 的灵敏度进行标度,发现沿着这个序列,灵敏度变化了一个数量级,即使对于 Cs,它的灵敏度也相当高。目前,真正的问题不在于基本敏感度是多少,而在于能接近它。在每种具体情况下,上述优化原则上都可以通过提高气室的温度来实现。然而,玻璃的性能和加热装置的设计对其产生了限制。Cs 和 Rb 对温度的要求比 K 低得多,因此它们可以更接近基本极限。另一个重要的问题是磁偶极子磁场的探测灵敏度,这是微磁测量应用中出现的问题。因为偶极子的磁场随距离的 3 次方衰减,磁场灵敏度按体积的平方根来衡量,所以更小的容器实际上更占优势。然而,由于扩散到壁面导致的自旋破坏可能变得重要而值得考虑,并且需要进行不同的优化。在文献[22]中对这个问题进行了详细的讨论。

15.2.7.2 RF AM 灵敏度

在 SERF 状态之外,SE 的展宽会变得非常大,导致在 SERF 磁力仪中使用的典型碱金属密度下,磁共振宽度超过千赫。为了提高灵敏度,有必要利用光致窄技术,式(15-9)。当拉莫尔频率相对较低时,$\omega_0 \ll v_{HF}$,有

$$T_2^{-1} = \frac{R}{4} + \frac{R_{SE}R_{SD}}{5R} \qquad (15-21)$$

($I = 3/2$ 情况下)。通过优化泵浦速率,最小线宽为

$$(1/T_2)_{min} = (R_{SE}R_{SD}/5)^{1/2} \qquad (15-22)$$

该最小宽度与极小泵浦速率下的宽度之比 $R_{SE}/8$,给出光致窄因子 $K = (5\sigma_{SE}/\sigma_{SD})^{1/2}/8$。对于 K,$\sigma_{SE} = 1.8 \times 10^{-14} cm^2$,$\sigma_{SD} = 1 \times 10^{-18} cm^2$,所以最大的光致窄因子是 $K_{max} \approx 37$。

通过调谐和优化光泵浦,RF AM 对交流磁场的响应可以大大提高。因为在高频下,激光技术噪声可以被去除,例如,通过使用 PBS,RF AM 可以像 SERF 磁

力仪一样灵敏。SERF 磁力仪的理论极限可能高几个数量级,但 RF 磁力仪更能接近它的理论极限而 SERF 磁力仪却严重地被技术噪声干扰。文献[6]研究了 RF 磁力仪的基本噪声。在对各种参数(如泵浦速率和探头激光强度)进行优化后,该噪声可以用原子蒸气的基本量表示,如 SE 和 SD 横截面

$$\sigma B_{min} = \frac{2}{\gamma} \sqrt{\frac{\bar{v}[\sigma_{SE}\sigma_{SD}/5]^{1/2}}{V}} \left(1 + \frac{1}{4\sqrt{\eta}}\right) \quad (15-23)$$

式中:$\bar{v}$ 为 K - K 碰撞的平均热速度。对于典型的 PD 量子效率 $\eta = 50\%$ 和气室有效体积 $V = 1\text{cm}^3$,优化的理论磁场灵敏度约为 $0.1\text{fT/Hz}^{1/2}$。

15.2.7.3 SERF 和 RF 磁力仪的中间情况

在 SERF 状态,宽度由自旋破坏率决定,而在高频 RF 磁力仪中,宽度是 SE、SD 和泵浦速率 R 的函数。在中间状态,宽度在 SERF 状态最小宽度和 RF 磁力仪最大宽度之间平滑变化。这种中间情况可以用自旋投影噪声、光子散粒噪声和光致偏移噪声的公式进行分析。然而,宽度并不是 SE、SD 和 R 的简单解析函数,而是需要对 DME 进行数值模拟。直观地说,可以假设在最佳条件下,灵敏度由自旋投影噪声决定,因此标度为

$$\delta B = \frac{1}{g_S\mu_B P_Z} \frac{1}{\sqrt{nVt}} \sqrt{2(R + \Gamma_{SD} + \Gamma_{pr} + \Gamma_{extra})} \quad (15-24)$$

式中:Γ_{extra} 为 SE 碰撞产生的贡献,它取决于极化和磁场[26]。

15.2.7.4 强磁场标量 AM 灵敏度

如果通过在磁共振附近实施磁场调制和测量磁共振频率位置,将 RF 磁力仪转换为标量磁力仪,则各种优化步骤后的灵敏度受限制为[11]

$$\sigma B = \frac{0.77}{\gamma} \sqrt{\frac{\bar{v}\sigma_{SE}(1 + \eta^{-1/2})}{V}} \quad (15-25)$$

有趣的是,现在灵敏度不再像 RF AM 那样依赖于自旋破坏截面。原因是通过应用调制,降低了极化水平,在 RF 磁力仪的情况下它基本上接近于 1,因此光致窄效应被抑制。由于对于 K、Rb、Cs SE 截面积几乎是相同的,因此对于所有三种碱金属原子,标量磁力仪的灵敏度都是一样的。此外,可能没有必要像 SERF 和 RF 磁力仪那样将气室加热到高温。当 $\sigma_{SE} = 1.8 \times 10^{-14}\text{cm}^2$ 和 $\eta = 0.8$ 时,灵敏度极限预计为 $0.9\text{fT/Hz}^{1/2}$。这里提高灵敏度的方法可能只有提高容器体积。

15.2.7.5 平行光束 AM 灵敏度

以上三种情况考虑的是垂直的泵浦 - 探测结构。平行光束结构灵敏度有一些不同的结果。自旋投影噪声表达式是相似的,尽管实现了最佳灵敏度条件,但

所需的相对较大的调制所产生的弛豫速率的额外贡献更大。或者,也可以考虑这样一种情况:施加静态磁场导致自旋与泵浦-探测光束成一定的倾斜角度 φ。这基本上会产生类似于泵浦光和探测光垂直时的情况,只是偏振度会降低 $\cos\varphi$,检测信号会因附加 $\sin\varphi$ 而降低。如果像前面的例子进行类似的优化,可以得出这样的结论:最终限制来自自旋投影噪声,因此最终灵敏度与正交结构情况下的结果相差不远。

15.3 原子磁力仪的设计与实现

15.3.1 双光束原子磁力仪方案

图 15-9 给出了一个典型的带有两个正交光束的 SERF 结构,该结构在 SERF 磁力仪的首次验证中被使用。在灵敏度方面,这种配置是最理想的,而且更易于理解。于高密度 RFAM 及其标量导数的情况,它们仅在双光束结构中实现过。此外,双光束磁力仪的基本噪声已经有文献进行了分析。

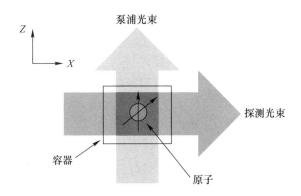

图 15-9 一个典型的 SERF 磁力仪布置。磁场垂直于图像面施加

在双光束方案(图 15-9)中,泵浦光束是圆极化的,沿着其传播方向(通常选择为 Z 方向)定向旋转。磁场的 Y 分量使自旋从 Z 方向转到探测光束的 X 方向,用线偏振探测光束检测自旋的 X 投影(S_x),该偏振被原子蒸气旋转(法拉第效应)。因此,AM 信号与 S_x 成比例,因此可以用准静态近似下的式(15-16)获得 AM 信号。法拉第旋转表现为色散洛伦兹曲线,探测光束远离 D1 线调谐中心以最大化 SNR,而前面讨论过,SNR 受到探测光束吸收和自旋破坏的负面影响。

原子自旋被限制在原子容器中。加热气室,使碱金属蒸气的密度增加到

10^{14}cm^{-3}量级。利用光高效率实现碱金属原子自旋的极化和探测。如前所述,用光泵浦方法可以实现几乎100%的极化。泵浦激光通常调谐到D1线(K770nm,Rb794nm,Cs894nm),以最大限度地提高效率并有利于光束在光学厚蒸气中的传播。虽然可以使用许多类型的激光器,且对激光线宽没有严格的要求,但是发现模式跳变产生非常大的噪声,且激光稳定性需要着重考虑。分布反馈(Distributed Feedback,DFB)激光器能够获得770nm(需要冷却才能从773nm调谐)和794nm波长,由于其低噪声和无模式跳变,几乎是理想的。

泵浦和探测(法拉第探测模式)光束需要不同的波长和偏振,并且灵敏度的最佳优化可以通过两个单独的激光器实现。原则上,用一个激光器和一个椭圆偏振光束仍然可能达到高灵敏度[24],但这是一个折中的解决方案。在这种情况下,通过磁场使自旋倾斜以"模拟"正交配置,且倾斜可以产生振动并且减少$1/f$和其他技术噪声,以补偿与更优化正交结构相比的灵敏度损失。如果使用吸收法而不是法拉第旋转方法来检测自旋,则线型中心的波长和圆极化是泵浦光和探测光束的最佳选择[4]。单激光平行光束方案是小型化设计和降低成本的理想方案。

15.3.1.1 原子气室

原子蒸气气室是碱金属AM的关键元件。一个典型的SERF(RF AM或标量AM)气室含有一小滴K,1个大气压的He以减缓扩散,以及30mTorr① N_2。扩散减速对于减少壁碰撞引起的自旋破坏非常重要。He作为缓冲气体具有一些优势,因为它与碱金属原子的自旋破坏率最小[10]。但是,其他惰性气体和N_2也可以使用。在小气室中扩散自旋破坏开始占主导地位,由于其扩散系数较小,N_2可以作为一个更好的选择。N_2对于淬灭激发态以避免自发再发射光子的自旋去极化至关重要。就容器结构的变化而言,优化整体自旋破坏速率很重要:扩散SD与缓冲气体压力成反比,与尺寸平方成反比;而碱金属-缓冲气体碰撞引起的弛豫与压力成正比。从安全和易于施工的角度来看,有时需要使用大约1个大气压的缓冲气体。在有必要实现均匀极化的实验中,使用了高达12个大气压压力[26];处理这种高压气室需要谨慎,因为它们会爆炸。最近的研究也集中在使用抗弛豫涂层而不是缓冲气体来实现SERF磁力仪[35]。

另一个考虑因素是容器的玻璃材料。特殊的铝硅酸盐玻璃1720是理想的,它能最大限度地减少He向气室外面的扩散和碱金属原子与器壁的相互作用。

---

① 1mTorr = 0.133Pa。

然而,这种玻璃价格昂贵,供应有限。另外,Pyrex(硼硅酸盐玻璃)已经成功地应用于 SERF 磁力仪容器中,但是在高温下,He 通过玻璃的扩散是显著的,并且随着时间的推移,原子容器的性质可能会发生变化。为了避免泄漏,Ne 或 N_2 可以代替 He 作为缓冲气体。

最近,在 SERF 测磁中,趋向于小于 1cm 的微型气室[4,36]。问题是,制造一个具有光学特性窗口的微型气室更加困难。此外,扩散起着更重要的作用,为了补偿扩散的自旋破坏效应,需要更高的缓冲气体温度和压力。N 的扩散速度最慢,比 He 有优势,作为缓冲气体也简化了填充过程。

比较基于不同碱金属的 AM 的性质是很有趣的。天然丰度的 K,^{41}K 占 93.3% 和 ^{39}K 占 6.7%,两种同位素的核自旋都为 3/2,在弱磁场下,原子自旋以同一个频率进动,两种物质混合不会产生负面影响。在超过地球磁场强度的强磁场下,共振是不同的,并且可以分解。尽管如此,由于 ^{39}K 的比例很小,只有一个主共振会产生一定结果。对于大多数应用,不需要使用纯同位素。天然 Rb 中,^{85}Rb 占 72%($I=5/2$) 和 ^{87}Rb($I=3/2$)占 28%,在这方面是完全不同的。在低频段,由于慢化因子 $1/(2I+1)$ 的不同,它们的进动频率会有很大的不同;在低密度或 SERF 状态之外,在未分离时这两种同位素会产生两种磁共振或展宽。RF 磁力仪的光致窄效应要小得多。在高密度弱磁场的 SERF 状态,SE 的速率远高于两种原子的拉莫尔频率,自旋将以相同的频率进动,并且 SE 弛豫将被抑制,而不考虑是否存在一个以上的同位素。因此,对于高频应用,有必要使用同位素提纯的 Rb,而不能象在 SERF 磁力仪中那样。Cs 只有一种稳定同位素,不会引起这种问题。SERF 磁力仪通常需要 10^{14} cm^{-3} 量级的密度,因此需要加热到相对较高的温度(K 为 180℃,Rb 为 160℃,Cs 为 120℃)。与加热有关的各种问题已经在引言中讨论了。

15.3.2 单光束设计

如前所述,单光束或平行光束设计具有布置紧凑、成本低的优点。如果使用法拉第效应探测自旋,磁力仪的信号将与沿光束的自旋投影成正比。或者,如果使用吸收法,信号类似地依赖于 S_z,即沿光束方向的自旋投影,因为吸收与 P_z 的关系是 $\exp[-\alpha(1-P_z)] \approx 1+\alpha(1-P_z)$。当磁场很弱时,$S_z$ 随磁场的变化很小,成平方关系,AM 对弱磁场的响应被抑制。然而,当施加一个足够强的磁场,以一个有效的角度使自旋旋离 Z 方向时,磁力仪对弱磁场是线性灵敏的。与 S_x 类似可以得到 S_z 的稳态解,但表达式根本不同,即

$$S_Z = S_0 \frac{1+(\gamma T_2 B_z)^2}{1+(\gamma T_2)(B_x^2+B_y^2+B_z^2)} \tag{15-26}$$

现在信号依赖于所有的磁场分量的平方,当它们处于零时,磁力仪对弱磁场变化不敏感。当 $B_y=0, B_z=0$ 而 $B_x=B_{x,0}$ 时,对 B_x 变化相应最大,可得

$$\delta S_z = -S_0 \frac{2(\gamma T_2)^2 B_{x,0}\delta B_x}{[1+(\gamma T_2)^2 B_{x,0}^2]^2} \tag{15-27}$$

该表达式可以通过磁场偏置进行优化为

$$\delta S_z = -S_0 \frac{3\sqrt{3}}{8}\gamma T_2 \delta B_x \approx -0.64 S_0 \gamma T_2 \delta B_x \tag{15-28}$$

它比式(15-16)中正交 SERF 对 B_y 场的响应小约 1.5 倍。当施加恒定磁场 B_x 或采用调制时,可以测量磁场。对 $B_{x,0}$ 进行调制提供了将检测频率移到低噪声区域来进行降噪的优势。在文献[24]中发现,通过施加大的调制(T_2 也依赖于磁场,在弱磁场下为二次方关系,同时依赖于 SE 率),磁力仪可以进行优化,并在几千赫的调制下工作。这进一步降低了 $1/f$ 噪声。

15.3.3 微结构原子磁力仪

研究灵敏度与原子气室大小的关系是很有启发性的。基本噪声与乘积 nVT_2 成比例,因此如果体积 V 减小,灵敏度降低,但在一定范围内可以用密度 n 进行部分补偿。碱-碱碰撞引起的 SE 速率和自旋破坏速率与碱金属原子的密度成线性关系,而其他速率与密度无关,因此提高密度可以提高灵敏度,直到碱-碱碰撞开始主导自旋破坏速率。随着尺寸的减小,扩散到壁面引起的自旋破坏变得越来越重要,它和面积成反比。利用 N_2 作为缓冲气体可以降低它的扩散系数,它拥有比 He 更小的扩散系数,He 由于与碱的自旋破坏率最小传统上用于 SERF 磁力仪。提高缓冲气体压力是另一种优化措施。另外,小容器所需的功率要少得多,而且整个封装可以通过微加工来降低成本。文献[36]中提供了灵敏度与尺寸的关系分析。

15.3.4 多通道磁力仪

在许多应用中,例如在 MEG 和 MCG 中的磁源定位,需要同时检测多个点的磁场。基于 SQUID 的商用 MEG 系统有数百个通道,这些系统的两个主要问题是低温运行和高成本。如果用 AM 取代 SQUID,虽然低温问题被消除,但建造数百个 AM 的成本仍然很高。如果共享 AM 的各种元件,价格可以降低。例如,不再让每个磁力仪都配有单独的激光器,而是可以将激光功率放大并分配到多个磁力仪之间,从而节省了激光电子器件和光学器件的成本,如光学隔离器。通过使用一个用宽光束成像的大型原子气室,在光学和原子气室方面

可以节省一笔额外费用[2]。这种共享是可能的,因为缓冲气体将原子的扩散限制在小于厘米的距离($\sqrt{D_0 t}$,其中 D_0 是扩散系数,t 是扩散时间),因此一个10cm气室的多个区域可以独立测量多达100个点的磁场。这种多通道系统的唯一缺点是几何结构:在全覆盖的MEG系统中,传感器必须插入头盔结构中,这在一个大气室实现是不可能的。不过,通过在几个头部位置配置这样的多通道大气室磁力仪,或多或少可以实现完全覆盖。文献[2]给出了大气室多通道MEG的验证。另外,对于MCG应用,平面几何结构几乎是理想的,只需要一个多通道AM。

在MRI的应用中也可以从多通道运行获取节省成本的好处。在低频时,多通道磁力仪可以直接使用,但在高频时,出现了一个难题,NMR和AM场必须相差400倍。一个对解剖用MRI有用的解决方案是增加磁通变换器。感应解耦的多磁通变换器可用于实现多通道并行成像[37]。

15.3.5 设计问题

15.3.5.1 激光器

激光器是高灵敏度磁力仪成功的关键。对于泵浦和探测来说,拥有高质量的激光器是很重要的,尽管在某些情况下,要求可以降低。对于泵浦和探测激光器,激光的不稳定性和噪声对AM磁力仪灵敏度的影响是不同的。泵浦密度和波长上的波动在光泵浦方向上能够导致光致偏移噪声,这与该方向上磁场的波动是相当的。这种技术噪声很容易成为主要的噪声源,然而,在SERF磁力仪中,如果泵浦光束和探测光束正交,可以通过使沿探测方向磁场为零来抑制它。另一种抑制这种噪声的方法是选择一个能使光致偏移波动最小化的激光波长。如前所述,光致偏移与光强度成正比,与波长的关系呈色散洛伦兹曲线,在吸收线中心过零点。当激光调谐到线型中心时,由于强度变化引起的光致偏移出现最小波动,而由于波长不稳定性导致的最小光致偏移波动在激光器偏离中心一个线宽时出现。依据波动的主要特征,可以通过使光致偏移噪声最小化对光泵浦激光器进行调谐。当AM在标量磁力仪模式下工作时,例如,测量磁场的 z 分量时,无法通过调零 B_x 场(沿探测光束)来减少光致偏移,因此,非常希望使用高质量的泵浦激光器。

由于探测噪声直接影响磁力仪的噪声,对探测激光器的要求更高。如果探测光束偏离D1或D2线几个线宽,波长波动的影响就被抑制了,强度波动会变得更加重要。(虽然注意到文献中没有对波长波动影响进行分析。)因此,使用PBS来减少强度波动的影响。当仔细平衡时,基于PBS的偏振计可以抑制30倍甚至更多的强度波动,理想情况下可以达到光子散粒噪声的水平。两个光束探测通道的不对称性将导致噪声抑制的降低。因此,拥有高质量的激光器以避免额外的技术噪音是很重要的。

已发现,DFB激光器具有很好的噪声性能。使用PBS从相对低频开始时,它们的噪声水平接近光子散粒噪声极限。带有光栅的激光器连接不太牢靠,会产生更多的噪声,而频繁发生模式跳变会导致很大的噪声,需要调整激光器的电流和温度。用这样的激光器进行长期测量通常是有问题的。多模激光器一般不适用于高灵敏度低频磁力仪。然而,在高频下,噪声通常接近光子散粒噪声,即使在廉价的激光器中也是如此。因此,RF磁力仪对激光器的要求不那么严格。另外,尽管标量磁力仪的信号是在高频(在地球磁场中,大约350kHz)下被探测到,但它对低频下的光泵浦光致偏移很敏感。因此,对泵浦激光器的要求可能比探测激光器更为严格。

15.3.5.2 光纤耦合

光纤耦合已经被用来降低价格和增加测量的灵活性。已经发现,DFB激光器产生的光束通过光纤(如PM光纤)后没有过多的噪声。因此,包含气室的磁力仪磁头可与其他支持设备在空间上分开达5m。已开发出单光束[3,4,24]和双光束[16]光纤耦合设计。此外,光纤耦合的DFB激光器已经用于去除将光注入单模光纤所需的额外光学元件[16]。然而,在不使用PBS的方案中,来自连接到激光器的光纤的反馈会导致不稳定性以及噪声的大幅增加。因此,尽管有额外的成本和设计的复杂性,仍然优选具有光隔离器的外部耦合器。

15.3.5.3 商业设计

泰利丰(Twinleaf)和量子自旋(QuSpin)公司已经将光纤耦合设计商业化。磁力仪灵敏度已经证实达到了$10fT/Hz^{1/2}$。磁力仪正在进一步发展中。一个方向是使磁力仪用户友好,因此操作员不需要手动调节磁场、激光器等。一旦这种磁力仪能够大量提供,它们将在许多费力的应用中(如MEG)与SQUID展开激烈竞争。

15.3.6 灵敏度验证

灵敏度验证是AM研究的重要方面。第一个重要的里程碑是SERF磁力仪验证了优越的灵敏度[1]。然后探索了各种设计的SERF、RF和标量磁力仪,并进行了灵敏度验证和分析。特别是,RF磁力仪已验证灵敏度达到了$0.2\ fT/Hz^{1/2}$的量级,被用于NQR检测[28]。许多研究小组现在能够通过各种不同的设计来实现飞特级的灵敏度,这些设计都是针对特定的目标,如MEG、低成本、简化设计或微制造。光纤耦合设计已接近原始光学台式AM的灵敏度,还有进一步改进的潜力[4,16]。普林斯顿大学使用真空封装光学设计验证了SERF系统中迄今为止最高的灵敏度[13]。标量磁力仪虽然不如SERF磁力仪灵敏,但在地球物理和军事应用中,当磁力仪需要在地磁环境场下工作时具有很大吸引力。标量磁力仪的主要优点是其对磁场旋转的不变性,因此振动和方向不稳定性不会导致大的噪声。不幸的是,由于多重超精细塞曼能级结构,以及在地球磁场中的非线性分裂,磁力仪的频率对磁场旋转稍有敏感。最近已经给出了基于 RF AM 的标量磁力仪高灵敏度验证[11]。分析表明,这已接近理论极限。然而,还发现了进一步的改进,如使用多通道方法[38]。

15.4 应　　用

15.4.1 与SQUID对比

　　SERF AM 和 SQUID 是低频下最灵敏的磁力仪。虽然也有可能建造一个具有飞特灵敏度的大型线圈,但许多应用都限制重量和尺寸,并且在非常低的频率下,线圈会出现问题。SQUID 技术已经存在了几十年,已经足够成熟,可以随时从工厂获得。然而,SERF、标量,尤其是 RF 磁力仪还处于技术准备的初始阶段。从灵敏度的角度看,SERF 磁力仪在大多数应用中应该可以取代 SQUID,但 SERF 和 SQUID 都因其物理原理而具有应用限制。SERF 的非低温工作是该技术的主要优势。昂贵的液 He 供应受到限制,对低温基础设施的要求也受到约束。除此之外,SQUID 系统也需要维护。同样重要的是,提高低温冷却效率所需的电热传导屏蔽会产生过多的噪音,降低 SQUID 系统的性能,并使实用的 SERF 磁力仪更加灵敏。

　　与 SQUID 不同,SERF 磁力仪不使用超导磁通变换器(Superconducting Flux Tansformer,SFT),而超导磁通变换器在 SQUID 系统中被配置为梯度计,用于消除工作在屏蔽不良的环境中几个数量级的共模磁噪声。替代的,SERF 磁力仪配置多个磁力仪[4]或大气室多通道系统中的多通道作为梯度计[2],不需要提供大共模噪声抑制。这是由于依赖于许多参数的磁力仪信号的不稳定性。在存在梯度的情况下,SERF 磁共振变宽,灵敏度降低,而带反馈的 SQUID 梯度计可以在较大的直流磁场中工作,对直流梯度不敏感。

　　与 SQUID 不同的是,SERF 磁力仪也需要调零才能以最大的灵敏度工作。在地球磁场环境中,这可以通过三轴亥姆霍兹线圈系统实现,但梯度和磁场波动会对灵敏度产生负面影响[39]。当 SERF 或 RF 磁力仪用于 NMR 或 MRI 检测时,AM 需要与 NMR 和 MRI 场解耦[5,40]。SQUID 与 SFT 解耦不会影响灵敏度,但使用 AM 是有问题的。针对这一问题已经提出了几种方法,但每一种都存在一些问题。

　　SERF 和 SQUID 也有不同的带宽(Bandwidth,BW)。对于 SERF,带宽与灵敏度成反比关系,具有飞特灵敏度的 SERF 磁力仪的带宽不超过 100Hz。另外,SQUID 具有非常大的频率响应范围。直流 SQUID 带宽仅受有限带宽的反馈系统限制。在用于 ULF – MRI 检测的系统中,带宽一直处于几千赫的量级,灵敏度仍在飞特范围内。但是 SQUID 的大带宽是它们的弱点,使它们对从直流电到微波频率范围内的噪声非常敏感。使用 Mylar® 箔材可有效降低高频噪声,但这种箔材会产生几飞特左右的噪声,降低 SQUID 的灵敏度。SERF 不需要高频抗噪保护。低频噪声的消除很重要。

　　在工作温度方面,SERF 磁力仪气室加热到 100℃ 以上,而 SQUID 则保存在液 He 真空瓶中(高工作温度变化导致灵敏度较低)。在这两种情况下,都需要有效的隔热层,以减少与被测物体的间隔距离。

　　尽管 SERF 和其他 AM 存在各种问题,但无致冷剂是在广泛应用中取代 SQUID 的主要好处。

15.4.2　高密度原子磁力仪的生物医学应用

　　AM 的研究受到许多当前和未来潜在应用的强烈推动。在这些应用中,MEG 可能是最有价值的,因为在 MEG 感兴趣的低频范围内,除了 AM 之外,没有其他设备能与低工作温度 SQUID 相媲美。

15.4.2.1　SERF 磁力仪的 MEG 应用

　　MEG 的历史始于第一次用法拉第线圈记录大脑活动的磁记录[43],这提供了作为大脑磁场存在的原理性证据。在首次证实后不久,SQUID 磁力仪[44]灵敏度显著提高,进一步,多通道系统被用于进行 MEG 源定位。经过进一步的发展,多通道系统成为 MEG 研究和临床应用的基础。然而,MEG 系统的成本非常高,包括液 He、维护、磁屏蔽室和其他费用,因此限制了 MEG 方法在临床实践和研究中的推广。一些工作直接针对降低成本,如建造 SQUID 梯度计,它测量 MEG 不要求昂贵的多层屏蔽室来,但所有实际的 MEG 系统都是基于 SQUID 的,需要液 He 供应。

　　然而,MEG 系统也可以基于 AM 来消除对冷冻剂的需求。2006 年,进行了第一次验证[2],并有理由认为,一个商用多通道系统可以用多通道 SQUID 系统的一小部分成本构建。如前所述,有几种降低成本的策略,包括廉价的多通道运作,可以用一个大的原子气室。此外,由于 AM 不需要大型真空瓶,因此可以为躺卧姿态的受检者设计一个低成本的由镍铁高导磁率合金圆筒组成的防护罩[2]。不幸的是,已经验证的设计还不适用于医疗应用所需的全头部 MEG 系统。然而,AM-MEG 的工作仍在继续。几个小组没有建造大气室 SERF 磁力仪,而是把重点放在采用独立 AM 传感器的 AM-MEG 验证上,目标是降低每个通道的成本。特别是,开发出的光纤耦合传感器可以达到几飞特的灵敏度,并应用于检测 MEG 信号[3,4,45]。目前,建造数百个 AM 通道的成本相对较高,但希望随着量产的发展,这一成本可以大大降低。

15.4.2.2 SERF 和高密度磁力仪的其他应用

1) MCG

MCG 通常要求比 MEG 的灵敏度低,是 SERF 和其他 AM 仪应用的另一个有前途的方向。由于心脏异常是导致死亡的主要原因之一,其诊断极为重要,AM MCG 可能成为挽救数百万人生命的宝贵工具。多通道 MCG 无创地提供心电活动的信息,因此这种方式对于揭示心脏异常和分析其位置非常重要。由于 SERF 的高灵敏度和多通道检测能力,可以开发出更灵敏的心脏异常诊断方法。FDA 已经批准用 MEG 诊断女性心脏状况,研究表明 MCG 诊断比其他方法更可靠。虽然临床试验是用 SQUID 进行的,但很明显,它们可以用 AM 代替,以减少对低温源的需求。潜在的多通道系统建设和维护更低的成本将促进基于 AM 的 MCG 方法的广泛推广,并使其能够与便宜的传统技术(如 ECG)相竞争。与 MEG 相比,MCG 的应用只需要一到两个带有大气室的多通道磁力仪:一个位于胸部,另一个位于背部。SQUID 放在真空瓶里,一般只放在病人的上方,但更好的诊断可以在更全面的覆盖下进行。

2) 磁性纳米粒子的检测

另一类医学应用是基于纳米粒子检测。例如,已经发现附着在癌细胞上的特定大小磁性纳米颗粒在通过强磁场排列后具有特定的磁化变化。SQUID 再次被用来开创这种诊断方法,但未来 AM 也很有希望。主要的问题是需要在非屏蔽环境下进行测量,但 SERF 磁力仪在这种情况下并不理想。因此,有必要建立一个梯度运行方式,以消除临床环境中相当大的磁场噪声。

3) NMR 和 MRI 应用

AM 的高灵敏度对于非常规弱磁场和超弱磁场(Uttra-Low Field, ULF) NMR 和 MRI 有着重要的应用价值。探索 ULF MRI 的一个动机是它不是基于体积庞大和昂贵的超导或永磁体,并且可以开发一些与常规 MRI 互补的应用。这种应用的一个例子是 MEG 和 MRI 的结合[46],可以减少影响融合误差。另一类新的应用可以利用 ULF MRI 的独特特性,如低成本和便携性。从长远来看,ULF MRI 扫描仪可以在全球范围内提高 MRI 诊断的可利用性。然而,在 ULF 获得临床上有用的图像是充满挑战的。首先,由于 NMR/MRI 是用一个拾取线圈检测的,它的输出是磁通量的时间微分(法拉第定律),所以在低频时SNR会严重受损。其次,在超低场中,核自旋极化非常弱,进一步降低了SNR。对于一项正在发展中的技术来说,更糟糕的是,传统的MRI对图像质量设定了非常高的标准:具有高分辨率、高SNR和快速成像。

在一定程度上,ULF区微弱信号的补偿可以用脉冲预极化法来实现,这种方法是用更大的磁场来极化核自旋(如文献[47])。在检测阶段,该磁场被移除,因此不会影响ULF或LF信号的读取。然而,即使进行了预极化增强,SNR和分辨率仍然很差。在用SQUID代替线圈来提高低频灵敏度和实现多通道并行MRI加速方面取得了一些进展[46]。这当然带来了低温运行的问题。为了修正这一点,AM被提议取代SQUID。

MRI应用中最有潜力的AM磁力仪是高密度RF AM[5]。RF磁力仪有几个有用的特点:①非常高的灵敏度,$1cm^3$气室的理论极限约为$0.1fT/Hz^{1/2}$,在大气室中验证的灵敏度达到了$0.2fT/Hz^{1/2}$[28];②足够的带宽,达到千赫的范围,远大于其他AM的范围;③在环境噪声较低的高频下工作;④低成本,最终可实现多通道运行[37]。2009年首次验证了适用于解剖成像的AM结构的MRI[40],2013年实现了RF AM的实际解剖成像[48]。最新的成果是人脑MRI的AM验证[49]和多通道运行[37]。

关于MRI应用,重要的是要记住,虽然SQUID和AM的灵敏度差不多,但AM对静态场和梯度高度敏感,而SQUID在很大程度上不受它们影响。磁场影响AM的最大响应频率。事实上,它是用来调谐AM到一个特定的频率,而梯度扩大了原子磁共振和降低了灵敏度。

在直接MRI检测中,需要去除AM传感器位置的MRI场和梯度。质子和K(Rb-87)自旋之间的旋磁比相差约400倍,因此施加到MRI的梯度使AM带宽展宽400倍,远远超出最佳运行所需的范围。基于这些原因,MRI应用中,AM的问题比SQUID更大,但这些问题的解决方案是存在的。

使用AM检测MRI信号的第一种策略是远程检测[42],液体样本被布置成从预极化区域和编码区域流向检测区域。用强非均匀永磁体实现预极化,用铁磁屏蔽将探测区域与环境噪声和外部磁场隔离。远程检测的主要缺点是需要移动样本,这在解剖成像的情况下很困难。因此,解剖成像还没有用这种方法进行验证。

第二种策略是在超低频(约千赫)下检测,将样本放入螺线管中,以分离NMR和AM场[41]。由于超弱场强,用非理想的螺线管进行磁场分离不会产生伪影。通过进一步完善螺线管,这种方法理论上可以扩展到100kHz左右的频率[5],但还有其他因素会限制其应用:螺线管必须很长,不便于解剖成像的获取;更重要的是,成像梯度很大,会使磁力仪共振变宽,降低灵敏度。

目前最可行的使用 AM 解剖成像方法是用磁通变换器(Flux Transformer,FT)进行检测(图 15 - 10)[40]。FT 被广泛用于 SQUID 磁力仪,在那里它们是低温和超导的。FT 由两个线圈组成,一个是从 MRI 信号产生电压的输入线圈,另一个是与输入线圈电连接产生磁场的输出线圈。基本上 FT 将磁场从 MRI 区域传输到检测区域。输入线圈可配置为梯度计,以减少噪声。输出线圈放置在磁力仪(SQUID 或 AM)附近。AM 理论上可与低温 FT 一起使用,但非低温运行的整体优势将丧失。最近验证了使用一种室温(Room - Temperature,RT)FT 的 MRI。室温 FT 具有定位的灵活性和运行的简单性。室温 FT 去除了直流,衰减了磁场和梯度的低频分量,解决了 AM 和 MRI 场系统的解耦问题。然而,RT 运行的代价是额外的约翰逊噪声。由于随着频率的增加,约翰逊噪声以及周围金属部件的噪声都会降低,所以提高频率是一种非常有效的降噪方法。

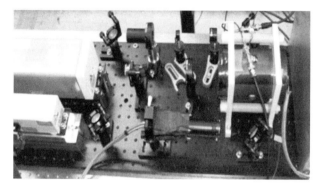

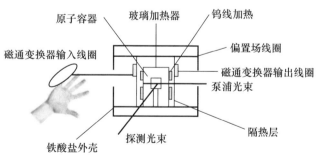

图 15 - 10　AM 和 FT 设置(顶部)及其示意图(底部)(采纳自文献[37])

FT - AM 检测方案的附加好处是当 FT 与 AM 磁共振失谐时增加了带宽(图 15 - 11)。高分辨率成像和快速多脉冲成像方法需要更大的带宽。这可以用一个例子来说明。对于通常用于 ULF MRI 的 100ms 采集时间,每像素所需带宽为10Hz。读出方向上的50像素图像转换成500Hz的带宽,如果使用Car - Purcell - Meiboom - Gill(CMPG)序列,每次激励有5个脉冲,则带宽需要2.5kHz。一个典型的RF AM的带宽为200Hz量级,因此从这个估计来看,它显然不能用于快速序列,但是FT - AM检测器是合适的。

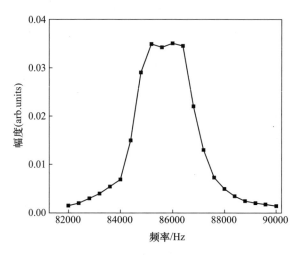

图15 - 11　AM + FT检测方法的带宽增强示意图,不损失灵敏度[48]

4) 基于高灵敏度的其他潜在应用

AM还有许多其他潜在的需要高灵敏度的应用能够开发。例如,AM可用于潜艇探测、地质学、考古学、军事应用。目前,高灵敏度AM正在商业化,这必将扩大其应用范围。

(1) 基础实验。

一些最吸引人的应用是在学术界,如在基本对称性测试中。在这里,SQUID的低温运行并不是一个大问题,但AM仍然具有一些独特的性质,它们本身就成为研究的对象。这种应用的一个例子是测量原子的电偶极矩(Electric Dipole Moment,EDM)。EDM实验有几种方案。基本思想是施加强电场,高灵敏度地测量由EDM产生的弱磁场。因为假设的原子EDM非常小,所以有必要使用尽可能高灵敏度的传感器。有些方案是基于原子自旋的独特性质,这样的实验不能用任意的磁性传感器来完成。另一些则不一定需要AM,而低温工作的SQUID则被用作更传统的商用传感器。文献[50]回顾了早期的EDM实验和理论计算。

AM,或者更确切地说是联合磁力仪,也被用于基本的CPT破坏实验,最近设定了一个新的界限[51,52]。

(2) AM 的基础研究。

AM 的应用非常广泛,同时在基础科学方面,也有许多活动。设定新的界限或验证新的理论和结构一直是这类活动的一个重点。

15.5 小　　结

本章讨论了基于高密度碱金属蒸气的超灵敏 AM,包括超灵敏磁力仪的工作原理及其应用。在这些应用中,MEG 和 ULF-MRI 已经考虑的相当详细。由于低温工作 SQIUD 被认为是最灵敏的磁力仪已经有很长一段时间了,许多研究者仍然认为它是最灵敏的磁力仪,因此本章的重要结论应该是 AM 可以提供类似的灵敏度,并且可以在许多应用中代替 SQUID。

参考文献

1. M. Faraday, On the magnetization of light, and the illumination of magnetic lines of force. Philos. Trans. R. Soc. Lond. **1**, 104–123 (1846)
2. D. Macaluso, O. Corbino, Sopra una nuova azione che la luce subisce attraversando alcuni vapori metallici in un campo magnetico. Nuovo Cimento **8**, 257–258 (1898)
3. D. Macaluso, O.M. Corbino, L. Magri, Sulla relazione tra il fenomeno di Zeemann e la rotazione magnetica anomala del piano di polarizzazione della luce. Nuovo Cimento **9**, 384–389 (1899)
4. D. Budker, W. Gawlik, D.F. Kimball, S.M. Rochester, V.V. Yashchuk, A. Weis, Resonant nonlinear magneto-optical effects in atoms. Rev. Mod. Phys. **74**, 1153–1201 (2002)
5. E. Verdet, Recherches sur les proprietes optiques developpees dans les corps transparents par laction du magnetisme. Ann. Chim. Phys. **41**, 370–412 (1854)
6. L. Sun, S. Jiang, J.R. Marciante, Compact all-fiber optical Faraday components using 65-wt%-terbium-doped fiber with a record Verdet constant of-32 rad/(Tm). Opt. Express **18**, 12191–12196 (2010)
7. S. Li, P. Vachaspati, D. Sheng, N. Dural, M.V. Romalis, Optical rotation in excess of 100 rad generated by Rb vapor in a multipass cell. Phys. Rev. A **84**, 061403(R) (2011)
8. D. Sheng, S. Li, N. Dural, M.V. Romalis, Subfemtotesla scalar atomic magnetometry using multipass cells. Phys. Rev. Lett. **110**, 160802 (2013)
9. D. Jacob, M. Vallet, F. Bretenaker, A. Le Floch, R. Le Naour, Small Faraday rotation measurement with a Fabry-Perot cavity. Appl. Phys. Lett. **66**, 3546 (1995)
10. C. Cohen-Tannoudji, A. Kastler, Optical pumping, in *Progress in Optics*, vol V, ed. by E. Wolf, (Elsevier, North Holland, 1966), p. 1
11. G.W. Series, Optical pumping and related topics, in *Quantum Optics*, the 1969 Scottish Universities Summer School, ed. by S.M. Kay, A. Maitland (Academic Press, London, 1970), p. 395
12. A. Corney, *Atomic and Laser Spectroscopy* (Oxford University Presss, Oxford, 1977)
13. W. Gawlik, J. Kowalski, R. Neumann, F. Träger, Observation of the electric hexadecapole moment of free Na atoms in a forward scattering experiement. Opt. Commun. **12**, 400 (1974)
14. W. Bennett, Hole burning effects in a He-Ne optical maser. Phys. Rev. **126**, 580 (1962)
15. W. Gawlik, S. Pustelny, Nonlinear Faraday effect and its applications, in *New Trends in*

Quantum Coherence, ed. by R. Drampyan (Nova, New York, 2009), p. 47
16. D. Budker, D.F. Kimbal Rochester (eds.), *Optical Magnetometry* (Cambridge University Press, Cambridge, 2013)
17. D. Budker, V. Yashchuk, M. Zolotorev, Nonlinear Magneto-optic effects with ultranarrow widths. Phys. Rev. Lett. **81**, 5788 (1998)
18. W.E. Bell, A.L. Bloom, Optically driven spin precession. Phys. Rev. Lett. **6**, 280–281 (1961)
19. S. Pustelny, M. Koczwara, Ł. Cincio, W. Gawlik, Tailoring quantum superpositions with linearly polarized amplitude-modulated light. Phys. Rev. A **83**, 043832 (2011)
20. D. Budker, D.F. Kimball, S.M. Rochester, V.V. Yashchuk, Nonlinear magneto-optical rotation via alignment-to-orientation conversion. Phys. Rev. Lett. **85**, 2088 (2000)
21. D.F. Jackson Kimball, S. Pustelny, V.V. Yashchuk, D. Budker, Optical magnetometry with modulated light, in *Optical magnetometry*, ed. by D. Budker, F.D.J. Kimball (Cambridge University Press, Cambridge, 2013), pp. 104–124
22. Z.D. Grujić, A. Weis, Atomic magnetic resonance induced by amplitude-, frequency-, or polarization-modulated light. Phys. Rev. A **88**, 012508 (2013)
23. E. Breschi, Z.D. Gruijć, P. Knowles, A. Weis, Magneto-optical spectroscopy with polarization-modulated light. Phys. Rev. A **88**, 022506 (2013)
24. Y.P. Malakyan, S.M. Rochester, D. Budker, D.F. Kimball, V.V. Yashchuk, Nonlinear magneto-optical rotation of frequency-modulated light resonant with a low-J transition. Phys. Rev. A **69**, 013817 (2004)
25. W. Gawlik, L. Krzemień, S. Pustelny, D. Sangla, J. Zachorowski, M. Graf, A. Sushkov, D. Budker, Nonlinear magneto-optical rotation with amplitude-modulated light. Appl. Phys. Lett. **88**, 131108 (2006)
26. C.C. Gerry, P.L. Knight, *Introductory Quantum Optics* (Cambridge University Press, Cambridge, 2005)
27. M. Auzinsh, M. Auzinsh, D. Budker, D.F. Kimball, S.M. Rochester, J.E. Stalnaker, A.O. Sushkov, V.V. Yashchuk, Phys. Rev. Lett. **93**, 173002 (2004)
28. A.F. Molish, B.P. Oehry, *Radiation Trapping in Atomic Vapours* (Oxford University Press, Oxford, 1998)
29. J.P. Wittke, R.H. Dicke, Phys. Rev. **103**, 620 (1956)
30. W. Gawlik, Nonstationary effects in velocity-selective optical pumping. Phys. Rev. A **34**, 3760 (1986)
31. E. Pfleghaar, J. Wurster, S.I. Kanorsky, A. Weis, Time of flight effects in nonlinear magneto-optical spectroscopy. Opt. Commun. **99**, 303 (1993)
32. M. Erhard, H.-P. Helm, Buffer-gas effects on dark resonances: theory and experiment. Phys. Rev. A **63**, 043813 (2001)
33. M.V. Balabas, T. Karaulanov, M.P. Ledbetter, D. Budker, Polarized alkali-metal vapor with minute-long transverse spin-relaxation time. Phys. Rev. Lett. **105**, 070801 (2010)
34. V.G. Lucivero, P. Anielski, W. Gawlik, M.W. Mitchell, Shot-noise-limited magnetometer with sub-picotesla sensitivity at room temperature. Rev. Sci. Instr. **85**, 113108 (2014)
35. W. Wasilewski, K. Jensen, H. Krauter, J.J. Renema, M.V. Balabas, E.S. Polzik, Phys. Rev. Lett. **104**, 133601 (2010)
36. I. Novikova, A.B. Matsko, V.L. Velichansky, M.O. Scully, G.R. Welch, Phys. Rev. A **63**, 12 (2001)
37. G. Vasilakis, V. Shah, M.V. Romalis, Phys. Rev. Lett. **106**, 143601 (2011)
38. K. Jensen, V.M. Acosta, J.M. Higbie, M.P. Ledbetter, S.M. Rochester, D. Budker, Phys. Rev. A **79**, 023406 (2009)
39. D. Budker, D.F. Kimball, S.M. Rochester, V.V. Yashchuk, M. Zolotorev, Sensitive magnetometry based on nonlinear magneto-optical rotation. Phys. Rev. A **62**, 043403 (2000)
40. S. Pustelny, A. Wojciechowski, M. Gring, M. Kotyrba, J. Zachorowski, W. Gawlik, Magnetometry based on nonlinear magneto-optical rotation with amplitude modulated light. J. Appl. Phys. **103**, 063108 (2008)
41. W. Chalupczak, R.M. Godun, S. Pustelny, W. Gawlik, Room temperature femtotesla

radio-frequency atomic magnetometer. Appl. Phys. Lett. **100**, 242401 (2012)
42. V.V. Yashchuk, S.-K. Lee, E. Paperno, Magnetic shielding, in *Optical Magnetometry*, ed. by D. Budker, D.F.J. Kimball (Cambridge University Press, Cambridge, 2013), pp. 104–124
43. S. Xu, S.M. Rochester, V.V. Yashchuk, M.H. Donaldson, D. Budker, Construction and applications of an atomic magnetic gradiometer based on nonlinear magneto-optical rotation. Rev. Sci. Instr. **77**, 083106 (2006)
44. S.J. Smullin, I.M. Savukov, G. Vasilakis, R.K. Ghosh, M.V. Romalis, Low-noise high-density alkali-metal scalar magnetometer. Phys. Rev. A **80**, 033420 (2009)
45. P. Wlodarczyk, S. Pustelny, J. Zachorowski, M. Lipinski, Modeling an optical magnetometer with electronic circuits-analysis and optimization. J. Instr. **7**, P07015 (2012)
46. S. Pustelny, W. Gawlik, S.M. Rochester, D.F. Jackson Kimball, V.V. Yashchuk, D. Budker, Nonlinear magneto-optical rotation with modulated light in tilted magnetic fields. Phys. Rev. A **74**, 063420 (2006)

第16章 氦磁力仪

Werner Heil[①]

摘要:氦光泵(^{4}He,^{3}He)磁力仪已经为军事、空间探索和地球物理实验室等应用提供了超过50年的磁场数据。最近,人们更多地将之应用于基础研究实验。氦磁力仪的特性使其成为这些应用的首选仪器,包括灵敏度高、精度高、谐振曲线简单、光致偏移引起的航向误差小、谐振室的温度无关性、磁场与谐振频率之间的线性关系、梯度计优良的工作稳定性以及磁场和空间使用的鲁棒性。1960—1990年生产的氦磁力仪全部采用无电极RF放电^{4}He灯作为1083nm共振辐射的光泵源。自20世纪90年代以来,随着1083nm光纤激光器的发明,激光泵浦氦磁力仪的灵敏度要比灯泵浦氦磁力仪高出两个数量级,且在磁梯度仪中使用更精确、更小型、也更加稳定。利用无自旋进动的优点,在精度方面实现了一定进步。对于极化的^{3}He,在弱磁场下,其相干自旋进动时间T_2^*可达100h,甚至在强磁场(>0.1T)下,已经有报道其原子核的自旋进动时间约为5min。这开启了超高精度磁力仪的新篇章,超高精度磁力仪信号的读取通常是通过SQUID、碱金属光泵磁力仪或NMR技术来完成的。下文从氦磁力仪的历史回顾和最新发展(包括未来展望)出发,对氦磁力仪进行了全面的综述。

16.1 引 言

1949年比特(Bitter)的磁共振光学探测[1]和1950年卡斯特勒(Kastler)的光泵浦(Optical Pumping,OP)[2,3]是现代光学磁力仪得以实现的关键突破。德梅尔特(Demelt)[4]、贝尔和布鲁姆[5]证明,通过观察偏振光共振辐射光束的传输,可以有效地监测原子(和分子)的取向。该方法的基本思想是,与光学跃迁

---

① W. Heil (&),约翰内斯古腾堡大学,美因茨,德国;电子邮箱:wheil@uni-mainz.de;© 瑞士斯普林格国际出版公司 2017, A. Grosz 等人(编辑),高灵敏度磁力仪,智能传感器,测量和仪器 19, DOI 10.1007/978-3-319-34070-8_16。

近共振的光使处于基态的原子产生长寿命的取向或者是更高级的能量状态,随后在磁场中开始拉莫尔自旋进动。该进动改变了原子的光学吸收和色散特性,这种改变能通过测量穿过原子介质的光来检测。

在许多现代光学磁力仪中,用于光泵和探测原子极化的技术通常结合了激发塞曼和超精细能级跃迁的方法,这些方法或者使用了外加的 RF 或微波频率场[6]、或者调制光的密度、频率或偏振[7]。双共振技术[8]的理念是,当 RF 场的频率(如 f_{rf})被调谐到拉莫尔频率 f_L 时,即 $f_{rf} = f_L$,显著的改变了利用被调谐到共振频率 $f = f_0$ 的光束通过光跃迁而实现的光泵现象。在适当的条件下,RF 量子的吸收/发射伴随着光子的吸收/发射,这大大提高了对 RF 跃迁事件的探测效果。双共振法是广泛应用的 M_x - 和 M_z - 磁力仪的基础,可以在文献[6]中找到基于磁共振现象的磁力仪的说明。

16.2 氦磁力仪的历史

16.2.1 光泵 ^{4}He 磁力仪

氦磁力仪开始于科尔格罗夫(Colegrove)和弗兰肯(Franken)[9]对 ^{4}He 亚稳态能级的首次光泵浦,文献[10]中演示了第一台氦磁力仪。与使用基态极化的碱金属 AM 不同,^{4}He 磁力仪使用由高频放电产生的 2^3S_1 亚稳态原子极化。除此之外,氦磁力仪中采用的光学磁测量技术是类似的:原子自旋极化的光泵浦和光探测,以及同时使用的涉及外加 RF 场或光的幅度和频率调制的双共振技术。M_z 模式 ^{4}He 磁力仪的基本原理如图 16-1 所示。对于 ^{4}He 磁力仪,图 16-1 中圆形偏振器可由线性偏振光滤波器代替,而对滤光片的需求取决于实际使用的光源。使用激光器,如工作在 1083nm[11-14]下的可调谐二极管激光器,可以将其锁定在单个 D_0 线,然而氦灯同时发射 D_1 和 D_2 线,因此需要一定滤波,用以最小化此类线的吸收跃迁[15]。传感元件是一个装有几毫巴压力 ^{4}He 的圆柱形玻璃气室。一小部分 He 被弱无电极高频放电激发进入 2^3S_1 亚稳态。这种激发引入了未极化的亚稳态原子,外部磁场将能级分为三个塞曼子能级,即 $m_S = +1$、$m_S = -1$ 和 $m_S = 0$,其中 $\Delta E = h \cdot f_L$ 是 $m_S = 0$ 和 $m_S = \pm 1$ 之间的能量差。共振交流磁场 $B_1(t) = B_1 \cdot \cos(2\pi \cdot f_L)$ 可诱发从 ±1 能级到 0 能级的跃迁。拉莫尔共振频率 f_L 的确定依赖于外磁场的标量值,可依据

$$\Delta E = h \cdot f_L = 2 \cdot \mu_e \cdot B_0 \text{ 或 } f_L = (\gamma_e / 2\pi) \cdot B_0 \quad (16-1)$$

式中:自由电子旋磁比 $\gamma_e / 2\pi = (2 \cdot \mu_e / h) = 28.02495266 \text{GHz/T}$,这是光泵磁力仪的最大转换因子。

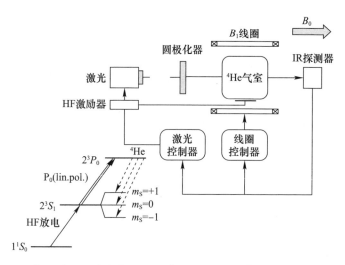

图 16 - 1　^{4}He 2^3P_1 亚稳态能级（$D_0:2^3P_1(m_S=0)\to 2^3P_0$）磁自旋状态下具有单线泵浦的双共振^{4}He磁力仪的方案结构图

频率 f_L 的确定方法如下：三种亚稳态的 2^3S_1 电子通过适当的窄带红外光束被激发到较高的 2^3P_0 能级。激发的 2^3P_0 原子无差别地自发衰减到亚稳态 2^3S_1 的每一个塞曼子能级。因此，利用光建立了 He 气体的纵向磁极化。输出的激光可以通过铟镓砷或硅光电二极管监测。使用了线偏振光，$m_S=0$ 状态电子的布居数大为减少，光的吸收也不再发生。当几乎所有 $m_S=0$ 状态的电子被移除、气室恢复完全透明时，光线达到了饱和。然而，当通过在垂直方向施加交流共振磁场 $B_1 \cdot \cos(2\pi \cdot f_L)$ 到外磁场时，$m_S=+1$ 状态的电子被激发进入 $m_S=0$ 状态，接着 $m_S=0$ 状态的电子可再次进行光吸收。

在典型的双共振、纵向监测磁力仪（M_z 模式）中，磁共振线圈的频率 f_{rf} 将不断扫过拉莫频率 f_L。在 B_1 线圈的基频上同步检测监测光，调整调制的中心频率直到被探测的输出光基本消失，此时输入调制的中心频率等于 $f_L=(\gamma_e/2\pi)\cdot B_0$，给出了环境磁场的绝对测量值。

16.2.2　光泵^{3}He核磁力仪

当使用^{3}He 时，有一个附加的亚稳态交换碰撞过程，它能够使角动量从亚稳态转移到 $1^1S_0(I=1/2)$ 基态。这种机制非常高效，以至于整个基态可以达到与 2^3S_1 亚稳态能级相同的极化水平。科尔格罗夫，舍勒（Schearer）和沃尔特斯首次证明了亚稳态氦原子引起^{3}He 核自旋极化的 SE 光泵浦方法[16,17]，这促进了^{3}He 核磁力仪的发展[18]。该物质的共振引起人们兴趣的是当施加交变磁场的频率等于基态原子自旋进动的拉莫频率时,将扰动基态原子的核自旋。由于亚稳态原子和基态原子之间的紧耦合,对后者原子极化的任何扰动都会在比 He 原子核拉莫周期短得多的时间内传输到前者。相应的亚稳态极化的扰动改变了 He 原子气室的光学透明度。^{3}He 的显著区别在于,核自旋不直接与产生极化的共振光束相互作用,以至于光致偏移小到可以忽略不计。在 2^3S_1 亚稳态 He 中,拉莫频率可随光强、波长、He 原子亚稳态密度和环境磁场强度的变化而变化,这些变化的实验测量已经记录在文献[19]中。

当放电使原子保持亚稳态时,纵向弛豫时间 T_1 和横向弛豫时间 T_2 均依赖于亚稳态原子的密度。典型的 T_1 值是几十秒,T_2 值大约是 1.5s。T_1 能够通过观察极化达到平衡的速率来测量,T_2 是基态原子与亚稳态原子发生交换碰撞的逆速率。因此,$T_2 = 1/(v \cdot \sigma \cdot n)$,其中 v 是碰撞的亚稳态原子的相对速度,n 是亚稳态原子密度,σ 是基态和亚稳态原子激发转换的截面。M_x 模式中的线宽为 $\Delta f = 1/(\pi T_2)$(频率单位),这导致了窄的共振线宽 ΔB,$\Delta B = \Delta f/(\gamma_{He}/2\pi) \approx 7$nT,其中 $\gamma_{He}/2\pi = -32.43409966(43)$Hz/$\mu$T($\Delta \gamma_{He}/\gamma_{He} = 1.3 \times 10^{-8}$)是 ^{3}He 核的旋磁比[20]。作为比较:一个实验用 ^{4}He 磁力仪的横向弛豫速率主要由亚稳态原子向气室壁的扩散、亚稳态原子的碰撞和光的展宽决定,对于各种不同气室尺寸和在 0.5~3mbar 范围的压力下,横向弛豫速率约为 $1/T_2 \sim 8 \times 10^3/s$[21]。因此,这里的磁共振曲线宽度 $\Delta B = 1/(\pi T_2)/(\gamma_e/2\pi) \approx 100$nT,比 ^{3}He 核磁力仪大 10 倍以上。这些例子显示了使用 ^{3}He 核磁力仪的优点,特别是在需要绝对磁场测量的情况下。

综上所述:尽管氦光学磁力仪通常不如碱蒸气磁力仪为商业磁力仪客户所熟知,但 50 多年来,灯泵浦 ^{4}He 磁力仪在军事和地球物理航空磁力仪方面发挥了重要作用。随着 1083nm 激光泵浦源的出现,氦磁力仪的创新在过去的 10 年里快速发展。与灯泵浦磁力仪相比,单线激光泵浦使磁力仪的灵敏度提高了两个数量级以上,且不牺牲便携性或稳定性。鲁棒和稳定的磁场测量单元已展示了接近 40fT/$\sqrt{Hz}$ 的灵敏度,并且由于没有光致偏移而极好地提高了精度。激光泵浦氦磁力仪使用量的上升,以及 1083nm 激光器价格的下降,使得这些仪器相对于其他类型的磁力仪而言,对于商业用户和军事用户来说都更加经济实惠。

16.2.3 基于自由自旋进动的^{3}He 核磁力仪

在舍勒等的 ^{3}He 核磁力仪论文中[18],指出了建立自由进动器件的可能性,^{3}He核自旋被很好地屏蔽了。在没有放电的情况下,T_1 的测量值为几千秒。T_2 应该是和基态原子扩散到整个样品容器中的时间 $\tau_d \ll 1/(\gamma_{He} \Delta B)$ 拥有相同的数量级,其中 ΔB 是纵贯玻璃容器磁场的不均匀性(见16.4.2节)。期望更长的弛豫时间和更大的信号将在磁共振宽度(远小于7nT的线宽应该是可以实现的)和绝对磁通量测量方面提供数倍的改进。使用低压气态 ^{3}He 的优点是,它可以应用于包括低温在内的宽温度范围,并且具有可忽略的去磁系数,它与温度或样品形状无关,因此除了容器的作用外,不会改变所测量的磁通量密度(见文献[22]和第6章)。

科昂塔努吉(CohenTannoudji)等首次使用这种新型的非常灵敏的弱磁场磁力仪,来探测由光泵浦的 ^{3}He 核在球形样品容器中自由进动产生的静态磁场[23]。^{3}He 核产生的极弱磁场的探测是由装在靠近 ^{3}He 气室的第二个气室内的 ^{87}Rb 原子完成的。^{87}Rb 磁力仪利用了出现在光泵浦原子基态的零场能级交叉共振[24]。由 ^{3}He 核自旋自由进动(5mbar,P_{He} 约 5%)产生的磁场调制图如图 16-2 所示。测量到的横向核弛豫时间为 $T_2^* \approx 140\min$(T_2^* 的定义见 16.4.2 节),读取装置(^{87}Rb 磁力仪)的灵敏度在带宽为 0.3Hz 的情况下可达到 100fT。进一步证明,静磁探测对 ^{3}He 核自旋不产生可探测的扰动。

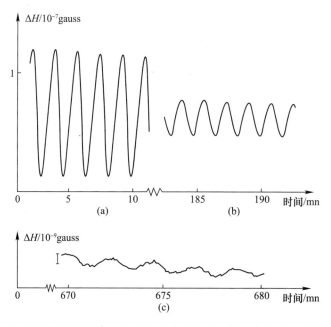

图 16-2 文献[23]中记录的 ^{3}He 核自旋的自由进动。仔细观察,由于屏蔽层的缺陷,产生了约 250pT 的平均剩余磁场,因此可以看到约 20pT 的小的磁场漂移
(a)光泵刚停止时;(b)3h 后;(c)11h 后。

罗伯特斯洛库姆(Robert E. Slocum)和贝拉马顿(Bela I. Marton)于 1974 年

首次观测到光学极化的^{3}He核在地球磁场中的自由进动(约50μT)。这里的读取装置是由一个同轴缠绕在圆柱形^{3}He样品室上的NMR接收线圈完成的。自由进动信号的衰减主要由辐射阻尼主导(约10min)[26],莫罗(Moreau)等通过调整NMR电路的共振频率,远离^{3}He自旋进动(弱耦合)的拉莫尔频率,可以部分解决这个问题[27],进动信号振幅的时间演化达到了一个典型的约70min的弛豫时间。尽管弱耦合限制了可获得的信噪比,但由于使用了二极管激光器,导致了^{3}He核自旋极化度的增加,使地磁场的记录精度达到了约300fT。

当使用在1083nm具有合适光谱特性的激光时,MEOP可提供具有良好光子效率(每吸收1个光子大约极化1个原子核)的非常高的核极化(>0.7)[28]。考虑到适当的高功率光纤激光器的发展[29-31],这种方法的唯一缺点是工作压力范围须限制在$0.5\sim 5$mbar之间[32],此时合适的等离子体可以激发亚稳态原子。当需要更高的最终压力时,需要对气体进行非弛豫压缩,这对气体处理和压缩装置提出了更高的要求。然而,最近的研究表明,在高达4.7T的强磁场中开展MEOP时,工作压力的范围可以扩展到几十或几百毫巴。

16.3 ^{3}He氦光泵

16.3.1 2^3S和2^3P状态的能级结构

使用文献[34]中的符号,其中2^3S和2^3P态子能级的结构和能量对于两种同位素都是在任意磁场中导出的。为了简单起见,只讨论两种实验上相关的极限情况:弱磁场和强磁场。

弱磁场——为完整起见,光泵浦中^{4}He的完整能级结构如图16-3(a)所示。^{4}He的2^3P态有3个精细结构能级,对应$J=0$、1和2,因此有9个塞曼子能级。由于^{3}He有2种核自旋状态,它有2倍的塞曼子能级:2^3S态有6个(A1~A6),2^3P态由于具有5个精细和超精细结构能级(图16-3(b))从而有18个(B1~B18)。在弱磁场中,能很好地分辨^{3}He的2^3S态的$F=3/2$和$F=1/2$超精细能级,能级相差6.74GHz(图16-3(b))。磁子能级可以用解耦基态$|m_S, m_I\rangle$来表示。$A_1 = |-1, -\rangle$和$A_4 = |1, +\rangle$是最大的$|m_F|=3/2$的纯态,但其他态涉及到大的混合参数Θ_-和Θ_+[34],即

$$A_2 = \cos\Theta_- |-1, +\rangle + \sin\Theta_- |0, -\rangle$$
$$A_3 = \cos\Theta_+ |0, +\rangle + \sin\Theta_+ |1, -\rangle$$
$$A_5 = \cos\Theta_- |0, -\rangle - \sin\Theta_- |-1, +\rangle \quad (16-2)$$
$$A_6 = \cos\Theta_+ |1, -\rangle - \sin\Theta_+ |0, +\rangle$$

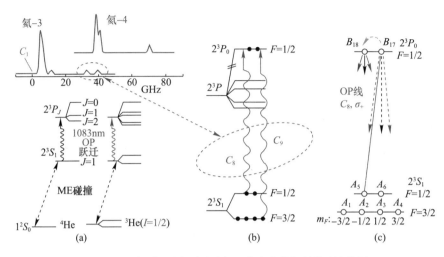

图 16-3　弱磁场下光泵浦中 ^{4}He 的完整能级结构（见彩图）

(a) 在弱磁场（低于 10mT）下，^{4}He（左）和 ^{3}He（右）同位素 MEOP 过程中氦原子态的精细和超精细结构。当考虑同位素偏移时，1083nm 的跃迁谱（上图，采用 300k 多普勒宽度计算，没有碰撞加宽）扩展超过了约 70GHz。光学跃迁频率参考零场 C1 线的跃迁频率[34]；(b) 在通常的光泵条件下效率最高的 C8 和 C9 线分别连接 ^{3}He 的 2^3S_1、$F=1/2$ 和 $F=3/2$ 能级到 2^3P_0 能级；(c) C8 光泵浦考虑角动量累积的基本过程的示例。由于 2^3P_J 态 J 的碰撞改变，荧光几乎是各向同性发射的，与压强成正比，量级为 $10^7 s^{-1}$/mbar[35,36]。在 2^3P 态辐射寿命期间，这可能导致显著布局数迁移。

电子和核角动量的最大强耦合发生在 $B_0 \approx 0$，且 $\sin^2\Theta_- = 2/3$，$\sin^2\Theta_+ = 1/3$ 时。混合参数和子能级能量，以及用于 ^{3}HeMEOP 的 C8 和 C9 跃迁所确定的 2^3P_0 子能级的能量（图 16-3(b)），在弱磁场下线性地依赖于 B_0。相应的塞曼谱线位移不超过 30MHz/mT，跃迁强度的相对变化不超过 0.6%/mT。考虑到光学跃迁的多普勒宽度（室温下 ^{3}He 为 2GHz fwhm 量级），光泵浦率公式在数毫特以内几乎与磁场无关。例如，对于如图 16-3(c) 所示的简单弱磁场情况，具有右旋 ($\sigma+$) 偏振的 C8 线激发原子从 A5 次能级 ($m_F = -1/2$) 到 B17 次能级 ($m_F = 1/2$)。辐射跃迁使原子从 B17 次能级（图 16-3(c) 中的虚线）以及可能由碰撞间接达到的任何其他次能级（图 16-3(c) 中的绿色箭头和虚线），以明确的分支比回到 2^3S 状态的各子状态。

强磁场——当塞曼能量超过精细和超精细结构能量尺度时，2^3S 和 2^3P 能级的角动量结构和 1083nm 的跃迁都发生了深刻的改变。图 16-4 给出了 $B_0 = 1.5$T 时所有塞曼子能级的能量，这是磁共振系统中经常遇到的场强。在该场强下，只有一个弱的状态混合保持在 2^3S 状态（如式(16-2)，$\sin\Theta_+ = 0.07128$，$\sin\Theta_- = 0.07697$）。^{3}He 同位素能级的 6 个塞曼子能级被组织成 3 对状态

(图16-4(a)的下半部分)。在每一对中,能级能量主要由共同的主导值 m_S 决定,而核自旋投影几乎是反平行的。类似地,超精细耦合在 2^3P 状态下仅弱混合了不同 m_I 值的能级(图16-4(a)的上半部分)。因此,对于给定光极化的强磁场的谱由6个主要成分组成,它们出现在2组中:一对和一个四组合,每组在室温下不能分辨。这些特征清楚地出现在如图16-4(b)所示的 ^{3}He 吸收谱线上,图中是在假设室温多普勒宽度和无碰撞加宽的情况下,在1.5T磁场下进行计算的。^{3}He 谱中的强谱线标记为 $f_n^{\pm}$,其中 $n=2$ 或 4 是指未能分辨的分量的数目,而 $\pm$ 是圆偏振光的符号。

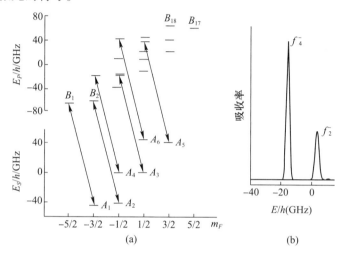

图 16-4 $B_0 = 1.5$T 时所有塞曼子能级的能量(见彩图)

(a) $2^3S(E_S)$ 和 $2^3P(E_P)$ 态 ^{3}He 子能级在1.5T时的能量和磁量子数。蓝色(红色)图案对应于 $f_4^-(f_2^-)$ 光泵结构。$f_4(f_2)$ 谱线由4(2)个未能分辨的跃迁组成。给出了 σ^- 泵浦跃迁;

(b)计算了 σ^- 光在1.5T下的吸收光谱。f_4^- 和 f_2^- 是用于强磁场光泵的两条光泵谱线。

光跃迁频率参考零场 C1 谱线的跃迁频率(图16-3(a)和文献[34])。

16.3.2 非标准条件下的 MEOP

在一个达到几毫特的定向磁场中,标准条件下的 MEOP 可在几秒钟内提供高的核极化率(在 0.7mbar 下达到 90%[31])。不幸的是,当 ^{3}He 压力超过几毫巴时,获得的核极化迅速下降[32,37]。超精细相互作用在 MEOP 中起着至关重要的作用:①它为光泵浦过程中原子电子向 ^{3}He 核的极化转移提供了物理机制;②通过将核取向反向转移到放电等离子体中 $L \neq 0$ 的更高激发态的电子的取向,从而导致了核极化的损失,而放电等离子体是在气体中用以维持产生亚稳态原子和进行光泵浦的。当工作磁场提高到 $B_0 > 0.1$T 时,超精细耦合对核弛豫的影响大为减小,抵消了在较高气压下亚稳态原子布居数的减少。相比之下,亚稳态的强超精细耦合即使在高达7T的磁场下仍然有效。这就是为什么MEOP技术在强磁场下可以扩展提升到高气压(约100mbar)。

然而这种讨论仅适用于室温,当温度降低时情况将发生变化。在这种情况下,亚稳态交换碰撞的速率($v_{rel} \cdot \sigma_{ME}$)大幅度降低[38,39],例如,当温度从300K降到4K时,速率降低了30倍,如图16-5所示。这就是为什么MEOP变得低效和缓慢。测定了在300K温度和4.7T磁场下,小样本容器(图16-6)中^{3}He核的极化建立时间为秒的数量级,在约4K而没有进一步优化的情况下,该时间增

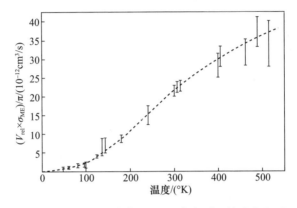

图16-5 亚稳态交换截面(σ_{ME})与相对碰撞速度(v_{rel})乘积与温度的依赖关系(见文献[38])

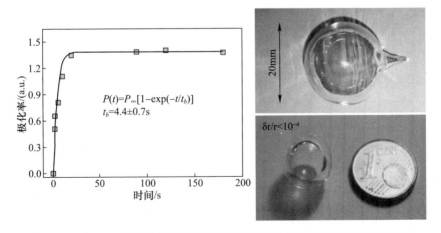

图16-6 在4.7T的磁场中采用2W的光泵浦激光功率和强放电条件,直径为20mm(右上)的球形Pyrex容器中^{3}He核极化(a.u.)的建立过程。填充约1mbar ^{3}He的球形磁力仪气室(石英)可以显著提高到$\delta r/r < 10^{-4}$(右下)

加到1~2min。然而,低温下提高的建立时间应该不会对这种磁力仪的适用性造成很大损害。低温下的MEOP已在文献中得到验证[40,41],能够在冷孔管内进行原位光泵浦,如潘宁阱磁铁。

16.4 方 法

16.4.1 自旋进动信号的读取

对于自旋进动信号的读取,可以使用几种传感器,如低温和/或高温 SQUID 梯度仪、Rb(Cs)M_x 梯度仪或标准 NMR 技术。在弱磁场($B_0 < 50\mu T$)下,由于能直接测量 ^{3}He 磁化强度 $M(t)$ 的时间变化,用 SQUID 或碱金属磁力仪记录自由自旋进动是有利的。当磁场超过 0.1T 时,NMR 检测技术显然更可取,因为它们检测进动样品磁化强度的感应场,约与 dM/dt 成正比,即记录的信号尺度与拉莫尔频率有关,进而与磁场强度有关。在每种情况下,为了降低大部分环境噪声(共模抑制),各读取装置布置成梯度计是有利的。

图 16-7 描绘了三种情况:半径为 R 的球形样品容器内定向的核磁矩引起了宏观磁化磁矩 M_0,在容器的外部产生了磁偶极状磁场 B_{He}。很容易估计,在 1mbar 压力情况下,100% 极化的气体在容器外表面上产生的磁场 $B_{He,s}$ 约为 200pT 量级,然后按照 $B_{He} \sim B_{He,s} \cdot (R/r)^3$ 规律随着距中心径向距离 r 衰减。假设使用低温 dc-SQUID 在磁屏蔽空间测量的系统白噪声为 $N_{SQUID} \approx 3fT/Hz^{1/2}$,初始的粗略估计表明,对于采样单元放置接近的 SQUID 梯度计,即 $r \approx 2R$(r 为梯度计两个采样单元的距离,R 为采样单元尺寸),1Hz 带宽(f_{BW})下,SNR 可以达到 10000:1[42]。使用在 M_x 结构下工作的铯光泵磁力仪(Cesium Optically Pumped Magnetometer,CsOPM)[43],噪声的实验观测值可以达到 $N_{Cs} \approx 30fT/Hz^{1/2}$,大约是这些器件散粒噪声极限的两倍。这将导致预期的 SNR 约为 500:1(f_{BW}=1Hz)。请注意,使用的 Cs 磁力仪是标量磁力仪,即它们测量其位置处总磁场的模 $B(r,t) = |\boldsymbol{B}_0(r,t) + \boldsymbol{B}_{He}(r,t)|$。由于 $B_{He} \ll B_0$,B_0 在时间上通常是常数,因此 $B = B_0 + \boldsymbol{B}_0 \cdot \boldsymbol{B}_{He}(r,t)$,所以 CsOPM 在一阶近似上,仅对沿外加磁场 $B_0 \parallel \hat{z}$ 方向的 ^{3}He 自由进动磁场的分量 δB_z 敏感。一个简单的计算表明,对于给定的距离 r_{Cs},当传感器位于对顶圆锥上且相对于 B_0 的半开角为 $\varphi = 45°$ 时,这个时变的投影有一个最大的振幅。考虑强磁场且利用 NMR,极化的 ^{3}He 样品通常被放置在品质因数为 Q 的接收线圈中,该接收线圈被调谐在拉莫尔频率 f_L 下共振。核磁化强度被旋转后,如通过 $\pi/2$ 脉冲,文献[44,45]给出了旋转的核磁化强度引起的线圈中的感应电压以及电压的 NMR 为

$$SNR = K \cdot \eta \cdot \left(\frac{\mu_0 \cdot Q \cdot (2\pi \cdot f_L) \cdot V_c}{4 \cdot F \cdot kT_c \cdot f_{BW}} \right)^{1/2} \cdot M_0 \qquad (16-3)$$

式中:K 为一个数值因子(约等于 1),取决于接收线圈的几何形状;η 为"填充因子",即度量样品占线圈体积的比例;μ_0 为自由空间的磁导率;V_c 为线圈体积;F 为放大器的噪声系数;kT_c 为探头的热能;f_{BW} 为接收器的带宽。计算表明,即使为了抑制辐射衰减必须降低填充因子(η)和/或品质因数(Q),也可以很容易地获得 SNR 大于 1000∶1($f_{BW}=1\text{Hz}$)的信号。在图 16-8 中给出了使用所述读取装置对旋转的 ^{3}He 磁化强度的测量精度。图 16-8(a)给出了进动周期开始时在超过 0.5s 的时间区间内记录的 SQUID 梯度仪信号。信号幅度达 $\Delta B_{He,SQ} \approx$ 12.5pT,进动频率 $f_L \approx 13\text{Hz}$($B_0 \approx 400\text{nT}$)。进一步显示的是信号幅度(包络)在超过 10h 的时间段内的指数衰减,从中可以推算出横向弛豫时间 $T_2^* = 60.2 \pm 0.1\text{h}$。图 16-8(b)给出了移相 π 后的 CSOPM 信号($S_{Cs,I}$, $S_{Cs,II}$)的时间序列。这两个信号都带有 50Hz 谱线频率的扰动。在差分信号中,50Hz 的扰动消失了(共模抑制),正如傅里叶谱分析证明的那样,两个信号的(随机)噪声幅度谱密度 $N_{Cs,I} = 48\text{fT}/\sqrt{\text{Hz}}$ 和 $N_{Cs,II} = 59\text{fT}/\sqrt{\text{Hz}}$ 在差分信号 $N_{Cs,diff} = \sqrt{N_{Cs,I}^2 + N_{Cs,II}^2} = 76\text{fT}/\sqrt{\text{Hz}}$ 中平方相加,因此期望的差分信噪比 SNR_{diff} 由 $SNR_{diff} = (S_{Cs,I} + S_{Cs,II})/N_{Cs,diff}$ 给出,在 1Hz 的带宽中 $SNR_{diff} \approx 140$。图 16-8(c)给出了自由感应衰减(Free Induction Decay,FID)信号与来自本地频率标准的参考信号 $f_R = 48.6\text{MHz}$ 在 $f_b = f_L - f_R$ 约为 0.1Hz 时的拍频。NMR 信号已经记录在磁共振扫

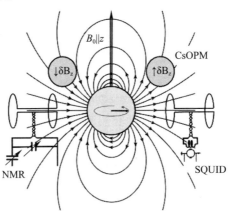

图 16-7 基于自由自旋进动的 ^{3}He 核磁力仪的原理图。球形样品容器中的 ^{3}He 磁化强度在容器外产生偶极场分布。作为旋转磁化强度的读取装置,给出了三种类型的梯度仪系统:(a)低温 SQUID;(b)CsOPM;(c)NMR 检测。(a)和(b)用于 $B_0 < 50\mu\text{T}$,在强磁场($B_0 < 0.1\text{T}$)下通过 NMR 进行磁性测量更为可取,更多的细节见文中。

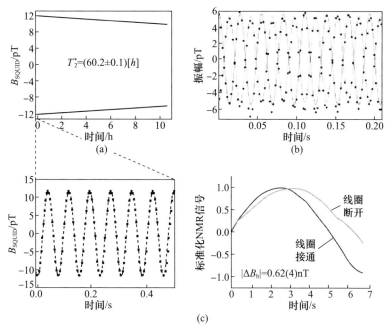

图 16-8 使用 SQUID 梯度计对旋转的 ^{3}He 磁化强度的测量精度

(a) 极化 ^{3}He 的自由自旋进动信号 ($f_L \approx 13$Hz),由低温直流 SQUID 梯度仪记录(采样率:250Hz) 每个数据点的不确定度为 ±34fT,小于图形符号尺寸。从衰减信号幅度包络可以推算出横向弛豫时间 $T_2^* = (60.2 \pm 0.1)$h;(b) 两个 CsOPM 信号的时间序列(采样频率450Hz)被移相 π [43]。频率为 $f_L = 37$Hz($B_0 \approx 1.14\mu$T),提取的 $SNR_{diff} \approx 140$($f_{BW} = 1$Hz);(c) 被测量的 FID(归一化信号;采样频率:620Hz,SNR≈1800@$f_{BW}=1$Hz)拍频 $f_b = f_L - f_R$,施加和未施加预制磁场偏移 $|\Delta B_b^{set}| = 0.6$nT 到 MR 扫描仪 $B_0 = 1.5$T 的磁场中。

描仪(1.5T)的均匀场中,使用图 16-6(右上角)所示的球形容器,最大可用采集时间为 6.6s[46]。测量的 T_2^* 时间为 $T_2^* \approx 70$s。借助于亥姆霍兹线圈,图 16-8(c)中一对 FID 信号通过施加 $|\Delta B_b^{set}| = 0.6$nT 的磁场而被分开。可以根据扫描时间间隔(如 0.5 个周期)粗略估计成对的拍频。估计 0.05s 内的误差,可通过频率差为 $|\Delta f_b| = 0.0210(13)$Hz 对应的磁场变化为 $|\Delta B_b| = 0.62(4)$nT 的对应关系估计。在误差条上,这些结果对应于设置的 ΔB 值。这种粗略的、现成的估计已经达到了检测相对磁场偏移灵敏度的极限,$B_0 = 1.5$T($f_L = 48.6$MHz)时,相对磁场偏移小到 $\Delta B/B_0 \approx 3 \times 10^{-11}$。

给出的进动信号的读取实现装置表明,^{3}He 核磁力仪可以在很宽的动态范围内(nT < B_0 < 10T)用于精确的磁场监测。所有三种情况中 ^{3}He 气压 P_{He} 均在

1mbar 左右,核极化程度为 $0.3 < P_{He} < 0.5$。SNR 大于 1000∶1(f_{BW}∶1Hz)时,可以达到 $\Delta B/B_0 \approx 10^{-11}$ 的相对磁场测量精度(由图 16-8(c)推断)。相干自旋进动的 T_2^* 时间(横向弛豫时间)可以达到几天,因此连续监测磁场能够超过几个小时,特别是在弱磁场下。即使在强磁场(>0.1T)下,在采用良好球形(图 16-6 右下角)和半径 $R<0.5$cm 的样品容器中,T_2^* 时间也可以达到几分钟。这里类似的连续磁场监测也可以通过 ^{3}He 磁力仪的串联来实现,它们彼此反相的交替工作在光泵和自由自旋进动模式下。

16.4.2 长核自旋相位相干时间的概念

在装有自旋极化 ^{3}He 气体样品的容器中,磁场梯度的存在导致横向弛豫速率的增加。这种弛豫机制的起源是原子相位相干性的丧失,它是由于原子在容器中扩散(自扩散)时受到的磁场波动导致的。在所谓的"运动致窄"机制中,气体原子能够在相对较短的时间内 $T_D \approx R^2/D \ll 1/(\gamma \Delta B)$ 扩散到整个样品容器(球形容器的半径为 R),磁场不均匀性($\Delta B \approx R \cdot \vec{\nabla} B$)对自旋相干时间 T_2^* 的干扰影响,能被强烈抑制。文献[47,48]分别推导出了球形和圆柱形样品容器横向弛豫速率的解析表达式。将器壁弛豫速率 $1/T_{1,wall}$ 和其他自旋弛豫模式的弛豫速率归入纵向弛豫时间 T_1 内,对于半径为 R 的球形样品容器,通用的横向弛豫速率 $1/T_2^*$ 的表达式为

$$\frac{1}{T_2^*} = \frac{1}{T_1} + \frac{1}{T_{2,field}}$$

$$= \frac{1}{T_1} + \frac{8R^4 \gamma_{He}^2 |\nabla B_{1,z}|^2}{175 \cdot D_{He}} + D_{He} \frac{|\nabla B_{1,x}|^2 + |\nabla B_{1,y}|^2}{B_0^2} \times$$

$$\sum_n \frac{1}{|x_{1n}^2 - 2| \cdot (1 + x_{1n}^4 (\gamma_{He} B_0 R^2/D_{He})^{-2})} \quad (16-4)$$

式中:磁保持场 $\boldsymbol{B}_0$ 指向 z 方向;D_{He} 为气体的扩散系数,在 $T=300$K 时 $D_{He}[\text{cm}^2/\text{s}] = 1880/P_{He}[\text{mbar}]^{[49]}$;$x_{1n}$($n=1,2,3,\cdots$)为球贝塞尔函数 $j_1(x)$ 的导数 $(d/dx)j_1(x)=0$ 的零点。局部场与均匀场 $\boldsymbol{B}_0$ 的偏差 $\boldsymbol{B}_1(\boldsymbol{r})$ 用均匀梯度场 $\boldsymbol{B}_1(\boldsymbol{r}) = \boldsymbol{r} \cdot \nabla \boldsymbol{B}_1$ 近似,其中 $\nabla \boldsymbol{B}_1$ 是无迹的、对称的二阶张量。在弱磁场和强磁场的限制下可使用 $Y:=x_{11}^4 \cdot D_{He}^2/(\gamma_{He}^2 \cdot R^4 \cdot B_0^2) \gg 1$ 和 $Y \ll 1$ 将式(16-4)分别简化为

$$\frac{1}{T_2^*} = \frac{1}{T_1} + \frac{1}{T_{2,field}} = \frac{1}{T_1} + \frac{4R^4 \gamma_{He}^2}{175 \cdot D_{He}} (2|\nabla B_{1,z}|^2 + |\nabla B_{1,x}|^2 + |\nabla B_{1,y}|^2) \quad 弱磁场 \ B_0 < 10\mu T$$

$$\frac{1}{T_2^*} = \frac{1}{T_1} + \frac{8 \cdot R^4 \cdot \gamma_{He}^2}{175 \cdot D_{He}} \cdot |\nabla B_{1,z}|^2 \quad 强磁场 \quad B_0 > 0.1T \quad (16-5)$$

式中:R 单位为厘米。

文献[50-53]系统地研究了由低弛豫 GE180 玻璃制成的容器的纵向弛豫时间。在 ^{3}He 压力远低于 1bar 的情况下,所有 ^{3}He 磁力仪的应用都是如此,T_1 基本上由器壁弛豫时间 $T_{1,\text{wall}}$ 决定,其描述了由于与容器内壁碰撞而引起的弛豫,依赖于

$$\frac{1}{T_{1,\text{wall}}} = \eta_R \cdot \frac{S}{V} \quad (16-6)$$

式中:(S/V) 为表面积与体积比。对于每一个容器来说弛豫系数 η_R 假定为常数,它与侧面的或上部铁磁中心的或靠近内表面的高压气体的相互作用有关。对于未涂层的 GE180 玻璃容器,典型的弛豫系数为 $\eta_R \approx 0.01[\text{cm/h}]$。也就是说,即使对于小型化的尤其用于强磁场的样品容器($R \leq 0.5\text{cm}$),T_2^* 主要由梯度场诱导的横向弛豫时间 $T_{2,\text{field}}$ 决定(式(16-5))。当样品容器直径为 10cm 时,后者可以达到 100h,前提是在整个容器内磁场梯度的绝对值小于 50pT/cm,对应于当磁场 $B_0 = 1\mu\text{T}$ 时,一个相对的磁场梯度为 $5 \times 10^{-5}/\text{cm}$。对于强磁场($B_0 > 0.1\text{T}$),$T_{2,\text{field}}$ 戏剧性的下降!对于相同的相对磁场梯度,在 $B_0 = 1.5\text{T}$ 的磁场以及半径 $R = 0.1\text{cm}$ 的容器中(氦压为 1mBar),$T_{2,\text{field}}$ 以及 T_2^* 仅仅达到 2s。在上面给出的例子中($T_2^* \approx 70\text{s}$,如图 16-8(c)所示),绝对磁场梯度为 $|\nabla B_{1,z}| \approx 1.5 \times 10^{-7}\text{T/cm}$,容器半径 $R = 0.9\text{cm}$(氦压约为 1mBar)[46]。

16.5 自由进动 ^{3}He 磁力仪的性能

16.5.1 灵敏度

频率和相应的磁场测量可能达到的精度可以通过单独的统计方法进行估计:假设噪声是高斯分布的,克拉美罗(Cramér-Rao)下限(Cramér-Rao Low Bound,CRLB)[54]设定了指数衰减正弦信号频率估计方差 σ_f^2 的下限,可表示为

$$\sigma_f^2 \geq \frac{12}{(2\pi)^2 \cdot \text{SNR}^2 \cdot f_{\text{BW}} \cdot T^3} \cdot C(T, T_2^*) \quad (16-7)$$

式中:f_{BW} 为获取持续时间 T 的带宽;$C(T, T_2^*)$ 为信号振幅随 T_2^* 指数衰减的效果。由于观测时间 $T \leq T_2^*$,$C(T, T_2^*)$ 也是同样的数量级[42]。样品自旋得到的对应磁场 B_0 的灵敏度 δB 由式(16-7)使用 $f_L = (\gamma_{\text{He}}/2\pi) \cdot B_0$ 推导得来,可知其随着观测时间 T 提高,可表示为

$$\delta B \geqslant \frac{\sqrt{12} \cdot \sqrt{C(T, T_2^*)}}{\gamma_{\text{He}} \cdot \text{SNR} \cdot \sqrt{f_{\text{BW}}} \cdot T^{3/2}} \qquad (16-8)$$

由于高 2~3 个数量级的旋磁比,式(16-8)建议使用基于电子自旋进动的磁力仪(如^{4}He 磁力仪),而不是原子核自旋进动的磁力仪。通常,电子自旋的弛豫时间很短(约毫秒级),而原子核,如^{3}He,则显示出长的多的自旋弛豫时间。当 $T > 0.1$ s 时,$\gamma_{\text{He}} \cdot T^{3/2}$ 的乘积已经超过了基于电子自旋的磁力仪。而且,在强磁场中,这时电子自旋磁力仪的频率在吉赫范围内,对激发和探测来说精细的微波技术是必须的。在带宽为 1Hz,SNR 为 1000∶1,时间为 $T = T_2^* \approx 1$min 的情况下,从式(16-8)中可得与磁场测量的相对精度相对应的 δB 的下限约为 40fT。

$$\left(\frac{\delta B}{B}\right)_{\text{CRLB}} \approx 4 \cdot 10^{-14}/B[T] \qquad (16-9)$$

后面会讨论在实际条件下,测量灵敏度的 CRLB 极限在多大程度上能达到,特别是在磁场及其信号频率可能在测量时间 T 内以 $\delta f \gg (\sigma_f)_{\text{CRLB}}$ 的量变化的情况下。与其他高精度频率实验相类似,分析相位 $\Phi(t) = \int_0^t f(t') \mathrm{d}t'$。例如,NMR 信号被记录为一个复杂的瞬态,因此可以直接计算相位(通过实施标准相位展开算法消除相位跳变,如在 MATLAB、Mathworks USA 中)。^{3}He 的自由感应衰减信号可用 $S(t) = S_0 \cdot \exp(-i\Phi(t)) \cdot \exp(-t/T_2^*)$ 来描述,可简单计算为

$$\Phi(t) = \tan^{-1}\left(\frac{\Re(S(t))}{\Im(S(t))}\right) = \int \gamma_{\text{He}} B(t) \mathrm{d}t \qquad (16-10)$$

$\Phi(t)$ 的斜率或一次时间导数是磁场乘以旋磁比。以类似的方式,可以从详细讨论过的 SQUID/CsOPM 记录的自旋进动信号中提取累积相位,如文献[42,43]中所述。现在,来自源的信号频率(如图 16-8(c)所示给定示例中,拍频 f_b)可以在测量时间 T 内以 $\delta f_b \gg \sigma_f^{\text{CRLB}}$ 的量变化。在这种情况下,有望测量时间 T 内确定的平均频率为

$$\bar{f}_b = \frac{\Delta \phi}{2\pi \cdot T} \qquad (16-11)$$

如图 16-9(a)上部所示,$\Delta \phi$ 是累积相位,可表示为

$$\Delta \phi = 2\pi \cdot m + \phi_F - \phi_I \qquad (16-12)$$

式中:m 为在 T 时间内相位跳变的数量;$\phi_{F,I}$ 为在数据序列开始(I)和结束(F)时决定的各自的相位值。现在的工作是最有效的估计 $\phi_{F,I}$ 的误差。图 16-9 中的例子给出了从图 16-8(c)的 FID 运行中获取的相位数据(亥姆霍兹线圈关闭,

$\Delta B=0$)。在弧度灵敏度的标示上,发现了一个线性的函数关系。

$$g(t) = 2\pi \bar{f}_b t + \phi_1 \qquad (16-13)$$

减去函数得到了相应的相位残差 $\varphi(t)$,大约在 150mrad 内变化(图 16-9(a)的底部)。它的时间导数给出了拉莫尔进动频率或磁通量随时间的变化。由此估计,在这次运行中,由磁场的环境波动(图 16-8(c)中的"可见摆动")引起的最大磁场变化约为 0.5nT。

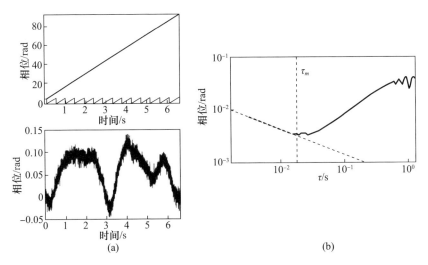

图 16-9 FID 运行中所获取相位数据的相位残差和相位残差的艾伦标准差

(a)顶部为 $B_0 = 1.5T$ 时从 FID 运行中获取的相位数据。在获取数据的 $T = 6.6s$ 时间内,累积相位(黑色的"不重叠"数据)达到了 $\Delta\Phi \approx 90rad$,相位跳变(2π 内)的数量 m 能够从给出重叠相位变量(灰色的,看起来像牙齿结构)的反正切函数中提取。底部为减去式(16-13)后的相位残差,表示由 $\leq 0.5nT$ 的磁场变化引起的环境相位噪声;(b)相位残差的 ASD。对于积分时间 $\tau_m < 20ms$,相位残差噪声按 $\tau^{-1/2}$ 下降,如通过拟合表示的(虚线-点画线)。除了 τ_m 外部磁场时间上的波动也引起了可见的非统计的相位波动。

这些相位残差 $\varphi(t)$ 用于估计 $\phi_{F,1}$ 上的误差。因此,采用艾伦标准差(Allan Standard Deviation, ASD)方法分析信号的噪声和漂移。ASD 是研究频率波动的时间特性和确定研究的相位噪声谱的幂律模型最方便的方法[55]。图 16-9 所示的 FID 运行的相位残差的 ASD,可根据计算为

$$\sigma_{ASD}(\tau) = \sqrt{\frac{1}{2(N-1)} \sum_{i=1}^{N-1} (\bar{\varphi}_{i+1}(\tau) - \bar{\varphi}_i(\tau))^2} \qquad (16-14)$$

其中,总的获取时间 T 被细分为 N 个更小的同样长度的时间间隔 τ,使得 $N\tau = T$。对于每一个这样的子数据组,能够确定平均相位。高斯白噪声是 CRLB

产生依据的关键要求,标准差 σ_{ASD} 与典型的标准差一致,这里希望标准差 $\sigma_{ASD} \sim \tau^{-1/2}$ 依赖积分时间 τ。这种幂律规律在短的积分时间 $\tau_m \leqslant 20\text{ms}$ 时也出现在所用的数据中,如图16-9(b)所示虚线。在 $\tau > \tau_m$ 时,标准差 σ_{ASD} 再次提高,这是由于非统计相位波动作为主要源的外部磁场波动的时间特征。采样率 $r_{s,o} = 620\text{Hz}$,相应于 $\tau = 1/r_{s,o} \approx 1.6\text{ms}$,从ASD图能够推算出相应的相位噪声 $\sigma_o = 9.8\text{mrad}$。这种相位噪声限定了 $\phi_{F,I}$ 的误差。利用式(16-11)和式(16-12),在 $\sigma_{\phi_I} = \sigma_{\phi_F} = \sigma_0$ 时,能够得到平均频率 $\bar{f}_b$ 的误差是 $\sigma_{\bar{f}_b} = \sqrt{2} \cdot \sigma_0 / (2\pi \cdot T) \approx 3.5 \times 10^{-4}\text{Hz}$。最后,利用 $f_b = f_L - f_R$,得到了关于这种磁力仪真实灵敏度的第一点提示:通过平均拉莫频率 $\bar{f}_L$ 以及相应的平均磁场 $\bar{B}_0 = 1.5\text{T}$ 在时间 $T = 6.6\text{s}$,能够给出 $\delta B / \bar{B}_0 = \delta f_L / \bar{f}_L \approx \sigma_{\bar{f}_b} / 48.6 [\text{MHz}] \approx 10^{-11}$ 的精度。这里,假设本地的晶振器(理论原子钟)的频率是没有误差的。

如果能从开始(I)和结束(F)的数据列延伸至 ΔT 的一群数据中确定 $\bar{\phi}_{I,F}$ 的值,就可以对测量灵敏度进行更明确的分析[46]。如图16-9(b)所示的ASD图,基于"零均值高斯噪声"准则的CRBL可用于最长约20ms的时间区间 ΔT。在该时间区间内,残余相位 $\varphi(t)$ 可以设置为常数,即 ΔT 内的相位漂移 $\phi(t)$ 是线性的。如文献[46]中详细讨论的,在总采集时间 T 内,平均拉莫尔频率以及相应的平均磁场的相对精度为

$$\frac{\delta B}{B_0} = \frac{\sigma_{\bar{f}_b}}{f_R + f_b} \cong \frac{\sigma}{\pi \sqrt{2 \cdot r_s \cdot T} \cdot \sqrt{\Delta T \cdot f_R}} \tag{16-15}$$

例如,使用 $T = 6.6\text{s}, \Delta T = 20\text{ms}, r_{s,0} = 620\text{Hz}, \sigma_0 = 10\text{mrad}$,以及 $f_R = 48.6\text{MHz}$ ($\bar{B}_0 = 1.5\text{T}$),得到结果

$$\frac{\delta B}{B_0} \approx 2 \cdot 10^{-12} \tag{16-16}$$

相比较第一次估计在灵敏度上获取了 $\sqrt{N_0} \approx 5$ 的增益因子,这代表了通过对 $\bar{\phi}_{I,F}$ 的误差估计提高的统计上的精度,其中 N_0 是在时间区间 ΔT 内数据点的数目。

16.5.2 磁场监测的动态范围

文中提供的数据是在 $\bar{B}_0 = 1.5\text{T}$ 几乎为恒定磁场的情况下测得的,这里环境场的干扰影响在纳特的数量级。那么出现一个问题:在不显著影响灵敏度的情况下磁力仪能容忍多大动态范围的磁场波动。如前所述,累积相位的精确测量

假定,与拉莫尔频率平均值 $\bar{f}_L \approx f_R$ 的偏差 Δf_L 等同于 rf 与载波频率 f_R 进行混频后的拍频变化 Δf_b,在数据采集期间,必须满足奈奎斯特-香农(Nyquist-Shannon)采样理论

$$\Delta f_b \leqslant r_s/2 \equiv f_{Ny} \tag{16-17}$$

对于带宽 $\Delta f_b \leqslant 25 MHz$,如图 16-9(a)所示,采样频率可以从相位残差(时间导数)推导出来。到目前为止,对于所选的采样率 $r_{s,0}=620Hz$,满足上述要求。原则上,为了进一步扩大动态范围,可以显著地增加采样率 r_s。然而,这与相位噪声(白噪声)的增加有关

$$\sigma = \sigma_0 \cdot \sqrt{\frac{r_s}{r_{s,0}}} \tag{16-18}$$

由于测量精度与累积相位的误差 $\sigma_{\Delta\Phi}$ 直接相关,这里以式(16-12)为出发点,推导出

$$\sigma_{\Delta\Phi} = \sqrt{\sigma_I^2 + \sigma_F^2 + (2\pi \cdot \Delta m)^2} \tag{16-19}$$

除了相位误差 $\sigma_{I,F}$ 之外,还必须考虑噪声引起的相位包络 Δm,当磁力仪必须覆盖更大的动态频率范围时它变得越来越重要。对于 $\Delta m = 1$,$\sigma_{\Delta\Phi}$ 已经由后一种效应主导,因为这里要求 $\sigma_{I(F)} \ll 2\pi$。因为要区分真正的或实际的相位包络(m)与由相位噪声引起的表面上的或假的相位包络(Δm),使得实际的相位展开成为一项具有挑战性的任务。文献[46]对 FID 信号进行了分析:SNR 为 6时,$\sigma_{\Delta\Phi} \approx 0.16rad$。因此,如果允许磁场的相对波动为 0.04%,则可以推导出测量周期 T 内平均磁场 $\bar{B}_0$ 的灵敏度为

$$\frac{\delta B}{\bar{B}_0} = \frac{\sigma_{\Delta\Phi}/(2\pi \cdot T)}{\bar{f}_L} \approx 7.8 \times 10^{-10}/T[s]/\bar{B}_0[Tesla] \tag{16-20}$$

16.5.3 分类简述

16.5.3.1 读取

通过外部磁力仪/传感器对 ^{3}He 自由自旋进动的检测提供一个间接可见的读数,该方式在一阶近似上没有干扰自由自旋进动。这避免了可能发生的系统性的影响,例如,在光学碱金属磁力仪中采用的直接读取光束(光致偏移)或者采用的反馈电路的相位误差(M_x 模式)。后者改变了色散线图形的过零点,在该位置反馈系统锁定到共振。另一方面,影响 CsOPM 的系统性的效果与被用于读取旋转的 ^{3}He 的磁化强度是不相关的。

由于 CsOPMs 驱动磁力仪(M_x 模式),驱动的 RF 场 $B_1(t)$ 可能在 ^{3}He 核自旋的自由进动(拉莫尔进动)中引入一个系统的频率偏移(拉姆齐-布洛赫-西格特(Ramsey – Bloch – Siegert,RBS)偏移)。由旋转磁场在拉莫尔频率中产生偏移的确切表达式通过频率 f_D($f_D = (\gamma_{Cs}/2\pi) \cdot B_0, \gamma_{Cs}/2\pi = 3.5\text{kHz}/\mu\text{T}$)和幅度 B_1 给出

$$\delta f_{RBS} = \pm (\sqrt{\Delta f^2 + (\gamma_{He}/2\pi)^2 \cdot B_1^2} - \Delta f) \quad (16-21)$$

式中:$\Delta f = |f_L - f_D|$。加号适用于(f_D/f_L) < 1,减号适用于(f_D/f_L) > 1。当 $\Delta f \gg (\gamma_{He}/2\pi) \cdot B_1$,表达式简化为

$$\delta f_{RBS} = \pm \frac{(\gamma_{He}/2\pi)^2 \cdot B_1^2}{2 \cdot \Delta f} \quad (16-22)$$

采用文献[43]中描述的组合式 Cs/^{3}He 磁力仪的几何结构来研究激光泵浦 CsOPM 的 ^{3}He 自由自旋进动的读取,CsRF 线圈在 ^{3}He 样品容器中心产生 $B_1 \approx 2 \times 10^{-11}$T 的剩余 RF 场。当施加 $B_0 \approx 1\mu$T 磁场时,这导致一个 $|\delta f_{RBS}| \approx 6 \times 10^{-10}$Hz($\delta f_{RBS}/f_{L,He} \approx 2 \times 10^{-11}$)的 RBS 偏移。

考虑通过 SQUID 读取:一般 SQUID 使用磁通调制技术运行在磁通锁相环(Flux – Locked Loop,FLL)中[58]。自 1990 年初以来,发展出了许多新颖的读取概念,其中部分原因是需要简化用于生物磁性的多通道系统的 SQUID 电子设备[59,60]。这里使用的直接耦合的低温 dc – SQUID 磁力仪,通过使用简单的 FFL 电子器件而无需磁通调制,实现了非常低的噪声级。由于没有任何交流偏置信号,实际中避免了 SQUID 传感器之间的串扰问题。因此,RBS 偏移不可能出现在 ^{3}He 自旋进动的拉莫尔频率上。

NMR 读取:当自旋样品的拉莫尔频率 f_L 与电子检测电路的共振频率 f_c 不一致时,辐射阻尼会引起一个感应频率偏移 Δf_{RD}。在偏转角 $\alpha < \pi/6$ 以及 $2Q \cdot (f_L - f_c)/f_c \ll 1$ 时,格伦(Guéron)得到了 $\Delta f_{RD} \approx (f_L - f_c) \cdot Q/(\pi f_c \tau_{RD})$ 的表达式[61]。尽管这种频率偏移在大多数 NMR 实际应用中小到被忽略,但该磁力仪的高分辨率($\Delta f_L/f_L$)设置了共振器相对于原子塞曼频率的失谐上限,即

$$(f_L - f_c) < \frac{\pi \cdot \tau_{RD}}{Q} \cdot f_L^2 \cdot \left(\frac{\Delta f_L}{f_L}\right) \quad (16-23)$$

例如,当 $f_L = 48.6$MHz,$Q = 280$,$\tau_{RD} = 200$s,取($\Delta f_L/f_L$) = 10^{-12},可得 ($f_L - f_c$) < 5.3kHz。

16.5.3.2 固有频移的研究

为了研究自由进动 ^{3}He 核磁力仪的 CRLB 灵敏度极限(式(16-7)),必须研究其固有噪声源。在频率计量中,通常用艾伦标准差 σ_{ASD} 表示频率波动(见 16.5.1 节)。σ_{ASD} 对积分时间 τ 依赖关系的双对数图,是确定限制振荡器性能

的噪声来源过程的一个有价值的工具。为了确定磁力仪的性能极限,通常需要主动稳定磁场。否则,非统计的磁场波动产生噪声源,而这些噪声源在先验上无法与磁力仪本身的固有噪声源区分开来。消除环境磁场及其时间起伏影响的较好方法是使用协同定位的自旋样品,如 ^{3}He 和 ^{129}Xe。在所谓的 ^{3}He/^{129}Xe 时钟比较实验中,对于给定的拉莫尔频率组合,塞曼项以及任何依赖磁场波动的都应消失,即

$$\Delta f_c = f_{L,He} - (\gamma_{He}/\gamma_{Xe}) \cdot f_{L,Xe} \quad (16-24)$$

式中:$(\gamma_{He}/\gamma_{Xe}) = 2.75408159(20)^{[62,63]}$ Δf_c 或其等价项,残余相位 $\Delta \Phi_c$,是要进一步分析的相关量,以便恰当地跟踪磁力仪固有的可能频率或相移。ASD 图中相位不确定性的特性如图 16-10 所示。事实上,观察到的相位起伏随 $\tau^{-1/2}$ 减小,表明存在相位白噪声。相干自旋进动一天(T_d)后,典型的加权相位差的不确定度通常为 $\sigma_{\Delta \Phi_c} \approx 10 \mu rad$,对应于 $\sigma_f = \sigma_{\Delta \Phi_c}/(2\pi \cdot T_d) \approx 18 pHz$ 的测量频率的不确定度。这些实验是在 $B_0 \approx 0.4 \mu T$ 磁场中进行的,使用低温 dc-SQUID 梯度仪作为 ^{3}He 和 ^{129}Xe 自旋进动的读取设备。进一步检查,地球旋转的影响(即,SQUID 检测器以及其他读取设备相对于自旋进动的旋转)不能通过协同磁测量来补偿,同样的还有 RBS 引起的偏移(即,自偏移(ss)和串扰(ct))[64]。因此,图 16-10 给出的残余相位噪声是在减去这些具有明确定义时间结构的确定性相位漂移之后获得的[42,64]。对于 ^{3}He 磁力仪的运行,仅须考虑 SQUID 探测器(Δf_{rot})相对于自旋进动的旋转($f_{L,He}$)和自交换 $\Delta f_{RBS}^{ss}(t)$(相同自旋类型进动磁矩的耦合)。地球旋转导致的一个恒定的频率偏移可由式 $\Delta f_{rot} = f_{Earth} \cdot \cos\Theta \cdot \cos\rho$ 以及 $f_{Earth} = 1.16057614(2) \times 10^{-5} Hz = 1.16057614(2) \times 10^{-5} Hz$ 给出,其中纬度 Θ,角度 ρ 为南北方向和磁场的夹角,Δf_{rot} 是已知的,磁力仪读数可以被校正。

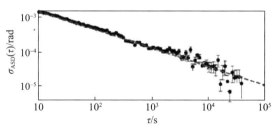

图 16-10 单次运行残余相位噪声的 Allan 标准差(^{3}He/^{129}Xe 协同磁测量,$B_0 \approx 0.4 \mu T$,使用低温 dc-SQUID 梯度仪读取。总的观察时间 $T = 90000s$。随着积分时间 τ 的提高,相位的不确定度按正比于 $\tau^{-1/2}$ 下降表明存在相位白噪声。具有明确时间结构的确定的相位的偏移已经从加权的频率/相位差中减去,见正文)

关于 RBS 自交换,假定 $f_L \approx f_D$,则 $\Delta f \ll (\gamma_{He}/2\pi) \cdot B_1$(式(16-21))。因此,偏移 $\Delta f_{RBS}^{ss}(t)$ 在一个和信号幅值成正比的值 $\delta f_{RBS}^{ss}(t) \propto \gamma_{He} \cdot B_1(t) \propto \exp(-t(T_{2,He}^*))$ 处取得峰值。正比例因子 X_{He} 依赖于采样容器的形状、穿过容器的磁场的实际梯度以及气压,变化范围为 $|X_{He}| \leq 3 \times 10^{-6} Hz$[42]。作为一个结果,可以得到一个在绝对频率测量中的系统误差 $\langle \delta f_{RBS}^{ss}(t) \rangle < (T_{2,He}^* \cdot X_{He}/T) \cdot (1 - \exp(-T/T_{2,He}^*))$。

16.6 小　　结

基于自由自旋进动的 ^{3}He 核磁力仪可用于工作范围为 $nT < B_0 < 10T$ 的超灵敏的磁场测量和监测。它的应用范围可以扩展到低温,如在潘宁阱磁铁的冷孔管内。在这种温度下,几乎所有其他物质都是固体,核自旋之间的偶极相互作用导致 T_2^* 戏剧性的下降(小于 1ms)。亚稳态光泵浦技术允许在弱磁场和强磁场以及整个感兴趣的 4K < T < 300K 温度范围内进行原位 OP。应用领域从基础物理到应用研究和实际应用,如永磁体和超导磁体的匀场预处理[65]或梯度监测[42,66]。下面列出了 ^{3}He 磁力仪的一些值得提及的特性。

16.6.1 快速响应

除了精确的磁场监测外,长时间跨度(约为 t_2^*)还可用于反馈控制来稳定磁场。对于磁场的精确控制,至少在强磁场中,当前的技术状态支持稳态自旋共振信号的共振曲线的扫描,如具有可变激发频率的氢的共振曲线。高精度相应要求小的共振线宽,因此也需要一个长的时间 T_2^*。另外,稳态共振振幅需要响应停留时间为 T_2^* 的激励频率的变化。因此,这种反馈控制方法速度慢,目的在于更高的精度。然而,在标准频率下自由进动信号的锁相耦合避免了这一缺点。在这方面,有一个与 M_x 磁力仪类似的情况,即最好工作在弱磁场下,且需要检测磁矩横向振荡分量的相位。

16.6.2 最小化

自由自旋进动的 ^{3}He 核磁力仪能够大幅度小型化。由于磁力仪的尺寸主要是由球形样本容器的尺寸决定,显然明显的在强磁场中使用 NMR 探测。根据式(16-8),灵敏度标度正比于 $SNR \times (T_2^*)^{3/2}$。对于一阶近似,灵敏度的降低按照 $SNR \sim R^2$ 关系导致更小的样本尺寸(文献[45]中的式(10)),这可通过更高的气体压力或使用改进填充因子的探测线圈来补偿。在一个充满了 ^{3}He 的压力为 $p_0 \approx 1mBar$ 的 $R_0 = 1cm$ 的样本容器内,要求测量的信噪比 $SNR_0 = 1800(f_{BW} = 1Hz)$,

取横向弛豫时间的测量值 $T_{2,0}^* = 70s$,可以由式(16-5)推导出穿过容器的实际磁场梯度 $|\nabla B_z|_0 \approx 1.5 \times 10^{-7} T/cm$。最后,通过要求同样的测量灵敏度,也就是 $SNR \times (T_2^*)^{3/2} = SNR_0 \times (T_{2,0}^*)^{3/2}$,这获得了由 $R/R_0 = (\sqrt{(p/p_0)}/(R_G)^3)^{1/4}$ 给出的 (R/R_0) 的一个简单的比例定律,同样其作为 $R_G = |\nabla B_z|/|\nabla B_z|_0$ 的函数,比率 SNR/SNR_0 和 $(T_2^*)/(T_2^*)_0$ 相应的函数依赖性如图 16-11 所示。本例中,^{3}He 的压力为 $p_{He} = 100mbar$。可以得到一个结论:最小化没有严重影响 ^{3}He 核磁力仪的性能。对于 $R \approx 0.5mm$,依旧可以期望获得 200 的 SNR 和 200s 的横向弛豫时间,对绝对磁场梯度的要求进一步被放宽至 $|\nabla B_z| \approx 5 \times 10^{-6} T/cm$。

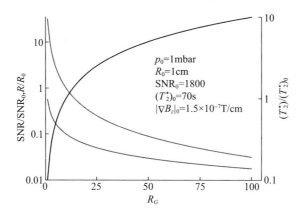

图 16-11 小型化后的 ^{3}He 核磁力仪的性能(样本尺寸为 R)(见彩图)(比率 SNR/SNR_0、(R/R_0) 和 $(T_2^*)/(T_2^*)_0$ 作为 $R_G = |\nabla B_z|/|\nabla B_z|_0$ 的函数的曲线。曲线图基于 $SNR \times (T_2^*)^{3/2} = SNR_0 \times (T_{2,0}^*)^{3/2}$ 的假设,即相同的测量灵敏度(式(16-8))。使用的 ^{3}He 的压力 $p_{He} = 100mbar$)

16.6.3 绝对磁场测量

计量学,原子、核以及粒子物理学中的许多实验,如 μ 介子 g-2 实验[67],需要精确测定自由质子在磁通密度 B_0 中的自旋进动频率 f_p,可表示为

$$f_p = \left(\frac{\gamma_p'}{2\pi}\right) \cdot B_0 \tag{16-25}$$

式中:γ_p' 为自由质子旋磁比。可以利用标准温度 25° 时水中质子旋磁比的推荐值,将其转换为磁通密度。弗劳尔斯(Flowers)等已讨论了气态 ^{3}He 作为水的替代物通过 NMR 用于测量绝对磁通密度的有效性[22]。论文中建议,最好尝试高精度的测定 $\mu_h(^3He)/\mu_B$,以提供通用参考,并将 ^{3}He 用作测定磁场强度的主要

手段。$\mu_h(^3\text{He})$ 是 ^{3}He 中的 ^{3}He 核（氦）磁矩。必须特别注意形状为精确球形的标准容器的制造。对于半径为 r 稍微偏离精确球形的变化 δr，通过数值积分发现小的偏移是近似线性的，最大的斜率为

$$\left|\frac{\delta B}{B_0}\right| = 2.4 \times 10^{-7} \cdot \frac{\delta r}{r} \quad (16-26)$$

对于球形石英容器 $\frac{\delta r}{r} < 10^{-4}$（图 16-6），偏移 δB 小于 10^{-10}。

NMR 电路或其他物体的直接邻近增加了线圈/采样系统及其局部环境中磁场的不均匀性，由于磁化率失配，根据式（16-6），可能会大大缩短时间 T_2^*。因此，与磁化率相关的磁场不均匀性也必须通过采取与物质样品匹配的零磁化率（$\chi_{mag} \approx 0\text{ppm}$）来消除，就像在高分辨率 NMR 波谱仪中的常见做法一样[68]。

16.6.4 大尺寸磁力仪气室

在给出的示例中，仅限于尺寸 $R < 5\text{cm}$ 的球形样品容器。然而，磁力仪容器的尺寸和形状没有强制性的要求，特别是对于弱磁场测量。例如，在 PSI 的中子电偶极矩（Neutron Electric Dipole Momenr, nEDM）实验中[69,70]，使用两个扁平圆柱形磁力仪气室（$\Phi \approx 50\text{cm}$，高 5cm），以覆盖通过 nEDM 频谱仪的整个磁通量（三明治式排列）。CsOPM 梯度计作为读取装置，放置在每个气室的边缘，以达到监测 ^{3}He 核自旋进动的最高灵敏度，详细描述见文献[69]。应注意的是，在如此大的容器中获得了高达 45min 的 T_2^* 时间，得益于在多层 μ-金属屏蔽室内施加的弱均匀磁场产生的低磁场梯度（约 30pT/cm）。

参考文献

1. I.K. Kominis, T.W. Kornack, J.C. Allred, M.V. Romalis, A subfemtotesla multichannel atomic magnetometer. Nature **422**, 596 (2003)
2. H. Xia, A. Ben-Amar Baranga, D. Hoffman, M.V. Romalis, Magnetoencephalography with an atomic magnetometer. Appl. Phys. Lett. **89**, 211104 (2006)
3. K. Johnson, P.D.D. Schwindt, M. Weisend, Magnetoencephalography with a two-color pump-probe, fiber-coupled atomic magnetometer. Appl. Phys. Lett. **97**, 243703 (2010)
4. V. Shah, R.T. Wakai, A compact, high performance atomic magnetometer for biomedical applications. Phys. Med. Biol. **58**, 8153–8161 (2013)
5. I.M. Savukov, S.J. Seltzer, M.V. Romalis, Detection of NMR signals with a radio-frequency atomic magnetometer. JMR **185**, 214 (2007)
6. I.M. Savukov, S.J. Seltzer, M.V. Romalis, K.L. Sauer, Tunable atomic magnetometer for detection of radio-frequency magnetic fields. Phys. Rev. Lett. **95**, 063004 (2005)
7. E. Harel, L. Schröder, S. Xu, Annu. Rev. Anal. Chem. **1**, 133 (2008)
8. G. Bison, R. Wynands, A. Weis, Opt. Express **11**, 904–909 (2003)
9. B. Patton, A.W. Brown, R. Slocum, E.J. Smith, in *Ch. 15, Space Magnetometry*, ed by D.

Budker, D.F.J. Kimball. Optical Magnetometry (Cambridge University Press, Cambridge, 2013), pp. 285–302
10. J. Allred, R. Lyman, T. Kornack, M. Romalis, A high-sensitivity atomic magnetometer unaffected by spin-exchange relaxation. Phys. Rev. Lett. **89**, 130801 (2002)
11. S.J. Smullin, I.M. Savukov, G. Vasilakis, R.K. Ghosh, M.V. Romalis, A low-noise high-density alkali-metal scalar magnetometer. Phys. Rev. A **80**, 033420 (2009)
12. W. Happer, H. Tang, Phys. Rev. Lett. **31**, 273 (1973)
13. H.B. Dang, A.C. Maloof, M.V. Romalis, Ultrahigh sensitivity magnetic field and magnetization measurements with an atomic magnetometer. Appl. Phys. Lett. **97**, 151110 (2010)
14. P.D.D. Schwindt, S. Knappe, V. Shah, L. Hollberg, J. Kitching, Chip-scale atomic magnetometer. Appl. Phys. Lett. **85**, 6409 (2004)
15. T.W. Kornack, S.J. Smullin, S.K. Lee, M.V. Romalis, Appl. Phys. Lett. **90**, 223501 (2007)
16. I. Savukov, T. Karaulanov, M. Boshier, Ultra-sensitive high-density Rb-87 radio-frequency magnetometer. Appl. Phys. Lett. **104**, 023504 (2014)
17. T.G. Walker, W. Happer, Spin-exchange optical pumping of noble-gas nuclei. Rev. Mod. Phys. **69**, 629–642 (1997)
18. S. Kadlecek, L.W. Anderson, T. Walker, Measurement of potassium-potassium spin relaxation cross sections. Nucl. Instrum. Meth. Phys. Res. A **402**, 208–211 (1998)
19. M.P. Ledbetter, I.M. Savukov, V.M. Acosta, D. Budker, M.V. Romalis, Spin-exchange-relaxation-free magnetometry with Cs vapor. Phys. Rev. A **77**, 033408 (2008)
20. M.P. Ledbetter, I.M. Savukov, D. Budker, V. Shah, S. Knappe, J. Kitching, D.J. Michalak, S. Xu, A. Pines, Zero-field remote detection of NMR with a microfabricated atomic magnetometer. Proc. Natl. Acad. Sci. USA **105**, 2286 (2008)
21. S. Knappe, P. D. D. Schwindt, V. Gerginov, V. Shah, L. Liew, J. Moreland, H. G. Robinson, L. Hollberg, J. Kitching, Microfabricated atomic clocks and magnetometers. J. Opt. A Pure Appl. Opt. **8**, S318–S322 (2006)
22. V. Shah, S. Knappe, P.D.D. Schwindt, J. Kitching, Subpicotesla atomic magnetometry with a microfabricated vapour cell. Nat. Photonics **1**(11), 649–652 (2007)
23. W.C. Griffith, S. Knappe, J. Kitching, Opt. Express **18**, 27167 (2010)
24. V. Shah, M.V. Romalis, Spin-exchange relaxation-free magnetometry using elliptically polarized light. Phys. Rev. A **80**, 013416 (2009)
25. Twinleaf, [Online]. Available: http://www.twinleaf.com/
26. I.M. Savukov, M.V. Romalis, Effects of spin-exchange collisions in a high-density alkali-metal vapor in low magnetic fields. Phys. Rev. A **71**(2), 023405 (2005)
27. S. Appelt, A. Ben-Amar Baranga, A.R. Young,. H.W. Young, Light narrowing of rubidium magnetic-resonance lines in high-pressure optical-pumping cells. Phys. Rev. A **59**, 2078–2084 (1999)
28. S.-K. Lee, K. Sauer, S.J. Seltzer, O. Alem, M.V. Romalis, Subfemtotesla radio-frequency atomic magnetometer for detection of nuclear quadrupole resonance. Appl. Phys. Lett. **89**(21), 214106 (2006)
29. G. Breit, I.I. Rabi, Measurement of nuclear spin. Phys. Rev. **38**(11), 2082 (1931)
30. W. Happer, W.A. van Wijngaarden, An optical pumping primer. Hyperfine Interact. **38**(1), 435–470 (1987)
31. W. Happer, A.C. Tam, Effect of rapid spin exchange on the magneticresonance spectrum of alkali vapors. Phys. Rev. A **16**(5), 1877–1891 (1977)
32. W. Happer, Optical pumping. Rev. Mod. Phys. **44**, 169–250 (1972)
33. A. Appelt, B.-A. Baranga, C.J. Erickson, M.V. Romalis, A.R. Young, W. Happer, Theory of spin-exchange optical pumping of 3He and 129Xe. Phys. Rev. A **1412–1439**(2), 58 (1998)
34. I. Savukov, Gradient-echo 3D imaging of Rb polarization in fiber-coupled atomic magnetometer. JMR **256**, 9–13 (2015)
35. S.J. Seltzer, M.V. Romalis, J. Appl. Phys. **106**, 114905 (2009)
36. V. Shah, S. Knappe, P.D.D. Schwindt, J. Kitching, Subpicotesla atomic magnetometry with a

    microfabricated vapour cell. Nat. Photonics **1**, 649–652 (2007)
37. I. Savukov, T. Karaulanov, Multi-flux-transformer MRI detection with an atomic magnetometer. JMR **249**, 49–52 (2014)
38. D. Sheng, S. Li, N. Dural, M.V. Romalis, Subfemtotesla scalar atomic magnetometry using multipass cells. Phys. Rev. Lett. **110**, 160802 (2013)
39. S.J. Seltzer, M.V. Romalis, Unshielded three-axis vector operation of a spin-exchange-relaxation-free atomic magnetometer. Appl. Phys. Lett. **85**(20), 4804 (2004)
40. I.M. Savukov, V.S. Zotev, P.L. Volegov, M.A. Espy, A.N. Matlashov, J.J. Gomez, R.H.J. Kraus, MRI with an atomic magnetometer suitable for practical imaging applications. JMR **199**, 188–191 (2009)
41. I.M. Savukov, M.V. Romalis, NMR detection with an atomic magnetometer. Phys. Rev. Lett. **94**, 123001 (2005)
42. S. Xu, S. Rochester, V.V. Yashchuk, M. Donaldson, D. Budker, Rev. Sci. Instrum. **77**, 083106 (2006)
43. D. Cohen, Magnetoecephalography: evidence of magnetic field produced by alpha- rhythm current. Science **161**, 784–786 (1968)
44. D. Cohen, Magnetoencephalography: detection of the brain's electrical activity with a superconducting magnetometer. Science **175**, 664–666 (1972)
45. T.H. Sander, J. Preusser, R. Mhaskar, J. Kitching, L. Trahms, S. Knappe, Magnetoencephalography with a chip-scale atomic magnetometer. Biomed. Opt. Express **3**, 981 (2012)
46. V.S. Zotev, A.N. Matlashov, P.L. Volegov, I.M. Savukov, M.A. Espy, J.C. Mosher, J.J. Gomez, R.H.J. Kraus, Microtesla MRI of the human brain combined with MEG. JMR **194**, 115–120 (2008)
47. A. Macovski, S. Conolly, Novel approaches to low-cost MRI. Magn. Reson. Med. **30**(2), 221–230 (2005)
48. I. Savukov, T. Karaulanov, Anatomical MRI with an atomic magnetometer. JMR **231**, 39–45 (2013)
49. I. Savukov, T. Karaulanov, Magnetic-resonance imaging of the human brain with an atomic magnetometer. Appl. Phys. Lett. **103**, 043703 (2013)
50. I.B. Khriplovich, L.S.K. Khriplovich, *CP Violation Without Strangeness: Electric Dipole Moments of Particles, Atoms, and Molecules* (Springer, Berlin, 1997)
51. J.M. Brown, S.J. Smullin, T.W. Kornack, M.V. Romalis, New limit on lorentz-and CPT-violating neutron spin interactions. Phys. Rev. Lett. **105**, 151604 (2010)
52. M. Smiciklas, J.M. Brown, L.W. Cheuk, S.J. Smullin, M.V. Romalis, New test of local lorentz invariance using a 21Ne–Rb–K comagnetometer. Phys. Rev. Lett. **107**, 171604 (2011)

第17章 微加工光泵磁力仪

Ricardo Jiménez‑Martínez,Svenja Knappe[①]

摘要:光泵磁力仪(Optical Pumping Magnetometer,OPM)是最灵敏的磁场探测器之一,它是通过对装在蒸气室中碱金属原子的光学检测来实现的。弱磁场在世界上普遍存在,对高灵敏度磁力仪提出了广泛的科学和实际的应用要求。本章回顾最近利用硅微加工技术开发的一些高度小型化的OPM。这种方法除了进一步小型化之外,还具有许多吸引人的优点,例如,在同一个硅平台内集成不同的传感技术,以潜在的低成本高效地制造大量具有严格公差的传感器。

17.1 引　　言

OPM是最灵敏的磁场探测器之一,它通过对蒸气容器中的碱原子进行光学检测来实现[1-3]。弱磁场在世界范围内的普遍存在,对高灵敏度磁力仪提出了广泛的科学和实际应用要求。除了灵敏度外,磁力仪在实验室之外环境中的作用还取决于其他的传感器特性,如尺寸、重量、功率和成本。这方面,在过去的10年使用硅微加工技术发展起来的高度小型化的OPM非常具有吸引力。这些微型光泵磁力仪(Microfabricated Optically‑Pumped Magnetometer,μOPM),物理系统体积为 $0.01 \sim 1 cm^3$,质量为几克,功耗小于200mW,但仍能探测生物磁信号[4-6]。人们已经使用标准制造技术开发出了小型、高灵敏度的OPM,在探测微弱场(如人体产生的场)方面取得了显著进展[7-14]。同时,硅和玻璃的微加工除了进一步小型化之外,还有许多吸引人的优点,例如,在同一个硅基上集成不同的物理传感技术,以潜在的低成本、高效地制造大量具有严格公差的传感器。

[①] R. Jiménez‑Martínez,西班牙光子科学研究所,巴塞罗那科学技术学院,08860,巴塞罗那,西班牙;电子邮件:ricardo. jimenez@icfo. es;S. Knappe(✉),时间和频率划分,国家标准和技术研究所,博尔德,CO 80305,美国,电子邮件:knappe@ nist. gov. S. Knappe,科罗拉多大学,博尔德,CO 80309,美国;© 瑞士施普林格国际出版公司2017,A. Grosz 等(编辑),高灵敏度磁力计,智能传感器,测量与仪器19,DOI 10. 1007/978‑3‑319‑34070‑8_17。

小尺寸、低功耗配合高灵敏度,使其更适用于许多资源受限的应用,例如,在小卫星和航天器上的部署[15,16],医学、生物学和质量控制领域的磁异常检测(Magnetic Anomaly Detection,MAD)、MRI 和 NMR[17,18]、制造领域的 NDT[19] 和大脑的无创生物磁成像[20];未来,μOPM 还可能在可穿戴设备中用于医疗保健诊断[21]。

17.1.1 工作原理

OPM 是一种基于自旋的器件,它利用原子自旋的光学检测来探测环境中的磁场。工作原理的理解可以通过三步展开(图 17-1)。首先,利用角动量储存器通过原子的相互作用将它们准备到一个定义明确的自旋状态,从而原子被自旋极化。在第二步中,自旋与环境中的磁场相互作用,导致它们以与磁场 B 的绝对值成正比的拉莫尔频率 $\omega = \gamma B$ 进动。第三步,检测整体的自旋状态。根据测量的进动角频率和已知的原子旋磁比 γ,能够估计磁场强度或其分量之一。

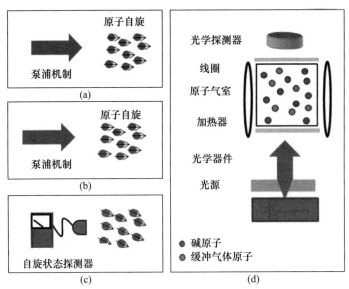

图 17-1 基于自旋的磁力仪工作可分为三步:自旋准备、自旋相互作用和自旋探测,磁场中的自旋进动改变了原子系统的折射率,这是通过监测透射光的吸收或偏振来检测

(a)自旋准备,通过将角动量转移到自旋来实现;(b)自旋相互作用,在外磁场存在下,自旋以与磁场大小成正比的速度绕着磁场进动;(c)自旋探测,对自旋演化的探测是对磁场的间接测量;(d)物理系统,在光学磁力仪中,共振光用来旋转包含在蒸气池中的碱原子。

这里描述的器件利用了气相基态碱原子的自旋取向,如 Rb、Cs 和 K。通过光泵浦实现了自旋的极化和检测[22]。通过这个机制,共振光或近共振光将角动量传递给原子,决定了原子的自旋取向。反过来,原子可以改变光场的振幅、相位或偏振,从而能够读取自旋(图 17-1)。

17.1.2 章节概要

由于体积小,与体积较大的 OPM 相比,μOPM 基本上不太灵敏。17.2 节讨论基本灵敏度和功耗如何随容器尺寸而变化。17.3 节介绍 μOPM 物理系统中的组件,即光源、蒸气气室、加热器和光学探测器。17.3 节还包括解决这些微型传感器的一些独特挑战的最新工作。17.4 节描述标量和弱磁场模式下不同 μOPM 的实现,包括光纤耦合 OPM 的实现。17.5 节简要介绍多通道系统。虽然本章中描述的大多数磁力仪都是基于碱原子的自旋取向,但类似的器件可以利用更高阶的原子极矩来实现,如自旋排列,使用亚稳态 He-4 原子的电子自旋,或核自旋的自旋取向,如在氙气中。17.6 节介绍近年来在这种磁力仪中使用微加工元件的工作。最后,17.7 节对这项技术的未来工作提出展望。

17.2 光泵磁力仪的尺寸缩放

为了探索微型化磁力仪的可能性,文献[23]计算了优化磁力仪的灵敏度和加热功率随气室尺寸的变化。对于体积为 l^3 的气室,通过最小化壁面碰撞和缓冲气体碰撞引起的自旋弛豫来优化缓冲气体压力。假设碱金属密度优化,使自旋弛豫机制由碱-碱碰撞主导,则由自旋投影噪声确定的基本灵敏度为

$$\delta B \approx \frac{1}{\gamma}\sqrt{\frac{\bar{v}\sigma_{\text{se/sd}}}{l^3 \tau}} \quad (17-1)$$

式中:γ 为原子的旋磁比;$\bar{v}$ 为它们的平均相对热速度;τ 为测量时间;$\sigma_{\text{se/sd}}$ 为由于自旋交换或自旋破坏碰撞而产生的自旋弛豫截面,这取决于主导的去相干机制。图 17-2 给出了由式(17-1)给出的 ^{87}Rb 磁力仪估计的自旋投影灵敏度,假设 $\bar{v}=400\text{m/s}$,$\sigma_{\text{se}}=2\times10^{-14}\text{cm}^2$ 和 $\sigma_{\text{se}}=1.6\times10^{-17}\text{cm}^2$。与文献[23]一样,为了简单起见,假设核弛豫速率没有减缓,式(17-1)仅假设自旋投影噪声影响灵敏度,而没有其他噪声源,如光子散粒噪声和探针光致偏移噪声。文献[24-26]分别对标量磁力仪、RF 磁力仪和 SERF 的噪声源进行了更一般的分析。这些著作的作者发现这三种类型的磁力仪的灵敏度随着气室尺寸按体积平方根的关系降低。

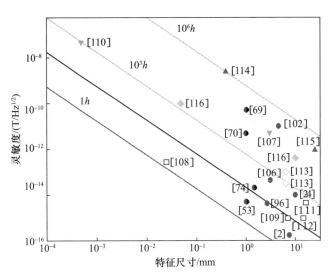

图 17-2 10~100Hz 之间的直流磁力仪的灵敏度,即噪声等效磁场,作为特征尺寸的函数(见彩图)
(这些数据点对应于 SQUID(白色正方形[108,109,111,112])、碱金属 OPM(红色圆圈
[2,24,53,69,70,74,96,102,106])、磁阻和混合传感器(绿色钻石[113,116])、
NV(粉色向下三角形[107,110])和多铁传感器(蓝色向上三角形[114,115])。
空心符号表示低温冷却传感器。μOPM 用红色和黑色圆圈表示[53、69、70、74]。
红线代表了以自旋破坏碰撞为主的自旋弛豫 Rb 磁力仪的自旋投影噪声极限,
非常接近于 $\hbar$ 的能量分辨率,黑线代表了自旋交换限制磁力仪的灵敏度。
这些假设与文献[23]中的假设非常相似)

图 17-2 给出了几种类型的直流磁力仪在 10~100Hz 之间频率下的测量灵敏度,即噪声等效磁场,作为其特征尺寸的函数。这里,对于探测体积为 V 的"体积"磁力仪,"特征尺寸"计算为 $V^{1/3}$,而对于探测表面为 S 的"表面"磁力仪计算为 $\sqrt{S}$。空心符号表示需要低温的传感器。作为对眼睛的指导,包括对应于每单位带宽 $1\hbar$、$10^3\hbar$ 和 $10^6\hbar$ 的能量分辨率的线。这里,磁场能量分辨率定义为 $V(\delta B)^2/2\mu_0$,其中 δB 是噪声等效磁场,μ_0 是磁导率。如图 17-2 所示,SQUID 和 AM 的灵敏度已达到 10fT/Hz$^{1/2}$ 以下,尺寸约为 1cm。但也有其他传感技术,如 GMR 和氮空位(Nitrogen Vacancy,NV)中心,能达到的灵敏度低于皮特斯拉。

对于许多应用,除了灵敏度,功耗同样重要。功率消耗的主要原因是气室的工作温度。根据文献[23]的分析,如前面所述图 17-3(a)给出了达到 ^{87}Rb 磁力仪自旋投影噪声灵敏度要求的最佳碱金属密度所需的温度。蒸气压力取自文献[27],氮气用作缓冲气体。在 0℃ 的环境温度下,将蒸气气室加热到给定温度所需的功率如图 17-3(b)所示,假设热损失由辐射主导,并且气室表面的发射率为1。这些估计值预测了^{87}Rb磁力仪工作的最优工作温度,在1mm的气室中约70℃,为了限制磁力仪的自旋交换,200℃用于限制磁力仪的自旋破坏,对应的加热功率分别为1mW和10mW。显然,小型化可以实现低功耗运行。

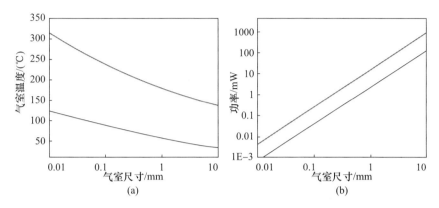

图17-3 气室尺寸与温度及消耗功率的关系(见彩图)

(a)基于文献[23]给出的尺寸尺度分析,在自旋交换(黑色)和自旋破坏限制区(红色)中优化^{87}Rb磁力仪的气室温度;(b)将^{87}Rb气室加热至其最佳工作温度所需的功率,假设气室为黑体,在0℃的环境温度下辐射。

如上所述,在分析中,对应于碱-碱碰撞引起自旋弛豫的最佳碱金属密度,等于器壁和缓冲气体碰撞引起的气室固有自旋弛豫的密度,该密度随气室尺寸的减小而增大。当考虑到核自旋弛豫速率减缓、光学展宽和实际问题时,估计数略有变化。只有在可以观测到自旋投影噪声时,才能获得自旋投影噪声灵敏度,这要求共振光学深度大于1[28]。例如,在单光束标量磁力仪中监测光传输时,当大约一半的光被吸收时,达到最佳性能。

17.3 传感器设计

μOPM的整体系统组件与其较大的对应系统的组件类似,这些组件在前面的章节中有详细描述。标量和RF磁力仪包含一个本地振荡器(Local Oscillator,LO)、一个物理系统和控制电路。而对于地球磁场磁力仪,LO被用来产生RF信号,驱动在拉莫尔共振频率下的自旋进动;对于弱磁场磁力仪,通常通过调制器件中的参数,而不驱动自旋进动。物理系统包含光学系统,即光源、光学镜片、蒸气气室和光学探测器。控制电路调谐本振频率,稳定并运行本振和物理系统。一个或多个激光器可以是物理系统或控制电子设备的一部分。

在大多数微加工物理系统的实现中,简单性是最受欢迎的。例如,优选包含较少组件和那些不易发生光学失调的组件的设计,即使灵敏度稍有降低。物理系统设计,只使用一个激光束同时泵浦和检测原子自旋是首选,通过设计使泵浦和探测激光束共线。在将所有组件集成到物理系统的过程中,有两个总体设计方向:完全集成的物理系统设计和带着远程激光器的集成传感器头的设计,其中传感器和激光通过自由空间[29]或光纤[30]耦合。本节详细描述微加工物理系统的各个组件。

17.3.1 光源

将与原子的一条 D 线跃迁共振或近共振的光,用于光泵浦和探测。因具有简单、单模、可调谐等特点,垂直腔面发射激光器(Vertical – Carity Surface – Emitting Laser, VCSEL)、分布式布拉格反射激光器(Distributed Bragg Reflector Laser, DBR)和分布式反馈激光器(Distributed Feedback Laser, DFB)等单片半导体激光器被用于紧凑型便携式设备中的光泵浦,以及 μOPM。VCSEL 已经被应用于许多完全集成的物理系统中。在功耗不受限制的情况下,也可以使用 DBR 和 DFB 激光器以及扩展腔二极管激光器。它们提供比 VCSEL 更窄的线宽(小于 1MHz),以及更大的输出功率,超过 100mW,并允许更大的传感器阵列在工作时使用单个激光器[8]。

在全光磁力仪中,如贝尔 – 布鲁姆[31]、调频非线性磁光旋转(Frequency – Modulated Non – Linear Magneto – Optical Rotation, FM – NMOR)[32]或相干布居因禁(Coherent Population Trapping, CPT)[33]磁力仪,调制带宽很重要。在大多数情况下,对激光注入电流的直接调制会在拉莫尔频率、拉莫尔频率倍数甚至超精细频率产生调制边带。一些 VCSEL 和 DFB 激光器提供了几千兆赫的调制带宽[34]。

二极管激光器通过改变温度和注入电流,可以精确调谐。由于激光波长对这些参数的变化很敏感,因此通常需要精密的控制电子线路来保持激光与原子共振。为此,可以使用外部的微型频率基准[35-37]或将激光波长稳定到测量容器本身的原子共振频率上[35]。

由于半导体激光器参数精确控制的复杂性和难度,有时需要更简单的光源。碱金属放电灯是一种具有低强度噪声和适度控制电路的有吸引力的光源。最近演示了一种微型 Rb 放电灯[38](图 17 – 4)。当将小于 20mW 的 RF 功率耦合到放电气室时,该放电灯发射的总光功率为 140μW,Rb 的 D2 和 D1 线上的总光功率分别高达 15μW 和 9μW。Rb 灯已被用作 MzμOPM 中的泵浦光源[39]。低功率运行尚需论证。小型便携式原子传感器背景下对光源技术的要求见文献[40]。

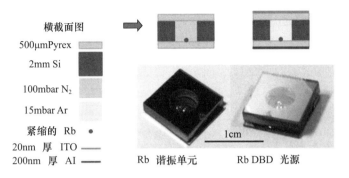

图17-4 MEMS气室和MEMS放电灯的照片,以及横截面图(顶部)和材料(左侧)(来源文献[39])

17.3.2 MEMS蒸气容器

蒸气容器含有用于探测环境中磁场的碱原子。除了是一个不与碱原子反应的密封容器外,容器还必须为检测光提供光通道。它需要承受高温和热循环。许多方法已经用于制造满足这些要求的毫米级蒸气容器,如使用空心光纤的那些方法[41]。这里,关注的是用MEMS中使用的技术制造的容器,这是一种完全可扩展的方法,能够实现并行晶片级制造。

17.3.2.1 蒸气容器的制造

MEMS蒸气容器的制造通常包括三个步骤,如图17-5所示:容器腔体的生产、用碱金属填充腔体以及容器不透气的密封。第一步中,在硅片中使用标准的体蚀刻技术产生空腔,如湿氢氧化钾(KOH)蚀刻或干深反应离子蚀刻(Dry Deep Reactive Ion Etching,DRIE)。在这两种方法中,容器横向的几何形状都是通过光刻刻画来确定的。在厚度为$200\mu m \sim 4.5mm$的硅片上刻蚀了横向尺寸为$300\mu m \sim 5mm$的腔体,可以很容易地容纳具有储层和通道的复杂几何形状。在大多数情况下,孔是通过硅晶片完全蚀刻而成的,气室的雏形是通过用玻璃窗密封孔的一侧而形成的。尽管可以使用其他粘接机制,通常,腔是通过硅晶片阳极电镀粘接到玻璃晶片上[42]来密封的。

17.3.2.2 碱金属激活

碱金属原子可以使用最初为芯片级原子钟开发的方法释放在微加工的蒸气容器中[44]。尽管这些技术在细节上有所不同,但可以分为预密封和后密封方法。

一种预密封方法是基于叠氮化钡和氯化碱在容器内的化学反应[44,45]。为了保持蚀刻腔清洁,不留任何残留物,反应也可以在真空室内的安瓿中发

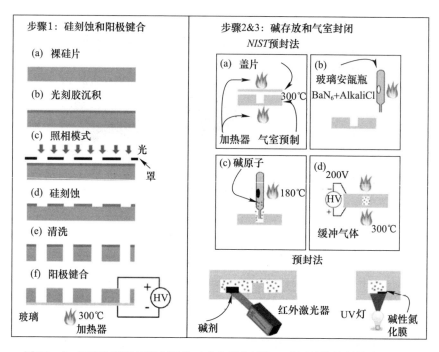

图17-5 MEMS 蒸气容器制造的三个步骤(步骤1:采用整体蚀刻技术和一个玻璃窗的阳极连接进行硅蚀刻。步骤2:在受控环境中进行碱填充。第3步气室密封。)

生[44]。在这种情况下,碱蒸气通过安瓿的小喷嘴蒸发到蚀刻硅腔中。然后在真空室中填充所需数量和成分的缓冲气体,这些气体用于缓解器壁引起的弛豫,芯片通过阳极电镀粘接到第二个玻璃芯片密封。这种方法使容器清洁没有残留物,在碱原子和同位素的选择以及缓冲气体的类型和数量上提供了灵活性。然而,目前还没有公开结果演示采用这种方法的晶片级容器的并行生产。

后封法[46,47]更容易在晶片级制造中实现。在这里,碱原子作为一种化合物被插入空腔,这种化合物在空气中是稳定的。碱原子在腔体密封后释放出来。其中一种方法是基于在腔体内沉积叠氮化铯(C_sN_3)或叠氮化铷(RbN_3)薄膜[47]。在封闭空腔后,通过将紫外线照射到薄膜上或通过加热使碱性叠氮化物分解而产生碱蒸气。分解过程中产生的 N_2 用作缓冲气体。对缓冲气体量的严格控制已经在一个小的阵列容器中得到证实[48]。晶片级容器的制造也已通过使用该技术的自动分配系统进行了演示,允许在单个直径为100mm 的晶片上制造数百个 Rb 气室[49](图17-6)。

图 17-6 MEMS 碱蒸气容器的照片：NIST 的预密封气室（左）和 CSEM 的后密封气室（右）。背景显示了一张平行制造的整个 MEMS 气室晶片的照片，与右图所示类似

最后，可以买到的商用碱分配器已用于预密封[43]和后密封方法[50,51]。优点是它实现了一个没有缓冲气体的简单制造过程。这里，一个小分配器被密封在真空的空腔中，通过激光局部加热分配器释放碱金属。

17.3.3 先进的气室设计

采用小蒸气气室工作的 AM 有一些特别的挑战，需要比目前描述的更先进的设计和制造技术。在这里，简要介绍这些先进设计的一部分。

降低本征磁场噪声的气室。一个特别的挑战是降低导电材料中约翰逊电流产生的磁场噪声[52]。由于器壁的近距离，需要关注来自硅容器的噪声。电阻率为 $5\Omega \cdot cm$ 的 $1mm^3$ 容器的硅体在 $1mm$ 距离处产生 $3fT/Hz^{1/2}$ 的磁场噪声[53]。此外，直径为 $100\mu m$ 的 Rb 液滴在 $0.5mm$ 的距离处产生 $3fT/Hz^{1/2}$ 的磁场噪声。如果一个 $1mm^3$ 立方容器的容器壁上涂上 $1\ nm$ 厚的 Rb 薄膜，预计会产生 $7fT/Hz^{1/2}$ 的噪声[53]。碱滴会在气室最冷的区域凝结。为了避免它们的约翰逊噪声限制磁力仪的灵敏度，冷凝区应尽可能远离探测体。例如，一种可能性是将气室设计成通过细通道连接两个腔室（图 17-7(b)）。其中一个腔室保持在较低的温度下，碱原子在其中凝结，而磁性在没有碱滴的第二个腔室中完成测量。这种设计还可以最大限度地减少气室窗口上的碱冷凝，从而使光在气室中的传输畅通无阻。

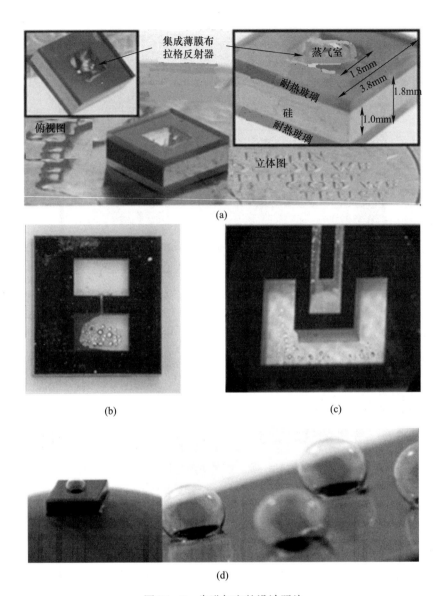

图 17-7 先进气室的设计照片

(a)气室带有内角反射器;(b)气室带有储液罐;(c)气室形状更复杂,用于多束激光;
(d)MEMS 玻璃吹制气室。(引自(a)图:文献[54],经爱思维尔许可转载;
(d)图:文献[56],经爱思维尔许可转载)

提高气室进光量。在标准 MEMS 容器中,由于小孔径窗口和使用 Si 作为侧壁材料,光的进入往往被限制在一个轴上,这对于检测碱原子的光是不透明的。一些检测方案利用了使用两个非共线光束方法的优点[3]。虽然 MEMS 气室有可能通过旋转与两个正交的轴分别成 $45°^{[23,53]}$,但这本身并不能使在物理系统中的集成变得容易。解决这一问题的一种气室设计是利用硅的不同晶面具有的各向异性腐蚀速率[54],来产生反射入射光的带有角度的器壁,进而在蒸气容器内产生交叉的两个光束。KOH 蚀刻采用硅的 <111> 晶面与晶片表面呈 54.7°的角度曝光,从而形成非常光滑的侧壁。如文献[54]所述,在壁上涂覆非金属薄膜反射器可提高反射率,其中在沉积非晶 Si 和 SiO_2 交替层后,报告显示相对于裸 Si(795nm 处的 33% 反射率)增加了 3 倍。通过在四甲基氢氧化铵(Tetramethylammonium Hydroxide,TMAH)溶液中加入表面活性剂对 Si 片进行湿法刻蚀,还验证了与 Si 表面呈 45°角的本征角反射器。改进光通道的另一种方法是使用由 MEMS 玻璃吹制的球形微气室来增加气室中透明材料的表面[56],如图 17 - 7 所示。这种气室是由 Pyrex 晶片与带有空腔的 Si 晶片在空气中通过阳极电镀粘接而成。当晶片块被加热到玻璃软化温度以上时,空气膨胀,形成 Si 气泡。这些容器的球面对称性在其他原子传感器中也很有利,如 NMR 陀螺仪[57]。最后,最近的一项研究表明,磷化镓对近红外光是透明的,并且可以在低于 200℃ 的温度下与玻璃结合,因此有利于在阳极电镀粘接的蒸气容器中取代材料 $Si^{[58]}$。

蒸气气室的低温不透气密封。标准 MEMS 容器在 300℃ 左右的高温下密封,使得制造具有挑战性,并限制了气室设计的灵活性。因此,对低温密封技术是有需求的。最近已经演示了一些低温粘接技术[59,60]。一种技术是基于由铌酸锂磷酸盐玻璃构成的界面结合材料,该材料在室温下具有类似于 250℃ 下硼硅酸盐玻璃的碱金属离子导电性。因此,可以在室温下对 Si 和铌酸锂磷酸盐玻璃的薄层(厚度不超过 1mm)进行阳极电镀粘接,该薄层被刻画到硼硅酸盐或 Si 片上[59]。利用这种方法,在室温下密封充满碱蒸气和 N_2 缓冲气体的 Si 腔。通过测量几个月内缓冲气体含量变化的密封性测试表明密封性很好。这些磷酸盐玻璃的热膨胀系数约为 12ppm/K,高于 Si(3ppm/K)。因此,尽管容器已在 80℃ 下成功运行[59],但粘结结构可能无法承受高温。另一种低温技术是基于薄膜铟热压粘接,并已证明在微加工容器中的密封温度低于 $140℃^{[60]}$。在这种铟基键合方法中,使用了金属粘合剂。这种导电遗迹对磁灵敏度的影响程度尚未研究。

气室的抗弛豫涂层。抗弛豫涂层是缓冲气体的一种很有吸引力的替代品,可以缓解微型气室中器壁碰撞引起的自旋弛豫。在大容器中,最有效的涂层是烯烃和烷烃,在去极化之前,它们分别允许超过 $10^{6[61]}$ 和 $10^{4[62]}$ 的碱原子壁碰撞。迄今为止,这些薄膜尚未用于微加工气室中,因为其熔点(烯烃为 30℃,烷烃为 100℃)低于 300℃ 的典型阳极温度。有机硅烷涂层(如十八碳三氯硅烷(Octadecytrichorosilane,OTS))可在碱蒸气存在下承受高达 170℃ 的温度[63,64]。OTS 薄膜与低温铟基密封技术的结合[60]使得能够制造具有抗弛豫涂层的微加工气室[65]。Rb 原子在这个气室中的超精细光谱分析表明,原子极化能够经历平均 11 次壁面碰撞而保持不变[65]。相比之下,厘米级气室中最好的 OTS 涂层支持 2000 次器壁碰撞[63]。还注意到,在横截面为 $300\mu m \times 300\mu m$ 的微通道玻璃容器中沉积的烯烃涂层允许 Cs 原子与通道壁发生 5000 次碰撞[66]。基于这些结果,结合进一步的改进和低温阳极键合技术,有望在未来制备出具有高质量抗弛豫涂层的 MEMS 气室。

17.3.4 加热

在设计 μOPM 加热器时,必须考虑不同的因素。除了达到需要的温度外,仔细的热设计还必须确保碱原子不会在气室窗口上凝结,并且加热器不会引起磁噪音或磁偏移。目前已经实施的两种加热方法是电加热和光学加热,这两种方法将在下文中讨论。

(1) 电加热。在电加热方法中,流过与气室紧密接触的电阻元件的电流消耗能量产生热量,热量被传递到气室内部。电阻式加热器已经用各种材料设计到玻璃窗上,如金和钛。基于蓝宝石硅(SOS-CMOS)技术的电阻式加热器也已经实现[67],尤其具有吸引力的是他们的热传导能力。在所有这些设计中,都非常注意防止加热器电流产生的磁场以磁干扰、噪声和漂移的形式影响磁力仪的性能[68]。通常加热器的线路安排为双层设计,两条完全相同的导线相互重叠,允许电流流向相反的方向,仅需要只有几微米厚的绝缘材料,使得来自相邻导线的磁场基本上相互抵消。对检测碱金属的光透明的材料,如氧化铟锡(Indium Tin Oxide,ITO),通过薄片[69]或在气室窗口上激光刻画的双层沉淀[70]的形式使用。为了进一步减少磁场的影响,加热器的电流能调制到远高于磁力仪带宽的频率。最后,非磁性芯片电阻也被用来加热气室[53,71]。

(2) 光学加热。为了完全消除电阻加热器中电流产生的磁场,可以使用光学加热替代,激光的光能量被气室体吸收转化为热量[72]。在第一个演示设计中,915nm 的加热光被蒸气气室的 Si 侧壁吸收。由于热设计没有优化,磁力仪运行几个小时后碱金属凝结在气室窗口上,导致光在气室中的传输效率低下。在随后的设计中,对泵浦光和探测光透明的吸收滤光片,被安装在蒸气气室的窗户上,这使得共线的加热和泵浦激光束的设计更加简单。在这种设计中,一半的加热光被气室入口窗口上的滤光片吸收,而其余的被出口窗口上的滤光片吸收,从而产生均匀的热分布,窗口保持在仅比 Si 体稍热。加热激光的波长选择接近 $1.5\mu m$,这超出了设备中使用的 Si 光电二极管的探测范围[68]。

17.3.5 热管理

物理系统的热隔离不仅对实现低功耗的高效加热很重要,而且对保护样品在测试过程中免受气室温度升高的影响也很重要。MEMS蒸气气室的热隔离最初是为芯片级原子钟开发的,它将物理系统悬挂在真空容器内的拉力聚酰亚胺网上,从而减少了传导热损失。这种设计需要不到10mW的加热功率,将1mm^{3}的蒸气容器的温度从环境温度提高到75℃。对于磁力仪,已经开发出一种类似但非磁性的密封外壳[74],基于玻璃晶片与Si框架各边的阳极电镀粘接,类似于大型MEMS蒸气气室(图17-8(a))。在这些磁力仪中,使用了光学加热,从而减少了对进入真空封装的电功率输入需求。实验测试表明,由于密封室内气体传导和对流被抑制,热损失低于1mTorr(图17-8(b))。文献[75]提出了进一步降低功耗的想法,例如,在气室周围添加一系列微加工的辐射挡板,以减少四个方向的辐射。挡板由Si制成,悬挂在氮化硅膜上。

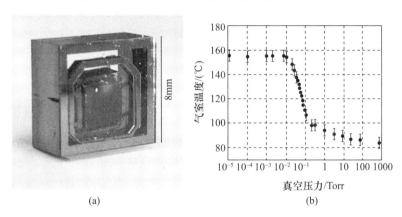

图17-8 阳极结合真空封装的照片,该封装包含悬浮在聚酰亚胺网上的MEMS蒸气容器,并保持在支撑架上。恒定加热功率为50mW时(1.5mm^3)MEMS气室温度随密封气体压力的变化

17.3.6 信号检测

在碱基磁力仪中,通过监测穿过气室的光束的吸收和相位,以光学方式读取自旋状态(图17-9)。

吸收测量是通过监测透射光照射到光电二极管产生电流的变化来进行的。相移测量是通过用平衡偏光计监测偏离共振的线偏振探测光束的旋光度来完成的。由于吸收测量可以通过监测透过的泵浦光来实现,因此这里可以基于泵浦和探测的单光束的简单检测方案。大多数μOPM都是通过吸收测量来实现的。然而,与其他基于相移测量的器件相比,由于泵浦光和探针光的参数不能独立优化,强度噪声也不能被消除,因此在某些情况下,它们的性能会降低。

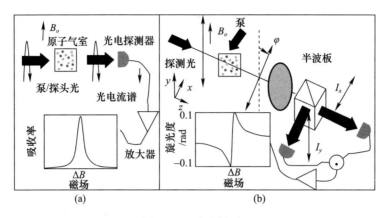

图 17-9 探测方案

(a)当横向磁场通过共振扫描时,监测激光束通过原子样品的传输导致对称吸收线;
(b)当检测到横向自旋极化时,平衡偏振仪的实现可以降低激光强度噪声并产生色散共振线。

17.3.7 附加硬件

除了物理系统外,通常还需要控制电路和本地振荡器,来实现一个功能齐全的 AM。在吸收或相移测量中,使用具有一个或多个放大级的跨阻放大器将信号放大到合适的电压水平,以用于仪器给定的数据采集和处理电路。要注意的是,该电路增加的噪声不能成为限制因素[16]。

在共振驱动磁力仪中,本振驱动自旋进动。它通过相敏探测器和伺服控制系统锁定到磁共振。或者,在更简单的自振荡设计中,振荡磁场由正反馈环路中的光电二极管信号产生[76,77]。对于弱磁场磁力仪,使用本地振荡器调制一个参数,如磁场[78]或探测光偏振度[1-3],并且使用相敏检测来检测探测光,其中本地振荡器调制信号用作相位参考。利用这种方案,闭环磁力仪也得到了演示[79,80]。

需要控制电路来稳定激光器和气室的温度,并使用额外的反馈回路来稳定激光频率到光学跃迁上。迄今为止,还没有关于在紧凑型系统中集成物理系统、本地振荡器和控制电路的 μOPM 的出版物。这方面,以往在工作机制类似于磁力仪的芯片级原子钟[81]和核磁陀螺仪[82]中所做的电路集成工作,可以为实现完全集成的磁力仪系统铺平道路。

17.4 实　　现

在过去的 10 年中,实验室中已在标量和弱磁场条件下验证了 μOPM。图 17-

10给出了其中一些微传感器以及其他用玻璃吹制容器实现的传感器的磁噪声谱密度。在后面的内容中,简要回顾迄今为止实现的一些μOPM。

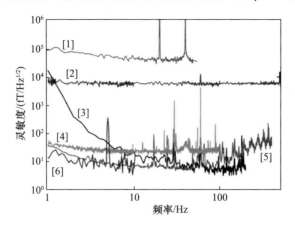

图17-10　在以下讨论的各种小型磁力仪中测量的灵敏度:(1,绿色)集成的微加工CPT磁力仪;文献[69],(2,蓝色)集成的微加工M_x磁力仪;文献[70],(3,黑色)在微加工蒸气室中具有两个正交光束的SERF磁力仪;文献[53],(4,橙色)光纤耦合微加工零场磁力仪;文献[74],(5,红色)小型零场积分梯度仪;文献[96],6,紫色,小型零场光纤耦合梯度仪(见彩图)

17.4.1　标量磁力仪

第一个集成在物理系统中的微型磁力仪如图17-11所示[69,70]。第一个传感器是基于基态^{87}Rb原子磁敏超精细跃迁中的相干布居因禁(Coherent Population Trapping,CPT)[69],而第二个传感器使用RF线圈驱动标准M_x结构^{87}Rb原子的塞曼共振[70]。在CPT和M_x磁力仪中测量的灵敏度分别为50 pT - Hz$^{-1/2}$和5 pT - Hz$^{-1/2}$,相应的线宽(FWHM)分别为13.2kHz和1.7kHz。^{87}Rb微机电系统蒸气气室的尺寸分别为1mm^3(CPT)和2mm^3(M_x)。两个传感器在大约20℃的环境中加热气室都消耗了大约200mW的电力。电力消耗主要是来自蒸气气室的热传导损失,其次是辐射和对流热损失[83]。M_x磁力仪的灵敏度使得能够记录小鼠心脏产生的磁信号[84]。

CPT磁力仪具有光学激励的磁共振的诱人特点。因此,它不会出现由RF线圈引起的问题,如基于阵列的应用中传感器之间的串扰,或由于M_x磁力仪RF线圈轴和探头光束间的不对准而产生的偏置误差[76]。由于所有塞曼分量都是在地磁场中分解,因此不容易因非线性塞曼位移而产生方向误差,并且实现了全向性[85]。另一方面,由于额外的硬件和信号处理要求,与M_x磁力仪相比,CPT

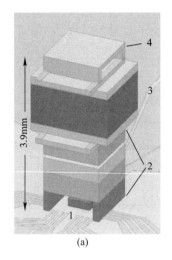 

图 17-11 全集成光泵磁力仪

(a)全集成光泵磁力仪的缩微物理系统示意图;(b)全集成光泵磁力仪的缩微物理系统照片。
1—VCSEL;2—微光学系统;3—MEMS 蒸气气室;4—光电二极管(来源文献[70])。

磁力仪更加复杂。它需要一个在吉赫范围内的本地振荡器,并且容易因缓冲气体压力的变化而产生位移。正在为空间应用开发小型空间质量的 CPT 和 M_x 磁力仪,主要侧重于长期稳定性和精度[67,86]。

贝尔-布鲁姆磁力仪是一种结合了光学激励的优点和 M_x 磁力仪简单性的磁力仪[31]。这种情况下,通过调制光泵浦速率到拉莫尔频率来光学驱动自旋进动。这可以通过调制泵浦光的强度、偏振或失谐来实现[76,87]。贝尔-布鲁姆磁力仪已经通过用微制造的蒸气气室实现调节光学失谐[88]或泵浦光束的强度。使用 1mm³ 的 ⁸⁷Rb MEMS 气室测量到了 10 pT·Hz$^{-1/2}$ 的灵敏度,带宽为 10kHz[71],在体积为 50mm³ 的 Cs MEMS 气室中测量的灵敏度为 0.3 pT·Hz$^{-1/2}$ [89]。

17.4.2 弱磁场 SERF 磁力仪

迄今为止,最灵敏的光学磁力仪是在大碱原子密度和低磁场下运行的。这些仪器由于高原子密度而具有高信号强度,并且由于抑制自旋交换展宽而具有长自旋相干时间[1,90]。这些磁力仪,通常被称为 SERF 磁力仪[1],其灵敏度已经达到低于 1fT·Hz$^{-1/2}$ [2,3],并被研究人员用来检测来自各种场源的弱磁场,如人脑[6,9,11,14]、原子核[91]、癌细胞[92],以及用于分析材料特性[93]。SERF 方法特别适合于小型磁力仪,在这种情况下,碱金属的密度必须很高,以便为碱金属极化的高信号-噪声检测提供足够的吸收。

微型制造的 SERF 磁力仪已在标准的双光束配置中展示了 5 pTHz$^{-1/2}$ 的磁灵敏度[53],其中泵浦光束和探测光束相互垂直传播[1]。正交的泵浦－探测配置利用了色散共振信号,由垂直于泵浦轴的自旋分量显示,通过使用平衡偏光计来观察非共振探测光束的光学旋转(图 17-9)。然而,更简单和更实用的几何形状是用单光束实现的[78]。单光束零场磁力仪已经在台面布置的微制造容器以及下文描述的光纤耦合磁力仪中实现[23]。大多数单光束 SERF 磁力仪是基于对透射光的吸收测量,通过施加与光传播方向正交的调制磁场以及使用透射光的相位敏感检测来获得色散共振。然而,如果泵浦光束是非谐振和椭圆偏振,也可以实现相移测量[94]。典型的调制频率为 1kHz,对于 ^{87}Rb 原子来说,相应的调制幅度约为 100nT。为了防止在基于阵列的应用中由调制场引起的串扰,可以使用光学调制来代替[95]。

17.4.3 光纤耦合磁力仪

光通过光纤耦合到蒸气气室的紧凑型光纤耦合磁力仪,已经使用微制造和玻璃吹制容器技术开发出来。这种传感器设计的一个意图是消除传感器封装中产生磁场的部件。另一个意图是能够使传感器头进行远程检测。图 17-12 是美国国家标准与技术研究所(National Institute of Standard and Technology, NIST)最近开发的三种光纤耦合微制造磁力仪传感器封装,以及桑迪亚国家实验室和 QuSpin 公司开发的两种小型光纤耦合传感器。图 17-12(a)的传感器在一个 (1.5mm^3) ^{87}Rb 蒸气容器的两个窗口上使用了薄膜钛电阻加热器,悬挂在一个薄的聚酰亚胺网上,该网被连接到一个外部硅框架。一根能保持偏振的光纤将泵浦光输送到封装上。光束在到达蒸气气室之前被扩大、校准和圆极化。传输的光被耦合到一个多模光纤中,并由一个离传感器封装 5m 远的光电二极管检测。该传感器受到光子散粒噪声的限制,在 SERF 模式下达到了 150fT/Hz$^{1/2}$ 的灵敏度[6]。该传感器的改进版通过光加热的气室实现,该气室悬挂在一个由阳极电镀粘接、五层堆叠的 Si 和玻璃片形成的真空封装内,如图 17-12(b)所示[74]。500μm 的真空间隙使得内部体积为 3mm^3 的 ^{87}Rb 蒸气气室的中心与传感器封装的外表面之间有 2.5mm 的距离。和以前的设计一样,795nm 的泵浦光从一个偏振保持单模光纤耦合到气室中。透过气室的光被聚焦并通过一个分色镜照射到一个连接在封装上的 Si 光电二极管上。来自传感器光电二极管的电流通过一对双绞线被输送到一个远程安装的跨阻放大器。加热光通过一根多模光纤被输送到传感器封装上。它与传感器头上的泵浦光逆向传播,并用一个分色镜分离。该传感器在 SERF 模式下的灵敏度达到了 15fT/Hz$^{1/2}$,同时消耗了 200mW 的加热光能量[74]。

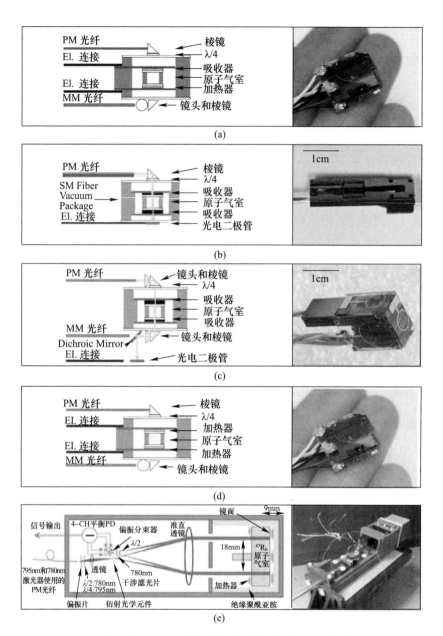

图 17-12 几个小型纤维耦合 OPM 的示意图和照片
(a) NIST 最近开发的光纤耦合微制造磁力仪传感器;(b) NIST 光纤耦合微制造磁力仪传感器的改进版;
(c) NIST 光纤耦合微制造磁力仪传感器的简化版;(d) 量子自旋(QuSpin)公司开发的小型纤
维耦合传感器;(e) 桑迪亚(Sandia)国家实验室开发的小型纤维耦合传感器。

图 17 - 12(c)给出的传感器封装是之前磁力仪的简化版,但性能相似,尺寸为 7.3mm×8.5mm×30mm。与以前的设计相反,泵浦和加热光纤维终止于一个单晶硅 V 型套筒。两束光都没有经过校准,共同经过传感器头。加热光大部分被气室窗上的滤光片吸收,其波长在光电二极管的检测范围之外。

图 17 - 12(d)给出的传感器是由 QuSpin 公司制造的。它没有使用微制造的部件,但可以很容易地用微制造的部件生产。该器件与图 17 - 12(c)的器件非常相似。$3mm^3$ 的气室通过吸收光而被加热,并允许气室中心和外壳外面之间的距离为 5mm,外壳的体积为 19mm×12mm×60mm。

图 17 - 12(e)给出的传感器头是由桑迪亚国家实验室制造的四通道磁力仪的一个紧凑版本。虽然该传感器的总尺寸为 46mm×46mm×204mm,但它使用了一种独特的物理系统结构,可用微加工进行生产。蒸气室的厚度为 4mm,宽度为 25mm,能够允许四个直径为 2.5mm 的平行激光束通过。光束间隔确定了 18mm 的梯度仪基线。光线被蒸气室后面的镜子反射,这使得蒸气室中心和传感器外壁之间有 9mm 的距离[96]。这个列表并不是详尽的,还有许多其他的小型光纤耦合传感器头,都是采用单光束和更复杂的多光束配置。

17.5 多通道系统

目前,人们对开发由 OPM 阵列组成的多通道系统非常感兴趣。这种系统的一个目标是采用类似基于 SQUID 磁力仪的仪器,来对人体进行非侵入性的磁场测绘[20]。有几个小组已经努力建立了大型的传感器阵列,并展示了它们在生物磁学方面的应用。威利(Wyllie)等[13]用 4 个独立的传感器头测量了胎儿的 MCG,比松(Bison)等首次[8]用一个由 19 个传感器组成的静态阵列做了 MCG 测量。夏(Xia)等[14]提供了第一个用大玻璃气室和 16×16 通道的 CCD 相机进行的 MEG 测量,后来又进行了改进[97]。约翰逊等[92]用一个 8 通道的阵列进行了脑电图测量。

迄今为止,唯一被展示的微制造 OPM 阵列是 NIST 的 32 通道成像系统,其小型传感器头与图 17 - 12(c)所示非常相似,由 Draper 实验室制造。这些传感器通过 5m 长的光纤与控制系统耦合,并可以以任意的配置放置。虽然几个气室和真空封装是通过小的平行批量密封的,但组件是在一整个晶片上制作的。Charles Draper 实验室还展示了一个由 100 个热悬挂气室阵列组成的晶片(图 17 - 13)。

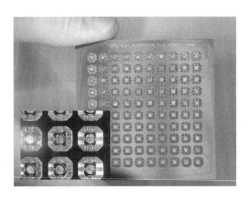

图17-13 热悬浮MEMS Cs气室的10×10阵列上的照片

17.6 非碱基磁力仪

惰性气体磁力仪。使用氙气核自旋的磁力仪已经在密封的MEMS气室[98]和微流控平台[99]中实现。在这些设备中,氙原子的自旋极化是通过与光学极化的碱金属原子自旋交换碰撞实现的[100]。然后用共处一室的碱原子作为原位光学磁力仪来检测核自旋,以检测氙的磁化强度。由于其在$1mm^3$的MEMS气室中长达10s的相干时间[98],因此基于核自旋的磁力仪是精确磁场测量的理想选择。这种器件的一个应用是在NMR陀螺仪中,通过测量偏置磁场中核自旋的拉莫尔频率的相应偏移来检测旋转[82,98,101]。

亚稳态He-4磁力仪。由于He-4原子没有核自旋磁矩,所以不存在超精细作用。因此,基于He-4原子的磁力仪不受非线性塞曼位移的影响。在He-4磁力仪中,一个微弱的RF放电将一部分He-4原子从它们的基态(单子)1^1S_0激发到它们的亚稳态(三态)2^3S_1,产生一个极化原子的集合。使用来自调谐到D_0(1083nm)跃迁的二极管激光器的光进行光泵浦,实现对亚稳态原子的极化和检测,这些原子围绕外部磁场的自旋进动可以通过RF或光学激发来驱动。He-4磁力仪由于其较高的精度而被广泛地用于太空任务中。最近,报道了一个小型化的He-4磁力仪,在从直流到100Hz的频率范围内,测量灵敏度为$10pT/Hz^{1/2}$[102]。在这个He-4磁力仪中,采用了线偏振光的泵浦,以抑制由光致偏移引起的航向误差。为了避免盲区,一个基于微加工技术的微型液晶极化转子被用来保持线偏振轴与环境场的正交。报告的灵敏度比这种设计的大型版本的磁力仪差1~2个数量级。然而,其估计的自旋投影噪声灵敏度为$10fT/Hz^{1/2}$。目前的磁力仪是基于一个$100mm^3$的玻璃蒸气气室,并消耗约100mW来启动RF放电,目前的工作旨在通过微制造的 He-4 蒸气气室来实现进一步小型化[102]。一个类似的器件也已经在零磁场下运行,并检测到了模拟的 MCG 信号[103]。

17.7 展　　望

目前正在开发多种应用的微型制造 OPM,并且已经开展了几种原型验证实验。对于磁异常检测,要求磁力仪具备小型、低功耗、低成本的特点。在地球物理测量、未爆弹药探测和空间应用中,正在开发具有低航向误差和良好的长期稳定性的标量 μOPM[67]。零场 μOPM 在低磁场下的微流体 NMR 检测[91]和基于乙醇的 J-耦合的化学分析[104]中给出了很好的结果。这些高灵敏度的磁力仪,结合非热自旋极化方法,甚至可以在没有外部磁场的情况下检测 NMR。为此,通过 μOPM 与检测相结合,展示了仲氢诱导的极化[105],在不同的实验中,展示了微流体氙气偏振器[99]。最后,在生物磁学领域,零场 μOPM 的高灵敏度被发现足以测量 MCG[5]、胎儿 MCG[4]和 MEG[6],以及来自磁性微颗粒和纳米颗粒的磁场[5]。对更好的检测方案和更好的制造方法的研究将为未来 μOPM 的许多其他应用开辟道路。

参考文献

1. F. Bitter, Phys. Rev. **76**, 833 (1949)
2. A. Kastler, J. Phys. Radium **11**, 255 (1950)
3. A. Kastler, J. Opt. Soc. Am. **47**, 460 (1957)
4. H.G. Demelt, PR **105**, 1924 (1957)
5. W.E. Bell, A.L. Bloom, PR **107**, 1559 (1957)
6. E.B. Alexandrov, A.K. Vershovskii, Mx and Mz magnetometers (chapter 4, 60–84), in *Optical Magnetometry*, eds. D. Budker, D.F. Jackson Kimball (Cambridge University Press, Cambridge, 2013)
7. D.F. Jackson Kimball, S. Pustelny, V.V. Yashchuk, D. Budker, Optical magnetometry with modulated light (chapter 6, 104–125), in *Optical Magnetometry*, eds. D. Budker, D.F. Jackson Kimball (Cambridge University Press, Cambridge, 2013)
8. J. Brossel, A. Kastler, Compt. Rend. Acad. Sci. **229**, 1213 (1949)
9. F.D. Colegrove, P.A. Franken, Phys. Rev. **119**, 680 (1960)
10. A.R. Keyser, J.A. Rice, L.D. Schearer, J. Geophys. Res. **66**, 4163 (1961)
11. B. Chéron, H. Gilles, J. Hamel, O. Moreau, E. Noël, Opt. Commun. **115**, 71 (1995)
12. H. Gilles, J. Hamel, B. Chéron, Rev. Sci. Instrum. **72**, 2253 (2001)
13. R.E. Slocum, E.J. Smith, Contrib. Geophys. Geodesy **31**, 99 (2001)
14. R.E. Slocum, G. Kuhlman, L. Ryan, D. King, in OCEANS'02 MTS/IEEE, eds. by H.W. Anderson, T.W. Donaldson, Vol. 2, (IEEE Press, Biloxi, MS, 2002), p. 945
15. R.E. Slocum, D.D. McGregor, Measurement of the geomagnetic field using parametric resonance in optically pumped He4. IEEE Trans. Mag., MAG **10**, 532–535 (1974)
16. G.K. Walters, F.D. Colegrove, L.D. Schearer, Phys. Rev. Lett. **8**, 439 (1962)
17. F.D. Colegrove, L.D. Schearer, G.K. Walters, Phys. Rev. **132**, 2561 (1963)

18. L.D. Schearer, F.D. Colegrove, G.K. Walters, Rev. Sci. Instr. **34**, 1363 (1963)
19. L.D. Schearer, Phys. Rev. **127**, 512 (1962)
20. P.J. Mohr, B.N. Taylor, D.B. Newell. Codata recommended values of the fundamental physical constants (2014)
21. D.D. McGregor, Rev. Sci. Instr. **58**, 1067 (1987)
22. J.L. Flowers, B.W. Petley, M.G. Richards, Metrologia **30**, 75 (1993)
23. C. Cohen-Tannoudji, J. DuPont-Roc, S. Haroche, F. Laloë, Phys. Rev. Lett. **22**, 758 (1969)
24. J. Dupont-Roc, S. Haroche, C. Cohen-Tannoudji, Phys. Lett. **28A**, 638 (1969)
25. R.E. Slocum, B.I. Marton, IEEE Trans. Magn. **10**, 528 (1974)
26. N. Bloembergen, R.V. Pound, Phys. Rev. **95**, 8 (1954)
27. O. Moreau, B. Charon, H. Gilles, J. Hamel, E. Noël, J. Phys. III France **7**, 99 (1997)
28. P.J. Nacher, M. Leduc, J. de Physique **46**, 2057–2073 (1985)
29. R. Mueller, Physica B **297**, 277–281 (2001)
30. T. Gentile, M. Hayden, M. Barlow, J. Opt. Soc. Am. B **20**, 2068–2074 (2003)
31. G. Tastevin, S. Grot, E. Courtade, S. Bordais, P.J. Nacher, Appl. Phys. B: Lasers Optics **78**, 145–156 (2004)
32. P.J. Nacher, E. Courtade, M. Abboud, A. Sinatra, G. Tastevin, T. Dohnalik, Acta Phys. Pol., B **33**, 2225–2236 (2002)
33. A. Nikiel-Osuchowska, G. Collier, B. Głowacz, T. Pałasz, Z. Olejniczak, W.P. Węglarz, G. Tastevin, P.J. Nacher, T. Dohnalik, Eur. Phys. J. D **67**, 200 (2013)
34. E. Courtade, F. Marion, P.J. Nacher, G. Tastevin, K. Kiersnowski, T. Dohnalik, Eur. Phys. J. D **21**, 25–55 (2002)
35. L.D. Schearer, Phys. Rev. **160**, 76–80 (1967)
36. D. Vrinceanu, S. Kotochigova, H.R. Sadeghpour, Phys. Rev. A **69**, 022714 (2004)
37. T.R. Gentile, R.D. McKeown, Phys. Rev. A **47**, 456 (1993)
38. F.D. Colegrove, L.D. Schearer, G.K. Walters, Phys. Rev. **135**, A353 (1964)
39. W.A. Fitzsimmons, N.F. Lane, G.K. Walters, Phys. Rev. **174**, 193 (1968)
40. R. Barbé, F. Laloë, J. Brossel, Phys. Rev. Lett. **34**, 1488 (1975)
41. M. Himbert, V. Lefevre-Seguin, P.J. Nacher, J. Dupont-Roc, M. Leduc, F. Laloë, J. Phys. Lett. **44**, 523 (1983)
42. C. Gemmel, W. Heil, S. Karpuk, K. Lenz, C. Ludwig, Y. Sobolev, K. Tullney, M. Burghoff, W. Kilian, S. Knappe-Grüneberg, W. Müller, A. Schnabel, F. Seifert, L. Trahms, S. Baeßler, Eur. Phys. J. D **57**, 303–320 (2010)
43. H.-C. Koch, G. Bison, Z.D. Grujić, W. Heil, M. Kasprzak, P. Knowles, A. Kraft, A. Pazgalev, A. Schnabel, J. Voigt, A. Weis, arXiv: 1502.06366v1 (2015)
44. A. Abragam, *The Principles of Nuclear Magnetism* (Clarendon Press, Oxford, 1961), pp. 82–83
45. D.I. Hoult, R.E. Richards, J. Magn. Reson. **24**, 71–85 (1976)
46. A. Nikiel, P. Blümler, W. Heil, M. Hehn, S. Karpuk, A. Maul, E. Otten, L.M. Schreiber, M. Terekhov, Eur. Phys. J. D **68**, 330 (2014)
47. G.D. Cates, S.R. Schaefer, W. Happer, Phys. Rev. A **37**, 2877 (1988)
48. D.D. McGregor, Phys. Rev. A **41**, 2631 (1990)
49. R. Barbé, M. Leduc, F. Laloë, J. Phys. France **35**, 935 (1974)
50. D.R. Rich, T.R. Gentile, T.B. Smith, A.K. Thompson, G.L. Jones, Appl. Phys. Lett. **80**, 2210 (2002)
51. J. Schmiedeskamp, W. Heil, E.W. Otten, R.K. Kremer, A. Simon, J. Zimmer, Part I., Eur. Phys. J. D **38**, 427–438 (2006)
52. A. Deninger, W. Heil, E.W. Otten, M. Wolf, R.K. Kremer, A. Simon, Part II, Eur. Phys. J. D **38**, 439–443 (2006)
53. J. Schmiedeskamp, H.-J. Elmers, W. Heil, E.W. Otten, Y. Sobolev, W. Kilian, H. Rinneberg, T. Sander-Thömmes, F. Seifert, J. Zimmer, Part III., Eur. Phys. J. D **38**, 445–454 (2006)
54. S.M. Kay, *Fundamentals of Statistical Signal Processing: Estimation Theory* (Prentice Hall PTR, Upper Saddle River, 1993)

55. J.A. Barnes et al., IEEE Trans. Instrum. Meas. **20**, 105 (1971)
56. F. Bloch, A. Siegert, Phys. Rev. **57**, 522 (1940)
57. N.F. Ramsey, Phys. Rev. **100**, 1191 (1955)
58. J. Clarke, W.M. Goubau, M.B. Ketchen, J. Low Temp. Phys. **25**, 99 (1976)
59. D. Drung, Supercond. Sci. Technol. **16**, 1320–1336 (2003)
60. M. Burghoff, H. Schleyerbach, D. Drung, L. Trahms, H. Koch, IEEE Trans. Appl. Superconductivity **9**, 4069–4072 (1999)
61. M. Guéron, Magn. Reson. Med. **19**, 31 (1991)
62. M. Pfeffer, O. Lutz, J. Magn. Res. A **108**, 106 (2005)
63. International Council for Science: Committee on Data for Science and Technology (CODATA). www.codata.org. (2007)
64. F. Allmendinger, W. Heil, S. Karpuk, W. Kilian, A. Scharth, U. Schmidt, A. Schnabel, Y. Sobolev, K. Tullney, PRL **112**, 110801 (2014)
65. L.F. Fuks, F.S.C. Huang, C.M. Carter, W.A. Edelstein, B.P. Roemer, J. Magn. Reson. **100**, 229 (1992)
66. C. Barmet, N. de Zanche, B.J. Wilm, K.P. Pruessmann, Magn. Reson. Med. **62**, 269 (2009)
67. G.W. Bennett et al., Phys. Rev. D **73**, 072003 (2006)
68. R. Kc, Y.N. Gowda, D. Djukovic, I.D. Henry, G.H.J. Park, D. Raftery, J. Magn. Reson. **205**, 63 (2010)
69. A. Kraft, H-Ch. Koch, M. Daum, W. Heil, Th Lauer, D. Neumann, A. Pazgalev, Yu. Sobolev, A. Weis, EPJ Tech. Instrum. **1**, 8 (2014)
70. http://supernovae.in2p3.fr/users/jacdz/csin2p3–20131024/report_CSIN2P3_n2EDM.pdf

第18章 金刚石NV中心磁测量

Kasper Jensen, Pauli Kehayias, Dmitry Budker[①]

摘要:本章涉及利用金刚石中的NV缺陷中心进行磁传感。介绍NV中心的基本原理,总结用于直流和交流磁传感的NV光学检测磁共振技术。在回顾一些成功的传感应用后,列举了使用NV磁测量的优点以及目前面临的一些挑战。

18.1 引　　言

利用金刚石中的NV色心制作的磁力仪是最近加入到磁力仪工具集中的。它们是令人满意的高空间分辨率磁力仪,技术上使用简单,工作的环境适应性好,是一个具有许多改进和应用途径的新系统。这些特性推动了近年来NV磁力仪爆发式的发展,而正在进行的工作旨在扩大其能够实现的最佳灵敏度和实用范围。本章是对NV的基本性质、磁传感技术、应用及NV中心如何更广泛地融入磁力仪技术[1-4]的概述(包括引用代表性的工作)。

18.2 NV中心的物理现象

NV中心是金刚石晶格中的一个点缺陷。它由一个替代的N原子和一个邻近的空位组成,即一个缺失的碳原子(图18-1)。NV中心可以有负(NV^-)、正(NV^+)和中性(NV^0)电荷状态,但NV^-用于磁测量和其他应用。NV^-中心有6

---

① K. Jensen (&),哥本哈根大学尼尔斯波尔研究所,达姆斯大街 17,2100 哥本哈根 Ø,丹麦;电子邮件:kjensen@ nbi. dk;D. Budker,加州大学伯克利分校物理系,CA 94720,美国;电子邮件:dbudker@ gmail. com。P. Kehayias,哈佛 – 史密森天体物理中心,坎布里奇,MA 02138,美国;电子邮件:pauli. kehayias @ cfa. harvard. edu。D. Budker,美因茨赫姆霍兹研究所,约翰内斯古腾堡大学,美因茨,德国;© 瑞士斯普林格国际出版公司 2017,A. Grosz 等(编辑),高灵敏度磁力仪,智能传感器,测量和仪器 19,DOI 10. 1007/978 – 3 – 319 – 34070 – 8_18。

个电子,其中5个电子来自3个相邻碳原子和N原子的悬挂键,从一个电子给体捕获一个额外的电子并产生负电荷状态。由N原子和空位的连接线定义的轴称为NV轴。N原子相对于空位的位置有4种可能的方式,导致4种可能的NV排列。NV中心具有C_{3v}空间点群对称性,即其结构相对于围绕NV轴旋转0、$2\pi/3$和$4\pi/3$对称,以及反射对称与由NV轴和3个相邻碳原子之一确定的镜平面。可以使用原子轨道线性组合(Linear Combination of Atomic Orbital,LCAO)的群理论方法来绘制NV^-的能级[5,6]。图18-2给出了NV电子自旋三重态($^3A_2$和^3E)和电子自旋单重态(^1E和$^1A_1$)的能级图。自旋三重态各有3个子能级,磁量子数$m=0,\pm1$,其中量化轴由NV轴确定。

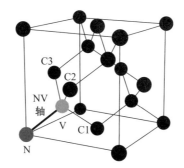

图18-1 有NV中心缺陷的金刚石晶格(空位、N原子和最近邻碳原子被标记)

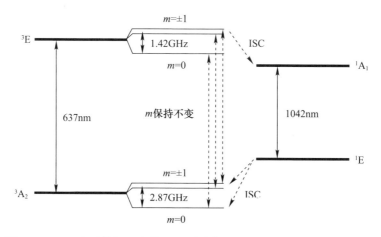

图18-2 NV电子能级和光学跃迁(来自^3E的依赖于m的系间穿越(ISC)使光初始化和读出成为可能)

$^3A_2$和^3E之间的光学跃迁波长为637nm(对应红光),^1E和$^1A_1$之间的跃迁波长为1042nm(对应红外光)。由于金刚石晶格的振动,这两个跃迁都有声子

边带。这些声子边带跃迁将 NV 吸收光谱和荧光光谱拓宽了数百纳米。

$^3A_2 \rightarrow {}^3E$ 的跃迁可以用波长为 450~637nm 的光激发,通常使用 532nm 二极管泵浦的固体激光器来驱动这种跃迁,$^3E \rightarrow {}^3A_2$ 衰减的荧光波长范围为 637~800nm。光学跃迁大部分是自旋守恒的,但在自旋单重态和自旋三重态之间也存在系间窜越(Intersgstem Crossing,ISC)。从 ^3E 到 $^1A_1$ 存在非辐射衰减,$m=\pm1$ 态的 ISC 速率高于 $m=0$ 态的 ISC 速率[7,8]。还存在一个从 ^1E 到 $^3A_2$ 的非辐射 ISC。

NV 中心的一个重要特点是可以用光学方法探测其自旋状态,并用光学方法将其泵入 $m=0$ 子能级。现在描述这种机制:假设 NV 中心被驱动 $^3A_2 \rightarrow {}^3E$ 跃迁的共振光照射。如果 NV 最初处于 $^3A_2,m=0$ 基态子能级,则由于光学跃迁是自旋守恒的,它被激发到 $^3E,m=0$ 态。NV 中心衰减回 $^3A_2,m=0$ 子能级,发射荧光。这种转变是周期性的,当连续照射 NV 中心时会检测到高荧光强度。另外,如果 NV 最初处于 $^3A_2,m=\pm1$ 基态子能级中的一个,则它被激发到 $^3E,m=\pm1$ 态,这些态有很大的概率经历 ISC 回到单态。从 $^1A_1$ 态开始,NV 中心首先衰变为 ^1E 态,室温下寿命为 200ns[9]。随后,NV 中心经历 ISC 回到 $^3A_2$。很可能经过几个激发周期后,NV 中心最终进入 $m=0$ 循环跃迁,之后可以认为,NV 中心已经被光泵到了 $m=0$ 状态。当最初在 $^3A_2,m=\pm1$ 子能级中的一个时,由于通过单重态衰变(主要是非辐射衰减)NV 中心从 $^3E \rightarrow {}^3A_2$ 发射的荧光更少。通过测量荧光,可以从它的荧光强度获取 NV 自旋状态。

自旋三重态 $^3A_2$ 基态具有特别重要的意义。由于电子自旋-自旋相互作用,该态在 $m=0$ 和 $m=\pm1$ 亚能级之间具有零场分裂 $D \approx 2.87$GHz。磁场通过塞曼效应耦合到 NV 中心,该过程可以通过汉密尔顿(Hamiltonian)函数 $\mathcal{H}_B = \gamma \boldsymbol{B} \cdot \boldsymbol{S}$ (以赫兹为单位)描述。其中,$\boldsymbol{S}$ 是 NV 电子自旋的无量纲自旋投影算符,$\gamma \approx 28.0$GHz/T 是电子旋磁比。如果一个磁场 $\boldsymbol{B} = B_z \hat{z}$ 沿 NV 轴(此处选为 z 方向)施加,则 m 子能级的能量为 $E(m) = Dm^2 + \gamma B_z m$(图 18-3)。注意,$m=\pm1$ 子能级的能量与磁场成线性关系。NV 磁测量是基于对这种能级移动的光学检测。磁共振跃迁 $m=0 \leftrightarrow \pm1$ 的能量是 $\Delta E = D \pm \gamma B_z$,如图 18-3 所示,以频率单位表示为 $f_\pm$。更一般地,矢量磁场可以从这些共振频率确定。

由于 N 原子的核自旋,NV 中心具有超精细结构。N 有两种稳定同位素,核自旋为 1 的 ^{14}N(99.6% 自然丰度)和核自旋为 1/2 的 ^{15}N(0.4% 自然丰度)。核自旋态为汉密尔顿方程贡献了额外的项,这里以赫兹为单位写成 $\mathcal{H}_I = PI_z^2 + \gamma_N \boldsymbol{B} \cdot \boldsymbol{I}$ 和 $\mathcal{H}_{hf} = A_\parallel S_z I_z + A_\perp (S_x I_x + S_y I_y)$,其中 $\boldsymbol{I}$ 是核自旋的无量纲自旋投影算符。考虑 ^{14}N 核,$P \approx -4.95$MHz 为四极分裂,$\gamma \approx 3.077$MHz/T 为核旋磁比,$A_\parallel \approx -2.16$MHz 和

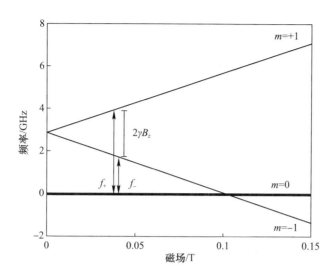

图18-3 磁场沿着NV轴时NV中心随磁场变化的能级图。
跃迁频率 $m=0\leftrightarrow +1$ 和 $m=0\leftrightarrow -1$ 分别写为和 f_+ 和 f_-

$A_\perp \approx -2.7\text{MHz}$ 分别是平行和垂直超精细耦合参数[10-12]。原子核塞曼项 $\gamma_N \boldsymbol{B}\cdot\boldsymbol{I}$ 通常很小,常常可以忽略。由于与 ^{14}N 核自旋的超精细耦合,每一个磁共振 f_+ 和 f_- 将保持 m_I 守恒而分裂成三个跃迁。在磁共振谱中,如果共振线宽小于分裂宽度,则可以观察到超精细分裂。

18.3 金刚石材料

虽然天然金刚石可能含有NV中心和其他缺陷[14],但通常使用合成金刚石以便更好地了解样品所含的成分,以及有一个可控和可复制的制造方法。有几种类型的需要不同样本的NV实验:

(1) NV总体实验,在一个样本中可以测量多个NV中心。NV中心可以位于金刚石的薄片中,也可以分布在更大的体积上(整个金刚石)。

(2) 单个NV实验,使用缺陷很少的金刚石样品。可以选择一个特定的NV进行测量。

(3) NV纳米金刚石实验,使用含有一个或多个NV中心的纳米金刚石。纳米金刚石可以附着在原子力显微镜(Atomic Force Microscopy,AFM)的悬臂上,或被囚禁在光学偶极子陷阱中,或者被功能化并放入活体细胞中[15-17]。

有几种方法可以制造金刚石样品以满足这些实验要求:

(1) 高压高温(High-Pressur High-Temperature,HPHT)生长法,类似于天

然金刚石的形成,在5GPa和1700K的铁钴压力机下完成。金属溶剂溶解石墨块中的碳后,碳沉淀到籽晶上,然后生长。这种生长技术产生的样品含N量约为100ppm。

(2)化学气相沉积(CVD)法,即金刚石在气体环境中逐层生长。CVD生长产生的样品含有较少的N杂质(大约1ppb~1ppm)。

(3)炸药爆炸,产生具有高N和NV密度的纳米金刚石。

HPHT和CVD生长可以产生各种类型的金刚石,如多晶、单晶、光学级(具有最小的双折射和吸收)和电子级金刚石(具有最小的杂质浓度)。通过给定的制造技术,可以进一步控制NV中心的形成方式:

(1)尽管大多数嵌入的N原子不形成NV中心,但在HPHT和CVD生长过程中,可以控制生长环境中的N浓度。这些样品可以直接使用(如在单个NV实验中),但它们经常通过辐照或植入提高NV密度。

(2)可以用电子、质子、中子、N^+、N_2^+、C^+或其他粒子轰击金刚石样品,以产生空位并植入N原子。改变加速粒子的能量和种类可以产生一个均匀的或接近表面的缺陷层。在产生空位后,由于N和V位置不相关,NV密度并没有明显提高,但辐照后对金刚石样品进行退火可提高NV的产率。退火温度范围为700~1200℃,持续数小时。

(3)整体中的NV中心通常是随机排列的,沿着每个晶轴排列1/4。然而,沿某些晶体方向,CVD生长可以产生具有优先排列的NV中心,导致NV中心具有一个或两个主要排列[18]。这对于NV整体磁测量是有用的,在这里,可以选择NV中心,其中一个排列用于传感,而其他的用于背景荧光。

(4)Delta掺杂是另一种在CVD生长过程中形成N掺杂层的技术。在缓慢的CVD生长过程中引入N_2,将在一个其他方式产生的纯金刚石中嵌入一层薄的N层。接着是辐照和退火,这可以产生NV层(通常在表面附近)。为了形成掺杂层,通常在金刚石生长环境中加入^{15}N以区分近表面的NV中心和较深的(^{14}N)NV中心。Delta掺杂保证了CVD样品除了表面附近外几乎没有NV中心,这种情况下它们最有助于感知外部磁场。也可以使用Delta掺杂来产生具有已知相对分离的NV层[19,20]。

(5)大块金刚石样品可通过球磨或化学蚀刻制成纳米金刚石[21,22]。

(6)金刚石样品可以通过化学腐蚀制成金刚石纳米结构,包括光波导、谐振器、光子晶体或AFM悬臂梁[15,23,24]。

18.4 显微镜检查

常用共焦显微镜装置对NV中心进行光学探测,该装置也用于生物和材料科学中的样品表征。如图18-4所示,泵浦激光束(通常来自532nm固体激光器)从二色镜反射(选择性反射短波长光,但透射长波长光),通过透镜或显微镜物镜聚焦,照射含有NV中心的金刚石。来自NV中心的荧光通过同一个透镜收集,然后通过二色镜并进入光电探测器。针孔滤波器用于滤除样品中聚焦区域以外的荧光。NV共焦显微镜用于多种情况:

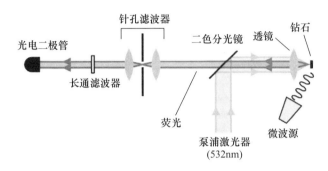

图18-4　金刚石中NV中心实验的典型共焦显微镜装置

(1) 能够将泵浦激光束聚焦到金刚石上,通过使用单像素光电二极管测量收集到的荧光强度,可以查询NV中心的衍射极限的体积。可以使用扫描检流计反射镜或压电驱动物镜或样品载片扫描检测的体积,以一次一个像素的方法获得宽视场图像[25]。

(2) 宽视场成像的另一个选择是照射金刚石上的大面积区域,使用相机拍摄荧光。这使得能够在一个空间区域以衍射极限的空间分辨率(小于$1\mu m$)成像单个NV中心或映射磁场[26]。也可以通过亚衍射极限成像扩展到几纳米的分辨率[27]。

(3) 可以通过扫描探针显微镜(如AFM)来检测钻石和NV中心,并使用光学显示来观察NV中心,这获得了几纳米的空间分辨率[15,28]。显微镜物镜从含有NV中心的金刚石的AFM探针收集荧光,通过移动探针检测不同的空间区域,而不显著影响光的收集。金刚石纳米柱探针还可以通过使荧光直接指向物镜来增强光的收集。

然而,目前基于金刚石NV中心磁力仪的灵敏度低于SQUID和原子气室等其他技术的磁力仪,而高空间分辨率是它们的主要优势。共焦显微镜在NV中心的实验中应用非常普遍,尽管由于荧光收集效率低,但目前正在努力克服其主要的光子散粒噪声造成的灵敏度限制(式(18-2))[29-31]。

18.5　光探测与采集

检测到的NV荧光的光子散粒噪声往往限制了磁场的灵敏度。因此,有效地探测 NV 荧光是很重要的。然而，只能收集发射光的一小部分。这一问题相当严重，因为 NV 中心位于高折射率（$n_d \approx 2.419$）的金刚石基质中。第一个问题是共焦显微镜中的显微镜物镜（或透镜）只能收集离开金刚石的部分光。收集效率取决于物镜的数值孔径 NA，其定义为 $NA = n_0 \sin(\theta_0)$，其中 θ_0 是物镜能够收集光线的最大半角，n_0 为外面的金刚石的折射率（图 18 – 5）。对于给定的 NA，在角度 $\theta_0 = \arcsin(NA/n_0)$ 内的光被收集。对于空气物镜，数值孔径通常为 0.1~1，对于浸油物镜，数值孔径最大为 1.52。NA 的上限是由空气 $n_{air} \approx 1$ 或油 $n_{oil} \approx 1.52$ 的折射率给出的。在金刚石界面处，金刚石内部也存在荧光折射。通过斯涅耳（Sneu）定律（$n_d \sin(\theta_i) = n_0 \sin(\theta_t)$），只有在角 $\theta_i^{max} = \arcsin(NA/n_d)$ 内发出的光才能离开金刚石并被物镜收集。对于最佳的空气（NA = 1）和油浸的目标（NA = 1.52），最大发射角 θ_i^{max} 分别为 24°和 39°。

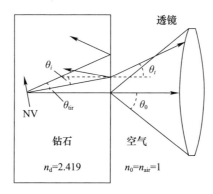

图 18 – 5 金刚石 – 空气界面处的 NV 荧光折射和反射

另一个问题是金刚石表面发射的光存在反射。例如，对于法向入射，使用菲涅耳（Fresnel）方程，反射比为 $R = |(n_d - n_0)/(n_d + n_0)|^2$，在金刚石 – 空气界面处得到 $R \approx 17\%$，在金刚石 – 油界面处得到 $R \approx 5\%$。如前所述，当 $\theta_i \geq \theta_{tir} = \arcsin(n_0/n_d)$ 时，金刚石表面也存在全内反射。从 NV 中心发射的光的总收集效率可以看成 NV 中心偶极子发射模式进行计算（因为反射率取决于光的偏振）。使用空气（达到 NA = 1）或油浸物镜（达到 NA = 1.52）时，最大收集效率为 4%或 10%[29]。

有几种提高光收集效率的策略。在文献[29]中，人们认识到当 NV 中心从金刚石板的顶部激发时，大多数荧光在从垂直于顶部的侧面离开金刚石板之前经历了多次全内反射。通过将光电二极管放置在靠近四面的位置，共收集到 47%的发射荧光。其他方案使用固体浸没透镜（Solid – Immersion Len, SIL），包括由金刚石制成的透镜[32,33]。在这种几何结构下，由于光线垂直于表面，因此从 SIL 中心发射的光线不会在金刚石 – 空气界面处发生折射,从而提高了收集效率。纳米制备的金刚石波导也可以将发射的荧光从金刚石中引导出来,提高了收集效率[23]。

通过检测探测激光束的吸收也能克服荧光收集问题。到目前为止,已经演示了基于 637nm 红光和 1042nm 红外光的吸收(图 18 – 2 中的跃迁)方案[34-37]。红色和红外探测光具有自旋态与吸收相关,这一事实可以用来测量 $^3A_2$ 的磁共振频率。当使用红外吸收检测 NV 中心时,原则上可以使用任意大的光子通量而不会对 NV 中心造成额外的去相干,从而降低光子散粒噪声对磁力仪灵敏度的限制(式(18 – 2))。红外吸收量取决于 $^1E \rightarrow ^1A_1$ 的光横截面、NV 密度和金刚石的厚度。第一次红外磁力仪实验[35]是在低温($T \approx 75K$)下进行的,此时吸收截面大于室温[38]。后来的实验采用了一个外部光学腔,将吸收提高了两个数量级,使磁力仪能够在室温下工作[37]。

另一种检测方案是基于在 NV$^-$ $^3A_2$ 子能级上有条件地电离 NV$^-$ 到 NV^0,然后使用 594nm 探针激光器读出电荷状态[30]。由于用 594nm 光照射 NV$^-$ 时产生荧光而 NV^0 不产生荧光,这种自旋到电荷态的显示方案与许多显示光子的方案具有高对比度。然而,另一种方法是检测与自旋态相关的光电流,故不再需要收集光子[39]。最后,低温单 NV 实验可以使用高对比度光学显示技术,探测不同的 $^3A_2 \rightarrow ^3E$ 跃迁[31]。

18.6 光学探测磁共振

NV 磁测量的许多技术都需要一定幅度和方向的偏置磁场。这种静态磁场可以用以下连续波(Continuous Ware,CW)ODMR 技术来测量。

如图 18 – 4 所示典型共焦显微镜装置,其中 532nm 绿光连续照射金刚石样品。为了简单起见,假设样本在共焦体积内包含一个 NV 中心。在绿光的作用下,NV 中心被光泵浦到 $m=0$ 亚层中,并检测到来自 NV 中心的高水平荧光。同时,在 NV 中心施加微波辐射。微波(Micrcwave,MW)频率在包含磁共振的一定范围内扫描。当 MW 频率与 $m=0 \leftrightarrow \pm 1$ 跃迁中的一个共振时,由于 MW 场破坏了 NV 光泵浦,将 NV 中心转移到荧光较弱的 $m=\pm 1$ 子能级,荧光水平降低。显示荧光强度随 MW 频率变化的相关光谱称为 ODMR 谱,如图 18 – 6 所示。图 18 –6中,假设磁场指向 NV 轴。磁场振幅可由共振频率确定。在 MW 处于共振和非共振的荧光强度的分数差异称为荧光对比度 C。对于单个 NV 中心,典型的对比度为 $C=0.20$。另一个重要的参数是磁共振线宽。线宽与非均匀展宽的横向自旋弛豫时间 $T_2^* = 1/(\pi \Delta \nu)$ 有关,在富 N 的 HPHT 金刚石材料中的

NV 中心约为 100ns,在低 N 的金刚石中的 NV 中心仅为几微秒。为了准确地测量跃迁频率,进而测量磁场,比较大的对比度和窄的线宽是有利的。

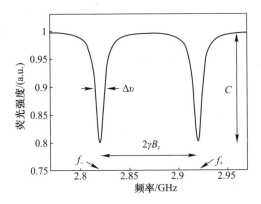

图 18-6　单个 NV 中心的光学检测磁共振谱。假设磁场沿 NV 轴

如果不是单个 NV 中心,而是共焦体积中的 NV 中心的集合,则由于 NV 中心的 4 种可能的排列,总共有 8 个可能的磁共振频率。对于磁场的某些方向,一些共振是退化的。图 18-7 给出了沿任意方向偏置磁场的 ODMR 频谱示例。NV 磁测量的一个选择是通过沿 NV 轴施加偏置场来选择一个 NV 对准,以便沿该轴的磁场投影的变化近似线性地影响共振频率。另一个选择是使用所有 4 个 NV 排列;尽管 8 个 ODMR 频率对 **B** 的依赖性更复杂,但这个选择会得到关于磁场的矢量信息。

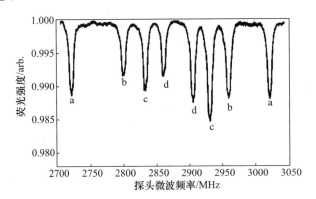

图 18-7　具有任意方向磁场的示例 ODMR 图(4 个 NV 排列(标记为 a~d)中的每一个沿着其量化轴具有不同的磁场投影,导致 8 个 ODMR 峰值(每个 NV 排列 2 个)。当沿 NV 轴对准时,ODMR 频率与 **B** 成线性关系。虽然当 **B** 沿任意方向运动时,ODMR 的频率依赖性更为复杂,但可以利用多个 NV 比对来提取 **B** 矢量信息。同一排列引起的 2 个峰之间的不对称是由于所用微波功率的不同造成的。)

18.7 直流磁力仪

现在讨论静态或缓慢变化磁场的测量。更精确地说,使用直流磁力仪,可以测量频率分量从直流到磁力仪的带宽的磁场。通过记录磁力仪的响应,带宽可以采用施加频率增加的振荡磁场来测量。磁力仪的信号随频率的增加而减小,带宽定义为信号减小了 1/2 的频率。由于信号减小,SNR 通常随着频率的增加而降低。然而,如果噪声也降低,就有可能测量频率在 BW 上且具有良好 SNR 的磁场。

测量磁场的一种方法是采用连续波 ODMR。在这种情况下,MW 频率在一定时间 τ_{scan} 内通过磁共振扫描。在每个这样的时间间隔内,可以获得磁场的值,磁力仪的带宽 BW $\approx 1/\tau_{\text{scan}}$。许多微波发生器只能缓慢地扫描频率($\tau_{\text{scan}} \geqslant$ 10ms),这样带宽很小(BW $\leqslant$ 100Hz)。慢扫描也使测量对实验装置中的低频技术噪声或漂移敏感。噪声源的例子包括移动的磁性物体(如汽车、火车、电梯等)、来自线路电压的 50/60Hz 磁场、激光功率波动、MW 功率或频率波动、光偏振噪声、温度漂移等。为了对磁场进行灵敏的测量,可以使用调制技术。一种可能性是使用外部线圈施加振荡磁场,并使用锁相检测[35]。或者,也可以调制微波频率[34,37]。许多微波发生器都有内置 FM 模块,使调频成为一种容易实现的方法。

如图 18-8 中所示的情况,微波频率被调制为中心值 f_c 附近的频率 f_{mod}。中心频率的最大偏移称为频率偏差 f_{dev}。中心频率应选择接近其中一个磁共振频率,这里假设是如图 18-6 所示的 $m = 0 \rightarrow -1$ 跃迁。检测到的荧光信号通过参考调制频率的锁相放大器解调。当 $f_c - f_{\text{res}}$ 完全在磁共振 Δv 的线宽内时,解调信号 S_{LI} 为色散线型,在 $f_c = f_{\text{res}}$ 处过零,并为线性关系 $S_{\text{LI}} \approx \alpha(f_c - f_{\text{res}})$,其中 α 为

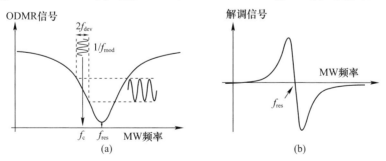

图 18-8 微波频率调制

(a)为光学检测磁共振信号,MW 频率 f_{mod} 调制在中心值 f_c 附近的频率上,且频率偏差 f_{dev} 一定;(b)为对解调的信号进行中心频率扫频时,具有色散的线型。

比例常数。解调后的信号可用于测量缓慢变化的磁场 $B(t) = B_0 + \Delta B(t)$，其中 B_0 由中心频率的设定值通过公式 $f_c = D - \gamma B_0/(2\pi)$ 定义。解调信号与磁场偏差 $\Delta B(t) = -2\pi S_{\text{LI}}(t)/(\alpha\gamma)$ 也成线性关系，因此为 $\Delta B(t)$ 提供了一个良好的测量。磁力仪的带宽取决于光泵功率和微波功率，对于高功率，已经演示了一个高达几兆赫的带宽[40]。最终可达到的最大带宽受到亚稳单重态寿命的限制（室温下约200ns）。

原子钟技术的方法可用于制作测量直流磁场的脉冲 NV 磁力仪（图 18-9），这是对上述 CW 方法的补充。实现的方法是将 NV 中心初始化到 $m = 0$ 子能级，关闭泵浦激光器，施加频率相关的微波 π 脉冲来检测 $m = 0 \rightarrow +1$ 或 $m = 0 \rightarrow -1$ 的共振频率，用第二个激光脉冲来读出最终状态的荧光。与连续波磁测量类似，微波 π-脉冲持续时间 τ_π 和不均匀展宽的横向自旋弛豫时间（T_2^*）增加了线宽。较长的 π 脉冲具有较窄的傅里叶宽度，但激发的 NV 中心较少；选择 $\tau_\pi = T_2^*$ 得到最佳灵敏度[41]。拉姆塞（Ramsey）干涉法测量 ODMR 频率，使用由相互作用时间（约 T_2^*）分离的两个短 π/2 脉冲累积磁场相关相位，可以读出该相位以提取磁场。

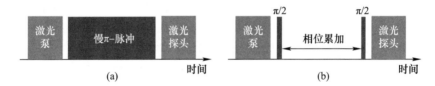

图 18-9 进行 ODMR 实验的脉冲序列
(a)使用共振 π 脉冲；(b)使用拉姆塞光谱。

18.8 交流磁力仪

交流磁力仪对特定频率附近窄带内的同步磁场或异步磁噪声敏感。这与直流磁力仪不同，它对从直流到传感器带宽的频率分量敏感。NV 中心的交流磁力仪受到了 NMR 技术的启发，利用微波或 RF 辐射的脉冲序列（称为动态解耦，DD）来消除磁场不均匀性，延长相干寿命（Hahn 回波就是一个例子）。去耦序列可以将相干时间延长到相当长的相干时间（室温下为 2ms，77K 下为 0.6s），这在缺陷较少的 ^{13}C 耗尽型金刚石样品中最容易实现[42,43]。虽然 DD 脉冲序列是为了消除 NMR 中的交直流不均匀性而设计的，但它对交流磁场非常敏感（可以看作带通滤波器或锁相检测器）。去耦序列可用于在 kHz~MHz 频率下感应相干交流场和非相干交流场（磁噪声）。

图 18-10 给出了 DD 序列(本例中为 Hahn 回波)对交流磁力仪如何起作用。使用第一个 $\pi/2$ 脉冲将 NV 中心初始化为两个塞曼子能级相等叠加的状态后,沿 NV 轴(B_{AC})投影的交流磁场(频率 f_{AC} 和周期 T_{AC})根据其瞬时符号诱导更快或更慢的拉莫尔进动。通过选择脉冲间距 $\tau=T_{AC}/2$ 以及实验与交流磁场同步,可以最大限度地提高从 B_{AC} 获得的 NV 中心的相位积累。解耦序列还可以实现异步交流磁噪声检测。如果 f_{AC} 处存在强磁噪声,则选择 $\tau=T_{AC}/2$ 也会破坏 NV 相干,然而选择 $\tau=T_{AC}$ 则使 NV 相干对频率 f_{AC} 处的磁噪声免疫。这种现象被称为电子顺磁共振中的电子自旋回波包络调制(Electron Spin Eeho Envelope Modulation, ESEEM),通常用于感应和识别附近的磁核[44]。图 18-11 给出了用 NV 群检测到的交流磁噪声的一些测量样例。金刚石样品含有天然丰度为 1.1% 的 ^{13}C 核自旋,当其位于磁场中时,将以频率约为 10.705MHz/T 进动,由于时间 τ 是变化的,将导致 NV 相干性发生崩塌和再生。图 18-11(b)包括来自

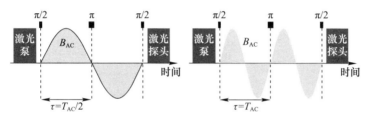

图 18-10 左边 π 脉冲允许保持 B_{AC} 相位积累的绝对值(当感应到噪声时,这就是获得最大退相干的方法。$\tau=T_{AC}$,不管相对相位和振幅如何,相位累积都会取消。这使得 NV 中心对 f_{AC} 处的磁噪声免疫,恢复了 τ(ESEEM)的相干性)

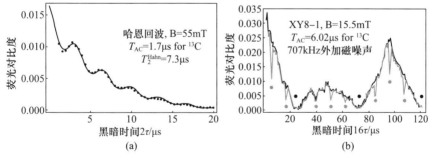

图 18-11 用 NV 群检测到的交流磁噪声的一些测量样例(见彩图)
(a)用 HPHT 样品(约 1ppm NV⁻浓度)进行的哈恩回波实验的结果,显示了 13C 核引起的 ESEEM 相干恢复;(b)用 CVD 样品(10ppb NV⁻浓度)进行 XY8-1 实验(另一个具有 8π-脉冲的 DD 序列)的正确结果。蓝色的数据显示,在黑色圆圈所指示的黑暗时期,13C 磁噪声如何强烈地破坏 NV 相干性。红色的数据显示了同样的实验,外加(非同步)707kHz 的磁场,进一步破坏了红色圆圈所指示的黑暗时期的相干性。

函数发生器的外部施加 707kHz 磁场的实验数据。外场与 MW 脉冲不同步,进一步破坏了特定 τ 的 NV 相干。

NV 中心采用其他探测方案还可用于感知非相干核磁场和顺磁交流磁场。相关光谱是一种扩展 DD 传感的技术,具有一些额外的优点。它使用两个 DD 序列(间隔时间 $\tilde{\tau}$),每个 DD 序列从交流磁场中积累相位[45]。这使能够研究具有约为 T_1^{-1} 频率分辨率(而不是约为 T_2^{-1} 对于 DD)的核自旋池中的相位关联。另一种方案是双电子-电子共振(Double Electron Electron Resonance,DEER),它可以使用同步的 NV 和电子 π 脉冲感知电子自旋[28]。类似地,当以与期望交流频率匹配的频率驱动 NV 拉比振荡(一种称为自旋锁定的方法)或以相同拉比频率驱动 NV 中心和目标自旋(称为 Hartmann-哈恩双共振)时,可以检测 NV 去相干[46,47]。产生的 NV 去相干表示 ac 磁场的存在。还可以使用 NV T_1 测量来检测顺磁自旋或吉赫频率的磁性白噪声,因为这些源会破坏 NV T_1 的寿命[48-52]。

18.9 磁场灵敏度

磁场灵敏度(以 $T/\sqrt{Hz}$ 为单位)描述了在测量带宽为 1Hz 时可以检测到的最小磁场变化。对于给定的测量时间 τ_m,测量带宽约为 $1/(2\tau_m)$;精确的数值因子取决于测量的细节。为了简单起见,假设磁力仪有 100% 的占空比,灵敏度等于 $\delta B \sqrt{\tau_m}$,其中 δB 是测量磁场的不确定度。注意,如果在一个持续时间 $T = N\tau_m$ 内重复测量 N 次,且在 N 次测量中噪声是不相关的,不确定度将减少 $\sqrt{N}$。然而灵敏度不依赖于平均数,因为测量时间会相应增加。

NV 磁力仪的灵敏度有一定的量子极限。最基本的极限是由于与测量的 NV 中心的有限数量相关联的自旋投影噪声。自旋投影噪声极限灵敏度为

$$\delta B_{PN} \sqrt{\tau_m} \approx \frac{1}{\gamma \sqrt{N_{NV} T_2}} \quad (18-1)$$

式中:δB_{PN} 为由自旋投影噪声引起的磁场不确定度;γ 为电子旋磁比;N_{NV} 为集合中 NV 中心的数目;T_2 为相干时间。只有使用感知自旋的量子纠缠,才能超过投影噪声极限[53]。

用于读出 NV 自旋态的光子散粒噪声也限制了磁场灵敏度。光子散粒噪声的极限灵敏度为

$$\delta B_{SN} \sqrt{\tau_m} \approx \frac{\Delta v}{\gamma C \sqrt{R}} \quad (18-2)$$

式中：δB_{SN} 为由光子散粒噪声引起的磁场不确定度；R 为检测到的光子的速率；Δv 为磁共振的半高宽；C 为对比度。半高宽与由 $T_2 = 1/(\pi\Delta v)$ 决定的相干时间有关。被探测的光子的速率可以由探测到的功率 $R = P/(hc/\lambda)$ 计算，其中 P 是功率，h 是普朗克常数，c 是光速，λ 是被探测光的波长。由于总的磁力仪信号 S 与探测光子的速率 R 成线性关系，而由于光子散粒噪声引起的不确定度 ΔS 仅随着平方根 $\sqrt{R}$ 的增加而增加，所以灵敏度 $\Delta S/S \propto \sqrt{R}/R = 1/\sqrt{R}$。

散粒噪声极限灵敏度和投影噪声极限灵敏度一般不同。但是，在某些情况下，它们的大小相同。考虑一组连续被泵浦光照射的 NV 中心集合（如在 CW ODMR 实验中）。从 $^3A_2$ 态到 ^3E 态的激发速率表示为 Γ_P，发射荧光的速率近似为 $N_{NV}\Gamma_P$。最佳激发速率为 $\Gamma_P \approx 1/T_2$，激发率增加超过此值，将减少相干时间。假设所有的荧光都被检测到，得到 $R \approx N_{NV}/T_2$。最后假设对比度为 100%，可以计算得到 $\delta B_{SN}\sqrt{\tau_m} \approx \delta B_{PN}\sqrt{\tau_m}$。能够注意到，在大多数实际情况下，光探测效率和对比度都远小于 100%，因此散粒噪声极限灵敏度要差于投影噪声极限灵敏度。

用于计算自旋投影噪声和光子散粒噪声的参数随实验和金刚石样品的不同而变化很大。交流磁力仪的相干时间通常比直流磁力仪长，因为使用哈恩回波或动态解耦技术获得的 T_2 时间比直流磁力仪相关的 T_2^* 时间要长得多。相干时间 T_2^* 和 T_2 很大程度上取决于金刚石材料和使用的特定 DD 序列。被探测光子的速率取决于探测体积中的 NV 中心的数量、输入光泵功率和光探测效率，对于共焦装置来说，这通常非常低（几个百分点）。使用的 NV 中心数量取决于探测体积的大小和 NV 密度，而 NV 密度取决于金刚石材料、辐照剂量和退火程序。最后，对于单个 NV 中心，荧光对比度可以高达 20%，而对于 NV 中心的集合，由于背景荧光，对比度通常要小得多。

有几种方法可以通过实验来评估磁力仪的灵敏度。对于连续波磁力仪，可以施加一个恒定的磁场，连续测量这个磁场，采用傅里叶变换后计算出本底噪声。对于输出离散值的脉冲磁力仪，可以施加恒定磁场计算得到的相应磁场值的标准偏差（标准化到1Hz带宽）。类似的方法是将应用到稍微不同的磁场，以确定区分它们需要多长时间。

采用 NV 集合演示的最高灵敏度是 $15\mathrm{pT}/\sqrt{\mathrm{Hz}}$（直流感应）和 $1\mathrm{pT}/\sqrt{\mathrm{Hz}}$（交流感应）[54,55]。文献[54]中的磁力仪灵敏度几乎是光子散粒噪声的极限，尽管自旋投影噪声大约为 $10\mathrm{pT}/\sqrt{\mathrm{Hz}}$。近几年来，在改善 NV 磁力仪磁场灵敏度方面取得了迅速进展，随着进一步的改进亚 $-\mathrm{pT}/\sqrt{\mathrm{Hz}}$ 灵敏度很快就能实现。

18.10 应 用

NV 磁力仪最适合于需要高空间分辨率的传感应用,特别是那些可以将 NV 中心靠近被测系统的应用。如上所述,使用 T_1 和 T_2 交流磁力仪方案,NV 中心可以感应到几纳米外的顺磁和核自旋。NV T_1 弛豫更适合于感应吉赫频率的磁噪声,这很适合感应顺磁自旋和磁约翰逊噪声[48-52]。由于原子核在几十毫特斯拉时有 0.1~1MHz 的拉莫尔进动,因此 T_2 弛豫有利于感应磁性原子核(如 ^1H、^{13}C、^{19}F、^{29}Si 和 ^{31}P)[44,56-58]。一个最终的目标是实现单分子磁共振成像,如果 NV 中心可以感知附近的磁核并区分它们的位置,就能够重建复杂分子的结构,如蛋白质。

当许多 NV 实验寻求新的磁灵敏极限或研究一个被广泛理解的目标系统时,最令人兴奋的是那些在新的背景下使用 NV 传感的项目。NV 宽视场磁成像检测到了趋磁细菌中的 50nm 铁磁性颗粒,10~100μm 的陨石中的颗粒和免疫磁性标记的癌细胞[59-61]。由于金刚石的高空间分辨率和无毒性,NV 的应用扩展到神经科学和生物学领域。一项为探测细胞内动力学的实验用纳米金刚石测量了活细胞中的磁场[17]。在神经科学中,NV 磁力仪致力于感知来自放电神经元的磁场,研究神经网络在金刚石上生长时如何形成连接[26,54]。不久,NV 磁测量将能够实现金刚石表面附近分子的 NMR 和 NMR 成像。NV 磁力仪已检测到硬盘驱动器中磁畴的杂散磁场,并显示出表征读/写磁头的潜力[15]。

最后,NV 磁力仪是研究凝聚态物理中磁现象的一个很有前途的工具,如超导体中的迈斯纳(Meissner)效应和磁通旋涡[62]。NV AFM 实验也检测到了磁性薄膜中的畴壁和旋涡[63,64]。另一个实验使用单个 NV 中心来研究了铁磁微盘中的磁自旋波激发[65]。NV 磁力仪也显示出了研究斯格明子、自旋冰和其他奇异物质的潜力[3,66]。最后,NV 去相干测量揭示了有关磁沉降槽的动力学特性(对于核自旋和顺磁自旋)的信息。

18.11 优势和面临的挑战

作为传感器,NV 中心具有前所未有的空间分辨率。当采用受限衍射光时,NV 电子波函数仅限于几个原子晶格位置(约 0.5nm),空间分辨率可达数百纳米,而光学超分辨技术则可以做得更好。NV 集合提供有关磁场的矢量信息(而不是投影)。此外,NV 中心可以在同一器件中同时作为磁场、电场、温度、压缩和旋转传感器工作[67-72]。

NV磁力仪的另一个优点是技术简单。通常,泵浦激光器采用一种普通的倍频532nm Nd:YAG激光器,通常不需要高偏振和频率稳定性(与其他光学磁力仪相比)。此外,与其他原子物理系统相比,NV中心易于光学初始化和读取。其他磁感应技术需要特定环境(如近零磁场、低温或超高真空),将传感器隔离在低温或真空环境中,使其与被感测系统隔离,随着距离的增加,降低了空间分辨率,减小了来自外源的磁场。NV传感器用途广泛且鲁棒性好,可以通过将NV中心放置在距离目标几纳米远的地方来补偿较低的磁场灵敏度,那里目标磁场更强。尽管大多数NV实验是在正常环境条件下进行的,但是它们也能在极端压力和温度下工作[68,73]。

NV磁力仪许多优点来自金刚石材料本身的特性。金刚石具有化学惰性和生物相容性,活细胞可以附着在金刚石基底上,可以吸收纳米金刚石而不会中毒。NV中心在室温下有很长的弛豫时间,因为金刚石中有很强的碳－碳键,导致德拜(Debye)温度很高(约2200K[14])。随着制造和植入技术的改进,人们能够确切地将NV中心放置在金刚石样品中,并制造金刚石纳米结构(包括金刚石纳米柱),以提高光收集效率和高空间分辨率的磁测量。

尽管有这些优势,但NV中心仍有许多技术挑战需要克服。金刚石有很高的折射率,所以从平面金刚石中的NV发出的大部分荧光不会被共焦显微镜收集。这意味着,尽管自旋投影噪声很小,NV实验却受到光子散粒噪声(或其他噪声源)的限制,而光子散粒噪声通常具有高得多数量级。非均匀展宽是另一个问题;局部磁场和晶体应变展宽了ODMR共振,降低T_2^*和灵敏度。使用具有许多NV中心的高密度样品可以提高系统灵敏度,但这是以辐射损伤、N缺陷和晶体应变造成的更大展宽为代价。依赖于样品的结果也使发展受金刚石样品在晶体生长条件、表面处理、辐照、NV深度和杂质含量等方面的差异变得复杂。这使得某些目标只能通过特定样品来实现,因此必须研究如何重复地生产出理想的样品。

与其他光学磁力仪(Rb、Cs、He等)中使用的具有众所周知基本性质(如电子构型、跃迁频率和电偶极矩)的原子相比,NV中心还没有完全了解。$^3A_2 \rightarrow {}^3E$和$^1E \rightarrow {}^1A_1$能量是已知的(图18-2),但是相关的三重态－单重态能量以及它们与金刚石价带和导带相比的能量并没有直接获知[74-76]。类似地,光泵浦机制,所有的NV实验都利用它进行初始化和读出,并没有被完全理解。此外,虽然6个预期的电子态中有4个已被实验证实,但其余2个尚未发现。

NV磁力仪有一些不方便的限制。横向晶体应变(可高达10MHz)使弱磁场磁测量具有挑战性。NV中心同时也是一个磁力仪和一个温度计,这意味着未补偿的温度漂移可以解释为磁场的变化。同时测量$m=0 \leftrightarrow \pm 1$跃迁可以缓解此问题并消除温度漂移[77,78]。最后,尽管近表面 NV 中心最适合于感应外部磁场,但金刚石表面未成键电子产生的磁噪声,使它们的特性(如光稳定性和相干时间)在较浅的深度会恶化[20]。

18.12 小　　结

基于 NV 的传感器进入光磁测领域仅仅几年时间,有望以前所未有的高灵敏度和空间分辨率相结合的方式彻底改变光磁测领域。虽然金刚石传感器面临的技术挑战是巨大的,但这一前景已经实现,主要是通过大量新颖的应用,这些应用由于 NV 传感器的独特特性而成为可能。随着不断的进步和日益广泛的应用范围,确信这仅仅是一个开始。

参考文献

1. J.C. Allred, R.N. Lyman, T.W. Kornack, M.V. Romalis, High-sensitivity atomic magnetometer unaffected by spin-exchange relaxation. Phys. Rev. Lett. **89**, 130801 (2002)
2. H.B. Dang, A.C. Maloof, M.V. Romalis, Ultrahigh sensitivity magnetic field and magnetization measurements with an atomic magnetometer. Appl. Phys. Lett. **97**, 151110 (2010)
3. I.K. Kominis, T.W. Kornack, J.C. Allred, M.V. Romalis, A subfemtotesla multichannel atomic magnetometer. Nature **422**, 596–599 (2003)
4. O. Alem, T.H. Sander, R. Mhaskar, J. LeBlanc, H. Eswaran, U. Steinhoff et al., Fetal magnetocardiography measurements with an array of microfabricated optically pumped magnetometers. Phys. Med. Biol. **60**, 4797 (2015)
5. S. Knappe, T.H. Sander, O. Kosch, F. Wiekhorst, J. Kitching, L. Trahms, Cross-validation of microfabricated atomic magnetometers with superconducting quantum interference devices for biomagnetic applications. Appl. Phys. Lett. **97**, 133703 (2010)
6. T.H. Sander, J. Preusser, R. Mhaskar, J. Kitching, L. Trahms, S. Knappe, Magnetoencephalography with a chip-scale atomic magnetometer. Biomed. Opt. Express **3**, 981–990 (2012)
7. J. Belfi, G. Bevilacqua, V. Biancalana, S. Cartaleva, Y. Dancheva, L. Moi, Cesium coherent population trapping magnetometer for cardiosignal detection in an unshielded environment. J. Opt. Soc. Am. B-Opt. Phys. **24**, 2357–2362 (2007)
8. G. Bison, N. Castagna, A. Hofer, P. Knowles, J.L. Schenker, M. Kasprzak et al., A room temperature 19-channel magnetic field mapping device for cardiac signals. Appl. Phys. Lett. **95**, 173701 (2009)
9. C. Johnson, P.D.D. Schwindt, M. Weisend, Magnetoencephalography with a two-color pump-probe, fiber-coupled atomic magnetometer. Appl. Phys. Lett. **97**, 243703 (2010)
10. M.N. Livanov, Recording of human magnetic fields. Dokl. Akad. Nauk SSSR **238**, 253–256 (1977)
11. V.K. Shah, R.T. Wakai, A compact, high performance atomic magnetometer for biomedical applications. Phys. Med. Biol. **58**, 8153 (2013)
12. S. Taue, Y. Sugihara, T. Kobayashi, S. Ichihara, K. Ishikawa, N. Mizutani, Development of a highly sensitive optically pumped atomic magnetometer for biomagnetic field measurements:

a phantom study Magnetics. IEEE Trans. **46**, 3635–3638 (2010)
13. R. Wyllie, M. Kauer, R.T. Wakai, T.G. Walker, Optical magnetometer array for fetal magnetocardiography. Opt. Lett. **37**, 2247–2249 (2012)
14. H. Xia, A.B.-A. Baranga, D. Hoffman, M.V. Romalis, Magnetoencephalography with an atomic magnetometer, Appl. Phys. Lett. **89**, 211104–211103 (2006)
15. M. Díaz-Michelena, Small magnetic sensors for space applications. Sensors **9**, 2271–2288 (2009)
16. I. Mateos, B. Patton, E. Zhivun, D. Budker, D. Wurm, J. Ramos-Castro, Noise characterization of an atomic magnetometer at sub-millihertz frequencies. Sens. Actuators, A **224**, 147–155 (2015)
17. P.A. Bottomley, NMR imaging techniques and applications: a review. Rev. Sci. Instrum. **53**, 1319–1337 (1982)
18. P.C. Lauterbur, Image formation by induced local interactions: examples employing nuclear magnetic resonance. Nature **242**, 190–191 (1973)
19. D.C. Jiles, Review of magnetic methods for nondestructive evaluation. NDT International **21**, 311–319 (1988)
20. D. Cohen, Magnetoencephalography: detection of the brain's electrical activity with a superconducting magnetometer. Science **175**, 664–666 (1972)
21. S.R. Steinhubl, E.D. Muse, E.J. Topol, The emerging field of mobile health. Sci. Trans. Med. **7**, 283rv283 (2015)
22. W. Happer, Optical pumping. Rev. Mod. Phys. **44**, 169–249 (1972)
23. V. Shah, S. Knappe, P.D.D. Schwindt, J. Kitching, Subpicotesla atomic magnetometry with a microfabricated vapour cell. Nat. Photonics **1**, 649–652 (2007)
24. S.J. Smullin, I.M. Savukov, G. Vasilakis, R.K. Ghosh, M. Romalis, Low-noise high-density alkali-metal scalar magnetometer. Phys. Rev. A **80**, 033420 (2009)
25. I.M. Savukov, S.J. Seltzer, M.V. Romalis, K.L. Sauer, Tunable atomic magnetometer for detection of radio-frequency magnetic fields. Phys. Rev. Lett. **95**, 063004 (2005)
26. M.P. Ledbetter, I.M. Savukov, V.M. Acosta, D. Budker, M.V. Romalis, Spin-exchange-relaxation-free magnetometry with Cs vapor. Phys. Rev. A **77**, 033408 (2008)
27. D.A. Steck, Rubidium 87 D line data, revision 2.1.4 (2010)
28. V. Shah, G. Vasilakis, M.V. Romalis, High bandwidth atomic magnetometery with continuous quantum nondemolition measurements. Phys. Rev. Lett. **104**, 013601 (2010)
29. B. Patton, O.O. Versolato, D.C. Hovde, E. Corsini, J.M. Higbie, D. Budker, A remotely interrogated all-optical 87Rb magnetometer. Appl. Phys. Lett. **101**, 083502 (2012)
30. J. Belfi, G. Bevilacqua, V. Biancalana, Y. Dancheva, L. Moi, All optical sensor for automated magnetometry based on coherent population trapping. J. Opt. Soc. Am. B **24**, 1482–1489 (2007)
31. W.E. Bell, A.L. Bloom, Optically driven spin precession. Phys. Rev. Lett. **6**, 280 (1961)
32. V. Acosta, M.P. Ledbetter, S.M. Rochester, D. Budker, D.F.J. Kimball, D.C. Hovde et al., Nonlinear magneto-optical rotation with frequency-modulated light in the geophysical field range. Phys. Rev. A **73**, 053404 (2006)
33. G. Alzetta, A. Gozzini, L. Moi, G. Orriols, Experimental-method for observation of Rf transitions and laser beat resonances in oriented Na vapor. Nuovo Cimento Della Societa Italiana Di Fisica B-Gen. Phys. Relativ. Astron. Math. Phys. Methods **36**, 5–20 (1976)
34. C. Affolderbach, A. Nagel, S. Knappe, C. Jung, D. Wiedenmann, R. Wynands, Nonlinear spectroscopy with a vertical-cavity surface-emitting laser (VCSEL). Appl. Phys. B **70**, 407–413 (2000)
35. V. Gerginov, V. Shah, S. Knappe, L. Hollberg, J. Kitching, Atomic-based stabilization for laser-pumped atomic clocks. Opt. Lett. **31**, 1851–1853 (2006)
36. F. Gruet, F. Vecchio, C. Affolderbach, Y. Pétremand, N.F. de Rooij, T. Maeder et al., A miniature frequency-stabilized VCSEL system emitting at 795 nm based on LTCC modules. Opt. Lasers Eng. **51**, 1023–1027 (2013)

37. S. Knappe, H.G. Robinson, L. Hollberg, Microfabricated saturated absorption spectroscopy with alkali atoms. Opt. Express **15**, 6293–6299 (2007)
38. V. Venkatraman, H. Shea, F. Vecchio, T. Maeder, P. Ryser, in *LTCC Integrated Miniature Rb Discharge Lamp Module for Stable Optical Pumping in Miniature Atomic Clocks and Magnetometers*. 2012 IEEE 18th International Symposium for Design and Technology in Electronic Packaging (SIITME), pp. 111–114
39. V. Venkatraman, S. Kang, C. Affolderbach, H. Shea, G. Mileti, Optical pumping in a microfabricated Rb vapor cell using a microfabricated Rb discharge light source. Appl. Phys. Lett. **104**, 054104 (2014)
40. D.K. Serkland, K.M. Geib, G.M. Peake, R. Lutwak, A. Rashed, M. Varghese et al., in *VCSELs for Atomic Sensors*, eds. by K.D. Choquette, J.K. Guenter, Proceedings of SPIE 6484: Vertical-Cavity Surface-Emitting Lasers XI (2007)
41. S. Knappe, V. Velichansky, H.G. Robinson, J. Kitching, L. Hollberg, Compact atomic vapor cells fabricated by laser-induced heating of hollow-core glass fibers. Rev. Sci. Instrum. **74**, 3142–3145 (2003)
42. G. Wallis, D. Pomerantz, Field assisted glass-metal sealing. J. Appl. Phys. **40**, 3946–3949 (1969)
43. Y. Pétremand, C. Affolderbach, R. Straessle, M. Pellaton, D. Briand, G. Mileti et al., Microfabricated rubidium vapour cell with a thick glass core for small-scale atomic clock applications. J. Micromech. Microeng. **22**, 025013 (2012)
44. S. Knappe, V. Gerginov, P.D.D. Schwindt, V. Shah, H. Robinson, L. Hollberg et al., Atomic vapor cells for chip-scale atomic clocks with improved long-term frequency stability. Opt. Lett. **30**, 2351–2353 (2005)
45. L.-A. Liew, S. Knappe, J. Moreland, H.G. Robinson, L. Hollberg, J. Kitching, Microfabricated alkali atom vapor cells. Appl. Phys. Lett. **84**, 2694–2696 (2004)
46. F. Gong, Y.Y. Jau, K. Jensen, W. Happer, Electrolytic fabrication of atomic clock cells. Rev. Sci. Instrum. **77**, 076101 (2006)
47. L.-A. Liew, J. Moreland, V. Gerginov, Wafer-level filling of microfabricated atomic vapor cells based on thin-film deposition and photolysis of cesium azide. Appl. Phys. Lett. **90**, 114106 (2007)
48. S. Woetzel, V. Schultze, R. IJsselsteijn, T. Schulz, S. Anders, R. Stolz et al., Microfabricated atomic vapor cell arrays for magnetic field measurements, Rev. Sci. Instrum. **82**, 033111 (2001)
49. J. Haesler, L. Balet, J.A. Porchet, T. Overstolz, J. Pierer, R.J. James, et al., in *The Integrated Swiss Miniature Atomic Clock*. European Frequency and Time Forum & International Frequency Control Symposium (EFTF/IFC), 2013 Joint, pp. 579–581 (2013)
50. M. Hasegawa, R.K. Chutani, C. Gorecki, R. Boudot, P. Dziuban, V. Giordano et al., Microfabrication of cesium vapor cells with buffer gas for MEMS atomic clocks. Sens. Actuators, A **167**, 594–601 (2011)
51. L. Nieradko, C. Gorecki, A. Douahi, V. Giordano, J.C. Beugnot, J. Dziuban et al., New approach of fabrication and dispensing of micromachined cesium vapor cell. MOEMS **7**, 033013–033016 (2008)
52. S.-K. Lee, M.V. Romalis, Calculation of magnetic field noise from high-permeability magnetic shields and conducting objects with simple geometry. J. Appl. Phys. **103**, 084904 (2008)
53. W.C. Griffith, S. Knappe, J. Kitching, Atomic magnetometer with sub-5-femtotesla sensitivity using a microfabricated vapor cell. Opt. Express **18**, 27167–27172 (2010)
54. M.A. Perez, U. Nguyen, S. Knappe, E.A. Donley, J. Kitching, A.M. Shkel, Rubidium vapor cell with integrated Bragg reflectors for compact atomic MEMS. Sens. Actuators, A **154**, 295–303 (2009)
55. M.A. Perez, S. Knappe, J. Kitching, 45° silicon etching for chip scale atomic devices (unpublished)

56. E.J. Eklund, A.M. Shkel, S. Knappe, E.A. Donley, J. Kitching, Glass-blown spherical microcells for chip-scale atomic devices. Sens. Actuators, A **143**, 175–180 (2008)
57. D. Senkal, M.J. Ahamed, S. Askari, A.M. Shkel, MEMS micro-glassblowing paradigm for wafer-level fabrication of fused silica wineglass gyroscopes. Procedia Eng. **87**, 1489–1492 (2014)
58. N. Dural, M.V. Romalis, Gallium phosphide as a new material for anodically bonded atomic sensors. APL Mat. **2**, 086101 (2014)
59. S. Woetzel, E. Kessler, M. Diegel, V. Schultze, H.-G. Meyer, Low-temperature anodic bonding using thin films of lithium-niobate-phosphate glass. J. Micromech. Microeng. **24**, 095001 (2014)
60. R. Straessle, M. Pellaton, C. Affolderbach, Y. Petremand, D. Briand, G. Mileti et al., Low-temperature indium-bonded alkali vapor cell for chip-scale atomic clocks. J. Appl. Phys. **113**, 064501 (2013)
61. M.V. Balabas, T. Karaulanov, M.P. Ledbetter, D. Budker, Polarized alkali-metal vapor with minute-long transverse spin-relaxation time. Phys. Rev. Lett. **105**, 070801 (2010)
62. M.A. Bouchiat, J. Brossel, Relaxation of optically pumped Rb atoms on paraffin-coated walls. Phys. Rev. **147**, 41–54 (1966)
63. S.J. Seltzer, M.V. Romalis, High-temperature alkali vapor cells with antirelaxation surface coatings. J. Appl. Phys. **106**, 114905 (2009)
64. Y.W. Yi, H.G. Robinson, S. Knappe, J.E. Maclennan, C.D. Jones, C. Zhu et al., Method for characterizing self-assembled monolayers as antirelaxation wall coatings for alkali vapor cells. J. Appl. Phys. **104**, 023534 (2008)
65. R. Straessle, M. Pellaton, C. Affolderbach, Y. Pétremand, D. Briand, G. Mileti et al., Microfabricated alkali vapor cell with anti-relaxation wall coating. Appl. Phys. Lett. **105**, 043502 (2014)
66. G. Vasilakis, H. Shen, K. Jensen, M. Balabas, D. Salart, B. Chen et al., Generation of a squeezed state of an oscillator by stroboscopic back-action-evading measurement. Nat. Phys. **11**, 389–392 (2015)
67. H. Korth, K. Strohbehn, F. Tajeda, A. Andreou, S. McVeig, J. Kitching et al., Chip-scale absolute scalar magnetometer for space applications. Johns Hopkins APL Tech. Dig. **28**, 248–249 (2010)
68. R. Mhaskar, S. Knappe, J. Kitching, in *Low-Frequency Characterization of Mems-Based Portable Atomic Magnetometer*, Frequency Control Symposium (FCS), 2010 IEEE International, pp. 376–379
69. P.D.D. Schwindt, S. Knappe, V. Shah, L. Hollberg, J. Kitching, L.-A. Liew et al., Chip-scale atomic magnetometer. Appl. Phys. Lett. **85**, 6409–6411 (2004)
70. P.D.D. Schwindt, B. Lindseth, S. Knappe, V. Shah, J. Kitching, A chip-scale atomic magnetometer with improved sensitivity using the Mx technique. Appl. Phys. Lett. **90**, 081102 (2007)
71. R. Jiménez-Martínez, W.C. Griffith, S. Knappe, J. Kitching, M. Prouty, High-bandwidth optical magnetometer. J. Opt. Soc. Am. B **29**, 3398–3403 (2012)
72. J. Preusser, S. Knappe, V. Gerginov, J. Kitching, in *A Microfabricated Photonic Magnetometer*. 2009 European Conference on Lasers and Electro-Optics 2009 and the European Quantum Electronics Conference CLEO Europe—EQEC, pp. 1–1
73. M.J. Mescher, R. Lutwak, M. Varghese, in *An Ultra-Low-Power Physics Package for a Chip-Scale Atomic Clock*, The 13th International Conference on Solid-State Sensors, Actuators and Microsystems, 2005 Digest of Technical Papers TRANSDUCERS '05, Vol. 311, pp. 311–316 (2005)
74. R. Mhaskar, S. Knappe, J. Kitching, A low-power, high-sensitivity micromachined optical magnetometer. Appl. Phys. Lett. **101**, 241105 (2012)
75. M.A. Perez, S. Knappe, J. Kitching, in *MEMS Techniques for the Parallel Fabrication of Chip Scale Atomic Devices*. 2010 IEEE Sensors, pp. 2155–2158 (2010)
76. A. Bloom, Principles of operation of the rubidium vapor magnetometer. Appl. Opt. **1**, 61–68

(1962)
77. W.F. Stuart, M.J. Usher, S.H. Hall, Rubidium self-oscillating magnetometer for earth's field measurements. Nature **202**, 76 (1964)
78. J. Dupont-Roc, S. Haroche, C. Cohen-Tannoudji, Detection of very weak magnetic fields (10^{-9} gauss) by Rb zero-field level crossing resonances. Phys. Lett. A **28**, 628–639 (1969)
79. H.J. Lee, J.H. Shim, H.S. Moon, K. Kim, Flat-response spin-exchange relaxation free atomic magnetometer under negative feedback. Opt. Express **22**, 19887–19894 (2014)
80. S.J. Seltzer, M.V. Romalis, Unshielded three-axis vector operation of a spin-exchange-relaxation-free atomic magnetometer. Appl. Phys. Lett. **85**, 4804–4806 (2004)
81. R. Lutwak, P. Vlitas, M. Varghese, M. Mescher, D.K. Serkland, G.M. Peake, in *The MAC— A Miniature Atomic Clock*. Joint Meeting of the IEEE International Frequency Control Symposium and the Precise Time and Time Interval (PTTI) Systems and Applications Meeting, Vancouver, Canada, pp. 752–757 (2005)
82. M. Larsen, M. Bulatowicz, in *Nuclear Magnetic Resonance Gyroscope: For DARPA's Micro-technology for Positioning, Navigation and Timing Program*. 2012 IEEE International on Frequency Control Symposium (FCS), pp. 1–5 (2012)
83. J. Kitching, S. Knappe, P.D.D. Schwindt, V. Shah, L. Hollberg, L. Liew, J. Moreland, in *Power Dissipation in Vertically Integrated Chip-Scale Atomic Clocks*. Proceedings of the 2004 IEEE International Frequency Control Symposium, pp. 781–784 (2004)
84. B. Lindseth, P.D.D. Schwindt, J. Kitching, D. Fischer, V. Shusterman, *Non-Contact Measurement of Cardiac Electromagnetic Field in Mice Using a Microfabricated Atomic Magnetometer*. Proceedings of 2007 Conference on Computers in Cardiology (2007)
85. A. Pollinger, M. Ellmeier, W. Magnes, C. Hagen, W. Baumjohann, E. Leitgeb et al., in *Enable the Inherent Omni-Directionality of an Absolute Coupled Dark State Magnetometer for e.g. Scientific Space Applications*. 2012 IEEE International on Instrumentation and Measurement Technology Conference (I2MTC), pp. 33–36 (2012)
86. W. Magnes, R. Lammegger, A. Pollinger, M. Ellmeier, C. Hagen, I. Jernej et al., in *Space Qualification of a New Scalar Magnetometer*. Geophysical Research Abstracts. EGU 2013-9600-2011
87. Z.D. Grujić, A. Weis, Atomic magnetic resonance induced by amplitude-, frequency-, or polarization-modulated light. Phys. Rev. A **88**, 012508 (2013)
88. R. Jiménez-Martínez, W.C. Griffith, W. Ying-Ju, S. Knappe, J. Kitching, K. Smith et al., Sensitivity comparison of Mx and frequency-modulated bell-bloom Cs magnetometers in a microfabricated cell, instrumentation and measurement. IEEE Trans. **59**, 372–378 (2010)
89. V. Schultze, R. Ijsselsteijn, T. Scholtes, S. Woetzel, H.-G. Meyer, Characteristics and performance of an intensity-modulated optically pumped magnetometer in comparison to the classical Mx magnetometer. Opt. Express **20**, 14201–14212 (2012)
90. W. Happer, H. Tang, Spin-exchange shift and narrowing of magnetic resonance lines in optically pumped alkali vapors. Phys. Rev. Lett. **31**, 273 (1973)
91. M.P. Ledbetter, I.M. Savukov, D. Budker, V. Shah, S. Knappe, J. Kitching et al., Zero-field remote detection of NMR with a microfabricated atomic magnetometer. Proc. Nat. Acad. Sci. USA **105**, 2286–2290 (2008)
92. C.N. Johnson, P.D.D. Schwindt, M. Weisend, Multi-sensor magnetoencephalography with atomic magnetometers. Phys. Med. Biol. **58**, 6065–6077 (2013)
93. M.V. Romalis, H.B. Dang, Atomic magnetometers for materials characterization. Mater. Today **14**, 258–262 (2011)
94. V. Shah, M.V. Romalis, Spin-exchange relaxation-free magnetometry using elliptically polarized light. Phys. Rev. A **80**, 013416 (2009)
95. R. Jiménez-Martínez, S. Knappe, J. Kitching, An optically modulated zero-field atomic magnetometer with suppressed spin-exchange broadening. Rev. Sci. Instrum. **85**, 045124 (2014)
96. P.D.D. Schwindt, A. Colombo, T. Carter, Y.-Y Jau, C.W. Berry, J. McKay et al., in *Development of an Optically Pumped Atomic Magnetometer Array for*

Magnetoencephalography. 2015 Joint Conference of the IEEE International Frequency Control Symposium & European Frequency and Time Forum, Denver (2015)
97. K. Kim, S. Begus, H. Xia, S.-K. Lee, V. Jazbinsek, Z. Trontelj et al., Multi-channel atomic magnetometer for magnetoencephalography: a configuration study. NeuroImage **89**, 143–151 (2014)
98. E.A. Donley, J.L. Long, T.C. Liebisch, E.R. Hodby, T.A. Fisher, J. Kitching, Nuclear quadrupole resonances in compact vapor cells: the crossover between the NMR and the nuclear quadrupole resonance interaction regimes. Phys. Rev. A **79**, 013420 (2009)
99. R. Jiménez-Martínez, D.J. Kennedy, M. Rosenbluh, E.A. Donley, S. Knappe, S.J. Seltzer et al., Optical hyperpolarization and NMR detection of 129Xe on a microfluidic chip. Nat Commun **5**, 3908 (2014)
100. T.G. Walker, W. Happer, Spin-exchange optical pumping of noble-gas nuclei. Rev. Mod. Phys. **69**, 629–642 (1997)
101. E.A. Donley, in *Nuclear Magnetic Resonance Gyroscopes.* 2010 IEEE Sensors, pp. 17–22 (2010)
102. J. Rutkowski, W. Fourcault, F. Bertrand, U. Rossini, S. Getin, O. Lartigue et al., in *Towards a Miniature Atomic Scalar Magnetometer Using Liquid Crystal Polarization Rotator.* The 17th International Conference on Solid-State Sensors, Actuators and Microsystems (TRANSDUCERS & EUROSENSORS XXVII), 2013 Transducers & Eurosensors XXVII. pp. 705–708 (2013)
103. M.-C. Corsi, E. Labyt, W. Fourcault, C. Gobbo, F. Bertrand, F. Alcouffe et al., Detecting Mcg Signals from a Phantom with a 4He Magnetometer (Biomag, Halifax, Canada, 2014)
104. M.P. Ledbetter, C.W. Crawford, A. Pines, D.E. Wemmer, S. Knappe, J. Kitching et al., Optical detection of NMR J-spectra at zero magnetic field. J. Magn. Reson. **199**, 25–29 (2009)
105. T. Theis, P. Ganssle, G. Kervern, S. Knappe, J. Kitching, M.P. Ledbetter et al., Parahydrogen-enhanced zero-field nuclear magnetic resonance. Nat. Phys. **7**, 571–575 (2011)
106. T. Scholtes, V. Schultze, R. Ijsselsteijn, S. Woetzel, H.G. Meyer, Light-narrowed optically pumped Mx magnetometer with a miniaturized Cs cell. Phys. Rev. A **84**, 043416 (2011)
107. H. Clevenson, M.E. Trusheim, C. Teale, T. Schroder, D. Braje, D. Englund, Broadband magnetometry and temperature sensing with a light-trapping diamond waveguide. Nat. Phys. **11**, 393–397 (2015)
108. D.D. Awschalom, J.R. Rozen, M.B. Ketchen, W.J. Gallagher, A.W. Kleinsasser, R.L. Sandstrom et al., Low-noise modular microsusceptometer using nearly quantum limited dc SQUIDs. Appl. Phys. Lett. **53**, 2108–2110 (1988)
109. D. Drung, S. Bechstein, K.-P. Franke, M. Scheiner, T. Schurig, Improved direct-coupled dc SQUID read-out electronics with automatic bias voltage tuning. IEEE Trans. Appl. Supercond. **11**, 880–883 (2001)
110. K. Fang, V.M. Acosta, C. Santori, Z. Huang, K.M. Itoh, H. Watanabe et al., High-sensitivity magnetometry based on quantum beats in diamond nitrogen-vacancy centers. Phys. Rev. Lett. **110**, 130802 (2013)
111. M.I. Faley, U. Poppe, R.E. Dunin-Borkowski, M. Schiek, F. Boers, H. Chocholacs et al., High-Tc DC SQUIDs for Magnetoencephalography. Appl. Supercond. IEEE Trans. **23**, 1600705 (2013)
112. J. Gallop, SQUIDs: some limits to measurement. Supercond. Sci. Technol. **16**, 1575 (2003)
113. M. Pannetier, C. Fermon, G. Le Goff, J. Simola, E. Kerr, Femtotesla magnetic field measurement with magnetoresistive sensors. Science **304**, 1648–1650 (2004)
114. S. Marauska, R. Jahns, C. Kirchhof, M. Claus, E. Quandt, R. Knöchel et al., Highly sensitive wafer-level packaged MEMS magnetic field sensor based on magnetoelectric composites. Sens. Actuators, A **189**, 321–327 (2013)
115. Y. Wang, J. Gao, M. Li, D. Hasanyan, Y. Shen, J. Li et al., Ultralow equivalent magnetic noise in a magnetoelectric Metglas/Mn-doped Pb(Mg1/3Nb2/3)O3-PbTiO3 heterostructure. Appl. Phys. Lett. **101**, 022903 (2012)
116. D. Robbes, Highly sensitive magnetometers—a review. Sens. Actuators, A **129**, 86–93 (2006)

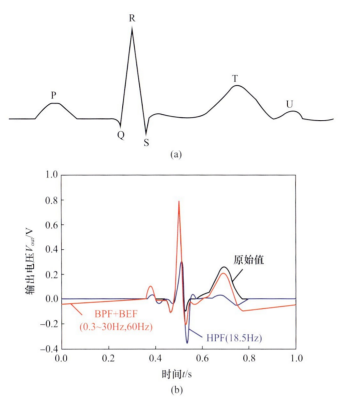

图 1-33 滤波器引起的 MCG 信号失真的说明

(a)MCG 信号；(b)滤波器对 MCG 信号波形的影响。

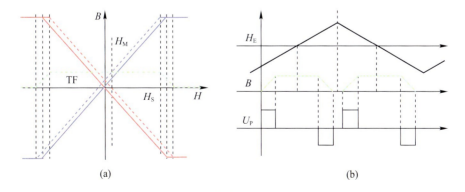

图 2-2 理想磁通门传感器的传递函数和输出电压

(a)理想 B-H 曲线对应传递函数；(b)三角形激励下的输出电压。

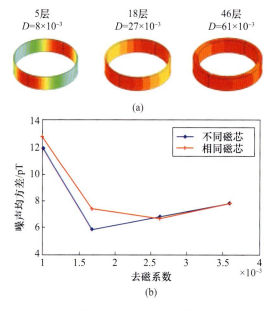

图 2-9 两种环形磁芯

(a) 10mm 环形磁芯的去磁系数 D；(b) 50mm 环形磁芯磁通门噪声与去磁系数之间的关系。

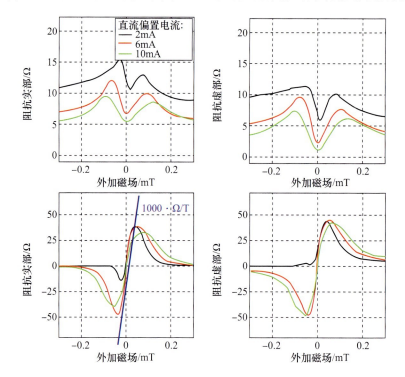

彩2

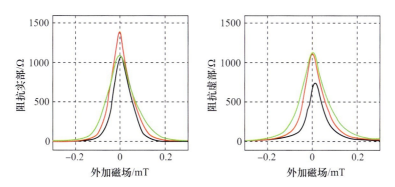

图 4-4 阻抗矩阵 $Z_{ij}(B)$ 的实部和虚部作为 3 个直流偏置电流的外加磁场的函数（测量激励频率 $f=300\text{kHz}$。在 $\text{Re}(z)$ 曲线上，给出了 Ω/T 中零场工作点阻抗灵敏度 SX 的估计微分变化[18]）

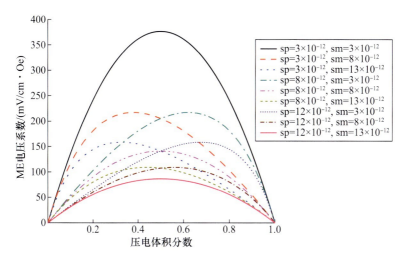

图 5-1 磁致伸缩压电元件对称层状结构横向电压系数与压电体积分数的关系

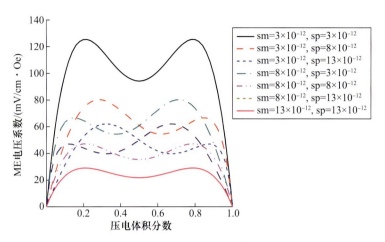

图 5-3 具有不同弹性的磁致伸缩和压电元件双层的横向电压系数与压电体积分数的关系

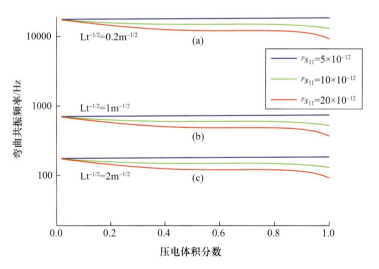

图 5-7 $^m s_{11}$ 为定值($^m s_{11} = 5 \times 10^{-12}\,\mathrm{m^2/N}$)时,磁致伸缩压电双层弯曲模式下 $^p s_{11}$、$Lt^{-1/2}$ 取不同数值时,弯曲共振频率与压电体积分数的关系

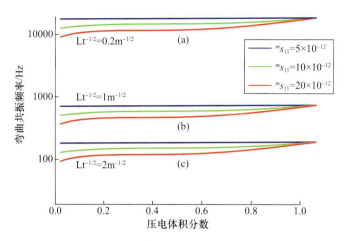

图 5-8 $^pS_{11}$ 为定值($^pS_{11}=5\times10^{-12}\,m^2/N$)时,磁致伸缩压电双层弯曲模式下 $^mS_{11}$、$Lt^{-1/2}$ 取不同数值时,弯曲共振频率与压电体积分数的关系

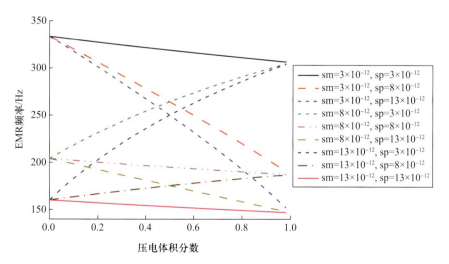

图 5-9 10mm 长磁致伸缩压电层状结构纵模 EMR 频率与压电体积分数的关系

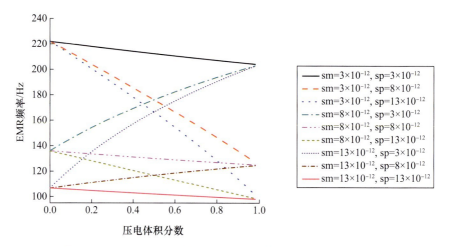

图 5-10 15mm 长磁致伸缩压电层状结构纵模 EMR 频率与压电体积分数的关系

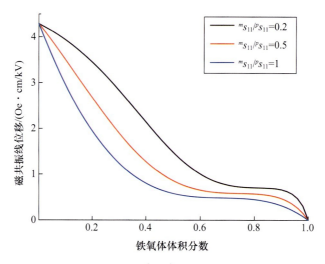

图 5-11 对于铁氧体-压电双层 $\left|\dfrac{\lambda}{M_i}\right| = 0.16 \times 10^{-8} \text{Oe}^{-1}$ 和 $E = 1\text{kV/cm}$ 时，磁共振线位移与铁氧体体积分数的关系

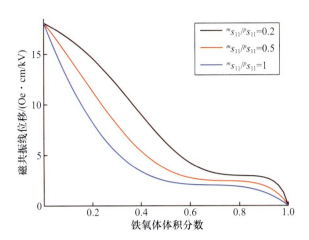

图 5-12 对于铁氧体-压电双层 $\left|\dfrac{\lambda_{111}}{M_s}\right| = 0.68 \times 10^{-8} \mathrm{Oe}^{-1}$ 和 $E = 1\mathrm{kV/cm}$ 时，磁共振线位移与铁氧体体积分数的关系

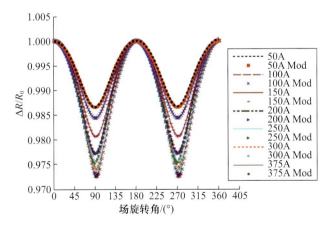

图 6-3 通过 360°测试的饱和磁电阻（此图还包括建模的结果）

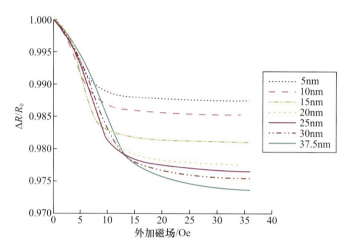

图6-4 厚从5~37.5nm,宽为35μm的电阻的横向磁电阻曲线(曲线的饱和区受几何控制,较薄的薄膜具有较低的饱和场和较低的最大变化抵抗)

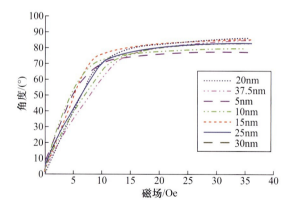

图6-7 相同宽度和不同厚度的电阻器的旋转角度(很明显,厚度改变了最大旋转角度。对于较薄的电阻器,最大旋转角似乎实际上较低。宽度等于35μm)

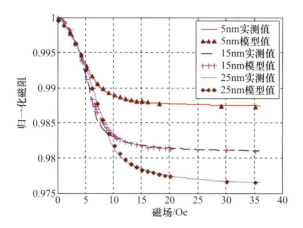

图 6-8 宽度恒定但厚度变化的单个电阻的磁响应图(此图给出了模型计算与实际传感器结果之间的关系。遗憾的是,该模型不具有必要的预测性。但它给出了饱和模式早期和在非饱和模式下特性之间的关系)

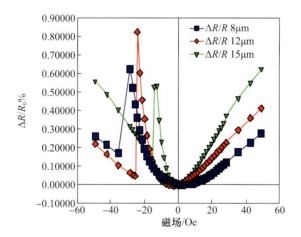

图 6-9 3 种相同厚度不同宽度的电阻器的 45°离轴特性(直到翻转场显示出类似于梳状传感器的特性(应该如此)为止的结果)

彩9

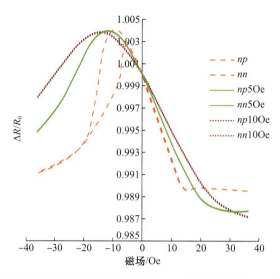

图 6-18 单元件巴伯极电阻器(电阻器宽 35μm,有 45°短路带。np 平均值,负集域/正扫描,nn 表示负集磁场/负扫描。无数字表示无纵向偏差)

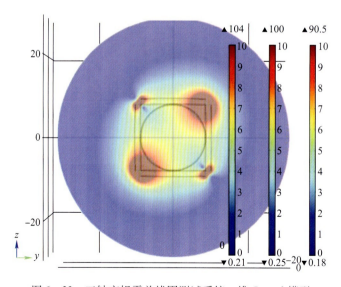

图 6-23 三轴亥姆霍兹线圈测试系统一维 Comsol 模型

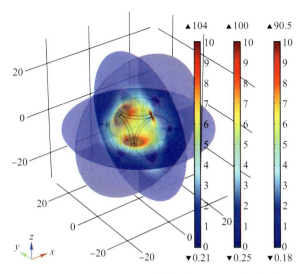

图 6-24 三轴亥姆霍兹测试系统的全三维模型

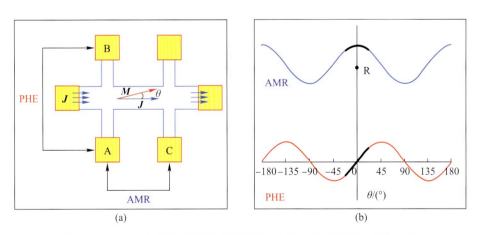

图 7-1 AMR 和 PHE 测量示意图及其与电流和磁化强度夹角的关系
(a)测量 AMR 和 PHE 典型模式的示意图;(b)纵向电阻和横向电阻与电流 J 和磁化强度 M 之间角度 θ 的关系(蓝色图表示 AMR,红色图表示 PHE)。

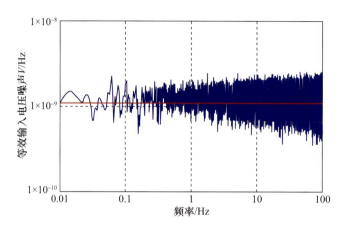

图 7-9 输出解调为 1.12kHz 的 LT1028 运算放大器的等效输入电压噪声与频率的关系
（显示测量噪声和拟合（分别为蓝线和红线））

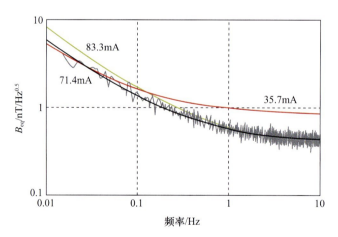

图 7-11 等效磁噪声与频率的关系（对于 71.4mA 的最佳励磁电流振幅，
显示了传感器噪声和噪声匹配，对于其他励磁电流振幅，
仅显示噪声配合（来源文献[50]））

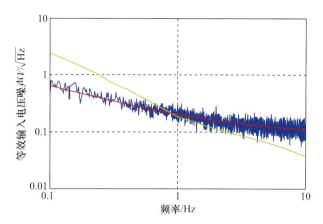

图7-14 5mm椭圆PHE传感器的等效磁噪声(蓝线测量噪声,红线拟合)与高分辨率商用霍尼韦尔HMC1001型AMR传感器(绿线)(注意到式(7-26)等效磁噪声与$\sqrt{H_{ea}}$成正比)

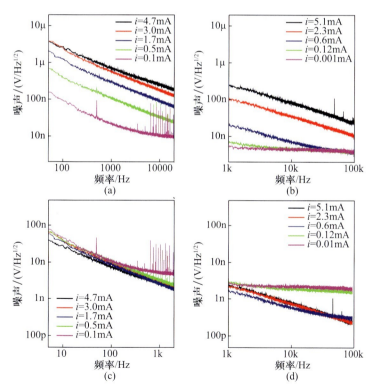

图8-5 文献[22]中描述的$3\mu m \times 200\mu m$自旋阀噪声测量数据

(a)低频噪声;(b)高频噪声;(c)低频检测;(d)高频检测。

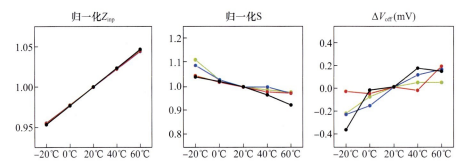

图 8-6 典型 GMR 结构的实验热参数

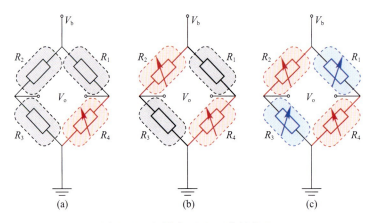

图 8-7 电桥中 GMR 元件的布置

(a) 单元件,1 个活动元素,3 个非活动元素(通常在外部);(b) 半桥,2 个活动元素, 2 个非活动元素(通常是磁屏蔽的);(c) 全惠斯通桥,4 个活动元素(2 步沉积)。

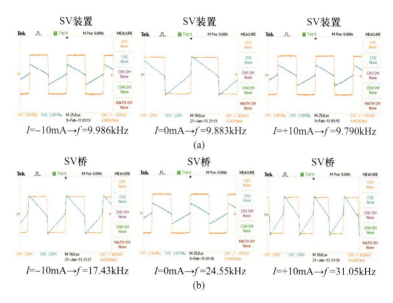

图 8-9 实验波形图

(a) R-t 电路和单个 GMR 器件(图 8-8(c))波形图;

(b) 从 V-f 电路和 GMR 惠斯通电桥(图 8-8(d))波形图。

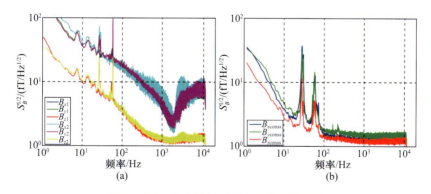

图 10-14 高灵敏度 SQUID 系统的噪声谱

(a) 由三个正交 SQUID 组成的两个高灵敏度系统的噪声谱,在美国犹他州德尔塔西北部同时进行非屏蔽测量;(b) 由图(a)的原始数据在频域中通过互相关技术估算的 SQUID 系统固有噪声(转载文献[62],经 IOP 出版有限公司许可转载)

彩15

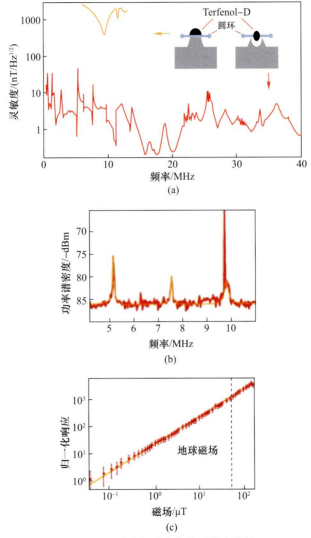

图 11-7 腔光机磁力仪的灵敏度特性

(a)腔光机磁力仪不同结构在线性工作模式的灵敏度(腔式光机磁力仪的插入结构);
(b)在 9.70MHz、1μT 磁场激励下的功率谱密度(PSD)(分辨率带宽:10kHz。橙色曲线拟合,包括 5.2MHz、7.6MHz 和 9.7MHz 下 3 个机械共振的洛伦兹线型);
(c)响应随 100Hz 分辨率带宽信号场强的函数关系,版权所有 2014 WILEY-VCH Verlag GmbH&Co. KGaA,Weinheim。

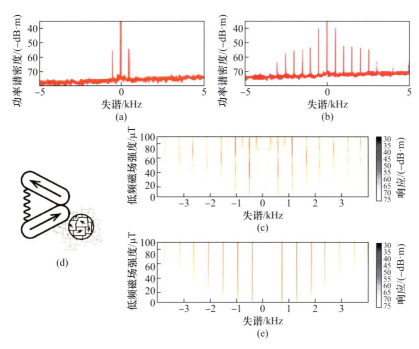

图 11-8 光机磁力仪非线性混频(经文献[5]授权复制,版权所有 2014 威利-VCH 沃来格有限公司,韦恩海姆)

(a)在 5.22MHz 频率附近与振幅为 1μT、频率为 500Hz 的低频信号混频的响应;(b)对 22μT 信号的响应,呈现为边带梳;(c)传感器响应随信号强度和失谐的伪彩图;(d)Terfenol-D 中磁偶极子相互作用的示意图;(e)模拟的(或模型产生的)传感器响应随信号强度和失谐的伪彩图。

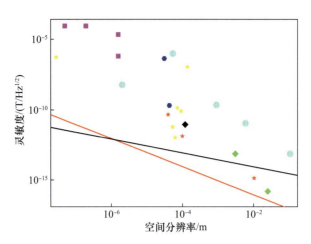

图11-9 一些现代先进磁场传感器的灵敏度与空间分辨率关系(包括旋转交换无弛豫(SERF)磁力仪(绿色下三角图)[28-30,33]、SQUID磁力仪(红色五角星图)[34-36]、霍尔传感磁力仪(magneta十字图)[37,38]、基于NV中心的磁力仪(黄色五角星图)[6,32,39-42]。玻色-爱因斯坦凝聚(BEC)磁力仪(黑十字)[43]。磁致伸缩传感器(青色圆圈和钻石)有多种尺寸,其灵敏度一般高于同等尺寸的现代传感器[1,2,44]。如本章所述,腔光力学允许它们的灵敏度大大提高(蓝色上升角)[4,5]。黑线和红线为11.3节讨论的磁致伸缩磁力仪的热机械噪声限值,这个图部分参考文献[45])

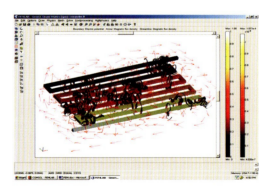

图12-11 由COMSOL有限元软件计算分析的回折平面传感器磁场分布[29]

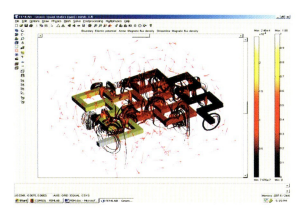

图 12-12 由 COMSOL 有限元软件计算分析的网状平面传感器的磁场分布[29]

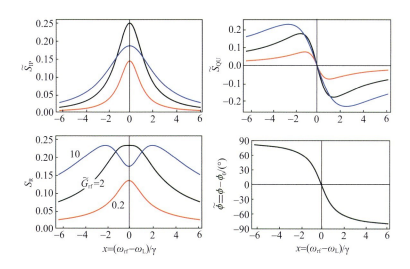

图 13-9 M_x 磁力仪通用线形函数(信号 $\tilde{S}_{IP}$、$\tilde{S}_{QU}$、S_R 和 $\tilde{\phi}$ 在 rf 频率 ω_{rf} 上的相关性由式(13-49)~式(13-52)给出。图中给出了有效射频饱和参数 $\tilde{G}_{rf}$ = 0.2(红色)、2(黑色)和10(蓝色)。对于本段讨论的 $\boldsymbol{B}_{rf}/\!/\boldsymbol{k}$ 示例,有 $\tilde{G}_{rf} = G_{rf}\sin^2\theta_B$ 和 $\phi_0 = 0$)

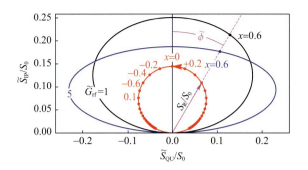

图 13-10　$\widetilde{G}_{rf} = 0.1、1、1.5$ 时通用 M_x -信号奈奎斯特图

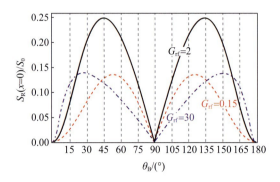

图 13-12　$B_{rf} /\!/ k$ 布局:不同 G_{rf} 值下 S_R 信号振幅的角依赖性

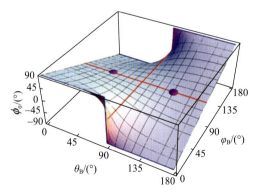

图 13-14　$B_{rf} \perp k$ 布局:对谐振相位 ϕ_0 的 θ_B - φ_B 依赖关系(红色和蓝色的线表示特定的平面,其中的相位与场方向无关(直到一个符号),而品红色的点是场方向产生最大的 S_R 信号)

彩20

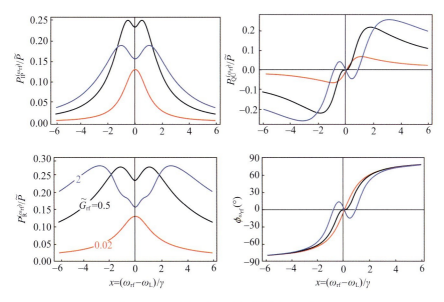

图 13-18　$P(t)$ 在 ω_{rf} 解调的 DRAM 线形

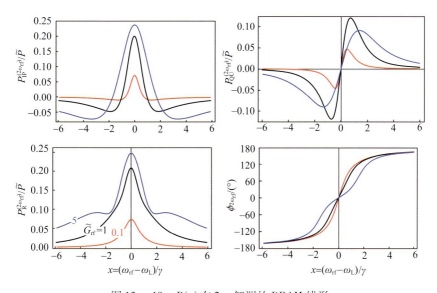

图 13-19　$P(t)$ 在 $2\omega_{rf}$ 解调的 DRAM 线形

彩21

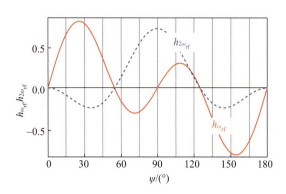

图 13-21 分别在 ω_{rf}(红色实线)和 $2\omega_{rf}$(蓝色虚线)振荡的同相和正交 DRAM 信号的方向依赖性

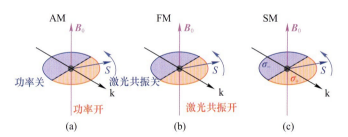

图 13-22 调制光的偏振叠加原理图。在 AM(FM)中,泵浦光打开(共振时当旋进偏振相对于 k(红半盘)向前时发生光泵浦,而在后半周期(蓝半盘)不发生光泵浦。在 SM 中,泵浦同时发生在向前和向后的方向,称为"推拉式"泵浦

(a)振幅(AM)调制光; (b)频率(FM)调制光; (c)偏振(SM)调制光。

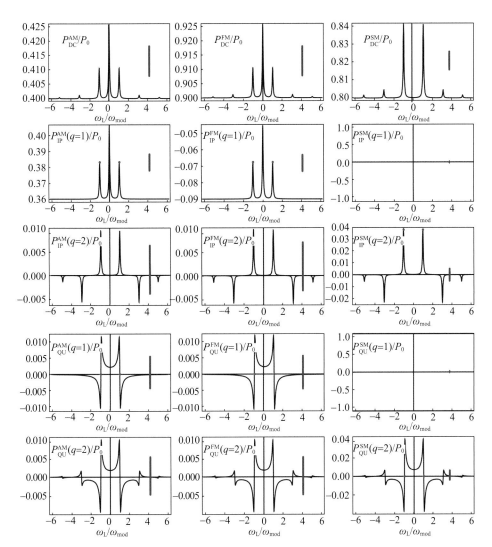

图 13-24 占空比为 50%（$\eta=0.5$）的调幅（AM，左）、调频（FM，中）和偏振调制（SM，右）光诱导的磁共振线形状（图中数值由参数 $\kappa_0^{unpol}L=0.2,\beta=0.5,P_0=P_{sat}$ 及共振质量因子 $Q=\omega_L/\gamma$ 为 20 计算得到。图中的点表示每种调制的最强信号。图中竖条都具有相同的绝对幅度，有助于比较相对信号的幅度）

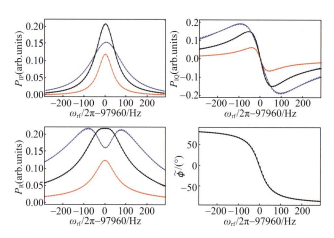

图 13-27 实验中不同射频饱和参数的磁共振线形状如图 13-9 所示。这些点表示信号 P_{IP}、P_{QU}、P_R 和 ϕ 在频率 ω_{rf} 的测量依赖性。实线符合式(13-78)、式(13-80)和式(13-72)给出的理论模型。图中给出了有效射频饱和参数 $\tilde{G}_{rf} = 0.2$(红色),2(黑色)和10(蓝色)

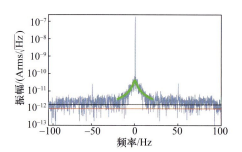

图 13-34 采样光电流的噪声密度为与载波 $f_{rf} = 8.3\text{kHz}$ 频率偏移的函数。围绕载波频率的底座(绿色曲线)是由波动磁场调制的载波相位引起的。在 50Hz 的进一步调制边带是由线频振荡的磁场引起的。除调制外,噪声降至 $\rho_I = 1.3\text{pA}/\text{Hz}^{1/2}$(黑线),比散粒噪声(红线)高出 1.7 倍

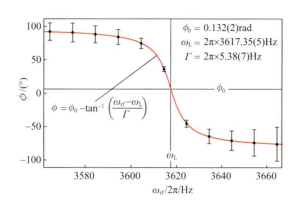

图 13-35 铯磁力仪的信号相位(黑点)与 ω_{rf} 的关系。误差按比例增加了 50 倍。在等待一段时间后,每个点都被记录下来,使相位完全稳定下来。图中的值是给定拟合模型的最小二乘拟合结果(红色曲线)

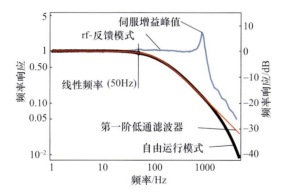

图 13-36 测得的磁力仪对小磁场振荡的响应与振荡频率的关系(响应在自由运行模式(黑色曲线)是很好的近似一阶 LPF(红色曲线)。rf-反馈模式下的响应(蓝色曲线)显示了反馈控制中经常遇到的典型"伺服泵浦"。在频率高于 2kHz 时,黑曲线和红曲线之间的偏差是由锁相放大器的低通滤波器引起的)

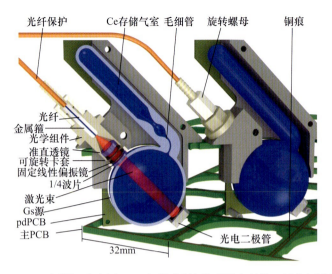

图 13-37 文献[59]中用于心脏磁测图的传感器阵列的一部分剖视图。透明的玻璃部分被染成蓝色以提高能见度

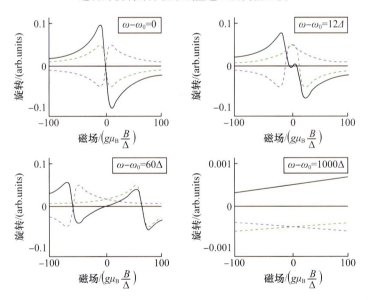

图 14-2 Macaluso-Corbino 效应(共振法拉第效应)和法拉第效应(强失谐)之间的变换(这些图显示了线偏振光左旋(绿色虚线)和右旋(蓝色虚线)分量的折射率与磁场的关系。它们的差异(实线)决定了整个偏振旋转 φ。不同的面对应于不同的失谐 $\omega-\omega_0$。增加的失谐将导致:(1) 在 $B=0$ 附近,偏振旋转 $\varphi(B)$ 曲线符号反向;(2) 降低旋转振幅(注意最后一张图中垂直刻度的扩展因子为 100);(3) φ 与 B 的线性关系的展宽。磁场用相对单位 $g\mu_B B/\Delta$ 表示,其中 g 是 Lande 因子, μ_B 是玻尔磁子, $\Delta=10$ 是过渡线宽)

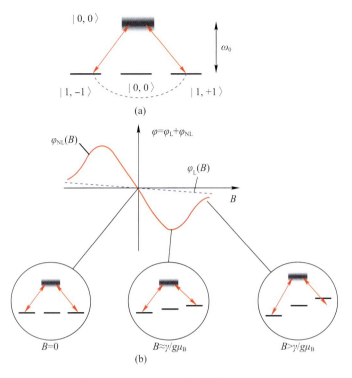

图 14-4 NMOR 相干贡献建立示意图

(a)线偏振光通过激发态 $|0,0\rangle$ 产生基态子能级 $|1,\pm1\rangle$ 的拉曼耦合(基态相干用蓝色虚线表示);
(b)在状态 $m_J=\pm1$ 之间的原子相干性对整体旋转(红线)的额外贡献 $\varphi_{NL}(B)$ 负责,
它比线偏振旋转 $\varphi_L(B)$(虚线)的贡献窄。插图展示了磁场强度的三个特征值 $B=0$、
$B\approx\gamma/(g\mu_B)$ 和 $B>\gamma/(g\mu_B)$ 相干性的产生

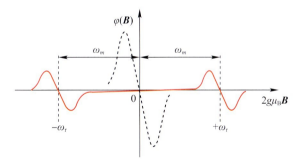

图 14-5 光泵浦调制产生动态/调制 NMOR 信号,允许测量非零磁场(强、非零场的
测量精度接近于直流 NMOR 在低磁场(用黑色虚线表示)的测量精度,并且得益于泵浦
速率的调制,测量可以扩展到更高的场。当通过锁相检测器检索调制的旋转信号时,
该信号仅由以 $\pm\omega_m/(2g\mu_B)$(红色实线)为中心的两个分量组成)

彩27

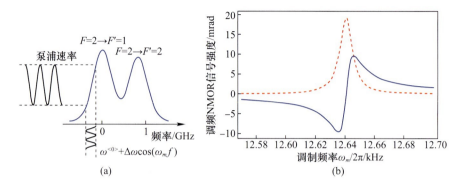

图 14-6 泵浦速率调制机制及石蜡包裹容器铷蒸气中测量的典型 FM NMOR 信号

(a)利用 FM 光调制泵浦速率机制示意图。图中展示了一个情况:光以加宽跃迁多普勒斜坡上的频率调准到多普勒加宽铷 D1 线(通常用于 NMOR 磁力仪)$F=2\rightarrow F'$ 跃迁。该方案描述了光的频率调制(水平调制)如何导致原子泵浦速率的调制;(b)在石蜡包裹容器铷蒸气中测量的典型 FM NMOR 信号的同相和正交分量。记录的信号强度约为 $1\mathrm{mw/cm^2}$,以 $\Delta\omega\approx 2\pi\times 100\mathrm{s}^{-1}$ 调准至铷 D1 线 $F=2\rightarrow F'=1$ 跃迁的低频斜率。

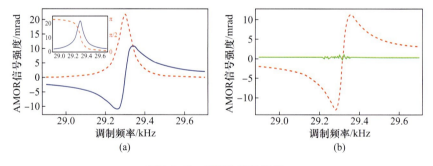

图 14-7 AMOR 信号实例

(a)在调制频率为其一次谐波的情况下同相(纯蓝)和正交(红色虚线)测量的典型 AMOR 信号。插图显示了 AMOR 信号的相应振幅(蓝色实线)和相位(红色虚线);(b)同相 AMOR 信号(纯蓝),与色散洛伦兹函数(红色虚线)和数据拟合差分信号(纯绿)重叠。用正弦调制光(100%调制深度)、平均光强度为 $1\mathrm{mw/cm^2}$、光调谐到铷 D1 的 $F=2\rightarrow F'=1$ 跃迁中心。

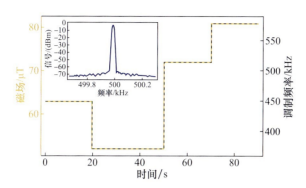

图 14-10 磁场跟踪信号(灰色实线为检测到的响应磁场(棕色虚线)的自振荡系统调制频率。每当磁场突然改变时,磁力仪就会立即调整调制频率以适应新的共振状态。

插图显示了在磁场为 18.5μT 的给定条件下,自振荡式磁力仪记录的信号谱)

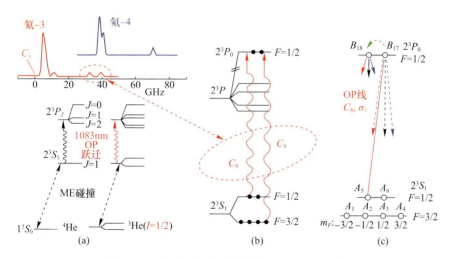

图 16-3 弱磁场下光泵浦中 ^{4}He 的完整能级结构

(a)在弱磁场(低于10mT)下,^{4}He(左)和^{3}He(右)同位素 MEOP 过程中氦原子态的精细和超精细结构。当考虑同位素偏移时,1083nm 的跃迁谱(上图,采用 300k 多普勒宽度计算,没有碰撞加宽)扩展超过了约 70GHz。光学跃迁频率参考零场 C1 线的跃迁频率[34];(b)在通常的光泵条件下效率最高的 C8 和 C9 线分别连接^{3}He 的 2^3S_1,$F=1/2$ 和 $F=3/2$ 能级到 2^3P_0 能级;(c)C8 光泵浦考虑角动量累积的基本过程的示例。由于 2^3P_J 态 J 的碰撞改变,荧光几乎是各向同性发射的,与压强成正比,量级为 $10^7 s^{-1}/mbar$[35,36]。在 2^3P 态辐射寿命期间,这可能导致显著布局数迁移。

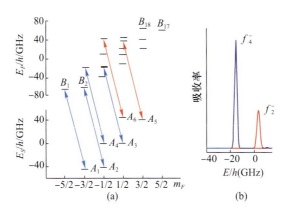

图 16-4 $B_0 = 1.5T$ 时所有塞曼子能级的能量

(a) $2^3S(E_S)$ 和 $2^3P(E_P)$ 态 ^{3}He 子能级在 1.5T 时的能量和磁量子数。蓝色(红色)图案对应于 $f_4^-(f_2^-)$ 光泵结构。$f_4(f_2)$ 谱线由 4(2) 个未能分辨的跃迁组成。给出了 σ^- 泵浦跃迁；(b) 计算了 σ^- 光在 1.5T 下的吸收光谱，f_4^- 和 f_2^- 是用于强磁场光泵的两条光泵浦谱线。光跃迁频率参考零场 C1 谱线的跃迁频率(图 16-3(a) 和文献[34])。

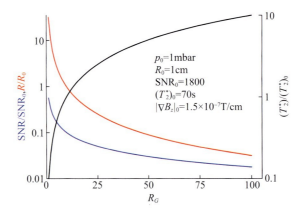

图 16-11 小型化后的 ^{3}He 核磁力仪的性能(样本尺寸为 R)(比率 SNR/SNR_0、(R/R_0) 和 $(T_2^*)/(T_2^*)_0$ 作为 $R_G = |\nabla B_z|/|\nabla B_z|_0$ 的函数的曲线。曲线图基于 $SNR \times (T_2^*)^{3/2} = SNR_0 \times (T_{2,0}^*)^{3/2}$ 的假设，即相同的测量灵敏度(式(16-8))。使用的 ^{3}He 的压力 $p_{He} = 100$mbar)

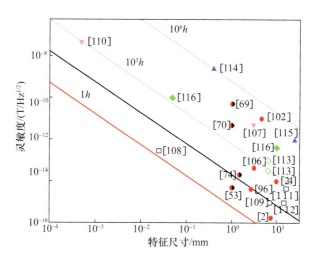

图 17-2 10~100Hz 之间的直流磁力仪的灵敏度,即噪声等效磁场,作为特征尺寸的函数(这些数据点对应于 SQUID(白色正方形[108,109,111,112])、碱金属 OPM(红色圆圈[2,24,53,69,70,74,96,102,106])、磁阻和混合传感器(绿色钻石[113,116])、NV(粉色向下三角形[107,110])和多铁传感器(蓝色向上三角形[114,115])。空心符号表示低温冷却传感器。μOPM 用红色和黑色圆圈表示[53、69、70、74]。红线代表了以自旋破坏碰撞为主的自旋弛豫 Rb 磁力仪的自旋投影噪声极限,非常接近于 $\hbar$ 的能量分辨率,黑线代表了自旋交换限制磁力仪的灵敏度。这些假设与文献[23]中的假设非常相似)

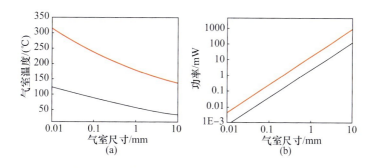

图 17-3 气室尺寸与温度及消耗功率的关系

(a)基于文献[23]给出的尺寸尺度分析,在自旋交换(黑色)和自旋破坏限制区(红色)中优化 ^{87}Rb 磁力仪的气室温度;(b)将 ^{87}Rb 气室加热至其最佳工作温度所需的功率,假设气室为黑体,在 0℃ 的环境温度下辐射。

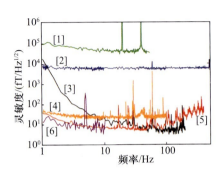

图 17-10 在以下讨论的各种小型磁力仪中测量的灵敏度:(1,绿色)集成的微加工 CPT 磁力仪;文献[69],(2,蓝色)集成的微加工 M_x 磁力仪;文献[70],(3,黑色)在微加工蒸气室中具有两个正交光束的 SERF 磁力仪;文献[53],(4,橙色)光纤耦合微加工零场磁力仪;文献[74],(5,红色)小型零场积分梯度仪;文献[96],6,紫色,小型零场光纤耦合梯度仪

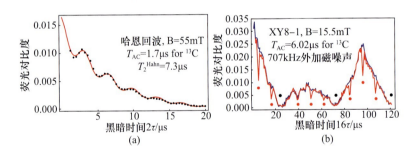

图 18-11 用 NV 群检测到的交流磁噪声的一些测量样例

(a)用 HPHT 样品(约 1ppm NV⁻浓度)进行的哈恩回波实验的结果,显示了 13C 核引起的 ESEEM 相干恢复;(b)用 CVD 样品(10ppb NV⁻浓度)进行 XY8-1 实验(另一个具有 8π-脉冲的 DD 序列)的正确结果。蓝色的数据显示,在黑色圆圈所指示的黑暗时期,13C 磁噪声如何强烈地破坏 NV 相干性。红色的数据显示了同样的实验,外加(非同步)707kHz 的磁场,进一步破坏了红色圆圈所指示的黑暗时期的相干性。